《化工过程强化关键技术丛书》编委会

贺高红　大连理工大学，教授

李小年　浙江工业大学，教授

李鑫钢　天津大学，教授

刘昌俊　天津大学，教授

刘洪来　华东理工大学，教授

刘有智　中北大学，教授

卢春喜　中国石油大学（北京），教授

路　勇　华东师范大学，教授

吕效平　南京工业大学，教授

吕永康　太原理工大学，教授

骆广生　清华大学，教授

马新宾　天津大学，教授

马学虎　大连理工大学，教授

彭金辉　昆明理工大学，中国工程院院士

任其龙　浙江大学，中国工程院院士

舒兴田　中国石油化工股份有限公司石油化工科学研究院，中国工程院院士

孙宏伟　国家自然科学基金委员会，研究员

孙丽丽　中国石化工程建设有限公司，中国工程院院士

汪华林　华东理工大学，教授

吴　青　中国海洋石油集团有限公司科技发展部，教授级高工

谢在库　中国石油化工集团公司科技开发部，中国科学院院士

邢华斌　浙江大学，教授

邢卫红　南京工业大学，教授

杨　超　中国科学院过程工程研究所，研究员

杨元一　中国化工学会，教授级高工

张金利　天津大学，教授

张锁江　中国科学院过程工程研究所，中国科学院院士

张正国　华南理工大学，教授

张志炳　南京大学，教授

周伟斌　化学工业出版社，编审

"十三五"国家重点出版物
出版规划项目

国家出版基金项目
NATIONAL PUBLICATION FOUNDATION

化工过程强化关键技术丛书

中国化工学会 组织编写

超声化工过程强化

Ultrasonic Chemical Process Intensification

吕效平　丁德胜　张　萍　等编著

化学工业出版社

·北京·

《超声化工过程强化》是《化工过程强化关键技术丛书》的一个分册。全书共分七章，内容包括绪论、声学基础与超声换能器、超声强化化学反应过程、超声强化传质与传热过程、超声强化机械分离与粉碎过程、超声强化在材料化学中的应用及超声强化在过程工业中的应用等。本书凝结了作者在超声化工过程强化领域多年的理论研究和实践开发经验，内容丰富翔实，较好地反映了本学科领域的现状与发展动向，对于实际问题解决具有很好的指导意义。

　　《超声化工过程强化》可供化工、资源、能源、材料、环保、轻工、食品、医药等相关过程工业领域的科研与工程技术人员及高等院校相关专业研究生、本科生学习参考。

图书在版编目（CIP）数据

超声化工过程强化 / 中国化工学会组织编写；吕效平等编著． —北京：化学工业出版社，2020.8

（化工过程强化关键技术丛书）

国家出版基金项目 "十三五"国家重点出版物出版规划项目

ISBN 978-7-122-36796-9

Ⅰ．①超…　Ⅱ．①中… ②吕…　Ⅲ．①超声应用－化工过程－研究　Ⅳ．①TQ021.9

中国版本图书馆CIP数据核字（2020）第079148号

责任编辑：马泽林　杜进祥　　　　　　装帧设计：关　飞
责任校对：王鹏飞

出版发行：化学工业出版社（北京市东城区青年湖南街13号　邮政编码100011）
印　　装：中煤（北京）印务有限公司
710mm×1000mm　1/16　印张28½　字数586千字　2020年8月北京第1版第1次印刷

购书咨询：010-64518888　　　　　　售后服务：010-64518899
网　　址：http://www.cip.com.cn
凡购买本书，如有缺损质量问题，本社销售中心负责调换。

定　　价：198.00元

作者简介

　　吕效平，南京工业大学化工学院教授、博士 / 博士生导师，中国声学学会功率超声分会委员。主要从事化学工程与超声化工过程强化等方面的研究，完成多项纵向与横向科研项目，并有 100 余篇 SCI 与 EI 文章发表，20 多项中国发明专利授权。曾在瑞士洛桑联邦高等理工学院 (EPFL) 化学工程研究所及法国国立图卢兹高等化学工艺与技术工程师学校（ENSIGC）、法国国家化学工程实验室（UMR CNRS 5503）进行化工模拟、化工传质、气升式环流反应器及超声波化工应用合作研究。在国内率先组建超声化学工程研究所，从事开发超声强化各传质、传热单元操作、超声化学反应及催化反应、超声酶促反应、超声原油裂解、超声（污油、浮渣、原油）破乳与脱盐脱水、超声波稠油降黏、超声柴油微乳化、超声处理难降解有机废水和生物剩余污泥减量、超声循环水杀菌、超声生物大分子盐析、超声辅助清洗及抑垢、超声化学反应器及超声强化过程设备等方面的研究，研究成果已有多项工业化应用。

　　丁德胜，东南大学电子学院教授、博士／博士生导师，中国声学学会理事、物理声学分会和检测声学分会副主任委员，《电子器件》副主编。主要从事超声学与非线性声学等方面的研究，完成多项国家自然科学基金项目，在美国声学学会会刊等刊物上发表约30篇论文。曾从事声表面波器件温度特性、超声换能器、非线性超声显微镜等方面的研究，提出了材料非线性参量测量和成像的超声显微方法。以第一完成人的身份获得2002年度江苏省科技进步二等奖和2006年度教育部自然科学二等奖各1项。

　　张萍，连云港职业技术学院教授、科技产业处处长、硕士生导师。2006年获南京工业大学化学工艺博士学位。2012年4月至2013年4月在英国南安普顿大学作访问学者。主要从事药物合成新工艺及声化学应用方面的研究教学工作，在"*Chem Eng J*""*Ultrasonics*"等刊物发表学术论文20余篇。先后荣获江苏省优秀教育工作者、"青蓝工程"中青年学术带头人、"333工程"第三层次培养对象等荣誉称号。

化学工业是国民经济的支柱产业，与我们的生产和生活密切相关。改革开放 40 年来，我国化学工业得到了长足的发展，但质量和效益有待提高，资源和环境备受关注。为了实现从化学工业大国向化学工业强国转变的目标，创新驱动推进产业转型升级至关重要。

"工程科学是推动人类进步的发动机，是产业革命、经济发展、社会进步的有力杠杆"。化学工程是一门重要的工程科学，化工过程强化又是其中的一个优先发展的领域，它灵活应用化学工程的理论和技术，创新工艺、设备，提高效率，节能减排、提质增效，推进化工的绿色、低碳、可持续发展。近年来，我国已在此领域取得一系列理论和工程化成果，对节能减排、降低能耗、提升本质安全等产生了巨大的影响，社会效益和经济效益显著，为践行"绿水青山就是金山银山"的理念和推进化工高质量发展做出了重要的贡献。

为推动化学工业和化学工程学科的发展，中国化工学会组织编写了这套《化工过程强化关键技术丛书》。各分册的主编来自清华大学、北京化工大学、中北大学等高校和中国科学院、中国石油化工集团公司等科研院所、企业，都是化工过程强化各领域的领军人才。丛书的编写以党的十九大精神为指引，以创新驱动推进我国化学工业可持续发展为目标，紧密围绕过程安全和环境友好等迫切需求，对化工过程强化的前沿技术以及关键技术进行了阐述，符合"中国制造 2025"方针，符合"创新、协调、绿色、开放、共享"五大发展理念。丛书系统阐述了超重力反应、超重力分离、精馏强化、微化工、传热强化、萃取过程强化、膜过程强化、催化过程强化、聚合过程强化、反应器（装备）强化以及等离子体化工、微波化工、超声化工等一系列创新性强、关注度高、应用广泛的科技成果，多项关键技术已达到国际领先水平。丛书各分册从化工过程强化思路出发介绍原理、方法，突出应用，强调工程化，展现过程强化前后的对比效果，系统性强，资料新颖，图文并茂，反映了当前过程强化的最新科研成果和生产技术水平，有助于读者了解最新的过程强化理论和技术，对学术研究和工程化实施均有指导意义。

　　本套丛书的出版将为化工界提供一套综合性很强的参考书，希望能推进化工过程强化技术的推广和应用，为建设我国高效、绿色和安全的化学工业体系增砖添瓦。

中国科学院院士：费维扬

中国工程院院士：舒兴田

　　化学工程作为一个基础厚、口径宽、适用性强的学科，正面临着来自资源、能源和环境的新挑战，促使各种过程强化的科学技术不断引入到高质、高效、节能、降耗、安全与环保的化学工程学科研究领域中，由此提出"化工过程强化"新学科概念。化工过程强化的四个领域是新材料强化、外场协同强化、核心反应器强化和系统耦合强化。

　　超声化工过程强化，也称为超声化学工程，属于外场协同强化化工过程，是声学与化学化工相互交叉渗透而发展起来的一门新兴的边缘学科，其作用机制主要是超声热效应及声空化产生的机械效应和化学效应。超声热效应和机械效应可增大、更新反应界面及涡流效应产生的传质和传热过程。化学效应则是由于在空化气泡内的高温分解、化学键断裂、自由基的产生引起相关反应，甚至可能产生新的反应途径及产品。利用机械效应的过程包括萃取、浸取、吸附、吸收、结晶、乳化与破乳、膜过程、除垢、除气、消泡、过滤、凝聚沉降、悬浮分离、采油、固体颗粒粉碎、传热及超声清洗等。利用化学效应的过程主要包括有机物合成与降解、高分子化学反应及其他自由基反应、电化学、均相和非均相化学反应等。但在一个具体过程中往往是多种效应共同作用。超声可用于强化绝大部分化工单元操作，研究超声化工过程强化对我国过程工业的发展将发挥重大作用。

　　影响超声作用与效率的因素很多，包括超声的强度、频率（频率高低、单频与多频）、声处理方式（连续、脉冲）、处理器声场形式、辐照时间、温度、体系性质（溶解气体、反应液体表面张力、黏度以及 pH 值）等。需深入研究超声对化工过程强化机理，针对化工单元过程具体特征，正确把握声能与被处理物料间独特的相互作用关系，从化学工程的角度分析超声场的强化作用。

　　超声化工过程强化技术研究需要与声学专业、功率超声设备厂家密切合作，才能较好地完成项目的大功率超声产生、超声作用过程机理以及超声设备与应用的研发等方面工作，其中智能化大功率超声发生器、不同频率的大功率换能器材料及结构（提高声能效率与使用寿命）、符合具体工艺要求的设备、超声声场及振动系统设计与声功率测量方法等，是今后研发工作的重点。

从过程强化的角度来讲，超声技术可以推广应用于过程速率受界面效应控制的任何过程与体系，因此将超声与传统化工技术相耦合必将为化学工业带来新的活力。然而，我国出版的声学教材、手册和科普类书籍不是很多，介绍声化学与过程工程声技术方面的书更是凤毛麟角，至今没有较全面介绍与总结超声化工过程强化知识与进展的专著出版。为推广超声化工过程强化技术在我国过程工业中的应用，编著者梳理近年来国内外在超声化工过程强化方面的最新进展，以及自己研发工作的成果与体会，编写了系统性强、涵盖面宽的《超声化工过程强化》。希望本书的出版发行利于读者对超声化工过程强化有一个较全面的认识，同时本书涵盖了绝大多数超声强化化工过程单元操作及目前超声强化的应用领域，也可使读者较深入了解某个感兴趣的具体强化项目，对超声强化技术创新有一定的指导意义。

本书由南京工业大学吕效平教授、东南大学丁德胜教授和连云港职业技术学院张萍教授共同草拟内容框架并编写、统稿。全书分七章，包括第一章绪论，第二章声学基础与超声换能器，第三章超声强化化学反应过程，第四章超声强化传质与传热过程，第五章超声强化机械分离与粉碎过程，第六章超声强化在材料化学中的应用，第七章超声强化在过程工业中的应用。其中第一、四、五、七章由吕效平教授执笔，第二章由丁德胜教授执笔，第三、六章由张萍教授执笔，扬州职业大学的季彩宏老师参与了第六章编写。

本书在撰写过程中除了介绍编著者团队所做的部分超声化工强化工作，还将国内外公开发表的文献尽可能地介绍给读者，在此，向有关中外学者表示崇高的敬意与衷心的感谢！南京大学程建春教授、陕西师范大学林书玉教授提供了大量宝贵资料，并对编写方法和内容提出许多指导性建议，在此特向他们表示衷心的感谢！同时感谢南京工业大学支持本书的出版！本书的编写基于编著者团队的超声化工过程强化应用研究与开发工程项目所得到的国家与相关企业的大力支持，主要有国家自然科学基金面上项目：复杂形状换能器声场的解析方法和实验研究，复杂介质中二阶非线性声束传播的解析方法和实验，无衍射爱里声束及其非线性传播的研究，非线性超声显微术；

江苏省自然科学基金：超声气升式化学反应器研究；中国石油化工股份有限公司：超声波强化炼厂原油破乳脱水脱盐工业化应用；中国石化扬子石油化工有限公司：超声波动态原油破乳脱水研究、炼厂浮渣超声波脱水及在焦化生产中的应用、炼油厂污油超声破乳脱水工业化应用、超声波强化原油破乳脱水脱盐工艺包开发、催化裂化原料油超声脱硫研究、石化废水 COD 降解及反硝化除磷集成技术研究、PTA 废水处理中分级分相厌氧技术中试研究、剩余污泥消化释磷及磷盐回收和减排研究、超声强化处理水厂剩余污泥中试；中国石化燕山石化公司：减压渣油超声降黏轻质化技术研究、PVDF 中空纤维超滤膜超声辅助清洗及反冲抑垢的研究、超声用于循环冷却水灭菌的实验研究；中国石油化工股份有限公司西北油田分公司：含酸及老化原油超声高频电脱水实验研究等。在此，由衷感谢国家自然科学基金委员会、江苏省科技厅、中国石油化工股份有限公司及各相关分公司的大力支持与资助！中国工程院院士欧阳平凯教授、南京大学程建春教授、南京工业大学沈旋教授和徐宁副教授在百忙中对本书进行了审校，提出了十分宝贵的意见，在此谨对他们表示由衷的感谢！

　　限于编著者的学识与水平，书中难免存在疏漏之处，敬请有关专家和读者提出宝贵建议。

编著者
2020 年 1 月

目 录

第一章

绪 论

第一节 超声化工过程强化技术的重要作用

传统化学工业在创造大量财富满足人民生活水平日益提高要求的同时，也出现了资源、环境、安全方面的问题，化学工程研究方向也由基础的传热、传质、动量传递、反应工程，即"三传一反"，向化工过程强化发展。急需研究开发出化学工程学科的新理论、新方法、新技术、新工艺、新装备，以满足国民经济发展的重大需求。

化工过程强化被列为当前化学工程优先发展的领域之一。该思路不但使过程工业本身得到可持续性发展和环保性不断增强，通过强化传质过程、传热过程得到节能效果，使废物排放减少和生产效率提高，而且在不断探索与开拓在冶金、生物化工、轻工、食品、农业等方面的应用过程中，过程强化技术本身及其应用又得到更进一步的发展。

2018 年，国家自然科学基金委员会和中国科学院在《中国学科发展战略·化工过程强化》[1]一书中阐述了化工过程强化的学科内涵及其重要性；梳理了化工过程强化国内外研究现状，过程强化主要方法以及发展趋势；明确了化工过程强化面临的主要问题与挑战，提出了今后发展的建议与措施；并指出化工过程强化的 4 个主要领域或方法：新材料（介质）强化、外场协同强化、核心反应器（装备）强化和系统耦合强化。

外场协同强化是在现有物理条件下，通过改变各种物理场而进行强化和控制"三传一反"过程的方法。它包括过程强化设备和过程强化方法，前者主要包括具有高效的混合、传热和传质性能的反应器和单元操作设备，后者主要包括反应 - 分离集成的多功能反应器、替代能量（离心力、超声波、微波、光、电、磁、等离子体等外场）和新的过程控制方法（如振荡等非稳态操作）。新方法需要开发新设备，新设备开发也基于新方法，尤其对于外场协同强化更是如此[1]。

替代能量方法主要有超声强化、光电磁场强化和微波强化等。研究表明这些方法本身具有的能量场可以单独达到过程工程所需的"三传一反"的效果，但如果将这些能量场混加到常规单元操作的过程与设备上，所产生的协同效应将远大于单独能量场起的作用或单独单元操作过程达到的效果。当然这也取决于开发合适的新能量场设备与新工艺流程、新工艺条件的优化。

目前研究表明，这些新型场协同强化技术综合了不同能量形式与多种技术的优点，具有独特的协同效应与强化传递效果，因此外场作用下强化传递过程的研究引起了国内外许多工艺、工程开发人员与各物理场基础理论研究者的兴趣。目前国内外对外场作用下强化传递机理的研究还不够深入，若能掌握其机理与规律，则对特定的体系就可以根据研究结果确定最佳外场形式与外场强度、频率等参数，获得较好的强化效果，达到提高生产过程效率、产品产量与质量及节能降耗的目的。目前，工艺、工程研发的工程科学人员与研究基础理论的理科科学家合作，共同进行新型场协同强化技术的研发，加快了对外场强化传递机理的研究及新能量场设备与新工艺流程、新工艺条件的开发，同时以新型场协同强化技术不断开拓新应用领域，以满足国民经济快速发展的需要。

超声波作用过程是一种物理过程，超声场对介质的相互作用具有热机制、机械机制与声空化机制[2]，它们可以在被处理体系内协同产生物理强化（动量传递、质量传递、热量传递强化）及化学强化（声化学反应强化），所以在场协同强化技术替代能量中，超声波的外场协同强化技术与其他协同强化技术比较，有其独特的优点。本书主要介绍超声化工强化技术，希望能在开发与推广过程强化技术在我国的工业生产应用中起到作用。

第二节　超声化工过程强化技术的发展历程

早在 1850 年居里发现电压现象，Galton 发现超声哨子时，超声就开始有应用研究。Rayleigh 在 1896 年发表声学理论的开创性工作；1920 年美国的 Richard 和 Loomis 首先研究了高频声波对各种纯液体、固体和溶液的作用，在超声场对化学化工过程强化研究中，发现超声波化学效应可以加速化学反应，1927 年首次在《美国化学会会刊（JACS）》上发表了题为"高频声波的化学效应"的文章。声呐领域的超声无损检测（NDT）和生物医学成像，在第一次世界大战中，作为探测水下物体的技术应用潜力巨大。早期科学家们，如 Langevin 等，在战争期间进行了创新性的工作，在战后几年里注意力从大规模的海洋探测转向对特定区域的小规模探测研究。超声波金属探伤的概念最初是在 1928 年由 Sokolov 提出的，但由于没有合适的设备来产生和接收脉冲波，导致分辨率很差。到了 1948 年，美国和日本的研究人员独立研究了超声作为一种医学诊断工具的潜力。以前，超声在医学中的应用开始于治疗，如破裂组织，而不是成像。Langevin 研究这种破坏性的高强度超声能力，观察并注意到高强度超声回波在海里引起鱼群死亡和使放在水箱中的手疼痛。由此开始了开发高强度超声用于工业过程的工作 [3]。超声技术经过一个多世纪的发展表明，超声是声学发展中最活跃的一部分，它已渗透到其他许多自然科学领域，产生许多边缘学科，极大地推动了国防建设、国民经济、人民生活及科学技术等各个领域的发展。如超声诊断和超声治疗技术，已在现代医学中占有重要地位；声表面波技术在信息高速公路建设中起到重要作用；超声静音马达已被用于高档相机的自动聚焦等。

到了 20 世纪 80 年代中期，随着科学技术的进步，高效、经济的各种功率超声处理设备的制造，为超声在化学化工过程中的应用提供了重要的条件，使沉寂近半个世纪的这一领域的研究工作又蓬勃发展起来。1986 年 4 月，英国皇家学会在 Warwick 大学召开了首次国际超声化学会议，该领域的研究进展引起学术界和工业界的广泛重视。此后，声化学的研究和学术活动十分活跃，对声化学的机理和应用做了较为详尽的学术研究，欧美国家先后组织了多次声化学学术讨论会，并成立了声化学学会，发表并出版了一批有价值的学术论文和专著。目前对声化学的研究已涉及有机合成、无机合成、催化、生物化学、分析化学、高分子化学、电化学、能源、材料、轻工、制药、食品、表面加工、生物技术、环境保护及过程强化等方面。超声几乎能应用于化学、化工及其他过程工业的各个领域，在 20 世纪 80 年代后期，逐渐形成了一门将声学及超声技术与化学紧密结合的新的边缘交叉型学科——声化学与超声化学工程 [4]。超声化学工程的定义是将超声学、声化学与化学工程结合，开发化工、石油、环保等过程工业新工艺技术与新装备，以达到快速、经济、绿色、安全生产，得到优质、低价的产品。目前，由声化学与超声化学工程开发出的超声化工强化技术，极大地推动了各过程工程生产的强化与发展。

研究前景较好、已成功应用的工程领域有超声医学工程（超声诊断与治疗，如超声洗牙、B 超、超声碎石、白内障乳化等）、超声清洗除垢、超声加工、超声焊接、超声马达、超声检测（声呐、无损探伤）等。目前超声过程强化（传质、传热、干燥、脱水、乳化、破乳、雾化、结晶、粉碎、萃取、浸取等）、超声化学反应、超声环保应用（生物污泥减量、有机废水降解、除尘等）与膜过程强化（膜过滤、膜清洗等）、油田采油等也由研发进入放大及工业应用阶段。正在进行的超声应用研究与开发的行业越来越多（如冶金、食品工业、轻工工业和农业科技等），相信在不久的将来会有更多的过程强化处理技术与超声设备得到开发与应用。

声化学（sonochemistry）与超声化学工程（sonochemical engineering）构成的平台给超声提供了过程工业应用的新领域。超声场化学化工过程强化的研发与应用推广工作已在传质、传热和化学反应等方面取得较好的研究成果，如何尽快地把声化学的研究成果从实验室应用于工业生产，已成为世界各国研究的热点。随着高效超声功率设备的研制和普及，美国、英国、法国、日本、俄罗斯等国在工业化应用方面已取得一些进展。我国在这方面的研究工作起步较晚，大量的研究报道集中于 2000 年以后，但我国科研人员对于超声在有机化学、高分子化学、电化学与工程强化等方面的研究得到较好的应用成果，其中中国科学院声学研究所、中国科学院声学研究所东海研究站、南京大学、陕西师范大学、南京工业大学、华南理工大学、哈尔滨工业大学、清华大学、大连理工大学、上海同济大学、上海交通大学、河海大学等单位在功率超声理论及应用研发上做了较多工作；同时超声在我国过程工业（化学、化工、石油、冶金、医药、生物、轻工、食品、环保等）中的应用与发展还离不开为数众多的从事超声工业应用及超声设备开发的企业，如中国船舶重工集团公司第七二六研究所、成都九洲超声技术有限公司、广州市新栋力超声电子设备有限公司、佛山市顺德区金长兴电子科技有限公司、杭州成功超声设备有限公司、昆山超声仪器公司、昆山日盛电子有限公司、山东济宁超声设备公司、无锡华能超声电子有限公司、汕头超声仪器研究所有限公司和江苏金门能源装备有限公司等。尤其是中国石油化工集团公司、中国石油天然气股份有限公司、中国海洋石油集团有限公司参与的在超声强化采油过程、原油的破乳脱水脱盐与污油脱水过程、超声环保应用（换热器除垢、烟囱除尘、剩余污泥减量）等开发应用项目具有工业化规模，达到国际先进水平。

大功率超声通常被称为功率超声，高功率或高强度超声被认为是可以直接影响某过程超声场的建立，即通过接触振动能量来诱导产生目标物体或区域的物理或化学变化。通常还包括声空化效应对目标体系产生所需要的作用。此外，超声工作频率对高强度声场的特性和声学性能有直接的影响。通常考虑在低频（10～500kHz）时工作的高功率超声应用，因为这更有利于有效地产生空化。当然，这种分类也有例外，例如声呐，在传输信息时涉及高功率水平，使用低频空气耦合传感器进行近距离传感，以及高强度聚焦超声（HIFU）的应用，其中高频场可用来破坏肌肉组织。

功率超声技术已在化工、炼油、采油等过程工程得到发展。应用大功率超声的超声强化技术在新领域迅速扩大，这是通过新的声学技术与超声新装备的发展和现有超声处理系统的改进来解决具有工业挑战性的问题而实现的。功率超声发展至今，超声强化理论得到极大发展，但超声工业化装备的放大开发仍是超声化工强化技术的发展瓶颈。因此要不断改变与更新科学工程人员对当前超声系统性能及其局限性的认识，解放思想，努力研究，开发新型超声换能器及大功率、较高频率的超声处理装备和新型处理方法。

图 1-1 所示为 1915—2019 年有关超声文献被中国知网收录情况，主要摘录了在基础科学、工程科技 1、工程科技 2、农业科技四大领域国内超声基础研究与应用开发工作情况。其中工程科技 1 包括了大部分过程工程（化学、化工、燃料化工、石油天然气工业、材料科学、矿业工程、金属与金属工艺、冶金、轻工、安全与环境等）；工程科技 2 包括工业通用技术装备、机械工业、仪表工业、航空航天、武器军工、交通运输、水利电力、建筑、动力、能源、核科学与新能源等。1915—1979 年，超声在中国发展较慢，64 年间仅有 2489 篇文献发表；1979 年起声学研究发展较快，在 10 年内发表 6666 篇文献；以后的 30 年，声学研究文章以平均每 10 年 150% ～ 200% 的发表速度迅猛增长。总的来看，随年份的增加，各方面超声强化工作均不断有所进展，其发展趋势也越来越快。基础科学、农业科技稳中有升，但基础声学的新理论、新概念发展不显著。而在包括有大部分过程工业应用的工程科技 1 中，超声研究与应用发展特别迅猛，最近 10 年发表的工作文献共达 24211 篇，占发表的四项超声文献的 53%。这是由于传统化学工程发展到了瓶颈阶段，之前主要研究工作常是"三传一反"技术的细化改进，没有强化各单元操作过程的根本颠覆手段，而国民经济的发展与环境保护和过程工业对过程强化要求特别迫切。世界各国都在花大力气，另辟蹊径，博采各学科所长，开发新材料、外场协同、核心过程装备及系统耦合等过程强化方法。超声化工强化技术在 1999 年后得到较大的发展，已由实验室研发进步到工业应用阶段，这主要取决于较大功率电声换能器与超声处理新装置的成功开发。

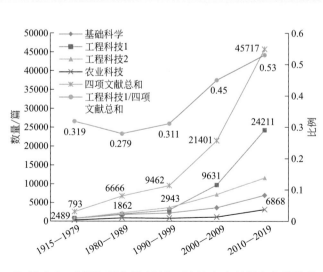

▶ **图 1-1** 中国知网收录 1915—2019 年有关超声文献情况

超声在过程工业中的主要应用形式为检测超声和功率超声。超声波由于其在传质、传热和化学反应等方面具有可应用的特点，已成为世界各国研究的热点。

超声波频率范围在 20kHz ~ 10MHz，利用功率超声产生声空化现象，可生成强烈的冲击波和速度高于 $100m \cdot s^{-1}$ 的微射流，冲击波和微射流的高梯度剪切可在水溶液中产生羟基自由基，相应产生的物理化学效应主要是机械效应（声冲流、冲击波、微射流等）、热效应（局部高温高压、整体升温）、光效应（声致发光）和活化效应（水溶液中产生羟基自由基），四种效应可相互作用、相互促进，加快化学反应进程。

近年来超声过程强化在化工过程领域中的应用取得极大进展，不同频率下较大功率超声换能器的开发成功，使超声由早期实验室研究开始发展到工业化应用，尤其在我国，超声工业应用已达世界先进水平。本节主要介绍超声在过程工业的基础（化工单元操作）中的研发应用情况，以此作为超声强化过程的出发点，让相关科研、工程人员较快地了解并加入超声强化技术在过程工业各领域的研发应用工作中去。

1. 超声化学反应过程强化

超声空化作用可强化化学反应。超声反应过程强化是超声化学领域中一个重要发展方向。超声空化产生的冲击波和微射流可以极大地增强流体传质，搅拌分散反应物质，且可清洗、清除催化剂表面中毒物质，延长催化剂活性，加快化学反应传质速率。同时，超声空化作用形成的局部高温高压将有利于反应物裂解成自由基，大大加快反应速率。

对受传质控制的化学反应，使用超声可强化总的反应速率，在气液和非均相催化中尤其明显，其效果见表 1-1。

表1-1　超声对化学反应的影响

化学反应	超声产生影响
木质素 $\xrightarrow{\text{CuO空气氧化}}$ 香兰素	产率由 6% ~ 10% 提高到 21%
$N_2+H_2 \xrightarrow{\text{Pt,水中}} NH_3$	产率提高 2 ~ 6.5 倍
二苯甲胺与氯代烷在无水甲苯中反应	在回流条件下反应48h 产率为 70%；在超声作用下，反应温度40℃，反应4h，产率达98%
偶氮染料的制备	缩短反应时间
棉籽在 36% 的盐酸中水解	水解速率提高 1.2 ~ 2 倍

化学反应	超声产生影响
异丙醇铝水解	反应速率加快 10 倍
苯乙醇腈分解酶催化分解苯乙醇腈	反应速率加快 10 倍

2. 电化学反应过程强化

超声产生的微流和搅拌作用在电极表面附近破坏边界层，减弱极化现象，有利于扩散过程的进行。边界层浓度梯度或为速度控制步骤时使得电化学反应和电镀反应得以强化，提高镀层质量。超声对电化学过程的影响见表 1-2。

表1-2 超声对电化学过程的影响

电化学化程	超声产生影响
电镀	可提高电流效率、能耗、电镀速度、镀层坚硬程度、致密程度以及外观等
有机电解氧化反应	缩短电解时间 30% ～ 40%，降低能耗
噻吩电化学氧化聚合	提高电流密度，降低能耗

3. 催化剂制备、再生过程强化

在催化剂制备过程中使用超声，可提高催化剂纯度，增大表面积，活性中心分散均匀及活性高，效果见表 1-3。

表1-3 超声对制备催化剂的影响

催化剂	超声产生影响
异丙苯裂解的铝硅催化剂	活性提高 20% ～ 55%
Fe_2O_3 90%，Al_2O_3 10% 合成氨催化剂	活性提高 3 ～ 4 倍
γ-TiCl$_3$，α- 烯烃聚合催化剂	4- 甲基 -1- 戊烯聚合物产率由 30% 提高到 62%
Al_2O_3 催化剂	增大比表面与孔隙率，孔径分布有变化

另有美国埃克森美孚公司报道，用超声波可使加氢裂化使用的持久失活的镍 - 钼催化剂得以再生。

4. 清洗过程强化

超声清洗是超声波较早的成功应用，与其他清洗相比，超声清洗具有效率高、质量好，可应用到非常规材料的多孔结构（如可清洗复杂零件、深孔、盲孔及狭缝中的污物），且易于实现清洗自动化等特点。已成为许多工业、实验室、医疗、环保和餐饮等部门不可缺少的一种清洗手段。

5. 萃取过程强化

超声强化溶剂萃取主要依赖液体的空化效应、扰动效应及高剪切、破碎和搅拌等多重效应，增大物质分子运动频率和速度，增加溶剂穿透力，从而加速目标成分进入溶剂，促进提取的进行。因此任何影响空化效应的参数如超声功率、频率、作用时间、萃取体系的性质等都将影响萃取的效果。超声应用于萃取过程包括固-液萃取和液-液萃取，如植物或中药活性成分提取、食品添加剂与油脂提取、食品原料中活性成分（维生素、黄酮类化合物、酚类物质、蛋白质和酸味物质等）和糖类物质（果胶、纤维素和半纤维素等）等的提取分离[9]。

相比于常规的采用热处理、机械搅拌或改变压力等方法，超声萃取从整体上改善和强化萃取分离的传质速率和效果，不仅可以强化常规流体对物质的萃取过程，而且可以强化超临界状态下物质的萃取过程，提高产率。超声强化液-固萃取或液-液萃取效果见表1-4。

表1-4　超声对萃取的影响

萃取项目	超声产生影响
甜菜中萃取糖	达到同样产率由 1h 降为 0.6h
葵花籽油的萃取	葵花籽油的产率提高 28%
油籽的醇萃取	萃取速度提高 830%
己烷萃取花生油	产率提高 2.76 倍

目前超声萃取技术已应用于一些中医药、食品等行业的物质萃取，已有工业化超声萃取设备。

6. 结晶、粉碎过程强化

超声既可以使过饱和溶液的固体溶质产生迅速而平缓的沉淀，又可以强化晶体生长。与其他起晶方法相比，超声成核所要求的过饱和度较低，生长速度快，所得的晶核较均匀、完整、光洁，晶核和成品晶体尺寸分布范围较小，变异系数较低。但是超声空化泡崩溃而产生的微射流对晶体表面有凹蚀作用，强度过大又会粉碎晶体，破坏晶体生长。超声波频率越高，成核速度越快，诱导期越短，结晶完全所用的时间也越短。在此研究基础上，超声波起晶器已有工业设备。熔融金属在固化期间进行超声处理，可使晶粒变细，改善其延伸率和机械强度等物理特性。在制药行业，为了得到细小而均匀的颗粒，已将超声结晶用于生产口服或皮下注射悬浮液药剂。其他还有超声强化硝酸钾、乙酰胺、酒石酸钾钠等溶液结晶的实例。超声防垢除垢技术无须改变热交换设备的结构、工艺条件，无须添加任何化学药剂，是一种最佳的绿色防垢技术。

7. 乳化、破乳过程强化

超声波强烈的空化作用可使互不相溶的两个液相乳化，相比胶质磨均化器及叶轮搅拌有如下优点：①产生亚微米的乳化粒子并有极窄的粒度分布；②乳化液非常稳定；③仅需少量或不需要用于产生或稳定乳化的乳化剂；④所需能量较少。

中科院声学所曾试验燃料油与水的乳化燃烧，取得节能 6%～25%、减少烟尘40%～90%、降低 NO_x 20%～75% 的效果。超声对燃油-水乳化的影响见表1-5。

表1-5　超声对燃油-水乳化的影响

配比	超声影响
50～30 份水加 100 份燃料油	所需的活性剂和能量少
100 份重油加 30 份甲醇加 15 份水	燃烧性能好，NO_x 含量低
78 份轻油加 2 份重油加 20 份水	有利于重油空化作用

超声乳化是较早成功的超声强化应用。与一般乳化工艺和设备相比，超声乳化具有乳化质量好、生产效率高、耗能小、成本低等优点。超声乳化质量较高，可形成较小乳液液滴（0.2～2μm），液滴尺寸分布范围窄，可达 0.1～10μm。可以不用或少用乳化剂产生较稳定的乳液，耗能小、生产效率高、成本低。乳液的类型可控，可制备 O/W（水包油）和 W/O（油包水）型乳液。目前，超声乳化已应用于食品工业（蛋黄乳化、辣酱油、花生奶油和冰淇淋的生产）、化妆品和制药等工业。

近十年来，基于纳米乳液的药物缓释系统（DDS）被认为是一种替代性的、有效的药物缓释方法。这种纳米制剂通过增加疏水性药物的溶解度和溶出率，控制药物释放率，将药物浓度保持在治疗范围内，并通过靶向特定的疾病部位减少全身副作用，从而显著地提高了许多疏水性药物的细胞摄取和生物利用度。空化气泡的微湍流内爆将原始的巨型乳化液滴撕裂成粒径为 20～500nm 乳，自发形成高度均匀的含药纳米液滴。目前超声空化技术已经成为一种高效、简便、低成本但更安全的技术，可以用来制备这种纳米级的乳液以包裹各种不溶于水的高效药物[10]。

超声波在以水为载体的传递过程中，对油粒施加一定速率推力，破坏乳化物，使各物质按密度的不同加以分离。目前，国内外已开发出超声波液-液及油-水-固乳化物及原油破乳分离技术。超声波因具有空化与机械作用等，在破乳脱水、脱盐等领域显现出优势。这方面我国研究开发原油、污油超声破乳脱水、脱盐技术进展较快，已有工业化应用成果[11]。在不加破乳剂的前提下，原油经超声波处理后，含盐质量浓度不大于 3mg·L^{-1}，含水质量分数不大于 0.3%，完全达到国家工业标准（如中国石化股份有限公司要求脱水、脱盐后含盐质量浓度不大于 3mg·L^{-1}，含水质量分数不大于 0.3%）。每年可节约一定量的破乳剂，获得较为显著的经济效益。

南京工业大学超声化学工程研究所提出了新型破乳脱水和脱盐过程——超

声 - 电脱盐法。研究发现，采用普通电脱盐工艺，可将原油的初始含水质量分数由3.21% 降至 0.65% 左右；而在超声波的辅助作用下可使原油含水质量分数进一步降低到 0.13%，远优于工业指标，说明超声波可明显提高原油破乳脱水和脱盐效果。

利用功率超声对鲁宁管输原油破乳并进行脱水脱盐研究。结果表明二次脱水脱盐的脱盐效果优于单次处理过程，但脱水效率稍差。在二次脱盐较优的操作条件下，即在处理温度 80℃、2 次注水量均为 5%（体积分数）、破乳剂用量 20μg・g^{-1}、驻波场声强 0.38W・cm^{-2}、辐照时间 5min、沉降温度 75℃、沉降时间 90min 的条件下，原油脱水后水含量为 0.45%（质量分数），脱水率为 91.6%；按 NaCl 计，脱盐后盐含量为 1.14mg・L^{-1}，脱盐率 96.4%；与单次处理过程相比，脱盐率提高了 9.7%。超声具有增强炼油厂原油脱水脱盐的作用，尤其是二次脱水脱盐处理工艺能够确保原油脱水脱盐后的盐含量处于较低水平 [12]；已经开发了一种使用脉冲超声辐射技术帮助从炼油厂的含水污油乳液中分离油相的方法。结果表明，与传统的连续超声照射相比，脉冲超声照射有助于更好的水滴聚结和污油脱水。在最佳实验条件下，污油含水量可从 65% 降至 8%，满足了炼油厂处理后废油含水量（<10%）的要求 [13]。该技术对确保原油预处理过程的稳定与安全具有现实意义，已有处理量为 6 万吨污油 / 年的工业化装置 [14]。

8. 采油过程强化

在油井开采过程中，在油井中会形成一些堵塞物，阻碍原油流入井筒，降低原油的渗透率，影响中后期油井的产量及油田采收率。低频功率超声强化采油技术是通过改善油藏及油藏流体的物理和化学特性，增加原油采收率。通过超声处理生产油井、注水井及近井油层，使油层中流体的物性及流态发生变化，形成近井微裂缝、疏通储层孔隙、改善井底近井油层的流通条件及渗透性，解除堵塞、防垢除垢、防蜡，降低原油的黏度，提高采油量。超声采油技术无论是在工艺技术，还是在设备的研究方面都已经趋向成熟，我国已有超声强化技术的采油工业化应用。该技术具有广阔的发展前景，对油田后期增产起到很重要的作用。

9. 废水与剩余污泥处理过程强化

超声应用于污水处理，可以有效地将其中的有机物质分离出来，并能将废水中的有害物质分解，超声常以两种方式处理城市废水：①鼓入臭氧时，超声波阻止气泡聚并，这样可增加传质表面；②打开细菌和滤过性病毒块，形成乳液，达到强化污水处理与剩余污泥减量的目的（表 1-6）。

表1-6　超声对废水处理和水处理的影响

废水	影响
7.57×10^{4}L・d^{-1} 工业废水	60s 超声和臭氧处理，破坏 100% 粪便和病毒、93% 的磷酸盐、73% 的氮化物

废水	影响
去除废水中的油	4500ppm 的含油废水, 加入无机盐、浮选剂, 超声处理 10min, 油由 850ppm 降为 15ppm, COD 由 1030ppm 降为 65ppm
处理煤废水的情况	15～30s 超声辐射加快净化速度

为了研究超声对剩余污泥脱水性能的影响, 南京工业大学超声化学工程研究所利用超声结合絮凝剂聚丙烯酰胺 (PAM) 处理污泥的方法, 利用污泥板框压滤实验对比有无超声对污泥压滤脱水的效果。研究结果表明: 超声可以降低污泥含水率, 使其从最初含水率近 98% 减少到 81%, 污泥的体积减小为最初的 1/10。超声声强为 410W·m^{-2}、超声处理时间 2.5min 为较优处理条件; 同时絮凝剂的使用量从 0.7%（干基）降至 0.6%（干基）[15]。

10. 过滤过程强化

超声可改善过滤过程, 它使过细的颗粒发生凝聚, 使过滤加快, 也能向系统提供足够的振动能量, 使部分粒子悬浮, 为溶剂的分离提供较多的自由通道。如传统的煤浆过滤, 只能使煤浆含水率从 50% 降低到 40%, 采用超声方法, 则很容易降低至 25%。另外采用超声驻波效应, 可净化航空发动机油, 不用过滤器, 而达到油与污物粒子分离, 从根本上防止了过滤阻塞。由于超声用于膜分离有明显加速传质和去浓差极化作用, 可以提高膜分离的效率, 因此超声已用于膜过滤与膜清洗, 达到强化膜分离过程的目的。

11. 蒸发过程强化

蒸发是化工过程的基本单元操作, 蒸发对象可以是水或其他液体物料, 可用于化工废液提浓、产品蒸馏提纯、结晶过程的蒸发及蒸馏水的制备。水分蒸发过程的稳定性是工艺过程控制的重要环节, 需要进行严格的控制, 以保证化工生产的正常进行。研究不同功率的超声波对蒸馏水物理性质和蒸发速度的影响, 发现超声振动对薄液膜的激发会影响薄液膜的流体力学、稳定性和蒸发。研究表明, 蒸发速率对于评价薄液膜在超声振动下的稳定性也是必不可少的, 水平超声基底振动激发的薄膜比垂直振动激发的薄膜蒸发速率要快得多, 总的来说超声振动增加了蒸发速率[16]。

蒸发过程需要消耗大量能量, 利用超声强化液膜表面振动、更新, 经济、高效地进行蒸发操作, 是提高化工生产整体经济性的重要研究方向。尤其是近些年来, 在能源成本不断提高, 节能降耗势在必行的环境下, 更需增强超声对强化蒸发技术的研究。

12. 超声冷冻过程强化

超声具有促进液相冻结、控制液相晶体生长速度的作用, 超声辅助液相冻结已逐步在食品工业、海水淡化、制冰及医学领域中得到了广泛应用。超声波作用下界面处的传质系数随着超声强度的增加而增大，但随超声波频率的增加而减小；在液滴冷却冻结过程中，质量传递与热量传递的方向相同，液滴的冷却冻结在超声作用下可得到强化。在超声频率为 20kHz，声强为 400W·m^{-2}，经过相同时间（60s）的超声作用下的液滴温度比无超声作用的温度低 2.0～2.5℃ [17]。

13. 超声雾化过程强化

超声雾化是利用超声振动与空化使液体、金属熔液在气相中形成微细雾滴的过程。超声雾化的金属雾滴会冷却凝固成为微米级金属粉末，此即超声雾化制超细金属粉末技术。超声雾化已得到普遍应用，例如在工业上，可用于燃油雾化，提高燃烧效率；在医疗上，采用超声雾化吸入疗法，将药物直接作用于病处，故药物浓度高，疗效显著；在日常生活中，可用超声增湿器增加室内空气湿度。

14. 其他强化应用

超声还可应用于化工与其他过程工程领域的许多方面。如应用于热敏物质的干燥，不必升温就可以将水从固体中除去，加快干燥速度和降低固体中残留水含量；应用于制备微泡、高分子化合物的降解及聚合、除垢、防尘、干燥、蒸馏、液体消泡、强化吸收与传热、纤维处理和液体产品精制、食品、轻工、冶金、医药工业等诸多领域。

第四节　超声化工过程强化应用的发展前景与挑战

一、发展前景

过程强化主要需要大功率超声，即功率超声，前期研究大部分集中在其声学效应的应用和开发，主要是前面提到的力学效应、热学效应、空化效应及衍生的化学效应、声流效应等。除了在功率超声清洗方面，超声在医疗、探伤、焊接、机械加工、冶金铸态处理、超声淬火、超声雾化和超声乳化等方面已有广泛的商业化应用。超声在化工中的应用还处于初期，由于超声有效优化许多化工过程，产生许多常规方法不能产生的效果，在化工及其他过程领域得到越来越广泛的应用。

目前，超声的研究正处于蓬勃发展的阶段。在我国科研院所、高校科研人员与相关超声设备制造企业员工的共同努力下，声化学反应、超声提取、超声粉碎、超声破乳、超声除尘、超声除垢、超声干燥、超声灭菌、超声过滤、超声处理纸浆、超声酒类醇化、超声生物工程（种子处理）已由实验室研究进入过程工程开发与应用阶段。目前我国用于石化系统的首套超声污油脱水装置已达 60 kt·a⁻¹ 规模[18]；超声烟囱除尘装置和超声换热器强化传热除垢装置已商品化，在炼油厂均有安装使用；超声在岩盐矿山已用于防垢、除垢[19]等；除常用的超声清洗机外，市场已有超声波酒类醇化机、超声中药提取装置、超声工业加湿器、凝汽器超声除垢设备和超声振动筛等超声应用新产品，虽然仍有待于继续改进与开发，但我国超声技术在过程工业中的应用已走出了第一步。功率超声强化过程已发展成为一个新兴的技术。下面介绍一些较新开发的超声强化过程技术与相关领域。

1. 不断加大研究广度与深度的声化学领域

（1）超声制备高性能催化剂　通过超声参加反应，使原用普通化学反应制备的催化剂的结构变化、活性组分负载量增加。制出拥有良好的电、磁和其他适用特性的过渡金属和金属化合物。超声瞬态空化有助于非晶态金属和金属化合物在多孔介质上的生长，增大了表面积，强化了吸收、催化、传感和其他应用。

（2）超声电化学　超声电合成、超声光电化学、超声电分析是超声电化学的主要领域，其中研究最广泛也最具有应用前景的是超声电合成。超声的声空化效应、机械效应、活化效应、热效应等对电化学体系的影响主要有：a.加快传质速率；b.持续清洁电极表面，维持其电化学活性；c.改变电极表面微观结构，增大比表面积。

采用声电化学阳极氧化法，以 H_3PO_4/NaF 水溶液为电解液，在 20V 直流电压下氧化钛箔制得 TiO_2 纳米管阵列电极。该纳米管阵列电极在空气中经 500℃ 煅烧后，以高压汞灯为光源，测得其光电压和平均光电流密度随制备样品的氧化时间的增长而减小，且光电压降低程度要小于平均光电流密度降低的程度[20]。

超声对电化学过程的作用一直是电化学研究的前沿。将超声与有机电合成技术有机结合在一起，为解决电化学中的许多问题，加快电化学反应速率，提高目标产物收率，特别是为最佳的电化学反应条件提供新途径，为工业上大规模的超声电化学发展展示了良好的前景。

（3）超声电镀　在电镀工业中引入超声，利用超声的声空化效应、机械效应、活化效应、热效应等对电化学沉积过程中液相传质、表面转化、电荷转移、电结晶步骤的影响，解决电镀过程中的电流效率低、电流微观分布不均、液相传质慢、微粒粒度分布范围广等问题，从而改善镀层与基体的结合力、细化晶粒、改善镀层表面的粗糙度、扩大电流密度、提高电流效率等，得到性能更佳的电镀层。超声波强化电镀技术，是在不改变镀液配方、不增加镀液维护困难程度的前提下，大幅度改变镀层性能和提高电镀速度的一种新方法，因此是探索改良镀层和实现快速电镀的有前途的研究方向之一，预计超声电镀将对传统的电镀工业的发展起较大的促进作用。

（4）核燃料后处理中锕系元素的声化学调价　硝酸水溶液在超声波辐照下产生

自由基及活性分子，通过加入辅助试剂或控制硝酸浓度可以选择性地利用这些活性组分氧化或还原铀、镎、钚等锕系元素。在核燃料后处理流程中对锕系元素进行声化学调价，实现锕系元素调价的无盐化，在某些调价过程中甚至无需额外加入任何试剂，符合核燃料后处理工艺无盐化的发展潮流。由于上述优点，声化学方法有望在后处理流程的铀、钚、镎调价方面得到应用[21]。

（5）超声辅助制备新材料石墨烯的研发　由于石墨烯具有独特的晶体结构和特殊的自润滑特性，其作为润滑油添加剂表现出良好的抗摩擦磨损性能，国内已采用液相超声直接剥离法制备了不同厚度的纳米石墨烯片，所制备的石墨烯厚度范围为 10～80 nm；石墨烯作为水基添加剂具有良好的减摩抗磨性能，使纯水的磨损机理发生转变，由严重的黏着磨损和腐蚀磨损转变为磨粒磨损。

（6）超声合成纳米材料　声化学提供了一个简单利用超声波合成纳米材料的路线。超声制备核 - 壳结构纳米磁性复合颗粒，可简便地制得粒度分布均匀、可控、结晶度高、磁响应较强的核 - 壳结构纳米磁性复合颗粒。超声与化学相结合制备的淀粉纳米颗粒在生物医药、化工、造纸、化妆品等领域有广阔的应用前景。声化学法可制备 ZnS 纳米前驱体，再经微波水热后处理得到粒径为 5～10 nm 的 ZnS 纳米晶粒，具有最佳的光致发光性能。

（7）高分子声聚合反应　超声辐照聚氯乙烯（PVC）和甲基丙烯酸甲酯（MMA）的混合溶液，通过这种方法，可以使一种单体通过接枝的办法包裹在另一种聚合物颗粒表面形成具有核壳结构的共聚物。超声辐照可引发八甲基环四硅氧烷（OMCTS）开环聚合成聚二甲基硅氧烷（PDMS）。和常规搅拌聚合相比，超声引发聚合的反应速率提高了 2 个数量级。超声辐照可以引发环构碳酸酯的开环聚合，其聚合速率快、转化率高，是一种开环聚合的新方法。反应体系可以是环构单体，也可以是环构单体与玻璃纤维的混合物，聚合不需溶剂和化学引发剂，产物中不含不稳定的残余物，因此特别适合于高分子复合材料的生产和处理。另外还有超声聚合物降解反应及超声聚合物加工新技术。

（8）其他过程工业　超声强化技术的研究与工业开发应用正向其他过程工业领域快速扩展，如冶金、轻工、食品等行业。

2. 过程单元操作超声强化的研究

目前过程单元操作超声强化的研究同样在深度与广度方向发展。在超声强化乳化 / 破乳、化学反应、萃取与浸取、结晶、膜过程、吸附 / 脱附、污水降解、生物污泥减量、粉碎和除尘等方面，继续深入对这些超声处理单元过程的机理、不同处理对象与体系工艺优化及相应声处理设备研发。同时还扩展到多种生产过程与产品的超声强化技术。

（1）超声铸态处理　在液态金属的成形过程中引入功率超声，通过超声的空化和高能量声流等声学与力学效应影响金属凝固过程中的成核和晶粒生长，可使其凝固组织由粗大柱状晶或树枝晶变为细小均匀的等轴晶，改善宏观和微观偏析程度，促进气体的排除，利于夹杂物的凝聚消除等一系列作用，达到对成形产品最终组织与性能的改善和控制。

研究认为，液态金属凝固过程不同阶段超声作用机制不同。就凝固组织的细化而言，高温区段进行熔体超声波处理作用不大，因为此时熔体仍为高温液体状态，并未开始形核结晶；在结晶温度区段施加超声波振动能够有效细化凝固组织，其细晶作用机制主要为超声空化引发的增殖形核效应；在浆状温度区段，声波对凝固组织的细化机制主要为结晶体在振动信号激励下产生的谐振效应。

（2）超声含油污泥分离技术　与普通超声清洗技术类似，通过声场的机械振动、空化效应及热作用来破坏含油污泥的结构，降低污泥中原油的黏度，减小原油与无机固体间的黏附作用，从而使含油污泥中的油和泥沙分离。

（3）超声强化热风干燥　超声干燥较多用于液体介质中强化食品渗透脱水预处理，因为新鲜物料组织结构紧密，渗透脱水速率缓慢，而利用超声在液体介质中所产生的声空化效应，则可以显著提高脱水速率，脱水后产品的感官品质与鲜料几乎相同。

热风干燥是农产品加工中的重要单元操作，但目前其能效利用低。近年来干燥领域向节能、高效并能进一步提高产品质量的方向发展。超声在液体介质中能产生空化效应，但在气体介质中不能产生空化效应，起干燥作用的原因可能是功率超声具有传播方向性强、介质质点振动加速度大等特点，可作为能量的一种有效载体，在强化传热和传质方面表现出突出的优势。通过新开发的气介式大功率超声换能器可对热风干燥过程起到强化作用，用于橄榄叶、新鲜胡萝卜、豌豆等食品和种子的干燥。但目前研究停留在工艺条件的优化，没有深入研究超声场对热风干燥的机理，超声对体系温度场、动量场的影响，超声、热风干燥与物料特性因素之间的关系，即研究超声耦合热风干燥过程机理，提高超声强化气体介质干燥作用。

（4）超声强化蒸发与蒸馏　超声能在液体表面产生超声喷雾和超声空化，可以大大增加液体的蒸发表面积、湍动系数、压力降。对水-乙醇以及苯-乙醇二组分溶液的超声蒸发的研究表明，声场能够促进溶液的蒸发，提高蒸发效率2%～6%，且两组分之间的体积分数越接近，蒸发速率随时间越容易表现出线性的变化关系。已对超声强化水蒸气蒸馏提取天然右旋冰片与超声强化气隙式膜蒸馏过程进行实验研究。分析认为空化效应是声场强化溶液蒸发的作用机理，能够降低溶液的表面张力，从而降低了成核势垒，促进了液体内部的能量交换，使溶液蒸发过程得以强化。

3. 超声可再生生物质处理

乙醇可由再生生物质生产，如木质纤维素等，是环保的可替代能源之一。然而，由于木质纤维素的主要组分与淀粉紧密结合而产生的物理和化学屏障，阻碍了木质纤维素、半纤维素以及淀粉中支链淀粉和淀粉酶水解为可发酵糖类。酶法水解预处理的主要目标之一是提高纤维素酶易受性，提高纤维素和淀粉消化率。超声酶法预处理应用于纤维素和淀粉基原料提高水解的效率，增加糖产量和乙醇产量。超声处理会对水解产品的结晶度、聚合度、形态结构、膨胀性、颗粒大小和黏度等产生影响[22]。

4. 超声技术与其他过程强化技术协同联用与耦合

将超声技术与已有的多种成熟单元过程技术耦合，综合各方面技术优势，使超声独特的性能和显著的处理效果得到最大程度的发挥，如超声提取与其他提取技术的集成强化。超声提取已得到较广泛的应用，但仍存在一定的局限性，如超声处理过程中的液体升温效应、受热不均匀、提取液不易过滤；超声波传播衰减较大，影响提取效果。已有与其他提取技术如超临界萃取、亚临界萃取、固相萃取、微波提取、酶法提取、真空蒸馏、高速逆流色谱等的集成研究。

超声强化超临界流体提取有效生物成分，已有对肉桂中桂皮醛、甘草中的角鲨烯、植物中丹参酮类脂溶性成分及其他生物碱、多糖成分等的超声强化超临界流体（CO_2）萃取的工艺开发研究，但需深入相关基础理论及应用的研发工作，使超声强化超临界流体萃取技术成为工业化多种有效成分分离提取技术之一。

在其他化工生产中也进行了超声技术与别的过程强化技术协同联用，均有较好的研究结果。例如超声强化催化化学反应过程；超声结合电脱盐强化原油脱盐、脱水过程，超声改善油品性质，脱金属、脱硫[23]；超声波和微波协同强化传热与化学反应过程等。中科院大连化学物理研究所董正亚等[24]将超声与微反应器耦合，开发超声微反应器。

由于不同物理场强化化工过程各有其特点与缺陷，超声技术与其他过程强化技术协同联用可以取长补短，得到更好的强化过程手段，满足化工生产的要求。在研究揭示各过程强化技术机理的基础上，需深入研究各强化技术协同效应机理，因此任务繁重而艰巨。

二、挑战

大量研究表明，超声化工技术研究在小试阶段的成果往往是令人满意的，主要挑战在于开发各种用于不同化工过程的声处理器或声反应器及其工业化放大。问题的具体表现如下。

（1）需更深入研究声空化过程机理，考虑如何从空化效应动力学理论角度提高声化学产率。声致发光机理仍未解决，将影响声光化学反应的应用。

（2）研究声场在化工过程强化的协同效应与机理。声场强化化工过程是多种效应共同作用的结果，而化工过程的"三传一反"本身是一个复杂的过程，故在声场作用下各过程工程机理、动力学特征就更加复杂，今后应加强声与过程工程联合作用强化机理研究，以期为建模、设备开发以及工程放大提供依据。

（3）随着高功率超声应用的进一步发展，声场的校准和表征将变得越来越重要，需寻求非侵入性技术，以确保负载介质不受污染，并需将测量探针／传感器对产生的磁场的影响降至最低。目前缺乏测量较准确、方便、经济的声测量仪器。由于功率超声的非线性声学特征，造成声参数的测量困难与数值准确问题，如常用到声强与声功率的测量，目前较多使用水听器，其测量方便，但不太适合用于超声功率的测量。

（4）过程专用功率超声工业化设备的设计困难。需深入了解各具体化工过程原理与声场过程的良好耦合或配合，同样说明各应用领域与声学学科知识交叉的重要。

（5）超声设备拟达到的声参数（频率、功率）需求和有效作用范围还受声特性、声学制造材料与过程工艺条件的制约，使研发出的声处理设备不能满足化工工艺条件的要求。如化学分解反应或废水降解过程一般要求同时具有大功率、高频率的声反应器，但在超声换能器的设计与制造中，它们很难同时都得到满足，需采用其他办法来弥补不足。目前研究热门的超声微反应器应是一个方向。

（6）声处理器一般的放大手段是加大换能器的声功率，但由于空化只能产生在换能器壁附近，无法使整个处理体积都有空化效应；声强太大，会使换能器变幅杆壁周围产生"空化屏蔽"，增加的声能无法进入液体产生空化。所以不能简单进行处理器体积放大与声功率放大，而且大功率的超声装置成本高、安全性与稳定性低、使用寿命受影响，需开发新的换能器形式与处理器声场合理配置。

（7）必须注意与高功率超声系统相关的健康和安全风险。其中在液体介质或大功率超声换能器中意外接触空化场将是主要风险。一份由南安普敦大学撰写的咨询报告提供了高功率超声系统相关的曝光极限 [25]，对于暴露持续时间超过 4h 的最大允许水平（> 20kHz 的工作频率）在 105 ～ 110dB 之间，应研究确定辐射剂量 - 反应关系。随着高功率超声技术的发展，在不久的将来会产生更大的工业规模系统，这一课题将变得更加有意义。

（8）目前大部分进行超声强化化工过程或过程工程的研究者不是声学专业的学者，而以化学家与化学工程师居多，声学理论知识有待提高。如在研究工作中，没有统一超声功率说明的规定，未给出是声功率还是电功率，有的干脆就按超声发生器仪表盘上的刻度的百分之几来说明实验的声功率，使实验结果与声参数的关联度很差，其他研究者也无法重复相同的实验条件，不利学术与工作交流。

（9）高等院校极少有声学工业应用开发的选修课程，使理科与工科院校均处在较低水平的声化工技术的研发阶段。

（10）过程专家与声学专家的合作应是促进超声化工技术发展的重要途径之一。中国声学学会功率超声分会委员会在这方面做了很多工作，积极组织全国有关声学学科、声设备制造和过程工业的专家、学者及工程师参加每两年一次的全国功率超声学术会议，极大地推动了超声化工技术在我国化工与过程工业应用的发展，当然参会人员与公司企业规模仍需发展；另一方面也反映化学、化工学会与声学学会加强学科交流的迫切性。

超声化学与超声强化技术集物理、化学、化工于一体。关于超声技术的研究已延伸到各个领域，成为近代物理学与化学中十分活跃的分支。超声对化学反应有巨大的促进作用；声空化效应、热效应、机械效应强化"三传一反"的作用也表明超声在化学工业中的应用具有非常广阔的前景。20世纪中叶以来，已经探讨了超声能量的发生或加强各种流程应用，但只有较少数量的超声过程强化技术应用在食品、轻工与环境等相关工业生产上。化工过程方面的大部分应用研究均取得较好的实验室研究结果，但对一些声学基础理论知识的研究还有待发展，尤其对化工过程的强化机理及相应声处理设备的放大规律尚需要深入研究，还应扩大超声的工业化应用领域，研制出高效、低价的大容量超声化学反应器与专用声处理器，但近年来这种反应器的设计进展依然缓慢。随着全球能源的日趋紧张和人类对环境的日趋重视，亟须改进传统的生产方式，发展高效率、对环境友好的生产方式，而超声技术正是这样一种极具发展潜力的前沿科学技术。由此看来，需要大量的科研、生产开发人员通力协作，进一步深入研究超声化学与强化技术的机理，将超声波与传统技术或其他新型强化技术相耦合，研制出新型、大规模、高效率的功率超声系统（发生器和反应器），这必将是传统化学工业的一场革命，并为传统的化学工业与其他过程工业的发展带来新的发展与机遇。

参考文献

[1] 国家自然科学基金委员会，中国科学院. 中国学科发展战略·化工过程强化 [M]. 北京：科学出版社，2018.

[2] 冯若，李化茂. 声化学及其应用 [M]. 安徽：安徽科学技术出版社，1991.

[3] Harvey G, Gachagan A, Mutasa T. Review of high-power ultrasound-industrial applications and measurement methods[J].IEEE Transactions on Ultrasonics Ferroelectrics and Frequency Control, 2014, 61 (3): 481-495.

[4] Song L. Modeling of acoustic agglomeration of fine aerosol particles[D]. State College: Pennsylvania State University, 1990.

[5] Leonelli C, Mason T J. Review microwave and ultrasonic processing: Now a realistic option for industry[J] . Chemical Engineering and Processing, 2010, 49:885-900.

[6] 张志伟，赵德智，宋官龙，等. 超声波在石油化工领域的应用及其研究进展 [J]. 应用化工，2016, 45(4):755-759.

[7] 王颖，吴丹，马来波，等. 超声波在化学工业中的应用与研究进展 [J]. 盐科学与化工，

2017, 46(3):1-4.

[8] Yin X, Han P F, Lu X P, et al. A review of dewaterability of bio-sludge and ultrasound pretreatment[J].Ultrasonics Sonochemistry, 2004, 11(6), 337-348.

[9] 张丽芬，朱婉萍，刘东红，等 . 食品功能组分超声辅助提取的研究进展 [J]. 中国食品学报，2011, 11(3): 128-132.

[10] Sivakumar M, Tang S Y, Tan K W. Cavitation technology-a greener processing technique for the generation of pharmaceutical nanoemulsions[J].Ultrasonics Sonochemistry, 2014, 21:2069-2083.

[11] 刘祖虎，孙云，蒋长胜，等 . 原油电脱盐脱水新技术研究和应用进展 [J]. 炼油技术与工程，2016,(46):6-9.

[12] Ye G X, Lu X P, Han P F, et al. Desalting and dewatering of crude oil in ultrasonic standing wave field[J].Journal of Petroleum Science and Engineering, 2010, 70:140-144.

[13] Xie W, Li R, LÜ X. Pulsed ultrasound assisted dehydration of waste oil[J]. Ultrasonics Sonochemistry, 2015, 26:136-141.

[14] 孙莉云，杨亮，韩萍芳，等 . 炼油厂污油超声破乳脱水及工业化应用 [J]. 油田化学，2011, 28(4):454-456.

[15] 殷绚，胡正猛，吕效平 . 超声辅助污泥脱水的研究 [J]. 南京工业大学学报，2006, 28(1): 58-61.

[16] Rahimzadeh A,Eslamian M. On evaporation of thin liquid films subjected to ultrasonic substrate vibration[J].International Communications in Heat and Mass Transfer, 2017, 83: 15-22.

[17] 高蓬辉，张梦，杜玉吉，等 . 超声波作用下液滴的冷却冻结规律 [J]. 化工学报，2017, 68(11): 4095-4104.

[18] 郑宁来 . 扬子石化建成首套污油超声脱水装置 [J]. 石化技术与应用，2013, 31, (3): 231-231.

[19] 杨志，黄书义，王聪典 . 超声波防垢除垢技术在岩盐矿山的应用 [J]. 中国井矿盐，2012(2): 28-30.

[20] 张知宇，桑丽霞，鲁理平，等 . TiO$_2$ 纳米管阵列电极的制备及其光电特性 [J]. 无机材料学报，2010, (11): 27-31.

[21] 王辉，刘方，魏艳，等 . 燃料后处理中锕系元素的声化学调价研究进展 [J]. 应用声学，2013, 32(1): 57-61.

[22] Karimi M, Jenkins B, Stroeve P. Ultrasound irradiation in the production of ethanol from biomass. Renewable and Sustainable Energy Reviews, 2014, 40(40): 400-421.

[23] 张志伟，赵德智，宋官龙，等 . 超声波在石油化工领域的应用及其研究进展 [J]. 应用化工，2016, 45(4): 755-759.

[24] Dong Z, Yao C, Zhang Y, et al. A high-power ultrasinc microreactor and its application in

gas-liquid mass transfer intensification. Lab On a Chip, 2015, 15(4): 1145-1152.

[25] Lawton B W. Exposure limits for airborne sound of very high frequency and ultrasonic frequency[R]. ISVR Technical Report No: 334, University of Southampton, 2013.

第二章

声学基础与超声换能器

通常把频率在 16 ～ 20000Hz 之间能引起听觉的声音振动称为音频声（实际上人的听觉一般只限于频率在 16000Hz 以下的声音）。频率高于 20000Hz 的声音振动称为超声；低于 20Hz 的振动称为次声。超声及次声一般不能引起人听觉器官的感觉，但可借助一些仪器设备进行观察和测量。

声学是研究介质中机械振动及声波的产生、传播、接收及其效应的学科。根据研究的方法、对象和频率范围可以分成许多分支，如理论声学、电声学、建筑声学、心理声学、语言声学、水声学、超声学、分子声学、噪声学和音乐声学等。20世纪以来，声学在工程技术和国防建设上已获得了广泛应用。

为了表征声振动及传播的特性，人们建立了一系列声学物理量，如声压、声速、声阻抗、声功率等。借助于它们可以对声振动特性、声场特性、声传播规律以及声的各种效应进行完整的描述。这些声学物理量，从基本定义上来说，均适用于作为声学一个分支学科的超声学。只是由于超声的高频、高强度、高衰减等特性，可能使某些物理量在某些特殊情况下，具有其独特的表现形式或量值而已。清楚地了解这些物理量的物理意义及相互关系，无论对声学的理论研究还是实际应用，都是至关重要的。以下我们首先从理想流体中小振幅声波传播的波动方程出发，对声波的基本性质作一简要的阐述，然后扼要说明超声空化现象及其机理，最后简单介绍功率超声应用中常用的三类超声换能器 [1-12]。

第一节 声波与声场

一、波动方程与平面声场[1-3,6]

波动方程在研究声学问题中具有重要意义，它是描述波动的数学形式，同时也是计算声学问题的基本关系。

理想流体是指可以忽略诸如黏滞、热传导和弛豫等不可逆过程的流体。与黏滞流体或者固体不同，理想流体内任意一个曲面上的作用力（邻近流体质点的压力）平行于这个曲面的法向，而与流体的运动无关，也就是说理想流体中不存在剪切应力。在声波频率不太高或者远离边界处，大部分流体（如空气和水）可看作理想流体。

在数学上可以利用一些函数来描述运动流体的状态，它们给出流体的速度分布 $v=v(x,y,z,t)$ 和任意两个热力学量的分布，例如压强分布 $P=P(x,y,z,t)$ 和密度分布 $\rho=\rho(x,y,z,t)$。众所周知，根据任意两个热力学量的值和物态方程即可确定所有的热力学量。因此，只要给定五个量：速度 v 的三个分量、压强 P 和密度 ρ，就可以把流体的运动状态完全定下来。这五个量满足下面的方程，即表示质量守恒定律的连续性方程

$$\frac{\partial \rho}{\partial t} + \nabla \cdot \boldsymbol{j} = 0 \qquad (2\text{-}1)$$

式（2-1）描述了流体内部质点运动和流体密度之间的关系，反映流体质量的连续性，故称为连续性方程。$\boldsymbol{j} = \rho \boldsymbol{v}$ 称为质量流密度，其方向与质点或流体元的运动方向一致，而大小等于单位时间流过与速度方向垂直的单位面积的流体质量。

$$\frac{\partial \boldsymbol{v}}{\partial t} + (\boldsymbol{v} \cdot \nabla)\boldsymbol{v} = -\frac{1}{\rho} \nabla P \qquad (2\text{-}2)$$

式（2-2）就是流体的运动方程，描述了流体中质点的受力运动过程，由欧拉于1755年首先得到，现称欧拉方程。由连续性方程（2-1）和欧拉方程（2-2）加上流体的状态方程，在小振幅声波或线性近似条件下，可以得出线性的波动方程。所谓小振幅声波是指声场中的介质质点的振动位移比波长小很多。

在流体中，因为振动位移很小，所以质点运动速度 v 也很小，在欧拉方程中就可以忽略掉左边的第二项迁移加速度。基于同样的原因，流体中的压强和密度的相对变化也很小。我们把压强 P 和密度 ρ 写为以下形式

$$P = P_0 + p, \quad \rho = \rho_0 + \rho' \qquad (2\text{-}3)$$

式中，P_0，ρ_0 为流体的平衡压强和平衡密度，它们处处相同。而 ρ' 和 p 是声波

中的密度变化和压强变化，其大小远小于平衡或静态时的值，视作一阶小量。压强变化量 $p = P - P_0$ 称为声压。有时也将密度的相对变化量 $(\rho - \rho_0)/\rho_0$ 称为稠密度。声波作用引起各点介质压缩或伸张，因此各点压强比静压可大可小，即声压有正负。

把式（2-3）代入连续性方程，并忽略二阶小量，其形式变为

$$\frac{\partial \rho'}{\partial t} + \rho_0 \nabla \cdot \boldsymbol{v} = 0 \tag{2-4}$$

欧拉方程在同样的近似下化为方程

$$\rho_0 \frac{\partial \boldsymbol{v}}{\partial t} + \nabla p = 0 \tag{2-5}$$

式（2-4）和式（2-5）含有未知函数 $\boldsymbol{v}$、p 和 ρ'。为了消去其中一个未知数，我们注意到，理想流体中的声波是绝热运动。由热力学关系 $P = P(\rho, s)$（s 是单位质量的熵），在平衡点附近作展开并保留一阶小量，得到压强的微小变化 p 和密度的微小变化 ρ' 之间的关系为

$$p = \left(\frac{\partial p}{\partial \rho}\right)_{s,0} \rho' \equiv c_0^2 \rho' \tag{2-6}$$

其中 $c_0^2 \equiv (\partial p / \partial \rho)_{s,0}$，下标"0"表示在平衡点取值。

利用这个方程，在方程（2-4）中把 ρ' 代换为 p，得到

$$\frac{\partial p}{\partial t} + \rho_0 c_0{}^2 \nabla \cdot \boldsymbol{v} = 0 \tag{2-7}$$

式（2-5）和式（2-7）实际上完全描述了理想流体中线性声波的传播过程。由这两式中消去 $\boldsymbol{v}$ 得到

$$\frac{1}{c_0^2} \times \frac{\partial^2 p}{\partial t^2} - \nabla^2 p = 0 \tag{2-8}$$

上式即为流体中小扰动的传播方程，即波动方程，c_0 称为声速。速度 $\boldsymbol{v}$ 的三个分量都满足同样的方程，密度变化 ρ' 也满足波动方程。

在推导波动方程（2-8）过程中，已假定声传播区域是无源的，那么 $\nabla \times \boldsymbol{v} = $ 常数，即流体中旋量保持不变。如果假定初始时刻旋量为零，那么 $\nabla \times \boldsymbol{v} \equiv 0$，故存在标量函数 ϕ，称为速度势，使

$$\boldsymbol{v} = \nabla \phi \tag{2-9}$$

代入式（2-5）得到声压与速度势的关系

$$p = -\rho_0 \frac{\partial \phi}{\partial t} \tag{2-10}$$

显然，速度势也满足波动方程

$$\nabla^2 \phi - \frac{1}{c_0^2} \times \frac{\partial^2 \phi}{\partial t^2} = 0 \qquad （2\text{-}11）$$

速度势在物理上反映了由于声扰动使介质单位质量具有的冲量。采用速度势的优点是：从单一的标量函数可以求出所有的场量，即声压和流体元或质点的速度。事实上，在理想流体的运动中，只要熵等于常数（与空间和时间无关），那么运动就是无旋的，可以引进速度势。

考虑最简单的一维、无界情况，其中所有的量只依赖于一个坐标 x。三维波动方程（2-11）化为一维波动方程

$$\frac{\partial^2 \phi}{\partial x^2} - \frac{1}{c_0^2} \times \frac{\partial^2 \phi}{\partial t^2} = 0 \qquad （2\text{-}12）$$

容易验证式（2-12）的通解为

$$\phi(x,t) = f(x - c_0 t) + F(x + c_0 t) \qquad （2\text{-}13）$$

其中 f 和 F 是满足可微性条件的任意函数，即它们具有一次微商和二次微商，并且是连续的。同样形式的函数还可以描述平面波中的其余各个量 p、ρ' 等的分布。

解释式（2-13）的意义是很明显的。当 $x - c_0 t$ 为一常数时，即 x 和 $c_0 t$ 以相等的数量增加时，f 的值不变。在三维空间看来，$x =$ 常数 $+ c_0 t$ 是垂直于 x 轴的一系列平面，称为波阵面或等相位面。该平面以速度 $+c_0$ 向右（x 轴正方向）传播，所以 $f(x - c_0 t)$ 表示向 x 轴正方向传播的平面行波，传播速度为 c_0。同样，$F(x + c_0 t)$ 表示以速度 c_0 向相反方向（x 轴负方向）传播的平面行波。

以下我们考虑沿正 x 方向传播的平面行波，其速度势为 $\phi = f(x - c_0 t)$。由式（2-9）可知，速度 $\boldsymbol{v}$ 的三个分量中只有 x 方向的分量，u 不为零

$$u = \frac{\partial \phi}{\partial x} = f'(x - ct) \qquad （2\text{-}14）$$

声波中的流体速度指向声波的传播方向。因此，我们说流体中的声波是纵波。一般气体和液体（牛顿流体，无剪切弹性）只能传播这种波型（模式）的声波，即纵波。

由式（2-10）可得声压

$$p = -\rho_0 \frac{\partial \phi}{\partial t} = \rho_0 c_0 f'(x - c_0 t) = \rho_0 c_0 u \qquad （2\text{-}15）$$

根据式（2-15），把 $p = c_0^2 \rho'$ 代入此式，就得到速度与密度变化之间的关系

$$u = \frac{c_0 \rho'}{\rho_0} \qquad （2\text{-}16）$$

可见：在平面行波中，流体速度 u 与声压 p 和密度变化 ρ_0 之间有简单的关系。

方程（2-15）中 u 前面的系数或 p 与 u 的比值 $\rho_0 c_0$ 称为介质的特性阻抗，是介

质的固有特性，与波形无关。在空气中，例如 $t = 20°C$ 时，声速 $c_0 = 334\text{m/s}$，密度 $\rho_0 = 1.21\text{kg/m}^3$，故空气的特性阻抗为 $\rho_0 c_0 \approx 415\text{N} \cdot \text{s/m}^3$。$p/u$ 是介质对于其中自由行波的特性阻抗，在一般的声学系统（如管道、共振腔、驻波等）中也有类似的量，称为声阻抗率，它不一定等于 $\rho_0 c_0$。

以上讨论的声波信号随时间变化是任意的函数或时间波形。在许多的实际问题中，波是按照正弦规律变化的，其中的物理量都是时间的简谐函数，即时间的正弦或余弦函数，这种波称为单频波（或按照光学中的说法，单色波）。单频波在波动分析中极为重要，因为任何波都可以表示为具有各种波矢和频率的平面单频波的叠加。一般周期性变化的波，可以用一系列正弦变化的波（傅里叶级数）来描述，而非周期变化的波可以表示为傅里叶积分，这样的分解也称为谱分解，而展开式中单独的各项称为波的单频分量或傅里叶分量。讨论声学系统只需求得其对正弦波的响应即可，这样可使声学分析大为简化。

对于沿正 x 方向传播的平面简谐行波，方程（2-12）的解为

$$\phi(x,t) = a\cos[k(c_0 t - x) + \varphi] = a\cos(\omega t - kx + \varphi) \qquad (2\text{-}17)$$

式中　a——速度势 ϕ 的幅值（或称峰值振幅）；

　　　k——波数，$k = \omega / c_0 = 2\pi / \lambda$；

　　　ω——角频率或圆频率，$\omega = 2\pi f$；

　　　f——频率；

　　　λ——波长，等于声波在一周内传播的距离，$f\lambda = c_0$。

传播一周的时间 $T = 1/f$ 为周期。上式中余弦函数的宗量称为波的相位，φ 为初始相位，对于稳态声传播性质的影响不大，以下取 $\varphi = 0$。

由式（2-14）可得质点速度

$$u = \frac{\partial \phi}{\partial x} = ka\sin(\omega t - kx) = u_0 \sin(\omega t - kx) \qquad (2\text{-}18)$$

$u_0 = ka$ 是质点速度的幅值。声波中的质点速度是由于声波通过介质所引起的，介质中某给定的无穷小部分（流体元），相对于整个流体的瞬时速度。

由式（2-10）或者式（2-15）可得平面波的声压

$$p = \rho_0 c_0 u_0 \sin(\omega t - kx) = p_0 \sin(\omega t - kx) \qquad (2\text{-}19)$$

声压幅值 $p_0 = \rho_0 c_0 u_0$。比较式（2-18）和式（2-19），可以注意到质点速度和声压在平面波是同相的。

在声学中，常常采用电路理论中的复数表达法。例如，对于式（2-17），其中物理量不一定限于速度势，省略表示取实部的记号 Re，我们写出

$$\phi = A\exp[j(\omega t - kx)] \qquad (2\text{-}20)$$

式中　A——复值振幅，$A = ae^{j\varphi}$。

式（2-20）（有时省去 $e^{j\omega t}$ 这一项）常称为复值物理量。

相应地，复值声压和复值质点速度表示为

$$p = p_A \exp[j(\omega t - kx)] \qquad （2-21）$$

$$u = u_A \exp[j(\omega t - kx)] \qquad （2-22）$$

其中 $p_A = -jp_0$ 称为声压的复值振幅（p_0 为声压幅度），$u_A = -ju_0$ 称为质点速度的复值振幅（u_0 为振速幅度）。

用复数表示，在运算中可以简化，特别是在微分和积分中更方便。这个方法只用于声场的场量（p 和 u 等线性量）。如果涉及以场量的二次方形式表示的量（如声强、声能量密度等），运算时仍须采用实值表达式。

二、声速与声特性阻抗[3,4]

1. 声速

声波在弹性介质中传播的速度，称为声速。声速的量值与介质的性质和形状有关。由于流体（气体和液体）没有剪切弹性，只有体积弹性，质点振动的方向与声波传播的方向相一致，因而流体中声波的传播形式只能是纵波。也就是说，在声扰动下，气体介质中的质点在各自平衡位置附近运动，形成稠密和稀疏依次交替的传递过程，因此纵波也称压力波。下面分别给出气体、液体和固体中声速的公式及影响声速的有关因素。

气体的声速一般可表示为

$$c_0 = \sqrt{(\mathrm{d}P/\mathrm{d}\rho)_{s,0}} \qquad （2-23）$$

对理想气体，绝热状态方程为 $PV^\gamma = P_0 V_0^\gamma$，即 $P/\rho^\gamma = P_0/\rho_0^\gamma$，因此声速为

$$c_0 = \sqrt{\gamma P_0/\rho_0} \qquad （2-24）$$

其中，$\gamma = c_P/c_V$ 为定压与定容比热容之比。对单原子理想气体（如氦气），$\gamma = 5/3$；对双原子理想气体（如氢气），$\gamma = 7/5 = 1.4$；对多原子理想气体，$\gamma = 4/3$；对空气，$\gamma = 1.402$。在标准大气压 $P_0 = 1.013 \times 10^5 \mathrm{Pa}$，温度为 $0°C$ 时的密度 $\rho_0 = 1.293\mathrm{kg/m^3}$，计算得到空气中的声速 $c_0 = 331.6\mathrm{m/s}$。

利用理想气体的状态方程 $PV = MRT/\mu$，其中，P、V 和 T 分别为 M kg 气体的压强、体积和热力学温度；μ 为气体摩尔质量；$R = 8.31 \mathrm{J/(K \cdot mol)}$ 为气体常数，声速与温度的关系为

$$c_0 = \sqrt{\frac{\gamma R}{\mu} T} \qquad （2-25）$$

对于空气，摩尔质量 $\mu = 29 \times 10^{-3}\,\mathrm{kg/mol}$，空气中声速与温度的关系为

$$c_0 = \sqrt{\frac{\gamma R}{\mu}(273+t)} \approx 331.6 + 0.6t \quad (\mathrm{m/s}) \tag{2-26}$$

其中 t 为温度（℃）。例如 $t = 20℃$ 时，声速 $c_0(20℃) = 343\mathrm{m/s}$。

对于非理想气体或流体，不可能写出绝热状态方程。这时通常用介质的绝热压缩系数来表达声速

$$\kappa_s = -\frac{1}{V}\left(\frac{\mathrm{d}V}{\mathrm{d}P}\right)_s \tag{2-27}$$

$$c_0 = 1/\sqrt{\kappa_s \rho_0} \tag{2-28}$$

对温度 $t = 20℃$ 的水，$\rho_0 = 998\mathrm{kg/m}^3$，$\kappa_s = 45.8 \times 10^{-11}\,\mathrm{m}^2/\mathrm{N}$，故水的声速可计算得 $c_0 \approx 1487\mathrm{m/s}$。

液体中声速随温度变化的关系可由热力学方程式得出

$$c_0 = \left[c_P(\gamma-1)/\alpha_P^2 T \right]^{1/2} \tag{2-29}$$

式中　α_P——定压下热膨胀系数。

式（2-29）表明，若 c_P、γ 和 α_P 在很大的温度范围内保持常数，则液体的声速随温度升高而减小。这一关系对于大多数纯净液体是正确的，只要液体温度离临界（三相点）温度足够远。对于水来讲，温度对这三个量影响很大。实验发现，当水温低于 73℃ 时，声速随水温升高而增大，在 73℃ 时达到最大值。超过这个温度，声速随温度升高而减小。当水温在 $0 \sim 20℃$，压力在 $1 \sim 100\mathrm{atm}$（$10^5 \sim 10^7\mathrm{Pa}$），水中声速的经验公式为

$$c_0 = 1447 + 4.0(t-10) + 1.6 \times 10^{-6} P_0 \quad (\mathrm{m/s}) \tag{2-30}$$

其中 P_0 的单位为 Pa。在理论估算中，经常取 $c_0 \approx 1500\mathrm{m/s}$，就可以得到较高的精度。在海水中，声速还与海水中盐的含量有关，设盐浓度为 S (g/kg)（每千克海水中所含固体物质的质量），当 S 约为 35 时（99.5% 的海水的盐浓度在 $33 \sim 37\mathrm{g/kg}$），海水中声速的经验公式为

$$c_0 = 1490 + 3.6(t-10) + 1.6 \times 10^{-6} P_0 + 1.3(S-35) \quad (\mathrm{m/s}) \tag{2-31}$$

在固体中，除体积弹性外，还有剪切弹性。所以，固体中既可以传播纵波，也可以传播横波，即质点位移或振动速度方向与声波传播方向相互垂直的波型。这里值得指出的是，并不是所有横波都与剪切弹性有关，如绷紧的弦中横波与弦的张力有关，而与剪切弹性无关。无限大各向同性均匀固体中传播的横波往往称为剪切波。

在无限大各向同性均匀固体中，纵波声速为

$$c_l = \sqrt{\frac{E(1-\sigma)}{\rho_0(1+\sigma)(1-2\sigma)}} \tag{2-32}$$

横波或剪切波的声速

$$c_t = \sqrt{\frac{E}{2\rho_0(1+\sigma)}} = \sqrt{\frac{G}{\rho_0}} \tag{2-33}$$

式中　E——杨氏模量；

　　　σ——泊松比；

　　　G——剪切模量，也称剪切弹性模量或扭曲弹性模量。

有时，人们会利用各向同性固体的两个弹性系数，即拉梅常数 λ 和 μ（也称为切变弹性系数）与 E 和 σ 的关系

$$\lambda = \frac{E\sigma}{(1+\sigma)(1-2\sigma)} \tag{2-34}$$

$$\mu = \frac{E}{2(1+\sigma)} \tag{2-35}$$

可将式（2-32）和式（2-33）分别改写为

$$c_l = \sqrt{\frac{\lambda + 2\mu}{\rho_0}} \tag{2-36}$$

$$c_t = \sqrt{\frac{\mu}{\rho_0}} \tag{2-37}$$

由这些公式可知，固体介质的弹性性能越强，密度越小，声速就越高。而且可以导出纵波声速与横波声速之间的关系

$$\frac{c_l}{c_t} = \sqrt{\frac{2(1-\sigma)}{1-2\sigma}} \tag{2-38}$$

对一般固体，若 $\sigma \approx 0.33$，则 $c_l / c_t \approx 2$。即纵波声速约为横波声速的两倍。

根据介质形状的不同，还可产生弯曲波、扭转波等其他波型。对于截面尺度小于声波波长的棒或梁，纵波声速公式

$$c_l = \sqrt{\frac{E}{\rho_0}} \tag{2-39}$$

弯曲波声速

$$c_f = \sqrt{\frac{\omega^2 R^2 E}{\rho_0}} \tag{2-40}$$

式中　ω——角频率；

R——截面的回转半径。

弯曲波声速（相速度）与频率有关，将产生声的频散或色散。这种频散并不是由介质的内部结构所引起，而是取决于几何尺寸，故常称之为几何频散。其他的色散波，像兰姆波也属于几何频散。

2. 声阻抗率与声特性阻抗

与电路或传输线理论中电阻抗概念类比，定义声场中某位置的复值声压 p 与该位置的复值振动速度 u 的比值为声阻抗率 Z_s（specific acoustic impedance，因为声压是单位面积受的力，故声阻抗率意指单位面积的声阻抗）

$$Z_s = \frac{p}{u} = R_s + jX_s \qquad (2\text{-}41)$$

在一般情况下是复数，其实部 R_s 为声阻率，虚部 X_s 为声抗率。上面给出的关于 p、u、Z_s 的一般表达式，在不同的声波波形和介质状态下，各有其相应的表达式。

在一个通过声波的面积上，可以引入声阻抗这一物理量，其定义为声压 p 与声流量或体积速度（uS，其中 S 为声波通过的面积）之比

$$Z_a = \frac{p}{uS} = R_a + jX_a \qquad (2\text{-}42)$$

其实部为声阻，虚部为声抗。声阻抗一般用于分析集中参数声学系统。

作为特例，我们给出理想流体中平面简谐声波情况下这些公式的具体表达式。由式（2-21）和式（2-22），沿正 x 方向传播的平面行波的复值声压和质点振速为

$$p = -jp_0 \mathrm{e}^{jkx} \qquad (2\text{-}43)$$

$$u = -ju_0 \mathrm{e}^{-jkx} \qquad (2\text{-}44)$$

将式（2-43）和式（2-44）代入式（2-41），可得沿正 x 方向传播的平面简谐声波的声阻抗率为

$$Z_s = \rho_0 c_0 \qquad (2\text{-}45)$$

沿负 x 方向传播的平面行波的声压和质点振速为

$$p = -jp_0 A \mathrm{e}^{+jkx} \qquad (2\text{-}46)$$

$$u = ju_0 \mathrm{e}^{+jkx} \qquad (2\text{-}47)$$

由定义可得沿负 x 方向传播的平面简谐声波的声阻抗率为

$$Z_s = -\rho_0 c_0 \qquad (2\text{-}48)$$

上式中负号表明了波传播的方向，可知声阻抗率与波传播的方向有关。

而介质的密度 ρ_0 与声速 c_0 的乘积 $\rho_0 c_0$ 正是前面方程（2-15）所定义的量，与波的传播方向无关，且与波形无关，是表征介质固有特性的一个重要的物理量，称为介质的声特性阻抗（率）。在讨论声波的传播及阻抗匹配等过程时会看到，特性阻

抗 $\rho_0 c_0$ 比 ρ_0 或 c_0 单独的作用还要大。它是声学中经常使用的一个物理量。

三、声强与声功率[1,4,6]

1. 声能密度

由前可知，声场中质点随着声波的传播而振动，同时，介质的密度也发生变化，因此在声波传播过程中，介质中各点的能量也发生变化。振动引起动能变化，形变引起位能变化。这种由于声波传播而引起的介质能量的增量称为声能。显然声能是介质运动的机械能。

假设弹性介质的声场中有一个小体积元 V，由于声扰动使该体积元具有的动能为

$$E_k = \frac{1}{2}\rho_0 v^2 V \qquad (2\text{-}49)$$

其势能为

$$E_p = -\int_0^p p\mathrm{d}V \qquad (2\text{-}50)$$

式中　$\mathrm{d}V$——小体积元 V 因声压 p 而被压缩的量，考虑到 V 中质量守恒及小振幅条件，可得

$$E_p = -\int_0^p p\mathrm{d}V = \frac{V}{\rho_0 c_0^2}\int_0^p p\mathrm{d}p = \frac{p^2}{2\rho_0 c_0^2} \qquad (2\text{-}51)$$

显然，小体积元里的总能量为动能与势能之和。单位体积里的声能量，即声场的能量密度（声能密度）为 w，有

$$w = \frac{1}{2}\rho_0 v^2 + \frac{1}{2}\times\frac{p^2}{\rho_0 c_0^2} \qquad (2\text{-}52)$$

由式（2-52）可见介质中能量总是正值。声场中各点 p、v 值不同，因而各点声能密度不等。又因 p、v 是时间的函数，因此声能密度 w 也随时间变化。从能量守恒观点看，由振源输出的机械能除部分被介质或界面吸收外，其余都以介质振动的声能形式保留在声场中。在推导式（2-52）的过程中，并未对声场的形式做特殊规定，因而此式是适用平面行波及其他类型声波的普遍表达式。

在平面行波中，因 $p = \rho_0 c_0 u$，声能密度可以简化为

$$w = \rho_0 u^2 = \frac{p^2}{\rho_0 c_0^2} \qquad (2\text{-}53)$$

对于平面简谐声波情况，将声压 $p = p_0\cos(\omega t - kx)$ 代入上式中，即可得到平面简谐声场中各点的声能量密度为

$$w = \frac{p_0^2}{\rho_0 c_0^2} \cos^2(\omega t - kx) \qquad (2\text{-}54)$$

显然，声能密度 w 是随时间和传播距离而变化的。将其瞬时值在一个周期积分并取平均，即得到平均声能密度为

$$\bar{w} = \frac{p_0^2}{2\rho_0 c_0^2} = \frac{p_e^2}{\rho_0 c_0^2} \qquad (2\text{-}55)$$

式中 $p_e = p_0 / \sqrt{2}$ ——有效值声压。

2. 能流密度和声波强度

波在介质中传播时，相应的能量随着振动状态沿波的传播方向传输。因此引入介质中能流的概念。定义单位时间内通过与能量传播方向垂直的单位面积的声能为声能流密度 I。它是一个向量。设在理想介质中，取一小体积元。声波传播时，声能流入又流出，而该体积内的净余量应等于该体积内声能密度的增加量。依照连续性方程式的推导方法可得

$$\frac{\partial w}{\partial t} = -\nabla \cdot I \qquad (2\text{-}56)$$

它表示声能密度的时间变化率等于能流密度的负梯度。

对式（2-52）求时间导数并利用式（2-5）和式（2-7），得

$$\frac{\partial w}{\partial t} = \rho_0 v \frac{\partial v}{\partial t} + \frac{1}{\rho_0 c_0^2} p \frac{\partial p}{\partial t} = -v \cdot \nabla p - p \nabla \cdot v = -\nabla \cdot (pv) \qquad (2\text{-}57)$$

与式（2-56）比较，可得到声能流密度 I

$$I = pv \qquad (2\text{-}58)$$

由此可见，声能通过单位面积的能流瞬时值在数量上等于该点声压和质点振速的乘积，声能流的传播方向就是介质质点振速的方向。在简谐振动情况下，声场中各点声压 p 和振速 v 的频率相同，但相位不一定相同（在球面波场中可以看到此类情况）。因此 pv 乘积可正可负。当它为正时，表示能流沿波传播方向流出；当它为负时，表示能流向波传播方向的反方向流动。当振源表面能流为正时，表示振源对介质做正功，即振源辐射声能；能流为负时，表示振源做负功，即声场把能量交还给振源。如把声压类比为电压，质点振速类比电流，则能流密度的数值就可类比成电路的瞬时功率。在有电抗的电路中，电压、电流有相位差，瞬时功率有时正，有时负。

取能流密度的时间平均值（一个周期 T 中的平均）表示声波能量的强度，简称声波强度或声强，通常也以 I 表示。

$$I = \frac{1}{T} \int_0^T pv \, dt \qquad (2\text{-}59)$$

即声场中任意一点的声波强度是通过与能流方向垂直的单位面积的声能量的平均值。声波强度可类比为电路中的有功功率。显然，在简谐声场中，声波强度取决于声压和振速的振幅值和它们之间的相位差。一般来说，这些量是空间坐标的函数。

对于沿正 x 方向传播的平面简谐行波，将式（2-18）和式（2-19）代入上式，可以得到（略去了 x 方向单位矢量）

$$I = \frac{p_0^2}{2\rho_0 c_0} = \frac{p_e^2}{\rho_0 c_0} = \frac{1}{2}\rho_0 c_0 u_0^2 = \rho_0 c_0 u_e^2 = \frac{1}{2}p_0 u_0 = p_e u_e \qquad (2\text{-}60)$$

式中　$u_e = u_0/\sqrt{2}$ ——质点速度的有效值。

沿负 x 方向传播的平面简谐行波，其声压和质点速度为

$$p = p_0 \cos(\omega t + kx) \qquad (2\text{-}61)$$

$$u = -\frac{p_0}{\rho_0 c_0}\cos(\omega t + kx) \qquad (2\text{-}62)$$

可以求得

$$I = -\frac{p_0^2}{2\rho_0 c_0} = -\frac{1}{2}\rho_0 c_0 u_0^2 \qquad (2\text{-}63)$$

式（2-63）中的负号表明声能量向负 x 方向传播。可以证明，当同时存在前进波与反射波时，如果前进波与反射波相等，则形成的驻波声场中声强处处为零。这时，声强这一量往往不能反映其能量关系，必须用平均声能量密度来描述。

由式（2-60）等可见，声强与声压幅值或质点速度幅值的平方成正比；此外在相同质点速度幅值的情况下，声强还与介质的特性阻抗成正比，例如在空气和水中有两列相同频率、相同速度幅值的平面声波，这时水中的声强要比空气中的声强约大 3600 倍，可见在特性阻抗较大的介质中，声源只需用较小的振动速度就可以发射出较大的能量，从声辐射的角度来看这是很有利的。

声功率是反映声场中总能量关系的一个物理量。平均声功率 W 是指单位时间里通过垂直于声传播方向的面积 S 的（时间）平均声能量。即

$$W = IS = \overline{w}c_0 S \qquad (2\text{-}64)$$

声功率或平均声功率、声能密度或平均声能密度、能流密度或声强，这些物理量反映了声波能量与声压和质点振速之间的关系。当需要从总体上估计声场能量及作用效果（如声波使宏观介质产生温升效应等）时，或者反过来，根据所需能量对发声系统进行设计时，声功率是个可作依据的参量。然而，当具体考虑声场中各处声与局部介质相互作用的程度时，声强更起决定性作用。这一点可以这样来理解，一个功率大而声束发散的超声换能器，其声场可能弱到满足小振幅声波条件；而一个小功率聚焦超声换能器，在其焦点处，声场不仅可达大振幅非线性范围，而且可强到足以破坏介质结构，如使液体介质产生空化及伴随发生各种强烈的物理化学效

应。另外，从时域声压波形来看，声压幅值并不大的连续波，可以拥有较大的平均声功率；而平均声功率特别小的脉冲波，其瞬时声压波形的正、负峰值也可达到足以使液体介质产生空化的程度。

四、球面声波[3]

1. 声阻抗率

许多声学问题涉及球面发散声波。对于和原点对称的球面波，其速度势 $\phi(r,t)$ 满足方程

$$\frac{1}{r^2} \times \frac{\partial}{\partial r}\left(r^2 \frac{\partial \phi}{\partial r}\right) - \frac{1}{c_0^2} \times \frac{\partial^2 \phi}{\partial t^2} = 0 \qquad (2\text{-}65)$$

即

$$\frac{\partial^2 (r\phi)}{\partial r^2} - \frac{1}{c_0^2} \times \frac{\partial^2 (r\phi)}{\partial t^2} = 0 \qquad (2\text{-}66)$$

上式与方程（2-12）形式完全一样，故方程（2-65）的行波解为

$$\phi(r,t) = \frac{1}{r}\left[f(r - c_0 t) + F(r + c_0 t)\right] \qquad (2\text{-}67)$$

显然，等值面方程为 $r \pm c_0 t = $ 常数。对固定的时间 t_i（$i = 1,2,3,\cdots$），$r = $ 常数 $\pm c_0 t_i$ 是三维空间一系列球面方程，因此 $f(r - c_0 t)$ 表示由原点向外传播的扩散波；$F(r + c_0 t)$ 表示由远处向原点传播的会聚波，这样的波称为球面波。

对于简谐发散球面波，取 $\phi(r,t)$ 的形式

$$\phi(r,t) = \frac{\phi_0}{r} \mathrm{e}^{j(\omega t - kr)} \qquad (2\text{-}68)$$

其中 $k = \omega / c_0$ 为波数。由方程（2-9）得到质点速度只有径向分量

$$v(r,t) = \frac{\phi_0}{r^2}\left(1 + jkr\right)\mathrm{e}^{j(\omega t - kr)} = \frac{u_0}{r}\left(\frac{1}{kr} + j\right)\mathrm{e}^{j(\omega t - kr)} \qquad (2\text{-}69)$$

其中 $u_0 = k\phi_0$。由方程（2-10），得到声压

$$p(r,t) = \frac{j\omega \phi_0 \rho_0}{r} \mathrm{e}^{j(\omega t - kr)} = \frac{jp_0}{r} \mathrm{e}^{j(\omega t - kr)} \qquad (2\text{-}70)$$

其中 $p_0 = \omega \phi_0 \rho_0 = \rho_0 c_0 u_0$。可见，质点速度与声压存在相位差，只有在远场，声压与速度同相。发散球面波的声阻抗率为

$$Z_s = \frac{p(r,t)}{v(r,t)} = \rho_0 c_0 \frac{kr}{kr + j} = \rho_0 c_0 \left(\frac{k^2 r^2 + jkr}{1 + k^2 r^2}\right) \qquad (2\text{-}71)$$

比较上式与方程（2-45）可知，声阻抗率不仅与声波传播方向有关，而且与声波波型也有关。对于会聚球面波，上式中要加上一负号，表示传播方向。显然发散球面波远场 $kr \gg 1$，$Z_s \approx \rho_0 c_0$，与平面波类似。在近场 $kr \ll 1$，声阻率 $R_s \approx \rho_0 c_0 k^2 r^2$，声抗率 $X_s \approx \rho_0 c_0 kr$ 数值上远大于声阻率，但均远小于 $\rho_0 c_0$。这意味着在近场中，声源几乎不向外辐射声能量。

2. 声强矢量

我们知道，声能流矢量的时间平均值就是声强矢量。对于简谐声波，类似于电磁场理论中的复值坡印亭矢量，可定义复值声强矢量

$$\tilde{I} = \frac{1}{2} \tilde{p} \tilde{V}^* \tag{2-72}$$

这里我们为强调表达式中各复值物理量，在通常的记号中加上了～，其中 * 表示复数取共轭。其实部就是通常所讲的声强。

发散球面声波的复值声强矢量的方向为径向，数值上可以由式（2-69）和式（2-70）得出

$$\tilde{I} = \frac{\omega \phi_0^2 \rho_0 k}{2r^2} + j \frac{\omega \phi_0^2 \rho_0}{2r^3} \tag{2-73}$$

取实部得到通常的声强

$$I = \mathrm{Re}(\tilde{I}) = \frac{\omega \phi_0^2 \rho_0 k}{2r^2} = \frac{p_0^2}{2\rho_0 c_0 r^2} = \frac{p_m^2}{2\rho_0 c_0} \tag{2-74}$$

若记 $p_m = p_0 / r$，则形式上与平面行波声强的表达式完全一样。

3. 声功率

声强 I 为单位时间内通过单位面积的声能量。因此，通过半径为 r 的球面 S 的声能量为

$$\bar{W} = IS = 4\pi r^2 I = 2\pi \frac{p_0^2}{\rho_0 c_0} \tag{2-75}$$

也就是（平均）声功率。可见声功率与球面半径无关。特别要注意的是：对于球面声波，因为声功率与半径 r 无关，声压随距离必须是 $1/r$ 衰减的。

五、声波的反射与透射[3]

声波在传播途中遇到平面界面的反射是常见的情况。所谓平面界面是指平面两侧的介质具有不同的声学特性，如空气与水的界面。严格意义上的无限大平面是不存在的，实际情况的近似是：①只要反射物的横向（切向）几何线度比声波波长大得多；②纵向（法向）几何线度远远小于声波波长，则这样的几何面可近似为平面。

当声波遇到平面时，一部分能量反射回来，而另一部分能量透射到平面的另一个侧面。能量反射或透射的比率由平面的声学性质决定。必须指出的是，对单频的稳态声波，多层平面声学系统的反射和透射特性是由整个系统的特性决定的，与每一层介质的声阻抗率有关。本节主要讨论稳态平面波在平面界面上的反射和透射。

1. 平面波垂直入射时的反射和透射

设密度和声速分别为 ρ_1 和 c_1 的介质 1 与密度和声速分别为 ρ_2 和 c_2 的介质 2 由界面 $z = 0$ 分开。设入射、反射和透射平面波分别为（忽略时间因子）

$$p_i(z) = p_{0i} \exp(-jk_1 z)$$
$$p_r(z) = p_{0r} \exp(+jk_1 z)$$
$$p_t(z) = p_{0t} \exp(-jk_2 z)$$

（2-76）

其中 $k_1 = \omega / c_1$ 和 $k_2 = \omega / c_2$ 分别是介质 1 和介质 2 中的波数。注意：反射波波矢在 z 轴的投影是负的。相应的 z 方向速度场为

$$v_i(z) = \frac{p_{0i}}{\rho_1 c_1} \exp(-jk_1 z)$$

$$v_r(z) = -\frac{p_{0r}}{\rho_1 c_1} \exp(+jk_1 z)$$

（2-77）

$$v_t(z) = \frac{p_{0t}}{\rho_2 c_2} \exp(-jk_2 z)$$

在分界面 $z = 0$ 处，应满足声压连续和法向速度，即

$$p_{0i} + p_{0r} = p_{0t}$$
$$\frac{1}{\rho_1 c_1}(p_{0i} - p_{0r}) = \frac{1}{\rho_2 c_2} p_{0t}$$

（2-78）

从上式得到声压反射系数 $r_p \equiv p_{0r} / p_{0i}$ 和透射系数 $t_p \equiv p_{0t} / p_{0i}$ 分别为

$$r_p = \frac{\rho_2 c_2 - \rho_1 c_1}{\rho_2 c_2 + \rho_1 c_1}, \quad t_p = \frac{2\rho_2 c_2}{\rho_2 c_2 + \rho_1 c_1}$$

（2-79）

而声强反射系数 r_I（反射波声强与入射波声强之比）和透射系数 t_I（透射波声强与入射波声强之比）为

$$r_I \equiv \frac{|p_{0r}|^2 / 2\rho_1 c_1}{|p_{0i}|^2 / 2\rho_1 c_1} = \left(\frac{\rho_2 c_2 - \rho_1 c_1}{\rho_2 c_2 + \rho_1 c_1}\right)^2$$

（2-80a）

$$t_I \equiv \frac{|p_{0t}|^2 / 2\rho_2 c_2}{|p_{0i}|^2 / 2\rho_1 c_1} = \frac{4\rho_1 c_1 \rho_2 c_2}{(\rho_2 c_2 + \rho_1 c_1)^2}$$

（2-80b）

当 $\rho_2 c_2 > \rho_1 c_1$ 时，$r_p > 0$，即在界面上，反射波与入射波声压的相位相同，这样的边界称为硬边界。当 $\rho_2 c_2 \gg \rho_1 c_1$ 时，$r_p \approx 1$，$t_p \approx 2$，即在界面上，反射波与入

射波声压相等，这样的边界称为刚性边界。声波从空气中入射到水面就是这种情况，当温度 $t = 20℃$ 时，$(\rho_1 c_1)_{空气} = 415\text{N} \cdot \text{s} \cdot \text{m}^{-3}$，$(\rho_2 c_2)_{水} = 1.48 \times 10^6 \text{N} \cdot \text{s} \cdot \text{m}^{-3}$，声强透射系数 $T_I \approx 1.12 \times 10^{-3}$，可见只有千分之一的声能量能透过界面进入水中。至于 $t_p \approx 2$，实际上是边界面处声压 $2p_i$ 的静态传递，因为刚性介质只能传递静态压强而不能传播声波。

当 $\rho_2 c_2 < \rho_1 c_1$ 时，$r_p < 0$，即在界面上，反射波与入射波声压的相位相反，这样的边界称为软边界。当 $\rho_2 c_2 \ll \rho_1 c_1$ 时，$r_p \approx -1, t_p \approx 0$，即在界面上，反射波与入射波声压大小相同但相位相反（以保证介质1压力释放），这样的边界称为压力释放边界。声波从水中入射到水面就是这种情况，此时 $(\rho_2 c_2)_{空气} = 415\text{N} \cdot \text{s} \cdot \text{m}^{-3}$，$(\rho_1 c_1)_{水} = 1.48 \times 10^6 \text{N} \cdot \text{s} \cdot \text{m}^{-3}$，由于声强透射公式中，即方程（2-80b），$\rho_2 c_2$ 和 $\rho_1 c_1$ 的出现是对称的，故声强透射系数不变，也只有千分之一的声能量能透过界面进入空气中。

2. 声波通过中间层的情况

考虑较一般的三层介质透射问题，在介质1、2之间插入中间层介质3，与介质1、2的分界面相互平行。它们的特征声阻抗率分别记为 $R_1 = \rho_1 c_1$、$R_2 = \rho_2 c_2$ 和 $R' = \rho_3 c_3$，中间层3厚度为 l（图2-1）。

可以求得介质2中的声强透射系数为

$$t_I = \frac{4 R_1 R_2}{(R_1 + R_2)^2 \cos^2 (k'l) + (R' + R_1 R_2 / R')^2 \sin^2 (k'l)} \tag{2-81}$$

这里 k' 是中间层介质的波数。方程（2-80）和方程（2-81）表明：与仅存在一个界面的两种介质情况不同 [即方程（2-80）]，三层介质的透射系数（或者反射系数）与频率有关。以下分析三种特殊情况。

（1）$k'l \ll 1$，即中间层足够薄，满足这一条件 $k'l \ll 1$。方程（2-81）中的余弦项近似为1，含正弦函数的这一项接近于0，因而可忽略。方程（2-81）化为方程（2-80b），中间层应当对声波传播没有影响。这些条件在音频范围内容易满足，电声器件中常利用这一原理，在振膜前加一层薄膜材料来保护振膜，又不影响声波的透入。实际上，中间层不影响声波的传播，不仅取决于 $k'l \ll 1$ 这个条件，还取决于 R_1、R_2 与 R' 的相对值大小。当 R' 远小于 R_1、R_2 时，上面的近似往往失效。例如，一石英晶体换能器与一钢件表面直接相互接触，表面加工公差 2μm（平整度

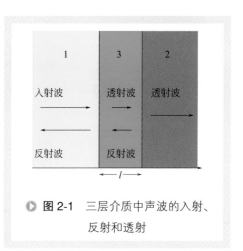

图 2-1 三层介质中声波的入射、反射和透射

或粗糙度）。这一情形相当于石英与钢之间有一厚度为 $2\mu m$ 的空气层。若换能器频率为 1MHz，由方程（2-81）给出的 t_I 值低至 4×10^{-9}，而直接从方程（2-80）得出的值为 0.76。另一方面，若换能器和钢件表面之间是一层水膜，则由这两个方程得出的 t_I 值十分接近。表明耦合液对声传播的影响可以忽略不计。

（2）当 $k'l = n\pi$ $(n = 1,2,\cdots)$，即中间层的厚度为半波长的整数倍，$l = n\lambda'/2$（注意：是中间层介质 3 中的波长），透射系数 $t_I \approx 1$。这就是超声技术常采用的半波透声片的透声原理。

（3）当 $k'l = (2n-1)\pi/2$ $(n = 1,2,\cdots)$，即中间层的厚度为 1/4 波长的奇数倍，$l = (2n-1)\lambda'/4$ 时，方程（2-81）变成

$$t_I = \frac{4R_1R_2}{(R'+R_1R_2/R')^2} \qquad (2-82)$$

如果设计中间层阻抗满足 $R' = \sqrt{R_1R_2}$，那么 $t_I \approx 1$，这样中间层就起到了阻抗匹配作用。这就是超声技术中常用的 $\lambda/4$ 波片全透射技术。

如果此时还有 R' 远小于 R_1 和 R_2，相当于两固体之间的过渡层是空气，那么 $t_I \approx 0$，即该频率的声波被完全隔离。半波长共振晶体换能器的一面是空气（背衬），在这一面上无声能辐射，实际上就是这个道理。

3. 平面波斜入射时的反射和折射

这里我们直接给出斜入射时的一些主要结果。假设两种介质均为理想流体，这样可以不考虑波型转换。

如图 2-2 所示，ϑ_i、ϑ_r、ϑ_t 分别表示声波在分界面上的入射角、反射角和折射角或透射角。可以推导出声波反射和折射的 Snell 定律

$$\vartheta_i = \vartheta_r, \quad \frac{\sin\vartheta_i}{\sin\vartheta_t} = \frac{c_1}{c_2} \qquad (2-83)$$

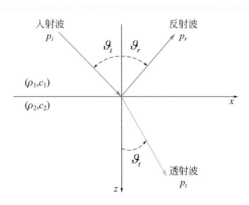

▶ 图 2-2　两种不同的介质，分界面为 $z=0$ 平面

声压反射系数 $r_p \equiv p_{0r} / p_{0i}$ 和透射系数 $t_p \equiv p_{0t} / p_{0i}$ 分别为

$$r_p = \frac{\rho_2 c_2 \cos \vartheta_i - \rho_1 c_1 \cos \vartheta_t}{\rho_2 c_2 \cos \vartheta_i + \rho_1 c_1 \cos \vartheta_t} = \frac{m \cos \vartheta_i - \sqrt{n^2 - \sin^2 \vartheta_i}}{m \cos \vartheta_i + \sqrt{n^2 - \sin^2 \vartheta_i}} \tag{2-84}$$

$$t_p = \frac{2 \rho_2 c_2 \cos \vartheta_i}{\rho_2 c_2 \cos \vartheta_i + \rho_1 c_1 \cos \vartheta_t} = \frac{2m \cos \vartheta_i}{m \cos \vartheta_i + \sqrt{n^2 - \sin^2 \vartheta_i}} \tag{2-85}$$

其中 $m \equiv \rho_2 / \rho_1$ 和 $n \equiv c_1 / c_2$。当 $\vartheta_i = 0$，即垂直入射时，式（2-84）和式（2-85）简化为式（2-79）。

下面考虑另外几种特殊情况。

（1）全透射　当 ϑ_i 满足

$$m \cos \vartheta_i - \sqrt{n^2 - \sin^2 \vartheta_i} = 0 \tag{2-86}$$

此时，$t_p = 1$ 以及 $r_p = 0$。因此全透射时的入射角满足

$$\sin \vartheta_{ic} = \sqrt{\frac{m^2 - n^2}{m^2 - 1}} \tag{2-87}$$

入射角 ϑ_{ic} 称为全透射角。由条件 $0 \leqslant \sin \vartheta_{ic} \leqslant 1$ 得到。

$$当 \ m > 1 \ 时，m > n > 1 \tag{2-88a}$$

$$当 \ m < 1 \ 时，m < n < 1 \tag{2-88b}$$

式（2-88a）相当于 $\rho_2 c_2 > \rho_1 c_1$ 并且 $c_1 > c_2$（即介质 2 有小的声速，大的密度）；而式（2-88b）相当于 $\rho_2 c_2 < \rho_1 c_1$ 并且 $c_1 < c_2$（即介质 2 有大的声速，小的密度）。对天然的材料，一般材料的声速大，密度也大；声速小，密度也小。因此，要满足全透射角的存在条件，只有人工材料才能实现。

（2）全内反射　由于当 $0 < x < \pi/2$ 时，$\sin x$ 是单调的增函数，由 Snell 定律，即式（2-83），当 $c_1 > c_2$ 时，入射角大于透射角：$\vartheta_i > \vartheta_t$；反之，当 $c_1 < c_2$ 时，透射角大于入射角：$\vartheta_t > \vartheta_i$。可以想象，当入射角从 0° 增加时，透射角也从 0° 增加而且保持大于入射角，当入射角增加到某一个角度时，透射角恰好为 $\vartheta_t = \pi/2$，这时的反射系数为 $r_p = 1$，即发生全反射。这样的入射角称为临界角，显然临界角 ϑ_{ic} 满足 $\sin \vartheta_{ic} = c_1 / c_2$。当入射角从临界角 ϑ_{ic} 进一步增加时，$\sin \vartheta_t > 1$，也就是说不存在实数角 ϑ_t，这意味着在介质 2 中没有通常意义的折射波。这时反射角仍等于入射角，而反射系数变成一复数，其绝对值恒等于 1，即反射波幅值等于入射波幅值，所以入射声波的能量全部反射回介质 1 中，只是相对于入射波而言产生一个相位跃变，因此称此现象为全内反射。

（3）掠入射　当入射角 $\vartheta_i \to \pi/2$（但不可能等于 $\pi/2$），由式（2-84），得到声压的反射系数 $r_p \approx -1$，即声波全反射，这一性质与界面两侧介质的密度和声速无关。分两种情况讨论：① $c_1 < c_2$，存在临界角，此时入射角一定大于临界角，由

全内反射的讨论可知这时早已发生全反射；② $c_1 > c_2$，不存在临界角，此时透射角为 $\sin \vartheta_t = c_1 / c_0$，但此时 $t_p \approx 0$。

（4）垂直透射　由 Snell 定律，当 $c_1 \gg c_2$，$\vartheta_t \approx 0$，即总是垂直透射，声波入射到多孔吸声材料或者雪地就是这种情况。

六、声辐射压力与声流[2,3]

在线性声学理论中，声压与质点速度之间的关系为

$$p = \rho_0 c_0 u = \rho_0 c_0{}^2 s' \qquad (2\text{-}89)$$

已假定当声压增大时，流体的密度基本上不变，近似等于静态密度，稠密度（相对密度变化率）或体压缩率 $s' = (\rho - \rho_0) / \rho_0 \ll 1$。这对于小振幅声波是适用的。当声能密度很大时，声场中各点的声压、密度的变化量及质点速度均不能再当作小振幅线性声学处理。这时，式（2-89）中的 ρ_0 可以用 $\rho_0(1 + s')$ 来代替，声压的一个更好的近似为

$$p = \rho_0(1 + s')c_0{}^2 s' \qquad (2\text{-}90)$$

考虑简谐平面声场中一点的密度随声压的瞬时值而改变

$$s' = s_0 \cos(\omega t - kx) \qquad (2\text{-}91)$$

将此代入式（2-90），则有

$$p = \rho_0 c_0{}^2 s_0 \cos(\omega t - kx) + \rho_0 c_0{}^2 s_0{}^2 \cos^2(\omega t - kx) \qquad (2\text{-}92)$$

现在，我们把声辐射压力 p_r 看作是声压 p 的时间平均值。显然，由式（2-92）可知，第 1 项的时间平均值等于零。第 2 项为声压的非线性项，其时间平均值不等于零，相当于非线性声压的"直流"部分，称为声辐射压力。

$$p_L = \overline{p} = \frac{1}{2} \rho_0 c_0{}^2 s_0{}^2 = \frac{1}{2} \times \frac{p_0{}^2}{\rho_0 c_0{}^2} = \frac{1}{2} \rho_0 u_0{}^2 = \frac{I}{c_0} = \overline{w} \qquad (2\text{-}93)$$

可见，此辐射压力等于声波的平均声能密度。式（2-93）所表示的辐射压力常称为朗之万辐射压力，是由对流加速度引起的。

另一种由物态方程的非线性引起的瑞利辐射压力，可以看成修改式（2-89）中的声速 c_0。理想气体中瑞利辐射压力为

$$p_R = \overline{p} = \frac{\gamma + 1}{2} \times \frac{I}{c_0} \qquad (2\text{-}94)$$

式中　γ——比热容比。

式（2-94）表明，瑞利辐射压力也正比于声场的平均声能密度。这两种辐射压力均正比于声强，且是指向声传播方向的一种单向力。

应当注意到朗之万辐射压力式（2-93）与瑞利辐射压力式（2-94）之间存在

差异。理论分析表明,这样的差异是由于在不同的参考系而引起的。前者是在 Lagrange 坐标系中定义的,而后者是在 Euler 坐标系中定义的。

一般情况下,声辐射压力很小,例如声压级为 134dB(空气中,声压为 100Pa)的声波,产生的辐射压力不到 0.1Pa,其值甚小。一般用于测量声源的辐射声功率。但当声压级达到 174dB(空气中,声压为 10000Pa)时,产生的辐射压力可达到 1000Pa,可以把物体悬浮起来。较强的辐射压力可在流体中引起声流,可用于药物的超声透入治疗。更强的辐射压力可使液体形成喷泉与雾化,在治疗呼吸道疾病及家用增湿器、山水盆景等方面已获应用。

在线性声学范围内,流体质点围绕平衡位置作振动,压力和速度的时间平均为零。在非线性声场中,声压的时间平均称为声辐射压力,相应的速度时间平均称为声流,也称为声风、石英风(acoustic streaming)。如果说声辐射压力是非线性声压的"直流"部分,则声流即非线性质量流的"直流"部分。

声流是由于声波在流体介质中传播而产生的流体的单向流动,由流体的黏滞引起,因而总是有旋的。当声波在衰减介质中传播时,声辐射压力(数值上等于声能量密度)将随着传播距离的增加而呈指数减小,介质将受到一"直流"力(数值上等于声辐射压力或声能量密度的梯度)的作用而作加速运动。在既没有外部质量流入也没有内部质量流出这一条件下,当"直流"力与介质中黏性力平衡时,将产生定常流动,即声流。

声流的定量表征主要有 Eckart 旋涡理论及其修正和 Nyborg 声流理论。在二阶近似下,Nyborg 声流理论与修正的 Eckart 旋涡理论是一致的。详细的推导和讨论可参考有关专著和文章。

这里引用 Eckart 旋涡理论计算的一个例子。考虑半径为 $r = a$ 的有限长刚性管道中声波产生的声流,假定管道尾端有一个全吸收面吸收声能量,使尾端没有声反射,管口声源产生的声波在管道的 z 轴方向传播。管道是封闭的,既没有外部质量流入也没有内部质量流出。设声束近似为半径为 $r_0 < a$ 的均匀束

$$P(r) = \begin{cases} P_0, & 0 < r < r_0 \\ 0, & r_0 < r < a \end{cases} \tag{2-95a}$$

根据 Eckart 旋涡理论,得到 z 方向的声流速度 $v_{2z}(r)$ 的分布关系(其他方向的声流速度为零)

当 $r > r_0$ 时

$$v_{2z}(r) = -\frac{bP_0^2 r_0^2}{2}\left[\left(1 - \frac{1}{2}\frac{r_0^2}{a^2}\right)\left(1 - \frac{r^2}{a^2}\right) - \ln\frac{r}{a}\right] \tag{2-95b}$$

当 $r \leqslant r_0$ 时

$$v_{2z}(r) = \frac{bP_0^2 r_0^2}{2} \left[\frac{1}{2}\left(1 - \frac{r^2}{r_0^2}\right) - \left(1 - \frac{r_0^2}{2a^2}\right)\left(1 - \frac{r^2}{a^2}\right) - \ln\frac{r_0}{a} \right] \tag{2-95c}$$

具体的计算表明：在声束内（$0 \leqslant r \leqslant r_0$），声流速度与声传播相同，沿 z 方向；而在声束外（$r_0 < r < a$），声流速度与声传播相反，沿负 z 方向（图 2-3）；声束边缘附近的声流速度是正是负，与 r_0 / a 有关。

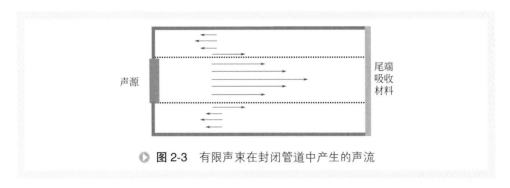

图 2-3　有限声束在封闭管道中产生的声流

声流通常比质点的速度（在平衡位置的振动速度）小三四个数量级，如辐射压力与声压之比。虽然如此，声流对破坏附面层，加速传质、传热，以及清除表面污垢、杂物都是非常有效的。

七、驻波场与混响场[1,3,9]

在线性声学中，声波满足叠加原理。即当两列以上的声波在同一介质中传播相遇时，在相遇区域内，任一点的振动是各列波所引起的振动的合成。而在相遇之后，各波仍保持各自原有的特性（频率、波长、振动方向等）不变，继续沿原有传播方向前进，独立进行传播。当两列具有相同频率、固定相位差的声波叠加时，就会发生干涉现象。干涉的结果是在干涉区域形成固定的声场空间分布。即场中某些位置上声波加强，而在另外一些位置上，声波减弱。在某一位置上，声场究竟是加强还是减弱以及加强与减弱的程度取决于两波到达该位置时的相位差。

作为干涉现象的一个特例，现讨论由两列频率相同，但沿相反方向传播的平面波相干形成驻波的情况，即平面波垂直入射到一边界，在介质 1 中反射波和入射波发生干涉的情形（参见平面波垂直入射时的反射和透射）。这里我们设入射波沿 x 正向传播，反射波沿 x 负向传播。根据叠加原理，在介质 1 中合成声场为

$$p = p_i + p_r = p_{0i}\mathrm{e}^{j(k\omega - kx)} + p_{0r}\mathrm{e}^{j(\omega t + kx)} \tag{2-96}$$

$$v = v_i + v_r = \frac{p_{0i}}{\rho_1 c_1}\mathrm{e}^{j(k\omega - kx)} - \frac{p_{0r}}{\rho_1 c_1}\mathrm{e}^{j(\omega t + kx)} \tag{2-97}$$

上式可以写成

$$p = 2p_{0r}\cos kx \mathrm{e}^{j\omega t} + (p_{0i} - p_{0r})\mathrm{e}^{j(\omega t - kx)} \qquad (2\text{-}98)$$

$$v = \frac{1}{\rho_1 c_1}[-2jp_{0r}\sin kx \mathrm{e}^{j\omega t} + (p_{0i} - p_{0r})\mathrm{e}^{j(\omega t - kx)}] \qquad (2\text{-}99)$$

由上式可见，合成声场一般由两部分组成。如式（2-98）中，第一项代表驻波场，第二项表示行波场。当 $\rho_2 c_2 > \rho_1 c_1$ 时，在两种介质的分界面即 $x = 0$ 处，反射声压与入射声压同相位，合成或总声压幅度 $p_0 = p_{0i} + p_{0r}$，而反射波质点振速与入射波反相，总振速幅度 $v_0 = (p_{0i} - p_{0r})/\rho_1 c_1$。在界面 $x = 0$ 以及离开界面半波长整数倍的位置（$-x = n\lambda/2$），声压振幅最大（等于 p_0），称为声压波腹，而质点振速幅度最小（等于 v_0），因而在声压波腹处质点位移幅度也是最小值。在相邻的声压波腹中间，即 $-x = (2n+1)\lambda/4$，声压振幅最小，称为声压波节，而质点振速幅度、位移幅度均为最大值。当 $\rho_2 c_2 < \rho_1 c_1$ 时，在两种介质的分界面即 $x = 0$ 处，反射声压与入射声压反相，在界面 $x = 0$ 以及 $-x = n\lambda/2$ 处，声压振幅最小，而质点振速幅度、位移幅度均最大。在 $-x = (2n+1)\lambda/4$ 处，声压振幅最大，而质点振速幅度、位移幅度均取最小值。式（2-98）或式（2-99）中的第二项，代表沿 x 正向传播的行波。其振幅由两波原有振幅差决定。这一项的存在，表明声波有一定能量传递，且使合成场的波节处，振幅达不到零值。只有当两波振幅相等（如声波碰到界面而全反射的情况）时，第二项才为零，即无行波成分。这种情况下的驻波，称为纯驻波，也称定波。

例如，当 $\rho_2 c_2 \gg \rho_1 c_1$ 时，$r_p \approx 1$，声波从空气中入射到水面就是这种情况，在界面上，反射波与入射波声压幅度相等且同相，合成声场的声压和质点振速可表示为

$$p = 2p_{0i}\cos kx \mathrm{e}^{j\omega t} \qquad (2\text{-}100a)$$

$$v = -j\frac{2p_{0i}}{\rho_1 c_1}\sin kx \mathrm{e}^{j\omega t} \qquad (2\text{-}100b)$$

可见，此时波腹处声压振幅为原来的两倍，波节处振幅为零；而在声压波腹处，质点振速振幅为零，波节处振速振幅为原来的两倍。

驻波场常常用于声学测量，如测量声速及声衰减的所谓超声干涉法及共振法就是根据这个原理而建立的。

超声振动可使气、液介质中悬浮粒子以不同速度运动，增加相碰撞机会。在驻波场内，这些粒子将从声压的腹点处被推向节点处聚集起来，当粒子聚集到一定数量以后，足以克服液体的黏滞阻力及浮力时，就开始聚结、沉淀。如果粒子是气泡，则它们在节点处汇集成较大的气泡上浮。这种效应可用来处理乳化污油、原油等，促进其脱水。也可用来对玻璃溶液、金属溶液及液体食品做除气处理。

驻波效应在有些场合下应尽量避免，如超声波清洗。当清洗槽的液体中形成驻

波时，液体中有些地方声压幅度很小，而另外一些地方声压幅度很大。这样，会造成清洗不均匀的现象。

事实上，当声源频率足够高（或者腔体足够大），激发出的空间声场十分均匀（远离声源和壁面），称为扩散声场(diffused field)，可以用几何声学的方法来形象地描述这样的声场：声源向各个方向发出的声波可看成无限多条声线（用波动的描述方法就是不同平面波的叠加），每条声线在遇到墙壁反射前直线传播。由于声源发出无限多条声线，每条声线传播速度为声速 c_0，因此在极短的时间内，无数条声线经墙壁多次反射后，使腔内的声传播完全处于无规则状态。从统计学的角度讲，①每条声线通过空间任何一点的概率相等；②每条声线通过空间一点时的入射方向的概率相等；③在空间任意一点，通过的每条声线的相位是无规的。因此而形成的空间声能量密度处处相等。这样的声场即为扩散声场。必须指出的是，纯粹的单频波是不可能形成扩散声场的，因为对纯粹单频波而言，壁面多次反射的声波仍然是相关的，要满足扩散场的要求，声源必须有一定的带宽。

显然，在闭合空间 V 内要形成扩散声场，不仅频率要足够高，而且对空间的尺寸、形状和墙的吸声性质也有要求：①空间必须足够大（每个方向，如果仅在一个方向比较长，比如长房间，必须用波导的理论来讨论）；②对称性尽量低；③墙面吸声系数不是很大，具有较大的反射声的能力。

房间中，从声源发出的声波能量，在传播过程中由于不断被壁面吸收而逐渐衰减。声波在各方向来回反射，而又逐渐衰减的现象称为混响(reverberation)。到达某一测量点的声场又可分为直达声和混响声。声源辐射后直接到达接收点的声为直达声；而经过壁面一次或多次反射后到达接收点的声，听起来好像是直达声的延续为混响声。另一个重要概念是所谓回声：如果到达听者的直达声与第一次反射声之间，或者相继到达的两个反射声之间在时间上相差 50 ms 以上，而反射声的强度又足够大，使听者能明显分辨出两个声音的存在，那么这种延迟的反射声叫作回声。

当声源停止后从初始的声压级降低 60dB（相当于平均声能密度降为 10^{-6}）所需的时间，即混响时间 T_{60}。混响时间 T_{60} 与平均吸声系数 $\bar{\alpha}$ 之间的关系，即赛宾公式 $T_{60} \approx 0.161V/(S\bar{\alpha})$，其中 V 为混响室体积；S 为吸声材料总面积。

混响时间是房间声学质量的最重要参数：混响时间过长，使人感到声音"混浊"不清，使语言听音清晰度降低，甚至根本听不清；混响时间太短，使人有"沉寂"的感觉，声音听起来很不自然。对音乐，混响时间长一些，使人们听起来有丰满感觉；而对语言，混响时间短一些，有足够的清晰度。对播音室、录音室，最佳混响时间要在 0.5s 或更短一些；供演讲用的礼堂或电影院，最佳混响时间要求在 1s 左右；而主要供演奏音乐用的剧院和音乐厅，一般要求混响时间在 1.5s 左右为佳。两种特殊情况是：平均吸声系数 $\bar{\alpha} \approx 1$，$T_{60} \to 0$（实际上是一个比较小的有限值），这样的房间称为消声室(anechoic chamber)；平均吸声系数 $\bar{\alpha} \approx 0$，

$T_{60} \rightarrow \infty$（实际上是一个比较大的有限值），这样的房间称为混响室 (reverberation chamber)。

当声源提供给混响声场的能量等于壁面吸收的声能量时，就可以建立稳态的混响声场，空间一点的声场可以看作是直达声与混响声之和。由于直达声与混响声不相关，故总能量密度为直达声与混响声的能量密度的简单相加。很显然，当测量点或场点与声源的距离较近时，测量点以直达声为主；反之，以混响声为主，直达声较弱，这个区域内的声场称为混响声场 (reverberant field)。混响声场有时也用来指扩散声场。

频率为 20 ～ 50kHz 的超声波，在水溶液一类的液体介质中的吸收较小，它在声化学反应器中要经历在容器内壁、液面及超声辐射面上的多次反射，这些频率虽然相同（实际上总有一定的频宽），但相位无规变化的声波在空间某点相遇叠加的合成声场，其总的声强等于各列声波强度之和，即它们之间不发生干涉，理想情况下，空间的声能量密度处处相等。这种能量分布较均匀的超声场也称为混响场，它可能是声化学反应器内声场的主要形式。

八、声衰减与吸收[3,7]

从广义上讲，声波在介质中传播时，其强度随传播距离的增加而逐渐减弱的现象，统称为声衰减。引起声波强度的衰减主要有三个因素：①声波传播过程中波阵面的发散，例如球面波的声压正比于 $1/r$，而柱面波的声压正比于 $1/\sqrt{\rho}$；②声波遇到散射体的散射引起的传播方向改变，导致在原传播路径上声能量的减少；③介质的吸收，声波在介质中传播必将引起介质分子之间的碰撞，部分有序的声能量将转化成无序的分子热能，引起声波的衰减，称为介质对声波的吸收，常简称为声波的吸收。在前两个因素中，总声能量守恒，称为"几何"衰减。通常，在讨论声波与介质特性的关系时，仅考虑第三类衰减；但在估计声波传播损失，例如声波作用距离或回波强度时，必须计及这三类衰减因素。

声波的吸收减弱可以用衰减系数来定量描述。不考虑声波的强度减弱是由于波阵面的几何扩大，所以我们只需假设声波是平面波形式。当忽略声衰减时，沿单方向传播的时间谐振平面波，质点位移（也可以是声压等）可以写为

$$u(x,t) = u_0 e^{j(\omega t - kx)} \qquad (2\text{-}101)$$

现在，波在传播过程中不断减弱，$u(x,t)$ 便表示为

$$u(x,t) = u_0 e^{-\alpha x} e^{j(\omega t - kx)} \qquad (2\text{-}102)$$

式中 α——衰减系数。

α 表达了声波随传播距离变大而减弱的程度，在简单情况下，α 是常数，但更普遍认为它是频率的函数，它的量纲是长度的倒数，其单位可以有如下两种取法。

设

$$U(x) = u_0 e^{-\alpha x} \qquad (2\text{-}103)$$

又设 x_1 和 $x_2(x_2 > x_1)$ 是传播途中两个不同的位置，传播距离 $l = x_2 - x_1$ 则

$$\alpha l = \ln \frac{U(x_1)}{U(x_2)} \qquad (2\text{-}104)$$

称为衰减量，其单位是奈培（Np）；衰减系数的单位常用 Np/cm 来表示，用电学测量中所采用的分贝来代替奈培更为方便，可按 1Np=8.686 dB 换算成 dB/cm。

在诸如气体、液体、非结晶固体或单晶等均质介质中，部分声波能量被吸收并转变为热能；而在诸如多晶固体的非均质介质中，或在含有其他微粒而基本上是均质的材料中，还会产生散射形式的另一种损失，因而，衰减系数可以分成两部分

$$\alpha = \alpha_a + \alpha_s \qquad (2\text{-}105)$$

式中　α_a——吸收系数；

　　　α_s——散射系数。

吸收主要是由①内部摩擦（黏性），②弹性迟滞，③热传导，④诸如弛豫现象、分子结构等其他原因所造成的。在气体和液体中，①和③是最重要的，④是次要的，而②是不存在的；在固体中，②和①是主要的，③和④则可忽略不计。这些机理都有不同的频率依从关系，它们随频率的一次幂或二次幂变化，所有的频率依从关系是由这些机理的作用来决定的。所以，气体和液体中的吸收一般是随频率的平方变化的；而在固体中则通常是线性函数。

引起声吸收的上述因素从本质上来讲，都属于弛豫现象。弛豫现象在物理学中广泛出现，任一个原来是平衡的热力学系统，当某个外界变量有变化时，这个系统将随之进行自我调整，经过一段时间（虽然是很短的时间，例如 10^{-10} s 或更短）而达到新的平衡态，这类现象统称弛豫。在声学中，这个外界变量是力学量，所以是弛豫的一大类别，是力学弛豫，有时称滞弹弛豫。

对于理想流体中的声波、声压或流体中的逾量压强与密度变化量或逾量密度有如下关系

$$p = c_0^2 \rho' \qquad (2\text{-}106)$$

这个公式表明，压强变化实时产生密度变化。在实际情况下，这两种变化并不是同步的。因此，我们需要修正式（2-106），一个不同步的具体模型是把式（2-106）修改成

$$p = c_0^2 \rho' + R\dot{\rho}' \qquad (2\text{-}107)$$

其中 $\dot{\rho}'$ 是 ρ' 的时间微分；R 是描述弛豫过程的比例常数。从式（2-107）容易得出

$$\rho' = \frac{p_0}{c_0^2}(1 - e^{-c_0^2 t/R})$$ （2-108）

此式表示，对流体元施加恒定声压p_0，在施加的刹那间（$t=0$），$\rho'=0$，随着时间消逝，逾量密度ρ'逐渐增加，增加到极限值p_0/c_0^2。当$t=R/c_0^2$时，ρ'是极限值p_0/c_0^2的$1-1/e$，这一时间称为弛豫时间，常用记号τ来表示。我们可以得到实际流体的运动方程

$$\frac{\partial^2 u}{\partial t^2} = c_0^2 \frac{\partial^2 u}{\partial x^2} + R \frac{\partial^3 u}{\partial x^2 \partial t}$$ （2-109）

设式（2-109）解具有式（2-102）的形式，代入式（2-109）可得

$$k^2 - \alpha^2 = \frac{\omega^2}{c_0^2(1 + \omega^2 \tau^2)}$$ （2-110）

$$2k\alpha = \frac{\omega^3 \tau}{c_0^2(1 + \omega^2 \tau^2)}$$ （2-111）

由此，衰减系数为

$$\alpha = \frac{\omega^2 \tau V_p}{2c_0^2(1 + \omega^2 \tau^2)}$$ （2-112）

而

$$c \equiv \frac{\omega}{k} = \frac{c_0 \sqrt{2}}{\omega \tau}[(1 + \omega^2 \tau^2)(\sqrt{1 + \omega^2 \tau^2} - 1)]^{\frac{1}{2}}$$ （2-113）

这里$c = \omega/k$是新的波速（相速度），它是角频率ω的函数。声速依赖于频率的现象，称为频散。由于介质本身的性质，其中传播的声波有频散效应，这类介质称为频散介质，在具有弛豫效应的介质中，声波便是频散的。

在式（2-112）和式（2-113）中，若$\omega\tau \ll 1$，即弛豫时间远小于时间谐振声波的周期，则

$$V_p = c_0\left[1 + (\omega^2 \tau^2/2) + \cdots\right] \approx c_0$$ （2-114）

表明声波传播的相速度近似等于c_0，则

$$\alpha = \frac{\omega^2 \tau}{2c_0}$$ （2-115）

吸收系数α与频率平方成正比，弛豫时间的值则依赖于具体的弛豫机理。

实际的流体具有黏滞性，对应于黏滞性的弛豫时间是

$$\tau = \frac{4}{3} \times \frac{\mu}{\rho_0 c_0^2}$$ （2-116）

式中　μ——流体的切变黏滞系数。

以标准大气压下20℃的空气为例，$\tau = 1.6 \times 10^{-10}\,\mathrm{s}$，于是，当$\omega\tau \ll 1$时

$$\alpha \approx \frac{2}{3} \times \frac{\omega^2 \mu}{\rho_0 c_0^3} \tag{2-117}$$

实际流体不仅有一个弛豫机理，流体中声波的传播过程一般假设是绝热的，大量实验也肯定了这一点，但这是近似的，流体具有导热性，不能全忽略，在声波通过时，流体部分受到压缩，因而这部分的温度升高，对周围形成温度梯度。在这部分流体转成稀疏之前，流体的导热性将引起热量的流动，这时有弛豫，可以证明，相应的弛豫时间是

$$\tau = \frac{1}{\rho_0 c_0^2} \times \frac{\kappa}{c_{P0}} \tag{2-118}$$

式中　κ——流体的热导率；

　　　c_{P0}——常压下的摩尔比热容。当$\omega\tau \ll 1$时，相应的衰减系数是

$$\alpha \approx \frac{\omega^2}{2\rho_0 c_0^3}(\gamma - 1) \times \frac{\kappa}{c_{P0}} \tag{2-119}$$

通常假设实际流体的总衰减系数是上述两个衰减系数之和

$$\alpha = \left[(\gamma - 1)\frac{\kappa}{c_{P0}} + \frac{4}{3}\mu\right]\frac{\omega^2}{2\rho_0 c_0^3} \tag{2-120}$$

上式称为经典吸收公式。

理论计算表明，对气体，热传导效应对声吸收的贡献小于黏滞效应，但在同一数量级，对于非金属流体，前者的贡献远小于后者，故热传导效应可忽略不计。另一方面，如果μ是与频率无关的常数，则

$$\frac{\alpha}{f^2} = \left[(\gamma - 1)\frac{\kappa}{c_{P0}} + \frac{4}{3}\mu\right]\frac{2\pi^2}{\rho_0 c_0^3} = 常数 \tag{2-121}$$

声吸收的实验表明，对单原子分子组成的气体，上式的理论预言与实验结果符合得很好，即α / f^2基本为常数。然而，对多原子分子组成的气体以及许多流体，不仅α / f^2与频率有复杂的关系，而且声传播速度也与频率有关。这是因为单原子分子仅有三个平动自由度，故膨胀黏滞系数$\eta = 0$，但对多原子分子组成的气体以及流体，已不能取膨胀黏滞系数η为零，而且η与频率有关。

膨胀黏滞系数η表征流体质点平动与其他自由度（转动和振动）的能量交换，即由于流体压缩和膨胀，声能量（质点平动能量）转化成流体质点的振动及转动能量。在常温下，气体分子的平动和转动能量（由能量均分定理，每个自由度的平均能量为$k_B T / 2$，k_B为玻尔兹曼常数）远小于振动量子，故平动与转动能量之间的交换极易发生，可以看作是瞬时发生的，交换过程中系统一直处于准平衡状态，因

而仍然可以用平衡态方程 $P = P(\rho, s)$。而平动与振动能量的交换要困难得多，能量交换过程需要一定的时间，在交换过程中，系统经历一系列非平衡态，从一个平衡态过渡到新的平衡态，所需时间 τ 即为弛豫时间。由此引起的声吸收称为分子弛豫吸收，或者称为反常吸收。这种弛豫可以简单地用外比热容和内比热容的概念来描述，所以也称为热弛豫。内外能量的转移，在声波周期接近分子某个内能级的弛豫时间 τ 时，可能性最大，这时声波的衰减也最大。

对于最简单的只有一个内自由度的气体，可以证明，声波的吸收系数和相速度满足方程

$$\alpha \approx \frac{P_0 R}{2\rho_0 c_0^3} \times \frac{\omega^2 \tau c_{Vi}}{c_V^2 + \omega^2 \tau^2 c_{Ve}^2} \tag{2-122a}$$

$$c^2 \approx \frac{P_0}{\rho_0}\left[1 + R\left(\frac{c_V + \omega^2 \tau^2 c_{Ve}}{c_V^2 + \omega^2 \tau^2 c_{Ve}^2}\right)\right] \tag{2-122b}$$

其中 $c_V \equiv c_{Vi} + c_{Ve}$，$c_{Vi}$ 和 c_{Ve} 分别是摩尔内比热容和外比热容；R 是理想气体的气体常数。可见，声速和吸收系数与声波频率有复杂的关系。

当 $\omega\tau \ll 1$ 时，即频率较低时

$$c^2 \approx \frac{P_0}{\rho_0}\left(1 + \frac{R}{c_V}\right) = \frac{\gamma P_0}{\rho_0} = c_0^2, \quad \alpha \approx \frac{\omega^2}{2\rho_0 c^3}\eta_0 \tag{2-123}$$

其中 $\eta_0 \equiv P_0 R \tau c_{Vi} / c_V^2$，可见吸收系数与经典吸收公式即方程（2-120）有类似的形式。η_0 实际上是低频体膨胀黏滞系数。

当 $\omega\tau \gg 1$ 时，即频率较高时

$$c^2 \approx \frac{P_0}{\rho_0}\left(1 + \frac{R}{c_{Ve}}\right) \equiv c_\infty^2 > c_0^2, \quad \alpha \approx \frac{1}{2\rho_0 c_0^3} \times \frac{c_{Vi} P_0 R}{\tau c_{Ve}^2} \tag{2-124}$$

故高频时，声速趋向于大于 c_0 的值。

对 $\omega\tau \sim 1$ 情况，方程（2-122a）改写成

$$\alpha \approx \frac{\omega^2}{2\rho_0 c_0^3}\eta(\omega), \quad \eta(\omega) \equiv \frac{\eta_0}{1 + \omega^2 \tau^2 c_{Ve}^2 / c_V^2} \tag{2-125}$$

其中 $\eta(\omega)$ 就是体膨胀黏滞系数与频率的关系。

我们也可以写出单位波长上的吸收

$$\alpha\lambda \approx \frac{\pi}{\rho_0 c_0^2} \times \frac{\omega \eta_0}{1 + \omega^2 \tau^2 c_{Ve}^2 / c_V^2} \tag{2-126}$$

当 $\omega\tau \ll 1$ 时，吸收很小，这是因为声振动周期远大于弛豫时间，每一时刻都能建立平衡，弛豫过程对声吸收的贡献很小；随频率增加时，$\alpha\lambda$ 增加，当 $\omega = c_V / (\tau c_{Ve})$ 时，弛豫吸收达到极大。

把方程（2-120）和方程（2-125）结合在一起，我们得到考虑黏滞、热传导和弛豫效应后的流体的声吸收系数为

$$\alpha \approx \left[(\gamma - 1) \frac{\kappa}{c_{P0}} + \frac{4}{3}\mu + \frac{\eta_0}{1 + \omega^2 \tau'^2} \right] \frac{\omega^2}{2\rho_0 c_0^3} \tag{2-127}$$

其中，$\tau' = \tau c_{Ve}/c_V$

弛豫部分吸收也称为反常吸收。如果流体中存在 N 个弛豫过程，上式推广为

$$\alpha \approx \left[(\gamma - 1) \frac{\kappa}{c_{P0}} + \frac{4}{3}\mu + \sum_{i=1}^{N} \frac{\eta_{0i}}{1 + \omega^2 \tau_i'^2} \right] \frac{\omega^2}{2\rho_0 c_0^3} \tag{2-128}$$

其中 τ_i' 为第 i 个弛豫过程的弛豫时间。

热弛豫效应成功解释了实验测出的气体中声波衰减系数超过经典的理论值的现象，它同时也成功解释了许多液体的逾量衰减。可是，它并不能够解释另外一些液体的逾量衰减，包括最普通的液体——水。因此，需要寻找另一种弛豫机理，称为结构弛豫理论，它提供了比较满意的解答。这个理论认为，水有两种分子团结构，形成两个内能级，较低能量的正常能级具有比较松散的结构，较高的能级则分子的堆积较密。能级的跃迁不是像热弛豫那样由于声波所带来的温度变化，而是由于声波所导致的压强变化。

实验发现，海水中的衰减，在低频，例如小于 100kHz 时，要比淡水中的大得多，理论和实验表明，这里涉及化学弛豫这一机理，海水中溶有多种盐和酸，其中 $MgSO_4$ 和硼酸的缔合以及离解受声压的影响。

第二节　超声空化

一、空化现象 [2-9]

空化现象是液体中常见的一种物理现象。它表现在液体中，由于涡流或超声波等物理作用，致使在某些地方形成局部的暂时负压区，于是液体中产生空泡或气泡（也称空腔或空穴、空化泡）。这些空泡可以是充气的、充蒸汽的或真空，其大小可以从微米量级到肉眼可见，其寿命有长有短。空腔的产生及其对介质所导致的效应称为空化。

当液体中传播的声波其负压达到一定程度时，液体内会形成肉眼可见的气泡。空化泡会随着声波的作用膨胀和收缩。当它剧烈崩溃时，其内部会产生极端的高温

高压，在周围形成声微流、喷注和冲击波。这种由声波引起的空化现象和效应，称为声空化，也称超声空化。

通常液体中已经存在一定数量的微气泡（半径为亚微米量级），这类微气泡称为空化核。附着在固体杂质、微尘或容器表面上及细缝中的微气泡等均可以形成空化核。如果没有声波通过，微气泡与周围液体处于二相平衡状态：温度平衡（气泡内气体的温度等于周围液体的温度，保证没有内能交换）、化学势平衡（气泡内气体的化学势等于周围液体的化学势，保证没有质量交换）以及压力平衡（气泡内混合物的压力等于周围液体的压力，保证没有动量交换）。当流体中有声波通过时，正半周声压（$p > 0$）使局部压力增加，而负半周声压（$p < 0$）使局部压力减小，当声压振幅达到一定的极限值（称为空化阈值）时，声压的负半周使微气泡的半径迅速增大，在液体中形成较大的空腔。在声波的持续作用下，一些空腔将作周期性膨胀-压缩脉动，在压缩过程中并不破灭，空化泡存在时间很长，这种现象称为稳态空化。而另外一些气泡很快就破裂，只作有限次数的脉动，肉眼观察每个空化泡都一闪而过，存在时间非常短暂，称为瞬态空化。通常，不经过精心调节的空化现象都是瞬态空化。

空化现象的理论和实验研究是非常复杂的问题。到目前为止，许多问题，如关于空化的微观效应等，仍然没有一个精确的结论。尽管如此，声空化早已被应用于很多领域，例如超声清洗，超声辅助萃取、乳化和化学合成和降解等。

二、液体的空化核理论[3]

对纯净的液体（如纯净的水），分子间的内聚力（即分子间相互吸引而形成液态的作用力）很大，或者说液体强度很高。我们用撕裂液体、形成空腔的最小作用力来定量表征液体强度：设想液体中存在一个面 S，在外力 f（单位面积的力，即压强）的作用下形成空腔，那么所需的最小外力就是液体强度。对温度为 20℃的纯水，理论强度为 $3.25 \times 10^8 \, \text{Pa}$。如果希望用声波的负压把液体撕裂，则声压振幅至少是 $p_0 \approx 3.25 \times 10^8 \, \text{Pa}$，相应的声强为 $I \approx 3.52 \times 10^{10} \, \text{W/m}^2$，这样高的声强在现实中是难以实现的。

然而，实验表明，超声空化的阈值不超过几百个大气压，远远低于理论的液体强度，而且与声波的频率有关。这一现象普遍用稳定气泡核理论来解释：空化首先是从液体中强度薄弱的地方开始，这些地方由于热起伏或其他物理原因（如脉冲激光照射或高能粒子穿透）出现一些很小的蒸汽气泡，或者那里原来就有溶解在液体中的空气泡（称为气泡核），于是在声波负压部分的作用下，气泡膨胀而产生空化。在一定的状态（压力和温度）下，气泡核只能以一定的大小存在于液体中，气泡太大，很快就浮出水面；气泡太小，在静压作用下就溶于水。只有某些半径的气泡才能稳定存在，称为稳定空化核。

下面我们给出存在空化核情况下液体的强度。设静压为 P_0 的液体中存在一个单独的气泡核，其半径为 R_0，核内含有气体和蒸汽（饱和蒸气压为 P_V）。由气泡内外压力平衡方程，可得气泡内气体压力 $P_{g0} = P_0 - P_V - 2\sigma/R_0$，其中 σ 为液体的表面张力系数。在静态外压的作用下，气泡半径变为 R（正压下 R 变小，负压下 R 变大），假定气泡内气体的扩散可以忽略，此时气泡面上液体的静压力为 $P(R)$，则气泡内外压力平衡方程为

$$P(R) = \left(P_0 - P_V + \frac{2\sigma}{R_0} \right)\left(\frac{R_0}{R} \right)^{3\gamma} + P_V - \frac{2\sigma}{R_0} \times \frac{R_0}{R} \qquad (2\text{-}129)$$

方程（2-129）右边第一项对应于此时气泡内气体的压强，可由气体状态方程导出。

分析 $P(R)$ 随 R 变化情况可知：存在某点 R_c（称为气泡临界半径），在 $R = R_c$ 点，$P(R_c) = P_{\max}$，当 $P < P_{\max}$ 时，气泡半径变小；而当 $P > P_{\max}$ 时，气泡迅速膨胀变大。因此，外压的负压必须超过 $P_{\max}$ 才能把气泡核拉开而形成大的空化泡。故液体强度 P_t 为 $P_t \equiv -P_{\max}$。注意：R_c 和 $P_{\max}$ 都与气泡核半径 R_0 有关。由 $(\mathrm{d}P/\mathrm{d}R)|_{R=R_c} = 0$ 容易得到

$$R_c = \left[\frac{3\gamma}{2\sigma}\left(P_0 - P_V + \frac{2\sigma}{R_0} \right) R_0^{3\gamma} \right]^{1/(3\gamma-1)} \qquad (2\text{-}130)$$

对等温过程，上式简化为

$$R_c = R_0 \sqrt{ \frac{3R_0}{2\sigma}\left(P_0 - P_V + \frac{2\sigma}{R_0} \right) } \qquad (2\text{-}131)$$

代入方程（2-129）得到存在气泡核 R_0 的液体强度（取 $\gamma = 1$）

$$P_t = -P_{\max} = -P_V + \frac{2}{3\sqrt{3}}\left(\frac{2\sigma}{R_0} \right)^{3/2}\left(P_0 - P_V + \frac{2\sigma}{R_0} \right)^{-1/2} \qquad (2\text{-}132)$$

可见，气泡核半径 R_0 越大，该处的液体强度越小；反之，如果气泡核半径 R_0 很小，要使液体空化，则必须加更强的负压。所以含大气泡核的地方就是液体最薄弱的地方。

三、超声空化阈值[3-5]

设液体的静压为 P_0，声波的振幅为 p_0，则液体中压强的幅度为 $|P_0 \pm p_0|$，当 $p_0 > P_0$ 时，$P_0 - p_0$ 形成负压，这时空化核在负压作用下膨胀；当 $|P_0 - p_0| \geqslant P_t$（注意：$P_0 - p_0 < 0$）时，形成空化，即超声空化阈值为

$$p_c = P_0 + P_t = P_0 - P_V + \frac{2}{3\sqrt{3}}\left(\frac{2\sigma}{R_0} \right)^{3/2}\left(P_0 - P_V + \frac{2\sigma}{R_0} \right)^{-1/2} \qquad (2\text{-}133)$$

在推导过程中作了许多简化处理，如忽略了液体的黏滞性和可压缩性。事实

上，液体的黏滞性对空化阈值有一定影响。此外，还假设气泡运动是等温过程。实际上，空化泡的膨胀过程是否属于热力学准静态过程都是有疑问的。然而，式（2-133）可以解释超声空化的阈值远远低于理论的液体强度，在一定程度上反映了有核空化的难易程度，仍具有一定的理论意义。以水在室温（20℃）常压（1atm）下空化阈值 p_c 与空化核半径 R_0 的函数关系为例，根据式（2-133）计算可以发现：空化阈值随空化核半径增大而单调下降，对于亚微米量级的空化核，空化阈值随半径减小而急剧升高；而对于微米量级的空化核，其阈值几乎都在 1atm 附近，变化不大。这个结果和实际空化阈值在 1atm 量级是相符合的。

超声空化阈值受许多因素影响。国内外学者从理论到实验对此进行了大量研究，得出不少有应用价值的结论。

对于不同性质的液体，由于其表面张力系数、密度、饱和蒸气压、黏滞性的不同，其空化阈值也各不相同。一般地说，表面张力系数越大，饱和蒸气压越低，黏滞性越高，则其空化阈也越高。

对同一种液体，其空化阈值与温度、静压力、含气量、含杂质（固体粒子等）程度等因素有密切关系。静压力大，含气、杂质少的液体，空化阈值高。

实验结果表明，水的空化阈值随含气量减少而单调上升，含气量以相对饱和含气量的百分比表示。随着含气量减少，空化阈值开始迅速提高，但当含气量低于 0.5% 时，阈值增加很慢。

由式（2-133）可知，超声空化阈值与液体的静压为 P_0 有关。静压力加大，含气量减少，水中气泡核减少，所以空化阈值升高。当静压很高时，空化阈值变化很小。因而，加大静压力和对液体进行除气处理，可提高空化阈，这常作为抑制空化的手段。而对液体加温或掺入气体，则能降低其空化阈。也有实验表明，只有当液体中含气量很大时，静压对空化阈影响很大，而在含气量很小时，影响很小。

超声空化阈值 p_c 与液体黏滞系数 η 的关系。从十种黏滞性不同的液体在 25kHz 的空化阈实验测量结果来看，空化阈值是随黏滞性而增加的。这个关系大致可用经验公式表示为

$$p_c = 0.8(\lg \eta + 5) \tag{2-134}$$

空化现象和沸腾现象很相似，空化阈和沸点有一定关系，经验公式是

$$p_c = 0.7(T_p - T) + P_0 \tag{2-135}$$

式中　P_0——环境压力；

　　　T_p——沸点，℃；

　　　T——环境温度，℃。

空化阈值和环境压力的单位均为大气压。

这个经验公式是由部分除气的水在 60kHz 超声作用下的空化阈测量得来的，对多数液体都适用。另外，即使在液体状况均相同的情况下，空化阈还随照射声波的

频率、波形（连续波或脉冲波）、波形参数（脉宽及重复频率）而变化。空化阈随超声频率的升高而增高；而减少脉宽和重复频率也能有效地提高空化阈。

频率越高空化阈也越高，在 $10^2 \sim 10^3 \mathrm{kHz}$ 间增加很快，到 5MHz 时几乎增加到 100 大气压以上，10MHz 基本是极限，在这以上产生不了蒸汽泡型的空化。

超声空化阈值和声波作用的时间长短有关。实验结果表明，延长声波的照射时间，空化阈下降，未除气水表现得格外明显。由于照射时间长，在压缩空穴时，液体温度升高，在膨胀时，液体汽化蒸汽或是原先溶于液体中分泌出来的气体进入空穴中，形成气泡（半径也会增大），这样液体强度便下降。总之，照射时间影响到气泡核的形成和泡内蒸气压以及生长或者空化核的凝聚，所以也影响到液体强度和空化阈。

这里应着重指出，空化阈值只表明用声波产生空化的难易程度。它与空化的各种效应是两回事，也就是说，容易空化并不意味着空化效应强烈。因为空化引发的高温、高压、发光、冲击波等物理效应，均发生于空化气泡急速崩塌的瞬间，并主要取决于气泡闭合时泡壁运动的速度。而气泡闭合时泡壁运动的速度（泡壁闭合速度）不仅与液体性质、状态有关，而且还与空化气泡在各种声波参数下的运动状态有关。

四、空化理论[3,6,8]

早在 1917 年，瑞利（Rayleigh）就从理论上计算了不可压缩液体中真空气泡在不计表面张力和黏滞性情况下的泡壁闭合速度（收缩速度）

$$U = \frac{\mathrm{d}R}{\mathrm{d}t} = \sqrt{\frac{2P_0}{3\rho_0}\left[\left(\frac{R_m}{R}\right)^3 - 1\right]} \qquad (2\text{-}136)$$

式中　R_m——气泡开始闭合的初始半径，即气泡生长的最大半径；

　　　R——闭合过程中，任意时刻 t 的气泡半径。

显然，开始 $R = R_m$ 时，速度为零，随着周围液体向空泡挤压，收缩速度迅速增加。当 $R \to 0$，$U \to \infty$，这个结论显然是不合理的。上式只是一种近似，但说明收缩速度随半径减小将越来越快。

瑞利导出气泡由半径 R_m 完全闭合到 $R = 0$ 所需要的时间为

$$\tau = \int_{R_m}^0 \frac{\mathrm{d}R}{U} = 0.915 R_m (\rho_0 / P_0)^{1/2} \qquad (2\text{-}137)$$

并且给出 $r = 1.587 R_m$ 距离处，闭合气泡产生的激波压力峰值

$$P_{\max} = \frac{P_0}{4^{4/3}}\left(\frac{R_m}{R}\right)^3 \qquad (2\text{-}138)$$

根据此式计算，局部高压可达上千个大气压。

后来，Noltinqk 和 Neppiras 考虑了空穴内含有气体，且气泡内压强（蒸汽和空

气含量的总压强）为 Q，在绝热压缩下，导出泡壁闭合速度为

$$U = \frac{\mathrm{d}R}{\mathrm{d}t} = \left[\frac{2P_0}{3\rho_0} \left(\frac{R_m^3}{R^3} - 1 \right)^3 - \frac{2Q}{3\rho_0(\gamma-1)} \left(\frac{R_m^{3\gamma}}{R^{3\gamma}} - \frac{R_m^3}{R^3} \right) \right]^{\frac{1}{2}}$$ （2-139）

瑞利原先假设变化是等温过程，则式（2-139）可以修改成

$$U = \frac{\mathrm{d}R}{\mathrm{d}t} = \left[\frac{2P_0}{3\rho_0} \left(\frac{R_m^3}{R^3} - 1 \right) - \frac{2Q}{\rho_0} \times \frac{R_m^3}{R^3} \ln\frac{R_m}{R} \right]^{\frac{1}{2}}$$ （2-140）

由上面两式可见，随着气泡压缩，速度逐渐加大，随后减速至零，半径到达最小值。对于式（2-139），可以求出最小半径

$$R_{\min} = R_{\max} \left[\frac{Q}{(\gamma-1)P_0} \right]^{\frac{1}{3(\gamma-1)}}$$ （2-141）

式中 $R_{\max}$——气泡开始压缩时的最大半径。

得出上式过程中，已假定 $R_{\min} \ll R_{\max}$。如果取 $\gamma = 4/3$，则有

$$R_{\min} = \frac{3Q}{P_0} R_{\max}$$ （2-142）

含气量越少，Q 越低，气泡的最小半径比最大半径小得越多。

在绝热压缩下，气泡闭合到最小半径时气体温度为

$$T = T_0 \frac{P_0(\gamma-1)}{Q}$$ （2-143）

式中 T_0——气泡初始（即最大半径）时的气体温度。

若设 T_0=300K，Q=0.01atm，P=1atm，则按上式可以估算出气泡闭合到最小半径时，气体温度约 10^4K。

气泡在闭合过程中，在气泡附近的压强 $P(r)$ 可近似表示为

$$P(r) - P_0 = \frac{R}{3r} \left[\frac{z^\gamma Q}{\gamma-1}(3\gamma-4) + \frac{zQ}{\gamma-1} + (z-4)P_0 \right]$$

$$- \frac{R^4}{3z^4} \left[P_0(z-1) - \frac{Q}{\gamma-1}(z^\gamma - z) \right]$$

当气泡压缩到最小半径时，产生的压强最大，可得

$$P_{\max}(r) - P_0 = \frac{R}{r}(z_n^\gamma Q - P_0)，\quad Z_n = R_{\max}/R_{\min}$$ （2-144）

在气泡表面 $r = R$ 处，便有

$$P_{\max}(R) = z_n^\gamma Q$$ （2-145）

或由式（2-141）得

$$P_{\max}(R) = \left[\frac{P_0(\gamma-1)}{Q}\right]^{\frac{\gamma}{\gamma-1}} Q \qquad (2\text{-}146)$$

例如，在常温水中的含氮气泡 $\gamma = \dfrac{3}{4}$，环境压力为 1atm，若 $Q = 2.3 \times 10^{-2}$atm，则根据式（2-146）估算，$R_{\max}$ 达 10^3atm 量级。由此可见气泡闭合时压力很大。根据式（2-146）可以计算出气泡闭合时产生的冲击波幅度，显然，气泡原来的半径越大，闭合半径越小，激波压力也越强。

实际上，气泡的最大半径 $R_{\max}$ 取决于声压振幅和频率 f。声压振幅越大，$R_{\max}$ 越大；而频率 f 较低，周期更长，气泡能膨胀到相当大并被关闭，于是激波更强。但当 $f > f_c$（气泡谐振频率），则难以产生空化。

气泡周围介质以越来越大的速度挤压气泡，液体的动能转变为对气泡做功。小气泡猛然闭合的瞬间发生一冲击波，气泡的能量除部分转变为热和光的辐射声致发光外，还以激波形式辐射。此外，气泡猛然闭合时，还产生局部高温，它也是空化时引起一些物理和化学效应的原因。

运动方程：假定液体中气泡很少，可以忽略气泡间的相互作用，仅考虑单个气泡在声场作用下的振动。假定：①气泡与周围液体没有内能与质量的交换，并且液体的运动是等熵的，$P = P(\rho)$，因而不涉及能量守恒方程；②气泡作径向振动，气泡的中心为坐标原点，用气泡半径来描述 $R = R(t)$，导致的液体运动也只有径向分量，即液体运动速度、密度和压强分别可表示为 $\boldsymbol{v} = v(r,t)\boldsymbol{e}_r$、$\rho = \rho(r,t)$ 和 $P = P(r,t)$。可以导出气泡的径向运动方程，也称 Rayleigh-Plesset-Noltingk-Neppiras 方程，简称为 RPNN 方程。形式为

$$\rho_0\left[R\frac{\mathrm{d}^2R}{\mathrm{d}t^2} + \frac{3}{2}\left(\frac{\mathrm{d}R}{\mathrm{d}t}\right)^2 + \frac{4\nu}{R}\times\frac{\mathrm{d}R}{\mathrm{d}t}\right] = \left(P_0 + \frac{2\sigma}{R_0}\right)\left(\frac{R_0}{R}\right)^{3\Gamma} - \frac{2\sigma}{R} - p_i(t) - P_0 \qquad (2\text{-}147)$$

式中　p_i——入射声场；

　　　R_0——气泡平衡半径；

　　　P_0——环境压强，如果取 P_0 为大气压 $P_0 \approx 1.01 \times 10^5$ Pa（常温下），水的饱和蒸气压 $P_V \approx 2.33 \times 10^3$ Pa，故 P_V 远小于 P_0，方程右边第一项中已略去；

　　　Γ——气泡内气体的多方次数，$1 \leqslant \Gamma \leqslant \gamma$，等温过程 $\Gamma = 1$，绝热过程 $\Gamma = \gamma$。

值得指出的是，尽管 RPNN 方程在实际应用中取得了较大的成功，但其导出过程的两个基本假设，即流体径向运动和不可压缩是矛盾的。事实上，不可压缩的流体不可能只作流体径向运动，一定存在角度分量。

数值求解这个方程，可得出在不同初始条件下气泡的增长和崩溃的规律，其结果和实验基本符合。

五、空化的基本效应及空化强度[8]

前文已经介绍了空化可以分为瞬态空化和稳态空化。从动力学上看，瞬态空化伴随着气泡缩塌破裂，产生相对剧烈的空化效应。这种空化泡在崩溃瞬间，在气泡内部产生局部高温高压脉冲，伴随着冲击波（shock wave）的形成，同时化学上形成高活性物质；而与之相反，稳态空化的气泡脉动相对弱很多，泡内气体在压力场作用下作稳定的周期脉动，在稳态脉动空化泡的周围液体里会出现声微流（micro stream）。声微流的出现，使得气泡周围液体中出现切应力（shear stress），切应力可以有较强的机械效应，如可以破坏细胞膜等。到目前为止，关于空化的微观效应，仍然没有一个精确的结论。

从宏观上看，通常人们认为空化存在三种效应。

（1）机械效应（mechanical effect）　空化泡的脉动或者崩溃，导致液体中出现湍流（turbulence）、环流（circumfluence）和切向应力。

（2）化学效应（chemical effect）　空化场中出现高活性的化学物质，如自由基等。

（3）热效应（heat effect）或称高温效应　空化泡在压缩过程中，气泡内部气体温度上升，这种高温通常伴随着高压，但持续时间很短。

空化泡内具有极端高温高压，其内外可以形成冲击波，外部可以形成微流和喷注等，这些都可能产生一系列的物理、化学和生物效应。测量这些效应的大小，可以定性地描述空化的强烈程度。其测量方法有：声压测量法、声致发光法、声致化学发光法、量热法和铝箔空化腐蚀法简称（铝箔空蚀法）等。其中铝箔空蚀法较为常用。

铝箔空蚀法是将几十微米厚度（通常选择 10~20 μm）的铝箔放置在待测量空化场中，过一定时间取出，其中腐蚀的严重程度对应于空化的剧烈程度。可以直接测量腐蚀引起的重量损失，以损失的重量来表征空化强度。也可以直接将铝箔空蚀后的照片进行图像处理，分析其不同位置的腐蚀严重程度。铝箔空蚀法由于简便易行且成本较低，对空化场整体影响较小，且结果可永久保存，常被用于实验室中的研究。这种方法测得相对空化强度可准确到 10% 以内。

第三节　超声换能器与声处理设备

超声物理和超声工程是超声学的两个主要方面。超声物理是超声工程的基础，它为各种各样的超声工程应用技术提供必需的理论依据及实验数据。超声工程的研究内容主要包括各种超声应用技术中超声波产生、传输和接收系统的工程设计及工艺研究。超声换能器是超声工程技术中极其重要的部分之一，是声学换能器中发展最快的一个分支领域。

一、超声换能器简介[10]

换能器就是进行能量转换的器件，是将一种形式的能量转换为另一种形式的能量的装置。在声学领域，换能器主要是指电声换能器，它能实现电能（广义地讲，还包括机械能、热能等能量形式）和声能之间的相互转换。

用来发射声波的换能器称为发射器。当换能器处于发射状态时，将电能转换成机械能，再转换成声能。用来接收声波的换能器称为接收器。当换能器处于接收状态时，将声能变成机械能，再转换成电能。在有些情况下换能器既可以用作发射器，又可以用作接收器，即所谓的收发两用型换能器。换能器的工作原理大体是相同的。通常换能器都有一个电的储能元件和一个机械振动系统。当换能器用作发射器时，从激励电源的输出端送来的电振荡信号将引起换能器中电储能元件中电场或磁场的变化，这种电场或磁场的变化通过某种效应对换能器的机械振动系统产生一个推动力，使其进入振动状态，从而推动与换能器机械振动系统相接触的介质发生振动，向介质中辐射声波。接收声波的过程正好与此相反，在接收声波的情况下，外来声波作用在换能器的振动面上，从而使换能器的机械振动系统发生振动，借助于某种物理效应，引起换能器储能元件中的电场或磁场发生相应的变化，从而引起换能器的电输出端产生一个相应于声信号的电压和电流。

超声换能器是在超声频率范围内将交变的电信号转换成声信号或者将外界声场中的声信号转换为电信号的能量转换器件。

超声换能器的种类很多。按照能量转换的机理和利用的换能材料，可分为压电换能器、磁致伸缩换能器、静电换能器（电容型换能器）、机械型超声换能器等。按照换能器的振动模式，可分为纵向（厚度）振动换能器、剪切振动换能器、扭转振动换能器、弯曲振动换能器、纵-扭复合以及纵-弯复合振动模式换能器等。按照换能器的工作介质，可分为气介超声换能器、液体换能器以及固体换能器等。按照换能器的工作状态，可分为发射型超声换能器、接收型超声换能器和收发两用型超声换能器。按照换能器的输入功率和工作信号，可分为功率超声换能器、检测超声换能器、脉冲信号换能器、调制信号换能器和连续波信号换能器等。按照换能器的形状，可分为棒状换能器、圆盘形换能器、圆柱形换能器、球形换能器等。另外，不同的应用需要不同形式的超声换能器，如平面波超声换能器、球面波超声换能器、柱面波超声换能器、聚焦超声换能器以及阵列超声换能器等。按照实现超声换能器机电转换的物理效应的不同可将换能器分为电动式、电磁式、磁致伸缩式、压电式和机械式等。在大功率超声应用中，目前主要采用以下几种。

压电超声换能器是通过各种具有压电效应的电介质，如石英、压电陶瓷、压电复合材料以及压电薄膜等，将电信号转换成声信号，或将声信号转换成电信号，从而实现能量的转换。压电陶瓷材料是目前超声研究及应用中极为常用的材料。其优点包括：

① 机电转换效率高，一般可达到 80% 左右。

② 容易成形，可以加工成各种形状，如圆盘、圆环、圆筒、圆柱、矩形以及球形等。

③ 通过改变成分可以得到具有各种不同性能的超声换能器，如发射型、接收型以及收发两用型等。

④ 造价低廉，性能较稳定，易于大规模推广应用。

压电陶瓷材料的不足之处是脆性大、抗张强度低、大面积元件成形较难以及超薄高频换能器不易加工等。在这一方面，压电薄膜，如 PVDF 等，则具有压电陶瓷难以比拟的优点。磁致伸缩材料是传统的超声换能器材料，由于其性能稳定，至今在一些特殊领域仍在继续应用。磁致伸缩换能器的优点包括性能稳定、功率容量大及机械强度好等。其不足之处在于换能器的能量转换效率较低、激发电路复杂以及材料的机械加工较困难等。随着压电陶瓷材料的大规模推广应用，在一个时期内磁致伸缩材料有被压电陶瓷材料替代的迹象。然而，随着一些新型的磁致伸缩材料的出现，如铁氧体、稀土超磁致伸缩材料以及铁磁流体换能器材料等，磁致伸缩换能器又受到了人们的重视。可以预见，随着材料加工工艺的提高以及成本的降低，一些新型的磁致伸缩材料将在水声以及超声等领域中获得广泛的应用。

随着超声技术的发展，气体中的超声技术应用越来越广。气介超声换能器也受到了人们的普遍重视。除了传统的气介超声换能器以外，静电式气介超声换能器由于具有频率高、振动位移大、机械阻抗低、声波的辐射和接收面积大以及灵敏度高等独特优点，因而在气体中的超声检测等技术中获得了广泛的应用。

二、超声换能器的主要性能指标[10]

超声换能器是一种能量转换器件，其性能描述与评价需要许多参数。超声换能器的特性参数包括共振频率、频带宽度、机电耦合系数、电声效率、机械品质因数、阻抗特性、频率特性、指向性、发射及接收灵敏度等。不同用途的换能器对性能参数的要求不同，例如，对于发射型超声换能器，要求换能器有大的输出功率和高的能量转换效率；而对于接收型超声换能器，则要求宽的频带和高的灵敏度等。因此，在换能器的具体设计和应用过程中，必须根据具体的应用要求，对换能器的有关参数进行合理的设计。

1. 发射换能器和接收换能器共同要求的性能指标

（1）工作频率　超声换能器的工作频率的选择是很重要的，它不仅直接关系到换能器的频率特性和方向特性，也影响到换能器的发射功率、效率和灵敏度等重要性能指标，换能器的工作频率应该与整个超声设备的工作频率相一致。与检测超声不同，功率超声是利用超声能量来对物质进行处理、加工。最常用的频率范围是从几千赫兹到几万赫兹，而功率由几瓦到几万瓦。

通常，发射换能器的工作频率就等于它本身的谐振基频，这样可以获得最佳工作状态、取得最大的发射功率和效率。主动式超声换能器处在接收状态下的工作频率是与发射状态下的工作频率近似相等的，而对被动式接收换能器而言，它的工作频率是一个较宽的频带，同时要求换能器自身的谐振基频要比频带的最高频率还要高，以保证换能器有平坦的接收响应。

（2）换能器的机电转换系数 n 和机电耦合系数 k　超声换能器的机电转换系数，是指在机电转换过程中转换后的力学量（或电学量）与转换前的电学量（或力学量）之比。

对于发射换能器：机电转换系数 n = 力或振速／电压或电流

对于接收换能器：机电转换系数 n = 感应电势或感应电流／力或振速

换能器的机电耦合系数，是描述它在能量转换过程中，能量相互耦合程度的一个物理量，对于发射换能器，其定义为

k^2 = 机械振动系统因力效应而获得的交变机械能／电磁系统所储藏的交变电磁能

对于接收换能器，其定义为

k^2 = 电磁系统因电效应获得的交变电磁能／机械系统因声场信号作用而储藏的交变机械能

对各种不同形式的换能器，其机电转换系数和机电耦合系数均有具体的表达式。

（3）换能器的阻抗特性　换能器作为一机电四端网络，具有一定的特性阻抗和传输常数。由于换能器在电路上要与发射机的末级回路和接收机的输入电路相匹配，所以在换能器设计时计算出换能器的等效输入电阻抗是十分重要的。

同时，还要分析它的各种阻抗特性，例如等效电阻抗、等效机械阻抗、静态和动态的阻抗、辐射阻抗等。

（4）换能器的品质因数 Q'　由于换能器本身是由机械系统和电路系统两大部分组成，所以人们也常用电路系统的品质因数 Q_e 和机械系统的品质因数 Q_m 来共同描述换能器的品质因数。通常是利用换能器的等效电路图和等效机械图，来求出换能器等效的 Q_e 和 Q_m。

换能器的 Q' 值与其工作频带宽度和传输能量的效率有密切的关系，Q' 值的大小不仅与换能器的材料、结构、机械损耗的大小有关，还与辐射声阻抗有关。所以同一个换能器处于不同介质中的 Q 值是不相同的。

（5）方向特性　超声换能器不论是用作发射还是接收，本身都具有一定的方向特性。不同应用的换能器对方向特性的要求也不相同。对于一个发射换能器，其方向特性曲线的尖锐程度决定了它的发射声能的集中程度。而对于一个接收换能器，它的方向特性曲线的尖锐程度决定了其探索空间方向角的范围。所以超声换能器的

方向特性的好坏直接关系到超声设备的作用距离。

（6）换能器的频率特性　是指换能器的一些重要参数指标随工作频率变化的特性。例如一接收换能器的接收灵敏度随工作频率变化的特性，对一个发射器要看它的发射功率和效率随工作频率的变化特性。对不同的换能器我们对它的频率特性也提出了不同的要求，例如：对被动式的换能器，要求它的接收灵敏度频率特性曲线尽量平滑，使其不论是低频噪声，还是高频噪声，只要是它的幅度差不多，则换能器产生的输出电压的大小是近似相等的。

2. 对发射换能器特别要求的性能指标

（1）发射声功率　它是描述一个发射器在单位时间里向介质声场辐射声能多少的物理量，它的大小直接影响超声处理的作用效果。换能器的发射声功率一般是随着工作频率而变化的，在其机械谐振频率时可以获得最大的发射声功率。此外，我们还经常遇到另外两种功率概念：一是换能器所消耗的总的电功率 P_e，二是换能器的机械振动系统所消耗的机械功率 P_m。

（2）发射效率　换能器作为能量传输网络，其传输效率通常采用不同的三个效率概念来描写：机电效率 η_{me}、机声效率 η_{ma} 和电声效率 η_{ea}。其定义分别如下。

机电效率 η_{me}：换能器本身将电能转换为机械能的效率，其大小等于机械系统所获得的全部有功功率 P_m 与输入换能器的总的信号电功率之比，即

$$\eta_{me} = P_m / P_e$$

式中，$P_e = P_{en} + P_m$，P_{en} 表示换能器的电路系统的有功电磁损耗功率。换能器的机电效率越高，表示其电损耗功率越小。

机声效率 η_{ma}：换能器的机械振动系统将机械能转换成声能的效率，其大小等于发射的声功率 P_a 与机械振动系统所获得的有功功率 P_m 之比

$$\eta_{ma} = P_a / P_m$$

式中，$P_m = P_{mn} + P_a$，P_{mn} 表示机械振动系统的摩擦损耗功率。所以换能器的机声效率越高，表示它的机械损耗越小。

电声效率 η_{ea}：换能器将电能转换成声能的总效率，它等于发射声功率 P_a 与输入换能器的总的信号电功率 P_e 之比

$$\eta_{ea} = P_a / P_e = \eta_{me}\eta_{ma}$$

显而易见，换能器的电声效率等于它的机电效率与机声效率的乘积。

换能器的诸效率不仅与其工作频率有关，也与换能器的类型、材料、结构等方面的因素有关。对于发射换能器有时也用发射响应（发射灵敏度）和非线性失真系数两种性能指标。

三、功率超声换能器种类[4,5,7,10-12]

1. 压电超声换能器[4,5,10]

压电换能器是利用材料的压电效应制成的一种声电转换器件。在超声领域，压电超声换能器得到了广泛应用。压电换能器的形状和结构很多，但基本上它们都是由下列三部分组成：压电晶体、电极片和晶体架。

在超声的各种应用中，压电超声换能器基本上工作于厚度伸缩振动模式（图2-4）、径向振动模式和纵向振动模式。除此以外，在一些特殊的应用场合，其他的一些振动模式，如剪切振动模式、弯曲振动模式和扭转振动模式等，也得到了一定的应用。

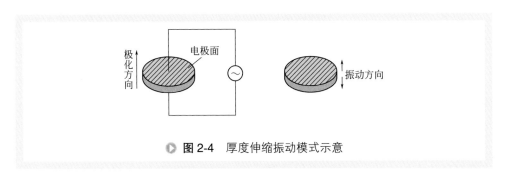

● 图 2-4　厚度伸缩振动模式示意

压电超声换能器的振动模式由陶瓷元件的极化方向和电激励方向决定，同时也与陶瓷材料的几何形状和尺寸有关系。另外，对于同一形状和几何尺寸的压电陶瓷振子，在不同的频段，换能器的振动模式也不同。例如，对于沿厚度方向极化的压电陶瓷薄圆盘，在低频段，振子的振动模式是频率较低的径向振动模式，而在高频段，陶瓷振子的振动模式则为厚度伸缩振动；对于沿长度方向极化的压电陶瓷细长圆棒，在低频段，陶瓷振子的振动模式为纵向振动，而在高频段，其振动模式则是压电陶瓷细长圆柱的径向振动模式。在压电陶瓷换能器中，陶瓷振子的常用形状为圆盘或板。除此以外，圆环和球形换能器振子也得到了较为广泛的应用。

在实际的应用场合，压电超声换能器的结构及形式是多种多样的。然而，大部分的压电超声换能器具有圆盘或板的结构形式。有时，为了改善压电超声换能器的共振特性或脉冲响应，可以在压电陶瓷元件的两面附加质量元件或一些特殊的阻尼材料。压电超声换能器的最简单形式就是一个两面镀有银层的圆形或方形压电陶瓷薄片。镀有银层的两面被称为换能器的两个电极。当把一定频率和功率的交流信号加到换能器的两个电极以后，压电陶瓷片的厚度将随着交变电场的频率变化而变化。因而在周围介质中激发起纵向振动的超声波。

为了产生强超声波，压电晶体通常在其厚度共振频率下振动，常采用四分之一波长及半波长共振工作模式。

压电晶体的一面固定于刚性极板上，另一面自由振动辐射声能，当晶体厚度等于工作波长的四分之一时，可得到极大共振。

在处理液体时，常用半波共振。晶体的一面向液体，另外一面向空气或也向液体。晶体的厚度为半波长。

由于压电陶瓷薄圆片的厚度可以做得很薄，所以厚度伸缩振动模式可以达到很高的频率，其频率范围为 3 MHz 到几十兆赫兹。但当希望产生几十兆赫兹以上的高频超声波时，例如 30MHz，水晶片厚度将为 96μm，加工这么薄的振动片十分困难，所以通常采用高次振动模式，但也降低了辐射声功率。

当某些天然晶体（如石英等）沿一定方向受压强作用，或作长度变化时，在这些天然晶体的表面会产生一定数量的束缚电荷，而且所产生的电荷的数量与压强大小或长度变化量成正比。这种现象就称为压电效应。压电效应是可逆的，即在电场作用下，这类晶体将产生形变，因而在周围介质中激发起超声波。石英、电气石、酒石酸钾钠（罗谢尔盐）和钛酸钡等的压电效应最为明显。

目前，应用较多的压电材料主要有五大类，即压电单晶体、压电多晶体（压电陶瓷）、压电高分子聚合物、压电复合材料以及压电半导体等。常用的大功率压电换能器的换能材料是前面两大类。

（1）压电单晶体 石英晶体是人类所发现最早的压电单晶体。它有天然生长和人工培育的两种。石英晶体的居里温度较高，可达 573℃。石英晶体性能稳定，其材料参数随温度和时间的变化较小。石英晶体的力学性能良好，易于切割、研磨和抛光加工。另外，天然石英晶体的机械损耗小，机械品质因数高，介电系数较低，谐振阻抗高，因而被广泛应用于制作标准振源以及高选择性的滤波器。

当石英晶体的切割取向和切割方位不同时，石英晶体的性能不同。石英晶体的切割方式很多。每一种切割方式可以产生不同性质和不同用途的石英振子。X 切割常用来产生厚度伸缩振动模式，Y 切割和 AC 切割用于产生纯切变振动模式以便用于接收横波；AT 和 BT 切割方式形成的石英振子的频率温度系数很小，可用于实现频率控制的压电振子，也常用于高频滤波器振子；CT、DT、ET 和 FT 切割可用于低频滤波器振子。另外，石英晶体中的声波衰减也和切割方式以及波的传播方向有关。

除了压电石英晶体以外，其他较常用的压电单晶体还有铌酸锂、钽酸锂、罗谢尔盐、磷酸二氢铵、磷酸二氢钾、酒石酸二钾等。每一种材料都有其自己的特点，因此在实际应用中，应该根据具体情况合理选择。

（2）压电陶瓷 压电陶瓷是压电多晶材料，而且大部分压电多晶材料都具有铁电性质。与压电单晶材料等相比，压电陶瓷材料具有以下独特的优点：①原材料价格低廉。②机械强度好，易于加工成各种不同的形状和尺寸，从而适应不同的应用。③通过添加不同的材料成分，可以制成品种各异、性能不同可满足不同需要的压电材料。④采用不同的形状和不同的极化方式，可以得到所需的各种振动模式。

压电陶瓷的原始成分基本上都是金属氧化物粉末。采用添加不同成分的方式，可以得到不同配方的压电材料，从而形成性能各异的压电换能材料。性能良好的压电陶瓷材料，取决于先进的压电陶瓷生产工艺。工艺条件和工艺参数的变化，对压电陶瓷的性能影响很大。压电陶瓷的生产过程主要包括以下几个步骤。按照先后次序分别为：配料、混合、预烧、粉碎、成形、排塑、烧成、上电极、极化和测试等。压电陶瓷的种类很多，目前应用最为广泛的当属锆钛酸铅压电陶瓷。这种材料已被广泛应用于水声、超声等领域，其中包括小信号和大功率应用。

2. 夹心式压电陶瓷超声换能器[10-12]

在功率超声领域，压电陶瓷换能器得到了最为广泛的应用。与超声检测以及医学超声等其他应用中的超声换能器不同，功率超声换能器大部分工作在低频超声范围，对换能器的功率、效率以及振动位移的要求较高，而对于其他性能参数，如灵敏度、指向性以及分辨率等参数则要求不是很严格。

根据压电陶瓷振子的振动模式分析，压电陶瓷圆片或圆环振子的纵向和厚度伸缩振动模式的机电耦合系数比较高，因此为了得到比较高的电声转换效率，在功率超声领域，压电陶瓷换能器的换能元件基本上采用轴向极化的压电陶瓷圆片或圆环。但是对于纯粹的压电陶瓷元件来说，要得到共振频率在 50kHz 以下的振子，沿其极化方向的厚度应为 4cm 以上。这样厚的振子，内部阻抗太高，而且烧成和极化工艺都较困难。为了克服这一困难，在大功率超声和水声领域，常采用一种在压电陶瓷圆片的两端面夹以金属块而组成的夹心式压电陶瓷换能器，或称为复合压电陶瓷换能器，见图 2-5。由于这种结构的换能器是由法国物理学家朗之万提出来的，因此有时也称为朗之万换能器。在这种复合换能器中，压电陶瓷圆片的极化方向与振子的厚度方向一致，压电陶瓷圆片或圆环通过高强度胶或应力螺栓与两端的金属块连接在一起，整个振子的厚度等于基波的半波长。这种换能器结构的优点在于既利用了压电陶瓷振子的纵向效应，又得到了较低的共振频率。此外，由于压电陶瓷本身的特点，即抗张强度差，在大功率工作状态下容易发生破裂，通过采用金属块以及预应力螺栓给压电陶瓷圆片施加预应力，使压电陶瓷圆片在强烈的振动时始终

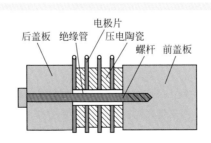

▶ **图 2-5** 夹心式压电陶瓷换能器的基本结构示意

处于压缩状态，从而避免了压电陶瓷圆片的破裂。

由于压电陶瓷属于一种绝缘性材料，因此其导热性能很差，在大功率状态下极易发热，从而造成能量的转换效率下降。在夹心式压电陶瓷换能器中，由于使用了金属前后盖板，换能器的导热性能会得到很大的改善。只要金属材料与压电陶瓷材料的厚度以及横向尺寸选择适当，压电陶瓷材料弹性常数的温度系数可以由金属材料弹性常数的温度系数加以补偿，因此夹心式压电陶瓷换能器的频率温度系数可以做得很小，其温度的稳定性也较好。另外，在夹心式压电陶瓷换能器中，通过改变压电陶瓷材料的厚度和形状以及前后金属盖板的几何尺寸和形状，可以对换能器进行优化设计，来获得不同的工作频率和其他一些性能参数，以适应不同的工作环境和应用场合。除了上述特点以外，由于夹心式压电陶瓷换能器制作简单方便，因此在功率超声技术以及其他技术中得到了广泛的应用。

夹心式功率超声压电陶瓷换能器主要由中央压电陶瓷片、前后金属盖板、预应力螺栓、金属电极片以及预应力螺栓绝缘套管等组成。夹心式功率超声压电陶瓷换

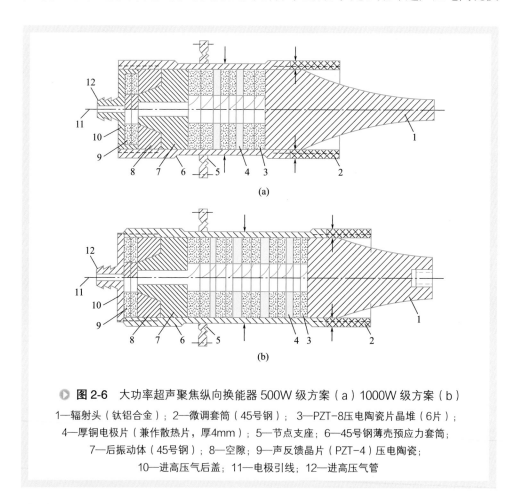

▶ **图 2-6** 大功率超声聚焦纵向换能器 500W 级方案（a）1000W 级方案（b）

1—辐射头（钛铝合金）；2—微调套筒（45号钢）；3—PZT-8压电陶瓷片晶堆（6片）；
4—厚铜电极片（兼作散热片，厚4mm）；5—节点支座；6—45号钢薄壳预应力套筒；
7—后振动体（45号钢）；8—空隙；9—声反馈晶片（PZT-4）压电陶瓷；
10—进高压气后盖；11—电极引线；12—进高压气管

能器的一个实际的设计方案和结构如图 2-6 所示。图 2-6（a）为 500W 级换能器设计方案。500W 级方案的主要特点是：压电堆和前后负载块共占半个波长，指数聚能器占半个波长；应力套筒与前负载螺纹连接，处于应力波节附近位置；压电片分成两组，一组为主晶堆共六片，作为驱动元件，靠近应力波节以利提高电声效率，另一组较薄的两片后置端部，作为电、声反馈元件。图中 2-6（b）为 1000W 级结构方案。1000W 级方案设计成全波长系统，但主晶堆共十片和前后负载块共占 3/4 波长，指数聚能器仅占 1/4 波长。其结构形式同 500W 级方案。

这两种大功率超声换能器的结构设计共同点有：①采用外预应力套筒代替常规的中心预应力螺杆结构。它的优点是可对振子晶片施加足够大的均匀预应力；用平台压力机对压电陶瓷堆平稳地逐步施加不同压力级，并测出压力与晶堆电量关系曲线。拧紧外预应力套筒时，进行电量监测，就可控制预应力的大小，这对换能器的研制质量关系极大。②采用厚铜电极与压缩空气配合的结构。由此可以获得良好的散热条件。③采用后置晶片，形成电、声反馈，获得频谱跟踪和大振幅稳定输出的特性。④采用电极连接线全部外引方式，有利于提高可靠性及安装的方便性。⑤采用微调提升谐频套筒机构，该技术经计算机模拟和实际测量表明，更换不同长度的套筒，频谱可提高 0.1 ～ 0.5kHz。⑥采用聚能器作为前辐射头。由于大功率超声换能器往往要求功率密度高，聚能器除必须选择抗疲劳强度好的钛铝合金材料外，还必须选择机械损耗小的聚能器形状，即选择指数形聚能器。

目前夹心式压电陶瓷换能器的工作频率大概在几十千赫兹到几百千赫兹之间，最大功率可达到 2000W 左右，其电声转换效率视工作状态不同也有不同的数值，一般情况下可达到 70% 以上。对于设计较好的夹心式换能器，其振动模式比较纯，辐射面的振动分布也比较均匀。一般情况下在大功率状态下工作时，此类换能器主要工作在基频振动模式，此时，换能器辐射面中部的振幅最大，边界的位移振幅最小，非常类似于一个活塞辐射器。在分析此类换能器的辐射声场及指向性时，都把它近似看成一个活塞辐射器加以处理。

3. 磁致伸缩超声换能器[4,5,7,10-12]

磁致伸缩超声换能器是基于某些铁磁材料及铁氧体陶瓷材料所具有的磁致伸缩效应而制成的一种机声转换器件。除了压电超声换能器以外，在功率超声和水声领域，磁致伸缩换能器也是应用较多的一种大功率换能器。它特别适合在适度高的频率范围内产生高强度超声。尽管在许多领域，磁致伸缩换能器已被压电换能器所取代，然而由于磁致伸缩换能器结构简单、耐机械冲击和电冲击能力强，因此在一些环境比较恶劣的情况下，仍有一定的应用空间。

（1）磁致伸缩效应和磁致伸缩材料　当铁磁材料置于磁场中时，它的几何尺寸会发生变化，这一现象是 Joule 在 1847 年发现的，称为磁致伸缩效应。根据铁磁材料在磁场中的几何尺寸变化的形式不同，磁致伸缩效应可分为纵向效应、横向

效应、扭转效应和体积效应等。超声
换能器主要是利用纵向效应和扭转效
应。磁致伸缩效应所产生的应变与磁
场的方向无关，即当外加磁场的方向
改变而大小不变时，所产生的应变的
大小和方向皆不变，也就是说磁致伸
缩效应所产生的磁致伸缩应变是磁场
强度的偶函数。鉴于这一现象，磁致
伸缩材料总是在极化状态下应用。在

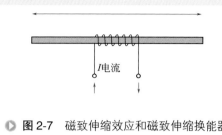

图 2-7　磁致伸缩效应和磁致伸缩换能器
的产生机理示意

这一情况下，磁致伸缩效应所产生的应变与外加磁感应强度的变化是同频率的。磁
致伸缩效应和磁致伸缩换能器的原理可以通过图 2-7 加以说明。

　　图中一个已磁化的铁磁材料棒和一个线圈组成了简单的回路。当在磁化了的磁
棒两端施加应力或应变时，将在线圈中产生电动势。若棒以某一频率振动，则线圈
中便产生同样频率的交变电动势。这一过程是可逆的。例如，如果把一个交变电压
加到位于磁场中的棒的线圈上，棒将以所加电压的频率而振动，振动幅度与电压大
小成正比。

　　常用的磁致伸缩材料可分为两大类。一类是金属磁致伸缩材料。另一类是铁氧
体磁致伸缩材料，其最大特点是具有很高的电阻率，因此涡流损耗较小。

　　金属磁致伸缩材料主要有以下几种：

　　① 退火镍。这是一种贵重金属，经退火处理以后含镍可达 99.9%，可做成极
薄的薄片，具有很强的抗腐蚀性能，主要应用于水声和大功率超声领域。

　　② 铝铁合金，又称为 αAlFe 合金。它是由 13% 的铝和 87% 的铁所组成的合金，
可辗压成 0.2～0.25mm 的薄片代替退火镍使用。其冶炼和辗压工艺较复杂。与退
火镍相比，其饱和磁感应强度高，饱和磁致伸缩系数接近，但抗腐蚀性能不如纯
镍，另外其起始磁导率较高，电阻率也较高。

　　③ 镍铁合金，又称为坡莫合金。它是由 45% 的镍和 55% 的铁所组成的合金。
通常被冷轧成薄带或薄片，具有较高的起始磁导率。

　　④ 铁钴合金，又称为坡明德合金。它是由 49% 的钴、49% 的铁和 2% 的钒所
组成的合金。脆性较大、易断裂、容易被腐蚀。

　　⑤ 镍钴合金。它是由 95.5% 的镍和 4.5% 的钴所组成的合金，其居里点较高，
约在 410℃，极限辐射功率极高，可达 100W/cm²。

　　⑥ 稀土元素与铁的二元合金，如 $TbFe_2$。在室温下，其饱和磁致伸缩应变和
应力比镍大 50～60 倍，可用来制作大功率声源。仅从其性能来看，它有可能代替
大功率压电陶瓷换能器。

　　常用的铁氧体磁致伸缩材料有以下几种：

　　① 镍锌铁氧体。适用于制作水声中的水听器。

② 镍铜钴铁氧体，适用于制作中功率高效率的超声辐射器。

③ 镍锌钴铁合金，适用于制作中功率高灵敏度的换能器。

与压电陶瓷材料有所不同，磁致伸缩材料具有一些特殊的性能。根据磁致伸缩材料所产生的相对形变与磁场强度之间的关系曲线可以看出，有一些磁致伸缩材料，如铁等，在弱磁场的情况下伸长，而在强磁场的情况下则缩短。由于铁的磁致伸缩性能比较复杂，因此铁不适合于制作磁致伸缩换能器材料。还有一些材料，如镍，在磁场中的形变始终是缩短的。然而，镍的磁致伸缩效应却是最大的。

任何磁致伸缩材料都具有磁饱和现象，即当外加的磁场从小到大逐渐增大时，开始时应变随之增大，但当磁场增大到一定程度以后，应变就不再增大，即出现了磁饱和现象。与压电陶瓷材料一样，磁致伸缩材料也具有居里点。温度对磁致伸缩材料的磁致伸缩效应具有很大的影响。随着温度的升高，磁致伸缩效应逐渐减弱，当温度达到磁致伸缩材料的居里温度时，磁致伸缩效应将完全消失。

（2）磁致伸缩换能器的结构　从表面上看，磁致伸缩效应和压电效应是类似的。然而事实并非如此，原因有以下几点。第一，磁致伸缩效应产生的磁棒的长度变化不依赖于外加磁场的方向。第二，磁棒长度的变化与外加的磁场强度之间的数量关系是非线性的。造成这一非线性现象的原因是铁磁材料具有明显的磁饱和现象。第三，磁致伸缩效应的大小依赖于材料所经受的预处理，如温度和静态机械外力等。

如上所述，由于磁致伸缩材料具有磁饱和现象，因此磁致伸缩效应是一种非线性效应。为了达到高效能量转换的目的，必须在磁致伸缩换能器的外加交变电场上叠加一个恒定的磁场。这一过程可以通过两种方法加以实现。第一，在磁致伸缩换能器的磁路中插入一个永久磁铁。第二，在磁致伸缩换能器的交变驱动电流中增加一个适当选择的直流电。如果要求磁致伸缩换能器在严格的线性状态下工作，必须保证换能器的交变驱动电流足够小。因为只有在这种情况下，才能保证在换能器的磁致伸缩曲线上，在一定的应变范围内，材料的磁致伸缩曲线可用其正切近似表示。然而，对于大功率超声发生器，这一线性条件不必严格考虑。因为在大功率状态下，线性不是重要的因素，重要的是换能器能够输出较大的声功率以及具有有效的能量转换。

对于不同应用场合，磁致伸缩换能器可以具有不同的结构和形状，如棒形的、窗形的以及环形的等。一种非常重要的用于磁致伸缩换能器中的磁致伸缩材料就是镍，这是因为镍的磁致伸缩效应很大，它的机械稳定性很高。然而，由于这种材料的电导率很高，在实际的换能器设计中，必须采取必要的措施以避免涡流的产生，因为涡流能够造成换能器的能量损失以及换能器材料的发热。为了解决这一问题，镍换能器的磁芯通常都是由退火镍片组成，片与片之间加以绝缘。对于铁氧体磁致伸缩换能器，由于其电导率较低，因而其磁芯可由整体材料组成。

在功率超声中，常用的磁致伸缩换能器是棒形结构，如图2-8所示。在换能器工作时，把激励源的频率调到与振子棒的弹性振动固有频率相共振，棒的振幅就最大。振子的共振频率与棒的长度有关，而对于叠片式振子来说，共振频率与它的高度（图中的 n）有关，以基频振动的振子的长度为由它辐射声波的半波长，即振子工作在半波长共振模式。

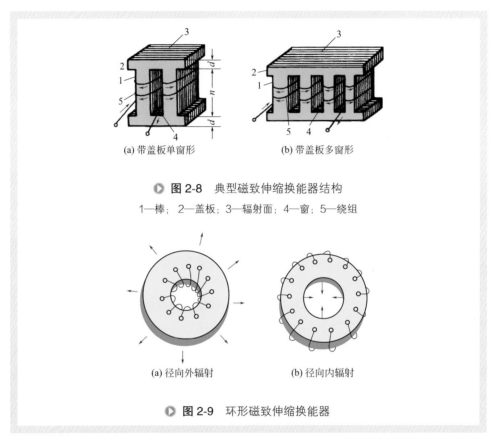

(a) 带盖板单窗形　　　　　(b) 带盖板多窗形

▶ 图 2-8　典型磁致伸缩换能器结构

1—棒；2—盖板；3—辐射面；4—窗；5—绕组

(a) 径向外辐射　　　　　(b) 径向内辐射

▶ 图 2-9　环形磁致伸缩换能器

　　另一种典型的常用环形磁致伸缩换能器结构如图 2-9 所示。图 2-9（a）为沿径向外辐射结构；图 2-9（b）为沿径向内辐射结构，这种结构实际是换能聚焦结构。具体的设计方法和分析可参见有关磁致伸缩换能器的书籍和论文。

4. 流体动力型超声换能器[4,5,7,10]

　　如上所述，在功率超声领域，声能的产生主要通过三种不同的方法，即流体动力法、压电效应法以及磁致伸缩效应法。流体动力发生器是以流体作为动力源，利用高速流体（高速液体或高速气体）来产生声和超声的发生器。它的独特优点是结构简单、造价低廉、处理量大、操作方便以及经久耐用，尤其适用于大规模的工业应用。流体动力超声发生器包括气流声源和流体（液体）动力发生器声源两种。气流声源是一种机械式的声频或超声频振动发声器，它依靠气流的动能作为振动能量的来源，可分为低压与高压声源两种。低压声源也称为哨，如通常的哨子及旋涡哨等。高压声源包括哈特曼哨及其各种变异体等。低压气流声源的效率较高，可达30%左右，但声功率不高，通常不超过数瓦。因此低压气流声源主要应用于控制以及测量设备中，如声控开关等。尽管高压声源的效率较低，但此类声源可获得较大的声功率，因而至今仍存在一定的市场。

流体（液体）动力发生器声源是将液态流体中的涡流能量转换成声波辐射的一种声波换能器。它的工作原理是利用由喷嘴出来的射流与一定几何形状的障碍物的相互作用，或者利用周期性强迫射流中断的方法使液体介质发生扰动，从而产生某种形式的速度场与压力场。液体声波发生器也称为液哨，如簧片哨等。此类流体动力发声器能在相当宽的频带内工作，能在 $0.3 \sim 35kHz$ 频带内辐射 $1.5 \sim 2.5W \cdot cm^{-2}$ 的声强。另外流体（液体）动力发生器声源的优点是可以廉价地获得声能，结构简单。液体流一方面是产生振动的动力源和振动体，另一方面又是传播声波的载体，因此易于声匹配。利用流体动力法产生超声的装置主要包括用于气体中的葛尔登（Galton）哨、哈特曼哨及旋笛，用于液体中的簧片哨，以及可同时用于气体和液体中的旋涡哨等。流体动力超声发生器的共同特点是以流体作为动力源，利用高速流体来产生超声，其转换效率一般比较低，大概在10%左右。其主要应用包括气体中的超声除尘、空气中尘埃的凝聚、气体和重油的阻燃、加速热交换、超声干燥、超声除泡沫以及液体中的油水乳化、加速晶体化过程等。

（1）流体动力型发声器的种类

① 共振腔哨，在喷注前用共振腔反馈的哨就是共振腔哨。这类哨包括葛尔登哨和哈特曼哨。

葛尔登哨的结构如图 2-10 所示。空气流经过喷嘴至环形狭缝，通过环形狭缝喷射出高速气流到共振腔而激发空腔气体共振产生超声。共振腔的深度可以利用带有测微螺杆的活塞的移动来改变。喷嘴与共振腔之间的距离也可以精密调节。共振腔相当于一头开口、一头封闭的管，其共振频率可近似地由下式决定。

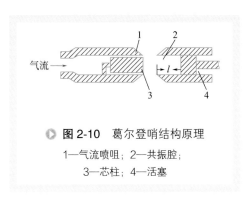

▶ 图 2-10　葛尔登哨结构原理
1—气流喷嘴；2—共振腔；
3—芯柱；4—活塞

$$f = \frac{c}{4(l+k)} \qquad （2-148）$$

式中　c——气体介质中的声速；

　　　l——共振腔的深度；

　　　k——与气流压力有关的常数，可由实验确定。

哈特曼哨的结构和基本原理如图 2-11 所示。它与葛尔登哨不同，喷咀内没有芯柱，有时做成锥形。要求空气流速高于其声速。当高速气流从喷咀喷出时，在喷咀与共振腔之间的局部压力产生周期性起伏，这是由于气流速度超过声速而产生的，具有不稳定性。当把共振腔口置于不稳定区内

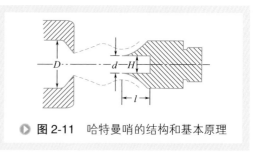

图 2-11　哈特曼哨的结构和基本原理

时，即可激发出强的声波。声波频率由共振腔的尺寸决定。如果空腔深度为 l，直径为 d（通常等于喷咀直径），则其辐射声波的频率为

$$f = \frac{c}{4(l+0.3d)} \qquad (2\text{-}149)$$

在一般的情况下，哈特曼哨只能在气体中应用。这种哨不能在液体中应用的原因是液体不可能以大于液体中的声速（1500m/s）通过喷咀。葛尔登哨可以在液体中应用，但其效率却很低。

②　旋笛工作原理是用切断气流而形成断续喷注的方法产生声或超声。一种装置是在一固定的圆盘上开一些等距离分布的小孔，在另一个能转动的圆盘上开同样的一些孔。孔数与定盘上的孔数可以不相等，但两个盘上孔的中心必须在同一半径的圆周上。把两个盘安装在一起，并使转盘转动。如果高压气流从孔中通过，气流就会时而通过，时而被切断而形成断续喷注，从而在介质中产生声或超声，其频率（单位 Hz）与盘上的孔数及转盘的转速有关，可由下式近似给出。

$$f = \frac{nN_p}{60} \qquad (2\text{-}150)$$

式中　n——转盘的转速，r·min^{-1}；

　　　N_p——转盘上的小孔数。

为了使声波很好地辐射，在发生器的输出端安装有定向辐射的喇叭，一般采用指数形喇叭。在理想情况下，转盘和定盘紧密相贴时，其发声效率最高。但实际上完全密合是不可能的，且高速旋转的转盘和定盘之间总会有间隙而使气体泄漏，效率会下降，因而对旋笛的机械加工要求较高，在某种程度上妨碍了旋笛的应用。旋笛发声器的结构如图 2-12 所示。

③　簧片哨的结构和基本原理如图 2-13 所示。由喷咀 D 和簧片 C 组成。在液体中利用液体射流的振动来激发簧片的振动而产生声或超声。簧片的刃做成尖劈形，并正对着喷口安装。在簧片的振动节点处固定。

当高速射流从喷咀喷出时，便激发簧片振动，其振动频率为

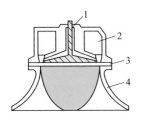

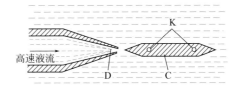

▶ 图 2-12 旋笛发声器   ▶ 图 2-13 簧片哨的结构和基本原理

1—转盘；2—压力小室；   D—喷咀；C—簧片；

3—定盘；4—喇叭   K—节点处的固定螺钉

$$f = \frac{nu}{h}(a + \frac{b}{Re}) \tag{2-151}$$

式中 n——正整数；

　　　　u——液体流速；

　　　　h——喷咀到簧片尖端的距离；

　　　　a, b——常数；

　　　　Re——雷诺数。

在一般使用中，Re 的数量级是 10^4，比 b 大得多，故式中 b/Re 可以忽略。a 值一般约为 0.5。a 值和喷口宽度 d、距离 h 以及 n 值有关。例如当 $d = 2\text{mm}$，$h = 4\text{mm}$，$n = 1$ 时，$a = 0.44$；而当 $d = 2\text{mm}$，$h = 4\text{mm}$，$n = 2$ 时，$a = 0.58$。在上述式子的基础上，对于四固定支撑点的簧片，其固有共振频率还可以近似为下面的形式

$$f = f_A / (1 + \beta)^{1/2} \tag{2-152}$$

式中 $f_A = 1.03(t / l^2)(E / \rho)^{1/2}$；

　　　　$\beta = 0.145(\rho_l l / \rho t)$，$t$ 为簧片的平均厚度；l 为长度；E 为簧片材料的杨氏模量；ρ, ρ_l 为簧片材料和液体介质的密度。

簧片哨的另一形式是采用一端自由、一端固定的悬臂梁（图 2-14）。其谐振频率为

$$f = 0.162 \frac{t}{l^2} c_l \tag{2-153}$$

式中 t——簧片的厚度；

　　　　l——长度；

　　　　$c_l = (E / \rho)^{1/2}$ 为簧片材料中的纵波速度。

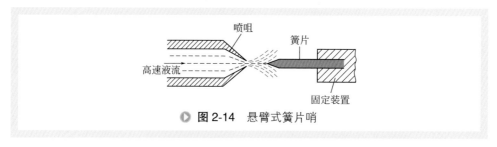

图2-14 悬臂式簧片哨

④ 旋涡哨的结构和原理如图2-15所示。由进气管、圆管形腔体和出气口组成。进气口位于腔体的切线方向,而出气口则在腔体的轴线方向。当气流沿切线方向进入圆管形腔体后,便沿管壁快速旋转,于是形成旋涡而产生超声,从出口辐射到传声介质中。

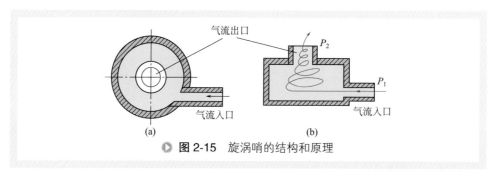

图2-15 旋涡哨的结构和原理

当进气口压力为P_1,出气口压力为P_2时,旋涡哨产生的超声频率为

$$f = \alpha \frac{c}{\pi d} (\frac{P_1 - P_2}{P_2})^{1/2} \qquad (2-154)$$

式中 α——系数,小于1;

$\quad\quad c$——声速;

$\quad\quad d$——圆管直径。

旋涡哨可在液体中使用,但目前效率较低。

⑤ 圆板哨结构和原理如图2-16所示。由气体或液体射流来激励圆板或具有张力的圆膜振动而产生声或超声。其特点是能将射流与声分开。图2-16(a)为不带共振腔的圆板哨;图2-16(b)为带共振腔的圆板哨。具有单面水负载时,圆板的固有频率为

$$f = \frac{1}{2\pi} \times \frac{t c_P}{a^2} \left[\frac{3}{4A} \left(K + \frac{m}{M} + \frac{8Q}{3\pi} \times \frac{\rho_w}{\rho_P} \times \frac{a}{t} \right) \right]^{-1/2}$$

式中 $c_P = [E / (1 - \sigma^2) \rho_P]^{1/2}$;

$\quad\quad t, \sigma, \rho_P$——板的厚度、泊松比和材料密度;

$\quad\quad E, a$——板材料的杨氏模量和圆板半径;

$\quad\quad \rho_w$——水的密度;

m ——集中于板中心的等效质量；

$M = \pi a^2 \rho_p t$ ——板的质量；

$$A = \frac{1+\sigma}{2}\alpha^2 + 2(1+\sigma)\alpha\beta + (\frac{10}{3} + 2\sigma)\beta^2 ;$$

$$K = 1 + \frac{\alpha^2}{3} + \frac{\beta^2}{5} + \alpha + \frac{2}{3}\beta + \frac{1}{2}\alpha\beta ;$$

$$Q = 1 + \frac{14}{15}\alpha + \frac{5}{21}\alpha^2 + \frac{214}{675}\alpha\beta + \frac{314}{525}\beta + \frac{89}{825}\beta^2 。$$

其中，α、β 与圆板材料的泊松比有关，是泊松比的复杂函数。

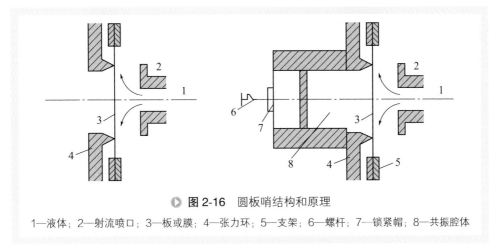

▶ 图 2-16　圆板哨结构和原理

1—液体；2—射流喷口；3—板或膜；4—张力环；5—支架；6—螺杆；7—锁紧帽；8—共振腔体

（2）流体动力发生器的现状和展望　由于流体动力发生器的结构简单、坚固耐用、处理量大、耗电量小以及动力源方便等原因，因而它很适合于工业上的大规模应用。目前广泛应用于乳化、粉碎、均化、雾化以及用于促进化学反应、除尘和阻燃等。在工业上的应用方面已经显示出它独特的优点，从而体现出它极大的生命力。然而，由于流体动力发生器使用流体射流作为动力源来激发声波，而射流的流体动力学是一个较为复杂的研究领域，射流与腔体的耦合发声所涉及的物理模型和物理机制也是各不相同的，其研究理论更是缺乏。各种现有的理论都是近似的，不能系统完全描述其基本规律。此外，其中涉及的数学处理也是非常复杂和困难的。因而至今流体动力发生器的发声机理还没有得到较为令人满意的解释，大部分的研究仅限于有关实验现象分析。在一系列有关的应用中，设计者也是主要根据各种经验公式以及具体不同的实验曲线给出的结果与特征趋势来考虑问题。对于实际要求来说，理论上的精确预示与计算有关的声波特征，例如发生器的具体结构与辐射声波的频率关系、声波强度与声场分布的规律等，无疑会更有利于此类发生器的广泛应用和控制。因而，对流体动力发生器的辐射声波机理及其特征的进一步研究是今后值得进一步深入探讨的一个重要的研究方向。

换能器变幅杆形式及其应用[4,5,7,10,11]

一、超声变幅杆

在功率超声加工处理设备中，我们一般将由换能器、变幅杆（包括传振杆）以及加工工具等所组成的系统称为超声振动系统，有时也称超声发生器。图 2-17 是一种典型功率超声振动系统。

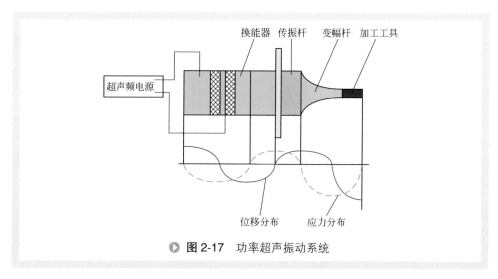

◐ 图 2-17　功率超声振动系统

超声变幅杆，又称超声变速杆、超声聚能器。在超声技术中，特别是在高声强超声设备的振动系统中是很重要的一部分。它的主要作用是把机械振动的质点位移或速度放大，或者将超声能量集中在较小的面积上，即聚能作用。我们知道，超声换能器辐射面的振动幅度在 20kHz 范围内只有几微米。而在高声强超声应用中，如超声加工、超声焊接、超声破坏细胞、超声搪锡、超声金属成形（包括超声冷拔管、丝和铆接等）和超声手术刀、吸引器及超声疲劳试验等应用中，辐射端面的振动幅度一般需要几十到几百微米。而换能器振子前后振速比一般在 2 ～ 3。如果光靠改变前后盖板设计提高振幅绝对值，非常有限。如果加大输入电功率，则振子尾端振动速度的振幅以同样的倍率增大，这一部分能量不能用于超声加工，只能白白损耗掉。且更严重的后果是造成振子发热，恶性循环，使振子效率进一步下降，甚至损坏功率超声系统。因此，必须在换能器的端面连接超声变幅杆，将机械振动振幅放大。超声变幅杆还可以作为机械阻抗变换器，在换能器和声负载之间进行阻抗匹配，使超声能量更有效地从换能器向负载传输。变幅杆也是为了用来固定整个机械系统（在波节处固定），从而尽可能减少机械能量的损耗。变幅杆使换能器和工作介质之间获得热学和化学上的隔绝。

超声变幅杆的性能可以用许多参量来描述，在实际应用中最常用的是：谐振或共振频率（谐振长度）、放大系数、形状因数、输入力阻抗和弯曲劲度等。

（1）谐振频率 f　在变幅杆的几何形状、尺寸和材料一定时，得出变幅杆位移和应变分布表达式，然后确定边界条件，得出变幅杆的谐振频率方程。单独设计变幅杆时，一般选取的是自由的边界条件，由此可解得谐振频率 f。

在实际应用时，为了获得最大的放大系数，必须使换能器的激励频率与变幅杆的谐振频率相匹配。变幅杆谐振频率方程的导出对于变幅杆的设计是特别重要的，是超声振动系统变幅杆设计的基础。

（2）谐振长度 l　超声变幅杆能够在谐振频率下工作，此时的长度就是谐振长度。在设计变幅杆时，为了使放大系数达到最大，需要按照要求设计共振频率以求得谐振长度。方法是根据变幅杆的频率方程求解谐振长度，变幅杆的谐振长度是变幅杆设计的基本几何参数。

（3）位移节点　变幅杆在工作时，在纵振动杆中传播的是纵波，1/2 波长的变幅杆在谐振频率下工作时，有一点的位移总是为零，该点就是位移节点。

（4）放大系数 M　放大系数是指变幅杆工作在共振频率时输出端与输入端的质点位移或速度振幅的比值。一般情况下，变幅杆的放大系数越大，工具头聚集的能量也就越大，越有利于超声加工。

（5）输入力阻抗 Z_i　输入端驱动力与质点振速两者之间的复数比值就是变幅杆输入力阻抗 Z_i。当超声振动系统的工作频率和负载变化时，变幅杆的输入力阻抗的变化值越小越好。

（6）形状因数 φ　形状因数是衡量变幅杆所能达到最大振动速度的指标之一，仅与变幅杆的几何形状有关，是一个无量纲的常量，数值越大，所能达到的振动速度也越大。

超声变幅杆的类型有很多。从振动模式分，有纵向振动变幅杆、径向振动变幅杆及扭转振动变幅杆。从变幅杆的结构分，可以分为单一变幅杆和组合变幅杆；从变幅杆的几何形状分又有圆锥形、指数形、悬链线形、阶梯形、高斯曲线形及各种组合形变幅杆等。图 2-18 为四种典型的功率超声常用的半波变幅杆示意图。图 2-18（a）～（d）分别为圆锥形、指数形、悬链线形、阶梯形变幅杆。

变幅杆的性能可以从变截面细棒的一维纵振动方程出发来进行分析和设计。

我们以指数形变幅杆为例，说明各参量的关系。对于指数形，其截面的变化规律为 $S = S_1 e^{-2\beta x}$，$\beta l = \ln N$，$N = \sqrt{S_1 / S_2}$。可以得到截面位移 ξ 的表达式为

$$\xi = e^{\beta x}(A \sin k'x + B \cos k'x) \tag{2-155}$$

式中　　　　S——变幅杆截面面积；

S_1，S_2——输入端、输出端面积；

β——蜿蜒指数；

x——离开输入端的距离；

$k'=\sqrt{k^2-\beta^2}$ 由变幅杆两端的边界条件确定。

端面为自由时，应变等于零。在初始分析和设计变幅杆时，一般不考虑负载，故取自由边界条件，可以得到频率方程

$$\sin k'l = 0 \tag{2-156}$$

谐振长度

$$l = \frac{\lambda}{2}\sqrt{1+\left(\frac{\ln N}{\pi}\right)^2} \tag{2-157}$$

位移节点坐标

$$x_0 = \frac{l}{\pi}\operatorname{arc\,cot}\frac{\ln N}{\pi} \tag{2-158}$$

放大系数

$$M = e^{\beta l} = N \tag{2-159}$$

输入力阻抗

$$Z_i = jZ_{01}\frac{[(k'l)^2+\ln^2 N]^{1/2}}{\ln N + k'l\cot k'l},\ Z_{01} = \rho c S_1 \tag{2-160}$$

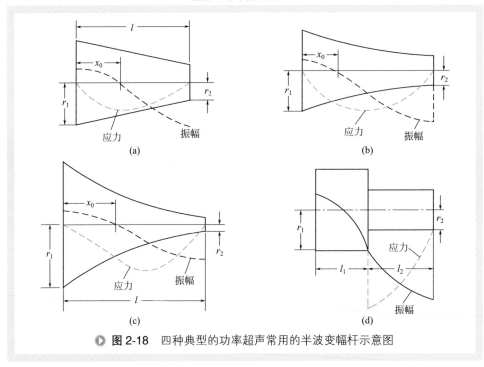

▶ 图2-18　四种典型的功率超声常用的半波变幅杆示意图

　超声化工过程强化

形状因数

$$\varphi = \frac{Nk'}{k} e^{-\beta x_M} \frac{1}{\sin k' x_M}$$ （2-161）

式中　x_M——应变最大点坐标，由下式求出

$$\tan k' x_M = -k'/\beta$$ （2-162）

利用上述公式，就可以进行指数形半波长谐振变幅杆的分析和设计。

常用单一变幅杆和复合变幅杆的设计公式已列成图表。这些公式包括谐振频率 f、半波谐振长度、位移节点长度 x_0、放大系数 M、应变极大点长度 x_M 和形状因数等。这些公式都是在空载（即在空气中工作）情况下得到的，它们的工作状态主要取决于面积系数 N（大小端直径比值）、谐振长度 l 和纵波在细棒中传播的波长 λ。利用这些图表，只要给定变幅杆的面积系数 N，选定工作频率及所用材料，就可以直接查到和计算出谐振长度 l 及其他上述参数。

二、阻抗匹配与调谐[10-12]

在超声加工、超声焊接以及超声清洗等大功率超声应用场合，始终会遇到超声电源与超声换能器的阻抗匹配问题。事实证明，大功率超声设备能否高效而安全工作，在很大程度上取决于压电换能器与超声电源之间的匹配设计。因此，在大功率超声设备的研制过程中，除了超声电源以及超声换能器两个方面以外，另一个重要的方面就是匹配电路的设计。一般来说，压电超声换能器的电匹配包括以下三个方面的主要内容。第一，阻抗变换。根据交流电路理论，超声波电发生器存在一个最佳负载值，也称为最佳输出阻抗。只有当实际的负载等于此值时，发生器才能工作于最佳状态，并向负载输出最大的电功率。在大部分情况下，由于实际的压电超声换能器的电阻抗不同于超声频电发生器的最佳负载阻抗，因此，为了保证电路的最大输出，必须利用匹配电路来达到阻抗变换的目的。在一般的情况下，超声匹配电路中采用输出变压器来达到阻抗变换的目的，有时也利用电感和电容的串并联组合来实现阻抗变换。第二，调谐。在实际工作中，大功率压电超声换能器基本上都工作于谐振状态。根据压电换能器的谐振和动态理论可以知道，处于谐振状态的压电换能器对外呈现是一个容性器件。如果将这样的容性器件直接连接到超声频电发生器中，发生器与换能器之间会出现相当大的无功损耗，这样不仅会使换能器的效率下降，降低输出声功率，而且会影响到发生器的安全工作。为了避免这一现象的发生，必须对换能器的容性阻抗部分进行补偿。这一补偿的过程就是换能器的匹配调谐过程。具体地讲，就是在匹配电路中增加一个感性器件来补偿换能器的容性阻抗。第三，整形滤波。随着电子技术的飞速发展，为了提高电路的效率，一些新的电路器件及一些新的电路形式在超声电源的研制中被广泛利

用。例如开关器件 VMOSFET、IGBT 以及 D 类和 E 类功率放大电路等。在这些新的功率放大电路中，电路的效率达到 90% 以上，其输出信号是方波而不是传统的正弦波，因而含有许多频率成分。由于大功率压电超声换能器工作于单一频率，因此超声换能器的匹配电路必须具有整形和滤波的功能。这一功能的实现主要是通过匹配电路中的电感和电容的串并联组合。从这个意义上讲，超声换能器的匹配电路也是一个滤波电路。事实上，从表面上看，压电超声换能器的匹配电路与电学中的滤波电路是非常相似的。

辐射超声波，除了功率放大器和换能器（即超声振动系统），还必须有一个超声电信号发生器。超声电信号发生器产生一个超声频段的电振荡信号；该信号被输入到功率放大器进行功率放大；功率放大器的输出，经过阻抗匹配器之后，送到超声换能器；换能器的压电元件产生机械振动，根据所需要的振动位移大小，经过变幅杆进行振动幅度变换，最后在变幅杆的端面上形成超声振动面。以变幅杆的顶端为超声源，推动其周围的弹性介质振动，形成超声波传播。在功率放大器输出和信号发生器之间有闭合反馈，这就是频率跟随器，以获得稳定的超声能量输出。

为了方便地获得超声波，通常将电子电路部分集中在一个机箱里，称为超声电源，而将换能器、变幅杆以及加工工具等组合成为超声振动系统。超声电源和超声振动系统组合成一台超声发生器。目前国内外有许多仪器商都生产超声发生器。

参考文献

[1] 杜功焕，朱哲民，龚秀芬. 声学基础 [M]. 南京：南京大学出版社，2001.

[2] 马大猷. 现代声学理论基础 [M]. 北京：科学出版社，2004.

[3] 程建春. 声学原理. 2 版 [M]. 北京：科学出版社，2019.

[4] 冯若. 超声手册 [M]. 南京：南京大学出版社，1999.

[5] 马大猷，沈壕. 声学手册 (修订版)[M]. 北京：科学出版社，2004.

[6] 何祚镛，赵玉芬. 声学理论基础 [M]. 北京：国防工业出版社，1981.

[7] 应崇福. 超声学 [M]. 北京：科学出版社，1993.

[8] 陈伟中. 声空化物理 [M]. 北京：科学出版社，2014.

[9] 冯若，李化茂. 声化学及其应用 [M]. 安徽：安徽科学技术出版社，1991.

[10] 林书玉. 超声换能器的原理和设计 [M]. 北京：科学出版社，2004.

[11] 袁易全. 近代超声原理及应用 [M]. 南京：南京大学出版社，1996.

[12] 袁易全. 超声换能器 [M]. 南京：南京大学出版社，1992.

第三章

超声强化化学反应过程

超声强化化学反应过程可以追溯到 1927 年美国学者 Richards 和 Loomis 发现超声能加速硫酸二甲酯水解和亚硫酸还原碘化钾。声化学是指利用超声的空化现象加速和控制化学反应，提高反应速率和引发新的化学反应。传统的化学反应往往存在反应时间长、产率不理想、需要使用有毒或昂贵的试剂、高温的条件以及非均相体系中的传质、颗粒结块、固体表面杂质的沉积等问题 [1~3]。而超声能加快反应、提高反应选择性、避免使用昂贵试剂等，广泛应用于非均相催化反应、相转移催化反应以及两相反应等几乎所有的反应种类 [4~7]，被证明是最有效的化学过程强化手段之一 [8]。本章主要介绍超声强化反应机理、超声强化化学合成过程、超声强化电化学过程、声化学反应器设计分析等，在对已有文献进行分析的基础上，提出了优化选择的指导原则，以便获得最大的工艺强化效益，为工业化应用提供参考。

第一节 超声强化机理和动力学问题

一、声空化物理和化学效应

超声波的频率在 20kHz～10MHz，对应的波长范围是 0.2～100mm，是分子尺寸的很多倍，超声波能量无法直接引发明显的化学反应，主要是依靠空化效应引起介质内部压力扰动从而发生化学反应，该过程称为声化学。几乎所有声化学过程的机理都是声空化，即液体中微气泡核在超声作用下，生成、生长、崩溃等过程。空化气泡的突然猛烈塌缩会在液体中引起微流、搅拌、湍流、微喷射、冲击波、自由基的产生、声致发光等一系列物理和化学效应[9]。气泡急剧塌缩产生局部高温（＞5000K）和高压（＞100atm，1atm=101.325kPa），温度变化率达10^9K/s（图3-1），能使气泡内水蒸气和氧气分解，产生•OH、H_2O_2、O原子和O_3等氧化剂，氧化液体中的溶质，发生声化学反应。比如，超声辐照碘化钾溶液，随着辐照时间的增加，溶液逐渐被产物（I_3^-）着色（$3I^- + 2HO• \longrightarrow I_3^- + 2OH^-$）。这种改变反应路径、降低反应活化能的作用被称为声空化化学效应。基于化学效应，可以用来加速反应过程，如氧化、聚合反应及大分子降解等废水处理过程。

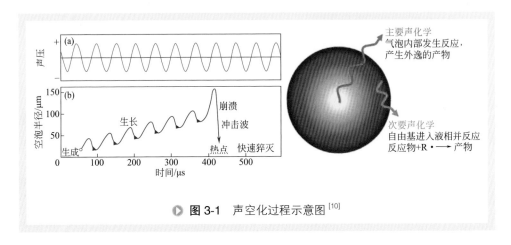

● **图 3-1** 声空化过程示意图[10]

气泡急剧塌缩产生冲击波、微射流引起流体的微扰和湍动，进而强化混合与传质，该作用被称为声空化物理效应。超声物理效应，可以用来强化乳化、萃取、气液传质、催化剂表面更新、颗粒分散等过程。

二、声化学反应发生的三个区域

声化学反应发生在三个不同的区域，如图3-2所示：空化气泡内、气泡液体界面区及界面区域外的液相区。

空化气泡内：由空化气体，水蒸气及易挥发溶质蒸气的混合物组成，是热点中心，易挥发的溶质蒸气在气泡内可直接热分解，形成活性自由基。例如，水分子在气相裂解成•H和•OH（反应3-1），称为初级自由基。这些自由基可以相互反应生成氢气、过氧化氢或还原成水分子（反应3-2～3-4），其他反应根据气泡内气体含量而发生，如反应3-5～3-8所示。如果存在表面活性分子，当初级自由基攻击它们时，就会形成次级自由基。例如，有醇时，可能会形成不同的醇或烷基自由基（反应3-9、3-10）。

$$H_2O \longrightarrow H• + HO• \tag{3-1}$$

$$2\,HO• \longrightarrow H_2O_2 \tag{3-2}$$

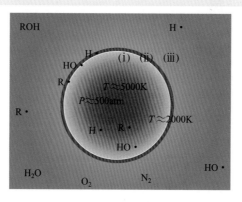

图 3-2 声化学反应的三个反应区域空化气泡内（ⅰ）气泡液体界面区（ⅱ）液相区（ⅲ）[11]

$$2H\cdot \longrightarrow H_2 \qquad (3\text{-}3)$$

$$H\cdot + HO\cdot \longrightarrow H_2O \qquad (3\text{-}4)$$

$$O_2 \longrightarrow 2O\cdot \qquad (3\text{-}5)$$

$$O\cdot + O_2 \longrightarrow O_3 \qquad (3\text{-}6)$$

$$H\cdot + O_2 \longrightarrow HO_2\cdot \qquad (3\text{-}7)$$

$$2HO_2\cdot \longrightarrow H_2O_2 + O_2 \qquad (3\text{-}8)$$

$$H\cdot + CH_3CH_2OH \longrightarrow CH_3CHOH\cdot + H_2 \qquad (3\text{-}9)$$

$$HO\cdot + CH_3CH_2OH \longrightarrow CH_3CHOH\cdot + H_2O \qquad (3\text{-}10)$$

气泡液体界面区：是围绕气相的一层数十纳米至上百纳米的超热液相层。它处于空化中间状态（温度可达 2000K 左右），此处仍存在高浓度的 ·OH 和 ·H，还可能存在瞬态的超临界水（SCW）。自由基（如 ·OH 和 ·O）与溶质或自由基本身发生反应。疏水化合物在界面区比在本体溶液中更集中。第六章的聚合物合成中将阐述界面化学的重要应用。

液相区：基本处于环境条件，在前两个区域未被消耗的氧化剂 ·OH 和 H_2O_2 可在该区域继续与溶质反应，但反应量较小。一般来说非挥发性溶质的反应主要在气 / 液界面区或在本体溶液中进行。一个典型的例子是，由于水分子的热解（反应3-1），溶液中的金属离子与气泡内生成的 ·H 反应（反应 3-11 和 3-12）形成金属纳米颗粒。

$$AuCl_4^- + 3H\cdot \longrightarrow Au^0 + 4Cl^- + 3H^+ \qquad (3\text{-}11)$$

$$nAu^0 \longrightarrow Au_n \qquad (3\text{-}12)$$

三、声空化强化机理

1. 三种声化学反应类型

早在 1933 年，有机声化学领域的先驱 Luche 就建立了三类声化学反应体系。

（1）类型 Ⅰ　发生在均相中的声化学反应，也称为真正的声化学，通过自由基中间体实现，特别是 S.E.T（单电子转移）机制。所以在均相体系中超声对自由基型反应影响大而不影响离子型反应。可以通过使用自由基清除剂抑制反应揭示自由基的机理。

（2）类型 Ⅱ　发生在非均相中的声化学反应，也称"假"声化学。涉及离子中间体，主要是塌缩气泡所产生的物理效应导致颗粒尺寸减小、传质增强、乳化、剧烈混合等，在不改变机理路径的情况下增强动力学。在这些类型的反应中，超声的化学作用大多不占主导地位，因此操作参数的选择很重要。

（3）类型 Ⅲ　发生在非均相的声化学反应，但也遵循 S.E.T 机制。这些反应具有一种矛盾的性质，因为超声的化学和物理效应可能共同有利地影响反应，很难确定哪一种影响更重要。最引人注目的例子是 Ando 等 [12] 在 1984 年发现的第一个声化学开关。在该化学体系中，机械搅拌和超声辐得到的产物是不同的，见图 3-3。作者指出，超声的使用完全改变了反应途径，从芳香亲电取代变为脂肪族亲核取代。

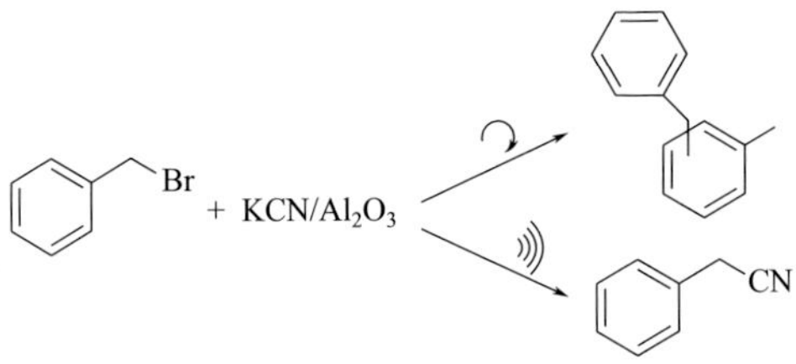

图 3-3　溴化苄与 KCN/Al$_2$O$_3$ 在搅拌（⤴）和超声辐照（⫸）下反应的不同途径

2. 强化机理

（1）均相液相体系　在均相液相体系中，超声所形成的空化泡是球形的，含有一些来自液体介质或挥发性试剂的蒸气，它们受空穴崩溃时所产生的高温高压作用，离解生成有高度反应性的自由基，引发反应，超声化学效应占主导。另外空化泡被突然压缩时，液体会迅速填充空穴，从而对气泡周围的液体产生剪切力，能够破坏某些化合物（比如溶解在液体中的聚合物）的化学键 [1] [图 3-4（a）]。

（2）液 - 液非均相体系　对于溶于不同相的试剂，只有在交界区域内才可能发生反应，一般要用相转移催化剂（PTC）。超声处理，空化塌陷会引起界面层的破坏和瞬间混合形成精细的乳状液 [图3-4（b）]，使液体的交界面大为增加，强化反应。此外，超声的机械扰动，增加了试剂在不同相间的转移，可以不用或少用PTC。

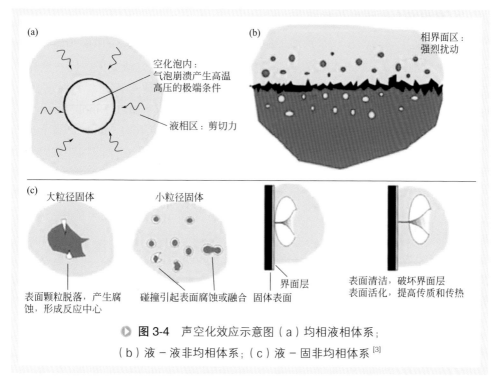

图3-4 声空化效应示意图（a）均相液相体系；（b）液－液非均相体系；（c）液－固非均相体系[3]

（3）液-固非均相体系 超声产生的"声气泡"破裂时，根据固体与气泡的接近程度，有对称和不对称破裂。对称塌陷造成冲击波和微尺度湍流，能使固-液间的膜变薄 [图3-4（c）]。当固体与破裂气泡非常接近时，例如固体是催化剂，固体颗粒尺寸小，空化泡塌陷是不对称的，由于气泡周围声场不均匀，导致射流在液体中形成。增加了界面膜间的传质速率，提高反应速度 [图3-4（c）]。冲击波还能引起溶液中固体颗粒的运动，其强度取决于材料的大小和类型。这些移动可以避免团聚和促进分散，从而获得更大的反应表面。物理效应还可以激活固体催化剂，导致表面清洁，增加基于界面间边界层破坏的传输速率 [图3-4（c）]。

总之，超声辐照对化学反应体系的影响是复杂的，因素很多。除空化作用外，超声波还有许多次级效应，如机械振荡、乳化、扩散、击碎及热效应等，都有助于加强反应物之间的相互作用和非均相体系的充分混合，加快反应速度。

四、声化学动力学研究

合成过程中一个重要的工程考虑因素是对反应控制机制和/或动力学模型的理

解。超声强化反应的速率常数明显高于常规方法，强烈的局部热效应以及活化能的变化、自由基机制或强化传质等都会在一定程度上对所讨论的特定反应有所贡献。下面以具体的反应来研究动力学问题。

1. 均相或非均相催化体系

南京工业大学超声化学工程研究所王俊等[13]进行了乙酸和苯甲醇为原料，浓硫酸为催化剂合成乙酸苄酯的动力学研究。反应为可逆的二级反应，因在酯化过程中不断蒸出水，因此采用不可逆二级反应的动力学方程来描述。当温度90℃时，有无超声的酯化反应二级速率常数分别为 $2.604 \times 10^{-5} L \cdot mol^{-1} \cdot min^{-1}$ 和 $1.292 \times 10^{-5} L \cdot mol^{-1} \cdot min^{-1}$。常规酯化反应的活化能为 $89.46 kJ \cdot mol^{-1}$，高于超声下的 $73.46 kJ \cdot mol^{-1}$。利用超声引起的速率常数的增加是由于空化的物理效应，即增强了混合和微尺度湍流。Asif等[14]以黄连木籽油为原料，超声强化制备生物柴油。采用了非均相催化剂硫酸锡氧化物（SO_4^{2-}/ SnO_2-SiO_2），温度50℃，甲醇和油的摩尔比为13∶1，超声下进行酯交换反应，超声辐照50min，获得88%的甲酯收率，而常规搅拌需要10MPa的压力，反应150min。反应为准一级反应，超声辐照的速率常数为 $0.029 min^{-1}$，是常规搅拌的速率常数 $0.009 min^{-1}$ 的3.2倍。超声可以增加反应物的均质化，提高不混醇相与油相之间的传质速率，从而提高了黄连木籽油的转化率。

2. 相转移催化反应

Vivekanand 和 Wang[15]对超声辅助下苯腈与正溴丁烷在 TBAB 相转移催化下的 C-烷基化反应进行动力学研究。当超声的输出功率为200W，频率分别为28kHz、40kHz、50kHz 和120kHz 时，反应时间为80min，速率常数 kapp 分别为 $17.7 \times 10^{-3} min^{-1}$、$20.8 \times 10^{-3} min^{-1}$、$23.6 \times 10^{-3} min^{-1}$ 和 $33.4 \times 10^{-3} min^{-1}$，而无超声时，速率常数仅为 $8.5 \times 10^{-3} min^{-1}$。Harikumar 和 Rajendran[16]比较了传统方法和超声辅助下，4-硝基苯酚和正丁基溴在碳酸钾水溶液中，用不同的相转移催化剂合成1-丁氧基-4-硝基苯的动力学。据报道，准一级动力学模型适用于该反应，65℃时，无声时观察到的 $kapp=5.12 \times 10^{-3} min^{-1}$，超声辐照（40kHz，300W）下，$kapp=26.72 \times 10^{-3} min^{-1}$，是前者的5倍。据报道，超声引起的机械效应（剧烈的混合强化了传质）是增强动力学的原因。

PTC/超声联合是强化反应的有效工具，反应速率与反应物的准一级动力学一致，并随温度、搅拌速度、催化剂/碱/引发剂的用量和超声频率的增加而增加，但催化剂（引发剂）的用量有一个最佳值[17]。

3. 酶反应

南京工业大学超声化学工程研究所朱凯等[18]进行了超声下酶催化合成维生素A

棕榈酸酯的动力学研究，得出反应动力学模型符合双底物乒乓机制。由非线性拟合得到最大反应初速率 V_{max} 为 0.522mmol·min^{-1}·g^{-1} 催化剂。Khan 等 [19] 报道了脂肪酶在超声存在下催化合成油酸十六烷基酯的动力学研究，采用双底物双产物随机、乒乓和有序三种机制拟合动力学模型。其中有序 bibi 法拟合最好。超声辅助方法的 V_{max}=0.0219mmol·min^{-1}·g^{-1} 催化剂，常规搅拌方法的 V_{max}=0.49mmol·min^{-1}·g^{-1} 催化剂，说明超声提高了 V_{max} 值，促进了酶底物复合物的分解，增强了反应速率和产物的生成速率。研究还发现，超声作用下的抑制常数 K_{iA} 从 5.6×10^{-5} mol/L 增加到 1.4×10^{-4} mol/L，表明超声比机械搅拌的抑制作用更强，因此确定最优化操作参数对反应非常重要。在最佳条件下，超声强化了油酸向酶的扩散以及提高酶在溶液中的稳定性。

综上，虽然动力学模型对各种反应的适用性并不一致，但超声辅助方法可以显著提高动力学速率常数。根据反应的类别，选择特定控制模型非常重要。

第二节　超声强化化学合成过程

空化可以通过在非均相体系中占主导的物理效应和在均相体系中占主导的化学效应显著提高化学反应的速率。超声能强化水或其他绿色溶剂的有机反应，也能强化有机多组分合成，具有反应条件温和、反应时间短、选择性较高、环境友好等优势。以下讨论的例子仅限于氧化和还原反应、导致碳碳和碳杂原子成键的耦合反应，包括在一锅反应的多组分反应、酶反应、离子液体中的应用，以及对不同类型反应的强化影响，为超声强化工程应用提供依据。

一、氧化还原反应

氧化还原反应是有机合成中必须进行的反应，通常具有较高的原子经济性，常涉及协同或极性机制（当然也可以诱导自由基途径），多相催化的强化大多是基于超声的机械效应 [20]。声化学家们一直都在探索寻找直接而温和的氢化和氧化的转化过程。

超声强化氧化反应中，促进传质、室温条件和低催化剂负荷是其主要优点。南京工业大学超声化学工程研究所张萍等 [21,22] 以 O$_2$ 为氧化剂对超声作用下环己烯环氧化和环己酮的 Baeyer-Villiger（B-V）氧化反应进行了研究：使用超声气升式内环流反应器（频率 40kHz，声强 0.65W·cm^{-2}），在氧气-异丁醛体系中合成环氧环己烷，3h 转化率 95.2%（无超声转化率 52.5%）（图 3-5）。在氧气-苯甲醛体系中

合成 ε-己内酯，超声 2h，转化率为 95.4%，己内酯的选择性达到 92.0%，远高于常规搅拌（图 3-6）。结果表明，与常规条件相比，超声辅助反应在能量消耗、反应时间等方面具有明显的经济性，超声引发自由基反应机制。

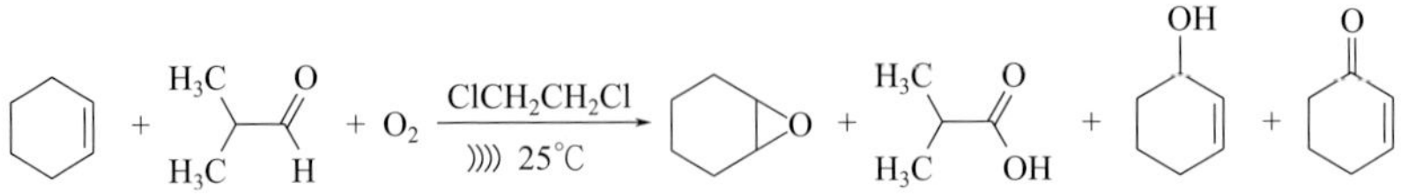

▶ **图 3-5** 在超声气升式内环流反应器中环己烯的环氧化反应

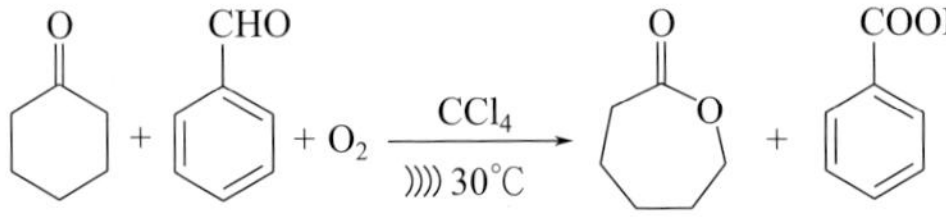

▶ **图 3-6** 超声气升式内环流反应器中环己酮的 B-V 氧化反应

以 D-葡萄糖为原料生产葡萄糖酸具有商业吸引力。最近，Rinsant[23] 在温和经济的条件下（H_2O_2，$FeSO_4$，室温），用超声波（20kHz，0.25W·mL^{-1}）选择性地将 D-葡萄糖氧化成 D-葡萄糖酸（图 3-7）。超声作用下，15min 收率达到 97%，反应温度从无声的 70℃降低到 22.5℃，能耗降低了 4.5 倍。超声有利于 H_2O_2 和 Fe（Ⅱ）离子之间的反应原位生成羟基自由基（HO·）。作为机理的证明，用自由基清除剂（t-丁醇）对反应进行猝灭，葡萄糖酸的收率低于 1%。

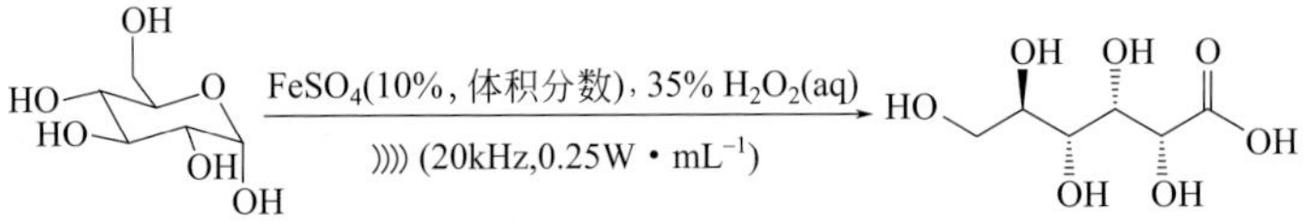

▶ **图 3-7** D-葡萄糖氧化为 D-葡萄糖酸

超声对氢化反应的影响依赖于催化剂的选择，一般只是适度提高反应速率，很少会改变选择性 [24,25]。低频（40kHz）下能获得更好的效果，因为高频（380kHz 以上）会使传质大为减少。技术改进和催化剂改性是声化学加氢技术的发展方向。一个有趣的实验可以说明这点，Toukoniitty 等 [26] 将超声探头连接到一个高压釜上，该高压釜可以承受高达 50bar（1bar=0.1MPa）的压力，使用一系列廉价的金属催化剂（Raney-Ni、Cu/SiO_2 和 Cu/ZnO/Al_2O_3）将 D-果糖加氢还原成 D-甘露醇（图 3-8）。催化剂的选择对超声效应影响显著，Raney-Ni 催化剂的转化率最高；超声对 Cu/SiO_2 催化活性的强化作用最强，显著提高了反应速率，其次是 Raney-Ni，对 Cu/ZnO/Al_2O_3 没有提高；而超声对选择性没有正向影响（图 3-8）；对催化剂 Raney-Ni

进行了失活研究，结果显示，无声条件下，失活明显，声辐照明显阻止了催化剂的失活，Raney-Ni 重复使用 3 次，并未见反应活性降低，这是传统方法无法比拟的。

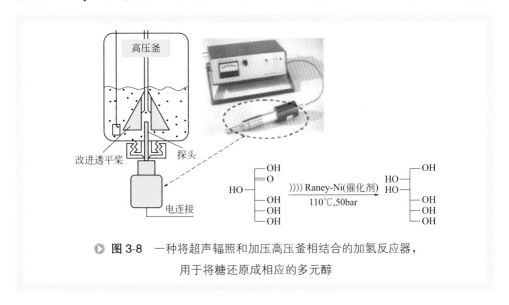

▶ **图 3-8** 一种将超声辐照和加压高压釜相结合的加氢反应器，
用于将糖还原成相应的多元醇

二、催化或非催化偶联反应

超声空化所引起的快速微混合和热条件足以促进许多无催化剂的有机反应，可以参考 Banerjee 最近发表的综述 [27]。在两相反应中，超声可以有效破坏有机相水相界面，取代相转移催化剂的作用。

水在声化学中被认为是理想的溶剂，在 318 ～ 343K 之间是最有利于空化的。超声可以克服有机底物在水中不溶的缺点，提高传质和疏水相互作用。最近报道了超声辐照水中合成 2- 氧苯并 [1,4] 噁嗪类化合物 [28]。由于起始原料不溶于水，超声促进了界面接触，目标杂环化合物产量高（高达 98%），几乎没有副产物，避免了使用色谱纯化。与以往报道的相转移催化下金属催化或无金属合成相比较，具有显著优越性。该方法被首次应用于抗肿瘤吲哚类生物碱 Cephalandole A 的一锅煮的合成（图 3-9）。

铜催化叠氮化物 - 炔烃环加成（CuAAC）是典型的正交点击反应。超声强化传质及电子转移到有机受体，同时也减少了铜的钝化。使用微米或纳米结构的金属催化剂可以获得更好的结果。杂化 ZnO-CuO 核支链纳米粒子（NPs）具有较大的表面积，有利于超声强化多相催化 [29]。CuAAC 偶联的最佳条件为 3% ZnO-CuO 催化剂在室温下反应 10min，三唑产物的收率接近定量（图 3-10）。催化剂重复使用，无明显活性损失（第六次循环后收率为 76%）。超声有利于铜（Ⅱ）前体转化为铜（Ⅰ）粒子。自由基清除剂（TEMPO）的加入抑制了环加成反应，说明该反应中

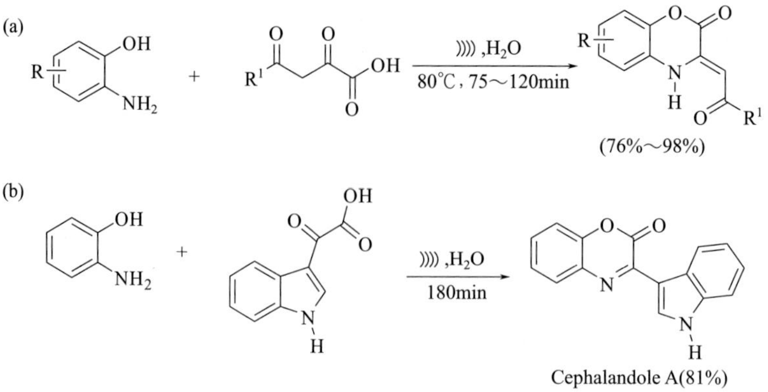

▶ 图 3-9 （a）声化学水中合成苯并 [1，4] 噁嗪；（b）超声合成 Cephalandole A

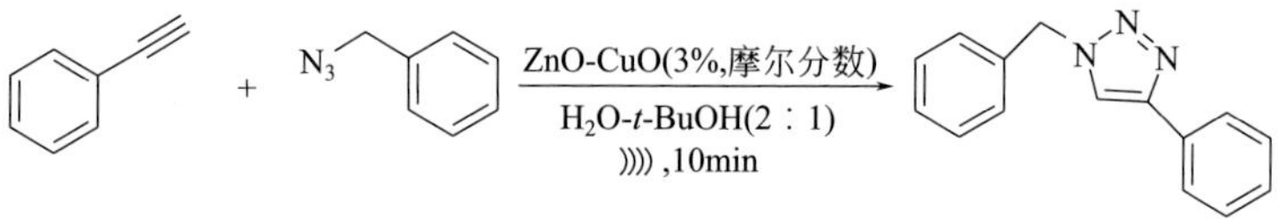

▶ 图 3-10 超声作用下 ZnO-CuO NPs 催化叠氮化物 - 炔烃环加成

间体可能是自由基。

无溶剂可以减少大量的废物和过程的复杂性。超声强化无溶剂的反应，通常避免了将空化产生的机械能传递给溶剂分子，以更高的速率向反应物提供能量。Du 等 [30] 开发了一种超声辐照下，无溶剂的环己烯酮与含氮和碳的亲核试剂进行 Michael 加成的方法（图 3-11）。以环己烯酮和苯酰胺的反应为模型，使用频率 20kHz，功率 675W（启动 1.2s，脉冲时间 1.5s）超声槽式反应器，温度 60℃，0.5h 收率为 99%，而无声搅拌下 24h，收率 48%（表 3-1），显著强化了反应。

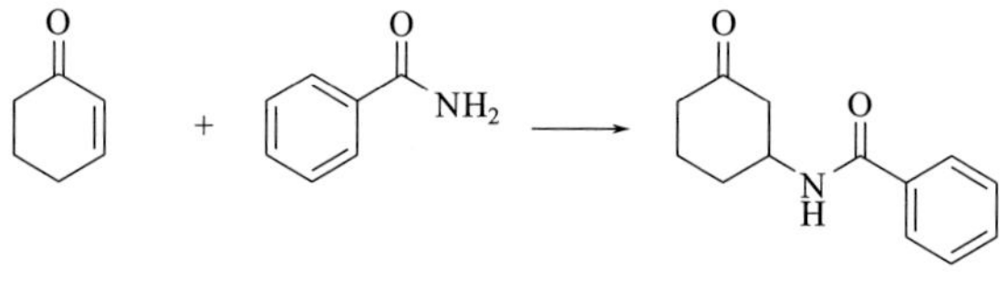

▶ 图 3-11 超声槽式反应器中无溶剂的环己烯酮和苯酰胺的 Michael 加成反应

Lepore 等 [31] 报道了超声强化具有位阻的醇和酚的 Mitsunobu 醚化反应（图 3-12）。使用槽式超声反应器，频率为 40kHz，15min，收率达到 75%，而常规条件下，达到同样收率需要 7 天。均相体系中超声对空间位阻大、溶液浓度高的反应强化作用明显。

表3-1　不同条件下的环己烯酮和苯酰胺的Michael加成反应比较

序号	条件	溶剂	时间 /min	收率 /%
1	搅拌	无溶剂	24	48
2	超声	无溶剂	0.5	99
3	高压（0.6GPa）	MeCN	10	75

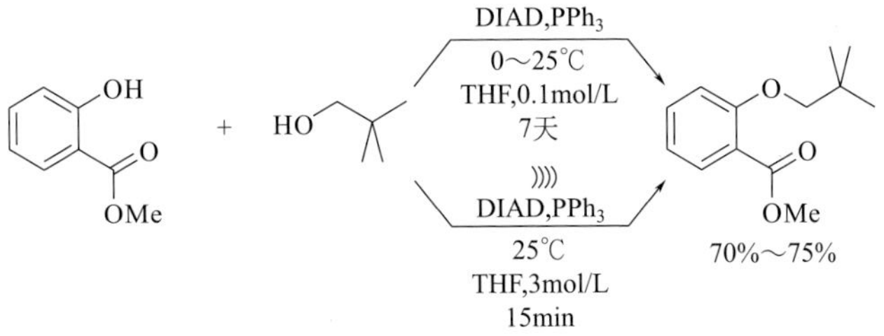

图 3-12　酚与新戊醇有无超声的 Mitsunobu 醚化反应

DIAD—偶氮二甲酸二异丙酯；PPh₃—三苯基膦；THF—四氢呋喃

　　钯催化有机硼化合物与有机卤化物的偶联反应称为 Suzuki-Miyaura 偶联反应。最近，Kiani 等 [32] 研究了在超声辐照下（20kHz，35～55W），Pd/PVP（聚乙烯吡咯烷酮）催化水中的芳硼酸的偶联反应，浸入式超声反应器，辐照时间 28～50min，收率 58%～99%，而无声条件反应 120min 也没有得到产品（图 3-13，表 3-2）。

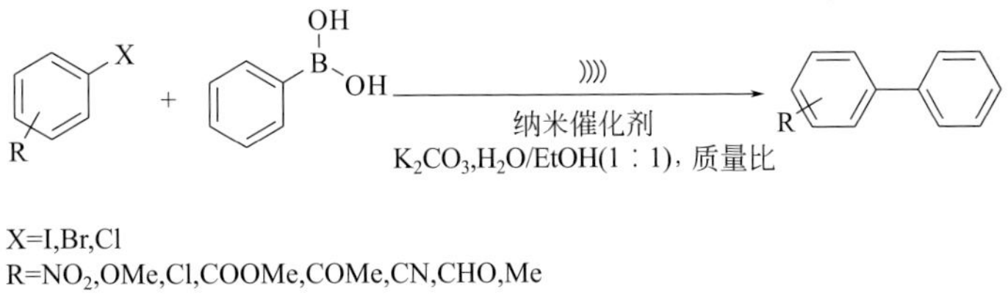

X=I,Br,Cl
R=NO₂,OMe,Cl,COOMe,COMe,CN,CHO,Me

图 3-13　浸入式超声反应器中 Pd/PVP 催化 Suzuki-Miyaura 偶联反应

表3-2　超声辐照功率对Suzuki-Miyaura 偶联反应的影响

序号	功率 /W	时间 /min	收率 /%
1	无超声	120	—
2	35	50	58
3	40	46	76
4	45	41	82

序号	功率 /W	时间 /min	收率 /%
5	50	35	91
6	55	28	99

羟醛缩合（Aldol）反应是有机合成中一种有用的碳 - 碳键形成反应，通常在强酸或碱催化下进行，但酸碱也能催化自缩合反应，导致收率低。超声可加速反应，提高收率。Khaligh 和 Mihankhah[33] 以聚 N- 乙烯基咪唑为固相催化剂，在液固体系中，研究了超声强化系列酮和芳醛的缩合反应（图 3-14）。无溶剂，室温，30 ～ 80min，分离收率 90% ～ 96%。催化剂通过简单过滤回用 10 次，活性无明显降低。反应适用于大规模生产，具有潜在的应用价值。以苯甲醛和苯乙酮合成查耳酮为例：超声（25kHz，250W）40min，查尔酮的收率 94%，而常规搅拌 4h，收率为 69%。

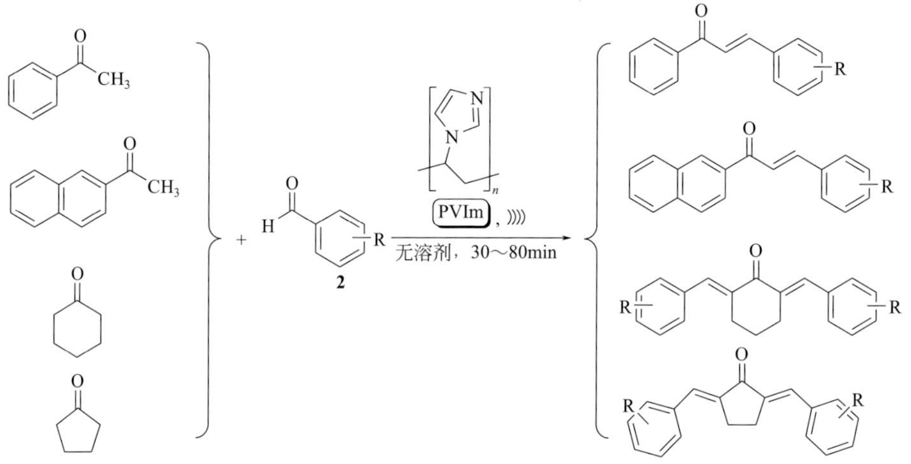

▶ 图 3-14　超声强化羟醛缩合反应

Barbier 反应指的是金属锂或镁，卤代物和羰基化合物经协同反应得到醇的反应。因需要使用活泼的烯丙基型卤代物，无水，惰性溶剂，产率不高等问题而被"冷落"了相当长的时间。超声作用下的 Barbier 反应可使用不活泼的卤代烷，在含水介质或质子性溶剂中进行，与 α,β- 不饱和羰基化合物或腈进行共轭加成，反应速率快，产率高，因而更有实用价值。已知的 Barbier 型声化学反应有多种，有机锂、镁、锌、铜、锡、汞等几乎所有常见的金属有机试剂都可借助超声辐射原位快速产生。

金属表面积的增加，去除表面杂质和氧化层易产生反应性位点，都是空化引起的表面侵蚀的结果。Leprêtre[34] 等研究了在金属锂存在下，超声引发吡啶类 1,2-二氮萘类和二氮杂苯类化合物的 Barbier 反应（图 3-15）。结果表明，超声作用不仅缩短了反应时间，提高了收率，同时也缓和了反应条件。例如，5-溴-间二氮杂苯和苯甲醛超声作用下反应 0.5h，产率达 55%，无超声作用产率仅为 27%。更重要的是，超声克服了传统方法中的低温条件（-75℃），使反应在室温下就能进行。

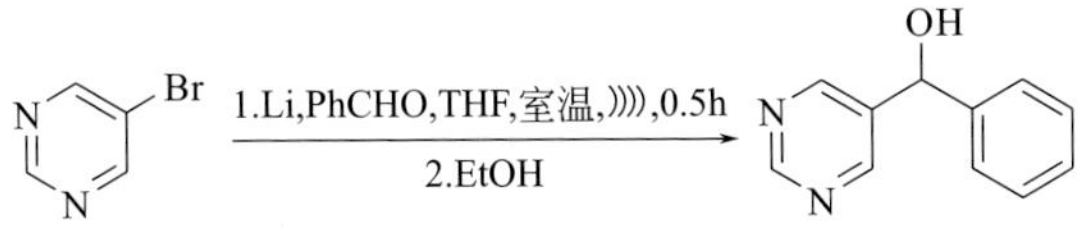

▶ **图 3-15** 二氮杂苯的 Barbier 反应

三、多组分合成

超声辐照多组分的一锅煮合成已经引起了人们的兴趣，三种或更多的试剂同时或顺序地混合在一起，在不分离中间体的情况下进行多步反应。一般来说，反应系统包含一个固相，或者在反应过程中产生固体中间体时，这样的反应在机械搅拌下很难发生，而超声辐照具有强化该类反应的作用 [35]。

Tabassum 等 [36] 以丙烯腈、丙烯醛和活性亚甲基化合物为试剂，碘为催化剂，研究了取代 2-氨基-3-氰基-4H-吡喃衍生物（医学上重要的杂环化合物）的多组分超声合成方法（图 3-16）。用超声槽式反应器（35kHz，80W），温度 25℃，合成了 12 个新衍生物，与常规方法相比，超声辅助效率更高、不需要毒性溶剂、易分离、经济、绿色处理、操作简便、产量高（表 3-3）。

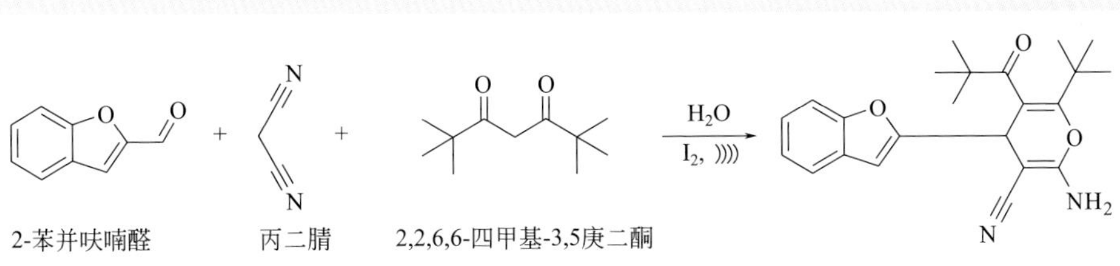

2-苯并呋喃醛　　丙二腈　　2,2,6,6-四甲基-3,5庚二酮

▶ **图 3-16** 合成取代 2-氨基 -3-氰基 -4H-吡喃衍生物

当超声用于生物筛选的大型化合物库设计时，优势就更加明显。四组分反应：2,2-二甲基 -1,3-二氧六环 -4,6-二酮、取代水杨醛、靛红和环 α-氨基酸，一锅煮合成螺羟吲哚 - 吡咯烷或螺羟吲哚 - 吡咯并 [1,2c] 噻唑并香豆素类化合物（30 例，收率 80% ～ 96%）（图 3-17）。整个超声过程在 50℃的甲醇水溶液中进行，耗时不

到 2h，其产率比常规热条件下提高约 30%。在组合策略中使用超声不仅提供了更高的转化率，避免了副产物，而且简化了流程[37]。

表 3-3　合成取代 2-氨基-3-氰基-4H-吡喃衍生物常规和超声条件的对比

序号	条件	时间 /min	产率 /%
1	室温（25℃）	600	20
2	回流（80℃）	600	40
3	超声	10	95

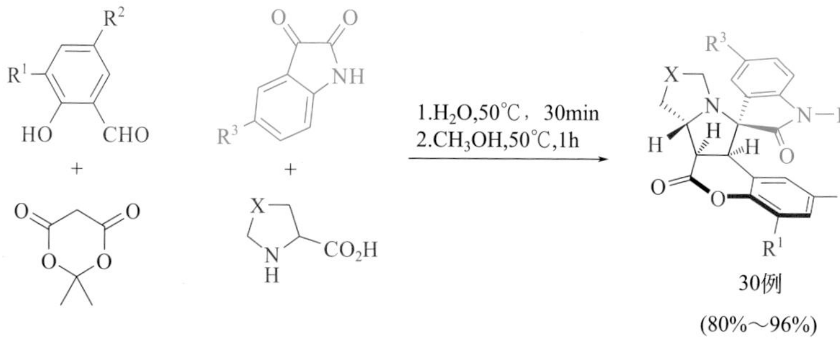

图 3-17　超声强化连续的四组分反应合成高度功能化的杂环

四、固定化脂肪酶反应

超声可以促进多相反应，是提高酶反应速率的有效手段。超声功率影响酶的反应速率，低强度超声对消除酶促反应中的传质限制影响不大，足够高强度的超声可以解决传质受限的问题。然而，过高的超声强度会导致酶的失活。因此，选择合适的超声功率和频率对酶促反应非常重要[38]。

与传统的搅拌合成方法相比，超声强化了酶催化合成酯的反应，加快反应速率，缩短了反应时间，提高了转化率。南京工业大学超声化学工程研究所李亚等[39]研究了超声对固定化脂肪酶 Novozym 435 催化合成丙二酸单对硝基苄酯反应的影响。甲苯为溶剂，在最优化反应条件下，酶质量浓度为 $3.0g \cdot L^{-1}$，对硝基苄醇质量浓度为 $4.0g \cdot L^{-1}$，反应温度 30℃，反应时间为 5h，超声（频率 20kHz，声强为 $0.8W \cdot cm^{-2}$）作用下，丙二酸单对硝基苄酯收率为 89.7%。与振荡水浴条件相比，反应温度降低 15℃，时间缩短了 3h，固定化酶浓度减少 $1.5g \cdot L^{-1}$，产物收率增加了 18.2%。超声作用下，Novozym 435 重复使用性能较佳，应用于酯化反应 8 次后，丙二酸单对硝基苄酯收率为 69.3%。南京工业大学超声化学工程研究所黄亚琴[40] 将超声作用于糖酯合成，发现低强度超声有利于低溶解性固态底物的溶解及溶解的底物从液相主体到酶分子活性中心的传递，强化了反应。在超声（10kHz，

0.16W·m^{-2}）作用条件下，得到的产物浓度是不加超声作用时的 3 倍，果糖的转化率达到 80%（无超声作用时，果糖的转化率为 52%）；与不加超声反应 12h 达到相同的产物浓度，反应时间减少了 1/3。

Xu 等[41]研究了超声波无溶剂辐照下酚酸乙酯与甘油的醇解反应合成酚酸单甘酯（monogly ceryl phenolic acids, MPAs）的新工艺。在优化反应参数下，转化率可达到 97.4%。与传统搅拌方法相比，超声（250W，20kHz）促进下酚酸乙酯转化活化能由 65.0kJ·mol^{-1} 降至 32.1kJ·mol^{-1}，在不破坏脂肪酶活性的前提下，最大转化所需时间减少了 3 倍，是目前酶合成 MPAs 最快的报道。

五、离子液体下的声反应

超声辐照可以强化使用低蒸气压溶剂的反应。由于离子液体（ILs）中的分子间力很强，而且这些液体几乎没有蒸气压，所以在离子液体中不会轻易发生空化腐蚀。低蒸气压，相对较高的比热容、黏度和密度，有利于减小腔内的缓冲作用，提高反应混合物对声能的吸收。此外，超声诱导的微混合和传质效应能使黏性介质（如 ILs）的反应均相化[42]。Colmenares 等[43]在超声辐照下研究了离子液体中的合成反应（图 3-18）。开发了一种无溶剂的声化学制备 1- 烷基 -3- 甲基咪唑卤化物的方法，比较了超声槽式（40kHz，320 ~ 881W）、探头式（20kHz，750W）和油浴的超声和无声条件。甲基咪唑和氯、溴、碘代烷的反应中，获得最高收率为 92%，超声时间 0.25 ~ 6h，而常规条件需要 25 ~ 34h。以二卤化物为原料，也有效地制备了丁基、己基和辛酯基阳离子盐。

🔹 图 3-18　超声合成离子液体 1- 烷基 -3- 甲基咪唑卤化物

超声强化阴离子交换。Gholap 等[44]研究了在 1,3 - 二正丁基咪唑存在下，超声辅助环己醇与乙酸酐（图 3-19）的乙酰化反应，采用 50kHz 的超声清洗槽，最大功耗为 450W 进行强化。据报道，超声和离子液体的结合，使得醇酐的 O- 乙酰化反应显著增强，在不使用任何催化剂的情况下，反应时间 5min，室温下的收率为 95%。在常规搅拌下，反应时间 60min，收率为 91%。

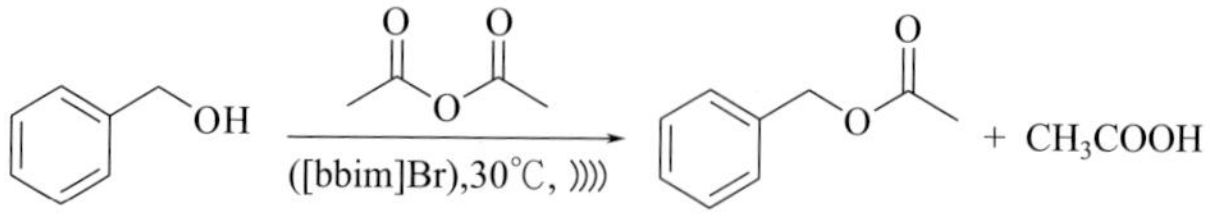

图 3-19 超声 – 离子液体协同强化苄基醇的乙酰化反应

第三节　超声强化电化学反应过程

一、概述

超声电化学这个概念最早是由 Moriguchi 在 20 世纪 30 年代提出的。1990 年，Mason 等[45]发表了第一篇超声电化学的综述。此后，更多的不同角度的综述性文章也陆续出现。目前超声电化学已经发展成为包括超声电化学合成纳米材料、超声伏安分析化学、超声有机电化学合成、超声电化学聚合、超声电镀、超声电解以及超声电化学发光分析等多种技术的一种较完善的学科。

最广泛使用的装置是直接超声辐射电化学反应器，见图 3-20，钛制超声探头（通常 20kHz）既是超声发生器的发射源，也作为电化学体系的阴极。超声电极的电活性部位是此电极底部的一个圆形电极，它和电解液直接接触，电极的其他部分都是绝缘的。该超声电极可以在一个电流脉冲结束后马上发出一个超声脉冲，清洗电极表面，将电流通过时在电极表面沉积的物质移动到溶液中，以便在下一个电流脉冲时在电极表面产生新的物质。如此循环，便可以在溶液中得到纳米微粒，这种技术又称脉冲声电化学技术。

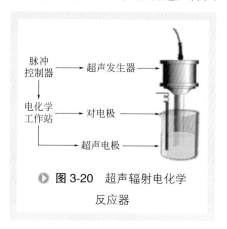

图 3-20　超声辐射电化学反应器

二、超声电化学强化机理

电化学无论是阳极氧化还是阴极还原都涉及单电子转移（SET）反应，符合真正的声化学规律，因此通过超声辐照能进一步强化。实际上，超声电化学是第一个超声协同技术的成功应用，效果大多归因于更有效的超声搅拌所引起从溶液到电极

的传质改善[46]。当声空化发生在电极
表面附近时，空化气泡的坍塌和内爆
导致了指向电极表面的液体射流（微
射流）的形成（图 3-21）。这些微射
流可以达到 200m·s^{-1} 的速度，并在
电极表面产生局部热点[47]。所有这些
现象都导致了 Nernst 扩散层厚度（δ）
显著变薄，电活性物质通过双层从
溶液到电极表面的传质大大增强（图
3-22）。在电化学反应过程中引入超
声，可以利用超声的空化作用清洗电
极表面，保持电极活性。利用超声的

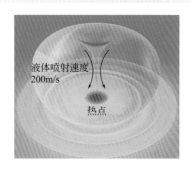

▶ **图** 3-21　电极表面附近的空化气泡内
爆，导致高速液体微射流撞击电极表面

空化作用及其随后的微射流作用改善电化学反应中的整体传质，提高了电化学反应
速率，降低槽电压，节约能耗。利用超声的空化作用及脱气作用可驱除电极表面的
微小气泡，提高电极表面实际表面积，增大反应速率。

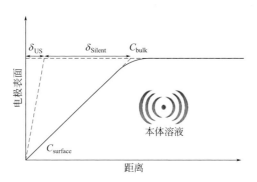

▶ **图** 3-22　浓度分布 C（本体溶液浓度 C_{bulk}，电极表面浓度 $C_{surface}$）
和 Nernst 扩散层厚度 δ（超声 δ_{US}，无声 δ_{Silent}）关系图[49]

　　Klima[48]总结了超声对电化学过程强化的 4 个可能机制及其产生的效应，即超
声波振动产生的电解液流动、源于空化作用的微流和振荡、空化泡坍塌产生的微射
流以及冲击波。他认为空化过程中微射流的形成，不仅减少了扩散层厚度，而且对
电极表面起到了活化作用，是最关键的影响因素。由此，提出改善超声电化学体系
反应效率的两种途径：①尽量使超声集中作用在工作电极表面，降低过载产生的能
量损失；②调整反应器的尺寸与超声元件的空间分布，实现稳定混响工作模式。图
3-23 总结了超声对电化学反应的强化作用。

✓ 电化学扩散过程强化
✓ 提高电极过程动力学
✓ 提高电极表面活性
✓ 电极表面清洁
✓ 降低电极过电压
✓ 抑制电极污染
✓ 电极表面脱气
✓ 提高电化学反应速率和产率
✓ 电沉积过程强化，提高沉积物的质量和性能
✓ 电化学过程效率高

声电化学电池

▶ **图 3-23** 超声对电化学反应的强化作用[49]

三、声电化学应用

自 20 世纪 90 年代以来，超声电化学应用涉及多个领域，如水和非常规溶剂的传质测量，金属共沉积涂层的改进和粒子共沉积（电凝法、电沉积、电镀、化学镀和电结晶），加速金属溶解（金属腐蚀），金属涂层导电基板有机合成，聚合物和金属（纳米）材料合成等。其中超声电化学在纳米材料合成中的应用将在第六章中介绍。

电化学合成中最广为人知的电化学转化是 Kolbe 反应，烷基羧酸盐的阳极氧化释放烷基自由基，然后二聚形成新的碳 - 碳键。在经典的 Kolbe 电解过程中，加入碱生成羧酸盐作为底物和电解质。水介质使难溶性有机化合物的转化以及随后的测试和产品分离复杂化。Compton 等[50] 开发了一种水相方案，通过超声和乳化形成水不混溶脂肪酸，与均相反应不同，这种两相体系的产率与电极材料无关。

在 Et_3N-3HF 离子液体中对 α- 碳上有吸电子基团的有机硫化物进行超声电合成，相比于常规搅拌，提高了收率和选择性，见图 3-24。

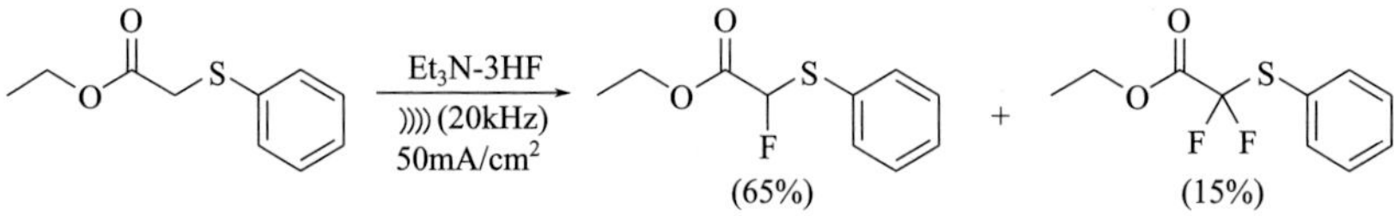

$$\xrightarrow[\substack{))))(20kHz) \\ 50mA/cm^2}]{Et_3N\text{-}3HF}$$

(65%)   +   (15%)

▶ **图 3-24** 在离子液体中的有机硫化物的超声电化学氟代反应[51]

第四节　声化学反应器

声化学反应器是指利用超声强化各种化工过程的反应器。它主要由超声发生

器、超声换能器和反应器三部分组成。超声发生器是指产生超声频的电信号设备，即一种大功率的电源。超声换能器是将发生器输出的电能转换成超声振动（声能）的设备，常见的功率超声换能器有压电陶瓷换能器、磁致伸缩换能器和流体动力（液哨）式发生器，其中压电陶瓷换能器应用最为广泛。

关于超声换能器部分内容已在前详细论述了。本节主要介绍应用于化学合成的各种声化学反应器，及各种新型反应器。声场调控方面，多换能器、近场、流体动力式反应器等能增强声场的均匀性；气泡场调控方面，气升式环流、鼓泡塔式反应器等能增强空化气泡的数量，调节其分布的均匀性。在为特定的应用选择声化学反应器时，目标应该是实现空化活性的均匀分布，最大限度地提高空化率（通常定义为单位能耗的净效应）[52,53]。选择合适的频率范围和功率强度、换能器数量以及换能器在反应器内的位置，对于优化空化活性、声流和提高声化学反应器效率都是极为有效的。对声化学反应器的特性有足够的了解，就可以根据具体的应用情况对最佳操作参数进行适当的设计和获取，这对提高过程效率有着至关重要的作用。

一、常规声化学反应器

超声探头式和超声槽式是最常用的反应器，如图 3-25 所示。超声清洗机是一种价格便宜、应用普遍的间接式超声反应设备，它的结构比较简单，由一个不锈钢水槽和若干个固定在水槽底部或侧壁的超声换能器组成。将装有反应液体的锥形瓶置于不锈钢水槽中就构成了超声槽式反应器 [图 3-25（a）]，除了对反应容器要求平底外，无特殊要求。但存在反应容器截面小于清洗槽，反应器与液体之间的声阻抗相差大，声波反射严重，常伴有能量损失，到达反应的能量通常在 $1 \sim 5W/cm^2$；槽内的温度控制困难，难以实现工业规模放大等问题。通过调节换能器数量和布局，能增加声场的均匀性 [53]。

(a)　　　　　　　　　(b)

▶ **图 3-25** 声化学反应器超声槽式（a）和超声探头式（b）

超声探头式反应器 [图 3-25（b）] 是超声换能器与声变幅杆相连，并浸入反应液，声能经变幅杆聚焦后从其表面直接辐射到液体中，适合实验室规模的操作。这种探头的直径在 5mm ~ 1.5cm 之间，通常由钛等过渡金属制成。探头在介质中的浸没深度以及探头直径与容器直径的比值是设计探头式声反应器时需要考虑的参数[54]。靠近探头的地方产生高强度的声波，有利于在小规模操作中的剧烈搅拌，声能利用率大（可以达到几百 W/cm²），功率连续可调，能在较大的功率密度范围内寻找和确定最佳超声辐照条。通过交换探头可改变辐射的声强，从而实现功率、声强与辐射液体容量之间的最佳匹配[55]。

Bhirud 等[56]评价了具有纵向振动探头（直径 3cm，长度 24cm）的声化学反应器（图 3-26）的能量效率，其运行频率为 36kHz，最大功率为 150W。反应器的内部尺寸为 0.15m，高度为 0.20m，宽度为 0.33m，最大操作容积为 8L，在甲酸降解过程中，与常规设计相比，该反应器的能量效率要高得多。纵向探头在介质中通常具有较高的辐照表面积，因此这种超声波的能量效率比常规超声高，纵向超声探头的辐照面积大，使得整个反应器体积内的空泡活性分布均匀，与简单的超声探头相比，在中试规模上更加有利[57,58]。

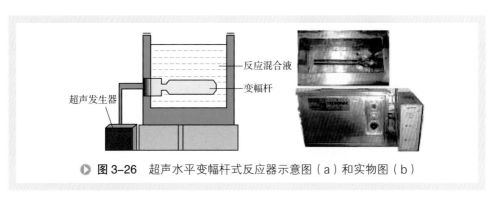

> 图 3-26　超声水平变幅杆式反应器示意图（a）和实物图（b）

探头附近声强高，远离探头区域声强弱，对于垂直探头，获得理想效果的适合容量为 50 ~ 500mL，而对于水平探头，因具有较大的辐照面积，使得整个反应器体积内的空泡活性分布均匀，处理容量可以达到 1 ~ 10L，更有利于中试规模实验。探头反应器的不足是：工业化应用困难，且探头表面易受空化腐蚀，污染反应液体，在医药或食品加工应用中受到限制。

Csoka 等[57]对超声波探头式反应器、槽式和纵向探头式反应器进行了比较研究，其中三个反应器的频率大小分别为 20kHz、24kHz 和 36kHz，额定功率输出分别为 240W、220W 和 150W。辐照面积大，换能器的效率高。因此，与其他声反应器相比，超声波纵向探头反应器具有更均匀的空化活性分布。

总的来说，选择合适的声化学反应器应该考虑到它们的特殊用途。然而，在大规模应用中，必须使用多个换能器。

二、连续式声化学反应器

前面所提到的声化学反应器由于产生的空化区通常靠近换能器而适用于实验室规模。对于大规模应用的声化学反应器，必须是连续的、具有多种辐照换能器的流动池声化学反应器。

流动单元是基于传感器与反应器壁的连接，可以采用不同的几何形状，图 3-27 是一个双频矩形流动池声反应器。可以根据反应条件设计容器的体积，调节流动池的长度。Hodnett 等 [59] 报道了一个直径 31.2cm、高 33cm 的圆柱形流动池声反应器（图 3-28），外壁布设了 30 个超声换能器，沿高度方向分成三排，每排 10 个沿圆

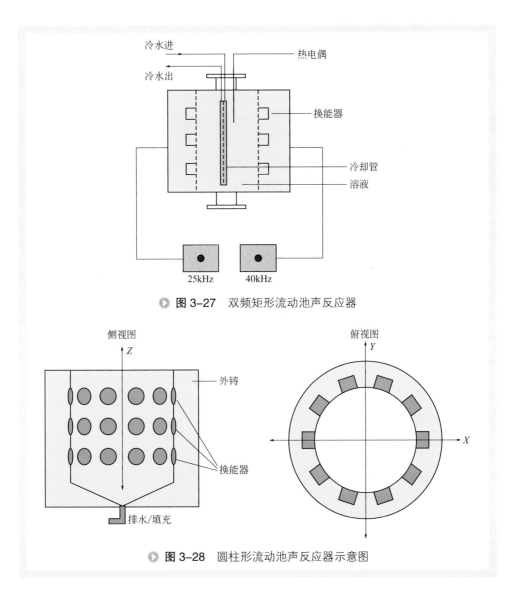

▶ 图 3-27　双频矩形流动池声反应器

▶ 图 3-28　圆柱形流动池声反应器示意图

周均匀分布。其操作容量为 25L，辐照频率为 25kHz，额定功率损耗为 60W，总功率为 1.8kW。研究表明，经多个换能器声场叠加后，反应釜内声场分布稳定且均匀。

Gogate 等 [60,61] 开发了一个体积 7.5L 的三频六角形流动反应器（图 3-29）。在反应器六边形截面上各布设了一个换能器，相对面上的换能器频率相同，分别为 20kHz、30kHz、50kHz。换能器沿着流动方向安排有三排，一共 18 个，总功率 900W。采用标准碘释放法和罗丹明 B 降解实验表征了该反应器的声化学功能，其强化效果和能量远高于常规结构声化学反应器。该反应器中心插入一个石英管（石英管可以配备紫外光灯），可同时利用超声和紫外辐照，为化学合成或含羟基自由基氧化的废水处理等的应用提供协同作用。

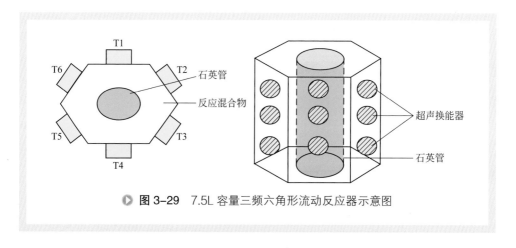

▶ 图 3-29　7.5L 容量三频六角形流动反应器示意图

使用声场调控最常见的方法是在反应器不同位置布设多个超声换能器，通过声场叠加以提高均匀性。同时，由于每台换能器的功耗较低，可以减少去耦损失，这就意味着能得到更多的能量。多换能器的设计可以集中强度在中心区域，远离传感器，减少了表面侵蚀和局部空化问题。而使用多频换能器可以同时实现化学和物理效应。与相同的功率下只使用一种频率相比，产生更强烈的空化 [52]。连续流动管式声反应器，可同时增加换能器数量和减少反应管体积，以获得均匀的声场。

三、超声气升式反应器

气泡场调控方法主要有两种，即提高反应液中气体溶解量，或直接导入气泡以增强空化气泡数量。而直接导入气泡的方法更为有效，导入的气泡不仅可以作为空化气泡以调节空化效果，还可以作为反应物或催化剂直接参与反应。气升式环流反应器是用于气 - 液或气 - 液 - 固相过程的接触性反应装置。结构简单，可在大尺寸下工作，有较高的液体循环速度和混合时间、小剪切力、控温容易、有较高的传质性能。它通过压缩空气膨胀提供能量，依靠升气管内液体与降液管内液体的密度差造成的推动力使液体沿特定的流道循环流动，有利于气泡场调控。南京工业大学超声化学工程研究所将超声和气升式内环流反应器结合，开发了气升式内环流声化学反应器（图3-30）。可有效调控声场和气泡场。对反应器的流体力学性能、传质性能做了研究[62,63]。

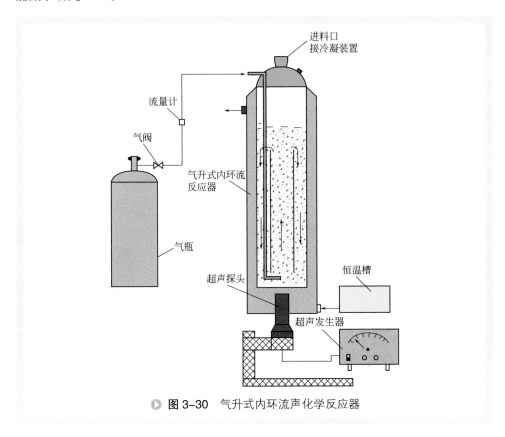

▶ **图3-30 气升式内环流声化学反应器**

　　超声气升式反应器是将气升式反应器与超声波串联，目的在于耦合两者的优点，特别适用于有气体直接参与的反应。因为气升式反应器的结构简单，所以运行阻力减少，维护方便，并可实现催化剂连续再生，具有较小剪切力，能耗也较少，易于放大及建造，其本身的处理量就比较大；而且变幅杆式的超声反应器具备高声强和易于控制等优点。

　　此反应器可用于苯乙烯和环己酮的氧化反应[21,22]。此外，将该反应器用于降解乐果杀虫剂[64]，在超声声强 $4.64W \cdot cm^{-2}$、幅照时间 4h、O_3 流量为 $0.41m^3 \cdot h^{-1}$、反应温度 25℃、初始浓度为 $20mg \cdot L^{-1}$ 条件下，乐果溶液降解率达 90.8%。与相同条件下单独通臭氧或使用超声（降解率 20.1% 和 14.5%）比，显著提高了超声空化强度和过程传质速率，达到协同降解的作用。

四、声化学微反应器

微反应器是指内部结构的特征尺寸在亚毫米尺度的流体设备。与传统大型化工设备相比，微化工设备具有体积小、比表面积大、传递速率快、操作安全、易于放大等优点，但也存在易堵塞、传质相对较慢、操作弹性差等问题。将超声引入微反应器中，其声空化效应不仅可以解决微反应器的堵塞问题，还可强化混合传质、增加操作弹性。同样，声化学技术（利用超声促进化学反应）也可借助微反应器以更有效地实现声场和气泡场的调控，并解决声空化过程的放大难题。

董正亚[65]等设计了一种大功率超声微反应器，即将夹心式换能器和反应器直接耦合在一起，并通过结构优化设计使其在纵向形成一个半波振子（1/2波长的驻波），微反应器正好处于该驻波波腹附近（图3-31），整个反应器平面振动分布均匀。超声微反应器输入总功率为 $5 \sim 50W$ 时，反应器声功率密度为 $0.03 \sim 0.3W \cdot mL^{-1}$，与传统声化学反应器功率密度相近。将超声引入微反应器中，是一种有效强化液-液两相的混合与传质的方法。

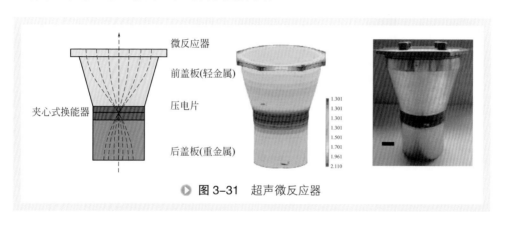

▶ 图3-31 超声微反应器

总的来说，多换能器类型的配置似乎更适合大规模的操作，但其工程设计和工业应用仍需加强。从换能器的数量、位置以及辐照方式（直接或间接）等方面，正确选择各种操作参数（辐照频率和辐照强度）和反应器的配置，有助于实现显著的过程强化，降低成本。

第五节　声化学反应操作参数的影响

声化学过程的工程放大是一个庞大而复杂的课题，需要利用声学、化学工程、理论建模、材料科学等不同领域的知识，将基础化学和工程应用结合起来，包括优化不同的操作条件和预测空化强度，是在商业规模上成功利用声化学反应的必要条件。了解不同操作参数的影响以及优化条件，有助于实现较好的超声强化化学反应效果，也可以降低生产成本。

（1）超声功率是决定经济方法处理强化程度的最重要参数，增加功率会产生较高的空化强度，从而使反应更快地达到最佳水平。最优功率耗散的值取决于反应器的结构（传感器的数量和位置）以及反应的类型（例如酶催化反应中最佳功率耗散一般较低）。

（2）超声频率通常会影响空化气泡的临界尺寸以及坍塌的时间，并决定物理或化学效应的主导地位。低频（20 ～ 50kHz）有利于酶催化反应或非均相反应体系，物理效应占主导，有助于消除传质阻力和保持催化剂活性。在受固有化学动力学或氧化等自由基机制限制的均相反应甚至多相反应中，较高频率（通常200 ～ 500kHz）下反应速率快。频率在100 ～ 400kHz范围内，有利于空化和纳米材料的生长[66]。

（3）占空比即超声工作周期，决定了在一个周期内照射的时间，占空比可以通过切换开 / 关来控制。一般情况下，转化率随着占空比增加而增大，但会对换能器产生负面影响。建议使用脉冲模式，因为它能延长换能器的寿命，同时也降低了局部温度的升高。特别是生物或酶催化反应，过高的空化强度会增加酶失活的可能性，所以不适宜连续地长时间超声辐照。

（4）溶液的温度也是声化学反应的一个重要影响因素，超声下，温度的影响更为复杂。一方面，温度的升高将增强化学动力学。另一方面，随着液体介质温度的升高，溶解于溶液中的气体大量逃逸出去，液体介质中产生空化效应的空化核的生成量下降，从而导致空化效应减弱，这样会降低反应的速率。在声化学反应过程中应及时地将反应体系内生成的热量带走，使体系处于较低温度状态（约20℃），才能获得较好的反应效果。由于这些抵消机制，可能会存在一个最佳温度。因此必须确定搅拌速度和操作温度的最佳水平，这对酶反应尤其重要，超过最佳值，酶可能失活，使转化率大大降低。多换能器类型的配置将更适合大规模的操作。

声化学是一个具有巨大发展潜力的领域。将空化过程进行工业规模的操作，提供更环保的加工选择，以及环境友好型的技术，前景很好。

参考文献

[1] Mason T J. Sonochemistry and sonoprocessing: The link, the trends and (probably) the future[J]. Ultrasonics Sonochemistry, 2003, 10: 175-179.

[2] Cravotto G, Borretto E, Oliverio M. Organic reactions in water or biphasic aqueous systems under sonochemical conditions. A review on catalytic effects [J]. Catalysis Communications,

2015, 63: 2-9.

[3] Sancheti S V, Gogate P R. A review of engineering aspects of intensification of chemical synthesis using ultrasound [J]. Ultrasonics Sonochemistry, 2017, 36: 527-543.

[4] Sancheti S V, Gogate P R. Intensification of heterogeneously catalyzed Suzuki-Miyaura cross-coupling reaction using ultrasound: Understanding effect of operating parameters open overlay panel[J]. Ultrasonics Sonochemistry, 2018, 40 (Part B): 30-39.

[5] Diwathe M C, Gogate P R. Ultrasound assisted intensified synthesis of 1-benzyloxy-4-nitrobenzene in the presence of phase transfer catalyst [J]. Chemical Engineering Journal, 2018, 346(15): 438-446.

[6] De Chimie R R. Ultrasounds-assisted synthesis of highly functionalized acetophenone derivatives in heterogeneous catalysis[J]. Revue Roumaine de Chimie, 2010, 55: 983-987.

[7] Luo J, Fang Z, Smith R L. Ultrasound-enhanced conversion of biomass to biofuels[J]. Progress in Energy and Combustion Science, 2014, 41: 56-93.

[8] Msaon T J. Sonochemistry — a proven tool for Process Intensification[C]// Proceedings of 20th International Congress on Acoustics, ICA 2010, 23-27.

[9] Ashokkumar M. Ultrasonic synthesis of functional materials[M]// Ultrasonic synthesis of functional materials. Springer, Cham, 2016: 17-40.

[10] Suslick K S. Mechanochemistry and sonochemistry: Concluding remarks [J]. The Royal Society of Chemistry, 2014, 170: 411-422.

[11] Polle B G, Ashokkumar M. Introduction to ultrasound, sonochemistry and sonoelectrochemistry [M]. Springer Nature Switzerland AG. 2019: 8-9.

[12] Ando T, Sumi S, Kawate T, et al. Sonochemical switching of reaction pathways in slid-liquid two-phase reactions [J]. Journal of the Chemical Society, Chemical Communications, 1984(7), 439-440.

[13] 王俊, 陈曦, 吕效平. 超声辅助合成乙酸苄酯反应条件优化及其动力学 [J]. 化学反应工程与工艺, 2011, 27(2): 172-177.

[14] Asif S, Ahmad M, Bokhari A. Methyl ester synthesis of pistacia khinjuk seed oil by ultrasonic -assisted cavitation system[J]. Industrial Crops & Products, 2017, 108: 336-347.

[15] Vivekanand P A, Wang M. Sonocatalyzed synthesis of 2-phenylvaleronitrile under controlled reaction conditions — a kinetic study [J]. Ultrasonics Sonochemistry, 2011, 18: 1241-1248.

[16] Harikumar K, Rajendran V. Ultrasound assisted the preparation of 1-butoxy-4-nitrobenzene under a new multi-site phase-transfer catalyst - kinetic study [J].Ultrasonics Sonochemistry, 2014, 21: 208-215.

[17] Saha B, Brahma S, Basu J K. Optimization of ultrasound-assisted oxidation of thiophene using phase transfer catalyst [J]. Indian Chemical Engineer, 2017, 59(3):1-15.

[18] 朱凯, 张文娟, 韩萍芳, 等. 超声酶促维生素 A 棕榈酸酯反应的动力学 [J]. 南京工业大学

学报 (自科版), 2011, 33(3): 53-57.

[19] Khan N R, Jadhav S V, Rathod V K. Lipase catalysed synthesis of cetyloleate using ultrasound: Optimization and kinetic studies[J]. Ultrasonics Sonochemistry, 2015, 27: 522-529.

[20] Lévêque J M, Desset S, Suptil J, et al. A general ultrasound-assisted access to room-temperature ionic liquids[J]. Ultrasonics Sonochemistry, 2006, 13(2): 189-193.

[21] Zhang P, Yang M, Lu X P. The preparation of ε-Caprolactone in airlift loop sonochemical reactor [J]. Chemical Engineering Jounal, 2006, 121: 59-63.

[22] Zhang P, Yang M, Lu X P. Epoxidation of cyclohexene with molecular oxygen in ultrasound airlift loop reactor [J]. Chinese Journal of Chemical Engineering, 2007, 15(2): 196-199.

[23] Rinsant D, Chatel G, Jérôme F. Efficient and selective oxidation of D-glucose into gluconic acid under low-frequency ultrasonic irradiation[J]. ChemCatChem, 2014, 6: 3355-3359.

[24] Domini C E, Álvarez M B, Silbestri G E, et al. Merging metallic catalysts and sonication: A periodic table overview[J]. Catalysts, 2017, 7(4): 121-149.

[25] Disselkamp R S, Judd K M, Hart T R, et al. A comparison between conventional and ultrasound-mediated heterogeneous catalysis: Hydrogenation of 3- butenol aqueous solutions[J]. Journal of Catalysis, 2004, 221(2): 347-353.

[26] Toukoniitty B, Kuusisto J, Mikkola J P, et al. Effect of ultrasound on catalytic hydrogenation of D-fructose to D-mannitol[J]. Industrial & Engineering Chemistry Research, 2005, 44: 9370-9375.

[27] Banerjee B. Recent developments on ultrasound assisted catalyst-free organic synthesis[J]. Ultrasonic Sonochemistry, 2017a, 35: 1-14.

[28] Jaiswal P K, Sharma V, Prikhodko J,et al. "On water" ultrasound assisted one-pot efficient synthesis of functionalized 2-oxo-benzo[1, 4]oxazines: First application to the synthesis of anticancer indole alkaloid Cephalandole A[J]. Tetrahedron Letters, 2017, 58: 2077-2083.

[29] Park J C, Kim A Y, Kim J Y, et al. ZnO-CuO core-branch nanocatalysts for ultrasound-assisted azide-alkyne cycloaddition reactions[J]. Chemical Communications, 2012, 48: 8484-8486.

[30] Du X J, Wang Z P, Zhao W G. Solvent-free Brønsted acid-catalyzed Michael addition of nitrogen and carbon-containing nucleophiles by ultrasound activation [J]. Tetrahedron Letters, 2014, 55 (5): 1002-1005.

[31] Lepore S D, He Y J. Use of sonication for the coupling of sterically hindered substrates in the phenolic mitsunobu reaction[J]. The Journal of Organic Chemistry, 2003, 68 (21): 8261-8263.

[32] Kiani F, Naeimi H. Ultrasonic accelerated coupling reaction using magnetically recyclable bis (propyl molononitril) Ni complex nanocatalyst: A novel, green and efficient synthesis of

biphenyl derivatives[J]. Ultrasonics Sonochemistry, 2018, 48: 267-274.

[33] Khaligh N G, Mihankhah T. Aldol condensations of a variety of different aldehydes and ketones under ultrasonic irradiation using poly(N - vinylimidazole) as a new heterogeneous base catalyst under solvent - free conditions in a liquid - solid systemChinese[J]. Journal of Catalysis, 2013, 34: 2167-2173.

[34] Leprêtre A, Turck A, Plé N, et al. Syntheses in the nitrogen p-Deficient heterocycles series using a barbier type reaction under sonication. Diazines.Port 29[J]. Tetrahedron, 2000, 56(2): 3700-3715.

[35] Banerjee B . Recent developments on ultrasound-assisted one-pot multicomponent synthesis of biologically relevant heterocycles[J]. Ultrasonics Sonochemistry, 2017, 35 (Part A): 15-35.

[36] Tabassum S, Govindaraju S, Khan R, et al. Ultrasonics sonochemistry ultrasound mediated, iodine catalyzed green synthesis of novel 2-amino-3- cyano-4H-pyran derivatives[J]. Ultrasonics Sonochemistry, 2015, 24: 1-7.

[37] Kanchithalaivan S, Sumesh R V, Kumar R R. Ultrasound-assisted sequential multicomponent strategy for the combinatorial synthesis of novel comarin hybrids[J]. ACS Combinatorial Science, 2014, 16: 566-572.

[38] Delgado-Povedano M M, Luque de Castro M D. A review on enzyme and ultrasound: A controversial but fruitful relationship[J]. Analytica Chimica Acta, 2015, 889: 1-21.

[39] 李亚, 赵四方, 韩萍芳. 超声辅助酶促合成丙二酸单对硝基苄酯 [J]. 生物加工过程, 2015, 13(4): 42-46.

[40] 黄亚琴. 果糖酯的酶法合成及超声强化 [D]. 南京: 南京工业大学, 2005.

[41] Xu C F, Zhang H P, Shi J, et al. Ultrasound irradiation promoted enzymatic alcoholysis for synthesis of mono-glyceryl phenolic acids in a solvent-free system[J]. Ultrasonics Sonochemistry, 2018, 41: 120-126.

[42] Lupacchini M, Mascitti A, Giachi G, et al. Sonochemistry in non-conventional, green solvents or solvent-free reactions[J]. Tetrahedron, 2017, 73: 609-653.

[43] Colmenares J C, Chatel G. Sonochemistry: From basic principles to innovative applications [M]. Springer International Publishing Switzerland, 2017: 206-207.

[44] Gholap A R, Venkatesan K, Daniel T, et al. Srinivasan, ultrasound promoted acetylation of alcohols in room temperature ionic liquid under ambient conditions[J]. Green Chemistry, 2003, 5: 693-696.

[45] Mason T J, Lorimer J P, Walton D J. Sonoelectrochemistry[J]. Ultrasonics, 1990, 28: 333-337.

[46] Pollet B G, Hihn J Y. Sonoelectrochemistry: From theory to applications [M]// Handbook on Applications of Ultrasound. CRC Press, FL, 2011: 623-657.

[47] Pollet B G, Hihn J Y, Doche M L, et al. Transport limited currents close to an ultrasonic horn[J]. Electrochemical Society, 2007, 154(10): E131.

[48] Klima J. Application of ultrasound in electrochemistry: An overview of mechanisms and design of experimental arrangement[J]. Ultrasonics, 2011, 51: 202-209.

[49] Polle B G, Ashokkumar M. Introduction to Ultrasound, Sonochemistry and Sonoelectrochemistry.Chapter 2 Short Introduction to Sonoelectrochemistry[M].Springer Nature Switzerland AG, 2019: 23-27.

[50] Wadhawan J D, Del C F J, Compton R G, et al. Emulsion electrosynthesis in the presence of power ultrasound biphasic Kolbe coupling processes at platinum and boron-doped diamond electrodes[J]. Journal of Electroanalytical Chemistry, 2001, 507(1): 135-143.

[51] Sunaga T, Atobe M, Inagi S, et al. ChemInform abstract: Highly efficient and selective electrochemical fluorination of organosulfur compounds in Et3N • 3HF ionic liquid under ultrasonication[J]. Chemical Communications, 2009, 40(8): 956-958.

[52] Colmenares J C, Chatel G. Sonochemistry[M]// Gogatel P R, Patil P N. Sonochemical reactors. Springers, Cham, 2017: 255-281.

[53] 国家自然基金委员会, 中国科学院. 化工过程强化 [J]. 北京: 科学出版社, 2018.

[54] Goyat M S, Ray S, Ghosh P K. Innovative application of ultrasonic mixing to produce homogeneously mixed nanoparticulate-epoxy composite of improved physical properties [J]. Composites Part A: Applied Science and Manufacturing, 2011, 42: 1421-1431.

[55] Gole V L, Gogate P R. A review on intensification of synthesis of biodiesel from sustainable feed stock using sonochemical reactors [J]. Chemical Engineering and Processing: Process Intensification, 2012, 53: 1-9.

[56] Bhirud U S, Gogate P R, Wilhelm A M, et al. Ultrasonic bath withlongitudinal vibrations: A novel configuration for efficient wastewater treatment[J]. Ultrasonics Sonochemistry, 2004, 11: 143-147.

[57] Csoka L, Katekhaye S N, Gogate P R. Comparison of cavitational activity in different configurations of sonochemical reactors using model reaction supported with theoretical simulations[J]. Chemical Engineering Journal, 2011, 178: 384-390.

[58] Kumar A, Gogate P R, Pandit A B. Mapping the efficacy of new designs for large scale sonochemical reactors[J]. Ultrasonics Sonochemistry, 2007, 14(5): 538-544.

[59] Hodnett M, Choi M J, Zeqiri B. Towards a reference ultrasonic cavitation vessel. Part 1: Preliminary investigation of the acoustic field distribution in a 25kHz cylindrical cell [J]. Ultrason Sonochem, 2007, 14: 29-40.

[60] Gogate P R, Sivakumar M, Pandit A B. Destruction of Rhodamine B using novel sonochemical reactor with capacity of 7.5 litres[J]. Separation and Purification Technology, 2004, 34(1-3): 13-24.

[61] Gogate P R. Cavitational reactors for process intensification of chemical processing applications: A critical review[J]. Chemical Engineering and Processing: Process Intensification, 2008, 47: 515-527.

[62] 黄亚琴, 吕效平, 魏茹峰, 等. 超声内环流气升式反应器传质性能的研究 [J]. 高校化学工程学报, 2006, 5: 707-711.

[63] 汤立新, 韩萍芳, 吕效平. 超声波气升式内环流反应器传质性能的实验研究 [J]. 高校化学工程学报, 2003, 17(3): 243-247.

[64] Liu Y N, Jin D, Lu X P, et al. Study on degradation of aimethoate solution in ultrasonic airlift loop reactor[J]. Ultrasonics Sonochemistry, 2008, 15(5): 755-760.

[65] 董正亚, 陈光文, 赵帅南, 等. 声化学微反应器: 超声和微反应器协同强化 [J]. 化工学报, 2018, 69(1): 102-115.

[66] Pokhrel N, Vabbina P K, Pala N. Sonochemistry: Science and engineering[J]. Ultrasonics Sonochemistry, 2016, 29: 104-128.

第四章

超声强化传质与传热过程

第一节 强化原理简介

一、超声与物质间的相互作用

所谓的超声波一般是指频率范围在 20kHz ～ 10MHz 的声波，见图 4-1。

超声与物质间的相互作用是非常重要的，可利用超声检测研究物质的性质，也可利用超声能量改变物质形态与性质。由此得到超声两个方面的主要应用技术：检测超声和功率超声的应用。

检测超声（大于 5MHz）称为弱超声的"被动应用"，是利用数微瓦到数十毫瓦量级的小功率超声的传播特性对介质的各种非声学量及其变化实施检测或控制。

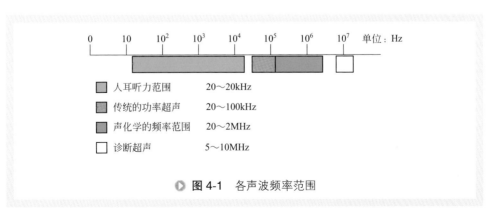

图 4-1 各声波频率范围

一般使用高频、小功率超声，多用脉冲波，描述该类的声参数主要是声速、衰减、声阻抗等，并处于线性范围。由于高频超声具有穿透能力强、对材料与人体无损害、使用方便等特点，使超声检测技术成为一种重要的无损检测技术，广泛用于医学、能源、材料、化工等现代工业、高科技产业与环境保护中。例如医学中的 B 超显像诊断仪，工业中的金属材料与混凝土探伤，高分辨率射频（RF）超声复合材料（航空宇航、陶瓷）无损检测，材料内应力测量，聚合物检测，厚度、液位、料位、距离及流速测量，水下探测（声呐），膜污染监测，天然气计量，物料停留时间分布测试，温度、物性测量（气液浓度、流体密度、黏度、固体硬度等）、超声显微镜与超声成像和大气污染检测等。所有声传播特性，如反射、折射、散射、衍射及波形转换等，均是影响声传播的因素。其中，特高频超声可用于研究物质的微观结构，包括超声与固体中原子、电子、载流子及晶格、位错等的相互作用。

功率超声（低频 20kHz ～ 2MHz、大功率）可称为强超声的"主动应用"，其声功率由数十毫瓦到数千瓦或更大，是利用超声波振动能量来改变物质组织的结构、状态、功能与加速这些变化的过程。采用合适的声参数、波形及辐照条件，体现超声对物质的各种影响，产生其他手段不易达到的效果。其较好的应用前景主要是用于化学工业（过程工业）中的过程强化与声化学反应 [1]。

一定强度的超声波在介质中传播时，会产生力学、热学、光学、电学和化学等一系列效应，这些效应归纳起来，有三种最基本的作用 [2,3]。

1. 机械作用

超声波是机械能量的传播形式，与被动过程有关，能产生线性交变的振动作用。这种机械能量主要体现在介质的质点间的振动、加速度冲击、声压剪切等效应力作用。若 28kHz、$1W \cdot cm^{-2}$ 的声强在水中传播，其产生的声压值为 242 kPa，这就是说，在 242kPa 的压力下每秒产生 2.8 万次振动，具有的最大质点加速度大约为重力加速度的 2000 倍。

机械作用具体表现可分为如下几种。

（1）机械搅拌　超声的高频振动及辐射压力可在气体、液体中形成有效的搅动与流动。空化气泡振动对固体表面产生的强烈射流及局部微冲流，均能显著减弱液体的表面张力及摩擦力，并破坏固 - 液界面的附面层，因而达到普通低频机械搅动达不到的效果。这一作用是药物透入、美容品导入皮肤、超声除气、食品及化妆品调匀细化等应用的物理基础。

（2）相互扩散　利用超声振动及空化的压力、高温效应，促使液 - 液、固 - 固或液 - 固、液 - 气界面之间，发生分子的相互渗透，形成新的物质属性。金属或塑料的超声焊接，超声乳化、清洗、雾化可归为此类作用。

（3）均匀化　空化气泡闭合后产生的局部冲击波，可粉碎液体中的颗粒，使其细化；使结晶均匀；将较大、不均匀乳滴分散为微小均匀药剂（如医用造影剂、治癌药剂等）；甚至还具有消溶血栓等作用。

（4）凝聚作用　超声振动可使气、液介质中悬浮粒子以不同速度运动，增加粒子间碰撞概率；或利用驻波使它们趋于波腹处，从而发生凝聚过程。烟道收尘、人工降雨可属此类。

（5）机械切削作用　因超声振动加速度很大，加上空化的声腐蚀作用，可对硬脆材料（宝石、陶瓷、玻璃、磁钢等）进行特形精密加工。

（6）机械粉碎作用　利用高强度超声脉冲，可以粉碎固体，如人体内的肾结石和胆结石，而不损伤软组织。

2. 空化作用

当一定强度的超声波在液体介质中传播时，使液体中的微气泡振荡生成、增大、收缩、崩溃导致气泡附近的液体产生强烈的激波，形成局部点的极端高温高压，空化泡崩溃的瞬间其周围极小空间内产生 5000K 以上的高温和大约 100MPa 的高压，其温度变化速率达 $10^9 K \cdot s^{-1}$，并伴生出强烈冲击波和速度达 400 $km \cdot h^{-1}$ 的微射流。这种极端高压、高温、高射流又是以每秒数万次连续作用产生的，因此超声空化引起了湍动效应、微扰效应、界面效应、聚能效应。其中湍动效应使边界层减薄，增大传质速率；微扰效应强化微孔扩散；界面效应增大传质表面积；聚能效应扩大分离物质分子，从而整体上强化了化工分离过程的传质速率和效果。因此，空化作用是功率超声最基本的特质。

3. 热作用

超声波在介质中传播，其振动能量不断被介质吸收转变为热能而使自身温度升高。声能被吸收可引起介质的整体加热、边界外的局部加热和空化形成激波时波前处的局部加热。超声热效应可分为如下 2 种。

（1）连续波的热效应　由于介质的吸收及内摩擦损耗，一定时间内的超声连续作用，可使介质中声场区域产生温升。

（2）瞬时热效应　主要指空化气泡闭合产生的瞬间高温，可用于高强度聚焦超声治癌及超声外科手术。

可以通过使用超声波探头、超声板、超声釜或管式超声处理器，采用频率为 10kHz ～ 20MHz 的声能来实现液体颗粒微搅拌。采用将电能转换成物理振动的方式，振动产生的空化作用将高能量赋予同时影响介质。在振动过程中，以核形式存在的微泡直径增大范围约 4 ～ 300μm，并且可以是稳定的或瞬态的。在低超声强度的情况下，微泡的半径周期性和重复膨胀和收缩，从而在几个声学周期内引起径向振荡。当声能具有足够的强度时，一些微泡变得不稳定，并且当气泡的共振频率超过超声场的共振频率时，在几纳秒内气泡会在固体 / 溶剂界面（＞200μm）处塌陷，在该界面产生速度＞100m $\cdot$ s^{-1} 的微射流和朝向溶液中物质固体表面的约 103MPa

的冲击波。这导致液体介质中物质的空化，其中流体定义为微对流，它朝向或远离被空化微泡而剧烈运动。超声系统中的对流具有两个分量，即微扰或微对流和冲击波。微对流是由空化气泡的径向运动引起的液体介质的连续振荡运动，它控制着核的生长，而冲击波是由气泡发射的离散的高压振幅波，它增加了成核率。这种微空化作用影响流体和固体颗粒在介质中的传输，并导致可引起乳化或分散的力，而强冲击波和微射流产生比常规机械方法更强的剪切力，能够将液体分散成微滴或将固体颗粒粉碎成细粉 [4]。

4. 超声的化学作用

超声作为一种物理手段可产生空化作用，能够在化学反应介质中产生一系列接近于极端的条件，不仅能够激发或促进许多化学反应，加快化学反应速率，而且可以改变某些化学反应平衡与方向，实现一般条件下难以进行的反应。冲击波和微射流的高梯度剪切可在水溶液中产生羟基自由基，相应产生的物理化学效应主要是机械效应（声冲流、冲击波、微射流等）、热效应（局部高温高压、整体升温）、光效应（声致发光）和活化效应（水溶液中产生羟基自由基），四种效应并非孤立，而是相互作用、相互促进，加快传质与反应进程。目前主要应用于合成化学（多相反应）、聚合物化学（聚合、降解共聚反应）及声电化学（表面处理、化学沉积）等。

5. 超声与光的相互作用

（1）光声效应　利用激光可在气液固体中激励超声波并用于非接触式检测。可在固体中激发纵波、横波、板波、表面波等，用于高温、放射性及有污染的恶劣环境下的远距离在线检测。

（2）声光效应　利用声波对光进行调制，实现光脉冲的压缩与扩展，使用低频振动作为迈克尔孙干涉仪的抗振动干扰装置，乃至声致发光等。

超声还具有生物效应与医学效应，已用于医学检测与治疗。因该内容不属于超声化工过程强化内容，故在此不予展开讨论。

二、声热学效应

传热一般分为热传导、热对流和热辐射过程。强化传热的途径有增加传热推动力、增加传热面积、增大总传热系数等。

多年来各国多从换热新结构、新材料、相变技术来强化传热过程。强化传热技术还分有源（主动）强化与无源（被动）强化两类。有源强化技术即需外加动力，如物理外场（超声、电磁等）、机械搅拌、流体振动与喷射等；无源强化技术无需外部动力，采用处理表面、扰流元件、涡旋发生器与螺旋管等。超声波作为一项新的有源强化传热技术近年来受到较大重视，在工业应用中展露出巨大潜力，并已列入国家重点基础发展规划 [5]。

研究表明，超声振动及换热表面上的空化气泡运动引起的液体强烈湍流运动可提高换热系数。换热效果与液体性质和工作温度有关。低溶解气体含量和较高温度的液体将使换热增强效果更加显著。换热增强效果与超声空化强度相关。较大声强可产生较大空化效应，而可应用的超声频率变化范围不大，常用的是20～40kHz，这是由于高频声波的空化阈较高，较难产生空化，需要向液体输入更多的能量才能达到同样的空化效果。在实际传热应用中更是受制于高效超声处理设备研发的限制。

化工过程中较多、较重要的一类对流传热是液体沸腾汽化传热（蒸发器、再沸器与蒸汽锅炉等），即沸腾传热过程。根据传热学原理，换热最大阻力都在贴附于壁面上的膜层中，强化凝结换热需尽量减薄黏滞在换热表面上的液膜厚度，而强化沸腾换热需尽量增加沸腾换热表面的汽化核心，造出更多的微小凹坑。

对于依靠控制热流密度来改变工况的加热设备（如电加热器等），一旦热流密度超过峰值，工况将变为稳定膜态沸腾，过热度可能会高达1000℃，可能破坏设备，造成安全事故，必须严格控制热流密度，确保在安全工作范围之内。对于依靠控制壁面温度来改变工况的加热设备（冷凝器、蒸发器等），一旦过热度超过核态沸腾的转折点，将很快达到最大传热量，而后跳至稳定膜态沸腾，大大降低换热量。

在热学效应中能量被吸收而引起整体加热及边界处的局部加热，超声以此对沸腾传热成核过程产生影响。通过空化和/或沸腾均可激活成核。区分空化和沸腾的一种方法是将空化定义为液体在压力低于饱和压力下的成核，并将沸腾定义为液体中的成核，在这种情况下，温度一直升高达到饱和温度。

1. 非沸腾时的声热学效应[6]

声振动的影响主要取决于传热速率和液体中溶解气体的量。在自然对流中，气体空化产生的气泡在传热过程中起着重要的作用。当声波振动引起空化气泡的剧烈运动时，可实现强化传热。对于圆筒传热，有报道传热系数得到高达25倍的强化。研究声波对水平加热导线自然对流传热的影响，当液体过冷时，可得到最大程度的换热强化。在最佳条件下，这种增强可达800%。这种巨大的换热强化由加热丝附近的空化气泡的运动引起，在导线附近的停滞液膜中产生扰动。自然对流的实验结果表明了类似的趋势，发现的最大传热强化达200%。另外，超声空化对平板表面流动影响的研究表明，在自来水中超声波产生的射流可以增加热板的传热。当不凝性气体存在，由于小尺度扰动，可使超声空化和传热增加十倍。

在有、无声空化的方形容器内，对液体的自然对流换热进行数值研究，空化模型考虑相变、气泡动力学和不凝性气体的影响。为了模拟声波，在声波发射器所在区域施加周期性压力场。结果表明，空化强化传热，改善了液体温度的均匀性。这些结果可以用两种主要机制来解释：

① 空化气泡溃灭形成的射流对加热壁的冲击，减少了边界层；

② 液体混合的增加。

在强迫对流中，声学振动对传热的影响较小。在层流和湍流状态下观察到不同水平的最大传热强化，层流和湍流的最大增强分别达 51% 和 27%。

另外，超声波在液体介质中传播时产生空化作用、热作用及机械振动。这些作用的协同，会减弱成垢物质的分子间结合力以及垢粒与管道间的附着力，破坏垢物生成条件，阻止热垢生长，从而实现清洗与防垢的功能。因而可使换热器表面污垢热阻减小，提高换热器总传热系数，起到强化传热和除垢的作用。

2. 沸腾时的声热学效应[6]

沸腾实验中声波对传热的影响一直是研究主题。研究表明对于低于饱和温度 30K 的壁温，传热系数是不变的。当壁温增加到接近饱和温度时，传热系数逐渐增加，达到 100% 的增强值，然后在充分沸腾时又会降低强化作用。低壁面过热度的强化传热随着壁面过热度的增加而减小，直至完全沸腾时变得微不足道。利用超声换能器实验以确定超声对核态沸腾和膜沸腾中热传递的影响。人们注意到在膜沸腾过程中热传递会增加，发现膜沸腾的最大强化量为 150%，但在核态沸腾过程中没有。对于较高的热通量，延迟膜沸腾会增加临界热通量。例如，在池沸腾的情况下，临界热通量增加了 126%。

声波的强度以及从声源到冷却表面的距离也对沸腾传热有影响。沸腾换热系数可以根据这些参数的值增大或减小。空化气泡在加热表面的空腔内提供气泡胚核。此外，空化气泡可以作为射流投射到加热表面上。但是，如果声源离受热面太远，随着射流现象的消失，传热降低。使用超声强化沸腾传热具有许多优点，例如：传热效率高，临界热流密度（CHF）增加，沸腾起始温度滞后消失，沸腾开始时壁温偏移急剧减小，这些都有利于强化传热过程。

三、声学效应

根据超声的声学特点及其应用范围，可按高频低功率、低频高功率分为检测超声与功率超声，过程强化使用功率超声。功率超声在介质中传播时能产生许多效应，主要有三个：热学效应、力学效应、声空化效应，超声过程中的各种表现与效果都是它们的综合作用。超声作用使液体内气核产生振荡，当声压幅值超过空化阈值时，体系内微小泡核随声压变化产生剧烈的膨胀、压缩，直至气泡崩溃，接近崩溃时的气泡壁的压缩速度极大，能超过泡内气体声速，使能量高度聚集，在气泡崩溃瞬间会引发高温、高压、发光、放电、高速射流与冲击波等空化效应，它对化工传质、反应过程的作用称为化工过程强化的声学效应。

图 4-2 较清楚地表示了空化气泡高速闭合瞬间产生的效应，说明声空化效应是

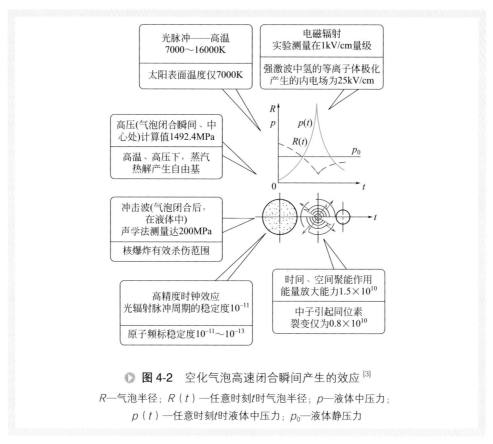

图 4-2　空化气泡高速闭合瞬间产生的效应 [3]

R—气泡半径；$R(t)$—任意时刻 t 时气泡半径；p—液体中压力；
$p(t)$—任意时刻 t 时液体中压力；p_0—液体静压力

声化学效应和声流效应等的主动力，也表明了超声化工技术具有在声化学与化学工程各领域的良好应用前景。

过程工业中离不开传质、传热、动量传递及化学反应过程，而功率超声具有的低频超声波能量则可强化上述过程。所以根据超声的不同作用，如空化作用、热作用与机械作用（声波的反射、折射、透射、微混合、声凝聚等），用于不同过程工程，而其中空化作用产生的声空化效应在许多过程中起到了主要作用。从理论上讲，超声技术可用于绝大部分"三传一反"过程，即我们通常所说的传质、传热、动量传递与化学反应过程，用于不同的化工单元操作过程的强化。但由于超声空化现象受声场、体系及环境的控制，不适用于不易产生空化的高温高压条件与高黏度、高表面张力、高蒸气压体系的处理；在这些情况下，体系空化阈值很高而难以产生空化或产生的空化效应很微弱。

超声对化工过程强化是超声化学工程研究领域的重要组成部分，超声强化化学反应研究及应用主要在合成化学、高聚物化学、电化学、有机化合物降解等领域；超声强化过程分离的研究取得了较多进展，开始由实验室研究阶段发展到工业应用阶段，开发出相应的工业超声处理装备。工艺对象则多围绕于多相液 - 液或固 - 液体系。例如超声强化乳化／破乳过程（油品破乳脱水）、超声吸附／脱附过程、超声雾化、防垢、除尘、超声强化膜分离及清洗、结晶、超声强化膜蒸馏、超声强化超临界流体萃取与有色金属萃取、天然物有效成分的提取、油页岩中沥青浸取、油田采油、煤洁净化、蔗糖溶液结晶、剩余污泥厌氧消化过程、环境监测样品中待测物质的提取等。除较成熟的超声清洗技术外，目前超声强化技术正向换热、冷冻、物质提取、医药、食品、轻工、冶金、环保等行业扩展[7]。

第二节 **超声强化乳化/破乳过程**

一、概述

超声空化导致的乳化效应在化学工业中有着广泛的应用，其微混合效果远胜于机械搅拌的效果。它还具有无机械磨损、不需在待乳液中注入气泡等优点，而且它不需对待乳液加温。

超声乳化的用途很多，在食品工业中，它可用来制备乳制品、酱汁、肉汁、蛋黄酱以及色拉油和合成奶油等。在冷冻食品工业中，由超声乳化制备的调味汁能承受反复冷冻解冻过程而不变。在石油化学工业中，超声可用于制备乳化柴油、汽油，稳定性高且节约能源。超声乳化还可以用于化妆品、软膏以及各种擦光剂的制备过程。

当超声强度未达到空化阈，而只是对液体产生扰动的情况下，超声还具备破乳的效应。当超声波通过含有悬浮液的液体时，辐射声压将沿声波传播的方向推动这些粒子。在驻波场内，这些粒子将从声压的腹点处被推向节点处聚集起来，当粒子聚集到一定重量以后，足以克服液体的黏滞阻力及静压力的浮力时，就开始聚并、沉淀。如果粒子是气泡，则它们在节点处汇集成较大的气泡上浮。这种效应可用来处理乳化污油、原油等，促进其脱水。也可分散烟雾，用来对玻璃溶液、金属溶液及液体食品做除气处理。

二、超声强化乳化/破乳机理

1. 超声乳化机理

1944 年，Wood 和 Loomis 首次提出了超声乳化是由于容器壁附近破裂的气泡使液体射入另一液体中，进一步分散成细滴而产生的。而 Soollner 等也在对超声乳化过程进行定量和定性分析的基础上，得出了超声空化是油水乳化的必备条件之一。超声乳化可能是由表面波的不稳定性引起及超声作用下所引起的液体的微流化效应。

（1）空化机理　声空化就是指液体中的微小泡核在声波的作用下被激活，表现为泡核的振荡、生长、收缩乃至崩溃等一系列动力学过程。超声空化所产生的高温高压为乳化的进行提供了很多优越条件。

① 超声空化可以产生很高的自由基生成速度，很容易通过改变超声功率来控制，以改变乳胶粒和分子量的大小及分布。

② 超声空化提供的巨大能量可以加速反应的进行。

③ 超声空化生成的氢和氢氧自由基的体积更小，运动更快，从而使乳化更快更彻底。

④ 超声空化生成的乳胶粒其尺寸分布更加集中，使乳液更稳定。

在分析 p_0-$p_a\sin\omega t$ 声压场气泡特性的基础上（p_0 为液体静压力；p_a 为声压振幅），Soollner 等得出超声空化的机理，即当超声角频率 $\omega \gg \omega_0$ 时（ω_0 为气泡自然频率），气泡以一定幅度按近似正弦振荡；当 $\omega \ll \omega_0$ 时，气泡在瞬间压力减小时增大尺寸，在气泡破裂瞬间，质点速度可达超声速并产生冲击波从而促使混合液乳化。可参见第二章。

（2）界面不稳定性机理　Fogler 等研究发现，当超声射到两种液体的分界面时，界面受到很高的周期性加速度，当这个加速度的方向是从较轻液体到较重液体时，就引起了不稳定性，使得界面的扰动增大，最终引起一种液体残缺不全地射入另一种液体，从而达到乳化的效果。

空化和界面不稳定性机理都和液体的密度和含气量以及一些声学参数有关。两种机理在不同的实验条件下是独立的并能相互补充。在中等频率和有利的液体条件下，空化机理似乎是主要的，当两种液体的密度差很大或者超声频率很低时，界面不稳定性机理为主要因素。

（3）超声乳化的工作参数　根据超声乳化机理，超声乳化油 - 水体系主要遵循空化机理，因此参数的选择应利于空化的产生。超声乳化油 - 水体系的声学工作参数主要有声频率、声强和声功率等。

① 声频率（f）。随着超声频率的增高，空化过程变得难以发生。频率增高虽然能使流体质点产生较大的速度和加速度，但声波膨胀相时间变短，空化核来不及增长到可产生效应的空化泡，即使空化泡能够形成，声波的压缩相时间亦减短，空化泡可能来不及发生崩溃，从而削弱空化效应。

② 声强（I）。声场某一点处单位时间内通过垂直单位面积的平均声能。一般认为提高声强可以使空化强度增强，从而提高乳化速度，并且所获得的乳液粒度小、浓度大。但声强过高会导致声压幅值提高，空化泡在声波膨胀相内的增长过大，以致在声波压缩相内来不及发生崩溃而影响空化效果。

③ 声功率（W）。单位时间内通过某一面积的声能。

2. 超声破乳机理

在一般超声波的作用下，声场与粒子之间的相互作用（所谓的同向动力相互作用，orthokinetic interaction）所造成的主要效应，在于不同的粒子（粒径、密度、重量）受声波带动的程度不同。例如同一种物质不同粒径的粒子，较小的粒子被带动的程度大，从而造成粒子间产生相对运动，增加粒子间的碰撞，导致凝聚[8]。同时，粒子与粒子之间，通过流场也产生相互作用。其中典型的情形如当两个粒子相互接近且其中心连接线与声波速度方向垂直时，两粒子间流体的速度比两粒子外侧的流体速度要快，根据 Bernoulli 流体力学原理，此流速差产生拖曳两粒子相互吸引的净压力，从而增加粒子间碰撞及凝聚的机会[9]。

在超声驻波场条件下，声场对粒子的作用力主要导致了粒子向波节或波腹的移动，移向波腹还是波节则取决于流体和粒子的密度、声速、粒子直径及流体和粒子的相对特性等（例如，液体中的固体粒子移向波腹，液体中的气泡则会移向波节，原油中水滴向波腹集中）。超声凝聚早在 19 世纪就被发现，最近几十年研究进入快速发展期。近年来由于超声设备技术的进展和出于废液处理（环保要求）以及新兴的生物技术等方面的需要，发达国家尤其是欧洲国家在超声凝聚方面投入了较大的力量，希望开拓出有价值的应用成果。欧盟拨出专项资金，成立了跨国协作组研究这一问题。例如 EUSS 计划，有奥地利、荷兰、英国、爱尔兰、德国等国家共 8 所大学、研究机构和企业加入了研究组，投入了很大力量，其工作主题为设计开发高性能、稳定的超声凝聚、分离设备，并进行超声凝聚、分离等方面的深入研究，其中双液相的凝聚、分离也是其中一个子项（splitting of emulsions by use of high performance ultrasonic separation systems）。该项合作制造了一些高效分离装置，与多家研究机构和公司协作，已在生物应用方面取得了一些成果[1,10]。

由声换能器传递的入射波和反射波在悬浮液和乳液中叠加产生超声波驻波，此时悬浮颗粒和液滴会受到所谓的原声波力，这种力会推动它们向驻波的波峰或波腹移动。当颗粒和（或）液滴一起移动时，它们形成带并可能聚集。由于颗粒聚集后数量减少、相界面减少、移动阻力减少、水力半径增加、浮力增加，可以以更快的沉降速度和（或）乳脂化速度相分离。在食品、生物、医药、化工和石油等领域，悬浮颗粒的相分离和乳状液中微米至毫米液滴的回收具有重要意义。各种各样的食品，如牛奶和奶油，都是水包油乳液，其中油相分散在连续的水相中。在这些情况下，乳状液的稳定性旨在延长产品的保质期。然而，在其他一些提取和精炼过程中，油相的有效分离和回收是非常重要的，例如在提取初榨橄榄油、花生油、芝麻油、米糠油和菜籽油的情况下[11]。

国内外对于超声凝聚的研究已经历了相当长的历程。早在 19 世纪 70 年代，就有描述声波驻波使流体中悬浮粒子凝聚现象的文章发表[12]。对于超声凝聚的研究，粗略来讲，可分为应用实验和理论研究两大类型，其中第一类将重点放在凝聚效应的本身，注重的是实验结果；第二类注重粒子在流场中运动规律的研究，是从基础理论出发推导粒子在声场中的运动规律，属于纯理论研究。第一类研究者通常在实验中会参照第二类研究者所发展的理论，去解释所观察到的凝聚现象。

声辐射凝聚与 Bernoulli 流体相互作用效应是超声凝聚过程中两项最基本的效应。在实际的声场中，还存在着一些其他效应，例如超声作用于介质产生的热作用，声压引起的流体流动与返混作用，温度不均引起的热对流等，这些效应受声场（频率、功率）和介质参数（两相密度、黏度、表面张力、液滴粒径、温度、压力）以及声作用时间、流动状态等的影响，不容忽视，必须予以考虑。

超声凝聚分离技术和化学方法相比，该技术具有不污染已有体系的特点，这一特点在化工、食品、生物医药等方面的许多应用场合下具有优势，比单纯沉淀的物理方法快速。强电场实现乳液中粒子凝聚等方法，则可以显著加强其效果。在粒子不能被极化而不能采用强电场方法，又不能采用化学方法的条件下，超声凝聚破乳法则无疑成为一种良好的选择。正是由于上述特点，该技术一直为学术界所关注，近年来石油化工、环境保护和生物技术的发展也加速了超声凝聚破乳技术的研究。

三、乳化

燃油掺水乳化的传统方法是机械混合法，包括机械搅拌、喷雾、鼓泡法等。超声乳化是一种新兴的乳化工艺，具有乳化质量好、生产效率高、成本低等显著优点，主要表现为[13]：

（1）所形成的乳液平均液滴尺寸小（可为 $0.2 \sim 2\mu m$ ），液滴尺寸分布范围窄（可为 $0.1 \sim 10\mu m$ 或更窄），浓度高（纯乳液浓度可超过 30%，外加乳化剂可高达 70%）。

（2）所形成的乳液更加稳定，可以不用或少用乳化剂便可产生极稳定的乳液。

（3）可以控制乳液的类型。在某些声强下，O/W 和 W/O 型乳液都可制备。

（4）生产乳液所需功率小，成本低，易于实现工业规模生产。

采用超声乳化工艺，掺水率一般在 20% 左右，节油率高达 10%，从而可节约大量燃油，经济效益显著，引起了科研人员广泛的研究兴趣。

南京工业大学超声化学工程研究所吕效平等[14]通过超声波乳化柴油过程，研究了各工艺参数超声波功率、处理时间、含水量、乳化剂量等对柴油乳化液粒径稳定性的影响。利用亲水 - 亲油平衡（HLB）值的计算选择表面活性剂，并据此研究配制了复合型柴油乳化剂。研究结果表明：在相同油水比情况下，超声作用功率大乳化效果好，且超声存在最佳作用时间，超声功率为 700W 时，最佳作用时间为 10min；超声作用功率和作用时间一定的条件下，乳化液中含水量有一个极限值，即 12.5mL/200mL 柴油；复配乳化剂、超声波作用功率、作用时间和油水比一定的条件下，随着乳化液静置时间的延长，在乳化液内存在着大液滴破裂的过程，表现为随着静置时间的延长，平均粒径随之减小。

利用 HLB 值筛选法可选择复配乳化剂[15]。通过分光光度计对乳液的浊度和室温下乳液的乳化稳定性进行考察，并结合乳液的黏度变化，筛选出适合 0 号柴油乳化的乳化剂及工艺条件。超声柴油微乳化的影响因素较多，不仅受超声的声强、作用时间的影响，而且乳化剂用量、掺水量等对乳液性质都有影响。实验中发现有机极性物的添加对乳液的性质影响较大，可以提高乳液稳定性和降低乳液黏度，通过各种醇的对比实验并结合经济等因素选择乙醇作为有机极性物。作者对所选乳化剂进行 0 号柴油微乳化的正交实验，通过分析发现各因素对乳液稳定性的影响顺序为声强＞乳化剂用量＞乙醇用量＞掺水量＞超声作用时间＞稳定剂用量。并优选出柴油处理量为 200mL 时超声柴油微乳化的最佳工艺参数为：乳化剂用量为 2.5%（质量分数），电流为 3A（即声强为 0.148W•cm^{-2}），稳定剂用量为 0.158%（质量分数），超声作用时间为 15min，乙醇用量为 5%（体积分数），掺水量为 10%（体积分数）。实验制备的柴油乳液的稳定时间为 300min 以上，色泽为透明半透明状，且制备的柴油乳液放置 8 个月不分层。

制备稳定的苯乙烯／丙烯酸丁酯细乳液的条件为：采用 SDS/HDE（十二烷基硫酸钠／正十六烷）乳化体系，乳化剂与助乳化剂配比为 3∶1，将助乳化剂先与单体混合，再与乳化剂水溶液混合，乳化温度为 45℃，超声波处理 3min，此时制备的微乳液最稳定[16]。

用自行研制的乳化剂、超声乳化器制取掺水率为 30% 的油包水型乳化柴油[17]，经 1135 型、1E150C 型及 6110A-1 型柴油机的试验表明，耗油率下降 10%，NO$_x$降低了 3%，炭烟下降 0.5BSU，并可进入实用性的试用阶段。

利用超声乳化机理，将适当配比的 0 号柴油、水和 SP80 型乳化剂进行乳化[18]，随着掺水量的增加，乳化柴油的热值逐渐下降，条件黏度、闪点、燃点和凝点越来越高，见表 4-1。最大掺水量应小于 16%。对 10%、15% 掺水量的乳化柴油进行台架试验表明，中小负荷工况下节油效果不明显，大负荷工况下节油效果显著，节油率在 9%～14% 之间，燃用乳化柴油可降低尾气排放中 NO$_x$、CO 和排气可见污染物的含量。

表4-1　0号柴油及不同掺水量的乳化柴油的热物理特性

项目	0 号柴油	10% 掺水量的乳化柴油	15% 掺水量的乳化柴油	16% 掺水量的乳化柴油
热值 /(kJ • g^{-1})	42.513	42.041	37.120	33.636
条件黏度	1.28	1.54	1.65	1.78
开口闪点 /℃	65.0	91.5	94.5	96.0
闭口闪点 /℃	55.5	66.0	70.0	114.5

项目	0 号柴油	10% 掺水量的 乳化柴油	15% 掺水量的 乳化柴油	16% 掺水量的 乳化柴油
燃点 /℃	79.5	102.5	103	104.5
凝点 /℃	0	−1.5	−1.3	−1.2
pH 值	6.0	6.0	6.5	6.3
密度 /(g·cm^{-3})	0.8352	0.8541	0.8607	0.8628

将超声重油掺水乳化技术用在燃油炉上，投入运行后效果非常好：其中炉膛温度上升 39℃，炉顶温度升高 34 ～ 38℃，火焰温度升高 12℃，烟气温度降低了 11 ～ 14℃，排烟黑度下降，锅炉气压稳定，油嘴、炉膛不结焦。由于雾化的效果好，空气过剩系数由原 1.2 ～ 1.25 下降到 1.05 ～ 1.1；另外锅炉油嘴的损坏率也大大降低。使用该设备后油耗降低了 9%，而设备维护费下降了 210%，1996 年该装置净创效益近 80 万元，还有益于环境保护[19]。

最近提出了一种新的利用超声制备乳化燃料——泡沫乳液的技术。泡沫乳液是由分散在乳状液中的氧气泡组成的多相体系。研究发现泡沫乳液含有 90%（质量分数）的水仍具有可燃性，泡沫乳液还可用作微型功率器件的燃料。研究该泡沫乳液燃烧的影响，发现泡沫中火焰加速与泡沫液相的爆炸沸腾有关，其中油滴可以起到气泡的非均相成核作用。结果表明，超声乳化有利于降低泡沫总燃烧速度，减小火焰传播浓度极限。如果超声乳化使乳液中的油滴尺寸降到某一临界值以下，则连续火焰加速的条件就会退化，有利于爆炸沸腾的控制[20]。

新型纳米药物传递系统（DDS）已被认为是在过去的十年中制备不同类型难溶性药物的有效途径。因为它能增加药物的溶解度和溶出速率，显著提高细胞摄取和众多的疏水性药物的生物利用度，通过控制药物的释放速率，维持药物浓度在治疗要求范围内，并针对具体疾病减少全身性副作用。在医药领域，在表面活性剂或乳化剂的存在下，纳米乳通常含有均匀混合物油滴封装的生物活性成分分散在水介质中。最广泛使用的油包括亚麻籽油、橄榄油、蓖麻油、豆油、植物油及其他，如 Omega-6- 脂肪酸和有益的维生素和矿物质等。各种表面活性剂或及其组合也被用来控制液滴的大小和提高纳米乳剂的稳定性。到目前为止，超声空化技术已经成为一种高效节能的技术，可以产生这种纳米级的乳液，包封各种高度有效的不溶于水的药物。空化气泡的微湍流的内爆撕碎油性乳液液滴到纳米尺度，形成高度均匀的纳米液滴药物——纳米乳。在纳米领域的文献表明，声空化是一种简单、低成本的方法，利于工业开发设计新型纳米载体或提高现有医药产品的性能[21]。

超声乳化技术已经成为替代其他机械乳化的一个优秀而强大的、可获得一个较小的液滴尺寸和高能源效率的乳化技术[22]。它可用于高压均质和微流化过程，在相同条件下生产所需的直径纳米乳液，表面活性剂使用量明显降低；能耗大大低于其他经典的机械乳化设备。纳米乳剂的最终粒径分布主要受两个相反过程的影响：液滴破裂和乳滴聚结[23]。超声操作参数对液滴破裂和乳滴聚结以获得分布更窄更小的纳米乳液滴尤为重要。这两个主要过程之间的平衡在很大程度上取决于乳化与超声乳化装置设计的能量输入。应考虑的超声参数与工艺条件有辐射功率、辐射时间、相体积比、表面活性剂的浓度和黏度、液体的纯度及气体含量，相对于液-液界面的超声源的位置，声换能器端直径和容器的几何形状也需适当的控制和优化，以保证得到所需理化性质的纳米乳液[24]。

超声乳化过程强化方法与设备较简单，其技术易推广于化工、食品、轻工、制药等需乳化操作的工业过程中。

四、破乳

1. 超声破乳过程强化研究简介

超声破乳在化工中主要应用于各种油品的破乳。早在20世纪五六十年代，国外就开始了超声辅助破乳的研究。到了20世纪80年代，日本三菱重工、美国Exxon Mobil研发工程公司等开展了相关研究[16]。国内开展此项研究起步较晚，开始于20世纪90年代，现在主要的研究与应用单位有南京工业大学、中国石化相关油田及分公司、中国石油相关油田及分公司等，国内已有多家生产破乳设备及相应工程公司。

原油中除了有机质、水以外，还含有盐类，虽然原油中的盐含量不高，但其对整个加工过程有很大危害。主要表现为：对设备系统的腐蚀；使催化裂化催化剂中毒，造成催化剂污染或永久性失活；造成加氢反应器床层堵塞与加氢催化剂的失活；还会造成换热设备的热腐蚀与堵塞等危害。因此脱除原油中的盐类显得十分重要。通常无机盐能溶于水，可通过脱水将盐脱出，而有机盐只能部分脱除。由于有机盐对生产过程的危害相对较小，无机盐的危害最大，因此通过原油的注脱水工艺即能脱除无机盐，对原油的脱盐也主要指无机盐的脱除。另外，原油中还含有大量沥青质和环烷酸，这些物质使原油很容易形成乳状液，普通电脱盐装置很难破坏其形成的稳定的油水界面膜。

随着我国很多油田进入二三次采油，重质原油增多，另有污水回收油、老化油以及某些进口劣质原油等，使进入炼油厂的原油品质变差，化学成分和油水乳状结构变得更为复杂，采用以前的方法无法顺利实现油水分离，越来越难以用电法和化学法加以破乳脱水，若使它们混入电脱水器，亦将破坏电场，甚至造成跳闸。达不到处理要求的原油流入后续生产工序，导致催化剂中毒，严重影响正常的生产，同时造成巨大的浪费。对于重质原油，黏度高、密度大，其破乳脱水比稀质油更困难。黏度在 5000Pa·s 以内的稠油仍可采用电 - 化学脱水，即以化学破乳剂为主、电脱为辅的常规破乳脱水工艺；但对黏度更大的稠油，采用常规破乳方法已不能满足工艺要求[25]。

超声场参数对原油破乳脱水率有影响，其中，声强、辐照时间和频率是影响原油脱水率的主要因素，而间歇比、脉冲宽度为次要因素。在大规模工业化条件下，所用功率超声波频率不可能变化很大，故频率对破乳的影响不明显，常用频率为 21kHz。对于不同的油样，声强与破乳脱水之间的规律变化较大。对不同油类处理系统而言，声场参数有一个最佳值或使用范围。

对超声波破乳、粒子运动和碰撞的机理进行分析，利用可视化技术对超声波作用下粒子运动的位移效应进行验证[26]，证明了超声波破乳分离水包油乳状液的可行性。温度为 55℃时，在最优实验条件下超声波与破乳剂联合处理 30min，沉降 4h，可以脱去乳化原油中 96.5% 的水，而在同样条件下不用超声波处理的原油脱水率仅有 73%。

2. 超声破乳过程强化研发实例

（1）南京工业大学超声化学工程研究所韩萍芳等[27]重点研究了超声声强、作用时间、沉降时间、破乳剂用量、温度等可控因素对超声波原油破乳脱水的影响。结果表明，超声实验适宜的声强为 0.32W·cm^{-2}，破乳剂用量 30mg·L^{-1}。在驻波场中进行了原油的脱水研究[28]。针对鲁宁管输原油，初始体积含水率为 1.40%，远远高于炼厂要求的问题，考察了 NS-2003 破乳剂浓度、沉降时间、超声声强和超声辐照时间等单因素对原油破乳脱水的影响，并设计了正交试验，得到原油破乳脱水的最佳试验条件：原油处理温度 70℃，破乳剂浓度 20μg·g^{-1}，超声声强 0.23W·cm^{-2}，超声辐照时间 5min，沉降时间 120min。在最佳试验条件下，原油体积含水率从初始值 1.40% 降至 0.07%，脱水率 95.0%。并得到影响原油脱水最重要的因素为沉降时间，其次为声强，再次为超声波处理时间。

对原油两级洗盐的初步研究表明，原油经超声和两级洗盐的联合作用后，原油的盐含量已经降到 3.00mg·L^{-1} 以下；但与一级洗盐相比，原油脱后含水率有所升高。在两级洗盐较好的试验条件下（洗盐温度 80℃，两级注水量都为 5%，破乳剂浓度 20μg·g^{-1}，驻波场中声强 0.38W·cm^{-2}，辐照时间 5min，沉降温度 75℃，沉降时间 90min），原油脱后含水率 0.45%，脱水率 91.6%；盐含量 1.14mg·L^{-1}，脱盐率 96.4%。与一级洗盐相比，脱盐率提高了 9.7%。

（2）南京工业大学超声化学工程研究所吕效平等还以鲁宁管输原油为研究对象，按照工厂实际电脱盐流程设计了超声波电脱盐联合破乳实验装置进行破乳动态小试实验[29]，实验流程见图 4-3。比较了超声电脱盐联合作用和单一电脱盐作用的脱盐脱水效果。在超声电脱盐联合作用下，盐含量从 39.463mg·L^{-1} 可降至 2.2mg·L^{-1} 左右，水含量可降至 0.13% 左右，小于工厂脱盐指标 6mg·L^{-1} 和脱水指标 0.3%；而单一电脱盐在相同条件下，原油盐含量只能降到 7.125mg·L⁻¹ 左右，水含量只能降至 0.57% 左右；实验考察了影响原油破乳脱盐的几个重要参数，如声场、操作温度、超声发生器输出功率、破乳剂用量、混合阀前后压差、超声频率、脱盐罐电压对脱盐效果的影响。进行了驻波场中的正交试验，分析了超声发生器输出功率、混合阀前后压降、破乳剂用量对实验的影响程度；在原油流量 20L·h⁻¹，洗水流量 1L·h⁻¹，电脱盐罐电压 6kV，脱盐罐温度 80℃，10kHz 驻波场超声波作用条件下，三因素最佳水平组合：超声发生器输出电压 150W，混合阀前后压降 0.4MPa，破乳剂用量 30ppm（1ppm=10⁻⁶，质量分数），经模拟得到的盐含量预测值为 1.9459mg·L⁻¹，实验验证该预测值可信。实验还进行了混响场中的正交试验，考察了电脱盐罐电压、温度、超声波发生器输出功率三个因素对原油脱盐的影响。在原油流量 20L·h⁻¹，洗水流量 1L·h⁻¹，破乳剂 30ppm，混合阀前后压降 0.4MPa 条件下，得出三个因素最佳水平组合：电脱盐罐电压 6kV，脱盐罐温度 80℃，超声波发生器输出功率 175W。

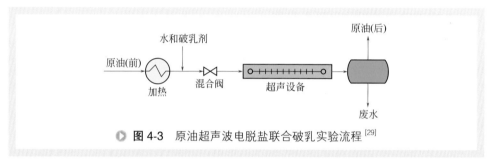

▶ **图 4-3　原油超声波电脱盐联合破乳实验流程**[29]

通过对原油超声联合电脱盐过程的动态实验，提出了强化原油电脱盐处理的方法[25,30]。分析了破乳过程中的声学及其他主要工艺参数的影响。实验结果表明在工厂动态原油预处理过程中，注水量与电脱盐罐的电场强度的选择具有重要影响。对原油预处理过程，结合超声 - 电脱盐工艺，中石化某分公司、南京工业大学超声化学工程研究所（以下简称"南京工业大学超声化工研究所"）与南京金门能源科技有限公司合作进行了一级连续动态实验研究，实验装置见图 4-4、图 4-5[25]。进行单因素分析实验，获得了该工艺的最佳操作参数：注水量约 5%（体积分数），混合压差 0.4MPa，声频率 10kHz，声功率 150W（声强 0.32W·cm⁻²），辐照 3～5min，电脱盐罐沉降温度 85～89℃。原油脱后水含量 <0.3%；盐含量 <5.0mgNaCl·L⁻¹，脱盐率 >90%，破乳剂量降为 15μg·g⁻¹。该工艺操作温度不必高达 120～140℃，100℃足以满足生产要求。对于 800 万吨 / 年加工能力的炼厂预期回收周期为 3.6 年（仅按节约破乳剂费用计算），同时脱盐率的提高降低了设备的腐蚀，产品质量的提高更可产生相当高的技术经济效益。

目前超声原油破乳虽不可能完全替代电脱盐过程，但由于超声破乳过程不受原油性质影响，故超声处理可作为电脱盐过程的预处理，即可以作为强化原油破乳脱

▶ **图 4-4** 原油超声联合电脱盐   ▶ **图 4-5** 动态实验装置内的超声处理器
过程动态实验装置[25]   （超声处理器 B101A、B101B、B102A）[25]

水或减轻电脱盐装置负荷的有效途径。

（3）南京工业大学超声化工研究所吕效平等将驻波超声与电场作用结合在一起，得到原油脱水脱盐专利[31]。过程为原油加入新鲜水与破乳剂在静态混合器或其他混合装置均匀混合，先经过驻波或行波超声作用，然后进入常规电脱盐装置脱水脱盐，见图 4-6。其中驻波超声管的结构见图 4-7。该工艺改进、强化现有的油品脱水脱盐工艺，提高脱水脱盐工段对油品的适应能力，进一步降低油品中的水含量、盐含量，满足炼油生产需要。

（4）Bulgakov 等[32]开发的原油脱水脱盐装置的超声波作用器（图 4-8）是由通过圆柱体连接的两个截锥体组成，空化嵌板置于圆柱体中，超声发生器安装在内

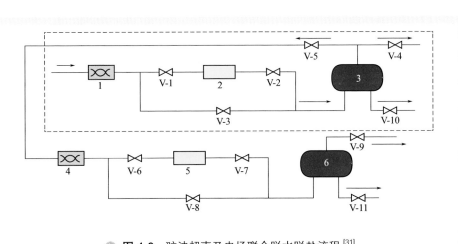

▶ **图 4-6** 驻波超声及电场联合脱水脱盐流程[31]

1,4—静态混合器；2,5—驻波管；3,6—常规电脱盐罐；V-1～V-11—阀门

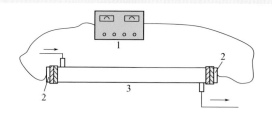

图 4-7　驻波超声管的结构 [31]

1—超声发生器；2—超声换能器或换能器阵列；3—驻波管

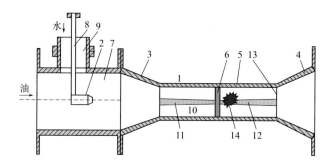

图 4-8　原油脱水脱盐装置的超声波作用器结构 [32]

1—混合器；2—供水管；3,4,11,12—截锥体；5—流动管；6—空化嵌板；7—三通；8—入口；
9—横向开口；10—超声发生器轴向安装；13—长挡板；14—爆破区

部截锥体的轴线上，内部截锥体彼此间通过空化嵌板连接。超声波作用方向与流体流动方向一致，流体通过截锥体及空化嵌板能产生良好的空化效应。

（5）俄罗斯 Galiakbarov 等 [33] 在其开发研究的一种圆柱筒式破乳装置中，将原油与水、添加剂混合，在声场中通过涡流波作用破乳，超声振动频率在 10 ～ 30kHz，振幅在 0.0001 ～ 10MPa。所用的添加剂含有一定比例特定类型的聚乙烯、高沸点组分 M-22、浮选剂 oxalT-66、亚乙基二醇 / 水混合物。圆柱筒式破乳装置见图 4-9，其中油旋流部件带有切向入口的带压管、涡流室具有回转抛物面结构，超声波轴向安装在进水管，因而提高了油水乳液破乳效率。

（6）美国 Exxon Mobil 研发工程公司 [34] 通过用超声波处理一组油水乳状液，检测油水乳状液的油水界面膜强度与对应的超声波功率，将乳液分离成水相和油相。

（7）中国石化股份有限公司齐鲁分公司研究院开发的超声波作用器 [35] 是一管状结构（见图 4-10），在其两端设置两个超声波探头，在超声波作用区内破乳，然后油水混合物去沉降罐进行油水分离或在电场作用下脱水后沉降分离。该技术 2003 年在齐鲁石化胜利炼油厂联合一级电脱盐装置进行了工业试验，目前已在中国石化胜利油田石化总厂、洛阳石化、九江石化等单位应用。

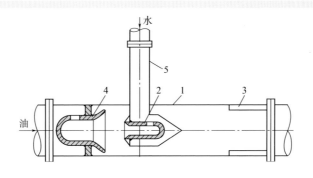

图 4-9　圆柱筒式破乳装置[33]

1—圆柱筒破乳容器；　2—涡流室；　3—缓冲器；　4—油旋流部件；　5—进水管

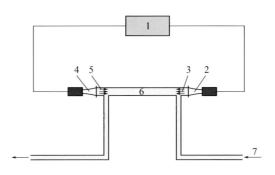

图 4-10　顺逆流联合作用破乳装置[35]

1—超声波发生器；　2,4—超声波探头；　3—顺流超声波；
5—逆流超声波；　6—超声波作用区；　7—油水乳化物

（8）中国石油大港油田原油集输公司开发了内对射型、外对射型、三角型及径向型原油脱水装置[36～39]，其中内对射型、外对射型、径向型原油脱水装置实际仍是轴向方向对称传播超声波，但是重新设计了超声波发生器的安装形式，将其装置应用于大港油田油水混合液破乳分水。

（9）华东理工大学[40]采用超声辅助破乳法对安庆石化罐底油泥进行脱水处理，进而回收原油。考察了超声功率、水浴温度、超声时间、破乳剂加入量对油泥脱水率和原油回收率的影响。采用显微镜对处理前后的油泥内部结构进行表征。实验结果表明：在超声频率28kHz、超声功率70W、水浴温度70℃、超声时间15min、破乳剂加入量 $50\mu g \cdot g^{-1}$ 的最佳超声波辅助破乳条件下，油泥脱水率和原油回收率分别为92.3% 和98.5%，比没有超声辅助的传统破乳法分别提高了25.7% 和12.3%。表征结果显示，经超声辅助破乳处理后，水滴的粒径和数量均明显减小，说明超声辐射可有效地改善油泥的破乳效果。

（10）南京工业大学超声化工研究所吕效平等发明的污油超声脱水新工艺，涉

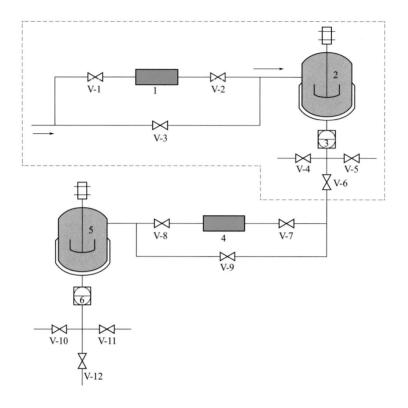

● 图4-11 超声污油脱水工艺流程[41]

1,4—超声作用部分；2,5—热沉降罐；3,6—视镜；
V-1~V-12—阀门

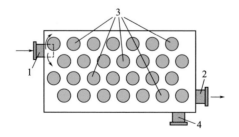

● 图4-12 超声处理器阵列结构示意[42]

1—污油入口；2—污油出口；3—超声波阵列；4—清洗排污口

及一种炼厂轻污油和重污油的脱水与油田污油的脱水回收[41,42]。含水污油经超声波处理器内声场为驻波或行波的超声处理装置后进入热沉降罐进行油水分离，或含水污油进入具有驻波或行波超声装置的热沉降罐进行油水分离，见图4-11、图4-12。该工艺属于物理破乳脱水法，对污油的适应性强，不受油品性质的影响，快速实现油水分离；能在短时间内实现油水分离，缩短了热沉降时间且最终脱水率提高，操作成本低。采用此工艺对污油进行回收，减少污染源，有较好的环保效益和社会效益。

图4-13为中石化某分公司炼油厂20000t·a⁻¹超声处理含水污油装置。该装置设计污油处理量12t·h⁻¹，超声频率40kHz，超声声强0.6W·cm⁻²，超声辐照时间3min左右，污油沉降温度60℃。图4-14为经超声处理后的污油在沉降油罐内不同沉降时间、不同液高处的含水率（初始含水率60%，污油总高1.2m，由液面向下计高度）。

由图4-14可知，取样位置越靠近顶部，含水率越低，取样位置距液面0.3m处基本为分离出的油层，在0.4m和0.6m处的含水率随沉降时间变化曲线不平滑，原因是上层的水沉降时会对中下部含水率变化造成影响。由三条曲线规律可知，沉降时间越长含水率越低。在0.4m以上为含水率0.1%的油层，大约0.4～0.6m处存在较稳定的乳化层，经过4320min热沉降污油的含水率没有变化。这是由于部分油水分离后，上层为油层，下层为水层，中部剩下的含水污油中沥青质、胶质、石蜡、石油酸及微量黏土颗粒含量相对增高，使该层污油乳状液更稳定，尤其胶质、沥青质、石油酸等界面活性物含量高的污油，

▶ **图4-13**　20000 t·a⁻¹ 超声处理含水污油装置

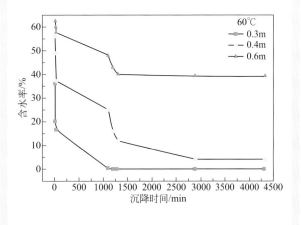

▶ **图4-14**　沉降油罐内不同沉降时间、
不同液高处含水率

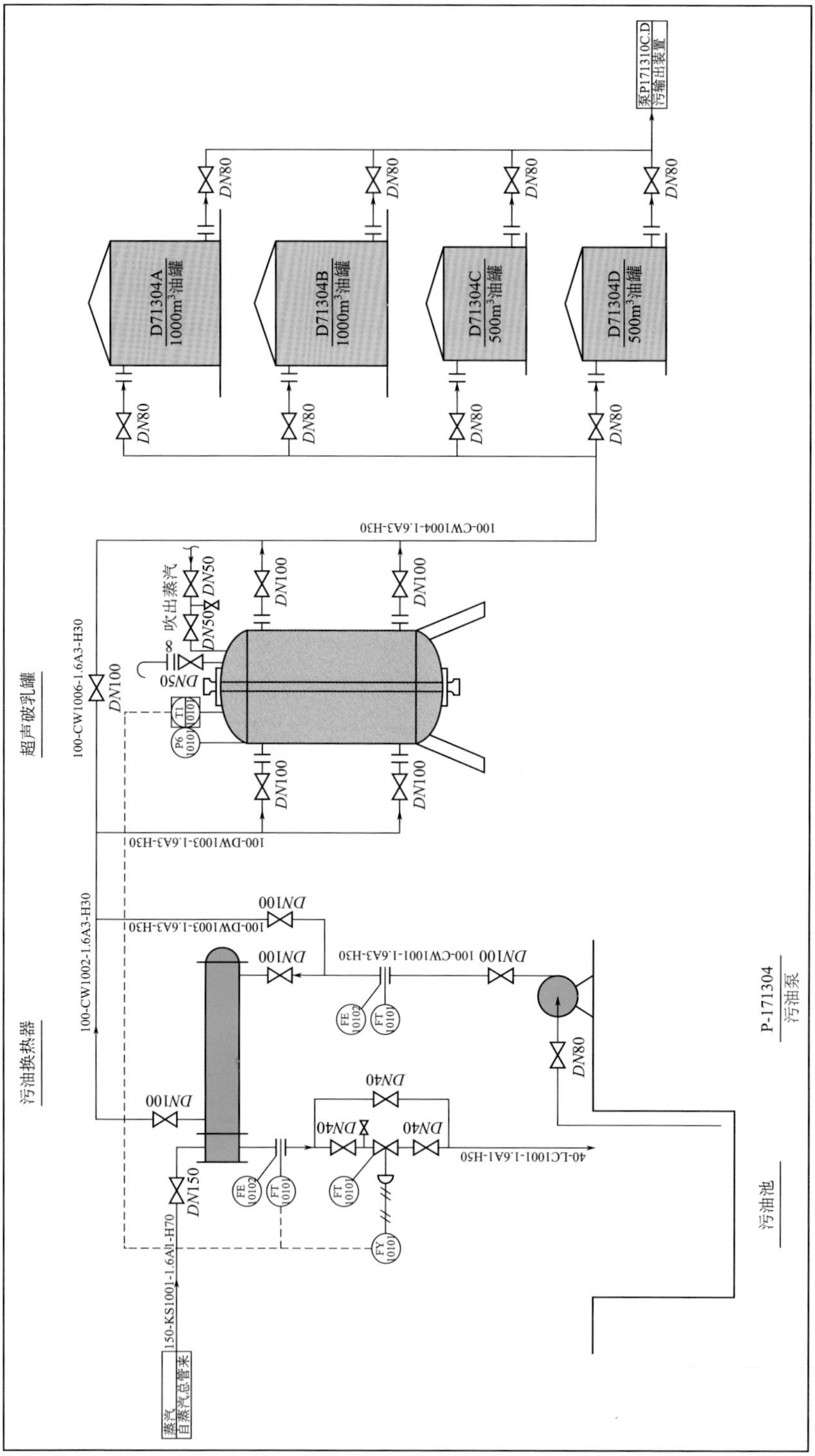

▲ 图 4-15 超声污油破乳脱水工艺流程

其乳化后形成的界面膜耐热、机械强度高，乳化液的稳定性更好，不加破乳剂一般无法使之破乳。该装置处理的污油含水率低于炼油厂回收污油含水率的要求。目前工厂的污油沉降温度为 70～90℃，含水率达 8.5% 时，其沉降时间为 5～7 天。而由图 4-14 可知，在本实验条件下只要沉降 40h，中层污油即可达 8.5% 水含量标准。因此利用超声破乳技术可以节约大量的时间和能耗。

（11）南京工业大学超声化工研究所在上述工作的基础上，为进行更大规模的污油超声波脱水技术推广应用，获得必要的成套工业装置放大的设计参数及其污油脱水结果验证，并优化工艺参数，使炼厂污油超声波脱水工业化技术得到示范及推广，在生产中获得更好的经济效益与环保效益。要求炼厂污油原含水率在 30%～70% 左右处理至含水率小于 10%，污油沉降时间小于 3 天，含水污油处理量为 60000m³·a⁻¹（按每天超声处理 8h 计）。

超声强化破乳涉及超声频率、超声声压、超声辐照时间、超声处理时温度、超声作用方式（连续、脉冲）、超声脉宽、超声周期等因素，各因素对污油破乳的最佳效果有不同的影响。为完成工业级实验，设计制造 4.7m³ 超声污油破乳装置进行污油破乳脱水试验。

工艺流程为：污油先经过换热器预热，获得超声破乳所需温度，再进入超声处理罐（流经方式：上进下出或者下进上出），经超声处理后污油中水滴凝聚，油水界面张力减小，然后进入沉降罐沉降，沉降一段时间后排出罐内底部的水层。工艺流程见图 4-15。现场实物见图 4-16、图 4-17。

按照前期的研究结果，选择实验条件为：沉降温度 60℃，沉降时间 24h，流速

▶ 图 4-16　超声破乳设备实物图

▶ 图 4-17　炼油厂超声污油脱水装置现场

$40t \cdot h^{-1}$，污油在超声罐内停留时间 6 ～ 7min，即超声辐照时间 6 ～ 7min，污油流经超声处理罐的路线为下进上出，即先经 40kHz 超声作用，再经 20kHz 超声作用。以下对影响污油脱水的其他条件进行了考察，包括超声输出电压、作用方式（连续、脉冲）、污油性质、声脉冲作用下的脉宽、周期，并对超声前后及沉降后的污油中水滴粒径进行了观察和测量。

由于炼油厂待处理污油的水含量和浮渣、沥青、胶质等杂质的含量不一样，我们把已经试验处理的污油分为污油 A（较干净，水含量 60% ～ 70%）；污油 B（较干净，切过水，水含量 30% ～ 40%）；污油 C（较脏，污油中杂质含量较多，水含量 60% ～ 70%，密度 >1g·cm⁻³）。

由图 4-18 ～图 4-20 可见，处理前污油 A 中水滴粒径较大，数量较多；污油 B 的水滴粒径较小且分布较散，这表明在超声辐射时，引起水滴碰撞的概率较小，处理的基本思路应加大超声处理功率（即声强）或增加超声辐照时间；而污油 C 的特点主要就是油中污物较多，可能有污泥沙、浮渣、乳化物、胶质与沥青质等，

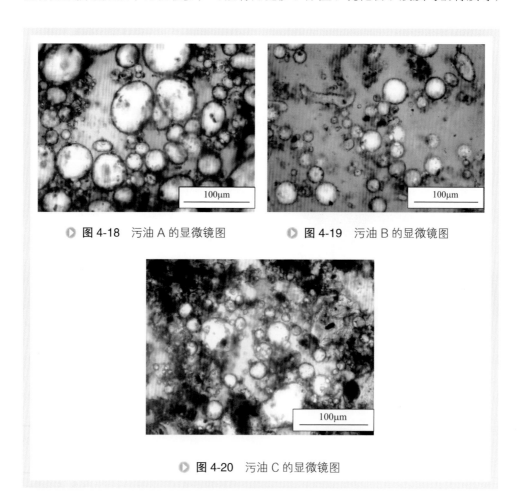

▶ 图 4-18　污油 A 的显微镜图　　　▶ 图 4-19　污油 B 的显微镜图

▶ 图 4-20　污油 C 的显微镜图

此种物质的增多，将增大污油的表面张力，加大含水污油的乳化程度，产生稳定的含水乳化层。所以最好能根据不同情况，采用不同的处理方法，可达到最大脱水效果与较好的经济效益。

图 4-21(a) 表示了超声作用前及沉降后污油 A 在罐内水含量随高度的分布。污油 A 在沉降罐中的高度为 7m，切出 4m 高的清水。研究结果表明污油 A 脱水分离较易。

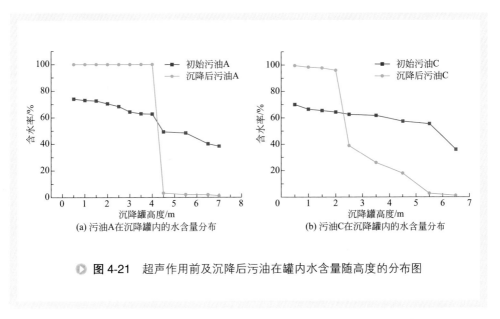

▶ **图 4-21** 超声作用前及沉降后污油在罐内水含量随高度的分布图

污油 C 的破乳脱水处理采用超声条件：脉冲作用，周期 85ms、脉宽 15ms、流量 40t·h⁻¹、沉降温度 60℃、沉降时间 2 天，20kHz 超声波输出电压 150V、输出电流 1.8A；40kHz 超声波输出电压 225V、输出电流 0.8A。该条件使污油 A 脱后含水率可降至 2.13%，而污油 C 在此条件下却达不到含水率低于 10% 的要求，改变声学参数条件，污油 C 的脱后含水率仍会高于 20%，且污油 C 罐中切不出清澈的水来。为了分析出现这种状况的原因，对沉降罐中的污油水含量的分布进行了考察，并用显微镜对沉降罐中不同高度的污油进行了观察，结果见图 4-21（b）、图 4-22。

由图 4-21（b）和图 4-22 可见，经过超声作用，并沉降 3 天后，罐内 5m 以上油层含水率都在 10% 以下，2～4.5m 为乳化层，2m 以下几乎为水。由于乳化层的存在，使得重污油含水率无法降至 10% 以下，另外底部的水珠上仍有一些浮渣、污泥吸附着，导致切出的水为黑水。

图 4-21（a）与图 4-21（b）比较可见污油 A 与污油 C 在沉降罐上部油层含水率相差不大。区别在底部，即污油 A 底部分层切水较好，污油 C 底层仍有未破裂的水珠。

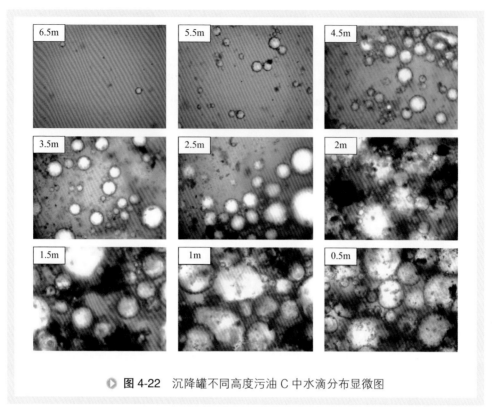

▶ **图 4-22** 沉降罐不同高度污油 C 中水滴分布显微图

污油 B 的脱水效果在上述轻、重污油之间，污油 B 的脱水操作参数也应控制在轻、重污油之间。

研究处理结果如下。

① 超声对污油水滴聚并作用是显著的，连续作用一般均可将平均粒径由 45.6mm 增加到 50.8mm。脉冲作用一般均可将平均粒径由 40.6mm 增加到 88.1 mm。

② 由于含水污油含水量及其他组成变化较大，简单使用同一操作条件，脱水效果不一定好。建议在污油处理前，用显微摄影仪观察、记录污油形态，以确定操作方法与条件。这样的处理方法可将普通的含水污油由宏观处理进入到微观处理，提高了污油脱水的处理效果及水平。具体污油处理方法如下。

a. 对于普通 A 类污油可使用脉冲超声处理，其最佳操作条件为：超声频率 20kHz、输出电压 150V、输出电流 1.8A，超声频率 40kHz、输出电压 225V、输出电流 0.8A，流速 40t·h⁻¹，超声辐照时间（污油在罐内停留时间）6min，沉降温度 60℃，沉降时间 72h，污油流经超声处理罐的方式为下进上出，即先经 40kHz 超声频率作用再经 20kHz 超声频率作用，污油脱后含水率可降至 2.13%。

b. 对于 B 类污油可加大超声处理功率或增加处理时间，但一般来说，不需先用普通热沉降切水，然后再将切水后的污油进行超声处理，只需直接用超声处理即可。

c. 对于含杂质、泥沙、沥青质较多的 C 类重污油、老化油，可采用如下操作。

i 超声沉降后发现含较多切水不好的乳化层，可回收已分离的油层，乳化层送回超声处理器振动破乳。

ii 可在超声处理时对每 300m³ 含水污油加一定量的污油专用破乳剂直接破乳脱水。超声可以强化破乳剂的微分散，大大提高破乳剂作用，并显著减少破乳剂的用量。

iii 污油沉降罐内含水率随着高度有梯度变化，需要进行分质处理，上中层污油含水率较低，可以直接回炼。下层因含杂质较多，油水界面张力较大，需加入一定量破乳剂与超声波联合作用。

经超声脉冲处理后，一般污油的含水率可由 60% 降至 10% 以下。

由于超声强化污油脱水技术原理与原油脱水脱盐技术相同，经大量原油脱水脱盐实验研究，目前南京工业大学超声化工研究所与某石化分公司合作完成了超声强化 8M t·a⁻¹ 原油脱水脱盐工业装置的工艺包的设计。

（12）国内其他超声强化原油破乳脱盐实例 [43]。

① 陕西延长石油（集团）有限公司榆林炼油厂 15Mt·a⁻¹ 常压装置：原设计采用三级交直流电脱盐技术，2011 年大修后在混合阀后进油管线上增设两套超声波作用区、四套超声波发生器。运行结果表明：排水含油量、电脱盐电流显著降低。

② 玉门油田自产青西原油电脱盐装置：采用超声波破乳技术对 0.5Mt·a⁻¹ 和 25Mt·a⁻¹ 电脱盐设备进行改造，经一年半时间运行，脱盐平均电流明显下降，变压器跳闸次数减少。

③ 其他在生产中采用超声波辅助破乳电脱盐设备的还有中国石化长岭分公司炼油二部常减压装置、中国石油华北石化分公司、胜利油田石化总厂常减压装置等。

超声辅助破乳技术尚未普遍应用，尤其是缺乏大处理量电脱盐装置的应用，究其原因如下：a. 超声辅助破乳机理研究不够，未能深入理论分析。b. 大功率、大处理量超声设备的制造不过关，使工程放大困难；由于各类原油性质不同，需采用不同的工艺条件，工艺控制比较困难。因此，超声辅助破乳电脱盐技术需声学与工程人员紧密结合，深入研究、开发与完善。

一、概述

萃取一般称为溶剂萃取，是利用物质在互不相溶的溶剂中的溶解度或分配系数的不同，将溶质从一种溶剂转移到另一种溶剂里，从而使溶质和原溶剂分离的单元操作过程。一般萃取剂为有机溶剂，萃取效果主要取决于被萃取物质在萃取剂中较大的溶解度、萃取剂与原溶剂互不相溶、萃取剂与原溶剂不产生化学反应。

提取（浸取）一般称为固液萃取，是利用溶剂分离固体混合物中的组分，即使溶剂进入待提取固体物中以溶出有用成分。中药材行业称超声提取较多，如用水溶出甜菜中的糖类，用乙醇浸出黄豆中的豆油，用无水乙醇、氯仿、苯等溶剂提取中药材中的有效成分（如生物碱、苷类、糖类、酚类、酸类等）。提取的传统方法是粉碎、蒸煮等，现又发展了超声提取、微波提取、超临界流体萃取、生化提取、内部沸腾提取等方法。萃取过程一般是一个物理过程。溶剂和目标萃取物的性质（如极性）关系不大，可供选择的萃取溶剂种类多，目标萃取物范围广泛。

超声对萃取或浸取的强化作用最主要是空化效应，伴随超声空化产生的微射流、冲击波等机械效应加剧了体系的湍动程度，强化涡流扩散和内部扩散，加快相间的传质速度。同时，冲击流对动植物细胞组织产生一种物理剪切力，使之变形、破裂并释放出内含物，从而促进细胞内有效成分的溶出。另外，超声的热作用和机械作用也能促进超声强化萃取。超声波在介质质点传播过程中其能量不断被介质质点吸收变成热能，导致介质质点温度升高，加速有效成分的溶解。超声的机械作用主要是超声波在介质中传播时，在其传播的波阵面上将引起介质质点的交替压缩和伸长，使介质质点运动，从而获得巨大的加速度和动能，导致原材料表面剥落、腐蚀和颗粒破碎。巨大的加速度能促进溶剂进入提取物细胞，加强传质过程，使有效成分迅速逸出。

据报道，超声作用后大豆薄片中出现微裂纹，大豆薄片的表面形貌改变了多孔性。因此，超声的应用可允许目标化合物在溶剂中溶解，通过破坏细胞壁提高产率。由于空化作用，细胞壁中出现了裂缝，增加了植物组织的渗透性，促进了溶剂进入物质内部并洗出提取物。在一定的限度内，由于平衡萃取的限制，可不用增大超声波能量消耗，这对于使整个萃取过程更经济可行是非常重要的。

除了超声空化现象对植物组织（叶）和细胞壁的破坏作用，从而增大了溶剂渗透入内的区域，流体紊流及声流能显著提高体系中的液固传质系数。超声的机械效应也可以增加固体和液体之间的接触面积，增强的传质速率将意味着溶剂进入固体表面的速率增加，可溶性成分更易转移到溶剂中[44]。

Saien 等 [45] 研究了超声对液液萃取过程中液滴流动和传质的影响。采用甲苯 - 乙酸 - 水体系与异丙酸 - 异丁酸 - 水体系。使用 35.40kHz 频率和 0.37mW•cm^{-2} 强度的超声发射器的萃取柱。使用水听器标准方法测量超声声强。用 GRACE 模型表述滴端速度。在传质研究中，超声波对双向传质和不同粒滴大小的总传质系数均得到显著增强。对甲苯 - 乙酸 - 水体系的平均值和最大增强分别为 20.8 和 31.7%，异丙酸 - 异丁酸 - 水体系的平均值和最大增强分别为 40.3 和 55.1%。小滴表现出较高的增强百分数。

二、萃取

超声强化萃取过程较多用于分析检测前处理中的微量提取与富集。五氯酚（pentachlorophenol，PCP）是一种高效、廉价的化学除草剂、防腐剂及杀虫剂，曾在我国的血吸虫病高发地区大面积使用，但它又是环境有害化学品，目前政府严格限制使用。急需开展 PCP 的灵敏、准确、可靠的样品处理及检测方法研究，以利于解决 PCP 的环境残留问题。我国研究者 [46] 将离子液体 [C4mim][PF6] 用于分散液 - 液微萃取，并利用超声辅助萃取技术加快萃取速度，研究了离子液体超声辅助液相微萃取 / 高效液相色谱 - 质谱测定水中痕量 PCP 的方法，并对影响萃取的主要因素（试样体积、溶液 pH 值、萃取温度、干扰离子、超声萃取时间、无机盐含量等）进行了优化。该法具有简便、干扰少、特异性强的特点，可用于环境水样中痕量 PCP 的测定。经实际环境水样的测定，得到满意结果。

Koubaa 等 [47] 提出效率是保证油料植物油生产效益的关键。为了最大限度提高种子油的回收率，传统工艺涉及机械处理，随后再使用有机溶剂（例如己烷）进行化学萃取。除了使用有机溶剂的健康、环境和经济相关问题外，传统的油脂提取过程中种子的热处理也不可避免地导致化学变化（例如，种子蛋白质变性 / 降解，油氧化，以及微量成分的变化，如脂肪酸、甾醇、酚类化合物和酚类化合物）。一些研究小组已经研究了超声（US）和微波（MW）作为额外种子处理的潜力，以提高油脂产量和降低温度和提取时间，得到所希望的结果。

图 4-23 是实验室规模的超声辅助提取油脂装置，使用索氏装置提取籽油。虚线框中表示超声在释放细胞内容物（即油体）中的情况。

超声辅助萃取（UAE）显示了其从油籽中提取油的潜力。该方法可以缩短提取时间，减少溶剂消耗，提高油收率，并在高附加值化合物中富集油。虽然这种非常规技术在食品工业中的应用前景广阔，但仍存在一定的局限性。例如，UAE 与 CO$_2$ 需要进行经济和环境评估。超声技术虽已成功应用于食品应用领域，包括乳化和均质化，但超声应用于油籽油脂提取技术仅用于实验室或中试设备，到目前为止，还没有商业油籽压榨设备应用。此外，相比于榨油机或冷榨，UAE 需要研磨油籽，这可

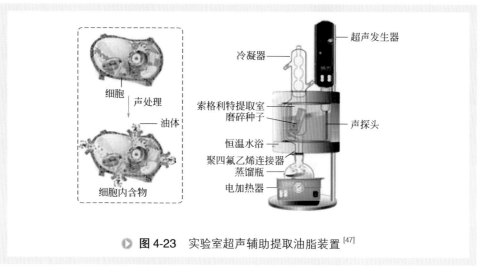

图 4-23　实验室超声辅助提取油脂装置 [47]

能是实现油脂生产工业装置的另一个挑战 [47]。

三、超临界流体萃取

超临界流体萃取，尤其是超临界 CO_2 萃取技术得到了广泛的应用。但是超临界流体萃取由于压力高，萃取时间长，萃取效率低等问题限制了其大规模的工业应用。超声强化超临界 CO_2 萃取技术是在超临界 CO_2 萃取的同时附加超声场，从而降低萃取压力和温度，缩短萃取时间，最终提高萃取率。最近，Riera 等报道了 20kHz 的功率超声对超临界流体萃取传质的强化作用，结果表明，20kHz 的功率超声能够加快杏仁油的传质过程和最终提高 20% 杏仁油的萃取率，萃取时间缩短了 30% 左右。Balachandran 等研究了超声对超临界萃取冷冻干燥姜粒的影响。在超声作用下，生姜辛辣化合物姜酚的最终萃取率提高了 30%。

邓杏好等 [48] 研究了超声强化超临界流体（CO_2）萃取肉桂挥发油中桂皮醛成分的工艺条件。采用超声强化超临界流体（CO_2）萃取法，选取萃取温度、萃取压力、萃取时间和超声功率为因素，以桂皮醛为指标成分，得到超临界萃取的最佳工艺条件为 45℃、35MPa、2h、2kW，桂皮醛平均提取率为 16.76mg·g^{-1}，表明超声强化超临界流体（CO_2）技术提取肉桂挥发油中桂皮醛得率高于其他未经超声强化技术处理的文献报道。

李卫民等 [49] 考察超声强化超临界流体萃取（USFE）大黄 5 种蒽醌衍生物成分的提取效果，比较了超声提取（U）、超临界流体萃取（SFE）和超声强化超临界流体萃取（USFE）提取大黄 5 种蒽醌衍生物成分的提取率。结果表明 USFE 的合适萃取温度、萃取时间和夹带剂用量分别低于 SFE 的 10℃、30min、0.5BV，相同的萃取压力下，USFE 对 5 种蒽醌衍生物成分的提取率较 SFE 分别提高了

2.113%～6.095%。证明 USFE 具有提取效率高、能耗和生产成本低等优点。

在超临界流体中产生空化需很大的声压幅值和声强，但目前超声设备产生的超声很难使超临界流体中的泡核发生空化。由于在超临界流体中不能产生超声空化现象，研究认为超声强化超临界流体萃取作用是由于"微搅拌"强化物料内部的传质、"湍动"作用强化物料外部的传质。另外，超声能的传递可使溶质活化，降低过程的能垒，增大溶质分子的运动，加速其溶解过程。谭伟、丘泰球[50]研究了超声强化过程，认为超声在超临界流体中产生的热效应和激烈而快速变化的机械效应对强化超临界流体萃取作出了一定的贡献。低频超声比高频超声的强化效果要好。其原因可能：一是高频超声在流体中的能量消耗快。为了获得同样的萃取率，对于高频则需付出较大的能量消耗。二是频率 f 和振幅 A 成反比。频率越小，振幅越大，更有利于强化萃取效果。同时，低频超声引起介质分子（CO_2）的振幅较高频超声大，那么低频超声引起 CO_2 分子极化率 σ 较高频超声大。对于极性物质的萃取，当 CO_2 分子的极性增大时，根据相似相容原理，其对极性物质的溶解度增大，萃取率也就相应地增大。

巴西 Campinas 大学[51]利用超临界 CO_2 萃取技术（SFE-US）从辣椒中分离得到具有生物活性物质的提取物。在压力 15MPa、20MPa 和 25MPa，时间 40min、60min 和 80min，温度 40℃、50℃ 和 60℃ 的，以及超声功率 200W、400W 和 600W 下，CO_2 质量流率固定在 1.7569×10^{-3}kg·s^{-1}。对提取物中的总收率、酚含量、抗氧化能力和辣椒素浓度进行了评价。超声波的应用使 SFE 的总萃取率提高到 45%。随着超声功率和辐射时间的增加，提取液中酚含量增加。超声使辣椒素的产量也提高到 12%。然而，随着超声波的应用，抗氧化能力没有增加。基于 BET 模型和破碎完整的细胞模型与动力学 SFE 曲线拟合得很好，具有三个可调节参数的基于 BET 模型得到实验数据的最佳拟合。

图 4-24(a) 为原料，图 4-24(b) 为超临界流体萃取（25MPa 和 40℃），图 4-24(c) 超临界流体萃取-超声（25MPa，40℃，600W 和 80min）。经超临界萃取后，

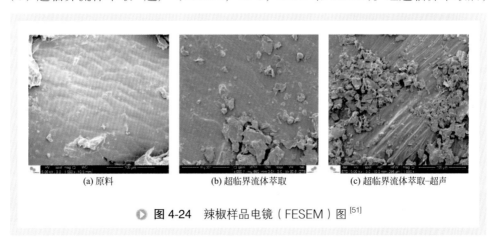

(a) 原料　　　　　(b) 超临界流体萃取　　　　　(c) 超临界流体萃取–超声

▶ **图 4-24** 辣椒样品电镜（FESEM）图[51]

辣椒样品电镜图 4-24（b）与（c）中可见萃取颗粒沉积于样品表面。在 SFE 过程中，超临界流体与溶质机械振动的接触会破坏细胞壁，从植物基质内部释放颗粒到表面。当应用超声波时，这种效应在表面上得到增强。在这种情况下，超声强化了传质过程，增加了溶剂对这些颗粒的接触，导致从样品中提取率较高。此外，样品表面没有发现裂纹、裂缝或任何破裂迹象。

四、提取

超声波是一种具有空化效应、高速、强烈振动等特点的机械振动波，超声提取是利用超声增大物质分子运动频率和速度，增加溶剂穿透力，提高被提取化学成分的溶出度，缩短提取时间的方法。利用超声所产生的各种效应来提取分离中草药材中的化学成分，是国际上声化学研究的一个重要内容[52]。超声波具有空化效应、乳化、搅拌、扩散、化学效应、凝聚效应等特殊作用，使植物细胞的细胞壁破裂，加速细胞内有效成分的释放、扩散和溶解，增大介质的穿透力以提取生物有效成分，而超声的热效应使得药材或者生物质温度升高，也促进有效成分的溶解。另外超声的机械效应可以强化介质的传质和扩散，提高有效成分的提取率。与传统提取工艺相比，超声提取技术具有溶剂用量少、提取速度快、提取率高、节约成本等特点，且超声提取不会引起有效成分的化学结构和生物活性的变化。

目前超声提取已较成功应用于中药材和各种动、植物有效含量的提取，是替代传统剪切粉碎工艺，实现高效、节能、环保的现代高新提取技术。其技术优点如下。

（1）提取效率高，提取率比传统工艺显著提高达 50% ～ 500%。

（2）提取速度快，比传统方法缩短提取时间 2/3 以上。

（3）提取温度低，超声提取中药材的最佳温度在 40 ～ 60℃，可避免破坏遇热不稳定、易水解或氧化的药材中有效成分，同时大大节约能耗。

（4）适应性广，超声提取中药材不受成分极性、分子量大小的限制，适用于绝大多数种类中药材有效成分的提取。

（5）选择性好，提取的药液杂质少，利于分离、纯化有效成分。

（6）操作简单易行，设备维护、保养方便。

（7）提取工艺运行成本低，综合经济效益显著。

超声提取已广泛用于不同药用部位中药材的提取，如根和根茎类：三七、人参、丹参、黄芪、葛根等；全草类：益母草、长春花等；叶皮类：银杏、苦竹、杜仲等；花类：曼陀罗、金银花等；果实和种子类：沙枣、红枣、山楂、枸杞等。药材中提取的化学成分有生物碱、挥发油类、多糖类、苷类、黄酮类、醌类、萜类、氨基酸类等。采用超声技术提取人参皂苷，其提取速度是常规溶剂浸提法的 3 倍，由于提取所需温度较低，得到的人参皂苷的有效成分没有被破坏，活性比常规方法的高。利用超声提取辣椒碱，比热浸渍法快 5 倍，且提取效率更高；提取多酚，比索氏提取法快 4 倍；提取多糖，与热水提取、微波萃取法相比，提取效率高，更易于纯化，并且由于其提取温度低，所得的多糖的抗氧化活性也较高 [53]。

胡斌杰等 [54] 用超声提取猴头菇中的多糖，并与传统工艺的热水法进行对比研究。结果表明：影响猴头菇多糖提取率因素的主次关系是料液比 > 超声时间 > 超声温度。最佳工艺条件为超声处理时间 20min，提取温度 50℃，料液比 1 ：15，提取次数 2 次。通过与传统热水提取法相比较，超声法提取时间缩短 4/5，而多糖提取率提高 40% 以上。

影响超声提取效果的因素：一是声学参数，如超声频率、声强或功率、处理时间、超声作用方式、占空比等；二是工艺参数，如原料质地、粒度、溶剂、料液比、浸泡时间、物料湿度、提取次数、温度等。声学参数是影响超声提取效率的特有因素，如声学参数中的声强在 $1.28W \cdot cm^{-2}$ 的低场强条件下，提取人参皂苷的得率随声强的升高而增加，随超声频率的升高而减少，在 $2.55W \cdot cm^{-2}$ 的较高场强条件下，随超声频率的升高得率先增加后减少；人参皂苷的得率随超声作用时间的延长而增加，超过 1h 后增加的趋势不明显。

曾松芳等 [55] 分别用 EDTA/ 溶菌酶法和超声粉碎法对产 ESBLs（超广谱 -β 内酰胺酶）的大肠埃希菌酶液进行提取，以头孢噻肟为底物，用紫外分光光度计进行酶活性的测定。结果表明，超声粉碎法是有效的提取 ESBLs 的方法，其效果明显优于 EDTA/ 溶菌酶法。10 株产 ESBLs(1 ～ 10 号标本) 的大肠埃希菌提取酶液（用两种方法进行酶的提取后）对 $50\mu mol \cdot L^{-1}$ 头孢噻肟的水解作用所致吸光率的变化量（ΔOD）见表 4-2。

表4-2 两种方法提取ESBLs的比较

标本号	EDTA/ 溶菌酶法的 ΔOD	超声粉碎法的 ΔOD
1	0.0510	0.1100
2	0.0085	0.1750
3	0.0530	0.0530
4	0.0000	0.1350
5	0.0661	0.1540
6	0.0290	0.1480
7	0.0000	0.1430
8	0.0030	0.0500
9	0.0000	0.1140
10	0.0100	0.1470

经过 t 检验，$p<0.001$，认为两种方法提取的结果有显著性差异。

欧阳杰等[56]研究了循环超声强化提取肉苁蓉中多糖和甜菜碱的工艺条件，实验结果表明，将肉苁蓉粉碎到 40 目，液固比为 60mL·g^{-1} 时提取较为适宜，循环超声提取多糖和甜菜碱的较优工艺条件是：提取温度 40℃，超声功率 1000W，提取时间 10min，在此条件下，多糖的提取量为 46.9mg·g^{-1}，甜菜碱的提取量为 136.5mg·g^{-1}，分别相当于沸水回流 7h 提取量的 107.3% 和 103.8%。循环超声实验室提取装置见图 4-25。

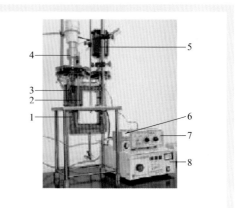

▶ 图 4-25　循环超声实验室提取装置[56]

1—2 L 玻璃容器；　2—温度探针；
3—加热器；4—超声波探针；
5—搅拌器；6—温度控制阀；
7—搅拌控制阀；8—超声波发生器

借助超声细胞粉碎技术对麦冬多糖不同提取时间、提取功率、提取液固比进行单因素试验考察，确定了麦冬多糖的最佳提取条件为：水与麦冬多糖液固质量比为 70∶1，提取时间为 20min，提取超声功率为 700W，提取率为 83%。与王绍晶等的研究结果提取率为 66.55% 相比，不仅提取率有所提高，而且大大减少了提取时间[57]。

超声辅助萃取生物活性化合物熊葱提取液[58]。实验采用面心立方实验设计（FDC）结合响应面方法（RSM），研究得到最优提取条件：温度 80℃、乙醇浓度 70%、提取时间 79.8min、超声功率 20.06W·L^{-1} 并得到提取物总酚（TP）、类黄酮（TF）以及提取物的抗氧化活性。研究表明，温度与超声功率对提取效果有较大的影响，超声的使用可以增加溶剂和植物材料之间的传质而提高萃取效果，但较大的声功率会降解某些敏感组分，而减少总酚（TP）量，因此生产中应采用较高的温度、较低的声功率。

萃取茯苓多酚过程中采用超声强化浸提过程。研究得最佳工艺条件为超声浸提温度 47.35℃、超声浸提料液比 1∶51.31（g·mL^{-1}）、超声浸提时间 90.69min、超声浸提功率 47.06W，得到超声萃取茯苓多酚的最佳得率为 58.85mg·g^{-1}，实际得率为 59.23mg·g^{-1}。超声技术应用于茯苓颗粒的细胞破壁，加快了多酚的溶出速度，大大提高了回收率，具有较好的工业应用前景[59]。

超声提取仍存在一定的局限性。液体在摩擦或热传导过程中吸收超声波导致液体整体温度升高而引起升温效应，可能会导致某些提取的成分发生不可预控的物理化学性质改变；超声波提取受热不均匀，提取液比较浑浊，不易滤过；超声波在不均匀介质中传播会发生散射衰减，影响提取效果；噪声污染大，产业化困难，容易造成有效成分的变性、损失等。今后应深入开展超声提取机制、动力学理论的研究，超声提取对中药活性成分稳定性影响的研究，超声提取与其他提取技术如超临界流体萃取、固相萃取、微波提取、高速逆流色谱、酶法提取、真空蒸馏等的集成研究[60]，解决超声辐射设备的安全标准及大型工业化超声提取设备的研制问题。

五、湿式冶金浸出

湿式冶金（hydrometallurgy）是用酸、碱、盐类的水溶液，利用化学反应从矿石中浸出所需金属组分，然后用水溶液电解等各种方法制取金属。此法主要用于低品位、难熔化或微粉状的矿石。如银、镍、锌和铬等金属均可采取焙烧、浸取、水溶液电解法制成，其他难以分离的镍-钴、锆-铪、钽-铌及稀土金属可采用湿法冶金的新技术如溶剂萃取或离子交换等方法进行分离，取得显著经济效益。

超声强化浸出法是指在浸出过程中引入超声波。超声能够起到强化浸出作用，主要是由于液相中气泡在超声波作用下，产生空化现象，并伴有强大冲击力，使固体表面发生局部侵蚀、破坏或清除矿物表面影响浸出的薄膜及化学反应中生成的钝化膜。超声在氰化过程中的主要作用可归纳为[61]：清洗金粒和矿物表面；破坏扩散层，削弱扩散阻碍作用；破碎空气泡，增加氧溶解常数；促使矿石表面裂隙发育；改善固体表面润滑性。

此外也有人认为超声能促进水分子的离解，并加强氧化还原反应过程。在超声条件下氰化速率是常规氰化条件下的数倍。针对目前混合稀土精矿提取稀土工艺过程中存在的稀土浸出率低、浸出时间长、产品纯度低、"三废"污染严重等问题，采用超声强化浸出过程，利用化学分析、X射线衍射（XRD）等实验手段表征了酸浸过程中HCl浓度、固液比、酸浸时间、酸浸温度、超声频率对稀土提取过程的影响。实验结果表明：当HCl浓度为$7mol \cdot L^{-1}$、固液比为1：3.77、酸浸时间为50min、酸浸温度为60℃、超声功率为70W时，稀土浸出率和Ce浸出率可以达到64.01%和69.26%；稀土浸出率和Ce浸出率比无超声强化浸出分别提高了24.40%和26.91%；当反应时间延长至180min，无超声强化浸出的稀土浸出率和Ce浸出率与反应时间为50min时的超声强化浸出基本相同，超声对于混合稀土精矿的浸出具有明显的强化作用[62]。

选取某难选氧化铜矿为对象，进行超声强化酸浸试验，并与传统搅拌酸浸对比。超声参数为频率20kHz、输出功率500～1500W。在各自最佳的浸出条件下，进行超声助浸和传统搅拌酸浸2种工艺的对比试验，试验结果表明，当超声发生器振幅为70%、助浸时间为15min时，铜浸出率为59.35%。超声助浸较传统搅拌酸浸，浸出时间缩短了7倍，而铜浸出率提高了4.95%。采用超声助浸-浸渣浮选新工艺处理该氧化铜矿，获得了闭路铜总回收率90.91%的较好指标。超声助浸具有浸出时间短、浸出率高的优点[63]。

昆明理工大学[64]利用超声和氯化-氧化法对难浸金矿中的金进行了协同强化萃取。研究了固液比、萃取时间、超声功率、次氯酸钠浓度、氢氧化钠浓度等因素对难浸金矿中金提取率的影响。最佳条件如下：次氯酸钠浓度 1.5mol·L^{-1}，氢氧化钠浓度 1.5mol·L^{-1}，固液比 5，超声功率 200W，超声时间 2h。在最佳条件下，提取了 68.55% 的金。然而，在相同条件下，6h 的常规提取率仅为 45.8%。利用 XRD 和 SEM 分析了超声波对矿物性能和强化机理的影响。结果表明，界面层被剥去，新的表面暴露出来，反应阻力降低，液-固反应速度提高。其中，超声功率是影响金浸出率的最重要因素。与其他萃取方法相比，超声强化萃取工艺完全分解了硫化物，大大提高了金的提取率。表明超声与氯化氧化协同处理难选金矿石的新技术具有良好的应用前景。

六、提取设备

超声强化提取设备的生产厂家很多，不断有新提取设备开发，以下仅介绍几种工业超声提取机。

① 弘祥隆超声提取机（图 4-26），由北京弘祥隆生物技术股份有限公司生产，循环超声提取机适用于中药、保健品、化妆品等相关企业使用挥发性或非挥发性溶剂从各种陆地海洋原材料中提取有效成分，特别适用于提取困难、批量小、附加值高的提取物的研究生产。

② 双和连续逆流超声提取成套设备（图 4-27），由济宁双和超声设备有限公司提供。

▶ 图 4-26 弘祥隆超声提取机

▶ 图 4-27 双和连续逆流超声提取成套设备

③ 申宜超声连续逆流提取设备（图 4-28），由哈尔滨申宜科技有限公司提供。

④ 恒硕成套超声中药提取设备（图 4-29），由济宁恒硕超声机械有限公司生产的超声中药提取设备具有提取效率较高、提取时间短、提取温度低等优点。

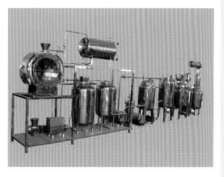

▶ 图 4-28　申宜超声连续逆流提取设备　　▶ 图 4-29　恒硕成套超声中药提取设备

　　国内已有较多企业生产超声提取设备。如广州市新栋力超声电子设备有限公司、杭州成功超声设备有限公司、无锡市华能超声电子有限公司、山东百禾生物技术有限公司、济宁天华超声电子仪器有限公司、上海邮昌制药设备有限公司、武汉嘉鹏电子有限公司等。

第四节　超声强化吸附/脱附过程

一、概述

　　吸附（adsorption）是指当流体（气体、液体）与多孔固体接触时，流体中某些组分分子或离子在固体表面处产生积蓄的现象。吸附也指物质（主要是固体物质）表面吸住周围介质（液体或气体）的现象。固体称为吸附剂，被吸附的物质称为吸附物或吸附质。

　　根据吸附质与吸附剂表面分子间结合力的性质，可分为物理吸附和化学吸附。物理吸附也称为范德瓦耳斯吸附，是以吸附质与吸附剂分子间作用力为主的吸附，结合力较弱，吸附热比较小，容易脱附。化学吸附是吸附质和吸附剂以分子间的化学键为主的吸附，化学吸附常是不可逆的，吸附热通常也较大。

　　在化工生产中，吸附专指用固体吸附剂处理流体混合物，将其中所含的一种或几种组分吸附在固体表面上，从而使混合物组分分离，是一种属于传质分离过程的重要单元操作之一，所涉及的主要是物理吸附。吸附分离广泛应用于化工、石油、医药、食品、轻工和环保等部门。如：

① 气体或液体的脱水及深度干燥，如乙烯气体脱除痕量水分，用于聚合。

② 气体或溶液的脱臭、脱色及溶剂蒸气的回收，如活性炭吸附有机溶剂气体，以减少环境污染及可回收溶剂。超声强化制糖澄清，利用超声强化亚硫酸钙吸附蔗汁中的非糖分。

③ 气体中痕量物质的吸附分离，如纯氮、纯氧的制取。

④ 分离某些精馏难以分离的物系，如烷烃、烯烃、芳香烃馏分的分离。

⑤ 废气和废水的处理，如利用氨氮在天然沸石上的离子吸附，从高炉废气中回收一氧化碳和二氧化碳，从炼厂废水或炼焦废水中脱除酚等有害物质。

脱附（desorption）也称解吸，是吸附的逆过程。是使已被吸附的组分从饱和吸附剂中析出，使吸附剂再生的操作过程。一般来说，不利于吸附进行的条件常对脱附有利，如加热、减压等。物理吸附是可逆的，吸附分子脱附后性质不变。化学吸附有不可逆性，脱附常需活化能，脱附分子的性质常有变化。工业上常用的脱附方法有升温、降压、置换和吹扫等。

吸附技术具有节能、产品纯度高及可在低温或常温下操作的优点，但要使吸附在化工分离过程中达到实际应用，必须解决最终吸附剂解吸再生的问题，需要减小溶质在多孔吸附材料内部以及溶液与吸附剂表面之间的浓差极化所产生的传质阻力。因此，需减小传质边界层厚度，增加孔内溶质的移动，以提高总传质效率和速率，而超声空化在强化微传质方面比普通机械搅拌等方法更为有效。

二、超声强化吸附/脱附机理

国内外许多学者的研究大多表明，与非超声条件下的吸附过程相比，超声作用下，饱和吸附量下降，吸附等温线下移，但等温线下移的幅度不大，其形状不变[65]。超声处理吸附/脱附过程，既可改变相平衡状况，又可使吸附/脱附速率明显加快。因此将超声用于吸附剂的再生，不仅可以加快脱附速率，而且可使吸附剂再生彻底，能有效克服目前工业中普遍存在的吸附剂再生不彻底、利用效率低等缺点。

1. 超声在吸附/脱附过程中的热力学研究

可以建立吸附系统在外场作用下的 Langmuir 吸附相平衡关系式，郭平生等[66]分别讨论了吸附相分子及非吸附相分子在超声场中获得的能量，认为超声场对 Langmuir 吸附相平衡方程（或相平衡）存在影响，使吸附相分子比非吸附相分子在超声场中能获得更多的能量。因此，超声场作用下的 Langmuir 平衡吸附量比相同常规条件下明显减少，即超声场作用下的 Langmuir 吸附平衡等温线比相同常规条件下明显降低。在超声场频率一定的情况下，Langmuir 平衡吸附量随着超声场能流 I 的增大而减少；同时因为公式中包含超声场频率因子 f_1，所以 Langmuir 平衡

吸附量 θ 应与声场频率有关。这就是超声场对 Langmuir 吸附相平衡影响的机理。

超声强度是影响吸附 / 脱附相平衡的参数之一。由图 4-30 可见超声对液固吸附平衡的影响，超声作用下的吸附等温线要低于无超声的常规条件下的吸附等温线，并且随着超声强度的增大，其对应的吸附等温线下移，吸附量减少。可能是对常规条件下达到吸附平衡的体系施加超声辐射时，原有的相平衡关系会发生变化，吸附质不断从吸附剂上脱附，直至达到新的平衡。超声场的热效应会导致体系温度升高，影响相平衡关系；同时超声的空化非热效应，使吸附质与吸附剂之间的键断裂，使吸附相平衡关系产生更大的变化，此非热效应是改变相平衡的主导因素。

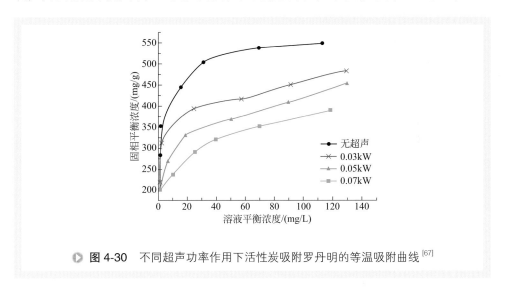

▶ **图 4-30**　不同超声功率作用下活性炭吸附罗丹明的等温吸附曲线[67]

超声频率较复杂地影响吸附 / 脱附相平衡规律。Hamdaoui 等 [68] 以对氯苯酚 /
活性炭为体系，分别研究了超声频率为 21kHz、800kHz、1460kHz 时的脱附情形，研究结果发现，在频率为 21kHz 和 800kHz 时，随着超声强度的增强，对苯氯酚的脱附量明显增加，而频率为 1460kHz 时对氯苯酚的脱附量几乎不受超声强度的影响。频率为 800kHz 时的脱附量比频率为 1460kHz 时大，是因为当超声频率超过1MHz 时，气泡的生长周期变短，甚至超声的周期不足以使一个气泡完成形成 - 生长 - 破灭的全过程，因此当增加超声波频率时，空化泡核的周期变短，液体产生空化气泡的能力下降，空化效应减弱。

超声作用下加入第三组分会对吸附 / 脱附相平衡产生较大的影响。在苯酚 /
NKA- II 树脂体系中添加第三组分乙醇或乙酸乙酯并在超声波作用下，发现体系相平衡关系朝固相吸附量减少方向的移动程度大于在常规条件下的吸附体系，根据超声作用原理推测这可能是因为第三组分改变了流体相的极性，增加了空化核的表面张力，使得微小气核受到压缩而发生崩溃闭合的周期缩短，从而产生更强烈的超声空化作用。

综上所述，超声作用时的吸附/脱附等温线比不加超声时的要低，平衡吸附量下降；随着超声功率的增强，吸附等温线下移，平衡吸附量下降；加入第三组分后，吸附等温线下移；频率对吸附/脱附过程的影响较复杂：当频率在兆赫兹以下时，增加频率有利于吸附/脱附过程的强化，反之对吸附/脱附过程的影响程度有限。吸附/脱附等温线下移时，平衡吸附量下降，即表明该过程有利于解吸。

德国 Dortmund 大学[69]通过实验和模拟研究，找出超声对固定床吸附剂吸附和解吸过程的影响。占主导地位的内质体转运机制是表面扩散。超声功率输入实验表明，粒子在与超声共振时能有效吸收超声能量。粒子的共振频率取决于其尺寸和机械（弹性）性质。超声波能量在体系内被耗散为热能而促进了解吸过程。因为在升高的温度下，平衡负荷较低，传质过程更快。在 40 ~ 1046kHz 之间的不同频率的解吸实验表明没有频率效应发生。在表面扩散作为速率限制步骤的吸附系统，无论是粒子振动还是空化效应都不是超声强化解吸的主要原因。按吸附器内的温度分布，超声强化解吸实验的浓度过程可以用热水解吸模型来解释。另外，模拟研究也证实了实验结果，即热效应引起超声强化吸附系统的解吸。

伊朗理工大学研究人员[70]采用 2-吡啶甲醛缩硫代卡巴腙基团（Fe_3O_4@GO/2-PTSC）修饰磁性氧化石墨烯，用电感耦合等离子体发射光谱法（ICP-OES）对痕量汞离子进行富集和测定。采用 FT-IR（红外光谱仪）、VSM（振动样品磁强计）、SEM、XRD 等分析手段对吸附剂进行表征。采用响应面法（RSM）的中心复合设计（CCD）获得变量中最重要的参数和可能的相互作用。对吸附剂用量、pH值、解吸时间、洗脱液体积等变量进行了优化，这些值分别为 8mg，5，5.4min，0.5mL（HCl，0.1mol/L）。超声可提高吸附剂在溶液中的扩散系数，强化吸附剂和吸收剂间的传质。对缩短 Hg(Ⅱ) 离子的吸附时间，避免样品温度升高有重要作用。在最佳条件下，该方法的增强因子高达 193，提取率为 96.5%，检出限为 0.0079‰ $g \cdot L^{-1}$，相对标准偏差（RSD%）为 1.63%。

2. 超声在吸附/脱附过程中的动力学研究

Hamdaoui 等[71]研究了对氯苯酚/活性炭体系，发现与搅拌相比，加入超声后体系的吸附速率明显加快，即吸附动力学曲线的斜率远大于普通搅拌时的曲线斜率，如图 4-31 所示。经计算得出，影响传质扩散的控制步骤——孔扩散系数提高了 5 ~ 7 倍。

陈臻等[72]利用超声协助活性炭吸附处理含锑废水时，超声时间 20min，超声处理温度 45℃，吸附时间 60min，pH 为 2，锑与活性炭的比值为 1 mgSb/g 活性炭时处理效果最佳，去除率达到 95.86%。研究表明，超声对活性炭处理废水中的锑离子有明显的促进作用。从图 4-32 可以看出，在不同温度下，一开始吸附/脱附速率较大，随着超声时间的增加，锑的去除率逐渐增加；但当超声时间超过 20min后，吸附/脱附速率减小，锑去除率也变化不大，因此此过程的最佳超声处理时间为 20 min。

南京工业大学超声化工研究所周玉青等[73]研究了超声协同交联 β- 环糊精处理苯酚过程中超声频率对苯酚去除率的影响。从图 4-33 可以看出，超声频率为 20kHz 和 40kHz 时最高去除率达到 92.8% 和 94.1%，超声频率越高，空化气泡的存在周期就越短，空化核有可能来不及生长为空化气泡就被压缩，即使空化气泡形成，声波的压缩时间亦短，空化气泡可能来不及发生崩溃而减小了空化作用。

温度对超声吸附 / 脱附速率的影响除了对体系物性的影响（吸附热、表面张力、黏度等），还有对声空化的影响。高温有助于空化气泡的产生，从而提高了吸附 / 脱附速率；但同时，由于温度的升高，空化强度减小，空化气泡崩溃时对吸附 / 脱附速率的影响减小。因此，在这两个因素作用下，应有一个最佳超声波处理温度，以达到加快吸附 / 脱附速率的目的。

三、超声在吸附 / 脱附过程中的应用

1. 超声吸附剂制备

可利用超声强化化学反应的方法，改变物质的化学结构

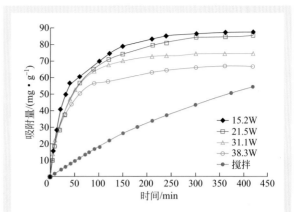

▶ 图 4-31　21℃下超声 / 无超声作用时对氯苯酚在活性炭上的吸附动力学曲线[71]

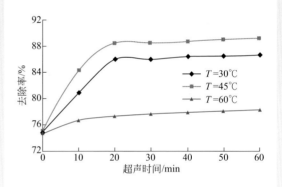

▶ 图 4-32　超声时间对吸附效率的影响[72]

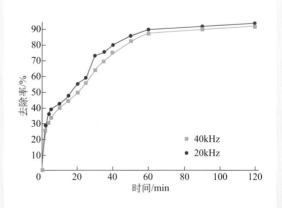

▶ 图 4-33　不同超声频率对苯酚去除率的影响[73]

与物理结构，制备具有更好吸附效果的吸附剂。

（1）超声制备高效磁性复合吸附剂 使用超声辅助共沉淀法制备磁性 Fe_3O_4/氧化石墨烯（Fe_3O_4/GO）纳米粒子[74]。该磁性纳米材料可以吸附废水中的染料亚甲基蓝，pH 值在 6～9 范围内，吸附效率高。该磁性纳米材料对亚甲基蓝的吸附符合 Langmuir 吸附等温模型和准二级动力学方程，吸附过程是一个自发和吸热过程。该吸附材料对亚甲基蓝吸附量高，在 313K 时 Fe_3O_4/GO 的饱和吸附量为 196.5mg·g^{-1}。亚甲基蓝的初始浓度为 40mg·L^{-1} 和 80mg·L^{-1} 时，吸附剂对亚甲基蓝的去除率都在前 25min 迅速增加，到 160min 后达到平衡，去除率分别为 98.7% 和 98.4%。另外，可以方便地通过外部磁场分离回收吸附剂，利用过氧化氢可以再生重复使用，是一种优良的吸附染料废水的材料。

（2）超声制备对羟基苯甲酸树脂 用二氯乙烷为溶剂，氯球和对羟基苯甲酸在超声条件下发生 Friedel-Crafts 反应制得对羟基苯甲酸树脂（PHBA 树脂），由图 4-34 可知，超声条件下反应 2h、非超声条件下反应 10h 制得的 PHBA 树脂对茶碱的吸附性能均明显优于已商业化的 H103 树脂，这是因为 H103 树脂是典型的非极性吸附树脂，而 PHBA 树脂中的羟基、羧基与茶碱可形成氢键，增加其对茶碱的吸附性能。

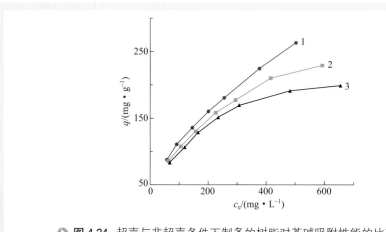

图 4-34 超声与非超声条件下制备的树脂对茶碱吸附性能的比较[75]

1—超声2h；2—非超声10h；3—H103树脂；q—吸附量，mg·g^{-1}；
c_e—吸附后水溶液中茶碱的浓度，mg·L^{-1}

2. 超声吸附剂改性

（1）β-环糊精改性 南京工业大学超声化学工程研究所王海军等[76]开发改性环糊精 MDI-β-CD 用于处理含酚焦化废水，研究了超声处理含不同初始浓度的苯酚废水效果。从图 4-35 可以看出，MDI-β-CD 与超声协同作用下去除率随着苯酚浓度的增加而降低，在苯酚浓度为 100 mg·L^{-1}、150 mg·L^{-1}、200 mg·L^{-1} 和 250 mg·L^{-1} 下，最高去除率可以达到 94.1%、88.6%、86.2% 和 82.3%。

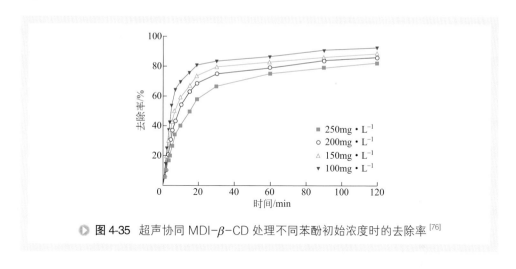

▶ 图 4-35 超声协同 MDI-β-CD 处理不同苯酚初始浓度时的去除率[76]

（2）椰壳活性炭改性　在 90℃下以 HNO$_3$ 氧化椰壳活性炭（AC）改性后，得到脱硫率最高的 AC-HNO$_3$ 载体，再采用超声辅助浸渍和普通浸渍法制备负载 CeO$_2$ 的吸附剂；通过脱除模型柴油中的噻吩，考察改性方法和浸渍方法对脱硫率的影响。实验结果表明[77]，HNO$_3$ 改性能最大限度增加 AC 表面含氧酸性基团的数量；Ce 负载量均为 10%（质量分数）时，用超声浸渍法制备吸附剂的脱硫率最高达到 95%，而用普通浸渍法制备的吸附剂的脱硫率不到 80%。其原因是超声波处理可使活性组分更好地分散在 AC 表面，增加了活性位点的同时也增加了吸附剂的比表面积和孔体积，更有利于吸附脱硫。

（3）膨润土改性　在超声作用下，以十四烷基三甲基溴化铵对膨润土进行改性，制备纳米有机膨润土[78]。通过红外光谱（FT-IR）、X-射线衍射（XRD）对纳米有机膨润土进行表征。结果表明有机改性剂进入膨润土层间，层间距由 1.38 nm 增大为 2.10 nm。实验测试了该材料对品绿的吸附性能，结果显示在 25℃，对品绿的最大理论吸附量为 333.97 mg·g^{-1}，高于原土的最大理论吸附量 243.21 mg·g^{-1}。

（4）凹凸棒土改性　从凹凸棒土（凹土）的有机改性入手，研究凹土的十六烷基三甲基溴化铵（CTAB）、十八烷基三甲基氯化铵（OTAC）改性及吸附模拟硝基苯（Nitrobenzene，NB）污染地下水的影响因素及性能。结果[79]表明：采用超声改性法制得的 CTAB、OTAC 改性凹土对地下水中 NB 具有较强的吸附能力，每 100g 凹土改性剂最佳用量为 30mmol。在 NB 浓度为 20mg·L^{-1}、投加量为 4%、吸附时间 30min 的条件下，NB 吸附去除率分别达 45.68%、55.40%，而提纯土的仅为 1.49%。

3. 超声强化吸附/脱附过程

（1）煤层气解吸　为开发煤层气，需进行 CH_4、CO_2、N_2 等在煤岩吸附/解吸性能评价。研究[80]不同参数超声处理对煤层气解吸效果的影响，分析超声波促进煤层气解吸的机理。研究表明，煤岩中的气体主要以吸附态和自由态存在，煤岩对不同气体吸附量从大到小依次为 CO_2、CH_4、N_2。超声波的热效应和机械振动作用有效促进煤层甲烷解吸，解吸量可增加 20%，而且煤层气达到解吸平衡压力的时间降低 70%。在本实验条件下，随超声功率增大，煤层气解吸量增加。认为超声的"剥离"作用是超声提高煤层气解吸效果的机理之一。

（2）活性炭吸附处理含铅废水　铅的生物毒性强，是水污染控制中的优先控制污染物之一。利用超声协助活性炭处理含铅废水，温度为 20℃、pH 值为 5、超声和吸附时间为 20 min、活性炭负荷比 667:1 时，铅去除率约 90%，处理效果最好；而无超声的对照试验平均去除率约 74%，说明超声对活性炭处理废水中的铅离子有明显促进作用；同时，超声在活性炭的再生处理过程中起到了明显的促进作用[81]。该方法切实可行，具有简单、高效、快速等优点。超声与活性炭联用技术有望在重金属污水处理方面推广应用。

（3）超声-活性炭联合处理蜜柚果汁脱苦　柚子榨汁经加热处理后会产生明显苦味，使得柚子果汁的加工受到限制，因此柚类果汁的脱苦（脱除柚皮苷）技术已成为目前研究的热点。以梅州蜜柚为试验材料，比较传统的活性炭吸附法与超声-活性炭联合处理法的脱苦效果[82]。研究得到的最佳工艺参数为活性炭添加量 1.8%、处理温度 45℃、超声处理时间 38min、超声功率 120W，柚皮苷脱除率平均值为 83.57%，而活性炭单独处理 80min 时，脱除率约达 60%，表明超声-活性炭联合处理对柚皮苷的去除率高于活性炭单独处理；处理后柚子汁的糖、酸、维生素 C 含量有所下降，说明在超声处理中应考虑声空化的影响。

（4）分子筛吸附剂再生　以粉煤灰为基本原料，采用两步水热合成法合成 NaA 分子筛，将合成的 NaA 分子筛应用于电镀重金属废水的吸附处理。研究表明[83]，NaA 分子筛对 Zn^{2+} 等重金属离子有良好的吸附性能。继而采用超声法对饱和吸附的分子筛进行再生，以再生分子筛对含锌离子的重金属废水吸附性能为指标，研究再生时间、超声功率和再生温度等因素对吸附剂再生效果的影响。将再生分子筛与原分子筛进行对比，得出超声处理粉煤灰基分子筛是一种非常有效的再生方式。超声再生具有操作方便、再生效果好、效率高等优点。超声再生可使粉煤灰基分子筛的吸附性能基本恢复到初始状态。实验研究表明，超声再生的最佳条件为：再生时间为 10 min、再生功率比为 60%、再生温度为 35℃。

（5）坡缕石黏土（又称凹凸棒黏土）吸附剂再生　采用超声对有机改性凹凸棒黏土吸附剂进行再生，研究再生后的吸附剂吸附 Ni(Ⅱ) 的效果。结果表明[84]：用超声对有机改性凹凸棒黏土吸附剂进行再生，在超声波频率 40Hz、功率 500W 的条件下，最佳再生温度 45℃，最佳再生时间 1min，最佳再生 pH 值 6，最佳再生固液比 7g·L⁻¹。吸附剂再生 5 次后，吸附力由 99.5% 仅降到 98.4%，有较好的吸附效果。可有效缩短再生时间，减少溶剂用量，吸附剂的再生速率明显加快，吸附剂再生彻底。

（6）活性炭吸附剂再生　在焦化废水深度回用处理中，采用粉末活性炭和浸没式超滤配合工艺对生化出水进行预处理，降低废水中 COD，减轻后续处理的困难，并在一定程度上缓解膜污染。由于活性炭成本较高，须对活性炭进行再生处理。实验中 [85] 采用超声再生技术实现活性炭的重复使用。通过优化实验研究了超声再生的最优条件，结果表明，焦化废水中吸附饱和的活性炭在超声频率 33kHz、功率 200W、炭 / 自来水质量比 1/1 ～ 1/20 的条件下，再生 20min，可以达到 50% 以上的再生效果。

超声可改变吸附 / 脱附过程相平衡状况，使吸附等温线下移，又能加快吸附 / 脱附过程速率，非常适合于饱和吸附剂的再生，可达到加快脱附速率、较彻底再生吸附剂的目的，克服目前工业生产中吸附剂再生不彻底、利用效率低等缺点。

影响超声对吸附 / 脱附过程强化效果的因素有很多，因体系物性、普通吸附工艺参数和超声频率、功率、声场的不同而有不同吸附 / 脱附效果；开发超声吸附 / 脱附工业设备时，要考虑声场参数在工业处理器中的设计和超声大功率处理器的制造问题，需进行不断研究与开发。

第五节　超声强化结晶过程

一、概述

结晶是从液态（溶液或熔融物）或气态原料中析出晶体物质的过程，是一种属于热、质传递过程的重要单元操作，一般通过浓缩、改变温度等条件使溶液过饱和而结晶析出，达到溶质与溶液分离的目的。从熔融体析出晶体的过程用于单晶制备，从气体析出晶体的过程用于真空镀膜，而化工生产中常遇到的是从溶液中析出晶体。根据液固平衡的特点，结晶操作不仅能够从溶液中取得固体溶质，而且能够实现溶质与杂质的分离，借以提高产品的纯度。结晶的常用方法一般有两种：一种是蒸发溶剂法，它适用于温度对溶解度影响不大的物质。如沿海盐场通过晒盐得到食盐。另一种是冷却热饱和溶液法，可适用于温度升高溶解度也增加的物质。如夏天温度高，青海盐湖面上无晶体出现；当冬季来临，气温降低，盐湖里会析出来石碱（$Na_2CO_3 \cdot 10H_2O$）、芒硝（$Na_2SO_4 \cdot 10H_2O$）等作为盐湖矿产品。结晶已成为从不纯的溶液里制取纯净固体产品的经济而有效的操作。许多化工产品（如染料、涂料、医药品及各种盐类等）都可用结晶法制取。

结晶过程中只有同类分子或离子才能排列成晶体形态，因而结晶过程具有提纯效应，析出的晶体纯度较高，所以结晶的用途多于一般凝固过程；此外，结晶过程具有运转成本低廉、使用设备简单、操作方法便捷等特点，便于工业生产。

但是并非所有物质都易于结晶。一般来说，分子量越大、分子组成越复杂，就越容易生成稳定的过饱和溶液，而不易结晶。有些物质虽然本身分子量不大，组成也不复杂，但由于能与水分子形成牢固的氢键，造成其溶液黏度高、传热传质性能差，因此这类溶液也很难析出晶体。另外，随着对晶体产品要求的提高，不仅要求纯度高，产率大，还对晶形、晶体的主体粒度、粒度分布、硬度等都有具体要求。而晶体成核和生长过程将直接影响最终产品的性状，为了解决这些物质的结晶问题，人们研究利用改变外部物理场条件促进结晶的各种可行方案，其中利用超声能量控制结晶的超声结晶过程及其应用已受到化工、轻工、食品、生物、医药等领域的关注，该技术已成为强化结晶过程的关注焦点之一[86]。

目前超声强化溶液结晶过程在化工、食品和制药行业中有较多应用。超声在熔融结晶和电结晶两个过程均可改善金属结晶，超声也用于高分子材料和生物大分子等聚合物结晶过程，超声影响纳米晶型材料的制备及其性能，也在食品冷冻结晶领域发展较快，可见第六章。

二、超声强化结晶过程机理

超声对结晶过程的影响是减少诱导时间和亚稳区宽度、改变晶体尺寸分布和增加晶体数量。超声对成核作用的确切机制仍需深入研究。在文献中已有超声空化气泡作用的各种理论假设和解释[87]。

① 冷却假设：晶体的溶解度通常随着温度的降低而降低，因此当气泡膨胀时，相邻液体的冷却可能在短时间尺度上增加过饱和度。

② 压力假设：当气泡坍塌时，相邻液体承受高压力，高达1GPa。压力变化改变溶质与固相之间的热力学平衡。增加的压力降低溶解度，因此出现在气泡坍塌附近的高压会增加过饱和度，从而增强成核作用。

③ 蒸发假说：溶剂蒸发到气泡中可能在气泡壁附近产生溶剂耗尽层，导致溶质浓度的局部增加，从而导致过饱和。

④ 在气泡坍塌末期，气泡的大加速度可以在很短的时间内将溶质和晶体前体从溶剂中分离出来，从而增强全局成核动力。

所有这些效应实际上可能采取协同、互补的方式。一般认为超声空化产生的聚能效应、湍动效应、微扰效应、界面效应等的综合作用能减薄传质过程中边界层，增大传质速率，促进结晶过程。超声空化效应影响溶液结晶过程中的一些体系物性、溶解度、亚稳区及结晶诱导期等因素。超声对结晶的影响，主要是通过调控空化效应以促进结晶 - 溶解可逆反应向着结晶方向进行。

除此之外，超声空化作用引起的机械效应（声冲流、冲击波、微射流）、热效应（局部高温高压、整体升温）、光效应（空化核膨胀时充电、崩溃闭合时放电发光）和活化效应（冲击波和微射流的高梯度剪切在水溶液中产生羟基自由基）可改善溶液的传质传热能力，为得到较好结晶产品提供必备的条件。超声机械振动能加速晶粒在溶液中的扩散，提升晶粒在溶液中分布的均匀度，从而为晶体的继续生长和最后获得优良结晶产品打下良好基础。

超声结晶还能显著缩短整个结晶周期。一般而言，处于生长过程中的单个晶体生长速率决定了晶粒大小。二次成核形成的晶核初期尺寸非常小，形成的微小晶核在无超声波协同的情况下，内在固有的生长驱动力很低。但由于其尺寸明显小于空化气泡，一旦施以超声辐照，空化作用对其生长的促进效应很明显。例如葡萄糖晶体生长最为困难的时期，超声辐照能促进其生长，使它最快地度过该时期，从而缩短整个结晶过程。

1. 超声对结晶诱导时间的影响

结晶诱导时间是溶质在一定条件下，从形成过冷体系到出现可见的结晶所需要的时间，它受结晶温度、溶液搅拌强度及杂质的影响。温度升高，结晶诱导时间缩短；超声空化效应及机械效应可强化传质，降低溶液黏度，缩短结晶诱导时间。曾雄等[88]研究了超声对碳酸锂溶液反应结晶成核过程的影响，发现超声处理后，碳酸锂溶液结晶的诱导时间有明显的降低，见图 4-36。过饱和比低的情况下，诱导时间降低的幅度更大。同一过饱和比的溶液中，超声功率越大，诱导时间越短，成核速度越大。超声的热效应改变了局部区域的温度以及固液界面能的变化，导致碳酸

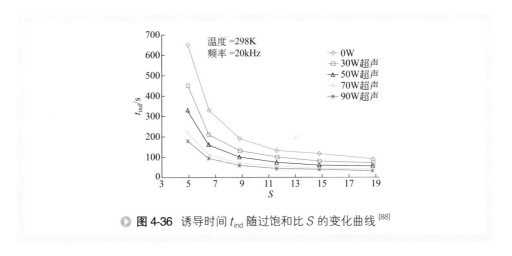

🔹 **图 4-36** 诱导时间 t_{ind} 随过饱和比 S 的变化曲线[88]

锂固液界面能的变化。随着超声功率的增加，碳酸锂的界面能下降的趋势变缓。推导出的碳酸锂溶液反应结晶成核速率的方程表明，随着超声功率的增加，碳酸锂的界面能下降的趋势变缓。超声作用下，碳酸锂的扩散系数比无超声作用时明显升高。随着超声功率的增加，碳酸锂的扩散系数呈幂指数上升。在一定温度下，当超声的频率一定时，随着超声功率的增加，诱导时间缩短，成核速度变快，但是变化的幅度逐渐变小。随着温度的升高，超声对成核速度的影响逐渐降低。研究表明，超声功率越高，成核速度越快，诱导期越短，结晶完全所用的时间也越短。

2. 超声对成核的强化

超声辐照下，空化过程会伴随非常大的加热与冷却速度（大于 $109K \cdot s^{-1}$）。迅速的降温过程还可能带来很高的局部过饱和度；而且随着超声波在溶液介质中传播，溶质分子的有效碰撞也加剧，这些都能促进一次成核的进行。同时空化气泡的崩溃还可能产生速度高于 $100m \cdot s^{-1}$ 的微射流。由于较大晶种的尺寸以数倍大于气泡，这种液体流会极大冲击晶种，会在晶体表面形成凹蚀或击碎晶体。晶型破碎后的晶体虽有部分溶解，但大部分又成为新的晶种生长晶体，促进了二次成核。因此可通过超声控制成核速度与可控地增加晶核的绝对数量，解决晶种的制备与数量问题，有效降低投种量，影响晶型，提高制晶的质量与产量。陈霞等[89]研究了超声对硫酸钠溶液结晶成核的影响，空化气泡崩溃时产生的高温高压环境，降低了界面张力值，促进溶液成核，并且超声波促进溶液结晶可能发生在空化气泡的压缩期和内爆期。

3. 超声改变晶体形貌

超声场对晶体晶形的影响，主要是因为超声改变了溶质分子进入晶体晶面的速度，改变了晶体特定晶面的生长速率，使得晶体的晶形发生变化。

为得到更稳定的油脂晶体，陈芳芳等[90]研究了超声处理棕榈油过程的结晶行为，在超声作用下棕榈油结晶诱导时间、结晶速率、结晶形态、粒径分布、硬度及熔化特性的变化。结果表明：超声时间为20s、60s，超声功率为95W、270W、475W，结晶温度为30℃的条件下，超声可以显著缩短棕榈油结晶诱导时间并加快结晶速度；且随着超声功率的增强，呈圆盘状生长的规则晶体逐渐消失，取而代之的是细小均匀的不规则晶体，平均粒径及分布范围明显缩小；此外，棕榈油的结晶硬度显著增大，但熔化焓没有显著差异。

研究表明，有、无声场处理，可得到不同晶型。唐建伟[91]给出在无超声场时 $KAl(SO_4)_2 \cdot 12H_2O$ 结晶产品形状为八面体，若在25℃、超声功率400W、每隔5s超声辐照2s，生长的晶体为十面体。

通过柠檬酸湿法工艺处理废旧铅酸蓄电池铅膏，浸出转化得到的前体柠檬酸铅结晶的产物粒度较小，不易过滤。采用超声辐照对柠檬酸铅的结晶过程加以控制，对处理前后的样品进行 XRD、热重 - 热差分析（TG-DTA）和 SEM 表征，对比超声辐照处理前后的柠檬酸铅晶体形貌变化。由图 4-37 可以看出，未超声处理后得到的样品和超声处理后得到的柠檬酸铅晶体的结晶相貌有较大差别。未超声处理后的样品基本呈现薄片状，粒度（颗粒边长）在 1 ～ 5μm 范围内，且表面较碎、不规整；而超声处理后的样品基本呈现杆棒状，粒度在 20 ～ 50μm 范围内，长径比（即棒状的长度和底面直径之比）约为 8∶1，表面较为平整光滑。因此，超声处理能够有效调控柠檬酸铅晶体的结晶形貌，改善柠檬酸铅前体的过滤性能，提高铅膏湿法转化的效率[92]。关于这方面的研究例子还有很多。

(a) 未超声处理结晶产物　　　　　　　　(b) 超声处理结晶产物

▶ **图 4-37**　超声处理前后柠檬酸铅晶体 SEM 照片[92]

4. 超声对晶体粒度的影响

由于许多二次成核晶核尺寸都小于空化气泡，因此超声气泡崩溃产生的液体射流对晶体本身的冲击相对较小。根据晶体生长的扩散学说，如果晶体处于溶液中生长，其表面会出现双液层（吸附层和静止液层）。而晶体生长的第一步就是溶质穿过静止液层到达晶体表面。空化气泡崩溃产生的冲击会使双液层减小甚至完全破坏双液层，从而有利于溶质分子向晶面靠拢，促进晶体生长。因此，在利用超声打碎大晶体、增加晶核数量、促进小晶体生长的空化作用下，可使最初大小悬殊的晶核发展成大小均匀的晶粒。

影响晶体粒度的因素有：成核速率、晶体生长速率、粒子在结晶过程中的碰撞。超声辐照后的晶体粒度通常小于无超声处理的晶体粒度，但使晶体粒度分布变窄。在溶液相同过饱和度时，超声处理时间长、声功率大、频率高均可减小晶体的平均粒度。粒度分布随结晶容器的增大而增大。当然在不同产品要求下，以上工艺条件均需经过优化。

Amara 等[93] 对钾矾在超声场中的结晶过程研究表明，与搅拌结晶相比，超声可以降低结晶所需的过饱和度，并改变晶体生长形态，随着声强的提高，晶体的平均粒度下降，且粒度分布范围减小，研究还发现超声作用后晶体粒度虽然下降，但是密度均大于没有引入超声作用时的晶体密度。

5.超声参数对结晶过程的影响

中国科学院过程工程研究所孙文乐等[94]研究了超声频率与功率对铝酸钠结晶过程的影响。研究表明超声强化铝酸钠结晶作用明显，结晶速度显著提升。当不添加晶种、结晶温度控制在60℃时，无超声作用时24h内铝酸钠溶液苛性比只提高0.1，变化幅度很小。而用45kHz，100W超声强化时，溶液苛性比迅速提高，3.5h后由结晶前的9.6提高到36.3，铝酸钠结晶率达75.64%，效果相当显著。100W不同超声频率下所得铝酸钠晶体的形貌见图4-38。可见随超声频率增加，晶体形状逐渐由薄片状向八边形过渡。由于成核速度较快，新生晶核不断聚集使晶体变为晶簇并不断长大，随超声频率增加，晶簇的尺寸也逐渐变大，但在恒定100W功率时，45~100kHz的频率范围内难以得到独立的铝酸钠片状晶体。

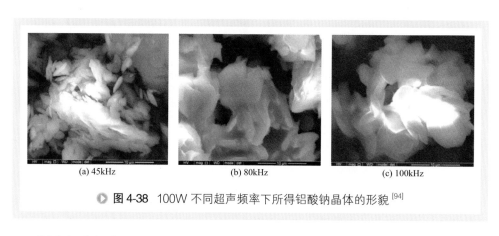

(a) 45kHz　　　　　(b) 80kHz　　　　　(c) 100kHz

▶ **图4-38**　100W不同超声频率下所得铝酸钠晶体的形貌[94]

固定超声频率45kHz，恒温水浴温度60℃，母液中不添加晶种，调节超声功率进行结晶。随功率减小，结晶速率有所下降，100W时3.5h铝酸钠结晶率为75.64%，80W时3.5h结晶率为68.75%，60W时结晶速率显著减慢，3.5h时结晶率仅为22.45%，如图4-39所示。在45kHz，80W超声条件下强化铝酸钠结晶，Na_2O浓度呈先减小后增加的新变化趋势，且该趋势在60W时再一次得到验证，说明功率减小对Na_2O浓度波动有一定影响，其原因可能是因为功率减小，晶体析出速度减慢，而晶体生长速度加快，使细小颗粒间的附碱重新溶解进入液相，从而导致溶液浓度小幅上扬。

由图4-39可知，超声功率对结晶的影响比超声频率的影响更明显。60W时晶体形貌呈明显的八边形，晶体尺寸明显变大，厚度明显增加。由于晶体的稳定生长，晶体形貌也慢慢向块状正方形过渡。由XRD图谱可知，超声强化铝酸钠结晶产品物相主要为水合铝酸钠，分子式为$4NaAlO_2 \cdot 5H_2O$。

无超声条件下铝酸钠结晶时诱导期时间较长，实验测得铝酸钠结晶时诱导期为

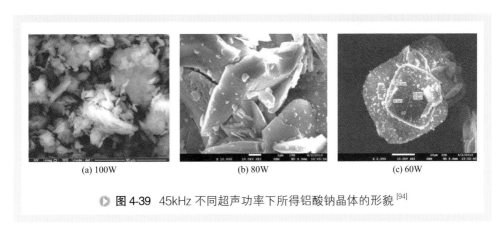

| (a) 100W | (b) 80W | (c) 60W |

▶ **图 4-39** 45kHz 不同超声功率下所得铝酸钠晶体的形貌 [94]

875s；在 45kHz，100W 超声作用下，由于超声影响了过饱和溶液结构的稳定，使浊度在短时间内有较大波动，铝酸钠结晶的诱导期大大缩短，仅为 293s，减少了 66%。可见，超声能显著降低结晶诱导期，强化铝酸钠结晶。

三、超声在结晶分离过程中的应用

1. 强化纳米材料结晶

功率超声可以增强晶体成核，并且对于一些有机晶体或无机晶体，成核时间可以减少一至三个数量级。然而，涉及这一现象的精确机理仍需深入探讨。

水的超声分解和空化引起的微射流冲击和冲击波破坏是无机纳米材料形成的两个特殊的声化学效应关键因素。认为超声辐照可显著提高水解速率，冲击波可引起不寻常的形态变化。在无机纳米结构制备中超声辅助奥斯特瓦尔德（OstWald）熟化和定向附着（OA）过程被认为是可能的晶体生长机制。

近年来，由于超声独特的反应效果，其在材料科学中的应用有非常迅速的发展。该方法的优点是反应速度快，反应条件可控，形成均匀形状、粒度分布窄、纯度高的纳米粒子，已被广泛用于产生具有不寻常特性的新型材料。相比其他方法所得到的纳米颗粒，尺寸小、表面积更大 [87]。详见第六章第二节。

Ng 等 [95] 在连续超声辐照下由稻壳灰合成了 EMT 沸石纳米晶体。室温下控制系统中的 EMT 沸石诱导、成核、结晶阶段和传统的热液法比较，发现超声的引入加快了 EMT 沸石纳米生长，在 24 h 内达到 EMT 沸石纳米的完全结晶，远快于传统的水热合成法（36h）。XRD 与 TEM 分析表明在成核阶段形成较多晶核，可制备出较高结晶度的小沸石晶体。也表明超声结晶可产出较高产率（80%）的 EMT 沸石。研究发现超声制的 EMT 沸石纳米晶体具有高表面积、高孔隙率与高亲水率，使此材料成为很好的储水材料，还可用于蒸汽感应、热泵和吸附等方面。

2. 超声优化溶液结晶产品

在化工行业结晶操作中，可用超声强化磷酸钙、硝酸钾、氯化铵、乙酰胺、酒石酸钾钠等溶液结晶。在食品行业中，溶液结晶是蔗糖、葡萄糖、食盐和味精生产的必需过程，所以超声优化结晶过程可改变食品特性，达到改善食品品质的目的，如麦芽糖、油脂、巧克力、冰淇淋的特性修饰等。超声场对蔗糖溶液结晶成核过程的影响研究结果表明，在超声场作用下，结晶成核过程可以在低饱和度下实现，所得晶核较其他方法均匀、完整、光洁，晶粒尺寸范围分布较窄。利用溶剂和超声波的协同作用，能在较缓和的条件下快速制备葡萄糖。在制药行业中，粒度小而均匀的晶体颗粒有利于制造口服液或皮下注射悬浮液药剂，超声强化结晶有望在这方面发挥作用。超声辐照普鲁卡因溶液与盘尼西林盐混合物，可以获得细小而均匀的普鲁卡因盘尼西林晶体沉淀物，粒度分布为 5 ~ 15μm，比常规方法获得的产品粒度降低 5μm 左右[96]。Midler[97] 设计的超声辅助结晶制药专利设备，不仅可以促进饱和溶液起晶，而且可以制得细小、均匀的药物晶体。

罗登林等[98]认为在声场作用下，蔗糖溶液结晶成核过程可在低饱和度下实现，所得晶核较其他方法均匀、完整和光洁，晶粒尺寸范围分布较窄。在制药行业中，为得到细小而均匀的颗粒，已将超声结晶用于生产口服或皮下注射悬浮液药剂。

超声作用不仅可以加快成核速率，缩短诱导期，而且加快结晶进程。超声功率越高，结晶时间就越短，且晶体平均粒径越小。超声使核黄素晶体粒度更均匀，能获得粒度分布均匀的球状晶形，使核黄素产品流散性增加[99]。

为了研究超声作用对木薯淀粉结晶结构的影响[100]，采用偏光显微镜对超声作用后的木薯淀粉进行表征并得到超声处理木薯淀粉的最佳工艺条件为：以浓度 5% 硫酸钠溶液为溶剂，木薯淀粉悬浮液中淀粉含量为 14.7%，功率为 400W，作用时间 300s。经超声作用的木薯淀粉颗粒的偏光十字特征减弱或消失，木薯淀粉颗粒的结晶结构减弱或消失。表明超声作用破坏了淀粉的结晶结构，增加颗粒与反应试剂的接触面积，从而提高了反应活性。

米彦等[101]在较缓和的条件下，利用成核试剂乙醇 - 超声波的协同作用快速制备麦芽糖晶种。首先进行了成核试剂与蔗糖酯（SE）的筛选。以晶体形态及晶体特征长度方差为指标研究了麦芽糖溶液的过饱和度、无水乙醇添加量、超声工作功率、超声处理时间等因素对制备麦芽糖晶种的影响。该法可用于实验室或工厂制备麦芽糖晶种，对于食品或药用工业制备高纯度结晶产品的结晶过程也具有实际参考价值。

3. 超声金属结晶以改善金属材料性能

在熔融金属的冷却过程中用超声作用可除气和获得较小的晶粒，并在超声作用下，形成的晶核进入振动状态，从而加速晶核生长过程。另外，通过超声影响结晶过程，使金属晶粒细化，达到改善材料性能、金属材料凝固补缩的目的。超声还可以改善金属电沉积层的附着性、硬度和光泽度等，在表面工程中有广泛应用前景。

超声对铝液结晶过程进行干涉后，其交变机械力使具有大量结构缺陷的树枝晶碎断，最后生成细小均匀的粒状晶组织。超声功率越大，树枝晶破碎得越彻底，晶粒细化效果也越好，大大改善了铝液凝固时的补缩状况，使铝液的结晶组织变得更致密、平整，见试件端面收缩截面图 4-40[102]。

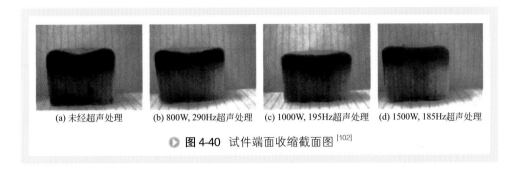

(a) 未经超声处理　　(b) 800W, 290Hz超声处理　　(c) 1000W, 195Hz超声处理　　(d) 1500W, 185Hz超声处理

▶ **图 4-40** 试件端面收缩截面图 [102]

4. 超声用于聚合物结晶以调控聚合物的结构与性能

在超声对聚丙烯结晶影响的研究中，曹玉荣等[103]发现超声除了会引起聚丙烯结晶度、晶面间距、晶型及晶粒尺寸等发生变化以外，还使聚丙烯 / 苯甲酸钠体系出现了 β- 晶，聚丙烯 / 滑石粉体 α- 晶的晶面选择性生长。

用超声对无水硫酸钙晶须（ACSW）进行改性，并利用差示扫描量热法（DSC）研究了聚丙烯（PP）、PP/ACSW 和 PP/ 超声改性无水硫酸钙晶须（UACSW）复合材料的等温结晶行为；用 Avrami 方程全面分析这些复合材料的等温结晶过程，并计算出其结晶动力学参数。研究表明：超声改性后的 PP/UACSW 复合材料的结晶时间缩短，结晶速率显著提高，证明了 UACSW 能促进 PP 材料的结晶，并在 PP 结晶过程中起到异相成核作用[104]。

超声辐照（42150Hz，17W·dm^{-3}，7.1W·cm^{-2}），恒定合成条件，研究了亚硝膦酸（亚甲基膦酸）（NTMP）抑制剂存在下，方解石的生长。在晶种生长实验中，发现在超声辐照作用下，可大大减轻 NTMP 对晶体生长的抑制作用。在超声辐照过程中，与未经超声辐照的生长实验相比其体积生长速率约增加了两倍，被抑制的生长速率得到增强。这些结果可以部分通过超声的物理效应来解释，超声导致被抑制晶体的断裂和磨损，从而增加了新鲜表面积。超声处理 NTMP 溶液的质谱分析表明，超声也具有重要的化学作用。研究鉴定了几种分解产物，表明超声可能使在 NTMP 中的 C-P 键裂解，通过物理化学过程生成的自由基和（或）热气泡 - 晶体界面的热解，导致 NTMP 中磷酸酯基团逐渐流失，说明使用超声来重新激活在水中被抑制生长的方解石晶体在技术上是可行的[105]。

5. 超声处理食品冷冻冰结晶以改善冷冻食品品质

在食品冷冻、冷藏工业中的冰晶体形成过程需保持原有食品原料质量，超声可以使过饱和溶液的固体溶质产生迅速而平缓的沉淀，并强化晶体的生长。丘泰球等[106]研究了超声对蔗糖溶液结晶的动力学关系，如软水果（草莓）的冷冻。由于食品细胞材料内形成的小粒状冰晶体继续长大，晶体粒度增大时，会破坏原材料的部分细胞壁结构；故从水开始结晶成冰到食品完全冷冻需要较长的"膨胀时间"；而超声作用能产生更多更均匀的冰晶体，缩短膨胀时间，冰晶体的最终尺寸减小，对细胞的损坏也就变小。

6. 超声减缓蒸发罐积垢

超声可以减缓在热交换器上的晶垢沉积，提高传热速率。研究表明，超声提高成垢物质（如碳酸钙等）的结晶成核速率，使成垢物质没有达到传热面时就提前结晶析出，这是超声在制糖工业上减缓蒸发罐传热面积垢的主要应用；同时超声机械能振动能减少晶体在蒸发罐传热面与冷却管上的附着成垢[107]。

四、超声强化结晶过程的应用展望

随着对结晶机理研究与认识的不断深入和结晶技术的工业化应用需求，溶液结晶技术日益受到关注，且人们对所需固体产品提出了更高的标准，制订了更严格的质量要求，因此工业结晶科学领域与技术领域将面临巨大的发展机遇。

相对于传统的结晶方法，超声结晶的优势十分显著。超声将使很难结晶物质的结晶变成可能，并可根据需要改进结晶产品的纯度、形貌、结构、尺寸等，有助于结晶工艺与设备向着更加高质、高效、简便的方向发展。

从工程应用的角度看，为促进溶液体系结晶分离过程及超声结晶的工业化生产，除了要了解声场及其操作参数（如超声频率、功率、温度、作用时间等）对结晶过程中晶核的生成和晶体的成长的影响机理外，还需对超声结晶专用设备开发与工业化放大做很多工作。

第六节　超声强化传热过程

传热在化工与其他过程中起到很重要的作用，故世界各国均将对传热强化的研究、开发和应用放在十分重要的位置，已开发出多种高效传热装置。强化传热技术通常分为有源强化、无源强化两类。有源强化传热需要消耗外部能量，如采用电场、磁场、声场、光照、搅拌、喷射等手段。无源强化传热则不需要消耗外部能量，是强化传热较多采用的方法，如传热表面处理、传热面形状变化、管内加入附件等。超声作为一项有源强化传热新技术近年来受到很大重视，并在工业应用中展露出了巨大潜力，已列入国家重点基础发展规划。对超声强化单相对流传热、过冷沸腾传热和饱和沸腾传热的机理与研究开发有较大进展[108]，目前已在池沸腾强化传热和管壳式换热器强化换热方面有所应用。也有研究者采用有源强化及无源强化结合的方法来强化传热，如采用超声与纳米流体结合，得到较好的强化传热效果[109]。

一、超声强化单相对流传热[110,111]

单相对流传热是指当流体流过一个物体表面时，流体与物体表面间发生传热，且整个过程流体无相变发生。当液体温度低于相应压力下饱和温度时，传热过程一般为单相对流传热，生产中这种情况比较普遍，比如换热器壁面温度没有超过相应压力下液体的饱和温度时，就会发生单相对流传热。超声对单相对流传热的影响因素有声压、声强、声功率、声频率、空化泡、介质性质、介质温度、声作用距离、声场结构等。

研究认为超声波在液体中存在临界声压，也可关联解释为空化阈。临界声压与介质种类、介质温度、超声频率和加热表面温度有关。当低于临界声压时，超声波不会对传热产生大影响；当高于临界声压时，即超过空化阈时，超声会产生空化作用。空化气泡在加热表面处的破裂引起附近液体杂乱无章的湍流效应，进而强化对流传热，传热强化倍率最高可达80。

在一定频率的超声作用下，加热段的传热系数得到了明显提高。主要原因是超声波在水中传播时会对水产生振动、搅拌作用，声压越大搅动越剧烈；此外，超声波会在液体中产生空化作用，当声压超过临界声压时空化作用会增强，提高传热系数；但当空化作用随声压进一步增强而变得非常强烈，加热段部分表面会被气膜（空化泡）覆盖，气膜会减弱搅拌作用、增加热阻，从而降低传热强化效果。

研究超声波对水池内水平圆管单相对流传热的影响，包括研究声强、方向、超声换能器与实验段的距离、介质种类、介质温度等实验参数对传热强化效果的影响。实验结果表明，实验参数不同会影响单相对流传热效果，传热强化倍率最高可达39。实验显示超声波在液体中会产生空化气泡雾束，这些空化气泡雾束会在传热表面附近产生强烈射流效应，而单个空化气泡会产生局部微冲流，两者均使壁面热边界层减薄，从而显著强化了对流传热。

强化效果主要取决于空化强度，当液体中溶解的气体含量相对较低时，产生的空化气泡中蒸气含量较高，将导致空化强度更高。在相同的空化强度下，改变超声频率对换热效果的影响很小。

使用频率为48kHz的超声分别在单相对流、过冷沸腾、饱和沸腾传热条件下，研究其对外直径为 0.2mm 的铂丝（加热物体）与制冷剂 FC-72 间传热的影响，提出了整体空化和局部空化的概念。认为整体空化出现在没有经过煮沸除去不凝性气体的液体的全部区域，而局部空化仅发生在经过煮沸除去不凝性气体内部的加热物体表面。研究表明，在单相对流传热阶段，传热效果得到了明显强化，可认为空化气泡是增强换热的主要原因，由于空化气泡在加热段附近杂乱无章地运动，增强了冷热流体的混合，传热强化倍率主要与空化气泡密度和气泡的运动剧烈程度有关。

高频超声对铂丝（加热物体）与去离子水间单相对流传热的影响。实验中主要对超声波换能器的位置及超声干涉现象进行了研究，超声波频率为 1.7MHz，配置 5 个超声波换能器，3 个在底部，2 个在相对称的两个侧面。与低频超声波相比，高频超声波在液体中传播时会产生更多更小的空化气泡，这些空化气泡的定向流动就会形成微声流现象，这也是能够强化传热最主要的原因。研究表明，启用单个侧面的超声波换能器时传热强化效果最好，同时启用对称的两个侧面的超声波换能器时，由于出现干涉会导致强化效果减弱。该实验为采用多个超声源时超声波换能器的合理布置提供了参考。

声振动的影响主要取决于传热速率和溶解在液体中的气体的数量。在自然对流中，气态空化产生的气泡在传热过程中起着重要的作用。当声振动引起空化产生的气泡的剧烈运动时，实现了最佳的强化传热。有人研究了圆柱体的传热，结果得到 25 倍的传热系数强化。

对具有或不具有声空化的方形壳体中液体的自然对流换热进行数值研究。空化模型考虑了相变的影响及气泡和不凝性气体的动力学。为了模拟声波，在声波发射器所在的区域施加周期性的压力场。结果表明，空化强化传热能提高液体温度均匀性。这些结果可以通过两种主要机制来解释：

① 空化气泡坍塌所形成的射流影响加热壁，使边界层减少。

② 增加液体混合程度。

在强制对流中，通过声振动获得的增益在传热方面较小。在层流和湍流状态下观察不同水平的最大传热强化，结果表明在层流中获得 51% 的最大传热强化，在湍流中获得 27% 的最大传热强化。

综上所述，超声明显强化了单相对流传热区域的传热效果，且介质不同强化效果存在差异。强化传热的机理主要是空化和声流作用，尤其空化作用占主导地位。

二、超声强化核沸腾传热与膜沸腾传热[111]

本部分主要介绍超声影响成核过程中的热传递，即可强化固体壁与流体之间的传热。成核作用可以通过空化和 / 或沸腾来激活。研究发现在某个狭窄的空间中的成核过程中既有沸腾现象也有空化现象。区分空化与沸腾的一种方法是将空化定义为液体中的成核，在该液体中压力低于饱和压力；并将沸腾定义为液体中的成核，在该液体中温度上升直至达到饱和温度。

关于沸腾实验，研究人员关心的是声波对传热的影响。研究表明，在低于饱和温度30K的壁温下，传热系数是不变的。当壁温接近饱和温度时，传热系数逐渐增大，达到100%以上的强化值。然后在充分发展的沸腾上强化传热。后续的研究证实声波在充分发展的沸腾状态下影响不大。壁面过热度随壁面温度的增加而减小，在充分发展的沸腾过程中可忽略不计。最近研究超声波在核沸腾和膜沸腾中的传热影响。可注意到薄膜沸腾过程中热传递增加，而不是在核沸腾过程中。最大强化达一般薄膜沸腾的150%。

在充有加热丝的液体容器中对液体事先脱气。当液体在实验前未脱气时，在整个液体体积中存在空化气泡。液体脱气前，液体中没有触发核化的核。对于接近饱和温度的液体温度，不凝性气体的溶解度较低，用脱气液体和非脱气液体获得的结果几乎没有差别。因此，超声强化传热的沸腾强度较低，最大值小于10%。然而，对于较高的热通量，膜沸腾延迟增加了临界热流密度。研究发现在池沸腾的情况下临界热通量的增加达126%。声波的强度以及从声源到冷却表面的距离也对沸腾传热有影响。沸腾换热系数可根据这些参数的值增大或减小。关于声波对沸腾传热特性的影响必须注意的另一个特点是在沸腾开始时壁温偏移急剧减少，从而可以忽略在沸腾特性曲线中的滞后。在加热表面附近形成空化气泡可以在器壁低过热下激活沸腾过程。总之，利用超声进行沸腾传热有很多优点，如高传热、临界热流密度的高增长、沸腾起始温度不滞后。

三、超声强化过冷沸腾传热[5,110]

过冷沸腾传热是指液体主体温度低于相应压力下的饱和温度，加热面温度大于该饱和温度所发生的沸腾传热现象。过冷沸腾易发生在低温流体的运输过程中，以及换热器壁面温度高于相应压力下液体的饱和温度，而液体处于过冷状态时。当超声作用于加热面时，会加快壁面处蒸汽泡的脱离，加速冷热流体混合，提高传热效果。

通过研究超声对铂丝（加热物体）与蒸馏水单相对流传热影响的同时，也研究了超声对过冷沸腾传热的影响，实验在大气压下进行，蒸馏水一直维持在30℃的过冷状态。研究表明，在单相对流传热阶段，超声波的传热强化倍率最高可达8.0，但随着热流密度的增大，到充分发展的过冷核态沸腾时传热强化倍率降至零，因此对过冷沸腾传热阶段的传热系数影响不大。

在频率为55kHz的超声波作用下，研究外直径为1.65mm的不锈钢管（加热物体）与制冷剂R-113间的过冷沸腾传热效果，实验池底部布置3个超声换能器，过冷状态的R-113温度一直维持在29.4℃。超声使传热系数明显增大，增大程度与实验段的位置以及热流密度有关，随着实验段越靠近底部和热流密度越小，传热强化倍率增加。施加超声时也稍微提高了临界热流密度，但提高幅度仅有 5% 左右。

研究了空化作用对水平铜管（加热物体）与蒸馏水间过冷沸腾传热的影响，由此分析空化气泡直径、空化作用和沸腾三者之间的关系。主要结论有：空化伴随着气泡产生，而当加热面上蒸汽泡存在时才能发生沸腾现象；空化气泡会影响加热表面上蒸汽泡核的生成、长大及脱离过程，这是空化作用强化沸腾传热的主要原因。

在不同声强、超声换能器与实验段距离和加热物体表面粗糙度的条件下，研究频率为 20kHz 的超声对过冷沸腾传热的影响，实验段采用上部为加热面下部安装加热棒的紫铜台，通过改变加热功率来调节加热面的热流密度。实验结果表明：在沸腾起始阶段，声波有效强化了沸腾传热，对高热流密度沸腾传热也有一定的强化作用，但效果不够明显；超声换能器与实验段距离越近，声强越大，强化传热效果越好，且有效消除了光滑加热表面形成的壁温过冲现象。根据沸腾起始段和高热流密度沸腾换热计算的传热关联式，看出在单相对流传热和过冷沸腾传热起始段，超声强化传热机理为空化作用；在高热流密度沸腾换热阶段，强化机理主要为声流作用。

李长达等[110]针对池沸腾传热，以去离子水为工质，在不同过冷度、超声功率和辐射距离条件下，研究超声对池沸腾换热的影响。研究结论如下。

（1）超声对池沸腾传热的强化作用随着液体过冷度的减小而减弱，当液体温度为 60℃时，超声强化传热最为显著；对于工质温度为 100℃的饱和沸腾，超声对沸腾传热的强化作用较弱，当壁面过热度大于 12℃时，超声对饱和沸腾的强化作用基本可以忽略。

（2）超声在低热流密度下的沸腾起始区，由于加热面上产生的核化气泡较少，此时对流换热仍为加热面附近的主要换热机理，声空化气泡的产生和溃灭对加热壁面产生强烈的微对流搅混；此外，由于超声声流效应，在其作用的液体内部形成宏观对流搅混。这两方面的原因使得超声在沸腾起始阶段的强化传热效应显著。随着壁面热流密度的增大，当池沸腾进入旺盛沸腾区时，一方面，气液界面阻碍了超声的传递，使得加热面附近的声空化效应减弱；另一方面，声流引起的宏观对流效应小于加热面本身气泡核化和脱离造成的对流效应，因此超声在旺盛沸腾区的强化作用并不显著。

（3）由于超声在工质内部传播过程中伴随着能量衰减，超声功率和作用距离会显著影响沸腾传热性能，随着超声功率的增加和作用距离的减小，超声强化池沸腾换热的效果更加显著。

（4）对于池沸腾换热，采用超声强化传热更适用于过冷沸腾，对饱和沸腾的强化作用较弱，并且工质过冷度越大，超声强化传热作用越显著；超声强化传热的总体性能随着壁面热流的增大而减弱。

综合上述的研究结果，基本可以认为超声在一定程度上会强化过冷沸腾传热，但在高热流密度沸腾传热阶段，部分学者认为超声对传热强化的效果较弱。目前已有进行空化、声流和超声振动等强化机理研究，但确切的强化原因还有待进一步研究。

四、超声强化饱和沸腾传热

饱和沸腾是指液体的主体温度达到相应压力下的饱和温度，加热壁面产生的蒸汽泡会在液体中继续长大，直至冲出液体表面的沸腾现象。当液体温度达到饱和温度，加热面高于相应压力下液体的饱和温度时极易发生饱和沸腾现象，比如在热管、锅炉水冷壁等散热和加热装置中。当施加超声波后不管对加热还是散热都起到提高效率的作用，尤其是在高热流电子器件散热中可能会起到意想不到的强化作用。

利用频率为 55kHz 的超声研究不锈钢管（加热物体）与制冷剂 R-113 饱和沸腾传热的影响。结果表明，超声虽会恶化饱和沸腾传热，但临界热流密度会提高 10% 左右。在较高热流密度时，剧烈的沸腾现象会使超声能量耗散，且实验段位置和溶液深度对传热强化换热倍率的影响不大。

利用频率为 48kHz 的超声研究铂丝（加热物体）与制冷剂 FC-72 的饱和沸腾传热影响。结果表明，饱和沸腾传热阶段的传热系数要远高于单相对流和过冷沸腾传热阶段，而超声波可以起到一定的强化作用，但作用并不明显。在饱和沸腾传热阶段，液体含气量极低基本不会发生空化现象，因此无法产生空化气泡。强化机理主要归结于声波减小加热面上蒸汽泡脱离尺寸，加快气泡脱离频率，减小热阻；同时声流作用也可以增加蒸汽泡的扰动。

Bozjuk 等[108]研究了声学驱动在传热表面上增强沸腾传热。用一个平面沸腾表面研究了在 45℃ 入射角的声驱动作用下，在临界热流密度（CHF）范围以内的蒸汽泡团的演化。图 4-41 所示为有、无超声驱动的沸腾曲线。这些数据表明，CHF

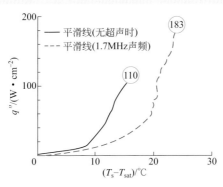

▶ **图 4-41** 有、无超声驱动的沸腾曲线[108]

蓝色圆—临界热流密度；q''—临界热通量；$T_s - T_{sat}$—传热表面温度-液体饱和温度

使对于基线的表面过热度高达 7℃（传热表面温度－液体饱和温度），并且更显著地将 CHF 从 110W·cm⁻² 增加到 183W·cm⁻²，提高了 65% 的传热效果。

使用 10000fps 的高速视频成像，研究了基准加热器表面上气泡的演变。图 4-42（a）～图 4-42（e）和图 4-42（f）～图 4-42（j）分别为在没有和存在超声驱动的情况下，在 5 个功率耗散水平（25～110W·cm⁻²）下蒸汽形成的响应的图像。在低功率水平（25～75W·cm⁻²）下，声驱动明显导致加热器表面上的蒸汽体积减小，这表明在各种成核位置形成的小尺寸气泡的强制脱离增加。此外，很明显蒸发在平坦表面上减少，并且限制在更少的成核位置，例如沿着加热器边缘的成核位置 [图4-42（f）]。在图 4-42 中，在较高功率水平下加热器表面上方蒸汽量的差异似乎不是非常显著，但是图 4-43 中的较大比例图像清楚地看出超声波驱动显著改变加热器表面上方蒸汽柱的结构。图 4-43（a）～图 4-43（f）和图 4-43（g）～图 4-43（1）分别示出了在无、有声驱动的情况下以中等热流水平（100W·cm⁻²）获得的图像序列。在没有声驱动的情况下 [图 4-43（a）～图 4-43（f）]，在基线加热表面上形成大的蒸汽量，并且图像显示蒸汽量规则地、几乎具有时间周期地形成和剥离，这也导致通过浮力作用蒸汽夹带过冷液体。然而，在存在声驱动的情况下 [图 4-43（g）～图 4-43（1）]，蒸汽量和提升气泡的体积明显较小，并且提升的较小体积的蒸汽气泡以较高的速率以平流方式排出。这些图像中较小的蒸汽体积似乎也是热表面上由于声辐射压力引起的界面运动而导致加热器附近的蒸汽-液体界面处和沿着蒸汽柱的蒸汽质量强化冷凝的结果。

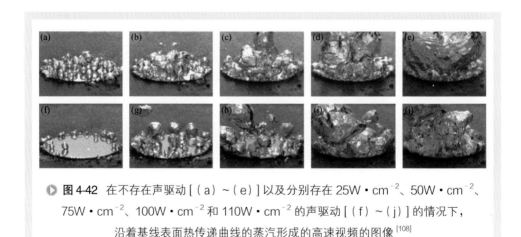

> **图 4-42** 在不存在声驱动 [（a）～（e）] 以及分别存在 25W·cm⁻²、50W·cm⁻²、75W·cm⁻²、100W·cm⁻² 和 110W·cm⁻² 的声驱动 [（f）～（j）] 的情况下，沿着基线表面热传递曲线的蒸汽形成的高速视频的图像[108]

基于图 4-42 和图 4-43 的高速视频图像，可以推测超声波驱动对沸腾曲线的影响机制。声束的辐射压力有助于在小于 10μm 气泡显著生长之前就从它们的成核位置去除，并且由声束引起的局部压力波动和时均局部压力的增加抑制了在多个成核位置处的蒸发。这两种效应都降低了局部蒸汽形成速率，因此来自加热器表面有利

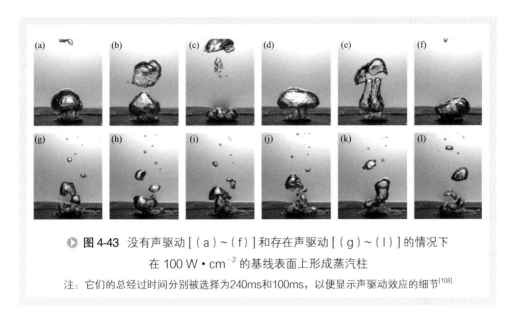

> **图 4-43** 没有声驱动 [（a）~（f）] 和存在声驱动 [（g）~（l）] 的情况下
> 在 100 W·cm^{-2} 的基线表面上形成蒸汽柱
>
> 注：它们的总经过时间分别被选择为240ms和100ms，以便显示声驱动效应的细节[108]

于蒸发的相应部分热流被驱动到液相中。这导致图 4-41 所示的传热表面温度升高。同时，由于受热面上小尺度气泡的去除和辐射压力导致蒸汽加速凝结，使表面上方的蒸汽量减少。这些影响综合导致了极限 CHF 的增加。

五、超声与纳米流体协同强化传热[109]

现今的技术，如激光器、超导磁体、高功率 X 射线和超快运算芯片都会产生高热。因此，需要有效的冷却方法以确保其最佳性能。然而，这种系统通常物理尺寸较小，传统的冷却方法，如风扇和热交换器不容易应用。因此，近年来人们的研究兴趣主要在沸腾传热和纳米流体传热。

纳米流体是液体悬浮液，其颗粒尺寸小于 100nm，分散固体导热率比基液高几个数量级。纳米颗粒分散到基液中增加了纳米流体的传热系数，并且这种增强随着颗粒浓度的增加而增加。这种增强是由于粒子 Brownian 运动和基液中粒子的微对流所造成的。纳米流体比传统冷却液有更好的传热性能，因此受到了广泛的关注。Keblinski 等认为纳米流体的热传输机制是弹道型的，而不是扩散型的，并通过直接或流体介导增强聚集效应，这为快速热传输提供了有效的途径。Xue 提出了一种基于 Maxwell 理论和平均极化理论的传热模型，用固体颗粒与基础流体之间的界面效应来描述纳米流体的有效热导率。Das 等对水 -Al_2O_3 纳米流体的池沸腾特性进行了实验研究，特别是粒子悬浮液相变化对传热性能的影响，认为纳米颗粒对沸腾过程有明显的影响。另有研究表明，当纳米粒子在受热表面沉积时，池沸腾中纳米流体的临界热流密度（CHF）高于纯水。而随着颗粒浓度的增加，传热性能下降，特别是在较高的热流通量下。表面活性添加剂在大多数条件下提高了传热性能，但如果过量存在，则会抑制传热。上述两方面研究表明，当纳米流体被用作池沸腾的工作流体时，在受热表面上形成不规则的纳米吸附层。这一层增加了受热表面的热阻，减少了成核点的数量。其结果是传热性能低于使用纯制冷剂所获得的传热性能。为了抑制纳米吸附层的形成，在池沸腾过程中将超声应用到受热表面，超声振动产生声空化效应，抑制了纳米吸附层的形成，又能提高传热性能。

另外，许多研究证明强化管在改善传统蒸发器/冷凝器冷却系统的池沸腾传热性能方面有效。然而，在纳米颗粒添加、声空化和强化加热器管设计的联合效应方面研究不多。因此，Chang 和 Wang [109] 分别探讨了有、无超声振动时水平低翅片管沉浸在 TiO_2/R141b 纳米流体中池沸腾传热性能，颗粒含量为 0%、0.01%、0.001% 和 0.0001%（体积分数）。结果表明，施加超声振动后，添加 0.0001%（体积分数）TiO_2 纳米流体的传热性能比纯 R141b 制冷剂高 30%；然而，对于高纳米颗粒 0.01%(体积分数)的加载，超声振动无法阻止 TiO_2 纳米吸附层（nano-sorption layer）的沉积，因此传热性能大约比纯 R141b 的低 8%。

六、超声强化传热小结与研究方向

（1）由于超声对传热的影响是一个极其复杂的过程且涉及多种机理，目前超声对传热的影响以及机理的分析主要依赖于实验研究。研究超声强化传热的实验主要集中在单相对流传热、过冷沸腾传热及少部分的饱和沸腾传热；大部分实验都采用蒸馏水作为研究介质；加热物体多为水平放置的铂丝和金属平板；实验中主要通过改变声强、方向、超声换能器与实验段的距离、声压、流体过冷度等实验参数来进行研究；基本使用低频定频超声波，频率范围主要集中在 20～60kHz。

（2）通过总结这些实验的现象和结果可以发现，在单相对流传热和过冷沸腾传热阶段，超声能使传热系数得到提高，尤其在单相对流传热阶段更为显著；在饱和沸腾传热阶段，超声虽能对传热产生一定的影响但效果并不明显，但会提高临界热流密度。

（3）今后的研究方向。

超声强化传热作为一种利用声场强化传热的技术手段，在强化和控制换热过程方面有应用前景，应结合实验研究和理论分析超声强化传热的作用机理，加大工程放大研究力度与进度，以尽快应用到工程与生产中去。主要研究方向包括：

① 不凝性气体在超声空化中的作用，超声空化作用对传热的影响。

② 超声声场参数如声强、频率等对传热的影响。

③ 声场（混响、驻波、脉冲等）及其参数与影响传热的因素间的协同理论与作用。

④ 超声存在下，传热介质性质对传热的影响。

⑤ 超声存在下，介质内添加表面活性剂或纳米颗粒的传热强化研究。

⑥ 根据传热学理论结合气泡动力学等理论，从理论上进一步完善超声强化传热机理，并建立相应的超声强化传热的数学模型或准则关联式，利于强化传热的工业放大及超声在换热器和电子器件冷却等实际工程应用。

第七节　超声强化蒸发与冷冻（制冷）过程

一、蒸发

1.水蒸气蒸发和冷凝的超声空化特性

研究空化气泡的运动行为是超声在液体中应用的非常重要的研究课题。空化气泡相当于一个换能器，在空化气泡膨胀过程中吸收声能并转化为其他形式的能量在溃灭的瞬间释放出来，形成局部空间内的高温和高压的极端环境。东北大学沈阳等[112]在 KyuichiYasui 模型方程的基础上考虑了气泡壁溃灭速度很大时对气泡外边界压力梯度的影响，建立了气泡动力学方程，更好地描述气泡在溃灭阶段的特征。重点考虑了水蒸气蒸发和冷凝对整个空化气泡运动过程的影响，得到不考虑水蒸气蒸发和冷凝的气泡动力学模型 1 的最高温度和最大压强分别为 27944K 和 9.9072GPa；考虑水蒸气蒸发和冷凝的气泡动力学模型 2 的最高温度和最大压强分别为 3303.7K 和 2.2342GPa。考虑水蒸气的蒸发和冷凝情况的空化气泡的最高温度和最大压强与实验测量结果近似，水蒸气的蒸发和冷凝对超声空化过程影响不可忽略。

2.超声强化蒸发过程

水分蒸发是化工行业常见的工艺过程，无论是化工产品生产中的蒸馏提纯，还是化工过程所需蒸馏水的制备，水分蒸发过程都是重要环节，需要进行严格的控制，以保证化工生产的正常进行。水的蒸发过程需要消耗大量的能量，应经济、高效地进行水分蒸发过程以提高化工生产整体经济性。北方民族大学刘尚宜等[113]研究了不同超声功率（0W，100W，150W，200W）对蒸馏水蒸发过程的影响。在同样环境条件下进行了蒸发对比实验。研究结果表明：①超声对蒸馏水的蒸发过程具有强化作用。在相同的蒸发温度下，施加超声的蒸馏水的蒸发速度高于无超声作用的蒸馏水蒸发速度，且蒸发速度随着超声功率的升高而增大；当超声功率在 150W 时，水的蒸发速度约为原来的 1.2 倍。其主要原因为超声的空化效应使得液体表面产生空化泡，空化泡破裂的雾化作用加速了蒸馏水的蒸发过程。②当超声功率保持不变时，蒸馏水蒸发速度随着温度的升高而加大。温度是影响蒸馏水蒸发的主要因素，但提升温度意味着能耗的增加。因此，应该综合考虑提升水温的能耗、超声作用的能耗、水蒸发强化收益等多方面因素，综合确定最佳蒸发温度和超声功率。

超声能够在液体内产生空化并使液体表面产生雾化，从而大大提高液体的蒸发表面积、湍动系数、压力降。新疆大学马空军等[114]以水-乙醇以及苯-乙醇二组分溶液的超声蒸发进行了蒸发动力学过程分析，结果表明声场能够促进溶液的蒸发，蒸发效率提高 2% ~ 6%，且两组分之间的体积分数越接近，蒸发速度随时间越容易表现出线性的变化关系。通过液气两相平衡、成核和挥发等过程的分析，认为声场强化溶液蒸发的作用机理是声场的空化效应。声场降低溶液的表面张力，从而降低了成核势垒，促进了液体内部的能量交换，增加了汽化成核概率，使溶液蒸发过程得以强化。声场强化液体蒸发效果随液体温度不同而不同；温度越高，声场强化效果越明显。在一定超声频率下，超声对液体蒸发效果存在一个最大声场功率密度值，超过此值，强化效果不但不增强反而减弱。

3. 超声强化蒸发器传热

在蒸发器中采用超声雾化技术，使液体表面产生雾化层，因而大大增加蒸发表面积，另外喷雾可以造成液体与周围气体产生相对运动，大大增加湍动系数。同时，超声空化作用不仅造成液体内部之间非常剧烈的湍动，使液体与周围气体压力差幅度加大，而且降低溶液的表面张力，从而降低了成核势垒，促进了液体内部的能量交换，使液体蒸发过程得以强化。超声波对于防止和去除加热室内的结垢具有明显的效果，从而进一步增加传热系数，使液体蒸发过程得以强化。因此，超声技术非常适用于糖类、黑液、石油等在蒸发过程中结垢严重的溶液浓缩。

为有效减少垢层，增加流体的湍流速度，提高传热系数，天津科技大学宋玉臣等[115]将超声源直接作用于蒸发器的加热室内，研究超声蒸发器强化传热性能。实验结果见图 4-44，表示不同功率与传热系数的关系，表明了传热系数随超声功率变

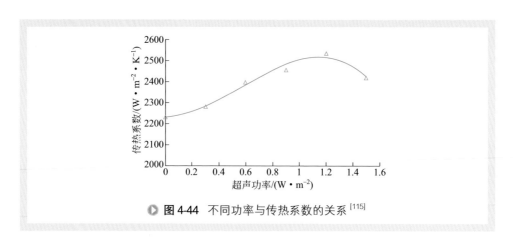

▶ 图 4-44　不同功率与传热系数的关系[115]

化的趋势。由图可见，随着超声功率的增大，传热系数呈现增大的趋势，当超声波功率达到 1.2W·m⁻² 时，传热系数达到最大值，之后略有减小。可能是：①超声可以在液体表面产生一层雾化带，增大了蒸发表面积，同时也增大了湍动系数；②超声使液体产生超声空化，这既造成液体内部之间非常剧烈的湍动，又降低溶液的表面张力，促进其内部能量交换，使蒸发过程得以强化；③超声的防结垢和除垢功能较明显，亦能增加传热系数。该实验表明，超声功率越大，对蒸发器的传热性能的强化作用越明显。

通过实验，对超声源直接作用于蒸发器加热室，得出结论如下：

① 进料温度、进料流量和超声功率增大，则传热系数 K 增大，蒸发传热性能增强。

② 进料温度与蒸汽温度的差值越大，则传热系数 K 呈现减小趋势，即蒸发传热性能呈现减弱的趋势。

③ 在改变进料温度的情况下，增加超声比不增加超声对蒸发性能效果更好。加入超声后，在进料温度较小时，传热性能强化效果明显，随着进料温度的增大，传热性能强化效果相对较弱。

④ 在改变进料流量以及改变进料温度与蒸汽温度的温差两种情况下，加入超声均比不加超声的传热性能要强。

⑤ 随着加入超声功率的增大，蒸发强化效果明显增强，但是当超声功率达到某一值时，强化效果略有减弱。

⑥ 翅片管式蒸发器的超声波可除霜。

湿冷地区运行的空气源热泵机组，室外蒸发器经常发生结霜现象。霜层的生长增加了蒸发器的换热热阻和气流流动阻力，使得机组的性能系数降低，运行能耗增加，甚至出现机组运行故障。为了保证机组的高效运行，需要对室外蒸发器进行周期性除霜。已有的除霜方法要么除霜能耗高，要么系统的热舒适性和可靠性低。因此，探索一种新的、低能耗的除霜技术对提高能源利用效率，实现节能减排目标具有重大意义。

Li 等 [116] 和 Tan 等 [117] 在超声除霜、除冰方面做了大量的探索性研究，并得出了一些有工程应用价值的试验性结论。但对于超声的除霜机理、超声技术在蒸发器除霜上的放大应用、超声除霜的能耗特性，以及翅片管式结构蒸发器的超声波除霜效果优化还研究分析不够。

西安交通大学谭海辉等 [118] 针对传统逆除霜技术能耗高、热舒适性差的问题，研究应用于翅片管式蒸发器的超声波除霜新技术。研发思路是通过对蒸发器加装振动传递结构（传振板），将超声换能器安装在蒸发器上，使得超声能量能够更多地由铜管传递到翅片上，以去除蒸发器表面结霜。为明确超声在翅片管式蒸发器中的传播特性，应计算结霜蒸发器中的频散曲线并对蒸发器中存在的超声导波模态进行分析，明确超声导波模态在不同介质中的转化规律。

分析结果表明当超声激励频率小于 200kHz 时，超声经传振板、铜管、翅片与霜层界面，在翅片表面主要激发了 Lamb 波的 A0、S0 模态和 SH 波的 SH0 模态。这两种模态在翅片与霜层界面处产生破碎和剪切两种应力，如果这两种应力能克服霜层的黏附应力，就能实现空气源热泵的无霜运行。从蒸发器超声除霜试验看出，施加超声后，掉落的霜晶体在蒸发器底下形成了霜堆，翅片表面基本无结霜。表明超声波能够除掉蒸发器表面一定区域内的结霜，其除霜能耗是传统逆除霜技术能耗的 1/88 ~ 1/22，其除霜效率是逆向除霜效率的 7 ~ 29 倍 [118]。

二、冷冻

1. 超声对液滴冻结特性 [117]

超声强化冷冻技术在食品工程、制冰、医疗等领域得到了越来越广泛的应用，其潜在的发展前景很被看好。拟开发一种新的脱盐方法，即利用超声辅助冷液直接冻结液滴。它可以强化这种冷冻过程，并获得更多的淡水。在这些应用中，均需了解超声对冻结和冻结演化的影响及此过程的机理。

在超声辅助冷冻过程中，虽然超声冷冻机理尚不清楚，但进行了大量的实验研究。Saclier 等 [119] 分析了最终冷冻产品冰晶特性与超声辅助冷冻操作条件（过冷度和声功率）之间的关系。研究表明，增加过冷度和声功率可以降低冰晶的平均粒径，增加圆度。Yu 等 [120] 研究了超声对纯水和脱气水成核的影响。结果表明，超声引起的密度、能量和温度的空化和涨落是影响水成核的因素。超声振动产生的过冷水中的空化气泡会引起冰晶的成核。通常，由于空化气泡的瞬变性、小尺寸及大种群，在实验中很难直接观察到汽蚀事件。因此，超声诱导冰核成核的确切机制仍在讨论研究中。

为了进一步明确超声强化液滴冻结，Gao 等 [121] 在有、无超声作用下分析了液滴的冻结成核自由能。基于超声理论、传质穿透理论和能量守恒原理，建立了数学模型，研究液滴凝固过程、液滴在冻结过程中不同液滴半径的固 - 液界面位置，以反映冻结过程。

从上述理论分析中，超声对液滴凝固的质量和传热有影响，超声作用下液滴温度的变化最终会改变这种机理，传质有利于液滴冷却和冻结。因此，选择液滴温度的变化作为实验的主要参数来评价该理论在实验中的有效性。

实验分析了超声作用液滴的冻结成核自由能，表明超声波从微观角度有利于液滴冻结。图 4-45[121] 为不同超声强度下临界成核自由能的变化。实验条件为：液滴半径为 0.02m，初始温度为 10℃，气体速度为 0.08m·s^{-1}，超声频率为 20kHz。由图 4-45 可知，随着超声强度的增加，临界成核自由能降低。较大超声强度有利于成核和液滴冻结。同时，超声与无超声相比，临界成核自由能显著降低。

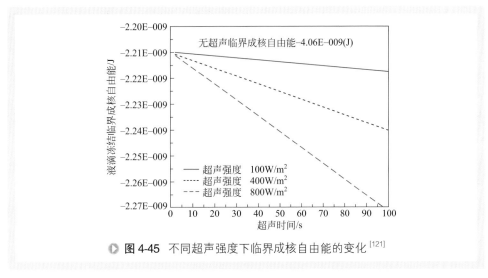

● **图 4-45** 不同超声强度下临界成核自由能的变化[121]

实验条件同上。图 4-46[121] 为不同超声频率下的临界成核自由能的变化。从图 4-46 中，我们发现临界成核自由能随着超声频率的增加而降低。结果表明，较高超声频率有利于成核和液滴冻结。图 4-45 和图 4-46 表明较高超声频率和较大超声强度有利于冻结成核，因此在冷冻工程辅助冻结中，超声波应确定合适的超声频率和超声强度。

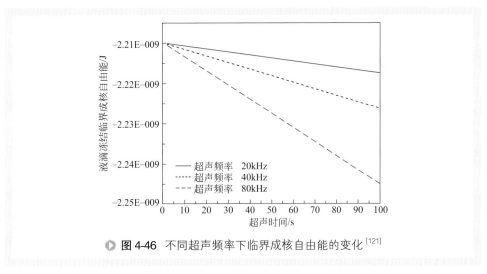

● **图 4-46** 不同超声频率下临界成核自由能的变化[121]

当液滴半径为 0.004m 时，初始液滴温度为 10℃，超声频率为 20kHz，超声和非超声作用下液滴温度的变化如图 4-47[121] 所示。结果表明，在超声作用下，液滴温度急剧下降。超声空化有利于传热。同时，在一定的超声强度下，液滴温度下降很快。超声辅助冷冻效果良好。总的来说，超声作用下的液滴温度降低了 2 ～ 2.5℃。

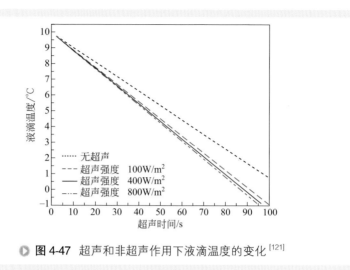

结果表明，超声有利于液滴冻结，从而可以推断液滴的冻结成核自由能的变化。超声频率越大，冻结成核自由能越小，超声强度越大，液滴越容易冷却和冻结。低频超声可以满足液滴冻结要求。超声作用下界面处的传质系数随着超声强度的增加而增大，但随超声频率的增加而减小；在液滴冷却冻结过程中，传质与传热的方向相同，液滴的冷却冻结在超声作用下得到了强化。因此，在超声强化冷冻过程中，应优先考虑低频超声，以制得较大的功率超声。研究结果可为超声液滴冻结提供理论依据和指导，为冰蓄冷、冷冻脱盐和冷却领域的研究带来新的思路和启示。

2. 食品冷冻强化

James[122]虽然相对较早的时间就提出超声强化解冻过程，强化冷冻的应用则是最近才出现的。Zheng 和 Delgado 等[123,124]提出利用功率超声，一种具有低声频（18～100kHz）和高声强（通常高于 1W·cm⁻²）的超声形式强化冷冻，并发表了超声辅助冷冻原理综述与冷冻手册。

理论上，超声会在整个产品中产生空化气泡，从而促进更均匀的冰核形成，并将已存在的冰晶碎片破碎成更小的晶体。它还可以加速冷却介质中的对流换热，从而加速冻结过程。超声会使某些酶失活，故可能消除某些产品在冷冻前烫漂的情况。许多研究还表明，超声能降低冷冻食品成核前的过冷度。Comandini 等[125]发现超声通过降低过冷度降低了浸没的冷冻马铃薯或草莓样品的总冻结时间，从而缩短了成核前的时间，然而，超声在两个研究中都增加了相变时间。而在面团冷冻研究中发现，超声可以减少相变时间（以及所有其他冻结阶段的时间）。

表 4-3 介绍了关于超声强化冷冻一系列食物的应用。冰淇淋生产前的超声预处理表明可以减少冻结时间，增加气体溢出，并改善感官特性。在生产冰棒的过程中，功率超声的应用导致冰晶更小，晶体尺寸分布更均匀。虽然小晶体使产品难以

咬合，但它却有力地改善了冰块与支撑木棒的黏合性。

表4-3　2002年以来使用超声辅助食品冷冻发表的重要文献[122]

物质	条件	结果	参考文献
土豆	浸入，乙二醇溶液，–18℃ 或 –20℃，循环	较快冷冻速率；较好细胞结构	Li 和 Sun, 2002b；Sun 和 Li, 2003
苹果	浸入，乙二醇溶液，–25℃ 循环	较快冷冻速率	Delgado 等, 2009
水	浸入，乙二醇溶液，–20℃ 循环	触发冰成核	Kiani 等, 2011；Yu 等, 2012
蔗糖溶液	浸入，乙二醇溶液，–20℃ 循环	触发冰成核	
Agar 胶	浸入，乙二醇溶液，–20℃ 循环	触发冰成核；减小冰晶尺寸	Kiani 等, 2011
生面团	浸入，乙二醇溶液，–20℃ 循环，产品在玻璃容器冷冻	触发冰成核；改进弹性；得到较小冰晶	Kiani 等, 2011, 2012a, 2013a
土豆	浸入，乙二醇溶液，–6℃无搅拌，随后在 –45℃ 下传统冷冻	较快冷冻速率；减少过冷度；增加相转变时间	Hu 等, 2013
西兰花	浸入，氯化钙溶液，–25℃ 循环 1L·min⁻¹	较快冷冻速率；较好的组织性质，L–抗坏血酸含量；改进汁液流失	Xin 等, 2014a、b
蘑菇	浸入，乙二醇溶液，–25℃ 循环 1L·min⁻¹	较快冷冻速率；改进汁液流失，颜色和组织；减少酶活	Islam 等, 2014
草莓	浸入，氯化钙溶液，–25℃ 循环	较快冷冻速率；减少过冷度；增加相转变时间	Cheng 等, 2014

Li 和 Sun[126] 的马铃薯棒实验已经表明，超声辅助浸入冷冻（15.85W）与无超声的浸泡冷冻相比显著地将冷冻时间（在本研究中确定从 1℃升到 7℃的时间）降低 14%。用冷冻电镜技术对马铃薯组织的显微结构进行分析，发现超声强化冷冻后，马铃薯组织的细胞结构更完整，细胞间空隙更小，细胞破坏较少。这归因于在高超声水平下获得的高凝固速率，从而控制了胞内小冰晶的形成。在苹果条上也获得类似的结果，在这项研究中，相比于没有超声的浸泡冷冻，冷冻时间减少了 8%。从冷冻曲线的分析中也观察到了超声对初级成核影响。

Xin 等研究 [127a,127b] 表明超声冷冻在花椰菜浸泡冷冻中使用的声强可能是关键因素。在选定的声强范围内，在氯化钙盐水溶液中浸泡，在 $0.250 \sim 0.412 \mathrm{W \cdot cm^{-2}}$ 范围内缩短了冷冻时间（约 14%），减少了和细胞壁结合的钙含量损失。与氯化钙盐水中的非辅助浸渍冷冻相比，更好地保留了质地、颜色和抗坏血酸（维生素 C）含量，并且通过应用超声冷冻显著降低了汁液损失。然而，当超出声强范围时，超声冷冻花椰菜的冷冻时间较长，质量低于非辅助浸没冷冻样品。通过继续研究，建立了在花椰菜样品冷冻过程中不同阶段（预冷、相变和过冷阶段）的工艺条件，在冷冻花椰菜过程中得到最快的冻结时间和最佳质量属性。

为了在生产高品质冷冻干燥产品的同时进一步降低干燥过程中的能耗与成本，南京财经大学陈立夫等 [128] 以双孢蘑菇为研究对象，以冷冻和冷冻干燥过程中双孢蘑菇的共晶点、共熔点、冻干温度及冻干产品的质构、微观结构、色泽和营养品质为考察指标，研究普通渗透和超声强化渗透处理对冷冻干燥双孢蘑菇冻干效率和品质的影响。结果表明，与新鲜样品相比，经超声强化渗透处理 45min 后，样品冷冻时间和冷冻干燥时间分别缩短了 21.24% 和 28.62%，并且其冻干产品的可滴定酸、总蛋白质以及多酚等营养物质的保留率高于普通渗透 120min 处理组。此外，与普通渗透 120min 处理组相比，超声强化渗透 45min 处理组冻干样品复水比、硬度更高，其微观结构更加接近于未经渗透处理的冻干样品。因此，45min 超声处理对双孢蘑菇的干燥效率和干燥品质起到了显著提升效果。该研究为超声辅助渗透前处理的冷冻干燥进一步工业化应用以及深度开发提供了实验依据。虽然 Zheng 和 Sun[123] 提出了将超声器件集成到商用冷冻机（如鼓风和平板冷冻机）的可能方法，但目前还未有任何商业规模的超声辅助冷冻装置。

3. 制冷系统强化

随着全球气候变暖，夏季空调用电逐渐增加，电力资源紧缺加剧，与电综合制冷空调相比，溴化锂溶液工作介质的太阳能吸收产品以太阳能热水作为驱动能量。后者不仅具有优良的季节性设计，而且不产生温室气体，其工作介质对环境无污染。目前，许多太阳能空调示范应用项目已投入运行。但由于太阳能在时间和空间上分布不均，太阳能集热器在光照不足或恶劣天气条件下显示出较低的输出温度。传统的低品位太阳能驱动的单效吸收式制冷系统（ARS）由于低性能系数（COP）在低于 80℃的热源驱动时不能有效运行。在这种情况下，大多数商业吸收制冷产品不能用太阳能热水单独运行，并需要辅助热源（气体或电）来提高水温。然而，这样的能源应用导致非太阳能部分与太阳能 ARS 的驱动能量的比率更大，降低了环境友好性能，并且违背了太阳能空调的设计初衷。

因此，实现低品位太阳能热水的有效利用是开发和推广太阳能 ARS 的重中之重。在商业 ARS 与溴化锂溶液工作介质的传质过程中，当驱动热源出现高温时，传质的瓶颈主要出现在溴化锂溶液的蒸汽吸收过程中。当驱动热源出现低温时，发生器的溴化锂溶液中的冷却剂水蒸发是传质的主要瓶颈。

针对上述方法的缺点，研究人员试图加强超声蒸馏解吸过程中的传递。在超声气隙膜蒸馏研究中，Zhu 等 [129] 得到了结论：超声激发提高了膜蒸馏的质量流量，随着超声功率的增大，其值增大。Liu 等 [130] 应用超声强化真空膜溶解氧解吸传质。结果表明，超声波增强了膜传质性能。在相同的真空度下，传递系数随超声强度的增大而增大，真空度越大，传递速率越大。由于制冷剂水在 As 中的分离和传质是高真空度下的蒸馏过程，因此采用超声强化制冷剂水的传质是可行的。

Han 等 [131] 采用超声技术在低品位太阳热水驱动的 ARS 中进行了实验研究，并通过超声研究了冷凝器水蒸发传质强化机理。旨在为太阳能电池中的超声强化提供有用的数据。由图 4-48 可知，在相同的加热时间下，无论是超声还是电加热棒，驱动热源的溶液含量和温度都表现出相似的线性关系。然而，当电加热棒作为辅助加热器时，强化效果与棒产生的热量与总驱动能量的比值有关。比值越大，强化效果越好。当超声用于强化溴化锂溶液的传质时，在一定时间内转移增量相对稳定，加热温度对强化效果的影响不如辅助加热炉明显，但总体效果优于同等功率下的辅助热源。

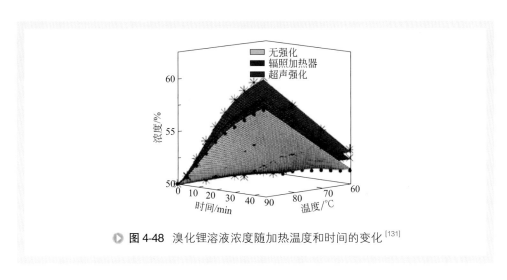

▶ **图 4-48** 溴化锂溶液浓度随加热温度和时间的变化 [131]

溴化锂溶液的沸腾传质与溶液的含量密切相关：较高的含量随着较大的转移阻力而增加，导致冷却剂水的蒸发困难，因此需要驱动较高温度的热源来提高冷却剂水的传质速率。当热源温度较低时，发电机内冷却剂水的蒸发质量通量低于吸收器的蒸发质量通量，因此提高低品位热源驱动的 ARS 发生器的蒸发传质是非常重要的。

对于 80℃驱动热源下的冷却剂水，蒸发质量通量的变化如图 4-49 所示，曲线的上升部分表明溶液从过冷状态转变为饱和沸腾。当溶液浓度达到约 52% 时，溶液进入饱和沸腾状态。同时，溶液含量越低，质量通量越大；此外，随着浓度的增加，通量逐渐减小。在相同溶液浓度的情况下，超声冷却剂水的通量高于相同功率的辅助加热器的通量。因此，当相同浓度的溴化锂溶液进入发生器时，在相同的溶液循环中，超声下的溶液在出口处显示出较高的浓度。声波不仅能增加冷却剂水的质量通量，而且可提高溴化锂溶液进入吸收剂的含量。吸收剂中溴化锂溶液浓度越高，溶液的吸收能力越强。因此，上述浓度的增加也对吸收剂的蒸汽具有更好的吸收能力。

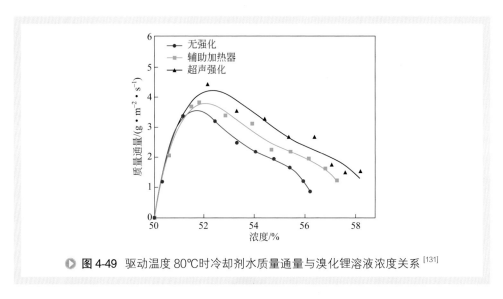

▶ **图 4-49** 驱动温度 80℃时冷却剂水质量通量与溴化锂溶液浓度关系 [131]

随着溴化锂溶液含量的恒定，冷热源水的质量通量随热源温度的升高而增大。图 4-50 显示了在溴化锂溶液含量为 53% 时，上述通量随温度的变化。超声波的传质强化效果总是优于辅助加热器的传质效果。在较高的含量下，前者明显优于后者。

华南理工大学汤勇等 [132] 研究了超声强化传质方法对吸收式制冷系统工质溴化锂溶液中冷剂水的沸腾传质过程的影响。结果发现：超声对该冷剂水的传质过程有

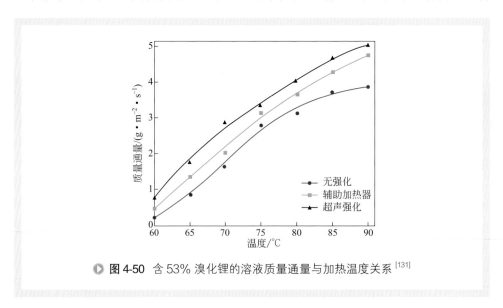

▶ **图 4-50** 含 53% 溴化锂的溶液质量通量与加热温度关系 [131]

明显的强化作用，初始阶段强化效果最好，随着系统达到平衡，强化效果逐渐减弱并趋于稳定；对于以 50% 溴化锂溶液为工质、初始压强约 800Pa 的制冷系统，加热热源温度在 65 ~ 80℃时，超声对冷剂水传质过程的强化率可达到 20% ~ 60%，且热源温度越低强化效果越显著；使用超声强化传质的方法可以有效提高低温热源驱动下的溴化锂吸收式制冷机的制冷效率，在吸收式空调制冷系数不变的前提下，使用超声强化可以等效认为使驱动热源温度降低 5℃，且不会影响系统的稳定运行。该方法适用于低温热水驱动的太阳能吸收式制冷系统，能增强太阳能空调的制冷性能。

第八节　超声强化干燥过程

干燥通常被定义为由于热量和质量的同时转移而从材料中去除水分，故干燥过程大多与脱水目的相联系。在化工、食品、医药等过程工程领域需采用干燥技术得到所需产品 [133,134]。

由于超声强化传质、传热效果明显，因此在农产品加工、食品干燥领域的应用也越来越广泛。超声可通过改变物料微观结构，促进干燥过程的水分迁移，加快干燥速率，降低干燥温度，缩短干燥时间，减少干制品质量损失，可与其他干燥方式耦合，用于不同种类产品的强化干燥，在农产品加工业和食品工业中有巨大的应用潜能和广阔的发展空间。

一、超声强化食品干燥

（一）超声食品干燥作用机理[134]

超声波是频率大于 20kHz 的声波，是在介质中传播的弹性机械震荡波。超声与介质相互作用产生的热效应、机械效应和空化效应会强化物料的干燥过程。

（1）热效应　超声在物料中传播产生的振动能量不断被物料吸收，从而使被干燥物料温度升高，干燥过程加快。

（2）机械效应　超声振动的声压强会作用于物料，使物料不断收缩和膨胀，当这种结构效应产生的作用力大于水分表面附着力时会促进物料的被渗透与水分脱除过程。同时，超声在固 - 液界面和气 - 固界面产生的剧烈扰动有利于形成微小管道，促进水分的迁移，表面产生的微射流会造成水分子与固体表面分子间结合键的断裂，有利于除去与物料紧密结合的水分。

（3）空化效应　超声在液体中传播时，空化泡崩溃产生的冲击波会引起水分子湍流扩散，破坏细胞结构，还会使组织局部加热，空化效应是超声干燥的主要效应。

Oliveira 等 [135] 提出超声能量可用于干燥过程中，因为能够通过超声高振幅振动产生浓度梯度、扩散系数或边界层的变化来强化材料中的传热和传质过程，从而能够不用显著地加热产品而去除水分。

（二）超声对食品多种干燥过程强化

1. 超声强化渗透脱水 [136]

渗透脱水技术一般用于果蔬干燥预处理、果脯和浓缩果汁的加工等，可抑制农产品发生褐变，有助于维持产品品质，但单纯采用该技术干燥农产品所需干燥时间较长，因此可将超声用于果蔬的渗透脱水，以提高脱水速率，并使营养成分得到较好的保留。通过将原料浸入高渗溶液（具有高浓度的糖、氯化钠、山梨糖醇、甘油等溶液）中进行。该方法基于生物材料细胞膜渗透的自然现象，在渗透脱水过程中，水向食物材料外部流动，高渗溶液中的物质进入到产品中。由于细胞膜不是完全选择性的，所以存在于细胞中的溶质（有机酸、糖、矿物质、香料和着色剂）可以与水一起进入高渗溶液。

在食品处理技术中，主要利用具有高功率和低频率（20 ～ 100kHz）的功率超声来诱发空化效应的能力，这会影响材料的理化和生化性质，特别是对细胞结构的破坏。超声波对植物的作用导致组织收缩与水的去除，并产生类似于"挤压"海绵的效果。这一过程有助于形成微观通道，并改善渗透溶液到脱水材料的胞间空间的毛细管流。近年来，已经提出了许多研究，将超声强化渗透效应作为渗透脱水的一种替代方案，使得在较低温度下进行该过程。

Shamaei 等 [136] 比较蔓越莓渗透脱水过程中低频（35kHz）和高频（130kHz）的超声影响。结果表明，从保持脱水材料的硬度和颜色来看，使用较低强度的声波更为可取；高频超声的使用导致了许多裂纹和结构损伤，而使用较温和的条件会形成少量的微通道。

Nowacka 等 [137] 用 35kHz 的超声分别处理猕猴桃片 10min、20min、30min，然后将猕猴桃片浸没于温度 25℃、浓度 61.5%（质量分数）蔗糖溶液中 0min、10min、20min、30min、60min、120min。利用扫描电镜对处理后的猕猴桃片检测，结果表明超声处理 10min 后会使猕猴桃细胞膜间形成微通道，提高猕猴桃的传质速率。不仅超声波作用时间会对渗透脱水过程产生影响，超声功率大小也会对渗透脱水过程产生影响。作者还证实，猕猴桃最初暴露于 35kHz 的超声频率下 30min，与未经超声处理的对照组相比，质量增加 45%。作者观察到猕猴桃组织结构有明显变化，这与平均横截面积的增加有关。

选择适当的超声处理参数很重要。在超声处理期间，空化效应释放的热能可能导致组织局部加热，这可能取决于所采用的处理顺序、时间、功率和脉冲频率。需要指出的是，超声渗透脱水得到的产品仍具有一定的含水率，难以实现长期保藏，还需采取热风干燥或冷冻干燥等方法进一步除去物料中的水分。

2. 超声强化热风干燥

热风干燥作为一种主要的干燥技术被广泛应用于食品、化工、材料、医药、农业等领域，90%以上的脱水食品的生产采用热风干燥。与真空干燥、冷冻干燥和喷雾干燥等技术相比，热风干燥具有设备简单、投资低、干燥工艺参数易控、自动化程度较高等优点。但热风干燥也存在传热传质效率低、干燥时间长、能耗偏高、产品质量低等亟待解决的问题。为了提高热风干燥的效率，通常需要在较高的干燥温度下（70～85℃）进行。但高温对食品中的许多热敏性成分和生理活性成分不利，导致产品质量下降，如营养物质和芳香物质损失、功效成分的失活、表面硬化开裂、过度收缩、低复水性和明显的颜色改变等；另一方面也显著增加了能耗。同时，较长的热风干燥过程极易引起微生物的滋生与繁殖，特别是食品的腐败变质。

将超声用于热风干燥可降低热风干燥温度，减少耗能，提高热风干燥效率。Bantle[138]利用超声-热风干燥鳕鱼，当超声强度为 $25W \cdot kg^{-1}$，干燥温度为43℃时，超声可使热风干燥时间缩短43%。

将超声应用于热风干燥还有利于营养成分的保留，这是因为超声可降低果蔬的外部传质阻力，同时表面水分蒸发速率提高，干燥时间缩短，因此营养成分受热破坏较小，保留量较高。在超声-热风干燥过程中，干燥时间不仅受温度、风速的影响，超声功率同样会对干燥过程产生影响。研究表明，在一定范围内，超声功率越大，热风干燥时间越短。Kowalski[139]研究了空气超声的外部作用对生物湿物料干燥的影响。该研究通过超声强化对流干燥来确定水果和蔬菜等产品的干燥效果，还

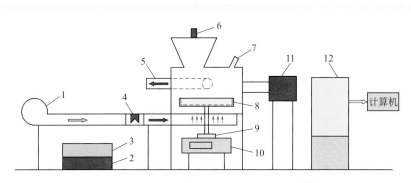

▶ **图 4-51 超声辅助混合干燥机示意图**[139]

1—风扇；2—超声发生器；3—超声馈线；4—电加热器；5—空气出口；
6—超声换能器；7—高温计；8—旋转样品盘；9—驱动盘；10—秤；
11—微波发生器；12—控制柜

考虑功率超声引起的振动和加热效应。利用超声辅助混合干燥机进行了实验测试，见图 4-51。

由图 4-52 可见，换能器（Transducer）产生的超声波在空气中传播 L 长度到达放置在旋转样品盘上的饱和多孔介质。气压和密度随超声波而变化，从热力学的角度看是一个绝热过程，压缩过程中的温度总是显著地高于膨胀状态的温度。图 4-53 表示了在温度 50℃、湿度 20% 时有无超声强化的对流干燥效果（湿含量）比较。实验结果表明，超声对果蔬对流干燥过程的加速有积极的影响。超声的应用显著强化水分传输和减少干燥材料加热量，从而有助于缩短干燥时间和提高产品质量。结果表明，干燥空气的温度和速度是影响纯对流干燥（CV）效果的重要参数，但由于超声场受它们影响，而对超声强化对流干燥不利。超声对流干燥的强化明显影响干燥速率，而干燥产物温度没有显著升高。这样的干燥过程对干燥产品的质量有积极的影响，除此之外，水的总颜色变化和低水活性值证明了其对微

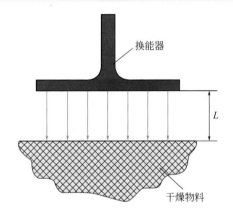

▶ **图 4-52** 超声换能器产生的超声波 [139]

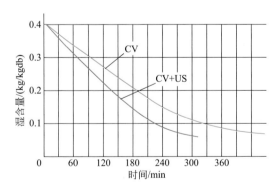

▶ **图 4-53** 对流干燥（CV）（温度 50℃，湿度 20%）和用超声强化对流干燥（CV+US）的苹果干燥曲线比较 [139]

生物稳定的安全性。

Kowalski[139] 建立的干燥数学模型成功地模拟了实际干燥过程，包括干燥速率和物料收缩。通过数值计算确定的动力学参数证明了超声对对流干燥强化的积极影响。

超声预处理对苹果、草莓、香蕉、菜花、辣椒、芒果、甜瓜、蘑菇、橘皮、番木瓜、梨、菠萝等的干燥特性的影响已经被研究过。Tüfekçi 等 [140] 研究了热风干燥前超声波对秋葵片干燥和复水动力学、复水率和微观结构的影响。所选择的影响参数是超声预处理时间（10min、20min 和 30min）、超声振幅（55% 和 100%）和干燥空气的温度（60℃ 和 70℃）。在实验中使用 5mm 厚的圆柱形黄秋葵薄片。将样品浸入水中，在超声下进行预处理，采用 20kHz 频率与 200W 功率。预处理样品在托盘干燥机中干燥，干燥速度为 0.3m·s⁻¹。与热处理前相比，用超声预处理的样品与未处理的样品相比需更短的干燥时间。预处理样品的干燥时间随超声振幅的增加而缩短。对于在 100℃ 下施加 20min 超声，继而在 60℃ 下干燥的样品，将秋葵片的水分含量从初始值降低到 0.1g 水 /g 干物质所需的干燥时间缩短 45min，得到 60℃ 干燥的样品上干燥时间最有效的超声预处理条件。

3. 超声强化冷冻干燥[134]

冷冻干燥技术在食品、药品、农产品加工业中的应用越来越广泛，与其他干燥方法相比，它具有以下特点。

① 冷冻干燥在低温下进行，且处于高真空状态，酶和细菌不滋生及食品不变质、不氧化、营养损失少，特别适用于热敏性高和极易氧化的食品的干燥。

② 干燥过程避免了物料变形，能保持原有固体骨架结构，干燥后物料呈海绵状，具有多孔结构，能快速吸水至原有状态，复水后更接近新鲜食品。

③ 冷冻干燥产品价格高、设备投资大、成本高，制约了其在食品中的应用。这是目前冷冻干燥技术所面临的主要问题 [141]。

冷冻干燥又称升华干燥。即将含水物料冷冻到冰点以下，使水转变成冰，然后在较高真空下将冰转变为蒸汽而除去的干燥方法。而真空冷冻干燥是将湿物料冻结到共晶点温度以下，然后在较高真空度下使固态冰直接升华成气态水蒸气而除去水分的一种干燥方法。真空冷冻干燥是在低温低压下的传热传质过程，适用于极为热敏以及极易氧化食品的干燥，用此方法干燥能够使产品形成稳定的固体骨架，有利于保持食品的营养成分和风味，同时冻干食品有较好的复水性 [142]。

冷冻干燥与真空冷冻干燥都属于低温干燥类型，只不过真空低温干燥在同样的干燥温度下可获得更高的干燥度及更快的干燥速度，同时可以很好地保护被干燥物料，但与后者相比，外围配置复杂，动力消耗较大。

目前，常用的干燥预处理方法有渗透、微波、超声波、真空冷却、高压脉冲电场和冻融预处理等。由于超声波有助于除去物料中的结合水，因此将超声波用于冷冻干燥可显著提高物料在低温下的水分扩散，从而促进冷冻干燥过程。

超声强化冷冻干燥可提高干制品品质。杨菊芳等发现，在最适合的超声条件下，酸奶的干燥时间可缩短 64.7%。同样，利用超声波 - 冷冻干燥鳕鱼，鳕鱼的传质能力提高，干燥时间缩短，干制品的复水率提高。Santacatalina 等发现，超声预处理使苹果在干燥过程中水分有效扩散系数和传质系数分别提高至冷冻干燥的 501% 和 148%，同时苹果的总酚含量、类黄酮含量等营养成分得到了较好的保留，抗氧化能力未受到显著影响。此外，有同样研究表明超声波 - 冷冻干燥后的苹果片颜色更加洁白，维生素 C 保留量更高。因此，超声波强化冷冻干燥有利于得到品质更高的干制品 [134]。

超声的功率、频率和作用时间均影响物料干燥速率，不同因素影响效果不同，且同种因素对不同物料影响也不同。超声功率越大，能量就越大，物料的机械作用强度就越大。但功率过大会导致细胞破裂，使预冻过程中冰晶分布不均，影响升华干燥的进行；频率对物料干燥速率的影响主要是当适当频率的超声波所产生的空化效应与物料组织破碎的振幅接近时，易产生共振效果，物料内部形成较好的升华通道，有利于干燥时脱水。

4. 超声强化真空干燥

真空干燥作为一种传统的干燥技术，最主要的特点是可实现低温低氧干燥，在干燥领域得到了广泛关注；然而，真空干燥同时存在干燥时间长、干燥效率低等不足，从而限制了真空干燥技术在农产品干燥产业中的应用。物料干燥过程中决定干燥速率快慢的两个控制因素是内部水分扩散和表面汽化扩散，若在真空干燥过程中，采取辅助措施以降低内部扩散阻力及改变表面对流状态，如超声，则有助于提高真空干燥速率，缩短干燥时间。

真空干燥可以提高物料干燥过程中水分扩散速率及传质传热速率，Baslar 等利用真空干燥、超声真空干燥以及烘干处理鱼片的研究表明，超声可进一步提高鱼片在干燥过程中的传质传热速率，缩短干燥时间。虽然超声真空干燥耗能高于真空干燥，但超声真空干燥所需干燥温度低，干燥时间短，因此与烘干相比更加经济，在食品干燥工业中有巨大的应用潜力 [134]。

河南科技大学马怡童等 [143] 为研究超声对真空干燥黏稠食品物料的强化效应，搭建了一套真空超声干燥设备（图 4-54），以全蛋液为研究对象，进行超声强化真空干燥实验，探讨超声声能密度、超声作用时间、干燥温度对全蛋液干燥特性及微观结构的影响，并建立动力学模型。结果表明：超声波作用可强化物料内部传质过程，提高干燥速率，且超声强化效应随着声能密度的增大而增强。此外，超声作用时间不宜过长，当干燥温度为 50℃，超声声能密度为 2.0W・g^{-1}，持续作用 2.5h 之后，进一步延长超声作用时间对全蛋液干燥过程的强化效果不明显。扫描电子显微镜结果发现，超声处理会使物料组织间隙增大、连通性增强，同时形成更多的微细孔道，降低水分扩散阻力。非线性拟合研究认为 Page 模型可用来描述全蛋液超声

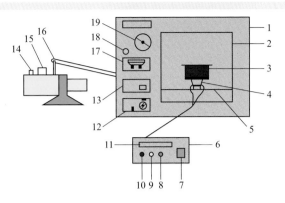

图 4-54 超声强化真空干燥装置[143]

1—箱体；2—内胆；3—超声波接收装置；4—超声波换能器；5—隔板；6—超声波发生器；
7—超声波发生器电源开关；8—扫频开关；9—设定时间按钮；10—设定功率按钮；11—电子显示
屏；12—真空阀；13—电源开关；14—气镇阀；15—排气口；16—进气嘴；17—温度控制器；
18—放气阀；19—真空表

真空干燥过程中水分比的变化规律。以 Fick 扩散定律为依据，确定全蛋液干燥传热传质有效水分扩散系数（Deff）的变化范围为：$1.6456 \times 10^{-9} \sim 6.5497 \times 10^{-9} \mathrm{m^2 \cdot s^{-1}}$，且随着温度及超声波能密度的增大而增大。由 Arrhenius 方程建立有效水分扩散系数与温度的关系，得到全蛋液水分活化能为 $16.1512 \mathrm{kJ \cdot mol^{-1}}$。

5. 超声强化红外干燥

红外辐射干燥，是一种新兴果蔬干燥技术，具有高效、节能和环保的特点。预处理技术，包括微波、热烫、超声和渗透脱水等，可以缩短干燥时间，减小干燥成本，提高干燥产品品质，成为近年来果蔬干燥的研究热点。

为了探索直触式超声强化远红外辐射干燥的干燥特性，刘云宏等[144]以南瓜片为试材，利用超声 - 远红外辐射干燥设备（图 4-55），研究了不同超声功率及远红外辐射温度对干燥时间、干燥速率、扩散系数、微观结构以及能耗的影响。结果表明，远红外辐射板温度越高，物料吸收的能量越多，热效率及温升速率越高，干燥速率越快，干燥时间越短。当辐射板温度为 200℃时，超声功率为 30W、60W 时的干燥时间比未加超声所需干燥时间分别缩短了 13.3%、26.7%，平均干燥速率分别提高了 15.2%、36.1%，说明将物料置于超声振动盘上进行直接超声作用，可有效促进物料内部的传质过程，提高干燥速率。

南瓜片超声 - 远红外辐射干燥的有效水分扩散系数值在 $0.98 \times 10^{-9} \sim 2.85 \times 10^{-9}$ $\mathrm{m^2 \cdot s^{-1}}$ 之间；采用直触式超声技术对远红外辐射干燥过程进行强化，可降低干燥能耗 $6.67\% \sim 20.21\%$。远红外辐射温度在 $200 \sim 240℃$、超声功率在 $30 \sim 60W$ 时，可以实现较快的干燥速率、较低的干燥能耗。图 4-56 为南瓜片表面微观结构的电镜图，由图 4-56 可见：提高超声功率有助于增强超声的空化效应及机械效应，促进超声传播及扩展超声影响区域，从而增加物料表面与物料内部的微细孔道尺寸与数量；远红外辐射加热除对物料表面进行加热外，还能穿入物料 1 ~ 2mm 进行内部加热，提高远红外辐射温度会导致物料表面及物料内部热源区域中微细管道的扩张与增多；将远红外辐射加热技术与超声强化技术同时应用于干燥过程，可增加物料内部区域的微孔数目与孔径，进而强化物料内部质热传递。

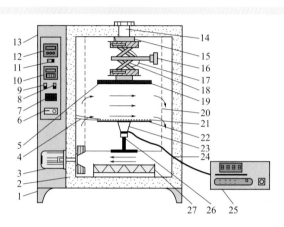

▶ **图 4-55** 超声 - 远红外辐射干燥设备[144]

1—干燥箱支架；2—隔热层；3—风机；4—热电偶；5—温度传感器；6—电源开关；7—物料温度显示面板；8—辅助加热开关；9—风机控制器；10—干燥箱温度调节面板；11—远红外辐射板开关；12—辐射板温度显示调节面板；13—箱体；14—排气孔；15—伸缩架紧固螺钉；16—旋钮；17—辐射板电缆线；18—伸缩架；19—远红外辐射板；20—干燥室；21—物料；22—超声振动盘；23—换能器；24—电缆线；25—超声波发生器；26—换能器支架；27—电加热器

(a) 无超声

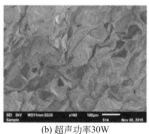
(b) 超声功率30W

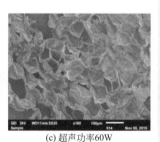
(c) 超声功率60W

▶ **图 4-56** 超声作用的南瓜片表面微观结构电镜图[144]

注：辐射板温度为 160℃；图（a）~（c）的放大倍数为 160 倍

中国农业科学院张鹏飞等[145]为探究超声及超声渗透预处理对桃片水分迁移及红外辐射干燥特性的影响，经超声及超声渗透 30min 和 60min 预处理后，进行红外辐射 80℃干燥处理，采用低场核磁共振技术测定预处理后桃片横向弛豫时间 T_2

图谱，分析水分状态及分布变化，得到干燥特性曲线，并分析水分状态及分布对干燥特性的影响。

实验结果表明：①超声预处理对桃片内部水分含量影响较小，但可降低可溶性固形物含量。超声渗透预处理可明显降低桃片内部水分含量，麦芽糖的渗入使固形物含量增加。②超声预处理和超声渗透预处理均可改变桃片内部水分状态和分布。超声预处理后，桃片不易流动水和自由水弛豫时间增加，水分流动性和自由度增加。超声渗透预处理后，桃片结合水、不易流动水及自由水弛豫时间均减小，且自由水含量明显降低，而不易流动水及结合水含量相对升高，从而降低干燥速率，减小水分有效扩散系数。③超声预处理可提高桃片红外辐射干燥速率，减少干燥时间，增加水分有效扩散系数。超声预处理 30min 与 60min 对干燥速率的影响差别不明显。综合考虑，超声 30min 可作为桃片红外辐射干燥预处理，从而节约生产时间和能耗。

红外干燥基于水分吸收红外辐射的特性，可使物料快速干燥，具有热效率高、产品品质好的特点。陈文敏[146] 等发现，超声预处理会改变红枣表皮细胞结构，促进红枣的红外干燥过程。在适宜超声条件下，超声预处理得到的干制红枣颜色更加新鲜，维生素 C 含量、总酚含量和总黄酮含量均高于未超声预处理的干制红枣。同时，经超声预处理的干制红枣酸含量低于未超声预处理的红枣。因此，超声 - 红外干燥红枣可有效缩短干燥时间，并得到口感好、营养成分含量高的干制品。

6.超声强化热泵干燥

热泵干燥是一种高效节能、环境友好型的干燥技术，具有操作简单、减少能耗、环境友好等优点。但热泵干燥设备投资较大，操作后期会出现干燥速率降低、能耗比增加等问题。物料在热泵干燥过程中的脱水过程包括内部扩散和表面蒸发两个阶段，干燥速率主要取决于内部水分迁移阻力和表面水分蒸发阻力。对于大多数生物质材料，由于其致密的微观结构及复杂的组织环境，整个干燥过程多体现为内部扩散控制的降速干燥阶段，内部质热传递速率是影响干燥速率的主要因素。研究发现，将超声技术应用于热泵干燥可降低被处理物质的内部扩散阻力，强化内部水分迁徙，有效提高后期干燥速率，并降低干燥反应所需能耗。魏彦君[147] 对南美白对虾进行超声波辅助热泵干燥，发现超声预处理可提高热泵干燥过程中南美白对虾的水分扩散系数，干燥时间缩短，干燥能耗减少。同时，超声波功率、频率和处理时间不会对虾肉的韧性、色泽、虾青素含量等品质造成影响。

为研究接触式超声对热泵干燥的强化效应，刘云宏等[148] 在热泵干燥机内安装了一套超声波装置（图 4-57），将苹果片放在超声波辐射板上进行接触式超声强化热泵干燥试验，研究超声功率、干燥温度以及切片厚度对苹果片干燥特性的影响。结果表明：将物料放在超声波辐射板上进行热泵干燥强化，有利于加快物料内部传质过程；随着超声功率和温度的增加以及苹果片厚度的减小，物料所需干燥时间逐渐缩短，平均干燥速率逐渐增大；超声对干燥速率的影响随着物料含水率的降低而减弱；在温度较低及物料较薄时，接触式超声的强化效果较好，但其对干燥速率的影响随着温度升高及物料变厚而有所下降；以厚度为 6mm 苹果片为例，温度为 40℃、50℃、60℃条件下，附加功率为 60W 的超声处理后，物料有效水分扩散系数分别比无超声作用的热泵干燥提高了 51.4%、48.9%、14.5%，有效水分扩散系数的数值范围为 $1.333 \times 10^{-10} \sim 1.651 \times 10^{-9}$ m²·s⁻¹，且随着超声功率及温度的升高而增大。将接触式超声技术用于热泵干燥过程的强化，可有效提高热泵干燥速率，缩短物料干燥时间。

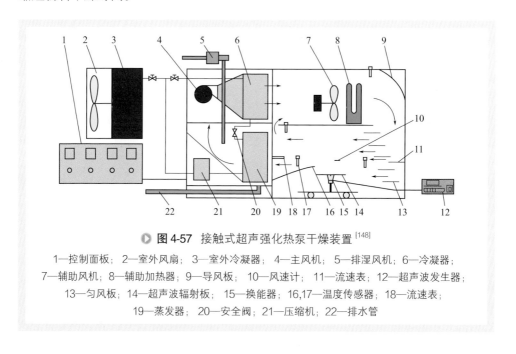

▶ **图 4-57** 接触式超声强化热泵干燥装置 [148]

1—控制面板；2—室外风扇；3—室外冷凝器；4—主风机；5—排湿风机；6—冷凝器；
7—辅助风机；8—辅助加热器；9—导风板；10—风速计；11—流速表；12—超声波发生器；
13—匀风板；14—超声波辐射板；15—换能器；16,17—温度传感器；18—流速表；
19—蒸发器；20—安全阀；21—压缩机；22—排水管

7.超声强化喷雾干燥

壶瓶枣是鼠李科枣属植物枣树的果实，是一种提取红枣多糖的优质原料。多糖是枣中重要的生物活性物质，活性多糖具有易氧化、易分解等特点，而干燥是壶瓶枣多糖产品化的最后工序之一，它直接关系到最终产品的质量。干燥的方式有很多，如喷雾干燥、冷冻干燥、真空干燥、微波干燥、热泵干燥等，其中喷雾干燥由于成本较低、工艺简单、方便快捷、可直接干燥制粉等，在食品、医药、化工等行业得到广泛的应用。超声波雾化可获得微米级液滴。用超声波雾化器取代传统雾化器连接干燥系统，雾化后液滴速度较低，同时降低了雾化能耗，可大大降低设备投资，提高产品品质。张耀雷等 [149] 采用超声喷雾干燥技术制备壶瓶枣多糖，通过单因素试验优化工艺条件，并分析其对产品品质的影响，以期为壶瓶枣多糖及超声波喷雾干燥技术的产品化提供理论基础。

以干燥后多糖的羟基自由基清除能力、含水量和平均粒径为指标，对壶瓶枣多糖的超声喷雾干燥工艺进行了优化，并对比分析了超声喷雾干燥、二流体喷雾干燥和真空冷冻干燥对壶瓶枣多糖品质的影响。结果表明，超声喷雾干燥的最佳工艺条件为：进风温度135℃，进料量16mL·min^{-1}，进气压力10MPa，此时出风温度89℃，壶瓶枣多糖产品含水量4.91%，羟基自由基清除率50.83%，平均粒径9.14μm。通过羟基自由基清除能力、单糖组成和红外光谱分析表明，以上3种干燥方式对多糖的活性、单糖组成和官能团没有影响，且多糖主要由鼠李糖、阿拉伯糖、木糖、甘露糖、葡萄糖和半乳糖组成，其物质的量之比为1:11:2:1:38:5。通过对多糖产品的微观形态及粒度分布分析可知，冷冻干燥产品以块状和棒针状为主，超声和二流体喷雾干燥产品均成颗粒状，但是超声喷雾干燥的产品粒径分布较窄，粒径在2～20μm范围内呈正态分布，优于其他两种干燥技术。因此，超声喷雾干燥技术不仅不会破坏多糖的官能团、单糖组成与活性，而且干燥后多糖品质更佳，可以替代二流体喷雾干燥及真空冷冻干燥技术，成为一种干燥天然活性物质的新技术。

二、超声强化其他产品干燥

除食品与农产品加工外，超声还可用于轻工、化工、石化、材料、医药等领域的干燥脱水、脱溶剂等过程的强化。

1. 超声直接接触干燥织物

美国Florida大学Peng等[150]首次研究了直接接触模式下超声织物干燥过程的物理特性，提出利用超声直接接触干燥织物。通常干燥织物的方法为使用耗能较大的热蒸发将水分从衣物中排出。使用压电陶瓷换能器高频振动干燥织物可以大大减少干燥时间和能量消耗。在该方法中，在液体-空气界面上产生不稳定振动能，机械振动使湿织物中的水喷射出。研究了压电晶体换能器和金属网换能器对水滴和织物的运动和热响应。结果表明，在压电晶体换能器上，超声激励下液滴的响应取决于表面张力和超声激励力的相对大小。在所研究的换能器上织物的干燥过程由两个振动和热组合而成。当含水量较高时，振动力能迅速使大量水排出。但是较小织物孔隙内的较强结合水由于黏性损失而产生热能蒸发。研究发现，金属网换能器更适合于脱水织物，因为它有助于从织物换能器界面向网格的相反侧喷射水。

作者对超声液滴雾化和织物干燥过程进行了研究。液滴雾化实验数据证实了毛细波理论的有效性。合并后的液滴雾化实验观察说明力平衡理论在预测雾化阈值时的合理性，这是由力的平衡决定的。红外成像表明，在该过程中液滴温度基本上是增加的，导致随后雾化（由于表面张力的下降）或热驱动直接蒸发。

初步研究表明，用金属网换能器制成的直接接触式超声波压榨干燥机的能耗比典型的电阻型干燥机少一个数量级，比大于 20% 含水量的织物的蒸发潜热少 5 倍。显示了该工艺的有效性和与热干燥工艺相比的节能效果。

2. 超声强化细煤粒脱水

Burat 等[151]研究了超声预处理和表面活性剂在高频振动筛中提高细粒煤脱水效率的作用。结果表明，疏水性表面活性剂增加了溶液的接触角，降低了溶液的表面张力，降低了细粒煤的含水量。此外，在细煤泥中引入超声波预处理后，进一步降低了细粒煤的残余总含水量。

实验确定了高频振动筛的最佳角度、振动频率、进给速度和孔径大小。在 3°斜率，50Hz 频率，20L·min⁻¹ 进料速率和 0.100mm 孔径尺寸的操作条件下，水分含量从 82.5% 降低到 41%。研究认为 PEG-400 是最好的脱水助剂，当使用 200g·t⁻¹ 的 PEG-400 时，水分含量从 41% 降低到 39.48%。

3. 超声强化污泥干燥脱水

污泥干燥是城市污泥减量化及资源化处理中至关重要的一个环节，但污泥黏度大、成分复杂、固液分离性能差，所以热力干燥效率低且能耗巨大。且污泥的高含

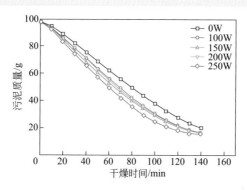

▶ **图 4-58** 不同功率下污泥干燥质量变化特性[152]

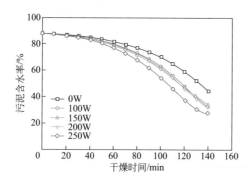

▶ **图 4-59** 不同功率下污泥干燥含水率变化特性[152]

水率对其处置也带来了各种不便。超声由于具有功率大、穿透能力强、可引起空化作用等特性而在污泥干燥方面具有独特的优势。

李润东等[152]研究了超声对污泥干燥特性的影响，污泥干燥实验研究了超声处理时间、超声功率、水温和干燥温度4种因素对污泥干燥特性的影响。在相同处理时间（3min）下研究了超声功率对污泥干燥性能的影响，由图4-58、图4-59可以看出，增加超声的功率对污泥干燥速率有较明显的影响，但超声功率的增加并没有使污泥的干燥效果有明显的提高，对于干燥100min后污泥的干燥速率变化没有明显影响。经250W功率的超声处理后，污泥的含水率降低至40%用时120min，而未处理污泥需要约150min。在105℃的干燥环境中，高功率（250W）、短时间（3min）的超声辐射可使污泥干燥效率比未处理污泥提高近20%。因此，增大超声辐射功率有利于污泥干燥性能的提高，但是随着超声功率的增大，污泥干燥特性的提高会放缓。超声处理对污泥干燥整体效率的提高可望成为污泥低成本干化的有效方法。

由于污泥内部孔隙结构及组成成分复杂多样，污泥干燥过程中湿分迁移过程十分复杂，模型研究可以有效预测污泥干燥过程中湿分的迁移规律，上海理工大学赵芳等[153]针对超声波在污泥中的作用特性，综合考虑超声作用对污泥孔隙热质输运参数（孔隙率、渗透率及液体分子扩散系数等）的影响、声压梯度引起液相湿分挤压渗流及干燥中热量与质量传递过程中交叉耦合效应等因素，对超声处理与热风对流联合作用下污泥

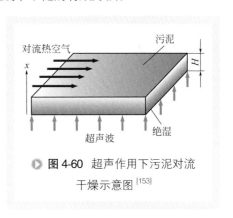

▶ 图 4-60 超声作用下污泥对流
干燥示意图[153]

干燥过程建立数学模型，模拟研究超声作用对污泥干燥过程湿分迁移规律的影响。图4-60为超声作用下污泥对流干燥示意，通过给出条件假设、控制方程组，采用分形理论来表征物料内部孔隙率、渗透率及分子扩散率，综合考虑超声作用对物料内部孔隙分形维数的影响及声压梯度引起的物料液相湿分的挤压渗流作用。基于非平衡热力学理论，建立超声波作用下污泥对流干燥过程的数学模型。对于得到的非稳态模型采用控制体积法对微分方程组分别进行离散，基于高斯-赛德尔与超松弛迭代法对控制单元内离散方程组进行求解。

图4-61为不同热风对流温度下超声作用污泥干燥7200s的含湿量分布，表明超声场与热风联合作用下污泥对流干燥湿分迁移过程的数值模拟结果。从图中可看出在污泥对流干燥过程中加入超声处理后，有效加快了污泥干燥速率，且随着声能密度增加，超声处理对污泥湿分迁移的强化作用逐渐增强。此外，污泥干燥过程通常由外部与内部热质传输条件两方面因素共同决定，只有当超声声能密度（内部传质条件）与热风对流温度、风速等因素（外部传质条件）相匹配时，超声作用对污泥干燥过程中湿分输运能力的强化作用才能发挥至最佳效果，达到最优

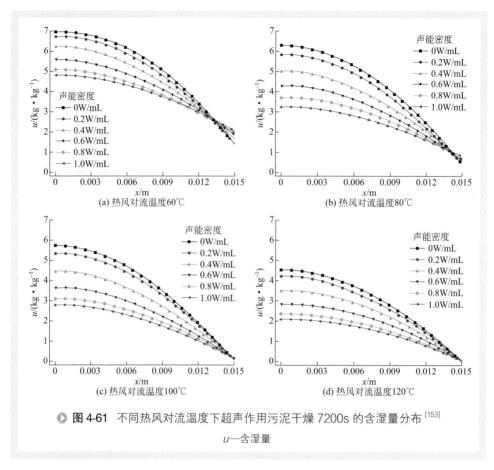

(a) 热风对流温度60℃

(b) 热风对流温度80℃

(c) 热风对流温度100℃

(d) 热风对流温度120℃

▶ 图 4-61　不同热风对流温度下超声作用污泥干燥 7200s 的含湿量分布[153]

u—含湿量

的能源利用率。

4. 超声强化木材干燥[154, 155]

　　木材干燥是木制品生产过程中最为重要的工艺环节，其能耗约占到木制品生产总能耗的 40% ～ 70%。对木材进行正确合理的干燥处理，既是保证木制品质量的关键，又是合理利用和节约木材的重要手段。选用合适的方式对木材进行预处理，可以起到缩短干燥周期、提高干燥质量的效果。但目前常用预处理方式都存在一定的缺陷，如汽蒸预处理虽然可以提高水分扩散速度，但并不能提高气体渗透性；微波预处理能提高干燥速率，但处理强度太高，会降低木材的力学强度。

　　超声干燥是一种创新的干燥方法，在食品干燥领域已经得到广泛应用。超声波能使物料内部水分产生一系列快速且连续的拉伸效应（海绵效应），这种整流扩散机理能够在被干物料内部产生很多微小的孔道从而促进木材内部水分移动。另外，超声还能在结晶区产生空穴效应，从而有利于吸着水的干燥。但是，目前很多研究都直接用超声干燥木材，使超声波在空气传播过程中衰减比较严重，不能有效发挥超声的作用，或者不借助水等介质对木材进行预处理，忽略了水等介质在超声波处理过程中的巨大作用。

杨木是一种速生丰产树种，但其在干燥过程中容易出现变形、翘曲、皱缩及开裂等干燥问题，这对其应用有很大限制，因此提高其干燥速率和质量将具有重大意义。邱璆等[154]以水为介质对杨木进行超声预处理，以提高干燥速率和质量，并探究超声预处理对杨木的干燥速率、尺寸稳定性和水分扩散系数的影响，为超声在木材干燥领域的应用提供理论依据。

（1）超声预处理时间对干燥速率的影响　研究表明，经过超声预处理的试材干燥速率比对照组快。在频率为 28kHz，功率为 300W 时，预处理时间为 0.5h、1.0h、1.5h 的试材干燥时间分别为 38h、36h、33h，相比对照组，干燥时间缩短9.5% ～ 21.4%。超声预处理能缩短杨木的干燥时间，并且预处理时间越长，干燥速率越快。这主要是因为超声预处理能使木材内部的抽提物含量减少，打通木材内部的水分通道，使得木材中的水分更容易脱离；超声预处理的时间越长，超声作用在木材上的能量越多，最后效果也越好。

（2）超声预处理频率对干燥速率的影响　实验表明，超声预处理频率为 40kHz时的干燥时间比较长。当功率为 180W 时，预处理频率为 40kHz 时的干燥时间比频率为 28kHz 时的干燥时间多 2.8% ～ 12.12%；当功率为 300W 时，预处理频率为40kHz 时的干燥时间比频率为 28kHz 的干燥时间多 8.33% ～ 18.18%。

（3）超声预处理功率对干燥速率的影响　超声预处理功率对干燥速率的影响规律并不明显。当超声预处理频率为 28kHz 时，随着功率的增加，试材的干燥速率既有加快的情况，也有减慢的情况；当超声预处理的频率为 40kHz 时，试材干燥速率随着功率的增加而减慢。结合前面的内容，可以得出结论：超声功率和频率共同影响着空化效应的强度，当空化效应的强度足够大时，超声处理的效果随处理时间的延长而更加明显，反之则效果不明显。当超声频率一定时，在一定范围内，空化效应的强度随着超声功率的增加而增大；超出这个范围，超声功率反而会降低空化效应的强度。不同的超声频率所对应的功率范围也有所不同。

（4）超声预处理对木材尺寸稳定性的影响　用频率为 28kHz，功率为 300W 的超声处理和未处理木材，可以看出，经过超声预处理后，试材的尺寸稳定性有所提高，除了轴向湿胀率相差不大外，处理木材的弦向湿胀率比未处理木材降低了14.2%，处理木材的径向湿胀率降低了 9.9%，体积湿胀率降低了 11.9%。这说明超声预处理不仅可以提高杨木的干燥速率，还能提高其干燥质量。

（5）超声预处理对水分扩散系数的影响　有效水分扩散系数代表了水分在干燥过程中从木材内部移动排出的能力。应用 Fick 第二扩散定律计算水分扩散系数。有效水分扩散系数可由干燥速率 K 和试材的厚度 L 进行计算：

$$D_e = KL^2/\pi^2 \qquad\qquad (4\text{-}1)$$

式中　D_e——有效水分扩散系数，$m^2 \cdot s^{-1}$；

L——试材的厚度，m。

根据式（4-1）计算得到试样的有效水分扩散系数。可以看出，杨木试材的水分扩散系数随着预处理时间的延长而增大，随着频率的增大而减小。对照组的水分扩散系数为 $1.23 \times 10^{-8} m^2 \cdot s^{-1}$。当功率为180W，频率为28kHz时，处理0.5h、1.0h、1.5h后的水分扩散系数分别为 $2.20 \times 10^{-8} m^2 \cdot s^{-1}$、$2.68 \times 10^{-8} m^2 \cdot s^{-1}$、$3.24 \times 10^{-8} m^2 \cdot s^{-1}$；当功率为180W，频率为40kHz时，仍按上述时间处理后的水分扩散系数分别为 $2.07 \times 10^{-8} m^2 \cdot s^{-1}$、$2.42 \times 10^{-8} m^2 \cdot s^{-1}$、$3.05 \times 10^{-8} m^2 \cdot s^{-1}$；当功率为300W，频率为28kHz时，仍按上述时间处理后的水分扩散系数分别为 $2.61 \times 10^{-8} m^2 \cdot s^{-1}$、$2.74 \times 10^{-8} m^2 \cdot s^{-1}$、$2.99 \times 10^{-8} m^2 \cdot s^{-1}$；当功率为300W，频率为40kHz时，仍按上述时间处理后的水分扩散系数分别为 $2.18 \times 10^{-8} m^2 \cdot s^{-1}$、$2.62 \times 10^{-8} m^2 \cdot s^{-1}$、$2.99 \times 10^{-8} m^2 \cdot s^{-1}$。这和超声波处理对干燥速率的影响情况一致。

研究结论认为超声在木材内部的衰减系数与超声功率及频率成正比，与环境压强成反比，且这几个参数对衰减系数的贡献从大到小依次为：超声频率、超声功率、绝对压强，即超声频率越高，衰减越快，能在木材中传播的距离越短。超声处理的功率、频率和时间之间可能存在交互作用，其具体作用机理还需要不断深入研究。

桉木作为一种重要的速生林树种，具有种类多、生长快、适应性强等优点，近年来得到了广泛的应用。但由于其生长应力大，桉树在干燥过程中容易产生内裂、皱缩等缺陷，且木材干燥速率缓慢，使干燥过程耗能大、成本高。为了获得更好的干燥效果及降低生产成本，通常在桉木干燥之前对其进行预处理。目前，预处理方式主要包括超声预处理和汽蒸预处理。超声主要用于对木材进行协同干燥；汽蒸预处理可以加快木材的干燥速率，释放应力，提高塑性，改善干燥质量，且简单易行。

北京林业大学李桓等[155]对巨尾桉木材分别进行超声、汽蒸预处理，分析预处理前后桉木干燥速率的变化，其中得到在一定超声功率下超声频率对桉木含水率的影响（图4-62），桉木含水率随超声处理时间的增加而降低；曲线斜率随超声频率的增加而增加，表明试样干燥速率加快、干燥时间缩短。分析表明试样含水率在纤维饱和点（FSP）以上时干燥速率提升更为显著。在 FSP 以上时经 25kHz、28kHz、40kHz

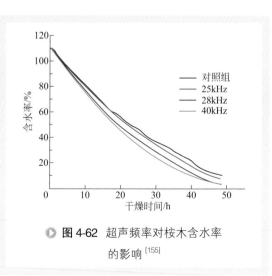

▶ 图4-62 超声频率对桉木含水率的影响[155]

超声频率处理后，试样的干燥时间比对照组的分别缩短了 9.7%、18.6% 和 22.4%；平均干燥速率分别提升了 10.8%、22.9% 和 28.9%。在 FSP 以下时，超声预处理对提升桉木干燥速率作用不明显，但总干燥时间还是随超声频率的增大而逐渐缩短，干燥速率也逐渐加快。

三、超声强化干燥技术展望

超声技术是 21 世纪发展起来的高新技术，已有较多超声强化干燥新技术的研究开发文献，表示了近年来该新技术在食品及农产品加工研究开发得到快速推进，其涵盖了食品产品与不同干燥过程强化的研究及应用开发中各个方面。超声不仅能够有效提高食品提取率，缩短食品的解冻时间，提高食品的降解、干燥、过滤及渗透脱水速度，而且能显著杀灭微生物，很好地保存食品的原有风味和色泽。超声干燥技术的应用研究一方面提高了食品的研究水平，另一方面提高了深加工生产效率，减少了能源消耗和污染，极大降低了生产成本，显示出其独特作用。

目前，超声在食品干燥中的应用还存在不足。首先，超声波促进物料干燥的效果受干燥过程中如风速、物料形状、物料坚硬程度等条件的影响。当超声波产生的机械压力小于物料内部传质阻力时，超声不会促进物料的干燥过程。其次，由于空化效应是超声强化干燥过程中的主要作用，超声操作受空化阈及空化泡数量限制，空化泡的减少将减小空化效应与强化干燥效果。空化效应的强弱与声场形式、超声参数、作用时间长短的关系尚不明确，也制约了超声在食品干燥领域的推广利用。

从超声技术在食品研究开发领域的研究来看，关键是控制好超声的特性参数 [如声强、频率、声处理时间和处理方式（连续、脉冲等）] 和各干燥过程工艺参数的耦合与优化，以改善食品品质、加工效率及食品物化性质分析检测。高强度超声技术主要用于食品的物理和化学改性，如促进降解，强化提取分离过程，强化渗透脱水及加速溶液起晶，提高干燥、过滤速率等。虽然低强度的超声技术不是破坏性处理技术，但强超声空化效应、热效应和力学效应会使被处理材料结构变化、蛋白质变性，因此在食品研究开发过程中应深入研究超声参数及干燥工艺参数对干燥效果及产品质量的影响及其规律性，建立超声处理食品过程中的强化机理模型，以预测超声处理过程中食品的物理、化学和质量变化规律，得到超声强化食品干燥机理，为超声强化食品干燥的工业应用放大研发提供理论依据及手段。单独超声技术虽对各工艺过程均有作用，但研究表明超声与其他技术结合会产生更显著的协同效应，所以应以超声与各干燥过程结合作为主要研究开发方向，以取得事半功倍的效果。

第九节	**超声强化蒸馏与吸收过程**

气液传质过程一般由气膜或液膜控制，超声场的介入能够大大改善液膜控制。在超声作用下液体中会产生空化现象，空化气泡在溃灭时可产生局部高温高压环境，带动湍动效应、微扰效应以及冲击波作用，减薄层流底层，同时使层流底层发生局部湍动与膜层空洞，改变了此层内基本无涡流扩散只靠分子扩散的状况，从而减小扩散阻力，加速相际间的传质速率。

一、蒸馏

膜蒸馏（MD）是适用于待处理进料溶液中的主要组分是水时的一种热驱动分离过程。在非润湿多孔疏水膜中存在热驱动蒸汽传输，其驱动力是膜孔两侧的部分蒸气压差。近年来，MD 在海水淡化中具有很好的应用前景。与传统的纳滤（NF）、反渗透（RO）和热蒸发等海水淡化工艺相比，MD 可以利用低质量的废热，处理含盐浓度较高的废水，甚至去除一些难以去除的有机物。根据所采用的冷凝方法，MD 系统可分为四类：直接接触膜蒸馏（DCMD）、气隙膜蒸馏（AGMD）、扫气膜蒸馏（SGMD）和真空膜蒸馏（VMD）。在这四个 MD 配置中，DCMD 是研究最多的，并且在设计和应用中也被认为是最简单的。不像 SGMD 和 VMD 过程，DCMD 膜组件内部进行的冷凝步骤可用较简单的操作模式，不需要外部冷凝器。

Zhu 等 [156] 研究了超声强化气隙膜蒸馏（AGMD）过程，将一个压电式超声换能器固定在膜组件热侧的不锈钢板上进行超声膜蒸馏实验。结果表明超声使膜蒸馏通量增大，且通量随超声功率的增大而增大，在超声功率为 90W 时膜通量约增大30%；在相同超声功率下，热侧溶液温度越低，通量增大幅度越大。分析认为超声空化、声冲流以及膜面振动改善了温度和浓度极化并清洗了膜表面，是超声提高膜蒸馏通量的主要机理。

中科院 Hou 等 [157] 设计了一种新型超声辅助直接接触膜蒸馏（UDSCMD）混合工艺，考察了进料温度、进料浓度、进料速度、超声功率和频率对超声辐照强化DCMD 传质的影响。在超声辐照下，聚偏氟乙烯（PVDF）中空纤维的膜结构发生了变化和损伤。超声辐照侵蚀 PVDF 膜表层，甚至导致孔的形成，破坏了膜的机械强度。因此，溶质排斥能力被破坏。PP 膜的超声辐照虽然没有发生很大变化，但膜孔径增大，PP 纤维拉伸应变下降约 15%。聚四氟乙烯（PTFE）中空纤维可以保持其性能，且几乎不受超声波辐照的影响。因此，PTFE 膜被选择用于 UDSCMD 混合工艺中。

研究结果表明，超声辐照能有效地促进传质。在 20kHz 和 260W 的超声辐照下，在进料温度为53℃、进料速度为0.25m·s^{-1}、进料盐浓度为140g·L^{-1}的条件下，随着进料温度的降低，进料量增加，得到了60%的最大渗透通量增强。实验结果表明，20kHz频率的超声辐照比68kHz的超声辐照能更有效地提高渗透通量，在相同的超声频率下，随着超声功率的增加，渗透通量增加。在240h连续UDSCMD实验中，超声辐照对PTFE膜的机械强度、孔径和疏水性没有显著影响，新的膜蒸馏过程表现出令人满意的性能稳定性，这表明超声辐照可用于膜蒸馏传质强化。

新疆轻工职业技术学院吴晓菊等[158]采用超声强化水蒸气蒸馏法提取神香草精油，通过单因素试验和正交试验得知超声强化时间、超声功率、液固比、提取时间4个因素对神香草精油得率的影响都比较大，影响次序为超声功率＞超声强化时间＞提取时间＞液固比，最佳工艺条件为：超声功率160W、超声强化时间15min、液固比15∶1（mL·g^{-1}）、提取时间1h，在此条件下，神香草精油得率为0.738%，颜色为淡黄色。该方法和传统的水蒸气蒸馏法相比精油得率显著增加，提取时间明显缩短，且神香草精油中的活性成分得以更好保存。

北京林业大学李轻轻等[159]采用由聚丙烯（PP）和聚四氟乙烯（PTFE）膜材料制成的膜组件，研究浓盐水超声减压膜蒸馏过程。研究了温度、真空度、流速、超声频率和超声功率等5个因素对膜蒸馏通量的影响。实验表明膜蒸馏通量随进料温度、真空度增大而增大；膜蒸馏通量随流速和超声频率的增加而增大，但增加到一定值后膜蒸馏通量随着流速和超声频率的增大而有所减弱。各因素对膜蒸馏过程的影响机理有所不同。研究表明超声减压膜蒸馏，不仅能提高膜蒸馏通量，还能提高出水水质。

二、气体吸收

CO_2捕获技术在碳捕获和储存的第一阶段（CCS）中起着重要的作用。已经报道的几种用于CO_2捕获的技术包括吸收、吸附、膜和低温。相比之下，化学吸收法是最具代表性的技术，在溶剂中具有较高的CO_2吸收能力。此外，氨基溶剂如单乙醇酰胺（MEA），由于其在捕获CO_2中提供高的化学反应速率而被广泛应用于工业中。

已经开发了几种化学吸收辅助技术来改进传质过程，例如填充床柱、机械搅拌器和膜接触器。然而，这些吸收技术存在一些缺点，包括在海上操作条件下对CO_2分离的灵活性限制，这影响了CCS的效率。海上操作条件包括高操作压力、有限的操作空间、重烃和水的杂质以及高浓度的CO_2。

Elhajj等[160]与Luis等[161]认为常规填料床吸收技术的应用受到其工作条件的限制，这是由于笨重吸收塔和结垢、堵塞、发泡和溶剂黏度等问题的限制。机械搅拌在高压条件下具有占地面积大和难维护问题，并且受到溶剂杂质和黏度的限制。在传质过程方面，膜接触器比其他具有大表面积的吸收技术具有更大的优势。然而，该技术还存在压力与溶剂黏度的限制、膜润湿和成本消耗的预处理过程的要求等问题。因此，需要有一个替代的吸收技术，提供稳健的操作、紧凑的容积和易于维护，以适应海上操作条件。

马来西亚 Tay 等[162]提出超声技术已广泛应用于多相反应的强化。一般而言，低频超声辐照强化传质主要归因于微湍动流效应和超空泡效应。它已被普遍应用于固体清洗、液体化学反应等。此外，对超声辅助传质过程进行的大多数研究是在低频超声辐照下进行的（< 580kHz），用于解吸。这主要是由于通过超声空化产生自由空化产物，并导致化学动力学反应的增强。同时，在超声辐照下，气泡的压缩和膨胀会引起微湍流效应，这将进一步增强超声在传质过程中的物理效应。然而，与气泡形成相关的超声空化在增强解吸过程中更有利，而不是吸收和吸附过程。

在较高频率的超声辐照下超声空化效应降低。这是因为超声空化的超声功率阈值可以随着超声频率的增加而增加。此外，在较高的压力条件下，超声空化效应也被认为是降低的。另一方面，利用较高的超声辐照频率（> 1MHz），可以放大超声流动力和喷流的形成，这可以用来增强吸收过程。这主要是由于在超声辐照下存在超声流效应引起的液相对流。同时，理论上超声流的力可以通过超声的频率来增加。此外，在高频超声辐照下产生的超声喷流将产生较小的液滴，其具有较高的表面积用于传质过程。使用水作为溶剂，CO_2 吸收速率可以比没有超声辐照的情况提高 80 倍。然而，与化学溶剂的吸收能力相比，水的 CO_2 吸收能力要低得多。

Tay 等[162]研究了在 1.7MHz 的高频超声辐照下单乙醇胺（MEA）溶剂中 CO_2 的化学吸收。实验参数包括超声功率、MEA 浓度、温度和 CO_2 分压。结果表明，在 MEA 溶剂中的 CO_2 吸收率随着超声功率的增加而显著提高，超声功率为 18W 时，可显著提高化学吸收速率，比无超声辐照的情况快 60 倍。超声辐照对化学吸收的增强作用主要取决于喷流的形成和对流等物理强化效应。总的来说，超声辅助吸收具有高传质系数和紧凑设计的优点，是 CO_2 捕集的潜在替代手段之一，该研究证明了一种新的改善吸收过程的技术。

利用吸收过程捕获电厂和天然气净化过程中的 CO_2 有两个主要缺点：吸收体大和再生能量高。吸收过程的高能耗可以用低吸收热溶剂来解决。然而，使用低吸收热溶剂需开发一种实用的方法来增强吸收速率。近年来，考虑采用高频超声系统作为一种潜在的传质技术。在 Tay 等[163]研究中，使用慢动力学溶剂（碳酸钾），不使用任何化学促进剂。采用 20%（质量分数）碳酸钾（无促进剂）的超声辅助吸收系统比采用哌嗪（PZ）促进碳酸钾搅拌法的体积传质系数高 1.75 倍。与未经超声辐照的情况相比，吸收速率增加了 32 倍。达到 0.9 负荷（CO_2mol/K_2CO_3mol），所需的吸收时间已显著减少到约 400s，表明在高 CO_2 负荷下超声系统的吸收率特别高，这显著地减少了达到吸收平衡所需的时间。研究结果表明，高频超声系统具有很好的使用无促进剂碳酸钾来强化吸收的能力。总体而言，超声辅助吸收耦合低吸收热溶剂是一个可绿色替代的紧凑型 CO_2 吸收过程。

对于超声辅助吸收，Kumar 等 [164] 在环境条件下进行了 580kHz 低频氧诱导的研究。他们认为，由于低功率效率和低的增强率，不推荐使用独立的超声波技术来进行氧气诱导。

山东省科学院能源研究所金付强等 [165] 介绍了磁场、电场、电磁场、超声场和超重力场 5 种物理场的作用机理，综述了这些物理场在强化蒸发、精馏和气体吸收等气液传质过程中的研究进展，并概述了物理场强化气液传质的热力学研究进展。

综上所述，超声对气液传质具有良好的强化效果，展现出了很好的发展前景。目前超声强化吸收过程的研究开发主要在化学吸收与解吸方面，在深入实验研究的同时其工业化设备的开发和规模放大也成为当前面临的主要任务。

第十节 超声强化增溶过程

增溶是某些难溶性物质在表面活性剂、机械剪切或化学等作用下，在溶剂中增加溶解度并形成溶液的过程。超声在多学科领域得到了广泛的应用，超声在药物、植物蛋白、溶胞、有机与无机湿法冶金等领域的应用研究的热点开始增多。

一、药物增溶

1. 超声强化难溶性药物固体分散体溶解度

吡罗昔康（PRX）是一种具有多种治疗用途的非甾体抗炎药。药物的溶解度和溶解速率是其吸收的重要因素，对其生物利用能力有着至关重要的影响。难溶性药物，如 PRX，通常呈现低溶解度和溶解速率，导致较低和不合格的生物利用度和次优的功效。已有几种技术来提高难溶性药物的溶解度。其中，通过熔体法和使用亲水性载体制备的固体分散体已被广泛使用。可得到固体分散体的结构，以及由此引起的药物溶解度增加，但此过程受到冷却速率和超饱和程度的影响。

在超声作用下的固 - 液体系中，固体溶解受传质速率增加的控制。因此，在固体分散体的生产过程中，在药物和载体的混合过程中使用超声处理可以增强药物的溶解过程。通过超声使药物在熔化载体中均质化，可以在冷却前增加载体中溶解的药物量。快速冷却后，所得固体分散体将在载体基质中具有更高量的包封药物。这将增加固体分散体在水中的溶解度和溶解速率。

Pereira 等 [166] 使用全析因设计（$3^2 + 2$）来评价超声均匀化条件在 PRX 和熔融载体的混合物中的作用。研究的因素是超声处理时间和超声功率。然后根据药物的溶解度和溶解速率来评价由 PRX / 载体混合物的快速冷却产生的固体分散体。还制备和研究不使用超声处理的固体分散体（SD）和 PRX 和载体的物理混合物（PM）的固体分散体，以进行比较。超声处理的固体分散体（SSD）具有最大的水溶性和溶解速率，进一步验证了超声促进了药品反应过程中的物理化学修饰。

纯 PRX 37℃时在水中的溶解度为（13.3±0.1）μg·mL^{-1}，PM 和 SD 的溶解度值分别为（25.3±0.6）μg·mL^{-1} 和（34.4±0.4）μg·mL^{-1}。SSD 的溶解度值在（17.6±0.4）～（53.8±0.6）μg·mL^{-1} 之间。这些值表明，PM、SD 和 SSD 促进了 PRX 溶解度的增加。这是因为 PEG 4000 和泊洛沙姆（Poloxamer）407 是亲水性载体。因此，它们能够增加润湿性并作为药物溶解的驱动力。当然，PM、SD 和 SSD 增溶作用各不相同。

固体分散体促进的溶解度增加可以通过粒径、分子、结晶度和多态性形式的变化等因素来解释。另一个可能导致难溶性药物在固体分散体中溶解度较高的因素是药物和载体之间的可溶性复合物的形成。当使用超声波时，可溶性复合物的形成可能更为明显，因为超声具有增强反应速率的能力，超声混合也可提高传质速率。

SSD9（SSD 中第 9 号样，处理条件：19kHz、475W 和 10min）和 SD 溶解度值分别为（53.8±0.6）μg·mL^{-1} 和（34.4±0.4）μg·mL^{-1}。SSD9 表现出比纯 PRX 高四倍的水溶性。此数据表明，适当使用超声处理固体分散体促进了 PRX 溶解度的增加。

SSD9 使用最长的超声处理时间和最大的超声功率。在固-液体系中，体积传质系数随超声功率的增加而增大。因此，较低的超声功率不能有效混合药物 / 载体熔体或增强可用于传质的有效面积。因此，当使用低超声功率水平时，系统需要长的超声处理周期才能达到饱和极限。而使用更高的功率水平时，可迅速达到系统的饱和极限，即有较强的传质促进作用。

图 4-63 表明，超声功率（P）和超声处理时间（T）对 PRX 溶解度（S）都有积极的影响。这证

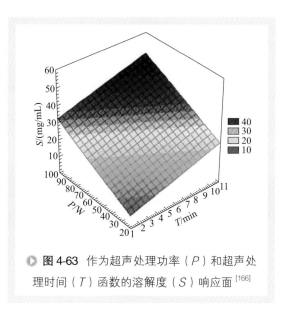

▶ **图 4-63** 作为超声处理功率（P）和超声处理时间（T）函数的溶解度（S）响应面[166]

实了超声混合的时间越长，所使用的声功率越大，传质速率越大，因此系统的均质度越大。

溶解度（S）的多项式方程式（4-2），其相关性（R^2）为 0.9892。

$$S=26.85+6.25T+10.82P+6.01TP \qquad (4\text{-}2)$$

图 4-64 显示了各研究对象随时间变化的体外溶出度比较。由图可见，纯 PRX 在 60min 后仅释放（77.4 ± 0.9）%，此外，纯 PRX 到达最高释放量花费的时间最长，同时也是最低释放量的药物。在溶解过程中，PRX 的释放速率仅为 2.9%/min，这是由于 PRX 在水中的溶解度极小，与溶解介质接触不良，导致药物停留在介质表面上且溶解性差。

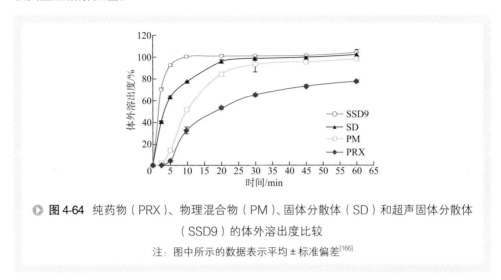

图 4-64 纯药物（PRX）、物理混合物（PM）、固体分散体（SD）和超声固体分散体（SSD9）的体外溶出度比较

注：图中所示的数据表示平均 ± 标准偏差[166]

PM、SD 和 SSD9 均能够提高药物释放率和药物释放量（图 4-64）。溶解度、溶解速率的增加与样品中存在的 PEG 4000 和泊洛沙姆 407 载体有关，以及药物与载体之间的相互作用有关。如前所述，这些亲水性载体可以在药物表面形成亲水性膜，从而避免药物聚集和增加药物润湿性。这反过来又导致更好的药物释放率。此外，增加的溶解度极限增加了传质驱动力，因此降低了药物释放所需的时间。在 SSD9 中释放速率的增加更为明显，其释放速率比纯药物高约 6 倍。此外，SSD9 仅约 5min 达到平衡，而 PRX 则为近 30min。

研究表明，在载体 / 药物混合物的均匀化过程中使用超声处理可以进一步增加所产生的固体分散体溶解度。在药物 / 载体混合物均质化中使用超声也可以提高难溶性药物的溶出速率，可从 PRX 的溶解结果所见。溶解速率和溶解度的增加可得到更好生物利用度的药物，降低所需药物量，潜在地降低了副作用以及患者必须服用药物的次数。超声如何提高药物的溶解度尚不清楚，应进一步研究 PRX 在熔融载体混合物中的均匀化以确定这一点。因为溶解度的增加不仅是由于超声处理引起的热效应，冲击波对颗粒的破碎也可能是溶解度增加的原因。

2.超声与表面活性剂之间的协同增溶作用

在处理具有较差水溶性的药理活性药物时，在制药工业中遇到了相当大的技术挑战，即溶出速率受限会影响消化道药物的吸收，药物学家必须改进这些药物的水溶性。减小粒径是增加难溶性药物溶解度的通用技术。通过微细化或纳米化减小粒径，以提高溶解度，进而提高生物利用度。已经有各种微粉化配方，以提高难溶性药物的溶出率和生物利用度，如固体分散体、微乳剂、泡囊和胶束体系的制剂被广泛应用于微粒化。然而，潜在赋形剂相关的毒性可能是一个常见的缺点。

抗溶剂重结晶工艺是一种很有前途的制备微粉化药物的方法。它在环境温度和大气压力下提供更方便的操作，不需要昂贵的设备。该技术已成功用于制备多种药物，如反式白藜芦醇和阿托伐他汀钙等。

在过去的十年中，一种基于超声的粒子工程技术已经被引入到制药技术领域。该理论来源于超声能量在粒子形成过程中的可能应用。所谓"超声晶化"技术，是已知难溶性药物在不同阶段结晶的过程。第一，它降低了起始结晶的诱导时间；第二，它减少了结晶所需的抗溶剂量；第三，能缩小超声晶化粒子的粒度分布，其晶体形状可能发生变化。研究发现超声波能量的影响会改变结晶药物的微晶化，并提高其溶解度和溶解特性。超声结晶似乎是改善难溶性药物生物制药性能的一个有吸引力的工具。

尼美舒利（Nimesulide，NM）是一种 BCS Ⅱ 型高效抗疟解热药，其溶出率有限，生物利用度低，通过添加赋形剂和（或）表面活性剂以协助增溶。现在的新研究趋势是转用替代其他制剂的化学添加剂，这些添加剂对患者健康没有危害。在这方面，超声能量的应用被认为是简单、有效且不昂贵的。该技术可广泛用于实验室和工业规模。Shamma 等 [167] 研究 NM 超声晶化过程中的不同变量对其物理化学和微粉性质的影响，以保证最大的药物溶解与增溶。利用全因子实验设计研究了两个过程变量对纳米晶的产率、溶解度和粒径的影响。对优化的纳米超声晶体的溶出率进行了评价，并与原料药的溶出率进行了比较。探讨了以 SuxPro® 为稳定剂，在超声纳米晶制备过程中放大超声能量对溶解增强的可能性。

采用反溶剂重结晶技术制备了纳米晶，分别选择乙醇和蒸馏水作为溶剂和 NM 的抗溶剂。将一定量的纳米 NM 溶解在无水乙醇中，然后用超声处理器处理溶液，输入功率：220V，10min，以确保所有药物颗粒完全溶解。将 10mL 的纳米乙醇溶液逐渐注入一定体积的抗溶剂中。混合溶液用直径为 3.175mm 的超声探头在不同的时间间隔内进行超声处理。超声处理 9s，将溶液置于静止状态下 1s，然后通过过滤回收超声晶体，在 40℃的烘箱中干燥 24h。

实验表明溶解度与药物回收率随超声处理时间的增加而增加。超声处理时间从 5min 增加到 10min，溶解度由 1.32 增加到 1.55；药物从溶液中回收率由 59% 增加到 63%。这是因为超声空化引起的冲击波提供更有效的传质和成核的机会，并导致容器内颗粒间的碰撞引起强烈的局部加热，进而促进药物平衡溶解度的增强。

溶出度（DE，%）是衡量药物在特定时间（t）后溶解量（y）的一个重要参数。根据式（4-3），用溶出度法计算超声结晶产品和纯药物晶体溶出实验中溶液中可用药物的总量。

$$DE = \int_0^t \frac{y\mathrm{d}t}{y100t} \times 100 \quad (\%) \tag{4-3}$$

研究者比较了 4 种结晶产品的溶解度。其中 NM 为普通药物产品；超声优化结晶产品 F6 与 F5，它们的区别在于 F6 具有较低的溶剂与反溶剂比值、较少的超声处理时间和较高的药物浓度；另一样品为 F5+0.025%SoluPlus® 亲水型表面活性剂。处理 360min 时的各样品溶出度数据为 NM：35.67%，F6：40%，F5：54.23%，F5+0.025%SoluPlus®：72.14%。可以看出无超声结晶的 NM 溶出度最低，加超声同时加亲水性表面活性剂的溶出度最高。表明溶质的亲水性有助于增加药物颗粒在与溶出介质接触时的润湿，这种现象使停滞层的耗散更大，最大程度增加了药物的溶解量。因此，使用亲水性或两亲性表面活性剂辅助超声的药物被证明是一种简单而有前景的处理药物不溶性的技术。制药工业面临的主要挑战之一是提高药物溶解度以增大药物的有效性与利用率。

二、植物蛋白增溶

1. 酪蛋白胶束含乳粉增溶

在食品工业中，需要乳粉的快速溶解，以避免加工时间延长、生产成本增加和产品质量降低。重要的乳粉包括脱脂奶粉（SMP）、乳蛋白浓缩物（MPC）和酪蛋白胶束（MC）粉末。一般来说，蛋白质粉末需要分散和溶解，以充分发挥其功能性和食用性。MC 和 MPC 通常溶解度很差，MPC 的不溶性被认为主要是由于粉末的酪蛋白组分，在环境温度中，粉末基质中的胶束酪蛋白在复水时会缓慢释放。溶解度减少的一种可能机制是通过在粉末表面上的疏水和（或）氢键形成交联的蛋白质网络，成为输水的屏障，抑制 MPC 颗粒的水合作用。研究观察到 MPC 粉末的再水化发生在两个重叠的步骤：粉末团聚分解成一次颗粒和从粉末颗粒中溶解物质。后者被认为是通过低剪切混合溶解 MPC 粉末的速率限制步骤。

通过施加静态高压、高剪切或超声波，添加酪蛋白酸钠或聚葡萄糖，以及在干燥前添加矿物盐，生产具有高溶解度的高蛋白乳粉。实验观察到，在喷雾干燥前使用高强度超声可以延缓 MPC 粉末的溶解度随储存时间的增加而下降。虽然这些方法已经显示出一定的前景，但大多数商业 MPC 和 MC 粉末的溶解度仍有使用问题。可考虑使用剪切来加速这些粉末的溶解。McCarthy 等 [168] 研究表明超声（20kHz、70.2W）提高了 MPC 粉末的溶解作用。然而，在更高的工业相关温度下，超声对酪蛋白粉末的溶解作用的彻底研究仍有待进行，并且使用超声波增溶的机制还没有与其他剪切技术进行比较。

剪切力可以使用多种不同的方法产生，包括超声波、高剪切混合器或通过高压均质器。超声在食品工业中的应用对于提高加工食品的质量和安全性是一种温和但有针对性的方法。超声空化可以用于有效分离乳清蛋白粉末溶解后存在的乳清聚集体。研究还表明，牛奶中存在的酪蛋白乳清聚集体可以通过暴露于超声中而被破坏，但是酪蛋白胶束本身的物理化学性质保持不变。

Chandrapala 等 [169] 通过详细研究低溶解度 MPC 和 MC 粉末在超声、高压均质、转子 - 定子混合和低剪切架空搅拌下的行为，研究剪切对粉末增溶的影响。此外，通过研究溶解 SMP 的重构过程，研究了剪切作用对酪蛋白胶束与血清矿物再平衡率的影响。

实验比较了低剪切间接搅拌、转子 - 定子混合和超声处理的 MPC 和 MC 粉末的溶解速率。MPC 和 MC 粉末的初始溶解度均在 60% ～ 70% 之间。虽然低剪切架空搅拌能够溶解粉末，但非常缓慢，MPC 粉末用 4h 达到 80% 的溶解度，MC 粉末需要 3h 才能达到 90% 的溶解度。超声波和转子 - 定子混合都能更快地溶解粉末，在 10min 内达到 90% ～ 95% 的溶解度。高压均质 MPC 粉末溶解的应用也达到了超声处理和转子 - 定子混合的相似速率。同样地，在相同的能量输入下，MC 粉末溶解度速率：高压均质化 > 超声空化处理 > 转子 - 定子混合。由高压均质化、超声空化处理或转子 - 定子混合产生的剪切力增加了这些颗粒表面的传质，导致溶解速率的增加。

研究也表明粉体粒度分析数据与溶解度数据有一定的相关性，但不同处理方法得到的粒径分布存在明显差异。20℃下通过超声处理得到的 MPC 的粉末粒度分布显示随处理时间的延长从 100μm 颗粒（0 ～ 1min）到 10 ～ 30μm 颗粒（2 ～ 3min），以及 3min 后出现代表单个酪蛋白胶束的 Ca 200nm 峰。相比之下，McCarthy 等 [168] 研究认为在应用超声时表现出粉末溶解更快速。相反，转子 - 定子混合导致原始峰向较小颗粒逐渐移动，10min 后，也还没有出现酪蛋白胶束的 Ca 200nm 峰，即无双峰分布。在破碎颗粒聚集物时，超声处理似乎比转子 - 定子混合更有效，这可能是由于超声能产生非常高的局部剪切力，能够破碎和帮助溶解顽固的粉末颗粒，并没有显著影响从酪蛋白胶束内的矿物质的传质。

2.花生蛋白增溶

花生在榨油过程中由于高温以及有机溶剂等的影响会使其蛋白质严重变性，加工特性也会受到影响。受制于花生蛋白较低的溶解性等加工特性，其资源的利用率很低，大多被作为低附加值的饲料使用。溶解性较高的蛋白质通常具有良好的乳化性、吸油性和凝胶性等特性，然而现有的花生蛋白产品的溶解性并不理想，这严重地限制了花生蛋白在食品工业中的应用。

目前广泛使用的物理改性方法包括热处理法、微波处理法、超声波处理法以及

高速搅拌匀浆 / 高压均质法等。马铁铮等[170]研究并比较不同种类的物理改性方法单独与复合使用对花生蛋白增溶效果的影响，为花生蛋白在以蛋白饮料为代表的对溶解性要求较高领域的应用提供理论依据，也为进一步研究开发花生蛋白的高附加值产品以及对花生蛋白资源的深入利用提供思路。

表4-4表示了对花生蛋白分别用4种物理方法单独改性与两种方法复合使用改性的实验结果，在最优工艺参数下，单独增溶改性效果的优劣排序为：超声处理＞热处理＞高速搅拌处理＞微波处理。由于改性方法的作用机理各不相同，可先用一种改性方法处理花生蛋白再使用其他方法改性处理，可能有提高其溶解性的潜力。从表4-4可以看出，在4种改性处理方法中，高速搅拌最适合与其他方法复合使用。微波处理、热处理都通过热变性使蛋白质结构由致密趋向松散，使用超声水浴进行的超声处理也借助了热变性。尽管高速搅拌也会使体系升温，但其产生的热效应在本实验所选定的搅拌时间内甚微。所以，高速搅拌处理时机械力的作用可以和其他处理方法时的热效应有效叠加，不会产生过度热变性的情况。

表4-4　不同物理方法复合增溶改性花生蛋白NSI(氮溶解指数)结果[170]　　单位：%

先改性工艺	高速搅拌处理	微波处理	热处理	超声处理
高速搅拌处理		73.3 ± 0.7	76.2 ± 0.7	78.2 ± 0.5
微波处理	74.8 ± 0.8		72.8 ± 1.0	72.7 ± 0.8
热处理	73.8 ± 0.5	71.4 ± 0.9		72.4 ± 0.7
超声处理	75.1 ± 0.4	74.3 ± 0.6	74.8 ± 0.5	

超声处理先于微波和热处理，进行时也有着一定的叠加效果，但是并不显著。这是由于该实验中的超声处理是在加热水浴中进行的，相当于超声处理与热处理两种方法的复合，即便再复合以其他的热改性方法，蛋白质溶解性的提升空间也会大大受限。微波处理和热处理的复合改性都没有起到叠加的效果。其原因在于二者都主要是通过热变性来增溶的，且二者的工艺参数已经优化，单独使用其一时蛋白质的热变性程度已经是适当的，继续以热变性的方法增溶改性则会造成过度变性，使得溶解性降低。高速搅拌处理的最佳工艺参数为：料液比1∶7(质量比)，搅拌转速22000r·min⁻¹，搅拌时间66s。超声处理的最佳工艺参数为：料液比1∶10(质量比)，超声功率210W，超声时间420s。顺序使用高速搅拌处理和超声处理是花生蛋白物理增溶改性的最佳方案，改性后花生蛋白产品的NSI达到78.2%，接近大豆蛋白同类产品的水平。

3.米渣蛋白增溶

（1）超声辅助碱处理米渣蛋白　稻谷加工过程中所产生大量的副产物——米

渣，多以低廉的价格出售用于动物饲料，对其做进一步的开发利用较少。米渣作为一种优质的蛋白资源，其蛋白含量可达到50%以上，且氨基酸组成平衡，具有低过敏性及抗癌活性等特点。从米渣中提取蛋白，作为新的蛋白原料在食品中使用，已有商业化产品，并由于其良好的营养价值而获得消费者的青睐。其蛋白质组成主要是胚乳蛋白，由白蛋白（4%～9%）、盐溶性球蛋白（10%～11%）、醇溶性谷蛋白（3%）和碱溶性谷蛋白（66%～78%）组成。由于谷蛋白的存在，导致其在中性条件下溶解度很低，继而影响了其他功能特性，限制了米渣蛋白在食品生产上的广泛应用。迄今，已有多篇采用物理方法或化学方法改善米渣蛋白功能特性的报道，物理方法有热液蒸煮、高速混合和高压处理，化学方法有酶解和酸法等。

超声技术具有安全可靠、费用低、作用时间短、对营养物质影响较小等优点。潘征等[171]以从米渣中提取食品级米渣蛋白商业产品为材料，以蛋白溶解度为主要指标，研究超声辅助碱处理对米渣蛋白溶解度的影响，选择反应温度、超声时间、超声强度、蛋白浓度、NaOH浓度为优化因素，通过单因素和响应面法优化处理条件，分析得到超声辅助碱处理增溶米渣蛋白最佳工艺条件为：反应温度50℃、超声时间60min、超声强度19.2W·cm^{-2}、米渣蛋白浓度5.1%（质量/体积）、NaOH浓度0.08mol·L^{-1}。在此条件下，改性后得到的米渣蛋白溶解度达（20.09±0.58）mg·mL^{-1}（质量/体积），见图4-65与图4-66。聚丙烯酰胺凝胶电泳（SDS-PAGE）结果表明蛋白的二硫键和亚基遭到破坏，处理过程中伴随着一些不溶性蛋白聚集体的溶解，且蛋白平均粒径由485nm降低到223nm，进而导致米渣蛋白溶解度显著增加。这些结果表明超声辅助碱处理有助于进一步加工利用米渣蛋白，提高米渣蛋白的附加值，为食品的生产加工提供借鉴。

（2）超声辅助碱性蛋白酶水解大米蛋白　大米蛋白（RP）富含必需氨基酸，高营养，低过敏性，是健康的蛋白质来源，可用于人类消费。一些研究表明，某些酶水解产物的大米蛋白表现出低胆固醇、抗动脉粥样硬化和对特定的癌细胞的抑制特性。因此，它是潜在的功能性食品。研究发现从大米可溶性蛋白的胰蛋白酶消化

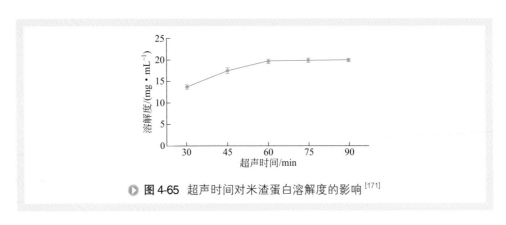

▶ **图4-65** 超声时间对米渣蛋白溶解度的影响[171]

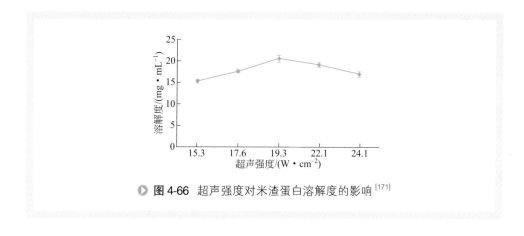

图 4-66 超声强度对米渣蛋白溶解度的影响[171]

液中可获得具有阿片类拮抗作用的生物活性肽，命名稻瘟菌素。还从水稻胚乳中发现抗氧化剂，如氨基酸、肽。

然而，大米蛋白的溶解性差和特殊结构导致酶水解困难，因为酶难以裂解蛋白质。因此，设计了一些有效的预处理方法来解决此问题，如微波辐射辅助技术、超高压辅助技术和超声辅助技术。因此，Li 等[172]采用超声预处理技术，一种新型的非热物理加工技术，其机理是热、空化和机械效应。这些作用可以增强传质和增加底物和酶之间的接触频率或改变底物结构。因此，超声辅助技术可以提高蛋白质水解的产率，此处采用超声辅助碱的预处理方法。主要完成：①研究两种预处理（超声和超声辅助碱处理）对酶解的影响及和传统酶水解法结果的比较，这可以通过水解度（DH）和大米蛋白质洗脱量来反映。②研究该过程机理。水解方法 1 是传统酶法水解大米蛋白；方法 2 是采用超声辅助酶法水解大米蛋白；方法 3 是超声辅助碱性蛋白酶水解大米蛋白。

三种水解方法处理 100min 得到的水解度（DH）分别为 18.1、19.6、20.25，蛋白质洗脱量（PEA）分别为 80g·mL⁻¹、180g·mL⁻¹、710g·mL⁻¹。可以看出超声和超声辅助碱处理对 DH 和 RP 的蛋白质洗脱量均有显著提高（$P < 0.05$），其中超声辅助碱性蛋白酶水解大米蛋白的效果最好。而在相同 DH 值条件下，超声和超声辅助碱处理更能节约酶活力，分解时间比未预处理时间短。

紫外 - 可见光谱、荧光发射光谱的变化表明：超声和超声辅助碱处理对 RP 产生了破坏作用。阐述了超声和超声辅助碱处理 RP 的分子机理，包括疏水基团的暴露、二级结构的再分布和微观结构的变化。氨基酸组成表明，超声和超声辅助碱处理可以提高蛋白质的洗脱量和疏水氨基酸的比例。原子力显微镜（AFM）分析表明，两种预处理都破坏了 RP 的微观结构，减小了其粒径，因此，超声和超声辅助碱处理有利于提高其水解度，同时，声化学效应对分子构造以及蛋白质微观结构的影响也加速了 RP 水解过程。

三、超声溶胞增溶

1.黑木耳破壁

由于黑木耳细胞壁关键组分几丁质和 P- 葡聚糖质地坚韧，不易被人体所消化，细胞壁内的多糖类物质很难透过细胞壁被人体所吸收，因而胞壁破碎是提取细胞内多糖类物质的关键步骤。多糖常用的提取方法有热水浸提法、酸浸提法、碱浸提法、酶法、超声破碎法等。传统黑木耳多糖提取采用水体系，需要多次浸提，操作时间长，收率低；酸浸提法和碱浸提法容易使部分多糖发生水解，破坏多糖的活性结构，减少多糖得率；酶法提取的成本较高且需要专一性破壁酶才能达到理想效果；超声破碎法是利用超声（频率 > 20kHz）具有的空化效应、机械效应、热效应，通过增大介质分子的运动速度，增大介质的穿透力以提取有效成分的技术。具有提取过程不需要加热、适用于热敏物质、节省能源、提取过程为物理过程、不影响有效成分的生理活性、溶剂用量少、提取物有效成分含量高等优点。

赵梦瑶等[173]研究用超声破碎法对不同粒度黑木耳进行有效破壁，考察超声破碎对不同粉碎粒度黑木耳多糖溶出效果的影响。实验表明，原料黑木耳的粒度对总糖、还原糖及多糖的溶出量有较大影响。随着超声时间的延长，不同目数的木耳中总糖和还原糖的溶出量均不断增加，其中还原糖的溶出量增加程度更大。当原料粒度较大时，超声时间较短时多糖的溶出量达到最大；原料粒度逐渐减小，多糖溶出量达到最高时的时间也逐渐延长；同时原料粒度越小，多糖的溶出量越多，300 目超声 64min 时，多糖的溶出量是 40 目的 5.32 倍，说明超微粉碎协同超声破碎技术可以有效对黑木耳细胞壁破壁，提取功能性成分效果好，而且具有反应时间短、反应条件温和、细胞壁破碎彻底、粗多糖溶出率高的优点。

2.土霉素菌渣溶胞

目前，抗生素菌渣资源化的处理途径主要集中在厌氧消化产沼气这一方向。抗生素菌渣主要由菌丝体、剩余培养基、发酵代谢产物等组成，菌渣中有机物质含量高达 90% 以上。但由于菌渣细胞中刚性细胞壁的保护作用，导致胞内大分子有机物难以释放出来，从而难以与水解酸化菌直接接触和降解利用，这也造成了菌渣厌氧消化过程中可利用碳源浓度较低的后果。因此，如何促使抗生素菌渣细胞溶胞、提高菌渣细胞中有机质的溶出、最终达到菌渣中可利用碳源浓度增加的目的，是目前抗生素菌渣厌氧消化处理亟待解决的关键性问题。

菌体细胞的溶胞技术主要包括化学溶胞技术、物理溶胞技术和生物溶胞技术，有物理法（包括热水解、超声、微波等）、化学法（包括氧化、碱解等）和生物法（包括酶解、嗜热菌溶胞等）。其中，碱解法和超声法因具有技术较简单、工艺成熟和效率高等特点而被广泛应用。为提高土霉素菌渣溶胞效果，李贵霞等[174]开展碱/超声联合工艺预处理土霉素菌渣试验研究，并在此基础上考察碱/超声联合作用对土霉素菌渣破胞效用和厌氧消化特性的影响。通过菌渣 SCOD 浓度、COD 溶出率、细胞形态和厌氧沼气产量的变化，考察了碱/超声联合作用对菌渣溶胞效果的影响。研究结果表明，碱/超声联合处理作用溶胞效果明显，其中对菌渣 COD 溶出率影响最大的因素是超声声能密度。碱/超声最佳处理条件为：声能密度 $2.4W \cdot mL^{-1}$、NaOH 投加量 $0.08g \cdot g^{-1}TS$、反应时间 120min，此时，SCOD 浓度从 $607.11mg \cdot L^{-1}$ 升高到 $15265.90mg \cdot L^{-1}$，COD 溶出率达到 70.24%，且处理后残渣 BMP（生物化学甲烷势）试验沼气累积产量提升明显。

由图 4-67 可见，a1、a2 中未处理的菌渣菌体细胞间结构较松散，空隙尺寸较大，菌体细胞结构完整、表面光滑，菌体细胞为杆菌，呈细长形，细胞长度大于或远远大于 50μm。由图 4-67 中 b1、b2 可见，经碱/超声联合作用后菌渣残渣絮凝成团，空隙尺寸明显减小，细胞残体尺寸小于 10μm，表明细胞溶断效果明显；放大 30000 倍后只能看到细胞残体或断片，不能看到明显细胞结构。究其原因可能是：①菌渣细胞受到强碱水解和超声破胞联合作用，从而破坏菌丝体细胞结构，促使细胞断裂或溶解，释放大量胞内有机物，降低了菌渣溶液中的细胞数量和细胞尺寸；②释放的高分子有机物质及其上易形成的羟基和羧基等官能团可促进破解菌渣细胞残体的再絮凝，从而进一步降低残渣中颗粒的间隙尺寸。

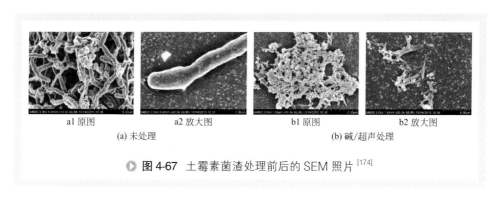

a1 原图　　　　　a2 放大图　　　　　b1 原图　　　　　b2 放大图
(a) 未处理　　　　　　　　　　　(b) 碱/超声处理

▶ **图 4-67** 土霉素菌渣处理前后的 SEM 照片[174]

四、其他增溶过程

1. 超声强化石灰石溶蚀[175]

湿法烟气脱硫（WFGD）已被确定为一个 SO_2 减排最有效的技术，该法具有高可靠性和低运营成本的优点。洗涤操作应用最多的是 Ca 试剂。由于国家环保法规要求大气污染物中 SO_2 排放标准为 $100μg \cdot m^{-3}$（时均），环保要求越来越高，因此对烟气脱硫系统研发的要求也更迫切。Del Valle-Zermeño 等[176] 采用氧化镁作为吸收剂实现了 100% 的 SO_2 去除效率。湿法烟气脱硫洗涤器虽被视为最有效的技术装置，但也消耗大量的能源和水。一个典型的湿法烟气脱硫除尘器能耗大于公司产出能源的 3%。在湿法烟气脱硫过程中，二氧化硫是通过气相接触石灰浆而被吸收，溶解的石灰石和通过 SO_2 水解得到的酸性介质反应并中和。其中亚硫酸钙（$CaSO_3$）进一步氧化得到石膏（$CaSO_4 \cdot 2H_2O$）。石灰石的溶解被认为是脱硫过程的速率控制步骤之一，而且，这个物理 - 化学步骤被认为是过程中最基本的动力学过程。

  Carletti 等[175]在图 4-68(a)中给出了使用超声（US）与无超声（Silent）的两个实验结果，证明了 US 对酸消耗和温度变化的影响。标记"超声"的第一种情况对应于在这项研究中所有实验采用的条件，而标记"强超声"的第二种情况条件是采用 2.5 倍高额定功率的试验。采用较高额定功率来研究温度升高。在图 4-68（b）中看出超声增加介质的温度。此外，有研究发现，超声在增强固体溶解中的作用可以是纯粹的物理效应，也可以有化学反应协同作用。在作者以前的工作中，分别采用 Wolica 石灰石样品和 Parainen 石灰石样品，它们的活化能 Ea 对应分别为（21 ± 2）$kJ \cdot mol^{-1}$ 和（30 ± 3）$kJ \cdot mol^{-1}$。如图 4-68（b）US 条件，使用上述提到的 Ea 时，温度增加 4℃，得到的化学反应常数增加了大约 10%。而图 4-68（b）所示的超声增强效应更高达 30%，这表明至少对于 Wolica 样品的情况，US 具有超越单纯温度升高的内在增强效应。

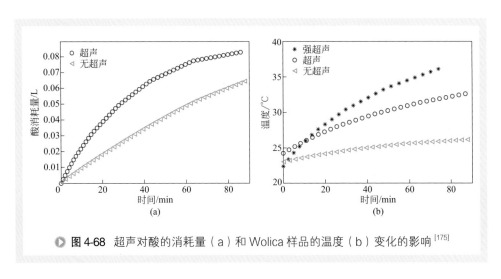

▶ 图 4-68 超声对酸的消耗量（a）和 Wolica 样品的温度（b）变化的影响[175]

  考虑到溶解过程的化学和传质过程，特别关注颗粒的粒度分布和表面粗糙度而建立数学模型。石灰石溶解的典型模型是缩球体模型，它假定固相为 2/3 级动力学。反应控制溶解的收缩球体模型可以参见 Levenspiel[177] 发表的文献。已知影响石灰石溶解速率和 SO_2 去除的主要条件和参数是样品类型、粒度分布（Particle Size Distribution，PSD）、温度和 pH。

  Carletti 等[175] 采用著名的终端速度 - 滑移速度理论，建立了流体中固体颗粒传质模型的经典方法。为了验证传质理论的正确应用，采用斯托克斯数分析法对颗

粒 - 液体系统的流体动力学进行了详细的研究。利用 Matlab 软件，采用数值非刚性方法求解微分方程，并与无约束优化问题的无导数方法相结合，将微分代数方程（DAE）系统作为非线性规划（NLP）问题进行数值求解，得到化学反应常数 k_r 与表面因子 S_f。

表 4-5 中的结果给出了有、无超声情况估算的化学反应常数 k_r（chemical reaction constant）与表面因子 S_f（surface factor）。通过计算化学反应常数变化可以量化超声的影响。由于存在声空化效应，此效应可以是物理的或是化学的。除了由于颗粒破碎得到更高的比表面积，超声也产生微湍流。微湍流可以提高固体扩散边界层的传质。超声强化的结果表现为较高的转化率和化学反应常数的增加。k_r 的估算值还受反应有效表面的影响，即使 Parainen 样品比 Wolica 的反应性低，但由于 Parainen 样品的 S_f 值低得多，故表 4-5 中 Parainen 样品比 Wolica 样品仍表现有整体较高 k_r 值。对于 Wolica 样品，有超声的化学反应常数比大、小两种尺寸级的无超声情况高 150%。而对于 Parainen 样品，有超声的化学反应常数分别比大、小尺寸级的无超声情况高 18% 和 100%。这些结果表明，超声在石灰石溶解过程具有明显的增强效果。此外，不同的参数，如样品地质来源和粒度大小，会有不同程度的增强。

表4-5　估算的化学反应常数k_r和表面因子S_f[175]

样品[①]	估算的 k_r /（L·m^{-2}·s）	偏差 /（L·m^{-2}·s）	表面因子 S_f
Wolica（小、无超声）	0.0346	0.0009	21.9
Wolica（小、超声）	0.087	0.005	21.9
Parainen（小、无超声）	0.45	0.02	1.9
Parainen（小、超声）	0.9	0.1	1.9
Wolica（大、无超声）	0.0142	0.0009	43.9
Wolica（大、超声）	0.035	0.004	43.9
Parainen（大、无超声）	0.119	0.003	4.1
Parainen（大、超声）	0.14	0.01	4.1

① Wolica 与 Parainen：代表不同地区纯石灰石样品 [$CaCO_3$ 含量 > 99%（质量分数）]。

2.粉煤灰硫酸焙烧熟料溶出

中国铝工业发展快速，现有铝土矿资源日显短缺，大量热电厂粉煤灰中富含 Al_2O_3，有可能成为重要的替代性资源，缓解对传统铝土矿的依赖。因此，研究开发粉煤灰提取氧化铝工艺技术对我国铝工业可持续发展和资源保障具有重要战略意义。北京科技大学刘康等 [178] 采用浓硫酸焙烧法将粉煤灰中 Al_2O_3 转化为水溶性

$Al_2(SO_4)_3$，考察水热溶出过程中时间、温度和磨矿时间对粉煤灰中铝提取率的影响，并研究超声对溶出时间和溶出温度的影响，通过超声协同溶出过程探索一种有利于提高酸法工艺氧化铝提取率、降低能耗的新工艺技术途径。实验中所使用粉煤灰原料的粒度测试，表明原灰 60% 以上的颗粒大小均为 150 目以下。原料化学成分分析结果为 Al_2O_3 与 SiO_2 质量之和约占全灰质量的 89%，此外含量较多的成分为 CaO、Fe_2O_3、TiO_2，其余成分含量均在 1% 以下。实验过程步骤为：将粉煤灰与浓度 80% 硫酸按照固液质量比 1∶1.5 在刚玉坩埚中配合均匀，加盖置入箱式电阻炉中升温 90min 至 270℃ 并保温 60min。熟料冷却后在快速研磨机中研磨 30min，然后在去离子水中进行溶出，不加载超声溶出过程固定条件为液固质量比 10∶1、搅拌速率 500r·min⁻¹；加载超声溶出过程条件是：超声波频率范围 20～25kHz，超声功率百分比 20%（总功率 950W），加载方式为开启 10s、停止 10s 的间歇式加入，液固质量比 10∶1，溶出反应结束进行过滤分离，所得溶出渣烘干后和溶出液分别分析，根据溶出液中铝浓度和溶出液体积计算铝提取率。

图 4-69 与图 4-70 分别表示超声对溶出时间和溶出温度的影响。实验温度 70℃ 时，得图 4-69，在溶出时间 60min 时超声的加载可将 Al_2O_3 提取率由无超声时的

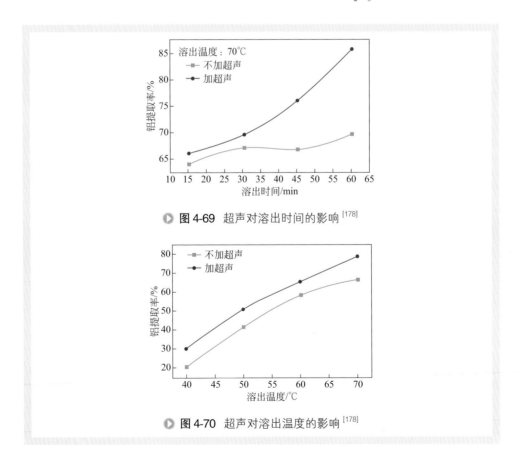

▶ **图 4-69** 超声对溶出时间的影响[178]

▶ **图 4-70** 超声对溶出温度的影响[178]

69.72% 增至 86%。在相同温度达到同样 Al_2O_3 提取率时加载超声可将溶出时间缩短一半。对比结果表明超声对溶出过程 Al_2O_3 提取率影响非常明显。刚开始操作时，延长溶出时间可以确保热水将熟料中 $Al_2(SO_4)_3$ 彻底溶解，随时间延长 Al_2O_3 提取率的增长速率迅速增大。可能的解释为：首先超声振动破坏了包裹固体颗粒并阻碍在颗粒和本体溶液之间的可溶物溶解扩散的液膜；其次超声能量振动提高溶液扩散能力，直接导致固体颗粒可溶物溶解后被迅速转移至本体溶液从而持续维持二者之间的高化学势。图 4-70 为超声对溶出温度影响的关系图。由图可见加载超声前后两条曲线有相似的变化趋势并保持约 $10\%Al_2O_3$ 提取率差距。施加超声时 60℃ Al_2O_3 提取率与不加超声 70℃ 的提取率相当。因为水比热容较大，溶出体系温度降低 10℃ 可节省较大能耗。超声带入溶出体系的能量有部分替代传统加热的能量，在相同提取率时有超声处理的提取温度可低于无超声处理的提取温度。

3. 生物淋滤废旧 Zn-C 电池锌锰溶出[179]

生物淋滤技术主要是利用微生物自身及其代谢产物的酸解、氧化、还原、络合等多种作用，将固相材料中的目标金属离子溶出。与传统的湿法冶金处理技术相比，该技术在操作上具有常温、常压、绿色环保的特点。近年来，该技术在废旧电池的资源化领域受到国内外学者越来越多的关注，用以去除并回收其中的 Mn、Zn、Co、Li、Ni、Cd 等有价或有毒重金属。有报道利用硫氧化菌和亚铁氧化菌混合培养淋滤溶出废旧锌锰电池研究，发现当废旧电池材料主要成分为 ZnO、Mn_2O_3、Mn_3O_4 时，在 1% 固液比下，经过 13 天淋滤，几乎可以达到 100% 和 94% 的锌和锰的溶释效率，表明该技术有很大的应用前景，但同时也存在溶释动力学缓慢、淋滤时间长的问题，这也极大限制了该技术的推广使用。因此，如何有效提高溶释效率，同时减少淋滤时间是该技术面临的主要难题。

在生物冶金中，超声技术已被证实在矿物浸提中能有效增加传质率，引发反应甚至改变反应途径，进而提高溶出产量。在废旧电路板、废旧催化剂、废旧锂离子电池等的化学浸提中，超声可以有效提升有价金属溶出效率；有研究表明，用超声强化能有效从含有多种重金属如铜、镍、锌、铬和铁的电镀污泥中回收重金属，其中 Cu、Ni 和 Zn 的浸出效率明显高于未经超声强化的，并显著地降低了接触反应时间。延安大学牛志睿等[179]在生物淋滤技术中辅以超声强化的方式研究废旧 Zn-C 电池中锌锰的溶出效率，对比研究化学淋滤、生物淋滤和超声辅助强化生物淋滤的锌锰溶出效果，及其过程动力学及微观形貌、元素组成和物质结构的变化，开发废旧锌锰电池高效溶释技术及工程化应用。

以元素硫作为氧化硫硫杆菌的能量底物，定期接种培养生物淋滤液。在固液比为 1% 的条件下，各淋滤体系中 Mn、Zn 的溶出率及溶出浓度随淋滤时间的变化见图 4-71。由图 4-71（a）可知，超声 + 生物淋滤体系中 Mn 的溶出浓度高于单纯生物淋滤体系和化学浸提体系，Zn-C 电池电极材料加入超声 + 生物淋滤处理体系，1 天后 Mn 的溶出浓度即达 993.2mg•L^{-1}，而化学浸提体系的溶出浓度仅为 87.6mg•L^{-1}。9 天后超声处理生物淋滤体系中 Mn 的溶出浓度高达 1717.2mg•L^{-1}，溶出率达到 61.5%，生物淋滤体系的溶出浓度达 1509.2mg•L^{-1}，化学浸提体系的 Mn 的溶出浓度为 265.6mg•L^{-1}，溶出率仅为 9.5%，远小于超声+生物淋滤体系和单纯生物淋滤体系。Zn-C 电池生物淋滤溶出的 Mn 浓度约是化学浸提的 6 倍，表明生物淋滤对于 Zn-C 电池中的 Mn 表现出更好的溶出效果；超声+生物淋滤体系中 Mn 的溶出率比单纯生物淋滤体系高出 10% 左右，较单纯生物淋滤体系有所提高，特别是在初始阶段极大提升了其溶出速率，表明超声辅助强化了对 Mn 生物淋滤溶出。

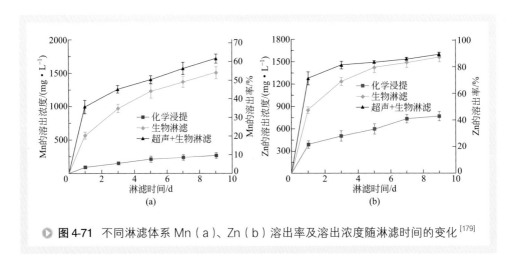

● 图4-71 不同淋滤体系 Mn（a）、Zn（b）溶出率及溶出浓度随淋滤时间的变化[179]

由图 4-71（b）可知，超声+生物淋滤体系中 Zn 的溶出浓度高于单纯生物淋滤体系和化学浸提体系，Zn-C 电池材料加入超声+生物淋滤体，1 天后 Zn 的浸出浓度即达 1281.6mg•L^{-1}，溶出效率高达 75%，生物淋滤体系 Zn 的溶出浓度为 852.7mg•L^{-1}，而 9 天后化学浸提体系 Zn 的溶出率仅为 45%。随着淋滤的进行，生物淋滤体系的溶出浓度与超声+生物淋滤体系均有不同程度的上升，9 天后生物淋滤体系中 Zn 的溶出浓度高达 1559.2mg•L^{-1}，溶出率达到 91.7%，与超声处理生物淋滤体系 Zn 的溶出浓度 1600.7mg•L^{-1} 接近，说明超声处理降低了扩散阻力，有效强化了 Zn 的溶出速率，但对于总的溶出效果改变不大。

研究认为锌生物淋滤机制是生物酸的溶解，Zn 易溶于酸性溶液，因此 Zn 的溶出是一个比较快的过程；而锰以可溶性 MnO 和不可溶性 MnO、Mn_2O_3、Mn_3O_4 或者其他难溶于酸的物质形式存在如 $ZnMn_2O_4$，淋滤较为困难；因此，淋滤 9 天后，超声+生物淋滤组 Mn 的溶出率为 61.5%，而 Zn 的溶出率达到 94.2%，Zn 的溶出率高于 Mn 的溶出率。

金属离子淋滤动力学受产物的液相传质速率或其沉积速率两方面影响，对于多项体系的溶出动力学，可以用：产物层扩散控制的二级抛物线模型；边界层扩散控制模型；颗粒表面化学反应控制模型；微颗粒时用收缩核（strokes regime）理论描述。各溶出动力学模型公式如下：

$$kt = F^2 \qquad (4\text{-}4)$$

$$kt = 1 - 2F/3 - (1 - F)^{2/3} \qquad (4\text{-}5)$$

$$kt = 1 - (1 - F)^{1/3} \qquad (4\text{-}6)$$

$$kt = 1 - (1 - F)^{2/3} \qquad (4\text{-}7)$$

式中　F——金属离子溶出率，%；

　　　t——淋滤培养时间，d；

　　　k——表面反应控制的一级反应速率常数。可利用产物层扩散控制、边界层扩散控制、化学反应控制和收缩核动力学模型对各淋滤体系的金属离子溶出进行拟合、比较，得到各淋滤体系的最佳金属离子溶出动力学规律。

4.盐水中二氧化碳增溶

CO_2 排放对全球变暖的不利影响突出了碳捕获和储存技术以及 CO_2 在溶解度捕集机制下的地质储存的重要性。在地下 CO_2 封存中，大量的 CO_2 注入深层含水层中。因此，CO_2 可以永久储存，以减少其排放到大气的量。提高 CO_2 在地层水中的溶解度一直是 CO_2 封存领域的研究热点。CO_2 地质储存有四种方法：①利用 CO_2 提高原油采收率过程；②利用 CO_2 提高煤层气的回收率；③将 CO_2 注入枯竭的油气藏中；④将 CO_2 作为超临界流体注入深盐水中。在这些方法中，盐水蓄水层是最值得期待的，因为它们在世界范围内具有相当大的存储容量和广泛的分布。

超声技术是使用高强度声波来改善气体在液体中的溶解度的环境友好方法之一。它可以改变不同相的性质，导致化学反应并增加 CO_2 在封存水中的溶解度。Hamidi 等[180]使用电位滴定技术研究超声波在不同压力、温度和 NaCl 盐度条件下对 CO_2 在封存水中溶解度的影响。结果表明，在超声作用下，CO_2 的溶解度随压力的升高而提高。然而，CO_2 的溶解度与 NaCl 盐度和温度成反比。因此，在超声波存在下，CO_2 的溶解度可能得到增强。在高压和高温条件下，进行了一系列实验，研究了超声波对盐水中 CO_2 溶解度的影响。为此，开发了定制的实验装置，如图 4-72 所示。

研究了超声（US）对不同压力（$1 \sim 210atm$）和温度（60℃，80℃，100℃）条件下 CO_2 在蒸馏水中的溶解度的影响，并与没有超声源（NUS）的情况进行了比较。另外还考察了超声对不同盐度（1000μg/g 和 10000μg/g）盐水溶液中 CO_2 溶解度的影响。这些试验的目的是确保实验结果与盐水含水层的条件相符。为了分析实验结果，使用数据分析软件（SPSS18）。

从图 4-73 可见，压力的增加提高了 CO_2 在盐水溶液中所有测试温度下的溶

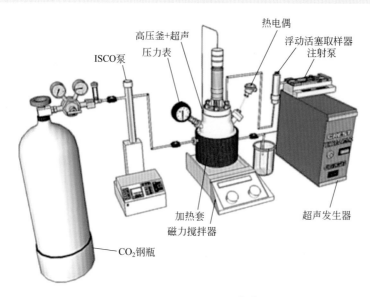

图 4-72 实验装置图[180]

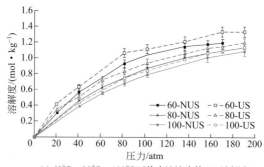

(a) 60℃、80℃、100℃下盐水溶液中的CO_2溶解度

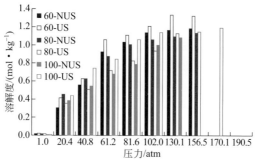

(b) 有、无超声时盐水溶液中的CO_2溶解度

图 4-73 60℃、80℃和 100℃下，超声对盐水溶液（1000 μg/g）中 CO_2 溶解度的影响（US 超声，NUS 无超声）[180]

解度。此外，CO_2 在高压条件下的溶解度与压力关系较小，故在高于 150atm 压力下，溶解度曲线平缓。另一方面，温度与 CO_2 的溶解度呈反比关系。据观察，温度升高导致 CO_2 在盐水中的溶解度降低。例如，如图 4-73 所示，在 80atm 和 60℃ 的溶解度为 1.06mol·kg^{-1}，而在相同条件下，温度在 80℃ 和 100℃ 时，溶解度为 0.81mol·kg^{-1} 和 0.71mol·kg^{-1}。

从图 4-73 中可以看出，CO_2 的溶解度通过应用超声得到改善。例如，在盐水溶液（1000μg/g）的实验中，超声作用下在 80atm 和 60℃ 的溶解度为 1.06mol·kg^{-1}，而在相同的压力和温度条件下，不施加超声波，溶解度为 0.924mol·kg^{-1}，增长 14.7% 左右。CO_2 的溶解度的增加归因于超声空化导致气泡内的能量积累，在微观区域产生极高的温度和压力。因此，可以得出这样的结论：CO_2 在水中的溶解度很高，会有更多的原子核发生空化，因此气泡的生长变得容易。当空化继续时，诱导的高压将 CO_2 分子推入水相。因此，由于空化的结果，在系统中发生的压力波动可能是 CO_2 在超声存在下更高溶解度的主要原因。还可以说由于空化作用产生了初级和次级自由基反应而使溶液中的化学活性增加，这可能导致气相和液相之间质量和传热过程的改进。

温度、压力的增加导致盐水中 CO_2 的溶解更多，因为在较高的压力下，CO_2 分子彼此更接近，它们的振动能量降低，因此，它们可以更容易地溶解在水相中，并与水分子结合。从热力学上，温度的升高导致分子动能的增加，分子的快速运动更容易破坏分子间键。这个过程使分子从液相逸出进入气相。还应当指出，由于空化的结果，超声的使用会使温度增加，温度的升高应该导致 CO_2 在盐水中的溶解度较低。但由于空化作用超过温度效应而使显性压力增加，较高的外部压力又降低盐水的蒸汽压力，这意味着需要更高的强度来诱导 CO_2 的空化。较高的压力可增强 CO_2 气泡过程的空化和坍塌，从而增加 CO_2 在盐水中的溶解。超声设备引起的温度递增也会导致声化学反应速率的增加。空化强度的增加是由于降低蒸汽压力，从而减少扩散到气泡中的蒸汽量以缓冲空化坍塌。

在超声波辅助溶出实验中，发现超声可以通过复杂的机理提高 CO_2 的溶解度。这些机理可能涉及诸如空化、气泡形成以及与超声相关的超声化学效应等过程。因此，超声可以提高 CO_2 在盐水中的溶解度。发现特定范围的超声频率可用于提高 CO_2 的溶解度，应用超声可对溶出过程产生破坏性影响。

第十一节　超声强化油品降黏过程

一、概述

随着对石油开采程度的加深，原油变稠、变重已成为世界性不可逆转的趋势。作为重要的非常规石油资源，稠油成为人们在面临石油资源日益枯竭的现状时最先寻求的资源。稠油是指地层条件下，黏度大于 50mPa·s 或在油层温度下脱气原油黏度为 1000～10000mPa·s 的高黏度重质原油。稠油富含胶质和沥青质，轻组分含量较低、黏度高、密度大、流动性差，给其开采和管输带来很大困难，故降低重质油黏度具有特别重要的意义，它能降低原油输送成本，防止设备、管路结蜡堵塞，提高生产效率和经济效益等。而重质油的资源化利用是炼油工业普遍遇到的问题，炼厂对减压渣油进行降黏、轻质化处理的集成技术及装备的研制开发将有较大的需求。所以，油品降黏技术主要利于强化传质、传热过程，特别利于油田重油、稠油开采的生产效率与产量提高，采出原油长途输送的降耗节能，炼厂减压渣油降黏改质后的轻组分含量提高。

重油降黏技术主要分为物理降黏和化学降黏，其中物理降黏技术包括热能降黏开采、稀释降黏开采和管道伴热降黏输送等；化学降黏技术包括化学剂降黏开采（乳化降黏和油溶性降黏剂降黏等）、微生物降黏开采和化学降黏管输等。我国稠油储量丰富，但许多油藏因区块分散、含油面积小、油层薄等原因不能经济地用蒸汽吞吐或电热等方法开采；在沙漠和海底铺设输油管道时，传统的加热输送方法不能适应恶劣的环境要求。因此，化学降黏技术对我国稠油的开采和输送具有特别重要的意义。化学降黏技术已显示出其得天独厚的优势，具有广阔的应用前景[181]。

化学降黏就是通过向稠油中添加一定配比的化学添加剂，使稠油的凝固点和流动黏度下降，并抑制在抽油以及输送过程中石蜡析出的一种开采方法，其中乳化降黏技术具有降黏效果显著、体系易调、选择性多、技术经济、价值高等特点。根据化学结构，乳化降黏剂通常可分为阳离子型、阴离子型、非离子型、两性型以及非离子-阴离子复合型。但阳离子型表面活性剂易被地层吸附或产生沉淀，所以很少用作驱油剂或乳化降黏剂。

二、超声强化油品降黏

近年来，超声强化原油降黏研究工作较多，主要集中在超声物理及化学效应降黏。超声物理效应降黏分为乳化降黏及非乳化降黏，主要目的是提高开采效率，减少管输成本。超声化学效应降黏包括超声作用在含水的原油体系中，会形成自由基反应，使得重组分可能裂化变成轻组分，从而使重油黏度下降，但降低幅度比较小。而在无水原油体系中，低温条件下其空化裂化引起组分变化更小，从而表观黏度基本不变或下降较少，温度较高时裂化会有所增加，黏度降低。

炼厂渣油具有密度大、黏度大、流动性差等特点，对渣油的加工和运输较困难，但渣油降黏有重要实用意义。目前，广泛使用的渣油降黏方法有加热法、稀油法、水热催化裂化法、可溶性降黏剂法、乳化法和微生物法，但都有一定的局限性。由于超声处理具有设备简单、操作方便、成本低廉、环境友好等优点，因此超声降黏方法逐渐引起广泛关注。

南京工业大学超声化工研究所仲伟华等[182]较早进行了超声波在减压渣油降黏中的应用的实验室研究，旨在探索超声对减压渣油进行降黏改质的可能性与影响，改善渣油裂化的进料状态。使用自制变辐杆声化学反应器进行了减压渣油超声波降黏试验研究，考察了超声输出电压值、反应温度、反应时间等参数对减压渣油的降黏率关系，并考察了超声波处理后减压渣油黏度的恢复情况，分析了超声波对减压渣油降黏的可能机理。结果表明温度对渣油降黏率有很显著的影响，温度升高，减压渣油的降黏率快速上升，见图4-74；输出电压越大，超声波处理时间越长，降黏率越高。反应温度 < 280℃，有、无超声辐照后减压渣油黏度测量温度为40℃时，降黏率分别 < 30% 和10%，测量温度为80℃时降黏率均 < 5%，此时超声可能以物理机械搅拌降黏作用为主，渣油体系仅发生物理变化；反应温度300～400℃，有、无超声辐照后减压渣油黏度测量温度40℃时降黏率分别从34%升至63%和从13%升至34%，测量温度为80℃时的降黏率分别从7%升至20%和从3%升至10%，处理后渣油黏度在9天内基本稳定，此时超声对渣油的作用可能以空化裂化作用为主，渣油体系发生分子裂化，黏度降低较多。

北京化工研究院 Huang 等[183]对超声换能器的不同布置形式对超声波在容器内声压分布的影响进行了模拟；采用响应面法，改变超声曝光时间、功率和作用

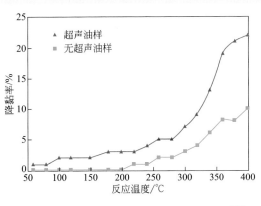

▶ **图4-74** 温度对降黏率（80℃）的影响[182]

方式的条件，比较了油浴加热和超声的降黏特点，并对渣油的降黏规律进行了比较。采用傅里叶变换红外光谱仪研究了降黏机理，最后对黏度保持性实验进行了研究。利用 COMSOL 软件，研究了不同超声辐照时间对容器内声压传播特性的影响。COMSOL 仿真结果表明，三个正交换能器模型的压力分布均高于其他模型，但为了综合考虑功耗和声压分布，建议采用单传感器模型进行实验研究。三个正交换能器模型由于其高的声压和均匀性，是有希望用于未来的工业实践中的。

研究了重质渣油与超重质渣油降黏的动力和作用方式，结果表明：超声对渣油降黏的影响显著；渣油黏度越高，超声作用越大；超声功率和曝光时间是影响渣油降黏率的重要因素。超声功率为 900W、辐照时间为 14min、作用方式为曝光时间 2s、中断时间 2s、黏度降低率达到 63.95% 的条件下，获得了最大黏度降低率。红外光谱结果表明，渣油中的轻组分增加。黏度保持实验的结果表明，超声处理后，油样在恒温下保持 48h，黏度值明显低于超声处理前。超声波对超重质渣油降黏效果优于重质渣油，表明渣油黏度越高，超声降黏效果越好。超声处理渣油降黏机理主要包括空化效应、机械振动和热效应。

三、超声与化学反应协同强化

南京工业大学超声化工研究所仲伟华等 [184] 以某炼厂的减压渣油为研究对象，分别研究超声输出电压（声强）、超声辐照反应时间，以及加入四氢萘（THN）对减压渣油黏度的影响；同时还研究了超声波与供氢剂四氢萘协同作用对减压渣油降黏及渣油成分变化的影响；实验考察了渣油降黏的稳定性，分析了对渣油经超声与四氢萘协同反应后凝点和 500℃ 前轻组分体积分数的变化。

实验考察了渣油在不同超声输出电压改质反应 1h 后黏度的变化，反应温度为 80 ～ 120℃，渣油黏度测量温度为 80℃。在较小超声输出电压即较小声强下，渣油黏度下降不显著；随着声强的增加，渣油黏度下降增加。当超声输出电压 U 增大到 100V 时，渣油的黏度迅速下降，由处理前的 270mPa·s 降到 255mPa·s；继续增大电压，黏度继续下降，但降低幅度变缓。当超声输出电压增至最大的 250V 时（仪器所限），渣油的黏度降为 245mPa·s。表明超声的声强越大，对渣油黏度下降作用越明显。

表4-6　含四氢萘(THN)时渣油超声改质后的性质[184]

检测项目		原始油样	搅拌 +THN	超声	超声 +THN
残炭 /%（质量分数）		9.66	9.24	9.69	9.68
黏度 $\mu \times 10^{-3}/$（m²·s⁻¹）	40℃	8.8841	5.4171	6.5005	4.9837
	80℃	0.3128	0.2355	0.3109	0.2145
	100℃	0.1333	0.1176	0.1305	0.1089

检测项目	原始油样	搅拌 +THN	超声	超声 +THN
500℃拔出馏分 /%（体积分数）①	5.0	8.5	6.0	11.0
凝点 /℃	35	31	35	32

① 100mL 减压渣油样品在绝对压力约 98.07Pa 时，500℃拔出轻组分的体积。

实验过程中质量分数 2.91% 的 THN 加入渣油中，经 20kHz 超声输出电压为 250V 时辐照反应 1h，反应温度为 80～120℃，测得渣油性质如表 4-6 所示，表明超声 +THN 处理渣油效果最好。供氢剂 THN 在渣油热反应中可以稳定自由基，所以向渣油超声反应体系中加入供氢剂 THN 也可能具有同样的效果。因此对含 THN 时渣油经超声反应后降黏情况进行了研究。实验过程如下：将单独超声处理黏度 μ 由 270mPa·s 降到 245mPa·s 的渣油中加入质量分数为 2.91% 的 THN，经 20kHz 超声输出电压为 250V 时辐照反应，反应温度为 80～120℃，不同反应时间后渣油 80℃时黏度降低达 215mPa·s 左右，如图 4-75 所示。

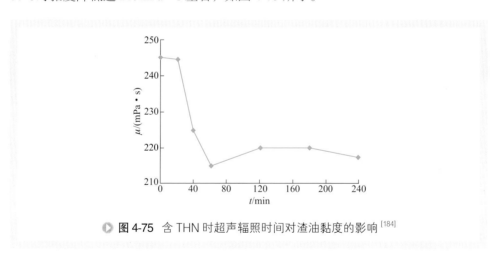

▶ **图 4-75**　含 THN 时超声辐照时间对渣油黏度的影响[184]

测定完成反应后渣油降黏率稳定性情况，得图 4-76。由图可知，渣油降黏率虽有所恢复，但经稳定存放（约 4d）后仍有较理想的降黏率，降黏率超过 20%。另外，从反应后渣油性质表 4-6 中可知渣油在 500℃轻组分体积分数 ϕ 增加到了 11.0%，扣掉因加入 THN 而增加的部分质量分数 2.9%，渣油的实际轻组分体积分数仍然有 8.1%；渣油的凝点 θ 下降了 3℃。而无 THN 仅超声辐照反应后轻组分体积分数仅仅从 5.0% 增加到 6.0%。因此 THN 的加入促进了渣油超声裂解反应的发生，即渣油在供氢剂与超声的协同作用下可能存在渣油大分子的裂解即 C—C 键的断裂，同时供氢剂的存在避免了已断裂 C—C 键的重新连接，从而促进渣油的裂解反应进行，所以渣油黏度发生永久性降低。

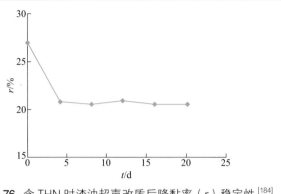

图 4-76 含 THN 时渣油超声改质后降黏率（r）稳定性[184]

通过对减压渣油掺兑一种能够提供氢自由基并能改善渣油胶溶能力的物质来实现渣油减黏裂化的新型工艺即为供氢剂减黏裂化技术。这类供氢剂以四氢萘（THN）居多，该类技术发生反应通常仍需高温高压。因此，寻找开发出合适且经济有效的渣油加工方法是整个石油加工工业的目标。超声作为一种有效的原油改质处理手段开始受到人们关注，其中渣油超声处理装置也得到了初步研究与开发。常州大学孙浩然等[185]设计了柱形超声聚能反应器，试图利用超声的空化作用使渣油裂解，降低其黏度，使轻组分有所增加。

加强剂制备过程：将过量硫酸镍溶于蒸馏水中形成饱和溶液，用 1mol·L⁻¹ 的氢氧化钠溶液调节 pH 为 10 左右，取油酸与硫酸镍的摩尔比为 2.5：1，将其混合均匀后加热至 120℃共沸，恒温搅拌反应 2h，待油状物变为墨绿色为止。反应后，用分液漏斗将水相和油相分离，油相经真空干燥后收集待用。使用时，在油样中加入质量分数为 0.1% 的正己烷作为溶剂。

在不加水的条件下，利用超声协同加强剂裂解重油降黏，分析了重油处理前后四组分组成的变化情况。考察了加强剂浓度、处理时间和超声功率对重油降黏效果的影响，分析了处理前后重油黏度和流动性能的变化，并对重油黏度恢复情况进行了测试分析，同时采用红外光谱和气相色谱分析了处理前后重油的结构变化。分别对重油处理前、单独超声处理后和超声协同加强剂处理后的重油进行四组分组成分析，结果见表 4-7。

表 4-7 超声协同加强剂处理前后重油四组分组成变化(质量分数)[185]

单位：%

项目	饱和分	芳香分	胶质	沥青质
处理前	31.62	39.60	12.73	16.05
单独超声处理	34.76	41.99	10.82	12.43
超声协同加强剂处理	38.31	43.11	8.87	9.71

由表可见，与处理前相比，单独超声处理和超声协同加强剂处理后重油的饱和分质量分数分别增加 3.14% 和 6.69%，芳香分质量分数分别增加 2.39% 和 3.51%，胶质质量分数分别降低 1.91% 和 3.86%，沥青质质量分数分别降低 3.62% 和 6.34%。说明处理后重油中的胶质、沥青质等大分子裂解成了饱和烃、芳烃等，超声协同加强剂能够破坏重油中的分子结构。相比于单独超声处理，超声协同加强剂处理后重油中的轻质组分明显增多，重质组分明显减少，表明超声与加强剂具有协同效应。重油黏度降低不仅因为重质组分减少，而且轻质组分对其也有稀释作用，共同实现了对重油的不可逆降黏。

为了考察超声协同加强剂处理后重油黏度的恢复情况，持续 15 天测量经最佳降黏反应参数处理后的重油黏度，并计算降黏率，结果见图 4-77。由图可见，经超声协同加强剂处理的重油在放置一段时间后，黏度略有回升后趋于平稳，但 15 天后黏度恢复率均低于 4.5%，平均恢复率仅为 3.2%。说明超声协同加强剂处理后，重油的组分发生了改变，导致其黏度降低，但由于分子之间空间网状结构的部分恢复，表现为黏度略有回升，但远低于处理前的黏度，表明经超声协同加强剂处理后，重油组分发生了永久性的变化，实现了不可逆的降黏。

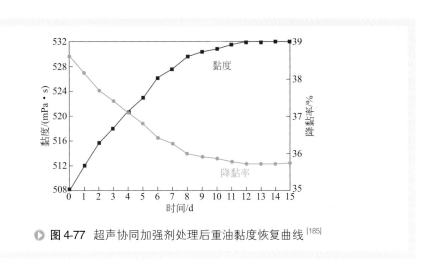

● **图 4-77** 超声协同加强剂处理后重油黏度恢复曲线 [185]

固定加强剂质量分数为 0.5%，超声功率为 60W，改变超声处理时间，考察其对重油降黏效果的影响，结果见图 4-78。由图可见，随着超声处理时间的增加，重油降黏率增加。当处理时间超过 30min 后，随着处理时间的增加，降黏率呈略微下降的趋势。对于超声波协同加强剂的重油裂解体系，存在一个合理的处理时间，达到此时间之前，重油降黏率随处理时间的增加而增加，达到此时间之后，重油中长链物质和杂原子与超声协同加强剂作用之间达到平衡状态，重油降黏率出现峰值。处理时间继续增加会使整个体系发生"雾化沸腾"现象，产生的持续高温可能导致重油中已断裂的大分子结焦聚合，表现为重油降黏率下降。

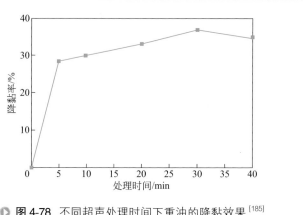

以上两例研究结果均表明：供氢剂浓度对降黏效果影响最大，其次为处理时间和超声功率；超声波与供氢剂具有协同效应，使重油中长链大分子、芳环和杂原子发生断链、加氢、开环等系列反应，供氢剂的存在可避免已断裂 C—C 键的重新连接，从而促进渣油裂解反应的进行，所以渣油黏度发生永久性降低。能够在常温条件下降低重油黏度，改善流动性能，显著提高重油品质。

四、超声与溶剂协同物理强化

渣油燃料（RFO）是从常压蒸馏塔获得的原油中最重的馏分。常规原油残渣的组成既取决于原油，也取决于后续处理。此外，再加工可以产生具有不同性能的RFO。残留物组分复杂，是从简单基团的组合得到复杂的分子和无数的异构体。燃料油通常根据沸点、碳链长度和黏度分类。运动黏度是燃油输送中最重要的特性。因此，通过降低其黏度来处理燃料油的方法是很重要的。燃料油的处理方法可分为几个主要类别：热裂解、化学反应、电磁加热与声学方法等。

Doust 等 [186] 将超声和溶剂结合研究温度、溶剂浓度和超声辐照时间对渣油燃料（RFO）降黏的影响。其主要特点是应用 24kHz 低频率和 280W 功率下超声辐照，以降低 RFO 的黏度和提高其品质。在 20℃的初始温度下，由于超声辐照 5min，RFO的运动黏度从 4940cSt 下降到 2679cSt（1cSt=10^{-6}m^2/s）。结果表明，超声与溶剂的结合导致黏度和 API 度的降低。最大黏度下降（在 133℃），超声辐照时间为 5min，温度为 50℃，乙腈负荷为 5%。API 度、蒸馏和 FT-IR 红外光谱分析表明，超声在重燃料油裂化和轻质化中起到了有效的作用。利用人工神经网络（ANN）的前馈反向传播方法，对 84 个样本的 336 个数据点进行了测量。计算了输入变量的相对重要性百分比，发现超声辐照时间和乙腈浓度分别在降黏中具有最大和最小的相对重要性。

研究了超声辐照对不同温度下燃油黏度的影响。在 0min、5min、10min 和

15min 的不同时间间隔和 20℃、30℃、40℃ 和 50℃ 的温度下对 16 个燃料油样品进行辐照。结果如图 4-79 所示，T = 50℃ 达到最大降黏，显然，温度的升高会使燃料油黏度降低。此外，辐照时间 5min，与未辐照的样品相比，燃料油黏度降低，最佳超声辐照时间为 5min。在此后，燃料油黏度增加。在 5min 之前，超声能量的增加可以使燃料油降黏，这可能会导致烃类分子间键的降解和它们与其他颗粒的分离。而 5min 后的燃料油黏度的增加可以归因于大分子烃类如沥青质分解成更细小的裂化颗粒到燃料油样品中去；或还可通过产生热和空化现象的沸腾效应有助于轻组分的蒸发来解释。

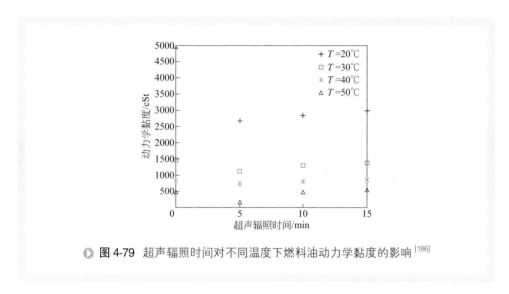

▶ **图 4-79** 超声辐照时间对不同温度下燃料油动力学黏度的影响[186]

考虑了溶剂的加入对燃料油的黏度变化。选定乙腈体积分数分别为 0%、0.5%、1%、2%、3%、4% 和 5% 的样品，并测定了其运动黏度。如图 4-80 所示，看出溶剂浓度的增加降低了无超声辐照下的黏度，但温度和溶剂浓度对 RFO 黏度降低的影响是相当清楚的。此外，温度的升高会降低燃料油的黏度。一般情况下，随着溶剂浓度的增加，燃料油黏度降低。这可能是因为某些烃（饱和烃、沥青质、树脂、芳烃）溶解度的增加是通过溶剂浓度的增加。在这一阶段，乙腈体积分数为 5% 被确定为最有效的浓度降低黏度。因此，温度和溶剂的变化对超声辐照降黏具有重要意义。

五、超声与降黏设备协同强化

辽宁石油化工大学 Shi 等 [187] 采用超声波结合 SK 静态混合器对大庆油田稠油降黏效果进行了研究，实验装置见图 4-81。研究了超声功率对降黏率的影响，确定了超声处理的最佳工艺条件，分析了超声降黏的机理。采用数值模拟的方法研究了重油在空化作用下的流动特性，并对超声处理和减黏裂化过程中的能量消耗进行了计算。

研究认为一般稠油减黏裂化技术使得稠油的"笼效应"很容易形成，即稠油分子被长链自由基、树脂和沥青质所包围。在"笼子"中分子的碰撞频率增加，并由此引发一系列化学反应，导致油的轻度热解，产生具有一定质量分数的轻质油和气体。这增加了不必要的能源消耗，并降低了能源的利用效率。虽然石油加工中大多数稠油降黏改性方法都能降低"笼效应"的发生概率，但不能完全避免"笼效应"对油性能和能耗的不利影响。超声降黏技术防止了"笼效应"的形成，并通过剧烈的空化相互作用和机械振动，通过混合、均匀化和搅拌作用提高了降黏效果。超声降黏技术在稠油中对长链胶质和沥青质进行解聚和断链，同时降低了过程中的能

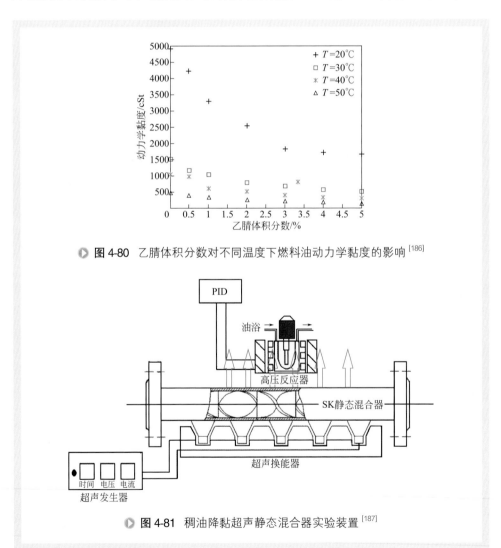

> **图 4-80** 乙腈体积分数对不同温度下燃料油动力学黏度的影响 [186]

> **图 4-81** 稠油降黏超声静态混合器实验装置 [187]

耗。在超声作用之前，重油分子被较大的分子链所包围，包括长链自由基、胶质、沥青质等，很容易扭曲形成"笼状结构"。超声作用后，超声波在弹性介质中传播，显著增加弹性颗粒的振幅、速度和加速度。机械振动效应导致重质油中惰性大分子和小分子链之间的强烈相对运动，增强了分子间的摩擦力，破坏了 C—C 键，破坏了大分子团簇形成的"笼效应"，起到了降黏作用。

实验结果表明，超声功率对黏度降低率的影响最大，其次是反应时间和温度。最高黏度降低率为 57.34%。空化泡沿流体从轴线迁移到壁面，加速了两相传输并增强了流体的径向流动，从而显著地改善了超声降黏。与减黏裂化工艺相比，在处理相同质量稠油时，超声波处理工艺的能耗降低了 43.03%。最佳工艺条件为：超声功率为 1.8kW，反应时间为 45min，反应温度为 360℃。考察了重油分子在超声作用下的解离过程。由于空化裂解而产生了一些轻组分，在室温下保存 12 天后，残油的黏度不能恢复到原始残油的黏度，这意味着"笼效应"没有再形成。

南京工业大学超声化工研究所赵斌等[188]采用超声夹聚能反应器（图 4-82），实验设备为管长 30cm、管径 7.6cm、壁厚 0.4cm 的不锈钢反应管，其使用容积约 1089cm³，超声换能器通过超声夹作用于该反应管中原油样品，换能器采用水冷却。研究超声波输出电压、超声时间、超声温度对原油降黏的影响，并对最佳超声处理条件下原油的黏度恢复情况进行考察。结果表明：原油黏度随着超声输出电压的增大而减小；随着超声时间的延长和超声温度的升高，原油的黏度呈现先下降后不变的趋势；在超声频率 20kHz、超声时间 30min、加热套温度 60℃、输出电压 250V 的条件下，原油 60℃黏度由 8.6Pa·s 下降到 4.15Pa·s，效果最佳，在室温下静置 40 天，原油 60℃黏度为 4.2Pa·s，黏度恢复 1.2% 左右，表明原油结构有所变化，达到永久降黏的目的。

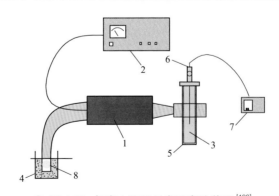

▶ **图 4-82 超声夹聚能反应器实验装置** [188]

1—超声换能器；2—超声发生器；3—反应管；4—冷却水；
5—加热套；6—热电偶；7—数字温度显示仪；8—回流泵

第十二节　超声强化雾化、分散、凝聚与悬浮过程

目前超声在工艺工程中的应用变得越来越重要，它涵盖了分析、反应、电化学、分离、生物和纳米技术等不同领域的各种用途。在粒子技术中，超声波已被用于处理粉末、分离不同尺寸的颗粒、从表面去除颗粒和研究固体颗粒在液相和气相中的凝聚与分散行为。研究表明，声场可用于增强分散颗粒的团聚，但也可应用声场频率减小团聚尺寸。利用超声分散团聚颗粒或减少颗粒团聚可应用于许多工艺技术。超声波可以通过声音引起的空化作用在液体环境中分散团块。在声学驱动的气体介质中，虽没有像液体空化那样强烈，但是，已经证明声诱导力可用于引起悬浮单液滴的变形和破裂，以及气体中驻波雾化过程中液体的雾化。最近，人们发现，固体结构在气体中的分散可以通过作用于团聚物的主要颗粒上的声诱导力来实现。根据声音特定参数和主要颗粒之间的黏附力，声诱导力可能克服局部黏附力，从而导致暴露在声音中的团块破碎。

当颗粒和颗粒结构暴露在功率超声场中，调节声场中悬浮颗粒上的力可以分别用于声悬浮、颗粒分离、声致团聚或超声波驻波雾化等不同超声技术[189]。过量超声能量的输入或改变驻波声场则易产生超声混合、超声雾化与超声强化化学反应等过程。

当在流体中形成声驻波时，悬浮在流体中的微小颗粒受机械力的作用聚集在波节处，在空间形成周期性的堆积，我们可利用此特性于各个体系与单元操作过程。在气相、液相为连续相的多相体系中，两相存在一定的密度差，在具有适当能量提供的超声驻波场作用下，会出现气固体系的超声悬浮、液固体系的超声凝聚、液液（乳）体系的超声液相聚并破乳，可用于各相应的分离过程。这些超声强化过程都可以是超声强化传质作用的一种表现。

一、雾化

当使用20kHz ～ 10MHz频率范围的功率超声辐射液体层或稠密的液体时，从液体表面产生喷泉，喷泉中产生细小的气泡与液滴，液体表面会出现细雾，这种现象被称为超声波雾化。超声波增强了液体在细雾中的弥散，使其尺寸分布窄。Wood 和 Loomis 最早研究了超声雾化过程[190]。Nii[191]在超声雾化机理、超声频率对超声雾化纳米级雾滴粒径分布的影响及应用方面做了较多工作，报告在兆赫频率超声辐射下雾化得到几到几十微米的细液滴范围，而普通气动双流体喷嘴则难以获得此尺寸范围。与使用高剪切力破碎液体的传统喷嘴相比，这些液滴是超声波产生的，具有更小的尺寸和更窄的尺寸分布[192,193]。通过选择超声波频率，可以调节雾

滴尺寸。超声雾化能产生细液滴及气溶胶的直径和粒径分布的特点引起了各领域的广泛关注。

由于在兆赫范围超声波辐照产生的亚微米到数微米的薄雾尺寸很小，并且能够在薄雾和主体液体之间进行溶质分配。此现象使表面活性剂在雾中的富集为超声雾化分离带来了新的方向。超声雾化分离的研究目标从乙醇、米酒、固体颗粒到碳纳米管合成，目前已在多个领域进行研发、应用。如普遍家用的超声喷雾增湿器，其他工农业及医疗等方面应用，如超声重油喷嘴雾化燃烧、超声雾化反应、超声雾化萃取、气田超声气井雾化排水采气、超声雾化提取液体样品中的挥发性成分、超声雾化提取植物中化学成分、超声雾化增湿降温强化高比电阻粉尘静电收尘、超声雾化喷雾干燥、超声雾化增湿、仓贮超声雾化熏蒸、芳香物质扩散、纳米颗粒合成、太阳能海水淡化及医用超声雾化等过程。

本节介绍水雾形成的基本机理、溶质的分配行为以及固体向气相转移的最新研究及应用课题。从细小液滴的形成来看，超声雾化的特点是：

① 可获得尺寸从几微米到几十微米的细小的液滴，且其尺寸分布较窄。

② 流体无须加压，设备简单。

③ 易于控制液滴密度和液滴转移。

最近，有醇水溶液中超声雾化分离乙醇研究，同时考虑处理设备和处理条件、样品性能对乙醇分离的影响。据报道，表面活性剂和氨基酸也可被超声雾化浓缩。然而，分离机理还没有完全阐明，因为超声雾化包括不同液滴从本体溶液中的汽化。为了探讨超声雾化分离机理，应分别估算雾化液滴量和汽化量。

在使用液滴作为质量传递或化学反应介质方面，超声雾化具有最大的优势，因为它提供了大比表面积和从液滴表面到中心间传播物质的极短路径。超声雾化可采用小型化设备，并节约处理能源。在医药治疗方面，超声雾化有可能提高吸入器向肺部输送药物的效率，吸入器产生直径在 $1 \sim 5\mu m$ 非常细的液滴。已经开展了治疗性研究，以提供单克隆抗体或基于 DNA 的疫苗。液滴已被用作无机和有机粒子的前体，生产纳米颗粒需要更细的液滴，并需细调液滴密度。因此，超声雾化成为获得控制良好的固体颗粒的关键技术 [194,195]。

1. 液滴形成机理[191]

尽管已经进行了大量的研究，但是在兆赫范围的超声辐射下，液滴形成的机理还没有完全得到证实。提出了两个主要理论和一个连接理论。第一个是 Lang[196] 提出的毛细波假设。液滴从液体表面的毛细顶端形成，进入气相。根据开尔文方程、液柱或膜的瑞利不稳定性和稳定性极限波长，Lang 将液滴数中值直径的实验数据与毛细管波长关联起来，用以下公式成功地预测了平均直径。

$$d_{av} = a\lambda = a\left(\frac{8\pi\sigma}{\rho f}\right)^{1/3} \qquad (4\text{-}8)$$

式中　d_{av}——平均液滴直径，常数；

　　　　σ——界面张力；

　　　　ρ——液体密度；

　　　　f——超声波频率。

式（4-8）表明，平均直径是毛细波长的一个常数部分。Lang 确定了 $10 \sim 800\text{kHz}$ 超声产生的液滴平均直径为 0.34 的常数。对于兆赫范围的超声，Yasuda 等将常数修改为 0.96。用激光衍射法观察了醇水溶液的液滴体积平均直径。将 $1 \sim 2\text{MHz}$ 超声应用于水溶液雾化时，根据 Lang 方程预测，平均液滴直径将下降到几微米的范围内。计算值与激光衍射法观测值吻合较好。应注意的是，当前激光衍射法的检测下限约为 $0.1\mu\text{m}$[191]。

第二个假设是 Sollner 提出的空化理论[197]。他在脱气条件下和降低或升高温度下对各种液体进行雾化。结果表明，乳化作用与雾化作用具有很好的平行性，空化作用对液体的分散有破坏作用。Eknadiosyants 在液滴发射期间观察到液体喷泉发出的声致发光，并解释了液滴的出现是液体表面附近的空腔坍塌引起的频繁冲击波所致。这一理论并不能排除毛细波假说的可能性。实际上，Boguslavski 和 Eknadiosyants[198] 提出了连接理论，这两种机制是相互关联的。他们认为，在液体表面附近周期性的冲击波增强了毛细波波峰的破碎，而冲击波是由空化气泡的破裂产生的。

上述假设表明了空化现象的存在，但它可能不是超声雾化的唯一机制。对不同含气量的除气水进行雾化实验，发现除气对雾气生成率无影响。结果表明，主要影响因素可能不是空化，应该有毛细波的影响。因此，目前支持超声雾化机理的连接理论较多。

2. 超声对雾化液滴的影响

超声雾化可用于产生直径在 100nm 以下的液雾。Kudo 等[199] 用宽谱仪研究了超声雾滴在不同频率与功率强度下的尺寸分布。根据超声雾滴尺寸分布与超声频率的关系，研究了基于液柱周围水蒸气量的超声纳米雾滴的产生机理。通过改变超声振子的表面直径来提高功率强度和密度，影响纳米雾的数量浓度和尺寸分布。超声频率改变液柱表面周围水蒸气的量是引起纳米雾粒径分布变化的原因。随着输入功率的增大，各直径处的最大数浓度增大，但峰值直径不随功率密度变化。此外，通过改变超声振子的表面直径来增加功率密度，会影响纳米雾的数量浓度和尺寸分布。研究结果表明，超声频率、功率强度和密度是影响雾气生成量和雾气粒径分布的主要因素。因此，可以通过更改这些参数来控制雾的直径。

3. 雾与母液之间的溶质分配[191]

与从振动板表面的薄层中雾化整个液体不同，从厚液体中产生的雾可能含有与母液成分不同的物质。当液体是溶液时，可以在雾和母液之间存在溶质的分配，这是分离过程的基本原理。在这方面，Rassokhin[200]首次报道了利用 724kHz 的超声辐射使表面活性剂从水溶液到喷雾的选择性传输。他成功收集了雾，发现表面活性剂的浓度是母液的 10 倍。Takaya 等还报道了表面活性剂在 2.4MHz 超声雾化液滴中的富集，富集率达到 5.2[191]。随着表面活性剂浓度的降低，离子表面活性剂和非离子表面活性剂的富集程度均呈上升趋势。在含有阴离子表面活性剂溶液的体系中，由于表面张力的降低，盐的加入使富集率由 1.6 显著地改变为 4。结果表明，表面吸附在超声雾化分离过程中起着至关重要的作用。为了解释这种溶质富集，Rassokhin 提出了一种液滴模型，即表面活性剂在平衡条件下吸附在表面，而主体积被溶液占据。Jimmy 等通过观察液滴直径分布预测富集程度，仔细评估模型，计算出的表面活性剂浓度大于观察到的浓度[191]。表面活性剂扩散时间和波传播时间的比较表明，表面活性剂的富集是动态控制的。与表面活性剂相比，表面活性较低的溶质也富含于超声波雾化产生的雾。Fuse 等[201]研究了燃油雾化以实现高效燃烧。当燃料中含有极性物质，如乙醇或异丙醇时，他们发现这些十四烷溶液中的醇在雾中富集。醇的表面过量被认为是浓缩的原因。Yasuda 等对从水溶液中富集乙醇进行了系统研究，甲醇、乙醇和 1- 丙醇浓缩在 2.4MHz 超声辐照产生的雾中，雾中醇含量依次为 1- 丙醇 > 乙醇 > 甲醇[191]。

乙醇从水溶液中分离是化学工程和溶液化学的一个重要课题，因为从低输入能量的共沸混合物中提纯乙醇的实际需求很大。Sato 等在水溶液超声波雾化产生的雾中发现乙醇的浓度显著增加[191]。在 283K 的低温下，薄雾中含有来自原料的纯乙醇，乙醇浓度在 7% ～ 100% 之间。值得注意的是，该结果表明了用一种简单的方法打破共沸物的可能性。这一发现引发了人们对阐明分离机制和开发实际应用的兴趣。由于雾化现象的复杂性以及乙醇 - 水混合物的溶液性质，分离机理仍在讨论中。由于生产规模集雾技术难度大，实际应用似乎仅限于高价值产品。从 2003 年开始，以普通级原料生产优质日本黄酒。本品为超声波雾化日本黄酒，与普通级黄酒相比，具有丰富的香气和乙醇。由于加热比普通蒸馏要少得多，所以这些风味保留在雾化的米酒中。由此可激发超声波雾化实际应用的思路。但由于雾化气体的高稀释度和低冷却效率，在载气 20L・min^{-1} 的高流速下很难回收产品。因此，产品回收是实现该过程的一个主要问题。对乙醇分离的基本现象仍需进一步研究。

4. 乙醇分离机理研究[191]

尽管实验观察表明乙醇的富集程度有所不同，但分离机理仍是研究者关注的焦点。这个问题的复杂性是由于乙醇具有挥发性。乙醇水溶液的雾化由于比表面积的增大而使乙醇的蒸发增强。当蒸发发生在密闭容器中，蒸气中没有外来气体时，乙醇在蒸气中的浓度在主要温度和压力下达到平衡。因此，对于乙醇和水的混合物，乙醇富集的基准是气液平衡（VLE）。当雾化使气相乙醇浓度增加到高于平衡浓度时，超声雾化比蒸馏有技术优势。因此，探索了乙醇优先转移而非蒸发的可能途径。众所周知，乙醇和水的混合物中存在乙醇的表面过量。通过激光衍射技术，研究人员观察到微米尺度的液滴。Yano 等用小角度 X 射线衍射法从乙醇水溶液雾中观察到一层纳米级的液滴，推测纳米级细雾富含乙醇。但是，也有人认为这一层的厚度没有几个分子那么高。如上所述，不同的观测方法提供了不同大小的雾。其中，液滴的实际分布特征仍然是讨论分离机理的中心问题。Suslick 提出在气泡中形成纳米液滴。他们报告了一些相关实验结果，可在超声频率低于兆赫区域广泛用于雾化。这一发现可能为乙醇的富集提供了一条有希望的途径。

Mahdi 等研究了超声辅助蒸馏的概念，为了强化共沸混合物的分离，蒸馏需要额外的工具操作。他们指出，在气泡形成过程中会产生微点真空条件，这种变化会改变气泡内的蒸汽成分。建立了乙醇 - 乙酸乙酯体系的数学模型，并与实验数据进行了比较，验证了模型的正确性。计算结果表明共沸点消除。虽然众所周知减压可以避免共沸点，但他们的工作却提出了常压条件下实现超声波处理的可能性。

5. 超声雾化及声波团聚除尘

煤炭燃烧过程中产生的燃煤飞灰是可吸入颗粒物的本源，对环境以及人类身体健康危害很大，尤其是细颗粒物 PM2.5。因此如何去除粉煤灰中的可吸入颗粒物是当前的研究重点。声波团聚作为目前研究最多的一种预处理技术，它是使燃煤飞灰可吸入颗粒物在声场中碰撞、团聚变大，再通过传统的除尘设备予以去除。

蔡萌[202] 利用超声雾化联合声波团聚除尘，分别研究声波高频段和低频段对颗粒物团聚效率的影响及声强、颗粒物初始参数和停留时间对团聚结果的影响并得到最佳团聚频率。实验结果表明：低频段的团聚效果优于高频段，最佳频率出现在低频段的非超声 900Hz 处。在最佳频率下，单独加声场时，提高声强、颗粒物浓度以及延长停留时间，团聚效率分别为 20.67%、20.2%、21.2%；当同时加超声雾化水和声场时，团聚效率分别提高至 34.86%、34.76%、35.42%。与只加声场相比，团聚效率提高 15% 左右，此时声强提高，团聚效率也有所提高。通过对比团聚前后的电镜扫描照片，证明团聚的存在。

Okawa 等[203] 使用超声雾化，在 2.4MHz、10℃下对四个灰尘样品［二氧化硅（9μm）、高岭土（6μm）、绿凝灰岩（6μm）和绿凝灰岩（4μm）］进行湿度和水颗粒的灰尘控制。为了了解超声雾化对灰尘分散的抑制作用，测量了 50%、70% 和 90% 相对空气湿度下无超声雾化时的灰尘分散量。对于所有样品，灰尘分散量都减少，但减少的量很小。例如，绿凝灰岩样品（4μm）仅减少了 0.09mg，即从 50% 时分散 0.49mg 到 90% 时分散 0.40mg。因此，在 10℃时，很难通过湿度来控制灰尘。

进而对水颗粒进行了超声雾化以控制灰尘。用 10℃的超声雾化产生的水颗粒进行粉尘控制，结果表明，在相同的相对空气湿度下，粉尘的分散量低于没有超声雾化的粉尘颗粒。说明对于所有样品，随着水颗粒数量的增加，粉尘的分散率降低。尤其是水颗粒影响小粒径绿凝灰岩（4μm）较大，其具有研究样品中的最大比表面积。表明表面积越大，表面张力越大，受水颗粒影响大，故表面积较大的颗粒更容易受潮。最后，利用 10℃、20℃和 30℃下的实验数据，研究了超声雾化产生的水蒸气量（绝对湿度）和水颗粒对粉尘扩散量的影响，表明较高的水蒸气量（绝对湿度）和较高的水粒子量可有效抑制粉尘扩散。低温超声雾化的优点是工作空间湿度的增速慢、增量小，即使相对空气湿度较低，水颗粒也保持稳定，利于抑制粉尘扩散。

6. 超声雾化在固体气相转移中的应用

利用超声雾化液滴尺寸可控、分布窄的优点，处理固体悬浮液，以分离出特定颗粒或为挥发性有机化合物（VOC）降解提供较大的表面积。在这类应用中，雾滴作为容器来容纳目标粒子。Komatsu[204] 发现超声雾化具有不同形状的线、环和线圈形的碳纳米管悬浮液，可成功地加强环和线圈碳纳米管的离析。它们在雾气和载气的作用下进入气相，然后积聚在雾气收集容器中。这些纳米管的尺寸是几百纳米。据推测，特定尺寸的液滴能够容纳这些纳米管。在这种情况下，雾可以识别固体的形状。Sekiguchi 等[205] 报告称，使用含有精细二氧化钛固体的雾能增强挥发性有机化合物的光催化分解。当二氧化钛被带入雾中时，光催化剂的工作面积显著增加。

除挥发性有机化合物降解外，还实现了水溶性中间体的完全捕获。这意味着水也可以作为反应的介质。Nii 等[191] 利用超声波雾化将几百纳米的固体颗粒从悬浮液中分离出来。将不同粒径的 SiO_2 或聚苯乙烯（PS）乳液悬浮于水中，收集超声雾化雾进行粒径分析。收集到的颗粒尺寸在有限的直径范围内，而不取决于固体的类型。有趣的是，直径小于此范围的颗粒没有被转移到雾中，因此，薄雾可以识别几百纳米的粒子大小。此外，当悬浮液脱气时，雾的识别能力降低。结果表明，声空化对雾的尺寸识别具有重要作用。这是解决雾粒径识别机理乃至雾化机理的有用线索。

7. 超声雾化在制备纳米颗粒中的应用[191]

超声雾化在功能性纳米颗粒的制备中起着关键作用。超声喷雾热解（USP）金属（锰、锡、镍、钆、铯、镧等）及其金属氧化物或碳是必不可少的，适用于电子设备、电极的锂和太阳能电池、燃料电池、半导体和电容器。这些材料的更好性能取决于颗粒的适当结合、粒径、粒径分布和形态。在 USP 工艺中，前体溶液通过超声雾化产生高度有序的液滴，其大小和分布受到严格控制。考虑到设备、加湿器或吸入器的高可用性，通常使用 1.6MHz、1.7MHz 和 2.4MHz 的超声波频率。随着载气的流动，液滴进入管式炉，在管式炉中进行热解。由于该工艺是连续运行的，因此控制传质和传热比分批处理工艺更容易。由于是固溶过程，改变前体成分和熔滴在炉内停留时间具有很高的灵活性。此外，由于传热的均匀性，均匀的液滴直径将直接导致固体颗粒尺寸和组成的均匀。UPS 的优点是提高了所得颗粒大小和尺寸分布的均匀性，以及调节制备条件的灵活性。缺点似乎是为获得适当的雾量，存在前体溶液黏度的限制和设备放大的困难。目前有关纳米颗粒制造的文献数量正在急剧增加。

8. 超声雾化除湿

近年来，一种利用超声雾化技术的新型液体除湿系统受到人们广泛关注与深入研究。除湿器和再生器是溶液除湿系统的两大核心部件，均可利用超声雾化强化它们的操作。除湿浓溶液在除湿器中吸收湿空气中的水蒸气后变成稀溶液，然后进入再生器进行浓缩再生以重复使用。在该系统中，除湿溶液被超声雾化为粒径小于 50μm 的微小液滴，极大地增加了溶液与空气的接触面积，微小液滴能很好地跟随空气运动，保证了溶液与空气具有较长的接触时间。相较于传统的填料塔除湿系统，该系统具有溶液耗量小、除湿效果好的优点。

除湿剂的空气除湿和除湿剂的再生互为逆过程，Yang 等[206]将超声雾化技术用于溶液除湿系统的除湿器中，有效提高了溶液除湿器的除湿效率。

上海交通大学姚晔等提出了基于超声波雾化技术的除湿剂再生方法，通过超声雾化产生 50 ～ 100μm 的液滴来增大除湿溶液与再生空气之间的接触面积，可有效提高除湿溶液的再生效率，为降低溶液再生温度创造了良好条件。姚晔等为此申报了"除湿液超声波再生装置"（ZL201110224732.5）及"一种多能互补驱动的除湿空调系统"（ZL201310011756.1）专利。

由于雾化后的溶液具有粒径小、跟随性好的特点，使得除湿溶液（氯化锂、氯化钙、溴化锂等无机盐溶液）粒子易被空气携带。但空气带液量过大，将会污染室内空气，影响室内人员健康。李曦等[207]研究了超声雾化液体除湿空调系统对室内空气品质的影响，得到室内空气中氯化锂质量浓度的安全阈值为 70μg·m⁻³。通过实验分析了入口溶液中氯化锂的质量分数、除雾器孔隙率等对空气带液量的影响。当质量分数由 31.5% 上升至 38.8% 时，空气带液量也随之上升，最高为 26.93μg·m⁻³。在最不利工况下，该系统空气带液量未超过安全阈值，表明对室内空气品质没有影响。该研究成果有利于对超声雾化液体除湿系统的推广。

9. 超声雾化喷嘴

超声雾化喷嘴主要有电动式和流体动力式两种形式，压电式超声雾化喷嘴适用于中、小流量的喷雾，其目标是对喷雾雾滴粒径的控制，期望得到雾化颗粒在微米级、粒径分布均匀的雾化微粒，在农业工程方面主要应用于超声雾化栽培及超低量喷药；而流体动力式超声雾化喷嘴雾化量大、结构简单、射程远、工作可靠，在农业设施加湿降温及设施内病虫害防治方面具有较好的应用前景。陆岱鹏等[208]评述了超声雾化喷嘴的工作原理、研究现状及农业应用等方面的研究成果。从超声雾化喷嘴的工作原理和研究现状可以得出，改变压电式超声雾化喷嘴的变幅杆形状和前后盖板的材料及改变流体动力式喷嘴的阀芯结构成为今后的重要发展方向。从雾化栽培、农业设施加湿降温及超低量喷药三个方面介绍了超声雾化喷嘴在农业工程方面的应用及特点，对超声雾化喷嘴今后的研究方向进行了展望。

重油是工业生产中的重要能源，广泛应用于发电、冶金、玻璃、钢铁等领域。燃烧重油、渣油的工业炉如何提高喷嘴的雾化质量，研制高效的重油喷嘴以提高其应用效率在现阶段有重要意义。目前重油喷嘴主要有喉管类喷嘴、气泡雾化喷嘴、超声雾化喷嘴等几种。其中，超声雾化喷嘴是近来研究比较多的新型喷嘴，经研究表明超声雾化喷嘴的雾化效果一般要高于其他类型喷嘴，具有雾化粒径小、雾化液滴均匀性好的特点。张绍坤[209]对流体动力式超声波重油喷嘴雾化特性的冷态实验研究表明该流体动力式超声波喷嘴雾化性能很好，索太尔平均雾化粒径 D_{32} 在 $10 \sim 20\mu m$，比国内报道的最好的燃油燃烧器（$50 \sim 60\mu m$）小 3 ~ 6 倍，且雾化粒径均匀。初步燃烧实验发现流体动力式超声雾化燃烧器在冷炉状态下可实现油棉纱直接点火，具有点火快，燃烧火焰稳定、明亮，燃烧效率高，可实现低空气过剩系数下的完全燃烧，是高标号重油以及渣油等高黏度劣质燃油实现高效、清洁燃烧的具有发展前途的燃烧方式和设备。

本节介绍了超声雾化的一些基本内容，及乙醇和固体颗粒分离、反应分离、纳米颗粒制备及超声除尘等应用。在发现表面活性剂或乙醇在雾中富集之前，该方法仅被认为是简单将液体分解成有序大小的颗粒。如上所述，这一现象仍有很大的探索空间。超声雾化技术是一项过程强化的创新。与大多数超声波技术一样，要想将产品扩展到实际应用阶段，就需要解决单位输入功率的低产量问题。然而，将我们的目光转向微型尺度处理，雾化可以通过简单控制雾化量、微调液滴大小以及在液滴中选择性地容纳物质，实现目标物质的点转移。需加强对超声雾化的认识，以加深对超声雾化的理解和应用。

二、分散、凝聚与悬浮

1. 超声分散

超声分散是一种在水溶液中获得精细分散纳米颗粒的有效方法，空化是高能量输入导致纳米颗粒去团聚的原因。流体静压力和声振幅影响空化气泡破裂所产生的耗散能量。实验研究表明，分散过程的能量输入、过程时间将影响分散结果。然而，就比能量输入而言，声振幅和静水压力均不会对去团聚过程产生显著影响，因为声振幅和静水压力较高时，功耗增加。预混料的含气量影响空化强度，含气量越低，可用空化泡越小、越少，空化强度也越小。这是一个重要的影响因素，因为凝聚体中的蒸汽 - 气体核有利于纳米颗粒的超声分散。

（1）超声团聚颗粒破碎　Knoop 等 [189] 利用计算流体动力学（CFD）方法，推导了高强度超声在气体环境中对颗粒和团块的声力。声诱导力导致振动应力场景，此时凝聚体的主要颗粒交替地挤压在一起，并随着波频率的施加而撕裂。将计算出的声力与粒子间范德瓦耳斯黏附力和液桥相互作用的结果进行比较，发现对于尺寸为 80μm 的 SiO$_2$ 粒子，分离力可能达到相同的数量级。因此，在有限概率的情况下，声搅拌气体可能使固体团聚结构脱团聚 / 分散。声粒子悬浮装置中的弥散实验证实了这种效应。

Knoop 等 [210] 还研究了高强度超声在空气中引起团聚固体颗粒破碎的可能性。利用驻波声场研究了单功能化颗粒团聚体的分散性。颗粒运动轨迹表明，悬浮团块由于形状不规则，最初在驻波声场中呈正弦运动。粒子运动的频率比施加波场的基频低几个数量级，因此团聚体在穿过场时会经历内外应力的交替，使团聚体承受波动应力。

结果表明，声应力可导致固体团聚体的破碎，这取决于颗粒间结合的强度。可以得出两个重要结论。第一，研究表明，声场原则上不仅可用于引起颗粒的团聚，还可用于克服颗粒之间的黏附力，从而分散团聚物。第二，即使在气体环境（没有气穴发生）中，声分散也可以通过颗粒上的动态阻力实现。随着声能量的增加，团聚体的声驱动破碎概率增大。同时，团聚体中的粒子间键合强度也对分散性有显著影响。结果表明，随着一次颗粒尺寸或接触角的增大（即黏附力的减小），达到一定破碎率所需的声破碎能量减小。相反，相对湿度的增加（黏附力的增加）导致比破碎能的增加。

Sumitomo 等 [211] 比较了超声辐照和机械搅拌对颗粒分散行为的影响。对聚甲基丙烯酸甲酯（PMMA）颗粒进行了实验和计算。研究表明随着超声频率的降低和功率的增大，团聚颗粒的分散速率增大，而随着机械搅拌转速的增大，团聚颗粒的分散速率增大。颗粒分散随时间的变化经过长时间后趋向稳定。超声辐照分散主要是由于团聚体空化引起的团聚体表面的冲蚀和内部空化导致的团聚体颗粒的分散，以及机械搅拌导致的剪切应力流引起团聚体颗粒的分散。在较低的输入功率下，超声辐照的分散效率大于机械搅拌的分散效率，但在较高的输入功率下则相反。

姚明等 [212] 以无机染料和苯乙烯为原料，磷酸三钙（TCP）和聚乙烯醇（PVA）为分散剂，过氧化二苯甲酰为引发剂，通过原位悬浮聚合的方法制备了球度好、有光泽的彩色聚苯乙烯微球。研究了无机染料在苯乙烯中的超声分散时间对分散效果的影响，以及聚合反应过程中分散剂用量、聚合温度、时间对聚合的影响。结果表明：

① 采用原位悬浮聚合法，用无机染料和苯乙烯，成功制得了球度好、有光泽的彩色聚苯乙烯微球。较佳的聚合工艺条件为：分散剂 mTCP：mPVA=1：1，分步升温，75℃/1h→85℃/2h→95℃/0.5h。

② 无机染料通过超声波作用在苯乙烯中均匀分散，分散适宜时间至少为 6min，且随无机染料用量的增加，分散时间也需增加。

③ 利用色差计对彩色聚苯乙烯微球进行了测试，不同颜色的彩色聚苯乙烯微球在各自的特征颜色波段均有较强的反射峰，样品的色差随无机染料添加量的增加而变大。

（2）超声强化纳米颗粒分散和去团聚的相关因素影响　由于细颗粒的比表面积大，在工业上经常使用范围可达数纳米的细颗粒，这使得材料能够充分表达其特性。由于许多应用需要水溶液，因此分散纳米颗粒在液体中是化妆品、增稠剂、防晒霜、药品、催化剂、玻璃、硅酮和涂料等多种应用的关键要素。然而，粒子之间的相互作用力（特别是范德瓦耳斯力）与重力的关系随着粒子尺寸的减小而增大。此外，随着粒径的减小，等体积浓度颗粒之间的距离减小，颗粒的碰撞概率也随之增大。因此，纳米粒子通常形成大而非常强的团聚体，需要施加高应力以克服黏附力。通过火焰热解产生的纳米颗粒通常具有聚集物和团聚物的特征，其直径大小可达到数百纳米，通过范德瓦耳斯力和烧结键形成。纳米颗粒的各种加工过程中通常既需要干燥颗粒在液相中能均匀分散，也需要它们能团聚。在大多数应用中，要求纳米颗粒在商业化应用之前处于良好的分散状态。然而，将颗粒分散到液体中的传统技术通常是不够的，因为纳米颗粒往往形成非常强的团聚，需要极高的比能量输入才能克服黏附力。

机械搅拌通常用于改善分散体的均匀性，但不能阻止颗粒聚集或凝聚，需要额外的外力，例如由搅拌介质磨机施加的力。除了传统的搅拌介质粉碎机系统外，超声波是去除水分散体中纳米颗粒团聚的一种手段。在一些应用中，超声波已被证明适用于将颗粒均匀分散在液体中。此外，超声波空化气泡坍塌时，对颗粒、团聚物和聚集物产生局部高应力，产生小面积的高压差，使微湍流和液体喷射作用于聚集体，导致聚集体分裂。它为制备纳米颗粒的水性分散体提供了一种有吸引力的途径，这种去聚集和去团聚方法可以使颗粒成为均匀分散体。

纳米颗粒在水溶液中的超声脱团聚分散主要是空化的结果。介质的静压和声波的振幅都会影响空化的强度与效果。此外，弥散介质中气体的存在影响空化强度，从而影响了脱团聚过程。需要考虑这些参数对分散结果的影响以及与特定能量输入的关系。根据优化目标（时间、能量输入等）、过程参数不同可得到不同的分散效率和结果。所有的实验结果都可以用特定的能量输入来解释，它是过程函数的主要输入参数。

然而，对超声去团聚过程的机理和主要参数的影响尚需深入研究。目前较多研究的是探讨超声波分散过程中，振幅、压力、保留时间、比能等工艺参数对去聚集效率的影响。尽管有些关于超声乳化的报道，但对分散体中纳米颗粒系统的去团聚及其主要的影响参数了解还不够。

为此，Sauter 等[213]在不同的静水压力水平（高达 1MPa）和振幅值（64～123μm）下进行超声波实验，利用超声波对 SiO_2 颗粒水悬浮液加入至 $104kJ \cdot m^{-3}$ 的比能量，研究声振幅、静水压、比能和气含率对纳米颗粒分散和去团聚的影响。

① 声振幅的影响　利用超声在不同振幅下的辐射来制备分散体。在两个不同的静水压力水平（0MPa 和 0.35MPa）下，测定分散体的平均粒径。基本上，由于能量耗散的增加，颗粒尺寸随着停留时间的增加而减小，而能量耗散是导致去团聚的原因。较高的声振幅值会增加气泡坍塌的强度，从而导致纳米颗粒团聚物的去团聚与分散。但振幅对去团聚效率影响不大。然而，在更高的压力水平下（0.35MPa），振幅的提高可使发生空化的区域扩大，从而改善分散效果。

② 静水压的影响　空化或汽蚀作为能量耗散源取决于体系气泡内压 p_m、介质静水压 p_h 和声压 p_A，它们的关系是 $p_m = p_h + p_A$。增加静水压力会导致空化阈值和气泡破裂强度增加。因此，施加的外部压力的影响取决于这两种机制中哪一种起主导作用。在振幅 $\alpha = 64\mu m$ 下，高达 0.35MPa 的压力加剧了气泡的崩溃，即强化了空化作用，因而改善了去团聚过程。然而，随着空化阈值的增大，压力进一步增大对脱团聚过程反而有负面影响。此外，当压力升高到 1MPa 时，由于负压低于空化临界值，气泡停止形成。

综上所述，在压力较高的情况下，只要超声振幅增加足够大，也可能导致空化发生，改善超声去团聚过程，提高去团聚过程的效率。而应用静态高压和更高的声振幅的缺点是在高静水压下所需的功率要大得多。

③ 比能的影响　比能 E_V 是功率密度和停留时间的综合参数，是影响解聚过程的最关键参数。随着比能的增加，团聚尺寸减小。对于确定的能量输入范围内，超声场的振幅和超压的变化都不会对分析范围内的去团聚效率产生任何影响。去团聚效率的提高是由于两种情况下比能输入的增加。因此，可以通过比能 E_V 的值来描述去团聚过程，以便比较不同类型的分散设备。

Sauter 等给出了描述平均粒径 x_{mean} 随单位分散体积的功率 P_V 输入增加和停留时间 t_r 增加而减小的过程函数公式。

$$x_{mean} \propto P_V^{-a_1} t_r^{-a_2} \approx (P_V t_r)^{-a} \approx E_V^{-a} \tag{4-9}$$

该式的特征指数 a 约为 0.1，这是一个衡量在去团聚过程中必须克服的极高吸引力的指标。

④ 气含率的影响　影响颗粒超声波去团聚的另一个因素是分散体中的气体含量。为了研究气体的影响，制备了脱气和非脱气预混料，并用超声波在恒压

（0.35MPa）和恒振幅（64μm）下进行了脱团聚。研究表明，气体在分散中的存在有利于纳米颗粒的去团聚。从介质中去除气体会减少气核的存在，增加液体空化的困难。

（3）湿磨辅助超声分散壳聚糖溶液中的多壁碳纳米管　碳纳米管（CNTs）因其优异的机械、电气和热性能而受到国内外学者的广泛关注，使其成为各种应用的理想候选材料，从纳米电子学、传感器、纳米复合材料、生物医学器件和细胞输送到制造新型纳米材料。然而，由于原始碳纳米管具有很强的疏水性和范德瓦耳斯力，它们在水溶液中的溶解性和分散性差，阻碍了它们的广泛应用。为了克服这些问题，通过共价或非共价改性来提高碳纳米管在水溶液中的溶解性和分散性已经做了很多工作。最常见的是在浓酸性介质中氧化碳纳米管的石墨烯表面，这通常会降低碳纳米管的机械和电气性能。相比之下，通过吸附表面活性剂、合成聚合物和生物分子来实现碳纳米管的非共价功能化，正成为一种更具前景的分散碳纳米管的方法，因为它可以保留碳纳米管的独特性质。通常，各种两亲性分子被设计成通过一种组分（例如芳香和疏水部分）以疏水和（或）堆叠作用与 CNTs 表面相互作用，使原始 CNTs 分散在水溶液中，而另一种组分 [亲水性带电和（或）非充电部分]则与水相互作用。一些具有类似结构特征的天然生物高聚物，如 DNA、蛋白质和淀粉也被用于水溶液中 CNTs 的分散，由于生物高聚物具有良好的生物相容性，因此可以扩大 CNTs 的生物医学应用。

在非共价修饰 CNTs 的过程中，超声通常用于分散原始 CNTs，但许多聚集的 CNTs 束与水溶液中的改性剂没有很好的相互作用，导致改性 CNTs 的产率相对较低。由于超声波的特性，在液体介质中传输的入射波几乎在气液界面反射和阻尼消耗。当将原始 CNTs 添加到水中时，由于水对 CNTs 束的润湿性较差，薄空气层可能覆盖 CNTs 表面的某些部分并存在于 CNTs 束的空隙中。这样阻止超声波到达 CNTs 表面，并降低分散效率。因此，提高碳纳米管表面的水润湿性对水溶液中超声法制备碳纳米管悬浮液具有重要作用。

Tang 等 [214] 报道了一种称为"湿磨辅助超声处理"的方法，即在超声处理前对壳聚糖溶液中的多壁碳纳米管（MWCNTs）进行湿磨。利用紫外 / 可见光谱和扫描电子显微镜（SEM）对碳纳米管的分散进行了表征。利用研磨和超声波在含有分散剂的水溶液中分散原始 MWCNTs。壳聚糖是一种酸性介质的阳离子多糖，具有良好的生物相容性、生物降解性、抗菌性和多官能团。壳聚糖分子中的疏水基团（$-C\!\!=\!\!OCH_3$）有吸附在碳纳米管上的倾向，而亲水基（$-NH_2$ 和 $-OH$）有溶解在乙酸水溶液中的倾向。在这里，通过将多壁碳纳米管与壳聚糖溶液研磨在一起，可以显著改善水溶液中的润湿性，这有助于通过超声处理使多壁碳纳米管进一步分散在溶液中。用该方法处理的碳纳米管的分散质量比单用研磨或超声处理的碳纳米管要好得多。同时，该方法对碳纳米管的结构破坏很弱，保持了碳纳米管的原有性能。

采用湿磨辅助超声分散（GU）法可制备均匀稳定的壳聚糖/MWCNTs 悬浮液。用该方法制备的多壁碳纳米管悬浮液的分散质量远优于超声法或湿磨法。与先前干燥研磨改性 CNTs 不同，GU 法仅对 MWCNTs 造成轻微损坏，能保持超过 5μm 的长度（类似于原始 MWCNTs 长度）。湿磨可以改善多壁碳纳米管的水润湿性，消除多壁碳纳米管周围空气层对超声波的阻隔作用。同时，用湿磨辅助超声分散（GU）法制备的壳聚糖/MWCNTs 悬浮液与纯壳聚糖的相比，力学性能有明显改善。这种将多壁碳纳米管和生物相容性壳聚糖整合成均匀分散体的简单方法，在制备医药复合材料、生物纤维、生物传感器、抗菌涂料和细胞培养等生物技术领域有着良好的应用前景。

（4）超声辅助氧化石墨烯的分散与制备　作为石墨烯的重要衍生物之一，氧化石墨烯（GO）因其自身含有丰富的含氧官能团（羧基、羟基、环氧基），通过简单的改性处理后，可在膜技术、传感材料、新能源材料、药物载体及催化等领域广泛应用。20 世纪 50 年代，由 Hummers 报道了以浓硫酸为强氧化酸，高锰酸钾为强氧化性盐，在硝酸钠的辅助下对石墨进行处理的方法，由此成为至今为止最为成熟的 GO 制备工艺之一。该方法主要包含了低温、中温、高温 3 个反应阶段，低温阶段主要为无机酸插入石墨片层结构的过程；在中温阶段，石墨不断氧化，生成各种含氧官能团；而到高温阶段则主要发生水解反应。近来研究发现，在 Hummers 法制备 GO 的过程中，在不同温度阶段进行超声辅助，能在一定程度上使石墨氧化更加充分、片层分散性能更好。而在这三个阶段中，中温阶段的氧化反应是制备具有优异性能的 GO 的关键。谢辉等 [215] 采用超声辅助氧化石墨烯的制备，采用更容易插层的可膨胀石墨为原料，在中温阶段用超声辅助的方法对 Hummers 方法进行改进，并除去了高温水解步骤，采用更简单的工艺合成了一系列 GO 材料，以此研究超声辅助、超声温度及超声时长等对 GO 结构及性能的影响。

该法在一定程度上优化了 Hummers 法，操作更为简便。超声时间及超声温度对材料的性能与结构均有一定影响，从节能的角度考虑，最优的工艺条件为中温 30 ～ 45℃超声 3h，然后将反应物加入冷水中进行水解反应即可。在工艺上需进一步优化：如超声功率对氧化程度及片层大小的影响、原料配比的优化等方面。

除以上介绍的一些超声分散技术的应用外，超声分散新技术正较多用于各种微粒、纳米材料、碳纤维等分散过程与制备，如贵金属纳米催化剂、氧化石墨烯及碳量子点、类球状银包铜粉与彩色聚苯乙烯微球的制备，纳米晶须、对位芳纶纤维、淀粉纳米微粒及纳米硫酸钡悬浮液的分散等。

2. 超声凝聚

越来越多的研究使用计算流体动力学（CFD）和晶格玻尔兹曼（LB）方法来计算作用在声音粒子上的力。与以前的分析方法一样，在这些数值研究中，对球形和圆柱形颗粒的几何结构进行了研究，其目的是推导功率超声诱导的复杂结构的团聚动力，也推导了声场在气态大气中分散团块的条件。

几十年来，人们一直对障碍物上的声诱导力进行分析。King 较早计算了由平面行波和驻波场引起的球体和圆盘上的时间平均声辐射压力，该方法假设的是刚性体和理想流体条件。后有多人导出了包括可压缩和弹性球体的分析解，并考虑了周围流体的黏度。此外，还根据不同的组推导了一些公式，计算了刚性和弹性圆柱体上的声辐射压力。已建立了解释絮凝作用对乳液超声衰减谱的影响理论。该理论假设絮凝乳剂含有"颗粒"，其有效特性由絮体中单个液滴的大小和体积分数决定。该理论预测，乳状液的衰减谱取决于液滴的大小、絮状物的大小、絮状物中液滴的堆积情况以及絮状物中液滴的比例。

为此 Knoop 等 [189] 研究了功率超声在分散团聚颗粒结构中的潜在应用。通过可压缩的瞬态 CFD 模拟计算了颗粒和团聚体的声阻力和升力 / 侧向力。推导出了完整团聚结构以及团聚体中每个主要颗粒的作用力。计算了气体中的声波场，并通过比较沿声场传播方向的最大压力与声悬浮装置中的声压测量值来验证产生的压力场。计算出两种不同结构的声力。将垂直于声传播方向的无限声场（郎之万结构，Langevin Configuration）与有限声场中的驻波（瑞利结构，Rayleigh Configuration）进行了比较。为了分析凝聚体中发生接触区断裂的可能性，将推导出的声应力情景与凝聚体中的实际结合力联系起来，推导出了一个定义模型系统中两个球形颗粒之间的黏附力。

结果表明，在所考虑的模型团聚体上，随时间变化的声力与单体积等球形颗粒上的声力存在显著差异。对于所研究的声强，团聚体上的总声阻力振幅大约高出 20%。

（1）高强度超声对团聚颗粒的动力作用　Yao 等 [216] 利用分子动力学（MD）模拟研究了氧化锆纳米粒子的聚集机理。估算出超声处理下纳米颗粒（NP）的临界聚集速度。认为聚集机理是超声使 NP 粒子间碰撞产生部分熔融和随后的淬火。与完全熔化相比，部分熔融机制成功地解释了文献中观察到的实验现象，因此被证实是预测纳米颗粒聚集的更现实的机制。临界速度值采用文献中根据完全熔化估算的临界速度的三分之一。一般认为氧化锆作为一种坚硬的陶瓷，在标准环境温度和压力下很难加工。同时，它的扩散率比金属低几级。因此，即使是纳米尺寸，也不可能像金属那样容易组装。研究认为陶瓷 NP 可以通过超声波在标准环境中聚集，而不需要任何额外的热源或化学处理。

他们不仅研究了超声波作用下形成陶瓷 NP 聚集体的物理性质和结构，且通过预测三种不同类型的粒子间键合的形成速度，为控制和（或）优化 NP 的分散和（或）聚集提供了指导，这将有利于 NP 装配技术的发展。此外，研究还证明，尽管陶瓷 NP 的扩散系数较低，但可以通过超声波聚集，为陶瓷 NP 的组装提供一种方便的新制造方法。纳米颗粒聚合可以在许多方面提高材料的性能。超声聚集已被证明是一种有效和经济的聚集 NP 的方法。然而，聚集机制尚不清楚，这影响了超声聚集组装技术的发展。

（2）超声凝聚的应用

① 超声乳糖成核。乳糖被广泛用作食品中的甜味剂、片剂中的赋形剂，以及干粉吸入器中的载体。通常，这种糖是从奶酪乳清中结晶出来的。乳清含有1%的脂肪和蛋白质、5%～6%的乳糖和90%～92%的水。在结晶过程中，干酪血清脱脂、脱蛋白并蒸发至干物质的40%～65%（质量分数）。此时，浓缩乳清含有微量蛋白质[0.1%～0.2%（质量分数）]，其余大部分是乳糖。即使乳糖在浓缩乳清中变得过饱和[>25%（质量分数）]，这种糖也不会结晶，除非乳清冷却到足以达到亚稳区极限。

在亚稳区内，由于可用的能量不足以诱导核形成，初级核不能自发发生。根据温度和乳糖浓度，在溶液中形成了许多有序的亚临界乳糖分子团。这些分子的集合有一个临界尺寸（n^*）；低于此尺寸的分子是不稳定的，高于此尺寸的分子则可以成长为新相的原子核。形成团簇需要自由能变化（ΔG^*），因此成核在很大程度上取决于原子核（n^*）中的分子数，而分子数又取决于过饱和度水平。因此，只有在一定温度和乳糖浓度条件下克服成核临界能量（ΔG^*）时，乳糖才会发生一次成核。对于乳糖，诱导时间过长，在130g·100g⁻¹的绝对过饱和度下持续2h，或在22g·100g⁻¹的绝对过饱和度下持续16h，奶酪乳清中乳糖的工业结晶时间过长（长达72h），乳糖的质量往往不好，结晶率低。目前，人们探索了不同的方法来改善乳糖结晶过程，如使用抗溶剂、超声辅助结晶和热传导。这些方法的核心是缩短诱导时间，提高成核率、晶体生长率或结晶率。

超声辅助的乳糖结晶已成功地用于减少乳糖晶体的尺寸分布和提高结晶的产量。也已证实，超声有利于形成过饱和，并缩小乳糖的亚稳区。然而，有关超声对乳糖成核作用的信息仍不多。一般来说，超声结晶可以缩短诱导时间，在较低的过饱和度水平诱导初级成核，并加速成核率。超声如何改变成核的机制尚不清楚。

Sánchez-García 等[217]研究了不同超声频率（20kHz、44kHz、98kHz、142kHz）和超声功率（10W、20W、30W）对乳糖成核的影响。为此，对含有微量乳清蛋白（0.3%）的乳糖溶液[25%（质量/体积）]进行了300s超声波处理。通过将温度从30℃降低到15℃诱导结晶，从而将乳糖的绝对过饱和度从0.19g·100g⁻¹提高到8.25g·100g⁻¹。用光散射法监测乳糖的成核。结果表明，超声的应用加快了形成新核的分子附着频率（k），减少了成核诱导时间。超声波对乳糖成核的影响取决于超声波的频率或功率。在44kHz（11.13J·mL⁻¹）下观察到的变化最显著，因为形成的核数（a）增加，诱导时间减少到15s，附着频率k值增加到0.1482s⁻¹，而无超声处理时的k值仅为8.7×10^{-4}s⁻¹。由式（4-10）可见k值大有利于成核速率。

采用logistic增长模型[式（4-10）]分析从光散射收集的数据。在公式中，dn/dt表示成核的瞬时速率或每毫升的核数（n）随时间（t）的变化。比例常数k是导致原子核形成的分子附着频率。a为原子核的最终数量，t_c是达到a的一半值的时间。

方程（4-10）的积分给出了一个 logistic 函数［式（4-11）］，用于估计动力学参数。

$$dn/dt=kn（1-n/a）\tag{4-10}$$

$$n=a/\{1+\exp[-k（t-t_c）]\}\tag{4-11}$$

超声辅助结晶乳糖是提高乳清中乳糖回收率最有前景的方法之一。然而，目前还不清楚超声是如何影响乳糖结晶的，特别是在成核阶段。超声频率对乳糖成核有不同的影响，乳糖的成核率在 44kHz 时增加，但在更高（98kHz 和 142kHz）或更低（20kHz）的超声频率时则不增加。44kHz 的频率很可能产生充分的瞬态空化和稳定空化组合，从而提供足够的能量来克服成核的临界能量（ΔG^*）。同样地，乳糖溶液的 20W 超声波处理也提高了乳糖核的形成，并缩短了成核诱导时间。然而，较低（10W）或较高（30W）的超声功率对诱导时间或形成核的数量有不利影响。此外，当乳糖结晶时，乳清蛋白在乳糖溶液中的浓度改变了乳糖的形核。因此，适当选择超声频率或超声功率，控制蛋白质的数量，可以改善乳糖的超声结晶过程。

② 超声处理后油团聚提高煤质。近年来，对超声预处理在煤炭加工中的应用有较多研究。包括通过超声预处理提高煤的浮选能力、桥接油团聚、增强化学脱硫和重介质分离。

超声处理会产生空化，即液体中气泡的形成、生长和破裂。气泡的破裂产生小面积的高压差，导致微湍流。当超声应用于颗粒 - 液体的混合物，气泡在固体表面附近塌陷时，高速流体射流冲击颗粒，可以巨大的能量密度作用在撞击点处。在矿物加工中，超声处理可通过汽蚀去除表面涂层。汽蚀释放能量的最简单效果是帮助清理悬浮在泥浆中的矿物表面；更复杂的影响可能是改变矿物的表面化学性质，从而调节其对溶液中其他物质或物理分离制度的反应。

与浮选一样，煤的油团聚依赖于疏水性煤颗粒和亲水性无机脉石表面性质的差异。当少量的油被引入煤颗粒的搅拌悬浮液中时，疏水性煤颗粒被油包裹并黏在一起形成团块，而亲水性矿颗粒则不受影响。团聚颗粒可以通过一次筛选操作或通过浮动和撇渣从其他材料中分离出来。选择性油团聚的性能很大程度上取决于固体颗粒的表面性质。煤表面的憎水性、矿物表面的亲水性和煤中矿物质的释放是该技术有效去除煤中矿物质所需的重要影响参数。

Sahinoglu[218] 对水煤浆（固体比为 1∶10）进行超声处理，研究超声处理对氧化高硫煤表面性质和油团聚过程性能的影响。采用实验室高强度超声发生器（750W，20kHz），配备喇叭形传感器（Horn Transducer）系统作为超声处理源。采用超声处理功率（$9.5 \sim 72.8 \text{W} \cdot \text{cm}^{-2}$）和时间（$0.5 \sim 7\text{min}$）作为变量，测定超声处理和无超声处理团聚过程的可燃回收率、排灰率、硫黄回收率、灰分分离效率和硫黄分离效率。此外，还对烧结法生产的洁净煤的热值进行了测定。在未经超声处理的团聚过程中，其发热量、可燃物回收率、排灰率和硫黄回收率分别为 27284kJ·kg^{-1}、63.78%、75.19% 和 92.64%。通过团聚前超声波处理，使发热量、可燃物回收率、排灰率和硫黄回收率分别提高到最大 29046kJ·kg^{-1}、66.13%、87.24% 和 97.44%。超声处理提高了油凝聚过程的性能，证明了该工艺在选煤中的有效性。

③ 超声波声流和空化作用对液体中微颗粒的凝聚。由于超声波可在液体介质中传递较强的能量，能在界面上产生强烈的冲击和空化作用。在金属冶炼过程中，对液态或凝固过程中的金属液施加超声波，超声波具有凝聚金属液中的夹杂物、去除金属中夹杂物等冶金效果。一般认为，超声波的声流效应、空化效应和驻波效应对金属液中夹杂物的分布有较大影响。超声在熔体中产生直接的液体流动称为声流，是由于声波的存在而引起的介质的单向流动。它们不仅会发生在液体内部，也会发生在模壁的微粒上或超声场中的其他物体上。超声波在介质中传播时，与介质中黏性力交互作用形成一定的声压梯度，导致介质流动。当声压幅值超过一定值时，介质中产生喷射流，喷射流在整个介质中形成环流，即超声声流效应。向液体中辐射声波时，在一定压强下，在液体介质中由于涡流或超声波的物理作用，液体中的某一区域会形成局部的暂时的负压区，于是在液体介质中可产生空化气泡和空化作用。当超声波通过有悬浮颗粒的流体介质时，悬浮颗粒开始与介质一起振动。但由于大小不同的颗粒具有不同的相对振动速度，颗粒将会相互碰撞、黏合，体积和质量都变大。继而由于颗粒变大不能跟随声振动运动，而是做无规则运动，继续碰撞、黏合、变大，最后沉降下来，这就是超声聚集的大体过程。此过程类似于超声波乳液破乳过程。影响超声凝聚的参数有声强、振幅、频率和作用时间等。存在于气体或液体中的非均质悬浮颗粒都有最佳频率，使颗粒具有更多的碰撞机会，只有找到这一最佳频率才能得到较好的凝聚效果。凝聚还与超声声强、作用时间及功率有关。声强高时，可在较短的时间内取得好的凝聚效果。此外，超声凝聚还与颗粒的大小、性质和浓度有关。近年来，利用超声波驻波理论去除钢液中的夹杂物在国内外进行了大量研究，在超声波驻波场中微粒会在声辐射力的作用下向声压节或声压腹运动，产生微粒碰撞凝聚，以此有效去除小颗粒夹杂物。其中，日本学者 Kuwabara 等提出了超声波在材料工程中的几个新应用方向，包括流动控制、夹杂物的凝聚分离和扩散、纤维的定向控制及促进冶金反应等[219]。

金焱等[219] 利用有机玻璃碎颗粒-水体系模拟实验研究超声波对液相中微颗粒凝聚过程作用，为超声波去除钢液中夹杂物提供实验依据。研究结果得到：在功率为 15～30W 范围内，超声波的声流作用很明显，可将液相中的微颗粒聚集于声压较小的区域。超声功率在一定临界值（本实验为 60W）以下，振动作用将超过空化分散作用，使颗粒凝聚成团，生成的空化气泡起到聚集已生成的颗粒团并使之长大的作用。颗粒团粒径 $d_{cluster}$ 随超声功率 P 的变化关系为 $d_{cluster} = 0.539e^{0.523P}$（0W<$P$<60 W）。如果超声功率超过临界值，空化分散作用成为主导，使已生成的颗粒团分散甚至消失，此时，颗粒团粒径随超声功率变化的关系为 $d_{cluster} = -57.96P+117.96$（$P$>60 W）。

3. 超声悬浮

超声悬浮是一种重要的无容器处理技术，其原理是利用强声场的非线性效应产生的声辐射力抵消重力以实现物体的悬浮，稳定地悬浮在声场中或在声场中移动，可以避免样品与其他物体的接触，有效地满足某些科学研究过程中对无容器、超洁净环境的需求，已在分析化学、生化痕量分析、生物医学、材料加工制备以及液滴动力学等方面得到了广泛应用。

在声悬浮技术研究中，研究问题的关键在于如何产生一个大功率、高稳定性及可以控制悬浮力、物体移动方向及位置的声场。在空气中，可以利用夹心式纵向换能器激发的弯曲振动圆形或矩形辐射板产生高强度空气声场以及带有反射板的装置。在液体中的声悬浮装置包括底部装有活塞声源的管形声场等。在悬浮声场中，被悬浮物体稳定于声场中的声压节点处。通过改变声的频率及反射板的位置可以移动悬浮物体。声悬浮装置包括一切能够产生一个稳定的强驻波声场的声学空间，包括一维、二维和三维声场以及气体和液体中的驻波声场。

由于声悬浮技术无机械支撑，对悬浮体不产生附加效应，可以避免样品与其他物体的接触，有效地满足某些科学研究过程中对无容器、超洁净环境的需求，已在很多方面得到了广泛应用。声悬浮技术的具体应用，有高纯度材料的制备、液体及生物介质的力学性质研究、液体黏滞特性研究、熔炼和凝固材料、液体空化过程及气泡生成动力学研究、测量亚稳态液体及红细胞细胞的力学性质等[220]。

（1）超声悬浮装置简介　近年来，超声悬浮条件下物体的动力学过程引起了研究者们的广泛兴趣，在超声悬浮实验过程中可以观察到悬浮物体的振荡和旋转运动。其中，悬浮物体的振荡和稳定性问题已经在实验以及计算方面得到了较为系统的研究，秦修培等[221]利用超声悬浮装置（图4-83）研究了圆柱体在超声悬浮过程中的旋转运动机理。实验发现，超声悬浮过程中悬浮圆柱体的密度和长径比越小，转动惯量越小，其稳态旋转的转速越大；反射端在水平方向的偏移会产生回复力矩，使圆柱体停止旋转，且圆柱体静止时的轴线方向与反射端偏移方向垂直；在圆柱体两端加入适当的外界干扰可以主动抑制其旋转，从而实现对悬浮体旋转的主动控制。目前已有多种超声悬浮装置出现。白赫和养松[222]设计了低频驻波声悬浮仪器并进行定量研究。以单轴式声悬浮仪结构为基础，改变传统超声频率信号，使用低频信号实现物体在谐振腔内的悬浮，同时结合声学理论，定量分析出物体声悬浮的条件及悬浮的稳定区，利用驻波共振法测量声速。另外，如将水平放置的声悬浮仪改进，通过改变输入信号频率，观察谐振腔内驻波的形成及悬浮物体在波腹位置的振动状态，可作为驻波形成的演示仪器。

（2）液态铝-锗合金的超声悬浮处理与快速共晶凝固　超声悬浮是将无容器状态和超声效应相结合的一种新技术，广泛应用于非平衡凝固研究、结构分析、流体动力学等。无容器状态可以避免坩埚的污染，促进熔融材料的高度过冷，便于

発射端

試样

反射端

60mm

▶ 图 4-83 超声悬浮装置[221]

提供准确测量热物理性能的条件，超声场可以与相变过程相互作用，改善材料的凝固组织和力学性能。成为一种有潜力的研究液态合金的竞争形核和晶体生长的技术。

共晶合金中的晶体生长涉及一个液相内两个或多个固相的相互作用成核和协同生长，一直是人们非常感兴趣的课题。成核和共晶生长的条件控制着液体熔体中各种亚稳态凝固的演变。由于共晶合金对材料性能的影响，许多系统中共晶合金的这种凝固行为和结构特征得到人们的不断关注。定向凝固是一种基本的、有前途的技术，它使人们能够在共晶合金中获得具有规则排列成分的高度各向异性多相结构。该技术能使合金快速凝固，能得到 $10^3 \sim 10^7 \text{K} \cdot \text{s}^{-1}$ 的高冷却速度，导致亚稳态的形成和溶解扩展。共晶合金的无容器加工可获得较大的过冷度，并导致异常共晶的形成。在声悬浮条件下共晶凝固可能会带来新的共晶合金组织和独特的性能。

Yan 等[223] 用超声悬浮仪对亚共晶铝锗（50%Ge）和共晶铝锗（51.6%Ge）合金进行了无容器凝固过程研究。利用单轴声悬浮技术实现了液态铝 - 锗合金的非平衡凝固。由于消除了容器壁，（Al）–50%（Ge）亚共晶和（Al）–51.6%（Ge）共晶合金的过冷度分别达到 112K 和 95K。在悬浮和正常条件下，合金微观结构均由原生（Al）枝晶和（Al）+（Ge）共晶组成。在（Al）+（Ge）共晶中，伴随着（Al）相，（Ge）相呈树枝状生长。在悬浮的（Al）–50%（Ge）亚共晶合金表面附近，（Al）和（Ge）相分别成核和生长，形成了离体的（Al）+（Ge）共晶。在悬浮的（Al）–51.6%（Ge）共晶合金样品中，在合金样品的表面和中心附近发现了许多面状（Ge）相。计算结果表明，当过冷度大于 80K 时，（Ge）相和（Al）相会发生竞争形核，当局部过冷度较高时，（Ge）相主要在液态熔体中形核。说明已成功地建立了一些理论模型和数值模拟，以预测在传统条件下凝固的简单共晶合金竞争成核和共晶生长的凝固过程。

（3）超声驻波作用下油中水滴的悬浮特性　Luo 等[224] 通过理论推导，预测液滴的悬浮位置，捕捉液滴的运动轨迹，并对液滴悬浮位置进行动力学分析。进而分析液滴尺寸、声压、频率以及油水密度比对液滴悬浮位置的影响。结果表明，液滴大小对不同频率下的悬浮位置影响不大。悬浮区在 39.4kHz 时接近最小值，液滴悬浮位置对该频率下的声压振幅和密度比不敏感。有利于保持液滴扎带的稳定性，缩短扎带宽度。此外，还证明了在不同频率下，液滴悬浮位置与密度比呈近似线性关系。

利用高速摄影技术研究了油中水滴在超声波驻波作用下的悬浮特性。从实验和理论上分析了液滴的运动轨迹和悬浮位置。研究液滴尺寸、声压和密度比对液滴悬浮位置的影响。在不同的频率下，液滴大小对悬浮位置的影响很小。实验中，当声压超过空化阈值时，液滴不能稳定悬浮。因此，用于乳状液分离的声压应低于空化阈值。实验结果表明，液滴悬浮位置对声压和密度比在 39.4kHz 时不敏感，这样有利于保持条带的稳定性，缩短带宽。同时也证明了在不同频率下，液滴悬浮位置与密度比呈近似线性关系。今后的工作是研究多液滴的成带特性，建立多液滴成带特性与悬浮位置的关系。这些结果为优化带状成形条件、提高超声驻波下的分离效率提供了机理框架。

第十三节　超声强化脱气过程

超声作用下液体和低熔点熔体的脱气是 20 世纪 30 年代发现的超声效应。超声波脱气技术最早受到关注是在冶金领域，从 20 世纪 60 年代开始，对轻合金熔体的超声脱气机理与超声脱气的工业应用进行了较多研究。但在 20 世纪 90 年代之后，超声波脱气在化工和环境领域的研究和应用范围越来越广泛，其中液态超声场中气泡的运动规律和脱除成为国内外专家和学者致力研究的问题，目前超声波液相脱气技术研究已经成为世界功率超声和超声化学领域研究的重要课题。在我国，超声波液相和金属熔体脱气的相关研究和报道有所增加，主要在铝镁合金净化除气与促进夹杂物沉降分离、铸造铝硅合金除气（去氢）和晶粒细化、超声处理高岭土水悬浮液以及许多其他液基胶体的脱气等，但对超声波脱气的机理以及不同过程超声特性对脱气效果的影响等方面研究不多。

熔化条件、温度变化和周围大气湿度对铝合金的质量影响较大。特别是氢作为溶解在熔融铝中的污染气体，其原因为溶解氢在凝固过程中产生氢沉淀，并在固体枝晶之间形成孔隙，会对最终产品的力学性能特别是断裂韧性、疲劳耐久性和延性都有不利影响。此外，未及时沉淀并与铝形成过饱和固溶体的氢在下游加工过程中仍会沉淀，例如在均质化、挤压或热轧，形成分层和二次孔隙，特别是在薄型产品或表面关键应用中不利。这就是为什么氢测量和控制受到工业界的关注，因此需要控制生产锭料、坯料和铸件所需的氢水平。

一、超声脱气原理

由于任何金属熔体总是含有一种亚微观粒子的悬浮液，该悬浮液不可被熔体润湿，并且在表面缺陷中含有气相。这种不可湿性的细小夹杂物是空化和脱气的潜在空化核。这些颗粒表面的游离氢比例很小，小于 0.1%。然而，这个量足以引起空化。空化气泡转化为气态气泡的过程取决于空化气泡的动力学特性以及溶解氢在脉冲空化气泡中的扩散渗透。这样形成的氢气泡可以变大，达到一定尺寸后，就会浮到液体浴表面。

氢气的主要来源是空气中的氢分子和大气中的水蒸气。后者在熔体表面与液态铝反应，通过反应生成氧化铝和氢，生成的原子氢溶解在铝中，Al_2O_3 沉积在表面或分散在液体中。在脱气或凝固过程中未溶解或沉淀的氢形成分子氢。水蒸气也能与液态铝反应，产生分子氢与 Al_2O_3，分子氢将溶入空气中。

研究表明，只有在超声处理伴有空化的情况下，才能有效地去除铝基和镁基熔体中的氢。结果也表明，液态金属的超声脱气与水溶液、有机液体的超声脱气有本质区别。这是由于各脱气过程的空化核性质不同，因此，各声空化过程的产生和发展需要不同的条件。在没有声场的情况下，由于气体从气泡扩散到熔体，气泡应缓慢溶解。当气泡表面脉动时，情况则会发生很大变化。在空化超声辐射下，气体从液体向气泡单方向扩散。这种定向扩散与通常静态气体从气泡向液体的扩散叠加，可以极大地改善气体向气泡的运动，特别是当声压超过空化阈值时，即空化作用较大时。

1. 不同气泡脉动时的气体扩散方向

（1）当空腔被压缩，内部气体含量增加时，气体从气泡向液体扩散。

（2）在空化脉动过程中，膨胀气泡的表面比压缩气泡的表面大出很多。因此，在膨胀过程中进入气泡的气体量高于压缩时离开气泡的气体量。

（3）扩散由包围气泡的液体中形成的扩散层厚度控制。当气泡被压缩时，扩散层增厚，浓度梯度也会降低，扩散推动力降低。

2. 超声空化作用时的脱气规律

（1）气泡的成核发生在气体吸附点的不可湿氧化物颗粒表面。只有在声压高于空化阈值时，这才成为可能。

（2）气泡增大是由于气体向气泡定向扩散而产生的。生长速率取决于初始核的大小、熔体中氢的起始含量、声压的振幅（即超声强度和空化作用）和超声波处理的周期。

（3）由于比约克力（Bjerknes Force）的作用和在脉动气泡附近形成的声学微

流的发展，单个脉动气泡凝结形成粗糙的大气泡。

（4）超声波脱气导致粗氢气泡浮到液浴表面，这一过程是由于斯托克斯力的作用和声流的辅助作用。

当气泡膨胀，液体扩散层变薄，浓度梯度增大，此时流入气泡的气体流量也会增加。空化过程中气泡的行为与气泡在其扩展和崩溃时内部气体量的变化有关。在一般情况下，这个过程可以用一个复杂的方程组来描述[225]。

3. 超声波液相脱气作用的三个阶段[226]

（1）空化气泡成核阶段，即气体分子从溶液中到气泡的扩散产生的生长阶段。

（2）气泡聚集形成大气泡的阶段。

（3）大气泡漂浮到液体表面崩溃的逸出阶段。

4. 超声振动铝合金除气的物理机理[227]

超声振动铝合金除气的物理机理是近几十年来备受关注的研究领域。许多能够自动产生声波和整合不同物体的超声波装置已经开发出来。促进溶解在液体中氢还原的各种方法在产生波的原理（例如磁致伸缩系统或压电陶瓷系统）、频率选择方法（例如常数或可调）和传播波的形状（例如径向或平面）上可以有所不同。

为了描述波动在液体介质中的运动，应建立扰动、时间和距振荡源的距离之间的关系。因此，弹性波在流体中的传播代表了一种交替流动，并遵循流体力学定律，可以写成公式（4-12）。

$$f(\rho,\ Pa,\ T) = 0 \qquad\qquad (4\text{-}12)$$

式中　ρ，Pa——密度和声压；

　　　T——介质温度。

在物理上，弹性振荡可以发生在音频、超声或特超声频率范围内。然而，超声范围内的声空化和流动等现象被认为是冶金熔融处理时最重要的现象。超声波处理效率取决于许多因素，即超声波参数，如振动的振幅和频率、脱气条件（熔融处理温度和时间）、合金成分、材料纯度和体积，这些都对获得的结果极为重要。此外，众所周知，影响处理效率的一个主要因素是声强（I）。对于最简单的平面行波，声强等于功率通量（P）除以面积（S）或体积（V），其中这些分量（面积或体积）依赖于声波传播的方式，可由公式（4-13）确定。

$$I = \frac{P}{S\text{或}V} \qquad\qquad (4\text{-}13)$$

声强可以用来预测介质中产生声空化的程度。然而，根据公式（4-14），由于介质中的能量损失，声强随着传播路径 x 呈指数下降。

$$I = I_0 e^{-2ax} \qquad\qquad (4\text{-}14)$$

式中 α——声衰减，这可能是由与黏性损失（介质损失）相关的吸收现象和与介
质异质性相关的弥散现象（边界损失）引起的，在小体积（固定介质）
中更为明显。

二、超声脱气研究与应用

超声脱气技术是一种环保、相对廉价的技术，它利用局部压力从最小到最大的瞬时变化来产生高强度的超声波振动。汽蚀过程中的低压产生微小气泡。在高压下，气泡破裂并产生冲击波。氢通过扩散到空化气泡中而被去除，并随气泡从熔体中逸出。

气孔是铝合金形状铸件的主要缺陷之一。气孔的存在有损于铸件的力学性能和压力密封性。铸件中出现气孔是因为气体在凝固过程中进入了溶液。氢是唯一一种在熔融铝中可明显溶解的气体。铝合金熔液中溶解氢的脱除是生产优质铸件的关键。目前有几种方法用于铝合金脱气，包括使用氮气或氩气等稀有气体进行旋转脱气，或将其中任何一种方法与氯作为净化气体的混合物进行旋转脱气，使用六氯乙烷（C_2Cl_6）进行制锭脱气、真空脱气和超声波脱气。

超声振动在铝、镁和钢合金铸造中的应用并非是一项复杂的技术，但它可以提高铸件的最终质量。超声波在金属铸造中有着不同的用途：①铝和镁合金的脱气导致高密度、几乎无气孔的铸造；②促进形核，从而导致高度细化的微观结构；③通过促进非均质成核和等轴球状结构发育或枝晶破碎来改善铸件的力学性能；④促进铝基复合材料的均匀分散。

近几年来，液态金属的超声脱气研究一直局限于小体积熔体的实验室试验。试验表明，为了实现高效率脱气，超声波系统必须按负载进行良好调整，以使超声振动对小体积熔体进行有效脱气。Puga 等 [227] 采用专门设计的低频机械振动器与超声波脱气装置耦合，研究了超声波辐射器本身机械振动引起的声空化与金属搅拌的联合效应。采用高速数字光速摄像和激光多普勒测速技术对液体在水中的运动进行了表征，选择了最有利的超声振动频率和机械振动频率，以诱导合适的水搅拌。设计的 MMM（多频多模调制超声技术）超声系统装置概念模型见图4-84。采用选定的工艺参数对 10L 的 $AlSi_9Cu_3$（Fe）合金进行脱气。采用合适的压电传感器测量声源不同距离处的声压，以识别声活动较大的区域。他们设计并建立了三个实验系统：一个用于露天超声脱气，一个用于低压超声脱气，一个用于吹扫气体超声脱气。实验首先在空气中进行测试（使用单独超声波振动脱气）。然后在低压下实验，并结合氩气吹扫。实验结果表明，超声波振动可以辅助真空除气，使真空除气比不使用超声波振动快得多。超声辅助氩脱气是本研究的三种方法中脱气最快的方法。更重要的是，超声辅助氩脱气过程中的浮渣比氩脱气过程中的浮渣少得多。结果表明，熔融搅拌显著提高了铝合金的除气效率（因为经过 3min 的加工时间，几

乎可以达到铝合金的理论密度 2.74kg·dm⁻³），从而提高了铝合金的拉伸性能。一般认为采用超声与其他熔体脱气过程组合的工艺将优于各单独处理工艺。经过 5min 的组合工艺加工，合金密度可达到接近 2.7kg·dm⁻³，而在相同的加工条件下（700℃，5min），采用简单的超声脱气，仅达到 2.66kg·dm⁻³。

在工业上，对铝合金超声波脱气的极大兴趣在

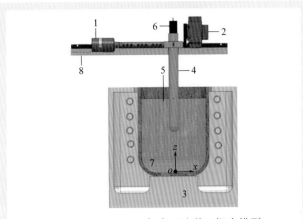

图 4-84 MMM 超声系统装置概念模型
1—传感器；2—低频机械振动器；3—炉；4—超声辐射计；
5—热电偶；6—空冷管；7—熔融铝合金；8—保护箱[227]

于处理中等或较大的熔体体积，其中声衰减或熔体中的氢含量可能是影响脱气效率的重要因素。在这些条件下，空化效应可能仅限于靠近声辐射器的小体积熔体。因此，克服这种缺陷 / 限制的一种可能方法是对液体介质采用温和的熔融搅拌，让更多的熔体通过空化强度更高和发展更好的声辐射器区域，从而增加呈空化状态的熔体数量。在这种情况下，机械熔融搅拌需要足够平滑，以避免在熔融表面出现湍流，从而避免新的氢吸收。

超声波脱气是一种环保、节约资源的方法。超声波处理后的钢锭的晶体结构由粗柱状晶转变为等轴晶，可利用超声波独特的声学效应，改善晶体宏观和微观的偏析现象。故需研究铸锭中气孔率与超声功率、超声振动时间等影响因素的关系，进而研究孔隙形成的机理及预防和处理方法。Li 等 [228] 的研究结果表明，当超声强度高于阈值时，脱气效果较好。与此相反，超声强度低于此值，会导致锭内气体含量增加，密度降低。结果表明，超声处理存在最佳脱气时间，处理时间越长，钢锭密度越小。利用超声在钢锭底部进行强制冷却脱气，可使气孔体积降低到 0.1cm³/100g 以下，且脱气效率接近 97%。

Liu 等 [229] 通过对铝硅合金旋转喷氩除气方法的实验，检测到了熔体内严重的再汽化现象。为了进一步脱气，采用超声波脱气。为了描述空化气泡的运动，对传统的瑞利 - 普勒赛特方程（Rayleigh-Plesset Equation）进行了修正，提出一个位置相关的瑞利 - 普勒赛特方程来描述 750℃铝硅合金中黏度系数为 0.0012 的空化气泡的浮动运动。随着气泡的上升，声压逐渐增大，气泡半径的变化幅度也增大。声压频率越高，气泡振荡越大。此外，随着气泡的上升，工具杆与气泡之间的距离变小，声压变大，气泡的振动越来越剧烈。由净化气体形成的气泡和由超声波形成的空化气泡在液相中形成许多界面，促进分子形式的氢复合，并帮助从熔体中排出气

态氢。原子态氢由于气泡和熔体中氢分压的不同而进入气泡。当气泡漂浮到熔体表面时，内部的氢可以从熔体中排出。因此，气泡的数量和大小以及强制对流应是这一过程的主要参数。模拟计算结果还表明，超声振动与低频机械振动相结合可以获得更高的效率。

Alba-Baena 等[230]采用两种典型的铸造合金［A356（Al-7% Si-0.3% Mg）和 A380（Al-9% Si-3.5% Cu-0.8% Fe）］，研究了超声空化脱气和脱气结束后熔体再放气的动力学。结果表明，在 1～2min 内可以达到 50% 左右的脱气效率。对铝熔体超声波脱气后的再放气进行了实验验证和分析。发现只有当超声波脱气过程中获得的氢浓度降低到反应环境条件的准平衡限值以下时，才会发生再汽化。气/液平衡一般应考虑脱气和再放气过程，最终重新建立一个亚稳平衡。

方鹏等[231]采用超声吹脱-次氯酸钠氧化工艺处理酮连氮法制肼废水，考察了超声声能密度、吹脱气量、氧化剂投加量和反应时间对处理效果的影响，优化工艺条件，进行尾水处理与盐分回收研究。实验结果表明：在超声声能密度 0.08W·mL^{-1}、吹脱气量 2000L·h^{-1}、次氯酸钠溶液（有效氯 10%）投加量 15mL·L^{-1}、反应时间 20min 的最优条件下，COD、氨氮和肼类物质去除率分别达到 96.97%、99.02% 和 96.60%，处理成本约为 30 元/吨（以废水计）；尾水经蒸馏处理后可满足 GB 8978—1996《污水综合排放标准》的一级 B 标准，回收 NaCl 纯度为 98.92%，达到 GB/T 5462—2015《工业盐》的精制工业盐一级标准。

三、铝合金在线超声除气设备

普遍使用的铝及铝合金在线除气工艺及相应设备有箱式除气机、流槽式除气机和真空除气机。美国南方线材有限公司（Southwire Com.）研制成功并已上市一种新型除气机（Ultra-DTM 除气机）。超声除气机与传统的转子旋转除气不同，其结构包括超声波发射器及其超声探头（图 4-85）。超声波发射器通过超声探头伸入到铝液，将超声波发射到铝液中。当超声波的强度足够大时，可以在铝液中形成很多真空气泡，铝液中的氢气被吸入到真空气泡中，随着气泡的上升而离开铝液，从而实现除气精炼的目标。超声波除气机也可以通过超声探头将稀有气体喷射到铝液中，稀有气体有助于真空气泡的形成，而超声波可将稀有气体打得更碎更小，这样有助于除气的精炼效果。它的操作简单，除气效果好，用于金属熔体的除气处理，特别是能有效地

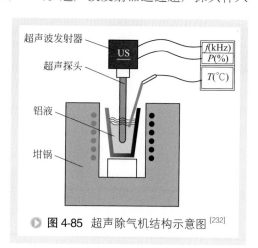

图 4-85 超声除气机结构示意图[232]

去除铝熔体内的氢，它是一种生态友好型产品，在使用过程中不会排放任何对环境不利的物质，同时它是一种投资回报期很短的产品。在处理过程中，可向铝熔体内通入稀有气体除氢，稀有气体分散于熔体中，将吸收氢并将其带出熔体。Ultra-DTM 除气机有单头的与多头的，后者用于大流量半连续铸造熔体处理。与传统的旋转除气机相比，超声除气机的除气时间可以缩短 1/3；另外液面扰动小，所以造渣少。目前，未见国内使用超声除气机[232]。

参考文献

[1] Benes E, Groeschl M, Nowotny H, et al. The ultrasonic h-shape separator: Harvesting of the alga spirulina platensis under zero-gravity conditions[C]. Paris: WCU2003, 9: 7-10.

[2] 冯若, 李化茂. 声化学及其应用[M]. 安徽: 安徽科学技术出版社, 1991.

[3] 冯若. 超声手册[M]. 南京: 南京大学出版社, 1999.

[4] Naveena B, Armshaw P, Pembroke J,et al. Ultrasonic intensification as a tool for enhanced microbial biofuel yields[J]. Biotechnology for Biofuels, 2015, 8: 140-153.

[5] 李长达, 张伟, 李亚, 等. 超声波强化传热的研究进展[J]. 煤气与热力, 2016, 36(2): A07-A11.

[6] Léal L, Miscevic M, Lavieille P, et al. An overview of heat transfer enhancement methods and new perspectives: Focus on active methods using electroactive materials[J].International Journal of Heat and Mass Transfer, 2013, 61: 505-524.

[7] 刘有智, 等. 化工过程强化方法与技术[M]. 北京: 化学工业出版社, 2017.

[8] Song L. Modeling of acoustic agglomeration of aerosol particles[D]. Pennsylvania State University, 1990.

[9] Sheng C D, Shen X L. Modelling of acoustic agglomeration processes using the direct simulation Monte Carlo method[J]. Journal of Aerosol Science, 2006, 37(11): 16-36.

[10] Benes E, Groschl M, Nowotny H, et al. Ultrasonic separation of suspended particles[C]//2001 IEEE Ultrasonics Symposium. Proceedings. An International Symposium (Cat. No. 01 CH37263). IEEE, 2001, 1：649-659.

[11] Delgado-Povedano M M, Luque de Castro M D. A review on enzyme and ultrasound: A controversial but fruitfulrelationship[J].Analytica Chimica Acta, 2015, 889: 1-21.

[12] Johannes S, Jekel M.Ultrasound conditioning of suspensions-studies of streaming influence on particle aggregation on a lab- and pilot-plant scale[J]. Ultrasonics, 2000, 38(1):624-628.

[13] 顾煜炯, 杨昆, 杜大明. 燃油掺水超声乳化技术的研究[J]. 现代电力, 1997, 14(2): 6-10.

[14] 吕效平, 韩萍芳. 超声波对柴油乳化的影响[J]. 石油化工, 2001, 30(8): 615-616.

[15] 李建彤. 超声柴油微乳化研究[D]. 南京: 南京工业大学, 2004.

[16] 谭必恩, 张廉正, 胡芳, 等. 稳定苯乙烯/丙烯酸丁酯细乳液的制备[J]. 宇航材料工艺,

2000, 3: 20-24.

[17] 许峰, 齐国荣, 朱国朝, 等. 油水乳化柴油的实用性研究 [J]. 机电设备, 1999, 3: 33-37.

[18] 高献坤, 李遂亮, 侯瑞娟, 等. 柴油机燃用超声乳化柴油的试验研究 [J]. 河南农业大学学报, 2009, 43(2): 177-161.

[19] 王登新, 董敏, 王猛, 等. 重油掺水超声乳化技术在燃油炉上的应用 [J]. 管道技术与设备, 2000, 4: 16-19.

[20] Kichatov B, Korshunov A, Kiverin A, et al. Effect of ultrasonic emulsification on the combustion of foamed emulsions[J].Fuel Processing Technology, 2018, 169:178-190.

[21] Sivakumar M, Tang S Y, Tan K W. Cavitation technology - a greener processing technique for the generation of pharmaceutical nanoemulsions[J].Ultrasonics Sonochemistry, 2014, 21: 2069-2083.

[22] Kentish S, Wooster T J, Ashokkumar M, et al. The use of ultrasonics for nanoemulsion preparation[J].Innovative Food Science & Emerging Technolgies, 2008, 9 (2): 170-175.

[23] Sood A . Coagulative stability of miniemulsion droplets[J]. Journal of Applied Polymer Science, 2008, 109(2): 1262-1270.

[24] Tang S Y. Formulation development and evaluation of pharmaceutical nanoemulsions and multiple nanoemulsions using ultrasonic cavitation technique [D].University of Nottingham Malaysia Campus, 2012.

[25] 叶国祥. 超声脱水技术处理炼厂乳液的研究 [D]. 南京: 南京工业大学, 2007.

[26] 孙宝江, 乔文孝, 付静. 三次采油中水包油乳状液的超声波破乳 [J]. 石油学报, 2000, 21(6): 97-101.

[27] 韩萍芳, 祁高明, 徐宁. 原油超声破乳研究 [J]. 南京: 南京工业大学学报, 2002, 24(6): 30-34.

[28] 蔡永伟. 超声波静态原油破乳脱水脱盐研究 [D]. 南京: 南京工业大学, 2005.

[29] 谢伟. 超声波动态原油破乳的研究 [D]. 南京: 南京工业大学, 2005.

[30] 叶国祥, 宗松, 吕效平, 等. 超声波强化原油脱盐脱水的实验研究 [J]. 石油学报 (石油加工), 2007, 23(3): 47-51.

[31] 吕效平, 彭飞, 叶国祥, 等. 一种原油脱水、脱盐工艺 [P].CN 200510094978.X, 2005.

[32] Bulgakov A B, Bulgakov B B, Olejnik J K, et al. Method and device for oil conditioning before processing[P]. RU2003123728, 2005.

[33] Galiakbarov V F. Composition for dehrdration and desalting of crude oil and a method for its use on water-oil emulsion breaking apparatus[P]. RU2178449, 2002.

[34] Varadaraj R. Demulsification of water-in-oil emulsions[P]. US6714358, 2004.

[35] 苟社全, 达建文, 张由贵, 等. 顺流和逆流超声波联合作用使油水乳化物破乳的方法及装置 [P]. CN03139172.9, 2005.

[36] 葛红江, 刘希君, 陈蓉, 等. 内对射型超声波原油脱水装置 [P]. CN200620119350.0, 2007.

[37] 杨洪年, 雷齐玲, 陈蓉, 等. 外对射型超声波原油脱水装置 [P]. CN200620119353.4, 2007.

[38] 葛红江, 刘希君, 陈蓉, 等. 径向型超声波原油脱水装置 [P]. CN200620119351.5, 2007.

[39] 刘希君, 李彪, 尤亮, 等. 三角型超声波原油脱水装置 [P]. CN200620119349.8, 2007.

[40] 张小庆, 王枫, 匡民明, 等. 超声波辅助破乳法回收石化罐底油泥中的原油 [J]. 化工环保, 2015, 35(4):399-403.

[41] 吕效平, 彭飞, 叶国祥, 等. 炼厂或油田污油脱水工艺 [P]. CN 200510094267.2, 2005.

[42] 吕效平, 叶国祥, 彭飞, 等. 一种含油浮渣脱水工艺 [P]. CN 200510122936.2, 2005.

[43] 刘祖虎, 孙云, 蒋长胜, 等. 原油电脱盐脱水新技术研究和应用进展 [J]. 炼油技术与工程, 2016, 46(8): 6-10.

[44] Shirsath S R, Sonawane S H, Gogate P R. Intensification of extraction of natural products using ultrasonic irradiations—a review of current status[J]. Chemical Engineering and Processing: Process Intensification, 2012, 53:10-23.

[45] Saien J, Daneshamoz S. Experimental studies on the effect of ultrasonic waves on single drop liquid-liquid extraction[J].Ultrasonics Sonochemistry, 2018, 40: 11-16.

[46] 闵剑青, 陈梅兰, 陈晓红, 等. 离子液体超声辅助萃取 /LC-MS 法测定环境水中痕量五氯酚 [J]. 分析测试学报, 2015, 34(4): 438-442.

[47] Koubaa M, Mhemdi H, Barba Fo J, et al. Oilseed treatment by ultrasounds and microwaves to improve oil yield and quality: An overview[J].Food Research International, 2016, 85:59-66.

[48] 邓杏好, 李庆国, 梁桂美. 超声强化超临界流体萃取桂皮醛的工艺研究 [J]. 今日药学, 2012, 7: 19-21.

[49] 李卫民, 王治平, 刘杰, 等. 超声强化超临界提取大黄中 5 种蒽醌衍生物的研究 [J]. 中成药, 2011, 04: 175-177.

[50] 谭伟, 丘泰球. 超声强化超临界流体萃取技术及其最新进展 [J]. 声学技术, 2007, 26(1): 70-74.

[51] Dias A L B, Scarelli C, Sergio A, et al. Effect of ultrasound on the supercritical CO_2 extraction of bioactive compounds from dedo de moça pepper (Capsicum baccatum L. var. pendulum)[J].Ultrasonics Sonochemistry, 2016, 31: 284-294.

[52] 郭孝武. 超声提取分离 [M]. 北京 : 化学工业出版社, 2008.

[53] 杨宁, 周成江, 文荣. 中药提取分离技术的研究进展 [J]. 包头医学院学报, 2015, 31(4): 143-145.

[54] 胡斌杰, 师兆忠. 超声法提取猴头菇多糖最佳工艺优化研究 [J]. 化学世界, 2009, 9: 48-51.

[55] 曾松芳, 李向阳, 杨锦红, 等. 两种方法提取超广谱 β- 内酰胺酶的比较 [J]. 江西医学检验, 2000, 16(4): 214-215.

[56] 欧阳杰, 赵兵, 王晓东, 等. 循环超声强化提取肉苁蓉中多糖和甜菜碱 [J]. 过程工程学报,

2003, 3(3): 227-230.

[57] 齐建红 , 陶贵荣 , 冯航 , 等 . 超声细胞粉碎法提取麦冬多糖的工艺条件研究 [J]. 西安文理学院学报 : 自然科学版 , 2009, 12,(4): 21-23.

[58] Tomšik A, Pavlić B, Vladić J, et al. Optimization of ultrasound-assisted extraction of bioactive compounds from wild garlic (Allium ursinum L.)[J]. Ultrasonics Sonochemistry, 2016, 29: 502-511.

[59] 郭文 . 茯苓多酚的超声萃取工艺优化及其化学成分分析 [J]. 食品工业 , 2015, 36(6): 72-77.

[60] Shirsath S R, Sonawane S H, Gogate P R. Intensification of extraction of natural products using ultrasonic irradiations-a review of current status [J]. Chemical Engineering and Processing: Process Intensification, 2012, 53: 10-23.

[61] 申大志 , 庄荣传 , 谢洪珍 . 强化氰化浸金技术进展 [J]. 矿产综合利用 , 2014, 2:15-19.

[62] 李健飞 , 李梅 , 高凯 , 等 . 超声波强化浸出高品位混合稀土精矿 [J]. 稀有金属 , 2017, 41(2): 196-202.

[63] 陈广 , 单勇 , 曾茂青 , 等 . 难选氧化铜矿的超声波助浸研究 [J]. 有色金属 (冶炼部分), 2017, 8:9-12.

[64] Fu L, Zhang L B, Wang S X.Synergistic extraction of gold from the refractory gold ore via ultrasound and chlorination-oxidation[J].Ultrasonics Sonochemistry, 2017, 37: 471-477.

[65] 刘雪粉 , 俞云良 , 陆向红 , 等 . 超声波应用于吸附 / 脱附过程的研究进展 [J]. 化工进展 , 2006, 25(6): 639-645.

[66] 郭平生 , 韩光泽 , 华贲 . 超声波场影响 Langmuir 吸附相平衡的机理分析 [J]. 华南理工大学学报 (自然科学版), 2006, 34(10): 25-29.

[67] 潘伟城 , 倪亚微 , 顾超峰 , 等 . 超声强化活性炭吸附罗丹明 B 的研究 [J]. 广州化工 , 2011, 39(14): 51-53.

[68] Hamdaoui O, Naffrechoux E, Suptil J, et al. Ultrasonic desorption of p-chlorophenol from granular activated carbon [J]. Chemical Engineering Journal, 2005, 106(2): 153-161.

[69] Breitbach M, Bathen D, Schmidt-Traub H. Effect of Ultrasound on Adsorption and Desorption Processes[J].Industrial & Engineering Chemistry Research, 2003, 42:5635-5646.

[70] Keramat A, Zare De R.Ultrasound-assisted dispersive magnetic solid phase extraction for preconcentration and determination of trace amount of Hg (Ⅱ) ions from food samples and aqueous solution by magnetic graphene oxide (Fe_3O_4@GO/2-PTSC): Central composite design optimization[J].Ultrasonics Sonochemistry, 2017, 38: 421-429.

[71] Hamdaoui O, Naffrechoux E, Tifouti L, et al. Effects of ultrasound on adsorption-desorption of p-chlorophenol on granular activated carbon[J]. Ultrasonics Sonochemistry, 2003, 10(2): 109-114.

[72] 陈臻 , 吕文英 , 姚琨 . 超声协助活性炭去除水中锑的研究 [J]. 安徽农业科学 , 2014,

42(12): 3647-3649.

[73] 周玉青，韩萍芳，吕效平．超声协同交联 β- 环糊精处理苯酚废水 [J]. 化工进展，2014，33(3): 758-761.

[74] 常青，江国栋，胡梦璇，等．石墨烯基磁性复合材料吸附水中亚甲基蓝的研究 [J]. 环境科学，2014, 35, (5): 1604-1609.

[75] 肖谷清，张学军，龙立平，等．超声条件下对羟基苯甲酸树脂的制备及对茶碱的吸附性能研究 [J]. 化学试剂，2011, 33(8): 701-705.

[76] Wang H, Wang Y, Zhou Y, et al. A Facile Removal of Phenol in Wastewater Using Crosslinked β-Cyclodextrin Particles with Ultrasonic Treatment[J]. Clean-Soil Air Water, 2014, 42(1): 51-55.

[77] 王广建，刘影，付信涛，等．改性活性炭负载铈吸附剂的制备及其脱硫性能 [J]. 石油化工，2014, 43(6): 625-630.

[78] 李月，金利，朱洪彬，等．超声法制备纳米有机膨润土及其吸附性能研究 [J]. 化工科技，2013, 21(2): 13-14.

[79] 王晓伟，高海鹰．改性凹凸棒土吸附地下水中硝基苯的实验研究 [J]. 环境工程，2013, 31, 增刊 :14-16.

[80] 孙仁远，纪云开，林李，等．超声处理对煤层气解吸效果的影响 [J]. 实验力学，2015, 30(1): 94-100.

[81] 杨金玲，公维磊，王长芹，等．超声协助活性炭去除水中铅的正交试验研究 [J]. 实验技术与管理，2012, 29(1): 52-55.

[82] 顾苗青，冯赛男，余小林，等．活性炭 - 超声波联合处理对蜜柚果汁脱苦效果的研究 [J]. 食品与机械，2013, 29(1): 36-41.

[83] 张景峰，王许云，郭庆杰．粉煤灰基分子筛的制备及吸附和再生性能的研究 [J]. 山东化工，2013, 42: 44-47.

[84] 李静萍，张立威，杨佳静，等．超声波法对吸附 Ni(Ⅱ) 吸附剂的再生 [J]. 材料保护，2014, 47(1): 55-57.

[85] 连子如，于海琴，孙慧德，等．焦化废水深度回用中粉末活性炭的超声波再生 [J]. 环境工程学报，2015, 9(7): 3269-3274.

[86] 朱涛．超声结晶及其应用 [J]. 现代物理知识，2007, 19(5): 28-29.

[87] Geng J, Jiang L P, Zhu J J. Crystal formation and growth mechanism of inorganic nanomaterials in sonochemical syntheses[J]. Science China Chemistry, 2012, 55(11): 2292-2310.

[88] 曾雄，易丹青，王斌，等．超声对碳酸锂溶液反应结晶成核过程的影响 [J]. 有色金属文摘，2015, 30(3): 120-122.

[89] 陈霞，李鸿．超声波对硫酸钠溶液结晶成核的影响 [J]. 天津大学学报，2011, 44(9): 835-839.

[90] 陈芳芳，张虹，胡鹏，等 . 超声波对棕榈油结晶行为的影响 [J]. 中国油脂，2013, 38(9): 33-37.

[91] 唐建伟 . 超声在工业结晶的应用 [J]. 硅谷，2008, 15: 109.

[92] 孙晓娟，张伟，李卉，等 . 超声波对铅膏湿法转化产物结晶形貌的影响 [J]. 化工进展，2013, 32(8): 1974-1978.

[93] Amara N, Ratsimba B, Wilhelm A M, et al. Growth rate of potash alum crystals: Comparison of silent and ultrasonic conditions[J]. Ultrasonics Sonochemistry, 2004, 11(1): 17-21.

[94] 孙文乐，张扬，马淑花，等 . 超声波强化铝酸钠结晶工艺 [J]. 过程工程学报，2013, 13(6):992-997.

[95] Ng E P, Awala H, Ghoy J P, et al. Effects of ultrasonic irradiation on crystallization and structural properties of EMT-type zeolite nanocrystals[J]. Materials Chemistry and Physics, 2015, 159: 38-45.

[96] 宋国胜，胡松青，李琳 . 功率超声在结晶过程中应用的进展 [J]. 2008, 27(1): 74-79.

[97] Midler M. Production of crystals in a fluidizedbed by using ultrasonic vibrations[P]. US: 3510266, 1970.

[98] 罗登林，丘泰球，卢群 . 超声波技术及应用 (Ⅲ) ——超声波在分离技术方面的应用 [J]. 日用化学工业，2006, 36(1): 46-49.

[99] 李文钊，王芙蓉，赵学明 . 超声处理对核黄素溶析结晶影响研究 [J]. 食品工业科技，2007, 28(7): 109-111.

[100] 蓝丽红，李冬雪，陈阿明，等 . 超声波作用对木薯淀粉颗粒结晶的影响 [J]. 安徽农业科学，2012, 40(17): 9192-9195.

[101] 米彦，李建珍，郑明珠，等 . 乙醇 - 超声波协同作用制备麦芽糖晶种的研究 [J]. 食品与发酵科技，2011, 47(2): 53-55.

[102] 王家宣，李文杰，熊洪淼，等 . 功率超声对 A356 熔体处理效果的影响 [J]. 特种铸造及有色合金，2007, 2(10): 739-741.

[103] 曹玉荣，陈英姿，李沁，等 . 超声辐照对聚丙烯及聚丙烯 / 成核剂体系结晶行为的影响 [J]. 塑料工业，2001, 29(5): 27-30.

[104] 刁梦娜，杨成志，邱学剑，等 . 超声改性无水硫酸钙晶须对聚丙烯等温结晶行为的影响 [J]. 塑料科技，2014, 42(8): 29-32.

[105] Boels L, Wagterveld R M, Witkamp G J.Ultrasonic reactivation of phosphonate poisoned calcite during crystal growth[J]. Ultrasonics Sonochemistry, 2011 (18): 1225-1231.

[106] 丘泰球，张喜梅 . 超声处理溶液中蔗糖晶体的生长 [J]. 华南理工大学学报 (自然科学版)，1996, 24(6): 110-114.

[107] 赵旭博，董文宾，于琴，等 . 超声波技术在食品行业应用新进展 [J]. 食品研究与开发，2005, 26(1): 4-8.

[108] Bozjuk T R, Smith M K, Glezer A. Enhanced boiling heat transfer on plain and featured

surfaces using acoustic actuation[J].International Journal of Heat and Mass Transfer, 2017, 108: 181-190.

[109] Chang T B, Wang Z L. Experimental investigation into effects of ultrasonic vibration on pool boiling heat transfer performance of horizontal low-finned U-tube in TiO_2/R141b nanofluid [J]. Heat Mass Transfer, 2016, 52:2381-2390.

[110] 李长达, 张伟, 李亚, 等. 超声波对池沸腾换热的影响 [J]. 节能技术, 2016, 34(6): 527-532.

[111] Léal L, Miscevic M, Lavieille P, et al. An overview of heat transfer enhancement methods and new perspectives: Focus on active methods using electroactive materials[J]. International Journal of Heat and Mass Transfer, 2013(61): 505-524.

[112] 沈阳, 朱彤, 由美雁, 等. 考虑水蒸气蒸发和冷凝的超声空化特性研究 [J]. 高校化学工程学报, 2015, 29(4):809-815.

[113] 刘尚宜, 黎莹莹, 汤易慧, 等. 超声波对蒸馏水蒸发过程的影响 [J]. 山东化工, 2016, 45(21): 19-20, 24.

[114] 马空军, 黄玉代, 蔺何, 等. 声场强化溶液蒸发的效果及机理 [J]. 声学技术, 2008, 27(3): 375-380.

[115] 宋玉臣, 宋继田, 韩峰, 等. 超声式蒸发器强化传热性能分析 [J]. 机电信息, 2015, 20: 24-28.

[116] Li D, Chen Z Q, Shi M H. Effect of ultrasound on frost formation on a cold flat surface in atmospheric air flow[J]. Experimental Thermal and Fluid Science, 2010, 34(8): 1247-1252.

[117] Tan H H, Tao T F, Xu G H, et al. Experimental study on defrosting mechanism of intermittent ultrasonic resonance for a finned tube evaporator[J]. Experimental Thermal and Fluid Science, 2014, 52:308-317.

[118] 谭海辉, 陶唐飞, 徐光华, 等. 翅片管式蒸发器超声波除霜理论与技术研究 [J]. 西安交通大学学报, 2015, 49(9):105-113.

[119] Saclier M, Pecalski R, Andrieu J. Effect of ultrasonically induced nucleation on ice crystals' size and shape during freezing in vials[J]. Chemical Engineering Science, 2010, 65:3064-3071.

[120] Yu D, Liu B, Wang B. The effect of ultrasonic waves on the nucleation of pure water and degassed water[J]. Ultrasonics Sonochemistry, 2012, 19:459-463.

[121] Gao P H, Cheng B, Zhou X Y,et al. Study on droplet freezing characteristic by ultrasonic[J]. Heat Mass Transfer, 2017, 53:1725-1734.

[122] James C, Purnell G, James S J. A review of novel and innovative food freezing technologies[J]. Food and Bioprocess Technology, 2015, 8:1616-1634.

[123] Zheng L, Sun D W. Innovative applications of power ultrasound during food freezing processes — a review[J]. Trends in Food Science & Technology, 2006, 17(1): 16-23.

[124] Delgado A, Sun D W. Ultrasound-accelerated freezing. In D. W. Sun (Ed.), Handbook of Frozen Food Processing and Packaging, 2nd ed., 2012:645-666. Boca Raton: CRC Press, Taylor & Francis Group.

[125] Comandini P, Blanda G, Soto C, et al. Effects of power ultrasound on immersion freezing parameters of potatoes[J]. Innovative Food Science & Emerging Technologies, 2013, 18: 120-125.

[126] Li B, Sun D W. Effect of power ultrasound on freezing rate during immersion freezing of potatoes[J]. Journal of Food Engineering, 2002, 55(3): 277-282.

[127a] Xin Y, Zhang M, Adhikari B. Ultrasound assisted immersion freezing of broccoli (Brassica oleracea L. var. botrytis L.)[J].Ultrasonics Sonochemistry, 2014, 21:1728-1735.

[127b] Xin Y, Zhang M, Adhikari B. The effects of ultrasound-assisted freezing on the freezing time and quality of broccoli (Brassica oleracea L. var. botrytis L.) during immersion freezing[J]. International Journal of Refrigeration, 2014, 41: 82-91.

[128] 陈立夫, 裴斐, 张里明, 等. 超声辅助渗透处理对冷冻干燥双孢蘑菇冻干效率和品质的影响 [J]. 食品科学, 2017, 38(23): 8-13.

[129] Zhu C, Liu G L. Modeling of ultrasonic enhancement on membrane distillation [J]. Journal of Membrane Science, 2000, 176: 31-41.

[130] Liu L Y, Ding Z W, Chang L J, et al. Ultrasonic enhancement of membrane based deoxygenation and simultaneous influence on polymeric hollow fiber membrane [J]. Separation and Purification Technology, 2007, 56: 133-142.

[131] Han X D, Zhang S W, Tang Y, et al. Mass transfer enhancement for LiBr solution using ultrasonic wave[J]. Journal of Central South University, 2016, 23: 405-412.

[132] 汤勇, 韩晓东, 陈川, 等.超声波对吸收式制冷强化传质的影响[J].华南理工大学学报 (自然科学版), 2012, 40(10):115-120.

[133] 罗登林, 徐宝成, 朱文学, 等. 功率超声在热风干燥领域中的研究进展 [J]. 中国粮油学报, 2013, 28(3):123-128.

[134] 巩鹏飞, 赵庆生, 赵兵. 超声波应用于食品干燥的研究进展 [J]. 食品研究与开发, 2017, 38(7): 196-199.

[135] Oliveira S M, Brandao T R S, Silva C L M. Influence of drying processes and pretreatments on nutritional and bioactive characteristics of dried vegetables,a review[J]. Food Engineering Reviews, 2016, 8:134-163.

[136] Shamaei S, Emam-Djometh Z, Moini S. Ultrasound assisted osmotic dehydration of cranberries: Effect of finish drying methods and ultrasonic frequency on textural properties[J]. Journal of Texture Studies, 2011, 43: 133-141.

[137] Nowacka M, Tylewicz U, Laghi L, et al . Effect of ultrasound treatment on the water state in kiwifruit during osmotic dehydration[J]. Food Chemistry, 2014, 144:18-25.

[138] Bantle M, Eikevik T M. A study of the energy efficiency of convective drying systems assisted by ultrasound in the production of clipfish[J]. Journal of Cleaner Production, 2014, 65: 217-223.

[139] Kowalski S J, Rybicki A.Ultrasound in wet biological materials subjected to drying[J]. Journal of Food Engineering, 2017, 212:271-282.

[140] Tüfekçi S, Özkal S G. Enhancement of drying and rehydration characteristics of okra by ultrasound pre-treatment application[J]. Heat and Mass Transfer, 2017, 53:2279-2286.

[141] 周礽, 李臻峰, 李静, 等. 真空冷冻干燥技术的研究进展 [J]. 黑龙江科技信息, 2014, 30: 76-77.

[142] 吴阳阳, 李敏, 关志强, 等. 预处理方法在食品冷冻干燥中的应用分析 [J]. 食品研究与开发, 2015, 36(9):135-140.

[143] 马怡童, 朱文学, 白喜婷, 等. 超声强化真空干燥全蛋液的干燥特性与动力学模型 [J]. 食品科学, 2018, 39(3):142-149.

[144] 刘云宏, 李晓芳, 苗帅, 等. 南瓜片超声 - 远红外辐射干燥特性及微观结构 [J]. 农业工程学报, 2016, 32(10): 277-286.

[145] 张鹏飞, 吕健, 毕金峰, 等. 超声及超声渗透预处理对红外辐射干燥特性研究 [J]. 现代食品科技, 2016, 32(11):197-202.

[146] 陈文敏, 彭星星, 马婷, 等. 超声处理对中短波红外干燥红枣时间及品质的影响 [J]. 食品科学, 2015, 36(8): 74-80.

[147] 魏彦君. 南美白对虾超声波辅助热泵干燥动力学及品质特性研究 [D]. 淄博 : 山东理工大学, 2014.

[148] 刘云宏, 苗帅, 孙悦, 等. 接触式超声强化热泵干燥苹果片的干燥特性 [J]. 农业机械学报, 2016, 47(2):228-236.

[149] 张耀雷, 黄立新, 张彩虹, 等. 超声波喷雾干燥壶瓶枣多糖及其对产品品质的影响 [J]. 林产化学与工业, 2016, 36(2):64-70.

[150] Peng C, Ravi S, Patel V K, et al. Physics of direct-contact ultrasonic cloth drying process[J]. Energy, 2017, 125: 498-508.

[151] Burat F, Sirkeci A A, Önal G. Improved Fine Coal Dewatering by Ultrasonic Pretreatment and Dewatering Aids[J].Mineral Processing & Extractive Metallurgy Review, 2015, 36: 129-135.

[152] 李润东, 杨玉廷, 李彦龙, 等. 超声波预处理对污泥干燥特性的影响 [J]. 环境科学, 2009, 30(11):3405-3408.

[153] 赵芳, 程道来, 陈振乾. 超声场作用下污泥对流干燥过程的数值模拟 [J]. 上海理工大学学报, 2015, 37(3):284-288, 306.

[154] 邱墅, 王振宇, 何正斌, 等. 超声波预处理对杨木试件干燥特性的影响 [J]. 东北林业大学学报, 2016, 44(2):35-38.

[155] 李桓, 徐熠雯, 赵紫剑, 等. 超声波和汽蒸预处理对桉木干燥速率 [J]. 木材工业, 2018, 32(1):44-47.

[156] Zhu C, Liu G L. Modeling of ultrasonic enhancement on membrane distillation[J]. Journal of Membrane Science, 2000, 176: 31-41.

[157] Hou D, Dai G H, Fan H, et al. An ultrasonic assisted direct contact membrane distillation hybrid process for desalination[J]. Journal of Membrane Scicnce, 2015, 476: 59-67.

[158] 吴晓菊, 杨清香, 金英姿, 等. 超声强化水蒸气蒸馏提取神香草精油的工艺 [J]. 食品研究与开发, 2016, 37(3):68-70.

[159] 李轻轻, 毛洪娜, 刘树模, 等. 浓盐水超声减压膜蒸馏参数优化及污染控制实验研究 [J]. 环境工程, 2016, 34, 增刊:200-204, 338.

[160] Elhajj J, Al-Hindi M, Azizi F. A review of the absorption and desorption processes of carbon dioxide in water systems[J]. Industrial & Engineering Chemistry Research, 2014, 53: 2-22.

[161] Luis P, Van Gerven T, Van der B B. Recent developments in membrane- based technologies for CO_2 capture[J]. Progress in Energy and Combustion Science, 2012, 38(3): 419-448.

[162] Tay W H, Lau K K, Shariff A M. High frequency ultrasonic-assisted chemical absorption of CO_2 using monoethanolamine (MEA)[J]. Separation and Purification Technology, 2017, 183:136-144.

[163] Tay W H, Lau K K, Shariff A M. High performance promoter-free CO_2 absorption using potassium carbonate solution in an ultrasonic irradiation system[J]. Journal of CO_2 Utilization, 2017, 21:383-394.

[164] Kumar A, Gogate P R, Pandit A B, et al. Investigation of induction of air due to ultrasound source in the sonochemical reactors[J]. Ultrasonics Sonochemistry, 2005, 12: 453-460.

[165] 金付强, 张晓东, 许海朋, 等. 物理场强化气液传质的研究进展 [J]. 化工进展, 2014, 33(4): 803-810, 823.

[166] Pereira S V, Colombo F B, de Freitas L A P. Ultrasound influence on the solubility of solid dispersions prepared for a poorly soluble drug[J]. Ultrasonics Sonochemistry, 2016, 29: 461-469.

[167] Shamma R N, Latif R. The potential of synergism between ultrasonic energy and SoluPlus® as a tool for solubilization and dissolution enhancement of a poorly water soluble drug. A statistically based process optimization[J]. Journal of Drug Delivery Science and Technology, 2018, 43:343-352.

[168] McCarthy N A, Kelly P M, Maher P G, et al. Dissolution of milk protein concentrate (MPC) powders by ultrasonication[J]. Journal of Food Engineering, 2014, 126:142-148.

[169] Chandrapala J, Martin G J O, Kentish S E, et al. Dissolution and reconstitution of casein micelle containing dairy powders by high shear using ultrasonic and physical methods[J].

Ultrasonics Sonochemistry, 2014, 21: 1658-1665.

[170] 马铁铮, 王静, 王强. 物理改性方法提升花生蛋白溶解性的研究 [J]. 中国油脂, 2017, 42 (1):93-98.

[171] 潘征, Miao S, 沈凯青, 等. 超声波辅助碱处理增溶米渣蛋白工艺优化 [J]. 食品工业科技, 2017, 14: 234-237, 243.

[172] Li S Y, Yang X, Zhang Y Y, et al. Effects of ultrasound and ultrasound assisted alkaline pretreatments on the enzymolysis and structural characteristics of rice protein[J]. Ultrasonics Sonochemistry, 2016, 31(7):20-28.

[173] 赵梦瑶, 张拥军, 蔡振优, 等. 超声波提取对黑木耳多糖溶出量的影响研究 [J]. 食用菌, 2011, 1:57-58.

[174] 李贵霞, 钟为章, 王贺飞, 等. 碱 / 超声对土霉素菌渣溶胞效果的影响 [J]. 环境科学与技术, 2018, 41(2): 133-138.

[175] Carletti C, De B C, Miceli M, et al. Ultrasonic enhanced limestone dissolution: Experimental and mathematical MARK modeling[J]. Chemical Engineering & Processing: Process Intensification, 2017, 118: 26-36.

[176] Del Valle-Zerme3o R, Niubó M, Formosa J, et al. Synergistic effect of the parameters affecting wet flue gas desulfurization using magnesium oxides by-products[J]. Chemical Engineering Journal, 2015, 262: 268-277.

[177] Levenspiel O. Chemical reaction engineering[J]. Industrial & Engineering Chemistry Research, 1999, 38: 4140-4143.

[178] 刘康, 薛济来, 朱骏, 等. 粉煤灰硫酸焙烧熟料溶出过程及超声协同作用研究 [J]. 轻金属, 2014, 7:13-18.

[179] 牛志睿, 江明荣, 李倩, 等. 超声辅助生物淋滤废旧 Zn-C 电池锌锰溶出的研究 [J]. 环境科学学报, 2016, 36(9): 3313-3321.

[180] Hamidi H, Mohammadian E, Roozbeh R A, et al. Effects of ultrasonic waves on carbon dioxide solubility in brine at different pressures and temperatures[J]. Petroleum Science, 2017, 14: 597-604.

[181] 张帆, 赵培晔, 曹艳秋, 等. 稠油乳化降黏剂研究应用进展 [J]. 化学工程师, 2017, 11: 48-52, 57.

[182] 仲伟华, 王爱祥, 张春方, 等. 超声波在减压渣油降黏中的应用 [J]. 化工进展, 2009, 28(11): 1896-1900.

[183] Huang X T, Zhou C H, Suo Q Y, et al. Experimental study on viscosity reduction for residual oil by ultrasonic[J].Ultrasonics Sonochemistry, 2018, 41: 661- 669.

[184] 仲伟华, 张春方, 王爱祥, 等. 超声与四氢萘协同处理渣油的降黏改质研究 [J]. 化学工程, 2010, 38(3):91-94.

[185] 孙浩然, 刘雪东, 张智宏, 等. 超声波协同加强剂对重油低温裂解降黏过程的影响 [J].

石油炼制与化工 , 2017, 48(4):29-35.

[186] Doust A M, Rahimi M, Feyzi M. Effects of solvent addition and ultrasound waves on viscosity reduction of residue fuel oil[J].Chemical Engineering and Processing: Process Intensification, 2015, 95:353-361.

[187] Shi C W, Yang W, Chen J B, et al. Application and mechanism of ultrasonic static mixer in heavy oil viscosity reduction[J]. Ultrasonics Sonochemistry, 2017, 37:648-653.

[188] 赵斌 , 李苏月 , 林陵 , 等 . 超声夹对原油的改质降黏效果研究 [J]. 南京工业大学学报 (自然科学版), 2016, 38(4):63-66.

[189] Knoop C, Fritsching U. Dynamic forces on agglomerated particles caused by high-intensity ultrasound[J]. Ultrasonics, 2014, 54:763-769.

[190] Wood W R, Loomis A L. The physical and biological effects of high-frequency sound-waves of great intensity[J]. The Lodon, Edinburgh, and Publin Philosophical Magazine and Journal of Science, 1927, 7: 417-436.

[191] Nii S. Ultrasonic Atomization[M]. Handbook of Ultrasonics and Sonochemistry, Springer Science, 2015: 1-19.

[192] Avvaru B, Patil M N, Gogate P R, et al. Ultrasonic atomization: Effect of liquid phase properties[J]. Ultrasonics, 2006, 44:146-158.

[193] Donnelly T D, Hogan J, Mugler A, et al. An experimental study of micron-scale droplet aerosols produced via ultrasonic atomization[J].Physics of Fluids, 2004, 16:2843-2851.

[194] Ogihara T, Ookura T, Yanagawa T, et al. Preparation of submicrometer spherical oxide powders and fibers by thermal spray decomposition using an ultrasonic mist atomizer[J]. Journal of Materials Chemistry, 1991, 1:789-794.

[195] Kobara H, Tamiya M, Wakisaka A, et al. Relationship between the size of mist droplets and ethanol condensation efficiency at ultrasonic atomization on ethanol-water mixtures[J]. AIChE Journal, 2010, 56:810-814.

[196] Lang R J. Ultrasonic atomization of liquids[J]. The Journal of the Acoustical Society of America, 1962, 34:6-8.

[197] Sollner K. The mechanism of the formation of fogs by ultrasonic waves[J]. Transactions of the Faraday Society, 1936, 32:1532-1536.

[198] Boguslavski Y Y, Eknadiosyants O K. Physical mechanism of the acoustic atomization of a liquid[J]. Soviet Physics Acoustical, 1969, 15:14-21.

[199] Kudo T, Sekiguchi K, Sankoda K, et al. Effect of ultrasonic frequency on size distributions of nanosized mist generated by ultrasonic atomization[J]. Ultrasonics Sonochemistry, 2017, 37: 16-22.

[200] Rassokhin D N . Accumulation of surface-active solutes in the aerosol particles generated by ultrasound[J].The Journal of physical chemistry B, 1998, 102:4337-4341.

[201] Fuse T, Hirota Y, Kobayashi N, et al. Characteristics of selective atomization of polar/nonpolar substances in an oleosus solvent with ultrasonic irradiation[J]. Journal of Chemical Engineering of Japan, 2005, 38:67-73.

[202] 蔡萌 . 基于超声雾化联合声波团聚去除燃煤飞灰可吸入颗粒物的实验研究 [D]. 上海 : 上海应用科技大学 , 2017.

[203] Okawa H, Nishi K, Kawamura Y, et al. Utilization of ultrasonic atomization for dust control in underground mining[J].Japanese Journal of Applied Physics, 2017, 56, (07): 10.

[204] Komatsu N. Novel and practical separation processes for fullerenes, carbon nanotubes and nanodiamonds[J]. Journal of the Japan Petroleum Institute, 2009, 52:73-80.

[205] Sekiguchi K, Noshiroya D, Handa M, et al. Degradation of organic gases using ultrasonic mist generated from TiO$_2$ suspension[J]. Chemosphere, 2010, 81:33-38.

[206] Yang Z L, Lin B B, Zhang K S,et al. Experimental study on mass transfer performances of the ultrasonic atomization liquid desiccant dehumidification system[J]. Energy and Buildings, 2015, 93(8): 126-136.

[207] 李曦 , 张凯晟 , 杨自力 , 等 . 超声雾化液体除湿系统对室内空气品质的影响 [J]. 上海交通大学学报 , 2017, 51(3): 257-262.

[208] 陆岱鹏 , 吕晓兰 , 雷晓晖 , 等 . 超声雾化喷嘴的研究现状及在农业工程中的应用 [J]. 江苏农业科学 , 2017, 45(21):255-258.

[209] 张绍坤 . 超声波重油喷嘴雾化特性的研究 [J]. 工业炉 , 2010, 32(5): 5-8.

[210] Knoop C, Todorova Z, Tomas J, et al. Agglomerate fragmentation in high-intensity acoustic standing wave fields[J]. Powder Technology, 2016, 291: 214-222.

[211] Sumitomo S, Koizumi H, Uddin M A, et al. Comparison of dispersion behavior of agglomerated particles in liquid between ultrasonic irradiation and mechanical stirring[J]. Ultrasonics Sonochemistry, 2018, 40:822-831.

[212] 姚明 , 魏士 , 张硕 , 等 . 彩色聚苯乙烯微球的制备 [J]. 化学推进剂与高分子材料 , 2017, 15(5):45-48.

[213] Sauter C, Emin M A, Schuchmann H P, et al. Influence of hydrostatic pressure and sound amplitude on the ultrasound induced dispersion and de-agglomeration of nanoparticles[J]. Ultrasonics Sonochemistry, 2008, 15: 517-523.

[214] Tang C Y, Zhou T N, Yang J H, et al. Wet-grinding assisted ultrasonic dispersion of pristine multi-walled carbon nanotubes (MWCNTs) in chitosan solution[J].Colloids and Surfaces B: Biointerfaces, 2011, 86: 189-197.

[215] 谢辉 , 刘建庄 , 苏珊 , 等 . 超声辅助氧化石墨烯的制备 [J]. 广州化工 , 2017, 45(23):40-42.

[216] Yao Z J, Zhang H, Hu Y L, et al. Ultrasound driven aggregation—a novel method to assemble ceramic nanoparticles[J]. Extreme Mechanics Letters, 2016, 7: 71-77.

[217] Sánchez-García Y I, Ashokkumarb M, Mason T J, et al. Influence of ultrasound frequency and power on lactose nucleation [J]. Journal of Food Engineering, 2019, 249:34-39.

[218] Sahinoglu E, Uslu T. Increasing coal quality by oil agglomeration after ultrasonic treatment[J]. Fuel Processing Technology, 2013, 116: 332-338.

[219] 金焱, 毕学工, 张晶. 超声波对液相中微颗粒凝聚过程的作用机理 [J]. 过程工程学报, 2011, 21(4): 620-626.

[220] 郭林伟, 林书玉. 功率超声的主要应用及研究进展 [J]. 陕西师范大学继续教育学报 (西安), 24(3):106-108.

[221] 秦修培, 耿德路, 洪振宇, 等. 超声悬浮过程中圆柱体的旋转运动机理研究 [J]. 物理学报, 2017, 66(12): 124301(1-8).

[222] 白赫, 养松. 低频驻波声悬浮仪器的设计与定量研究 [J]. 物理与工程, 2017, 27(2):80-82.

[223] Yan N, Geng D L, Hong Z Y, et al. Ultrasonic levitation processing and rapid eutectic solidification of liquid Al-Ge alloys[J].Journal of Alloys and Compounds, 2014, 607: 258-263.

[224] Luo X M, Cao J H, Ren J, et al. Suspension characteristics of water droplet in oil under ultrasonic standing waves[J]. Ultrasonics Sonochemistry, 2017, 39:461-466.

[225] Eskin G I. Cavitation mechanism of ultrasonic melt degassing[J]. Ultrasonics Sonochemistry, 1995, 2(2): S137- S141.

[226] 徐晖. 超声波液相脱气原理及研究进展 [J]. 安全与环境工程, 2014, 21(1):62-68.

[227] Puga H, Barbosa J, Teixeira J C, et al. A new approach to ultrasonic degassing to improve the mechanical properties of aluminum alloys[J]. Journal of Materials Engineering and Performance, 2014, 23(10): 3736-3744.

[228] Li J W, Momono T, Tayu Y, et al. Application of ultrasonic treating to degassing of metal ingots[J]. Materials Letters, 2008, 62: 4152-4154.

[229] Liu M, Zhai P, Long Q, et al. Kinetics of Cavitation Bubble in Ultrasonic Degassing of Casting Aluminium Alloy[J]. Materials Science Forum, 2017, 896: 175-181.

[230] Alba-Baena N, Eskin D. Kinetics of Ultrasonic Degassing of Aluminum Alloys[J]. Light Metals, 2013, 957-962.

[231] 方鹏, 吴云海, 范翼昂, 等. 超声吹脱 - 次氯酸钠氧化工艺处理酮连氮法制肼废水 [J]. 化工环保, 2017, 37(2): 194-199.

[232] 韦远飞, 罗淇方. 铝熔体在线精炼除气工艺及装置的发展 [J]. 新技术新工艺, 2017, 8: 11-14.

第五章

超声强化机械分离与粉碎过程

近年来，利用超声力场辅助分离技术得到了越来越多的关注。人们对影响超声辅助分离过程的基本现象及超声波的特性和应用进行了广泛与深入的研究，主要是在实验室或中试规模的发展阶段，也有部分应用已在工业过程工程领域中使用，例如在浮选、过滤、清洗除垢、雾化、乳化和细胞分裂、固体分散，以及脱气等。超声辅助液体和空气分离过程具有液体去除率高、产品中干物质含量高、加工温度低、保持产品完整性、产品选择性强、产品回收率高的优点。

超声粉碎利用了超声的低能量使颗粒从内部产生断裂，进而使物料整体发生破碎。在超细粉体的制备方法中，超声振动超细粉碎法与已有机械粉碎法相比，能耗小、噪声小且效率高；与化学合成法相比，产量大、成本低且工艺简单，故超声振动超细粉碎技术具有很好的粉碎效果，是一种很有前途的机械粉碎方法。

第一节　超声浮选

泡沫浮选是矿物加工（煤、硫化镍矿、铅锌铜矿、方铅矿、硬硼钙石矿、钾盐等回收、采矿废物处理）、废水净化、石化炼厂含油污水回收污油、煤炭工业的碳氢化合物污染修复与回收和含油饱和海滩砂脱烃中广泛应用的有效工艺。

气泡选择性地黏附在特定的矿物、油滴表面，将疏水性物质与亲水性物质分离。即通过在水矿泥浆中加入表面活性剂（如黄药类、羧酸类、脂肪胺类等极性与非极性捕收剂等），使颗粒表面变得疏水，上移到水矿泥浆表面并形成稳定泡沫相的泡沫 - 颗粒聚集体以完成从亲水性材料中分离疏水性材料的选择性分离。该过程与设备均较简单，使泡沫浮选成为工业上广泛应用的一种有效技术。

近十年来，超声浮选的研发发展较快，功率超声已广泛应用于强化矿石工艺浮选技术，以改善和加速液体系统性能。用高强度超声辐照液体会产生空化和微流现象，产生急剧的速度梯度流动，这会对流体和固液界面产生各种影响，如侵蚀、去钝化、乳化、自由基及激发物质的产生等。空化气泡释放的能量伴随局部压力和温度升高可清理悬浮在泥浆中的矿物表面，更复杂的声化学作用可能是改变矿物的表面化学性质及改变某些试剂和水本身的化学成分。由于超声波会产生纳米量级空化微气泡，远比气体分布器产生的微米量级浮选气泡要小。这种效应导致液体中的小气泡数量增加，这些小气泡通过气泡和微气泡之间的聚结促进颗粒 - 气泡的附着。在外部振动力作用下，气泡半径的减小、数目的增多有利于气泡 - 颗粒碰撞、附着与分离。

一、超声浮选理论

1.超声浮选动力学

人们对振动压力场下不可压缩牛顿液体中的气泡动力学进行了较多的研究，还对浮选槽中单个气泡上颗粒的捕获、黏附和释放概率方面也已做了预测，现在有大量的文献来描述气泡尺度下的颗粒行为。目前已提出了不同的模型来模拟浮选动力学行为，以用来研究超声辐照下的过程动力学。已经证实，浮选过程主要遵循一级动力学。通常将浮选过程建模为碰撞、附着步骤中颗粒数量和气泡数量的一级速率过程，并与气泡颗粒聚集体数量有关。

泡沫浮选的原理是基于某些矿物颗粒的疏水性。与气泡碰撞后，疏水性颗粒有可能附着在气泡上并被输送到泡沫区。在超声振荡作用下，可改变受激气泡的形状和几何结构，以提高矿物颗粒在泡沫中的附着概率。根据浮选过程，将给定颗粒收集到泡沫区的概率 p 由以下公式给出：

$$p = pc \cdot pa \, (1 - pd) \tag{5-1}$$

式中　　pc——与气泡碰撞的概率；

　　　　pa——附着的概率；

　　　　pd——脱离气泡的概率。

根据流体动力学条件，Filippov 等 [1] 及其他研究者给出了多种计算 pc、pa 和 pd 的表达式。由这些公式可见，碰撞角与颗粒尺寸关系不大，但与颗粒密度和气泡雷诺数关系很大。

除了这些在微观尺度上的理论工作外，还有预测浮选槽整体回收率的模型。最简单的模型依赖于一阶动力学类型的定律。它们都涉及浮选参数，如注入气量、塔径和塔长、矿浆百分比，同时也涉及通过颗粒气泡捕获概率导致的收集效率。

Filippov 等用三角多项式近似理论振荡气泡半径随时间变化的曲线。这些近似值用于预测粒子的气泡率与时间的关系，从而得出气泡捕获概率与时间的函数关系。超声作用下气泡尺寸的波动增加了气泡 - 颗粒碰撞的概率，从而提高了浮选过程的效率。理论研究表明，超声对浮选的影响在微观和宏观上都是可以预测的，主要影响因素是压力振荡下气泡体积的时间变化。最直接的后果是，当气泡尺寸减小时，随着碰撞和附着概率的增加，捕捉粒子的气泡能力会增加。这项工作证明了浮选对流态和气泡振荡的强烈依赖[1]。

2.超声对颗粒浮选控制方程的影响

利用简化的 Navier-Stokes 分析模型可预测超声对气泡行为的影响。通过实验已验证该理论的正确性，可预测超声会产生空化微气泡，比气体分布器增加的浮选气泡要小。这种效应导致液体中的小气泡数量增加，这些小气泡通过气泡和微气泡之间的聚结促进颗粒 - 气泡的附着。在外部振动力作用下，气泡半径的减小对气泡 - 颗粒碰撞有着额外的影响。

3.浮选过程气泡热力学方法

用热力学方法可估算超声辐照时液体和气泡之间的能量交换及对气泡内部的温度和压力影响，并研究浮选液和气泡之间的能量交换。几种气体模型（包括理想气体、Soave Redlich Kwong 和 Peng Robinson）假设的多向变换（从等温到绝热）用于预测超声处理过程中气泡内部压力和温度的演变，以及气体和周围环境之间的能量和热交换。计算结果表明，超声外场的应用提高了气泡中气体的温度和压力。

二、超声浮选应用

超声浮选可用于各种矿石的精选，如煤、钾盐矿、硫化物矿、二氧化硅、方解石和重晶石、菱镁矿、黄铁矿、铅锌铜矿、硼钙石矿和镍锰矿等。由于篇幅所限，这里简单介绍较具代表性的超声矿物浮选过程及设备，由此举一反三开发其他超声浮选过程。

1. 超声煤浮选

煤是一种有机材料，由于它的高热含量，通常用于各种工业中产生热量。由于煤中含有大量杂质，因此采用了物理和化学升级方法来改善其性能或减少由煤燃烧引起的污染。对于细粉煤（细于 0.5mm），泡沫浮选是从含碳物质中去除成灰矿物质和硫的最有效方法。较粗粒径的颗粒通过其他分离技术处理（主要是重力法）。目前，泡沫浮选是在工业规模上回收粒度小于 0.15mm 的煤颗粒的唯一有效和经济的方法。影响浮选过程的最重要因素是待浮颗粒的表面特性。煤本身具有疏水性，一般在高阶煤中表现得更为明显。煤的憎水性随老化和风化而降低。因此，对颗粒表面进行清洗可以恢复煤颗粒的疏水性，提高浮选工艺的效率。

Azam 等 [2] 探讨了高灰煤浮选超声前处理方法的效果及其动力学。在浮选前采用超声处理，超声功率级和超声周期不同。从位于伊朗亚兹德省塔巴煤矿采集了含 50.29% 灰和 1.10% 硫的煤样品。采用超声强度、捕收剂用量、处理时间、酸碱度、转速和固含量六个变量的二级分数因子设计方法进行了浮选试验。利用 DX7.0 软件对采集的数据进行分析，评价各参数对优化指标的影响。考虑到最高的可燃回收率和最低的灰分和硫含量，优化参数值为超声波强度 30W•cm^{-2}、捕收剂 1500g•t^{-1}、处理时间 11min、pH=7.5、转子转速 800r•min^{-1}、固含量 10%。在此条件下，产品的可燃回收率为 56.9%，灰分为 9.21%。最后，利用第一阶段的优化参数水平进行了动力学浮选试验。结果表明，与常规处理相比，超声波处理的浮选速度平均快 10%。

毛玉强等 [3] 提出了在浮选矿浆中引入超声波的新型强化浮选方式，结果表明：超声浮选精煤产率比常规浮选精煤产率增加了 20.31%，灰分降低了 7.94%，其中 0.045mm 粒级产率增加了近 2 倍。采用筛分、扫描电子显微镜、X 射线光电子能谱、诱导时间测定仪等方法研究超声波对煤泥粒度组成和表面性质的影响，并重点探讨了超声波强化褐煤浮选的回收机理。超声波对煤粒表面的清洗和破碎作用使颗粒表面细泥黏附减少，但并未改变煤粒表面疏水性与亲水性官能团含量。超声波可在浮选矿浆中产生大量微泡，既可吸附于褐煤表面增强其疏水性，又增加煤粒与气泡的碰撞 / 黏附效率。超声空化作用在一定程度上可使煤表面的水化膜变薄—不稳定—易破裂，进一步强化了褐煤的浮选回收。

2.超声钾盐浮选

目前较多研究超声对氯化钾颗粒和十八胺盐酸盐的形貌及分散性的影响规律，并用于强化钾盐浮选分离过程，提高钾盐的捕收率。成怀刚等 [4] 通过扫描电子显微镜观察到经超声处理后的氯化钾颗粒表面更为粗糙，形状多呈现椭球形。将超声处理不同时间的氯化钾颗粒进行系列浮选实验，结果表明，随着超声时间的增加，氯化钾的捕收率稳定上升，超声 40min 后的颗粒的捕收率可从 14.32% 增加到 46.66%。此外，通过显微镜观察到，经处理后的捕收剂十八胺盐酸盐在氯化钾饱和溶液中有更好的分散性，从而使浮选氯化钾的捕收率增加。结果显示捕收剂经超声处理 20min 后，可使氯化钾的捕收率由 20.84% 增加到 94.24%。因此，超声预处理是强化钾盐浮选的一种有效手段。

3.超声铅锌铜矿浮选

浮选是一种用于低品位复杂铅锌铜矿石浓缩的分离工艺，Hulya[5] 研究了超声预处理对铅锌铜矿机械浮选的影响，通过非超声预处理、浮选试验，优化了所选的浮选参数，如收集剂 KAX 用量、起泡剂用量、浮选时间、搅拌速度和 Na_2SiO_3

的用量。在这些优化条件下进行了超声预处理的实验研究。比较了两种方法的结果。采用机械浮选法，不经超声预处理，从含锌量为 1.60% 的原料中获得含锌量为 8.52% 的锌精矿，回收率为 24.64%。而采用超声预处理浮选，回收率为 33.18%，获得含锌量 18.73% 的锌精矿。结果表明，超声预处理提高了锌浮选的品位和回收率，这是超声波清洗槽中产生的空化气泡释放的能量所致。此外，还支持了超声预处理对浮选的积极影响。

4. 超声硫化镍矿浮选

镍矿资源主要有硫化镍矿、氧化镍矿和海底结核三种。由于经济技术条件的限制，目前红土镍矿和海底结核尚不能大规模开发利用，硫化镍矿是当今利用的最主要镍矿资源类型。硫化镍矿石中的脉石矿物主要为橄榄石、蛇纹石、辉石、滑石、绿泥石等。由于蛇纹石硬度小、易泥化，对硫化镍矿物的浮选起负面影响。

冯博等[6] 介绍了蛇纹石矿泥物理脱附方法是将矿浆直接放入超声场中，控制超声频率和超声时间，达到使矿物颗粒充分分散的目的。此文中还介绍 Aldrich 对超声对硫化矿浮选的影响研究，发现超声预处理能提高硫化矿物的疏水性和脉石矿物的亲水性，增加浮选过程的选择性。Mason 等认为超声分散矿物颗粒的作用机理包括两个方面：一方面是超声波在矿浆中以驻波的形式传播，使微细矿物颗粒受到周期性的拉伸和压缩作用；另一方面是超声波在矿浆中能够产生"空化"作用，从而使颗粒分散。Feng 等认为超声通过三个方面的作用改善矿物的浮选效果：①通过超微束作用产生湍流使颗粒运动加剧；②空化作用；③气泡兼并产生超声速射流作用于粗颗粒矿物表面的微细颗粒，使其脱附。

蛇纹石矿泥化学脱附方法是在矿浆中加入化学分散剂，使其与矿物颗粒表面作用，改变矿物颗粒的表面性质，实现颗粒的分散。化学脱附方法的作用机理主要有以下三种：①改变矿物颗粒的表面电性，增大颗粒间的静电排斥作用力；②大分子分散剂吸附在矿物颗粒表面，产生较强的位阻排斥作用力；③增强颗粒表面亲水性，提高颗粒间的水化排斥作用力。

常用的化学分散剂主要有碳酸钠、六偏磷酸钠、水玻璃和羧甲基纤维素。碳酸钠是一种强碱弱酸盐，在水溶液中能够发生电离及水解反应，使溶液显碱性并具有一定的 pH 值缓冲能力。碳酸钠能够与矿浆中的 Ca^{2+}、Mg^{2+} 发生沉淀反应，起到软化水质的作用，在选矿领域作为 pH 值调整剂和分散剂得到广泛应用。冯博等研究发现，碳酸盐水解生成的荷负电的 CO_3^{2-} 能够吸附在蛇纹石表面，改变蛇纹石表面电性，从而对蛇纹石与黄铁矿混合矿起到分散作用，减弱蛇纹石对黄铁矿的抑制作用。

一般认为超声与化学脱附两种方法结合使用，可缩短浮选所需时间及降低浮选药剂消耗，提高硫化镍矿浮选速率和回收率，达到强化浮选过程的作用。

三、超声浮选设备

随着超声浮选技术研究的进展，商品化工业超声浮选设备也随后配套研发。国内外已见到多个超声浮选设备专利，据报道湖南兴民光电科技公司申请了"一种分流尾矿的浮选方法和装置和用途"专利，并批量制造 $1000t \cdot d^{-1}$ 一步法超声浮选机。网上可查到一些中小型超声浮选设备厂家，如杭州国彪超声设备有限公司、唐山杰斯德科技有限公司等。要实现这些超声浮选设备的工业化应用需按实际物料进一步改进及条件试验以满足实际生产要求。

第二节 超声清洗与除垢

超声清洗是利用超声能量进行清洗的一项清洗技术，是超声技术最早、最成功的实际应用。最早出现于 20 世纪 50 年代。超声清洗被国际公认为当前效率最高、效果最好的清洗方式，已成为一系列表面清洗作业的首选方法。其清洗效率达到了 98% 以上，清洗洁净度也达到了最高级别。而传统的手工清洗和有机溶剂清洗的清洗效率仅为 60% ～ 70%，即使是气相清洗和高压水射流清洗，清洗效率也低于 90%。因此，超声清洗的应用范围非常广泛，主要可应用于石化、冶金、化纤、轻工、食品、机械、电力、电子、航空航天、汽车及摩托车制造、医疗、维修、建材、光学和医药工业等行业，能有效去除表面涂层、膜、漆层、油脂、石蜡、垢、锈、氧化皮和难以归类的附着于物体表面的杂质。其实际应用跨度很大，从小铸件到小手表，包括热交换器、医用玻璃器皿、摄影透镜、外科器械、滤波器、电子电路板、半导体器件和自动汽化器等，超声清洗成了功率超声最早最为广泛的应用领域。

换热器、锅炉内管道结垢是一个很普遍的现象，污垢的存在降低了换热设备的传热能力，增加了流动阻力，造成很大的经济损失。盐化工、石油化工、油田管道、太阳能真空管及污水源热泵系统污水侧的防垢、除垢也是生产中重要过程。目前超声防垢、除垢技术已开始用于工业生产中。

一、超声清洗与除垢机理

超声清洗的主要机理是超声空化作用。利用超声场所产生强大的作用力，促使物质发生一系列物理、化学变化而达到清洗目的。具体来说：当超声的高频（20 ～ 50kHz）机械振动传给清洗液介质以后，液体介质在这种高频波的振动下将会产生空化泡，其对清洗对象具有强烈清洗作用。

一般认为超声空化清洗作用机理如下。

（1）空化泡在液体介质中不断长大、崩溃时，可局部产生极大的压力与冲击力。这种极其强大的压力足以能使物质分子发生变化，引起各种化学变化（断裂、裂解、氧化、还原、分解、化合）和物理变化（溶解、吸附、乳化、分散等）。

（2）当空化泡的本征变化频率与超声波的振动频率相等时，便可产生共振。共振的空化泡内聚集了大量的热能。这些热能足以使周围物质的化学键断裂，而引起一系列的化学、物理变化。

（3）当空化泡形成时，两泡壁间因产生较大的电位差而引起放电，致使腔内的气体活化。这种活化了的气体进而引发了周围物质活化，从而使物质发生一系列化学、物理变化。可见，空化作用提供了物质在发生物理、化学变化时所需的能量，但是理想的清洗速度和效果还要取决于清洗介质，即清洗液的性质。这种性质要求各种物理、化学变化能够削弱和去除污物与被清洗零件表面间的附着力和结合力，并保持原有的表面外观。

超声空化所产生的巨大压力能破坏不溶性污物，使它们分化于溶液中。空化产生机械力对污垢直接反复冲击，一方面破坏污物与清洗件表面的吸附，另一方面能引起污物层的剥离。只要有液体的地方就能产生空化泡，就有振动冲击，使污层脱落。当固体粒子被油污裹着而黏附在清洗件表面时，空化作用使油乳化、固体粒子分离。超声波在清洗液中传播时，会产生正负交变的声压，形成射流，冲击被清洗件。同时，由于非线性效应会产生声流和微声流，因而超声空化在固体和液体界面会产生高速的微射流。所有这些作用，能够破坏污物、除去或削弱边界污层，增加搅拌、扩散作用，加速可溶性污物的溶解，强化化学清洗剂的清洗作用。因此，凡是液体能浸到、声场存在的地方，都有清洗作用，超声清洗技术可用于表面形状复杂的零部件的清洗。采用这一技术后，可减少化学清洗剂的用量，降低环境污染。

超声防垢主要利用超声的空化作用与抑制作用以及活化效应。在超声与物体表面发生冲击作用过程中，壁面和液体相交界面上会产生高速微涡和剪切应力等物理效应，阻碍污垢的附着，同时也对金属壁面起到清理作用。

超声的除垢作用主要表现为空化效应、活化效应、剪切效应和抑制效应。主要源于超声空化效应产生的高速微射流，微射流具有足够强的应力从而破坏物体壁面的积垢层并能使其脱落。此外，因为壁面金属与积垢层的理化性质迥异并会产生速度差，二者之间产生了极小的排斥作用，使污垢破碎脱落[7]。张艾萍等[8]较清楚地分析了超声波除垢的影响因素，超声除垢作用类似于超声清洗过程，原理一样，处理对象略有不同。较多用于管道、换热器等设备的除垢。

二、影响超声清洗效果的因素

Mason[9]提出超声清洗效果取决于选择合适的设备和材料、空化和化学清洗技术的知识以及过程控制，并对此做了较详细的论述。超声空化的强弱与声学参数、清洗液的物理化学性质及环境条件有关，所以要得到良好清洗效果应选择适当的声学参数和清洗液。

1.声强或声压

在清洗液中，只有交变声压幅值超过液体的静压力时才会出现负压。而负压要超过液体的压强，才能产生空化。使液体产生空化的最低声强或声压幅值称为空化阈。各种液体具有不同的空化阈值。在超声波清洗槽中的声强，要高于空化阈值才能产生超声空化。对于一般液体，空化阈值约为 $1/3W \cdot cm^{-2}$。声强增加时，空化泡的最大半径与起始半径的比值增大，空化强度增大，即声强越高，空化越强烈，越有利于清洗作用。但不是声功率越大越好。声强过高，会产生大量无用的气泡，增加散射衰减，形成声屏障；同时，声强增大也会增加非线性衰减，会削弱远离声源地方的清洗效果。

2.频率

超声空化阈值和超声频率有密切关系。频率越高，空化阈越高。即频率越高，在液体中产生空化所需要的声强或声功率也越大。频率低，空化容易产生。在低频情况下，液体受到的压缩和稀疏作用有更长的时间间隔，使气泡在崩溃前能生长到较大，增大空化强度，有利于清洗作用。超声清洗机的工作频率根据清洗对象，大致分为三个频段：低频超声清洗（20～50kHz），高频超声清洗（50～200kHz）和兆赫超声清洗（700kHz～1MHz）。低频超声清洗适用于大部件表面或者污物和清洗件表面结合强度高的场合。低端频率，空化强度高，易侵蚀清洗件表面，不适宜清洗表面光洁度要求高的部件，而且空化噪声大。40kHz 左右的频率，在相同声强下，产生的空化泡数量比频率为 20kHz 时多，穿透力较强，宜清洗表面形状复杂或有盲孔的工件，空化噪声较小。但其空化强度较低，适合清洗污物与被清洗件表面结合力较弱的场合。高频超声波清洗适用于计算机、微电子元件的精细清洗，如磁盘、驱动器、读写头、液晶玻璃及平面显示器、微组件和抛光金属件等的清洗。这些清洗对象要求在清洗过程中不能受到空化侵蚀，要能洗掉微米级的污物。兆赫超声清洗适用于集成电路芯片、硅片及薄膜等的清洗。能去除微米、亚微米级的污物，而对清洗件没有任何损伤。因为此时不产生空化，其清洗机理主要是声压梯度、粒子速度和声流的作用。其特点是清洗方向性强，被清洗件一般置于与声束平行的方向。

3.清洗液的物理化学性质

清洗剂的选择从两个方面来考虑：一要根据污物的性质选择化学作用效果好的清洗剂；二要选择表面张力、蒸气压及黏度合适的清洗剂。因为这些特性与超声空化强弱有关。液体的表面张力大，不容易产生空化，但是当声强超过空化阈值时，空化泡崩溃释放的能量也大，有利于清洗。高蒸气压的液体会降低空化强度，而液体的黏度大也不容易产生空化。因此，蒸气压高和黏度大的清洗剂都不利于超声清洗。此外，清洗液的温度和静压力都对清洗效果有影响。温度的选择，既要考虑对空化强度的影响，也要考虑清洗液的化学清洗作用。每一种液体都有一个空化活跃的温度，较适宜的温度是 60℃。清洗液的静压力大时，不容易产生空化，所以在密闭加压容器中进行超声清洗或处理时效果较差。

4.其他因素

（1）清洗液的流动速度　清洗过程中液体静止、不流动时，泡的生长和闭合运动能够充分完成。如果清洗液的流速过快，则有些空化核会被流动的液体带走，有些空化核则在没有完成生长闭合运动整个过程时就离开声场，因而使总的空化强度降低。在实际清洗过程中，有时为避免污物重新黏附在清洗件上，清洗液需要不断流动更新。此时应注意，清洗液的流动速度不能过快，以免降低清洗效果。

（2）被清洗件的声学特性和在清洗槽中的排列　吸声大的清洗件，如橡胶、布料等清洗效果差；而对声反射强的清洗件，如金属件、玻璃制品的清洗效果好。清洗件面积小的一面应朝声源排放，排列要有一定的间距。清洗件不能直接放在清洗槽底部，尤其是较重的清洗件，以免影响槽底板的振动，也要避免清洗件擦伤底板而加速空化侵蚀。清洗件最好悬挂在槽中，或用金属罗筐盛好悬挂。但是，筐要用金属丝做成，并尽可能用细丝做成空格较大的筐，以减少对声的吸收和屏蔽。

（3）清洗液气体含量　在清洗液中，如果有残存气体（非空化核），会增加声传播损失。此外，在空化泡运动过程中扩散到泡中的气体，在空化泡崩溃时会降低冲击波强度而削弱清洗作用。因此，有些超声波清洗设备具有除气功能，在开机时先进行低于空化阈值的功率水平振动，以脉冲或间歇振动方式除气。然后，功率增加到正常清洗的水平进行超声波清洗；有些超声波清洗设备附有抽气装置，其目的同样是减少清洗液中的残存气体。

（4）驻波　影响清洗槽性能的另一个因素是声波驻波的存在。当水槽底部的传感器发出一个单一的频率，波撞击液体表面并反射回水槽时，就会形成驻波。驻波的特征是在液体空间的某些地方声压最小，而在另外一些地方声压最大。这样，会造成清洗不均匀的现象。可以将清洗槽做成不规则的形状，以避免驻波的形成；另外还可对超声波发生器电源采取扫频的工作方式，使声压最小处不断移动，使能量分布更加均匀，以达到较均匀的清洗。

康永等[10]还介绍了一些超声清洗新技术，如超声波振动清洗、扫频和跳频清洗、多频清洗、聚焦式清洗、声场均匀式清洗、液面高度变动式清洗等。

三、超声清洗与除垢应用

超声清洗技术主要是利用空化泡在工件表面进行附着来实现的，具体过程则会依据工件表面的附着物的理化性质不同而略有差异。与传统的人工清洗、有机溶剂清洗和高压水射流清洗相比，超声清洗技术具有明显的优势。首先，超声清洗技术极其适用于清洗表面形状复杂的工件，例如：精密仪器上的暗洞、微孔等，且在清洗过程中不会对器件产生轻微损伤，高效安全，易于实现自动化；其次，适合超声清洗的工件种类十分广泛，尤其是对于金属、玻璃和塑料等清洗效果更佳；最后，超声清洗在速度与洗净效果上更好，尤其是在某些场合下可以使用水来代替化学试剂进行清洗，避免对环境的二次污染。

Choi 等 [11] 进行了纺织品超声波清洗的实验研究。结果表明，空化气泡在声场中振荡可以去除织物中的土。由于超声波传感器在大的洗涤槽中降低了洗涤性能，提出了一种将超声波振动与传统洗涤方法相结合的新型洗涤方案。结果表明，与传统洗涤方法相比，混合洗涤方案的性能显著提高了 15%。这项工作有助于开发一种新型洗衣机，减少洗涤时间和废水。

Nguyen 等 [12] 利用多传感器超声波对船舶涡轮机油滤清器进行有效的清洗，超声波装置的频率与功率分别为 25kHz 和 300W 或 600W。他们研究了温度、超声波清洗次数、滤油器压力损失、溶剂清洗和超声波功率器件等因素对清洗效果的影响。此外，还比较了三种清洗方式（手洗、预洗和超声波清洗）的清洗效率，以评估其相对有效性。实验结果表明，所需的超声时间随洗涤溶剂的不同而变化较大。例如，当在煤油溶剂中清洁滤油器时，最佳超声波清洗时间为 50 ～ 60min；当在柴油溶剂中使用相同的超声波发生器装置（25kHz，600W）和实验条件时，最佳超声波清洗时间超过 80min。此外，在高强度（26.4W·L^{-1}）、低频率 25kHz 超声清洗后，显微镜检查没有发现过滤器结构上或内部有任何损坏。总的来说，超声波辅助滤油器清洗是有效的，比手工清洗时间更短。这种超声波清洗方法也显示出作为一种绿色技术的前景，由于其清洗效率高，操作简单和节省溶剂，特别适用于清洗涡轮发动机和海军舰艇的滤油器等。

中国石油抚顺石化公司 1.2Mt·a^{-1} 催化裂化装置分馏塔顶冷却器增加超声波防、除垢技术装置后，管束内外壁结垢情况明显好转，管束内壁垢物大幅减少，且非常容易清洗。该技术应用前后对比见图 5-1、图 5-2。该装置从 2013 年 5 月开始在分馏塔塔顶冷却器投入使用，冷却器管束泄漏和结垢问题得到了有效解决，管束寿命由 2 年延长至 4 年以上；提高了冷却器性能，在运行过程中分馏塔塔顶油气冷后温度一直比较理想，便于控制。降低了生产期间因管束清洗处理带来的一系列费用和风险，为装置的安全生产和企业的经济效益起到了较好的推动作用 [13]。

中国石化上海石油化工股份有限公司 [14] 采用超声波防除垢技术在 2# 烯烃装置 9 台换热设备上进行了技术改造。运行结果表明：解决了换热设备带垢运行的问题，

▶ **图 5-1** 技术应用前塔顶冷却器的结垢情况 [13]

▶ **图 5-2** 技术应用后塔顶冷却器的结垢情况 [13]

实现了换热设备在线防除垢，有效延长换热设备的使用周期，提高换热器的换热效率，节省了循环水与蒸汽用量，达到了节能增效的目的。以高压脱丙烷塔再沸器 E-EA-2258 为例，在投用后的 7 个月时间里，与上年同期的运行数据对比，单位原料蒸汽发生量由之前的平均值 $0.165t \cdot t^{-1}$ 降低至 $0.151t \cdot t^{-1}$，在 7 个月的运行时间里节约蒸汽 2173.25t。

另外还有超声除精制盐工艺中的钙镁及氯化钠、超声除锅炉水垢与油田硫酸钡等硬垢及熔盐超声复合清洗油漆等较新应用报道。以上介绍表明超声波防除垢技术可广泛应用于石化、石油、盐化等装置，针对换热或流动中形成的循环水垢、盐垢、聚合物垢、油污垢等，解决生产中各类设备结垢问题，促进工业装置的安全长周期运行。

四、超声清洗机简介

由于超声清洗机发展较早，应用较成熟，国内外均有各种品牌与不同处理功能的商业化超声清洗机。超声清洗机一般分为单槽与多槽两种机型，针对装备再制造过程中的零部件清洗工艺，需要根据不同零部件的操作环境，采用不同的清洗技术进行精洗，一般难以用单一常规的清洗技术去除污物。有各种规格、定型的普通超声清洗机，厂家也可按要求定制。

1. 步进式超声清洗机

步进式超声波清洗机由输送系统、多个清洗工位（含主槽、副槽、超声波系统、加热系统、给排水系统、排风系统）、吹扫段、干燥段、冷却段等构成。输送系统包含上下件滚子链机构、辊台、清洗过程中工件的平移机构和垂直汽缸升降机构，可实现工件的快速升降及水平平移，完成多工位清洗过程的各种功能。

清洗工位包含预脱脂、脱脂、水洗Ⅰ、水洗Ⅱ、防锈等五个工位，均采用主副槽结构，主槽为工件浸渍和超声波清洗的功能区，副槽起到储液加热除油作用。主槽溶液溢流到对应的副槽内，副槽内配置加热管、袋式过滤机、油水分离器等，溶液经过加热清理，保证清洁和处理能力，再由泵提升到主槽内对工件进行清洁，如此循环反复，完成清洗等工序。

清洗工件装入料框，平移机构和垂直汽缸机构交替，将料框运送至每一个清洗浸渍工位，超声波清洗作用与介质的化学作用相结合，能将工件充分、彻底地清洗。步进式超声波清洗具有以下优点：

① 采用多工位水平联动输送机构＋垂直升降晃动的方法，可以实现大批量自动化生产。工件在槽体中可上下移动，清洗速度快，产能大，可达到 60 框 /h。

② 整台设备放置在独立区域，一台设备可以清洗多种工件，减少操作人员，使车间整齐，便于废气收集排放。

2. 八槽式油套管接箍超声波自动清洗磷化装置

为进一步提高螺纹的抗黏扣和密封性能，需对油田油套管接箍螺纹表面处理。目前，国内常用的表面处理工艺为磷化、镀锌和镀铜。磷化工艺以其工艺简单、成本低等优点而被广泛应用。接箍在磷化前需要进行清洗，以去除螺纹表面的油污、切削液等污物，螺纹表面的清洁度越高，磷化层与基体的结合力越强，接箍螺纹的抗黏扣和密封性能越好。目前，接箍磷化前预处理技术有化学清洗和物理清洗两种方式。化学清洗存在效率低、环境污染大、成本高等缺点。选择物理（超声波）清洗作为接箍磷化前预处理手段，不仅可行，而且可以实现接箍磷化生产线的全自动化流水线作业。

八槽式油套管接箍超声波自动清洗磷化装置（专利号：ZL200720103888.7）主要由机械系统、自动控制系统和超声清洗系统组成。该装置实现了接箍磷化处理机电一体化控制，对清洗液及处理液的加温、循环过滤、溢流补液等过程实现了自动控制，提高了接箍磷化膜厚度、均匀度和附着力；单筐清洗磷化时间由 2h 缩短到

25min；配备蒸汽加热和电加热两套自动加热系统，实现了生产过程中节能、降低成本的目的，同时保证了生产的连续性，见图5-3。

图5-3　八槽式油套管接箍超声波自动清洗磷化装置

3.其他超声清洗机

已报道的国产各种形式与用途的超声清洗机很多，可成套成系列购买，也可按特定要求定制，如单多槽式超声清洗机、金属零件清洗机、PCBA（电路板）全自动清洗设备、光电超声清洗机、清洗缸套零件的四槽五臂式龙门自动超声清洗装置、镁合金铸件用砂芯的超声清理设备、薄壁细长管件超声波清洗设备、硅片清洗设备等。如用于果蔬清洗的有华能 NH 果蔬自动清洗线、新芝 SZ 系列单工位自动往复式喷淋清洗机，用于医疗器械清洗的有昆山舒美医用数码全自动超声喷淋清洗消毒器、山东新华医用超声清洗机等。图5-4～图5-7为部分国产超声清洗机图片。

五、超声清洗技术的发展趋势

（1）理论研究更加深入、全面　一般超声波清洗机理认为声空化是超声波清洗的主要动力。但现在发现，进行高频清洗时（兆赫级超声清洗），声波在清洗液中很难发生空化。其清洗原理主要是由于声压梯度、粒子速度及声流等的冲击，因而这时的主要机制不是空化，而是高频压力波的冲洗作用。

（2）清洗工艺更加成熟多样化　除了应用多频、扫频及其他改善声场均匀性的清洗方法外，出现了更多的清洗方式。像纺织行业的喷丝板、过滤器之类微孔物件的清洗，常规超声清洗效果不理想，而采用机械扫描聚焦式超声清洗，微孔中的污物脱离则十分明显。一些特殊工件，如玻璃涂屏、显像管等，从高温炉进入下一道工序前的清洗时，常规的带清洗液的方式由于温差效应很可能激炸工件。为此，研制出一种超声波振动清洗装置，将超声波经变幅杆与振动头传送给被洗工件，工件介质质点在平衡位置高速振动，致使污物被振松而脱离工件，从而不需清洗液就可

▶ **图5-4** 无锡华能 NH 五金零部件清洗机　▶ **图5-5** 无锡华能 NH 果蔬自动清洗线

 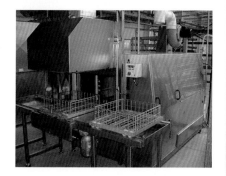

▶ **图5-6** 合肥恒泰全自动超声波清洗机　▶ **图5-7** 新芝 SZ 系列单工位自动往复
式喷淋清洗机

达到清洗目的。

（3）超声清洗新应用的开发　超声清洗通常是对零部件的清洗。随着工艺的不断完善，出现了一些新领域的应用，如超声防垢、在线清洗、强化传质传热等。在研究超声波的防垢能力时，成都九洲超声技术有限公司罗宪中等[15]发现超声不仅有防垢的作用，而且能增加液体的传热系数、加速表面传热速率、提高液体主体的传热效率，有助于生产装置的强化传热。这些新应用的出现，更大地发挥了超声波清洗的功能，不断开拓超声应用的新领域。

（4）超声清洗仍需不断发展　超声清洗虽发展较早，但随着科学和工程应用不断开发，需要更专门的表面处理，使超声清洗技术与装备仍继续发展，例如超声强化超临界 CO_2 清洗精密零部件等过程。

由于超声清洗膜污染技术与超声强化膜技术具有关联性，故合并在本章第三节中介绍。

第三节　过滤与超声膜技术、筛分

一、超声过滤

过滤过程通常是利用滤纸、滤布、陶瓷滤盘等多孔介质将固体物质与液体、气体混合物中的固体物质截留的分离过程。在浆料过滤中，利用功率超声清洁滤饼表面强化过滤或将功率超声与电场相结合用于获得协同强化过滤效应。

微孔陶瓷过滤盘膜在与水接触时会产生强大的毛细抽吸作用。当陶瓷盘浸入泥浆浴中时，滤液通过陶瓷盘吸入，在陶瓷盘的表面形成一个滤饼。因此，陶瓷过滤器只需要一个小的真空泵就可以将滤液从滤盘中转移出来。相反，传统的真空过滤器需有通过滤饼的高空气流量，需要一个大型真空泵。陶瓷过滤元件的超声波辅助清洗可与滤液反冲洗或化学溶液清洗一起进行。反冲洗去除残留的滤饼并清洁微孔结构。回流清洗是自动的，并且可以针对每个应用进行调整。超声传感器盒位于陶瓷过滤盘之间。过滤介质的清洗通常每天进行两次。在清洗阶段，料浆池充满水。或者使用过滤池中的料浆作为清洗介质进行脉冲超声波清洗。

陶瓷过滤器最适用于高浓度和一致浓度的固体（其主要颗粒在 30～150mm 范围内）料浆的脱水，陶瓷过滤器技术广泛用于碱金属精矿、铬铁和铁矿石产品的脱水。应用领域：铜、镍、锌、铅和黄铁矿。机器尺寸范围为 6～240m³。工业装置也可以包括几个陶瓷单元，见 Pirkonen [16] 文中 Outotec Larox CC 毛细管过滤工

▶ **图 5-8**　具有超声清洗系统的 Outotec Larox CC 毛细管过滤工业装置[16]

业装置（图 5-8），该文还提供多个工业过滤装置照片，如 Scamsonic 澄清过滤器，Sofi MF 过滤器，超声波筛分系统。在过去的 20 年里，全球已经有数百个工业过滤装置运行。陶瓷过滤器的优点是：能耗极低；干滤饼；无颗粒滤液；高过滤率；安装、操作和维护简单；集成过滤器和辅助系统；连续运行和高可用性。

巴特尔纪念研究所（Battelle Memorial Institute）利用电声脱水（Electro a coustic dewatering，EAD）方法进行了全面的超声增强电声真空过滤研究。EAD 工艺的基础是将电场、超声场与常规驱动力（真空或压力）结合在一起的协同效应。巴特尔纪念研究所已经测试了 50 多种不同类型的污泥在 EAD 工艺中的适用性。废水处理的关键应用是：污水污泥、废水处理污泥、工艺废水污泥和危险废物污泥。连续运行的真空过滤装置设计按商用真空过滤器线路运行，两条环形带作为两个电极。该压滤机被用作二级脱水机，与传统的热干燥装置相比，它可以从过滤后的污泥饼中去除高达50% 的水，而且成本很低。由于直流电场的应用，电渗透是 EAD 压滤机污泥脱水的主要机理。超声通过固定滤饼和排出不易进入的液体来强化电渗透过程。这项技术与 Ashbrook Simon-Hartley 公司结合初步完成商业化 [16]。

二、超声膜分离

在超声辐射下的超滤与微滤过程中，超声空化所产生的微射流和冲击波等可以促进液流与颗粒的宏观运动，使颗粒易于被液流带走，避免了颗粒的沉积，有效地减缓浓差极化现象及滤饼层的形成，使边界层阻力及滤饼阻力显著减小。同时，空化泡崩溃时产生足够的能量，克服了物质与膜之间的作用力，减弱了溶质的吸附和膜孔的堵塞，从而抑制膜污染。此外，超声波的空化作用使膜表面的溶质浓度减少，降低了溶质的渗透压，抑制了由浓差极化引起的渗透压升高，也有益于膜通量的增加。

超声膜技术包括超声膜反应技术与超声膜分离技术，都是利用超声空化作用、机械作用等达到强化传质的效果。超声膜反应技术主要在膜催化反应器及其制氢 [17]、膜生物反应器及废水处理 [18] 等方面发展较快。超声膜分离技术是通过超声抑制膜面的浓差极化及滤饼层的形成，使边界层阻力及滤饼阻力显著减小，增加膜的渗透通量，达到强化膜过滤的目的。超声辐照已经成功地应用于一些膜分离系统，如微滤（MF）、超滤（UF）、纳滤（NF）和反渗透（RO），也有将超声用于强化减压膜蒸馏（VMD）、膜吸收 [19] 和膜萃取 [20] 等传质分离过程的研究。超声波技术可作为一种无损、实时、原位分析测量技术，用于膜污染的检测、控制和膜清洗，如对 UF 膜和RO 膜中的膜污染和清洗进行无创直接监测与处理，所以超声技术还可作为一种有效的无损检测与微量分析的强化传质分离技术。

超声技术在水处理膜污染的应用，类似于超声清洗过程，在膜过滤过程中可利用超声辐照去除膜污染。超声效应有助于污垢膜清洗，超声清洗与其他典型的清洗方法相比，具有强化物理和化学处理方法的优点，是一种有效的清洗方法。

1. 概述

膜是具有选择性分离功能的无机或高分子材料，利用膜的选择性分离实现料液的不同组分的分离、纯化、浓缩的过程称作膜分离，是一种物理过程。膜的孔径一般为微米级，依据其孔径的不同（或称为截留分子量），可将膜分为微滤膜、超滤膜、纳滤膜和反渗透膜，根据材料的不同可分为无机膜和有机膜，无机膜只有微滤级别的膜，主要是陶瓷膜和金属膜。有机膜是由高分子材料做成的，如乙酸纤维素、芳香族聚酰胺、聚醚砜、聚氟聚合物等。

膜分离技术是近几十年来迅速发展起来的一种新型高效分离技术。由于其能耗低、单级分离效率高、工艺简单、对环境无污染，已广泛应用于化工、环保、食品、医药、电子等工业领域。膜技术作为新型分离技术已广泛应用于气体分离、物料分离和水处理。如利用反渗透膜进行海水淡化，制备纯净水；将超滤膜与反渗透膜结合可处理各种废水、污水，处理后的水质能达到国家《生活饮用水卫生标准》，脱除水中病菌、病毒、胶体等有害物质，用于医疗针剂水、输液水、洗瓶水、外科手术洗洁水的制备。另外超滤膜技术还可应用于牛奶脱脂、果汁浓缩、黄酒纯化、白酒陈化、啤酒除菌、味精提纯、蔗糖脱色、氨基酸浓缩、酱油除菌等轻化工、食品生产中。

但在膜分离过程中，存在浓差极化和膜污染等现象，导致料液中的微粒、胶体粒子或溶质分子在膜表面及膜孔中沉积，使膜阻力增大，渗透通量下降，成为膜分离技术应用的主要障碍。为了解决这一问题，强化膜分离的效率，国内外研究人员尝试了优化分离条件、增加原料预处理环节、膜改性、反冲洗、振动剪切、外加力场等方法。而在众多的外加力场中，超声场强化膜分离技术是一种高效的强化方法。超声引起的膜面机械振动、声冲流和声空化能清洁膜表面沉积的截留物质，减轻浓差极化和膜污染对膜通量的影响。

超声强化超滤与微滤过程中，超声空化所产生的微射流和冲击波等可以促进液流与颗粒的宏观运动，使颗粒易于被液流带走，避免了颗粒的沉积，有效地减缓浓差极化现象及滤饼层的形成，使边界层阻力及滤饼阻力显著减小。同时，空化泡崩溃时产生足够的能量，克服了物质与膜之间的作用力，减弱了溶质的吸附和膜孔的堵塞，起到超声清洗的作用，从而抑制了膜污染。此外，超声波的空化作用使膜表面的溶质浓度减少，降低了溶质的渗透压，抑制了由浓差极化引起的渗透压升高，也有益于膜通量的增加。

超声处理技术具有通量回收能力高、不影响过滤过程等优点，低频短时间的超声波还能促进微生物新陈代谢，提高微生物处理有机物的能力，是膜生物反应器（MBR）最有前途的强化膜操作与膜清洗技术之一。超声清洗装置置于膜生物反应器中，利用超声波在水中产生的机械振动和微湍流作用，使污染物质从膜表面脱离，是一种比较新的生物膜膜污染控制的方法。采用中空纤维聚偏氟乙烯超滤膜连续运行MBR。采用的清洗方法包括对每个模块以不同频率（20kHz、25kHz、30kHz和40kHz）的低功率（15W）超声处理和充气反冲洗。在20kHz的频率下得到最佳的跨膜压力控制，对膜的完整性没有显著影响。结果表明，在此操作条件下，对出水水质和膜完整性无不良影响，表明该方法适用于该类膜。

另外，对于膜蒸馏、膜吸收、膜萃取等传质膜分离过程，超声对过程的强化也主要是空化作用。首先，微射流、冲击波和声冲流等引起液流宏观湍动，使边界层减薄，湍流主体中的涡流扩散加强，同时也造成了边界层内的局部湍动，使边界层中的分子扩散转变为涡流扩散，最终使物质与界面间的对流传质加强；其次，微射流和冲击波等对液-固界面有冲击作用，进而使界面得以更新，加快了液流内部的物质传递；最后，微射流和冲击波等也在膜微孔内产生微扰作用，使微孔内物质扩散得到加强。超声波的上述效应均对传质膜分离过程起到了强化作用[21]。

超声强化膜分离应用主要在两个方面：①强化膜过滤过程，提高膜通量与抑垢；②强化膜清洗与反冲洗。以上两过程结合使用可强化膜过滤过程与延长膜使用寿命。

2. 超声强化膜过滤

（1）超声强化膜过滤机理　超声波强化膜过滤、控制膜污染（抑垢）的主要机理是声空化作用扰动膜表面滤饼层，防止污染物沉积，减少浓差极化现象，使膜通量大大增加。声强一定时，低频超声比高频超声更易在液体中发生空化现象，空化效应也较强。频率增高则空化难以发生，因为频率增高，声波膨胀时间相对变短，空化核来不及增长到可产生效应的空化泡，来不及发生崩溃。

超声功率越大，超声产生的声流、微射流等越强，而由此导致的搅拌作用也越强。这种搅拌、冲击作用不但可减缓膜表面沉积层的形成，又能对已经形成的膜表面沉积层有冲洗和破坏作用，使其重新分散于料液中，显著减少了膜边界层厚度，提高了溶液的渗透通量与过滤效率，但过强的超声作用又可能损伤有机超滤膜。实际上，超声强化膜过滤的一些因素也在超声强化膜清洗中体现。

（2）超声膜过滤的影响因素　影响超声强化膜处理效果的因素主要有：超声频率、超声强度、溶质的性质、错流速度、温度、操作压力、膜材质等。

超声强化膜分离的颗粒体系主要包括氧化铝悬浮液、二氧化硅颗粒、聚苯乙烯乳胶颗粒、酵母颗粒等。在过滤过程中，由于粒径大于膜的孔径，过滤过程属于膜的完全截留，因此膜污染主要是由于颗粒物质沉积在膜表面形成滤饼。

超声诱导的声空化、超声冲洗和颗粒振动在膜表面附近产生速度梯度，对膜表面进行清洗。同时对污染层中的颗粒施加拖曳力，使沉积层脱落，边界层变薄，膜通量得到有效提高。超声辅助氧化铝悬浮液陶瓷膜过滤的结果表明，超声的加入可以提高陶瓷膜过滤颗粒悬浮系统的渗透通量。当颗粒尺寸增大时，超声效果更明显；当悬浮液浓度增大时，超声效果降低；当膜过滤操作压力增大时，膜通量增加率降低；超声辅助陶瓷颗粒悬浮液的膜过滤可使膜渗透通量增加约 10%。

Zhang 等 [22] 分析了超声强化膜分离的机理，得出如下超声参数与工艺参数强化过滤影响因素。

① 当声强恒定时，随着超声波频率的降低，液体中更有可能出现空化现象，且其强度较高。对于高频超声波，虽然单位时间内空化气泡较多，但其体积小，坍塌时能量低，空化效应较弱。超声辐射引起的空化是提高溶液渗透通量的主要因素。

② 高强度的超声可以产生更多的空化气泡，从而增加湍流强度和空化范围，这些都有助于清洗过滤膜。

③ 超声效果的增强与温度有关。随着温度的升高，液体的黏度和表面张力降低，容易在液体中产生空化气泡。渗透通量随温度的升高而增大，高温下通量恢复较快。

④ 超声强化也与操作压力有关。一般认为超声空化随外压的增大而减弱。如果超声空化是强化的主要因素，则在低压下应更有效。

⑤ 膜组件外壳材料也会影响超声效果。一般认为，膜材料对超声波有一定的阻抗效应，使超声波衰减。不锈钢微滤膜在相同的声强和作用时间下具有较大的渗透通量，而塑料制品中的微滤膜具有较强的抗超声性能。

下面简要介绍超声与过滤方式、液高、搅拌方式、脉冲和连续声场、湍流等的协同强化膜过滤的影响。

① 超声对错流微滤的影响。在无超声过滤面包酵母模拟悬浮液的情况下，通量在 270min 时仍在下降；有超声时在 120min 时通量即达到稳定，是无超声的两倍多。稳态流量的增加主要是由于超声波引起的滤饼阻力的降低。超声空化效应在低固液浓度和低固液流量下更为显著，超声应用后存在最佳的跨膜压差和最佳超声功率。

② 不同液高下纯水流量与超声功率的关系。研究表明，无论液高是多少，流量都随声功率值的增加而线性增加，但增加幅度不同。

③ 超声强化和常规磁搅拌对超声超滤的比较。研究表明，超声处理右旋糖酐溶液时，超声引起的湍流和空化作用对超声场中流体的机械效应与机械搅拌相似，混合效应在超声场中变得更为明显，故提出"超声搅拌"的概念。随着超声功率的增大，膜的渗透通量也随之增大。

④ 连续和脉冲输入超声对溶液渗透通量的影响。尽管两种模式都能增加渗透通量，但连续声场的作用更大。当应用脉冲超声时，需要 20min 来弥补到使用连续声场辐射时相应的渗透通量。

⑤ 湍流和超声联合作用增强错流超滤过程的机理。超声和与过滤器相结合的效果能显著增加渗透流量。在乳制品实验范围内，仅超声的增强系数为 1.2 ～ 1.7，

超声与过滤器联合作用的增强系数为 1.8 ～ 2.2。过程强化机理是：在过滤器存在的情况下，超声强化的主要原因是声脉冲引起的湍流和超声振荡抑制了初始蛋白沉积，减少了滤饼的生长，同时降低滤饼的压力，大大增加了通量。

超声空化有效地削弱了浓差极化现象，促进了物质的转移，大大增加了渗透通量，强化膜过滤过程。然而，必须注意的是，超声波辐射有时会引起膜结构的变化，甚至损坏膜表面。因此，超声强化过滤或清洗膜时，应注意超声对膜的损伤，尤其对有机膜，这是一个安全有效超声强化膜分离过程的条件。

Muthukumaran 等[23] 研究了激湍器（加填充物）与超声联合作用强化乳制品错流超滤过程的机理，结果显示，超声以及与填充物的联合作用均显著提高了渗透通量，通过对跨膜压力差、温度等因素对超声强化的影响研究以及对凝胶极化模型的计算，超声强化主要在于声冲流造成的湍流以及超声振荡，抑制了初始蛋白质的沉积并减弱了滤饼的生长，同时也降低了滤饼的压密性，大大降低了过滤阻力，使通量显著增大。

舒莉等[24] 研究了在陶瓷膜过滤氧化铝悬浮液分离时超声（21kHz）的影响，在两种氧化铝粒径条件下加入了超声作用时，膜通量都有了一定程度的提高，见图 5-9。

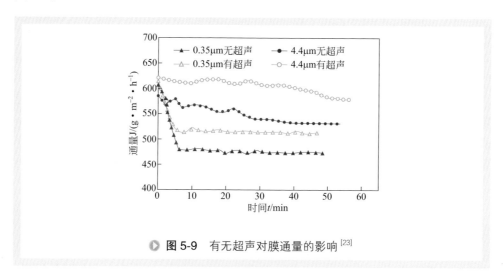

▶ **图 5-9** 有无超声对膜通量的影响[23]

马空军等[25] 根据超声空化泡运动时周围流体流动特性，以相间传质穿透理论结合流体动力学原理，分析了超声空化泡在相间的传质过程，由此建立了超声波声空化气泡相界面逸出时相间传质数学关系式。该式表明，超声功率可增大传质系数，传质系数不仅与超声波声强近似呈线性关系，而且与扩散系数、气泡的气体体积流率的平方根成正比，同时还与空化泡半径、界面面积等因素有关。其结论与文献实验数据验证结果相吻合，能较好地描述相界面上逸出超声空化泡时液体中的传质行为。

（3）超声膜过滤应用　超声强化膜分离技术的应用主要集中在超滤和微滤上，广泛应用于死端（静态）过滤和错流过滤。当前在化工、轻工、食品等方面开始使用，超声波技术在水处理膜分离过程中的应用主要包括乳化含油废水，厌氧膜生物反应器废水，造纸废水，海水、湖泊和河流等天然水；在有机系统主要包括乳蛋白系统、牛血清白蛋白、黄芪提取物、天然有机物、葡聚糖溶液等。另外超声也用于强化果汁与茶饮料的澄清。超声强化膜过滤应用很多，几乎所有膜分离过程均可利用超声强化，由于篇幅所限，下面仅举数例介绍。

① 超声处理与膜过滤相结合已用于水处理中的膜污染控制，但大规模实施超声波清洗设备目前成本仍较高。Mao 等[26]提出一种多孔锆钛酸铅（PZT）膜，该膜可利用交变电压（AV）产生原位超声，以陶瓷膜振动减轻水包油（O/W）乳状液分离过程中的污染。由于 PZT 膜具有亲水性，其水下表面呈亲油性，因此聚集的油滴对其亲和力很小，可以通过原位超声很容易地去除。通过改变激发 AV 及其频率、O/W 乳状液 pH 值、乳化油浓度、横流速度和跨膜压力研究了原位超声对膜污染的影响。结果表明，在 O/W 乳状液的过滤过程中，原位超声可大量减少污垢，而膜通量基本维持在初始值。这是一个很好的降低超声设备成本、提高膜过滤效率的办法。

② 宋红军等[27]研究了陶瓷膜材质、膜孔径、处理温度、压差、超声频率对膜通量的影响，在温度为 30℃、压差为 0.1MPa、膜孔径为 200nm 的氧化锆膜管的条件下，分别在 25kHz 超声条件下和无超声条件下对废矿物油进行处理，得到渗透液水质如表 5-1 所示。可以看出，超声陶瓷膜对 COD、浊度、油含量的截留率都很高，能够达到很好的油水分离效果。

表5-1　超声陶瓷膜处理废矿物油试验效果

项目	COD /（mg·L^{-1}）	浊度 /NTU	油含量 /（mg·L^{-1}）
料液	101200	4009	5000
不加超声	1346	39.1	28.2
加超声	400.9	3.4	4.1
加超声时的截留率	99.6%	99.9%	99.9%

③ Sousa 等[28]研究了超声强化超滤技术在绿茶提取物中酚类化合物纯化中的应用。结果表明，超声辅助过程中 5kDa 膜的稳态通量是无超声辅助过程的 4 倍。通量的增加与超声降低了滤饼层和总阻力（17.8 ～ 10.2×10^{13} m^{-1}）有关。由于滤饼是在过滤的前几分钟形成的，之后相对小尺寸的颗粒会进入膜孔，因此，与滤饼形成模型相比，堵塞模型更好地描述了通量衰减曲线。超声波可促进酚类化合物的膜渗透。不同分子量的超滤膜的比较表明，20kDa 的超滤膜能使渗透液中含有高达

49%纯度的儿茶素成分。冷冻保存30天后，超滤渗透物的浊度仍低于5NTU，并未观察到任何茶膏的形成，这表明超滤渗透物具有很好的稳定性。因此，建议采用20kDa膜超滤法对绿茶提取物中的酚类化合物进行纯化，以保证酚类化合物的大渗透通量、高纯度和高的提取稳定性。

④ 膜超滤技术在污水处理和回用中的应用日益广泛，尽管膜污染仍然是该技术的主要缺点之一。近年来，膜处理与超声相结合控制膜污染的创新技术得到了发展。Borea等[29]研究了膜超滤及其与超声膜超滤的应用，评价了75L·m^{-2}·h^{-1}和150L·m^{-2}·h^{-1}两种膜通量以及35kHz和150kHz两种超声频率对膜处理性能和膜污染形成的影响。结果表明，膜超滤与超声相结合，仅在过滤过程中，膜通量越大，膜污染率越低，在150L·m^{-2}·h^{-1}和35kHz时，膜污染率降低57.33%。此外，在更高频率（130kHz）下观察到更高的有机物和浊度去除率。研究结果表明，该组合工艺在膜超滤技术改造中具有适用性，可作为常规三级污水处理的替代方案。

⑤ 为了提高巴西松籽蛋白提取效率和功能特性，采用超声辅助超滤提取工艺结合响应面分析，并与传统提取工艺松籽蛋白进行比较[30]。结果显示：超声辅助超滤提取工艺可以显著提高松籽蛋白的得率和功能特性。其中最佳提取条件是：超声温度43℃，pH值9，超声功率400W，超声时间38min，料液比1∶35，提取效率为77.94%，同时超滤提取的松籽蛋白在容积密度、乳化性、起泡能力和起泡稳定性等功能特性上都要优于传统提取的松籽蛋白及部分植物蛋白。这些结果表明，超声辅助超滤生产的松籽蛋白可以广泛应用于食品工业中。

⑥ 傅晓琴等[31]研究开发出全自动超声强化超滤中试系统，见图5-10。该装置用于南瓜多糖的分离纯化，考察了超滤过程中超声频率、超声功率和超滤温度、压力对膜分离性能的影响。结果表明：超声可显著提高膜通量和截留率，减轻超滤过程的膜污染，超滤120min后，超声强化的超滤膜通量最多仅下降11%，远低于未加超声时的30%；随功率增加，平均膜通量

▶ 图5-10 全自动超声强化超滤中试系统[31]

和截留率增大；低频超声对超滤的强化效果优于高频超声；高温和低压更有利于超滤过程的超声强化。

3.超声强化膜清洗

膜清洗方法主要分为化学清洗、物理清洗、物理化学清洗和生物清洗四种。

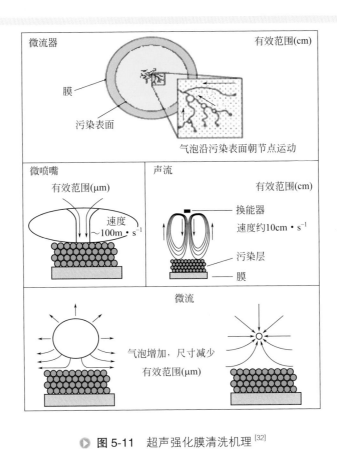

● **图 5-11　超声强化膜清洗机理**[32]

（1）超声强化膜清洗机理见图 5-11[32]，图 5-11 清楚地表现了气泡在膜面污垢上运动及其特点，以及超声的各种微观的作用形式。

① 声流（Acoustic Streaming）是液体吸收声能导致的流动。声流不需要空化泡的崩溃，其影响的范围为 1～10cm，速度约在 10cm·s^{-1}。该机理对松散吸附的颗粒以及易于溶解的表面有效。在同样的声强下，较高频率的超声比低频超声得到更强的声流。声流推动液体涡团在膜面污垢附近往复运动，污垢层附近的速度梯度将污垢冲离膜面。

② 微流（Microstreaming）是声压推动气泡振动时，在气泡附近产生的流体循环。结果是产生显著的剪切力。应用这一机理的有效范围取决于气泡直径（与声压和频率有关，大约为 1～100μm）。当空化泡位于膜面污垢层附近时，将导致剖面上动态的速度梯度从而对污垢颗粒产生曳力导致颗粒脱落。

③ 微流体（Microstreamer）。当空化泡在液体中成核点形成后，随即转移到声波波节处而被称为微流体。很多气泡沿弯曲的路线运动，成带状结构，比周围液体的平均速度大得多，聚集的气泡会合并。气泡的迁移是由压力场中气泡脉动的

Bjerkness 力引起的。可以推知，如果声波波节正好处于膜面污垢层，气泡向波节移动时就会破坏膜面污垢层，这些流体的有效范围在毫米级。

④ 微射流（Micro-Jets）产生于空化泡崩溃。崩溃时，气泡壁朝固体表面相反的方向加速，导致水中产生强烈的射流，速度达到 $100 \sim 200m \cdot s^{-1}$。微射流的影响范围与气泡直径类似。然而微射流的高速能够有效地剥离膜面的颗粒，有关膜系统中的这一现象还没有完全研究清楚。

（2）超声膜清洗的影响因素

① 声强或声压的选择。在液体中，只有交变声压幅值超过静压力时才出现负压，而负压超过液体的强度才能产生空化。使液体产生空化的最低声强或声压幅值称为空化阈。各种液体具有不同的空化阈值，声强高于空化阈值才能产生超声空化。

② 频率的选择。空化阈值和超声波的频率有密切关系，频率越高，空化阈值越高。因而频率越高，在液体中要产生空化所需的声强或声功率也越大；频率低，空化容易产生。

③ 清洗液的物理化学性质。需要从两方面来选择清洗剂：一方面要根据污染物的性质，选择清洗效果好的清洗剂；另一方面要选择表面张力、蒸气压及黏度合适的清洗剂，因为这些特性影响超声空化效果。

④ 其他影响因素。渗透压、超声辐照和膜面的位置、超声作用时间、处理液的温度等因素对超声清洗膜面都有重要的影响[33]。超声膜清洗的影响因素与超声清洗的影响因素基本相同，较详细可参见本章第二节（二、影响超声清洗效果的因素）。

（3）超声膜清洗应用

① 南京工业大学超声化工研究所晋卫等[34]将平板式超声换能器浸没于水中，取工业装置多段污染的聚偏氟乙烯（PVDF）有机膜放入清水中置于换能器前1.6cm 处。分别在 30W、100W、245W 下处理 30min，并对这些膜做扫描电镜，通过表观和膜孔分布比较清洗的效果。对于原污染膜和使用平板浸没式超声处理器清洗后的膜电镜照片见图 5-12。

图 5-12 为原污染膜和在 40kHz 下 3 种声强超声处理 30min 后的膜表面（20000倍）照片，从图 5-12 可以看出，相比于原污染膜，超声作用后，膜面上的污垢减少了很多。同时，超声的声强越大，空化效应也越大，更容易克服污染物与膜间的相互作用力，因此声强越大，清洗效果越好。

由图 5-12（a）可见，膜表面被污垢完全覆盖；图 5-12（b）表明，声强1700W·m^{-2} 的超声处理 30min 后有部分小孔露出，但清洗效果尚不够明显；从图 5-12（c）可以看出有较多的膜孔出现，说明 2500W·m^{-2} 的超声处理效果优于 1700W·m^{-2} 的效果。但是，声强过高，超声对膜面具有破坏作用，Masselin-Isabelle 等通过 47kHz 超声波对聚合膜如聚醚砜膜（PES）、聚丙烯酯膜（PAN）与

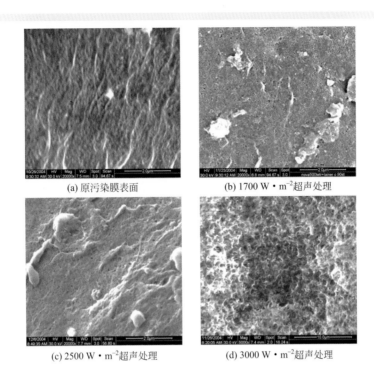

(a) 原污染膜表面

(b) 1700 W·m⁻²超声处理

(c) 2500 W·m⁻²超声处理

(d) 3000 W·m⁻²超声处理

图 5-12 原污染膜和使用平板浸没式超声处理器清洗后的膜电镜照片[34]

聚偏氟乙烯膜等进行了清洗试验，也证实了超声会破坏膜材料本身的结构[35]。图5-12（d）显示在3000W·m⁻²时膜被较严重破坏，露出了表层下的支撑体。前期工作结果认为使用超声波清洗时声强应控制在2700W·m⁻²以下为好[35]。

超声清洗膜污染过程中，超声强度与超声时间、清洗效果具有一定关系，并且可能对有机膜产生破坏作用。南京工业大学超声化工研究所晋卫等[33,35]研究污染聚偏氟乙烯中空纤维超滤膜的超声清洗时，发现超声清洗的声强不是越大越好，超声时间也不是越长越好，其在对中石化某水处理厂污染后的旧聚偏氟乙烯超滤膜组件采用40kHz超声波与2000μg·g⁻¹柠檬酸结合气相切向冲洗的清洗方式，最佳条件为：清洗声强2200W·m⁻²，清洗时间30min。通量随着声强和清洗时间的增加而增加，由初始的0.0368cm³·cm⁻²·min⁻¹增加到0.1254cm³·cm⁻²·min⁻¹，恢复到新膜通量的72.5%，通量增加率为241%，如使用反向冲洗可能使通量进一步提高。

工业膜过滤过程具有过滤和反冲清洗两个操作阶段。由图5-13[35]看出，本批次膜的初始通量为21.6L·h⁻¹·m⁻²，在用化学试剂反冲清洗过程中引入超声辅助清洗污染膜。条件为超声声强2500W·m⁻²，反冲频率15min，反冲宽度3min，反冲压力0.2MPa，清洗液为10%次氯酸钠溶液。由图5-13看出，超声辅助反冲清洗具有好的效果，经过超声作用90min后，通量由原来的21.6L·h⁻¹·m⁻²增加为

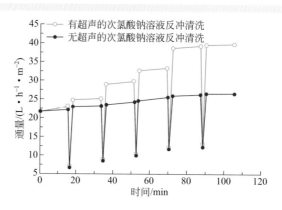

图 5-13 有无超声时反冲清洗对膜通量的影响[35]

$39.3L \cdot h^{-1} \cdot m^{-2}$，通量恢复率达到 81.9%。比不加超声的反冲清洗效果（21.8%）明显好得多。膜通量提高的原因应是由于超声空化、超声振动作用使得沉积在膜面和膜孔中的污染物松动，反冲时利用的是反方向的流体剪切力、碰撞力和冲蚀摩擦力，从膜内部将膜面上和膜孔内已经松动的污染物冲击下来。因此，超声结合反冲作用，能够有效清洗膜面。

陶瓷膜由于烧结成形温度比较高，从而具有机械强度高、耐酸碱、耐高温等优良特性。Lamminen 等[32] 采用阳极 γ-Al_2O_3 陶瓷膜进行微滤分离实验，运用 SEM 成像技术检测超声对膜损坏的情况，并对超声处理过膜的溶液中的 Al 进行分析。研究发现，陶瓷膜在高功率低频超声（$20W \cdot cm^{-2}$，2kHz）的长时间作用下，SEM 照片并没有显示出膜表面有任何损伤。使用频率 70 ~ 620kHz 的超声可有效清洗无机膜，不会对无机膜造成损伤。

超声参数不仅影响膜污染清洗的效率、效果，还影响膜本身的性能参数，因此超声波清洗膜污染过程中选择合适的超声波参数是非常关键的。

② 超声强化膜生物反应器。膜生物反应器（MBR）在废水处理领域受到越来越多的关注。然而，膜污染是膜生物反应器的主要问题，限制了膜生物反应器的广泛应用。近年来，超声技术作为一种有前途的 MBR 系统膜污染清洗方法受到了广泛关注。Arefi-Oskoui 等[36] 较详细地综述了超声波技术在膜生物反应器系统中的应用及最新进展，介绍了超声的基本概念和清洗理论及好氧膜生物反应器（AeMBR）与厌氧膜生物反应器（AnMBR）。膜污染被认为是侧流和浸没式 MBR 系统的主要问题，它降低了渗透通量或增加了在过滤过程中获得稳定渗透通量所需的跨膜压力，从而增加了运行成本。可以在线或离线进行超声波清洗，以清洁 MBR 膜。此外，超声清洗法可与化学清洗、反洗等清洗方法相结合，提高清洗效率。研究表明，利用在线超声辐照可以有效控制膜生物反应器系统中膜污染的产生，控制膜表面形成滤饼层。结果表明，超声预处理污泥可以提高污泥的生物降解能力，提高

厌氧膜生物反应器（AnMBR）系统的沼气产量。对废水进行预处理可以减少 MBR 系统中的膜污染。此外，在厌氧膜生物反应器操作可检验膜的有效性。实验表明尽管厌氧膜生物反应器中的颗粒浓度很高，但运行期间膜污染没有增加。

需要进一步研究超声在工业上的应用可行性。由于超声设备的高能耗限制了其在工业反应器中的应用，因此超声设备的改进与开发经济有效的低能耗协同处理方法将进一步提高超声技术在工业膜生物反应器系统中控制膜污染和提高污水处理效率。

4. 超声膜强化技术存在的问题与深化发展

超声强化膜过滤是通过减缓、防止污染物沉积，减少膜边界层厚度，抑制浓差极化现象，以提高溶液的渗透通量与过滤效率，是超声膜过滤与超声膜清洗作用的综合结果，工业生产也离不开这两个操作。超声结合其他清洗方式来消除膜污染是一种高效的膜清洗方法。目前国内外学者对于超声强化膜过滤与清洗膜污染技术的研究大多还处于实验室阶段，如何将其应用于工程化规模的膜过滤与膜清洗中仍然需要大量的研究工作，其主要方向如下 [37]。

（1）由于超声过滤与清洗机理较为复杂，其对膜本身性能的影响还不是十分明确，因此需要进一步详细验证超声波对不同膜材料与组件结构（如中空纤维膜组件与陶瓷膜组件）的影响，更深入研究与协调超声膜过滤与超声膜清洗的不同声学条件与工艺条件，进而确定适宜的超声声场参数与过滤参数及清洗参数，作为超声波过滤与清洗的设备条件。

（2）膜过滤系统中的流场、浓度场与声场相互影响关系比较复杂，需建立其分离模型，为分离系统的优化与工业放大打下基础。

（3）仅用低功率超声波对污染严重的超滤膜进行直接物理清洗，通量恢复不完全，需采用超声波清洗与化学清洗结合反冲进行协同处理，可提高清洗效果，缩短清洗时间。

（4）深入研究超声控制膜污染的机理。对于不可逆膜污染，运用传统的方法不能很好地进行恢复，研究超声空化作用深入膜孔的最佳条件，以有效消除膜孔堵塞物。

（5）研究超声空化效应对膜生物反应器中的生物的促进与抑制作用。

（6）利用超声空化效应强化降解处理污水中的污染物质是高级氧化技术中的常规使用方法之一，在实现其防治膜污染的功能的同时强化其氧化降解污染物的功能可以使设备的利用率得到提升，污染物也能得到更深度的处理，在基础研究中有必要对这种方式的可行性进行探讨。

（7）超声空化作用对有机膜的损伤是一个应注意的问题，对无机膜的影响不大。

（8）超声工业处理器的研制与超声膜分离集成系统的研发。

（9）单纯膜分离技术在线控制过滤清洗无问题，如何将超声波清洗与其他清洗技术结合，并实现在线自动清洗成为工业化研究的重点。

三、超声筛分

将颗粒大小不同的混合物通过单层或多层振动筛筛分成若干个不同粒度级别的过程称为筛分。在应用研究上相继推出了等厚筛、强化筛、高幅低频筛、琴弦筛和弛张筛等筛分机，它们在各自的应用范围内都取得了较好的效果。在冶金、化工、建筑、选矿、煤炭行业蓬勃发展的今天，对筛分设备、筛分工艺提出了更高的要求。

1.振动筛

常用的筛分设备有固定筛、圆筒筛及振动筛等，由于振动筛具有结构简单、性能稳定、维修方便等特点，在工业生产中获得了广泛的应用。还可按选矿、煤炭部门所需的矿用系列振动筛或化工行业需要的过滤系列振动筛等选用。

振动筛的运动参数包括振频、振幅、振动方向角和筛面倾角等。它们的影响还可归纳为一个参数 - 抛掷强度 K_v（或称筛分指数）。其关系式为

$$K_v = A\omega^2 \sin\beta / (g\cos\alpha) \tag{5-2}$$

式中　　A——振幅，cm；

ω——振动的圆频率，rad·s^{-1}；

g——重力加速度，cm·s^{-2}；

β——振动方向角，(°)；

α——筛面倾角，(°)。

$A^2/g=k$ 称为振动强度。当 K_v=3～3.3 时，筛面的一个振动周期正好等于物料跳动的周期。此时物料与筛面接触时间最短，物料最易透筛[38]。

另一个影响筛分效果的重要因素是合理选取振动电机，其激振力的大小直接影响生产效率。一般来说，对于粒度较大的料粉选用较大的振幅和较低的振频；对于粒度较小的料粉选用较小的振幅和较高的振频。

筛分过程遇到的细粉物料由于颗粒间强烈的黏性力作用，易于黏结成团，堵塞筛孔，使筛面的有效筛分面积降低，导致筛分效率下降，料群不松散、不分层，使筛分过程难以完成。常规振动筛的振动和波动是影响颗粒通过量的主要因素。通常利用机械清洗或使用机械装置来解决堵塞问题，如采用上下跳动的圆盘或球。但这些动作可能会损坏筛子，污染物料。

2.超声振动筛

超声筛分系统是功率超声波技术的一个重要应用，由于其具有简单、可靠且筛

分过滤精度高，并且能有效解决强吸附性堵塞筛孔、噪声污染大、筛分细度级别低等特点，成为当前解决堵塞网孔的最有效方法。超声强化筛分主要在两方面起作用：①改变筛分物料的松散密度。超声波具有低幅高频特性，能传递高能量，有效地解决细粉物料筛分时筛孔被堵塞的问题，显著提高筛分效率。②破碎大聚团颗粒，使大聚团变成小聚团，清洁、消除筛子的堵孔，显著提高细粉颗粒的筛分效率。

超声振动筛是将普通 220V、50Hz 电能转化为数十千赫兹的高频电能，输入超声换能器，将其变成相应高频的机械振动，从而达到高效筛分和清网的目的。该系统在传统的振动筛基础上在筛网上叠加一个高频率、低振幅的超声振动波（机械波），超微细粉体接受巨大的超声加速度，使筛面上的物料始终保持悬浮状态，从而抑制黏附、摩擦、平降等堵网因素。解决了强吸附性、易团聚、高静电、高精细、高密度等物料的筛分难题，特别适合高品质、精细粉体的用户使用。

目前，国内外研究者对超声筛分不断进行基础理论及设备的研发。根据超声波具有穿透力强、频带宽、非接触的特性，研究超声波在颗粒两相介质传递过程的衰减谱含有的颗粒粒度大小和浓度信息；研究把超声振动同时传输给筛体和被筛选的物料，改善物料的流动特征，从而阻止物料团聚和堵塞筛孔；建立颗粒聚团打散的能量模型等。

DLVO 理论认为颗粒的聚团与分散取决于聚团体的各种能量。若颗粒有足够的能量能够克服阻止颗粒发生聚团，则颗粒聚团就会被打散。超声波具有的高能量应可以将颗粒的聚团破碎打散，东北大学陈亚哲等 [39] 根据颗粒在筛分中由黏性力和超声波振动产生的能量，建立了球形、单颗粒、非金属物料的筛分能量平衡模型，从能量平衡的角度分析颗粒在超声作用下聚团分散的机理。提出在引入超声波的黏性颗粒筛分中，作用于聚团的能量有超声波能量 E_{sou} 和两聚团体之间的碰撞能 E_{col}。这两种能量都能对聚团起到破碎的作用，当它们的总和与颗粒凝聚能 E_{coh} 相等时，聚团处于平衡状态。故能量平衡时：$E_{sou} + E_{col} = E_{coh}$，由该平衡式可导出平均颗粒粒径 d_a。

$$d_a = \frac{\dfrac{\pi}{96} 1.61\varepsilon_a^{-1.48} \dfrac{1-\varepsilon_a}{\varepsilon_a} \dfrac{A_H}{d_p} \dfrac{1}{Z_0}}{0.104\pi\rho_a V^2 + \varepsilon \dfrac{1}{3}\pi^3 \rho_a f^2 A^2} \tag{5-3}$$

式中　d_a——聚团体直径；

　　　ρ_a——聚团体密度；

　　　f——频率；

　　　A——振幅；

　　　ε——振动能量传递系数。

　　　ε_a——聚团体空隙；

d_p——平均颗粒直径；

A_H——哈马克常数；

Z_0——两聚团刚破碎的初始间距；

V——两聚团碰撞时的相对速度。

由式（5-3）可知，在筛分过程中，超声对减小颗粒聚团尺寸的作用明显。超声能量能够破碎大聚团，使大聚团变成小聚团，聚团体的直径可以用该公式来求解。超声的频率和振幅越大，聚团体的直径越小。他们的试验也验证了加入超声后，可有效破碎聚团体，消除筛分中的堵孔，显著提高细粉颗粒的筛分效率。

针对常规的振动筛分机会产生堵塞筛孔、噪声污染大、筛分细度级别低等不足，研究设计出附加超声波换能器的振动筛网，实现物料微小颗粒筛分的电路控制。

（1）超声振动筛的构造简介　超声振动筛由三部分组成：①控制单元，包含驱动系统的所有电子元件；②声学传感器，通常称为探头；③网筛，包括一个特殊的速度传递板（VTP），超声探头与之相连。

探头用螺栓固定在 VTP 上，VTP 又与过筛网的不锈钢丝连接在一起。当系统启动时，控制箱通过一根电缆发送信号驱动探头中的压电元件，以 35kHz 的谐振频率激发探头。这个频率也激发速度传递板，反过来，速度传递板振动每个单独的网格线，防止粉末黏附在网格上。超声波系统没有机械部件或易损件，因此不会有网片损坏或产品污染的风险。振动也可以连续不断变化的频率来产生，以防止高谐振振幅，从而大大减少屏幕上的机械磨损，显著减少磨损发热[16]。我国也有利用功率超声进行物料筛分的控制器设计的研究报道[40]。

（2）超声作用下聚团破碎[39]　超声振动筛，是旋振筛系列的一个新技术的突破，在不影响振动筛的整体构架的情况下，在筛面上增加一个高频率低振幅的超声振动波。它使超微细粉体接受巨大的超声加速度，从而抑制黏附、摩擦、平降、楔入等堵网因素，提高筛分效率和清网效率。超声波振动筛减少清网时间，不产生弹跳球等辅助物对粉体的污染，可有效分解黏附物质，打开聚团钼粉，减少筛上物，并可保持筛孔尺寸，延长筛网使用寿命，稳定筛分精度，显著提高筛分效率。

（3）超声振动筛的特点　超声振动筛具有以下特点：①适用于 50～625 目的筛网分离粉末；②能分离出直径邻近的细微颗粒；③具备自洁功能；④不改变物料的特性，尤其适用于新材料筛分；⑤可连续或间歇式工作；⑥普通的振动筛在经过简单的改造并加上超声波系统即可升级为超声振动筛[41]。

（4）超声振动筛适用领域　超声振动筛可应用于化工、食品、塑料、医药、冶金、玻璃、建材、粮食、化肥、磨料、陶瓷等行业中干式粉状或颗粒状物料的筛分，例如应用于颜料、粉末涂料、润滑剂、甜味剂、香料、淀粉、色素、铁粉、合金粉、碳粉、石墨、中药粉、西药粉、电池材料、化妆品粉末、磁材、石膏粉等的筛分。

（5）超声振动筛的选型　超声振动筛的选型应考虑下列因素：①设备的用途；②物料的性质；③超声系统的性能；④筛分机安装空间尺寸；⑤筛分机上接口设备和后续设备及其尺寸；⑥处理能力；⑦电机、电控选型要求；⑧其他特殊要求：例如设备材质，外观涂料颜色等。

3.超声振动筛的应用举例

超声振动筛在工业上应用广泛。产量可增加 10 倍，已成功筛选出粒径为 20μm 的粉末。能耗低，如直径 2m 的超声筛装机功率约为 4kW。

陈成 [42] 采用高架振动筛配备 280 目的超声振动筛对钼粉筛分，其筛分成品率平均可达 86.5%。使用 Ro-tap 振实密度测试仪检验筛分质量，该仪器采用双层筛网过筛的方法检验，第 1 层筛网为 75μm，第 2 层为 63μm，采集 1kg 钼粉样品过筛，筛上比例之和低于 5‰ 时视为检验合格。对该规格钼粉产品经过筛分后采样检验，检测结果平均为 1‰ 左右。筛分工艺的改进大大降低了员工劳动强度，减少了环境污染，提高了筛分效率及产品质量。

曾伟山 [41] 研究了超声振动筛在三氯蔗糖生产中的应用。采用 UCS-1000BS 超声高能振动筛（上海纳维加特机电科技有限公司），该超声高能振动筛采用 Artech 超声系统，该系统主要技术参数为：①超声电源功率 200W；②电源电压 220V；③超声系统频率 33 ～ 37kHz；④密封等级 IP65。对超声振动筛分与普通振动筛分的筛分效率及相关因素进行比较。在 100 目及 200 目筛网下，超声系统开启下的筛分比关闭下的筛分分别减少 75% 及 78% 的粉尘消耗，超声振动筛分比普通振动筛分可以减少筛分过程中的粉尘扬起。在 100 目及 200 目筛网下，超声振动筛分分别是普通振动筛分速度的 1.9 倍及 3.1 倍。在 300 目筛以上，普通振动筛分已经无法实现筛分或者相当困难，而超声振动筛依然可实现筛分，由此可以推断，随着筛网目数的增加亦即产品粒度的减少，超声振动筛分效率更优。超声振动筛是超声技术与振动筛分技术的良好结合，超声振动筛应用于三氯蔗糖的生产，能够有效减少筛分过程的粉尘污染及产品消耗，有利于保持良好的生产环境；能够大幅提高筛分效率，对于筛分低粒度的产品其作用更显著；能够消除或降低筛分过程的静电吸附问题，避免筛网堵塞问题，从而避免清网带来的筛网损坏，延长筛网的使用寿命，降低食品安全风险。而筛分效率的提高及筛网寿命的延长也意味着其能够降低劳动力成本和设备运行、维护成本；能够有效提高筛分精度，对于那些对产品颗粒分布要求高的客户来说，筛分精度的提高意味着更好的质量保证。

超声振动筛可以在普通的振动筛上进行加超声系统改造，所以在用普通振动筛的企业只需要花费少量成本即可迅速获得新技术应用带来的良好益处。目前国内已有较多生产振动筛厂家生产超声振动筛，可按需要选型。

第四节 超声粉碎技术

一、超声粉碎的机理

固体物料在外力作用下突破内聚力而使自身颗粒尺寸变小的过程被称为粉碎。通俗来说粉碎是利用机械力量将固体打碎成为更小的颗粒，同时并不改变其聚集形态[43]。

粉碎过程可被分为两步：破碎，将大颗粒减至便于研磨的尺寸；研磨，将小颗粒继续磨碎至粉末。为了产生机械破碎，物料必须被压缩至某一特定的极限。目前为止，广泛使用的颗粒破碎机理有三个。

（1）压力集中在两个面之间，以正压力以及切向压力的形式作用于一批物料，例如：颚式破碎机、高架偏心颚式破碎机、冲击式破碎机、环形破碎机、盘式破碎机、辊式破碎机、锤式破碎机以及环滚研磨机等。

（2）压力加在固体表面的一侧（表面-颗粒或颗粒-颗粒），例如具有研磨介质的研磨机：转鼓研磨机、振动研磨机、行星式研磨机、自体研磨机。

（3）压力加于承载介质，例如湿式研磨机。

在传统的研磨机械中，真正应用于破碎的能量只有机器能耗的1%。目前研磨技术效率较低的原因是应力作用于物料整体。由于物料的弹性，使得应力中的一大部分以热量的形式消耗掉了。这就需要寻找一种能够将能量直接利用于物料破碎的方法。超声粉碎主要是利用超声振动的力学效应击碎被加工物质。加工成的粉末直径小、分布均匀，可用来粉碎一些对细度要求很高的物质。由于绝大多数材料内部存在着大量不同尺度、不同类型且无序分布的微缺陷，在超声波高频集中冲击下，这些裂纹周围将产生应力集中，使裂纹生长、扩展和贯通，强烈放大了结构的无序性，最终达到颗粒疲劳断裂极限，导致颗粒破碎。超声振动粉碎具有效率高、周期短、污染低、噪声低等优点，有着广阔的发展前景。

太原理工大学商竹贤等[44]根据超声振动原理设计了一种带变幅杆的高效颗粒超细粉碎装置并建立其几何模型，在扩展离散元（EMEM）分析软件中对硅砂物料在变幅杆高频冲击下的粉碎过程进行仿真模拟，并与实验结果相比较，还分析了超声频率、粒径大小、颗粒材料对粉碎效率的影响。研究结果表明，随着超声频率的增加，装置粉碎效率先增大后趋于稳定，得到38kHz为最优超声振动频率；该装置对粒径为200～500μm的颗粒具有良好的粉碎效果；装置对高强度、高硬度的天然、人工合成材料均有良好的粉碎效果，随着硬度的下降，粉碎效果变优，尤其适用于颗粒内部具有微缺陷和微裂纹的材料；实验粉碎后的颗粒主要分布在

5 ~ 75μm 之间，基本服从正态分布规律，粉碎后颗粒中位粒径（D_{50}）从 313μm 降到了 12μm，这些结果说明超声粉碎后的颗粒粒径有了明显的下降，粉碎效果良好，验证了仿真结果的可靠性。

二、超声粉碎机械的特点

超声粉碎在生物、医药、化工、食品、矿物处理等领域有效多的应用。超声粉碎细胞等在微生物学研究中的应用仍然是国内外粉碎的主要项目，目前美、英、德、日等国均有超声细胞粉碎机。而且性能、功能都不断提高。国内也有很多厂家生产各类超声粉碎机，还可粉碎固体微粒。

超声粉碎机需将高密度表面能量集中在较小的粉碎活性区域，允许被处理的物料有较短的滞留时间；采用高频应力使破碎率提高，这两点互为补充。超声波能量的缺点是能够得到的振幅较小，使得一些特殊的物料在破碎前产生应变。只有通过设计先进的机械来克服这种缺点，以使振幅在机器表面和颗粒之间的所有接触点上都达到最大。因为振幅只限于几个微米，所以粉碎表面只限于几个颗粒厚的物料层，否则单个颗粒（振幅/直径）的应变不足以导致物料破裂。

振荡电压作用于压电晶体而产生超声能量。高频波通过放大管传递至谐振器。谐振器的输出表面将能量传递给要粉碎的颗粒。为保证磨机可完成有效的粉碎工作，传播路径和谐振器的设计十分重要。高激发频率就意味着装置中的各个部件不能移动；而高频能量则作为内应力波被传递。单个组成部件内应力方式可能非常复杂，所以应选择可控应力方式的设计，以保证输出表面的动力学行为能够有效使矿物粉碎。

为了取得一定的粉碎效果，粉碎面必须尽可能大，这是超声波粉碎机设计的主要难点。为了得到振磨表面，谐振器在横向延伸时产生了一个非常复杂的应力波形式，结果使粉碎面为非平面振动，使复杂的节点波粉碎，有效面积减小。横向应力波形能够通过谐振器的纵向分流得到一定程度的控制，使其表现为像许多平行杆一样，每个都是波长的一半。平行杆的构造虽然不易达到，但是可以在谐振器上刻许多槽来实现该效果。

机械粉碎是获得超细粉体的主要手段之一，将超声振动应用于超细粉体的制备有广阔的发展前景。太原理工大学李旭等 [45] 根据超声振动超细粉碎的原理，运用理论解析法设计一个半波长圆锥形变幅杆，再利用有限元软件 ANSYS 验证设计结果的合理性。将设计制作的圆锥形变幅杆与其他必要的零件安装组成超声振动超细粉碎实验装置。以硅酸盐矿石颗粒为对象进行粉碎实验，通过实验得到以下结论：①将超声振动应用于超细粉体的制备是有效的、可行的，有实用价值和推广价值；②超声振动超细粉碎得到的粉体粒度：80% 以上的颗粒粒度在 45μm 以下，最细可达 5μm；粒度分布范围窄，集中于 10 ~ 75μm 之间；③在超细粉体的制备方法中，超声振动超细粉碎法与已有机械粉碎法相比，能耗小、噪声小且效率高；与化学合成法相比，产量大、成本低且工艺简单。

济南大学任振等[46]开发了一种超声纳米粉碎机。超声发生筒是一个比粉碎筒尺寸更大一些的八面体型筒体，在它的八个侧面和底面装有超声换能器，如图5-14所示。之所以把超声发生筒设计成八面体型是为了利用八面体的对称性，将超声换能器传递的能量向粉碎筒的中央聚焦。超声换能器在工作时会产生大量的热，如不及时散出会损坏胶黏剂，造成换能器脱落，影响正常的试验工作。因此，在超声发生筒的其中一个侧面和底面的正中央分别设计循环水冷装置降温。

一台高效的超声波粉碎机械应具有下述两个特点：一是具有高能量密度（单位面积的声能量 $W \cdot cm^{-2}$）；二是高频应力的应用（20kHz）。我国已形成了超声波细胞粉碎机产业。图5-15为各型超声细胞粉碎机及其探头（换能器）（来源于化工仪器网），图5-16为无锡华能超声电子有限公司超声重油沥青质粉碎机，用于超声原油沥青质破碎及重油裂解实验。

三、超声粉碎的应用

超声粉碎技术在矿物粉碎以及植物提取方面都有所应用。杜林虎等[47]采用频率为20kHz的探头式超声波反应器，研究了超声波对水中鳞片状石墨的粉碎作用。发现超声波粉碎是一种冲击作用机制，既有空化冲击波产生的表面破碎作用，也有微射流产生的体积破碎作用。XRD分析表明超声粉碎后石墨的晶体结构发生了变化，其（0 0 2）衍射峰位向高 2θ 角方向偏移，即相应晶面面间距变小。

由于膨胀石墨具有松软的结构，相互黏结倾向强，用一般的机械方法难以将它粉碎。吴翠玲等[48]利用超声波粉碎方法将膨胀石墨加工成纳米级厚度的石墨薄片。超声粉碎是利用超声空化产生局部高温高压的极端特殊物理作用而进行的，它尤其适合于多孔松软材料的粉碎。将膨胀石墨置于超声波粉碎体系中，乙醇溶液能方便地进入其缝隙中，超声作用时乙醇从膨胀石墨孔内部作用，使石墨薄片从膨胀石墨上脱离并进入介质。该石墨薄片厚度为30～80nm，通过原位聚合方法使纳米薄片均匀分散于苯乙烯基体中。由于纳米级厚度的石墨薄片具有极大的形状比，它在聚合物机体中形成导电网络具有明显优势。此法与普通超声机械粉碎方法不同。

Sahinoglu和Uslu[49]研究了超声处理在水介质煤粉碎中的潜在应用。采用实验室型高强度超声发生器（750W，20kHz），配备具有钛合金头的换能器（直径13mm）作为超声处理源。实验在不同水平的变量下进行，包括超声功率从 $9.5W \cdot cm^{-2}$ 增加到 $113.6W \cdot cm^{-2}$，D_{80} 从 295μm 减少到 240μm（处理时间：5min）；在 $113.6W \cdot cm^{-2}$ 下，处理时间从5min增加到20min，D_{80} 从240μm减少到217μm；煤浆的固体比对粉碎程度有不利影响，固体比从5%增加到20%，D_{80}

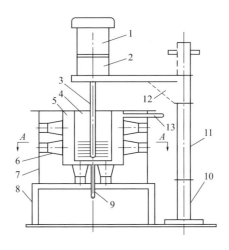

▶ 图 5-14　超声波纳米粉碎机整体图[46]

1—调速电机；2—减速器；3—搅拌棒；4—粉碎筒；5—超声发生筒；6—超声换能器；7—外筒；
8—筒体支架；9—进水管；10—竖支架支撑座；11—竖支架；12—电机支架；13—出水管

▶ 图 5-15　各型超声细胞粉碎机及其探头（换能器）

▶ 图 5-16　无锡华能超声电子有限公司超声重油沥青质粉碎机

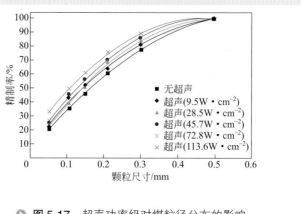

图 5-17 超声功率级对煤粒径分布的影响

（超声处理时间：5min，固体比：10%）[49]

从 228μm 增加到 263μm（处理时间：10min）。提高功率水平和超声波处理时间导致煤浆温度升高，在 113.6W·cm⁻² 和 20min 的超声波处理中，实验观察到最高温度为 62.7℃。实验观察了超声波处理过程中不同固体比和超声功率下煤浆温度。用粒度分布曲线测定了粉碎程度。结果表明，超声处理显著减小了煤的粒径。较高的超声功率和处理时间使煤颗粒尺寸减小到更小，见图 5-17。对不同粒级煤的铁硫分析揭示了超声波处理的选择性粉碎能力。此外，应对超声波煤粉碎进一步研究以考虑该方法的经济可行性。

闽南师范大学王丽霞等 [50] 采用超微粉碎技术处理玫瑰茄干花萼提取玫瑰茄红色素。优化超声时间、超声温度、超声功率、液料比对提取效率的影响。研究表明，玫瑰茄红色素适宜的提取工艺条件为：超声时间 30min、超声温度 50℃，超声功率 60% 即 120W、液料比 130 ∶ 1（mL·g⁻¹），经验证此条件下花色苷实际提取量为 4.63 mg·g⁻¹，实际值接近理论预测值，说明响应面法优化玫瑰茄红色素提取工艺参数的可行性。超声联合超微粉碎可以显著提高玫瑰茄红色素的提取率。

Krehbiel 等 [51] 为了提高藻类生物燃料生产的细胞分裂效率和净能量平衡，在藻类溶液中加入了微泡。实验结果表明，在 1.90～3.07MPa 的范围内，随着峰值稀疏及超声压力的增加，破裂程度增加。此外，通过添加微泡，超声细胞破裂增加了 58%，峰值破裂发生在 10⁸ 微泡 /mL 的范围内。气泡提供的空间和时间为能量的局部化提高了效率。估计的这一过程的能量需求是藻类生物量有效燃烧热量的四分之一，也是目前使用的细胞分裂方法的五分之一。这种能源效率的提高可以使微泡增强型超声在生物能源应用中变得可行，并有望与基于溶解空气浮选的当前细胞采集方法很好地结合起来。

黑色素（melanin）是分布范围最为广泛的生物色素之一，呈黑色或者棕褐色，是一类在动植物体内普遍存在的生物大分子，难溶于酸、水以及有机溶剂等。黑色

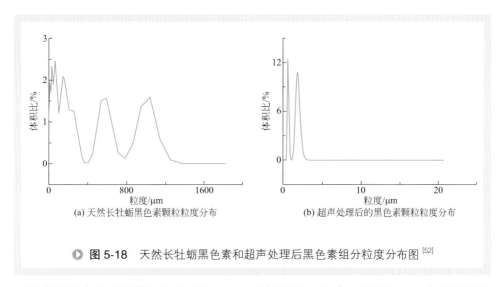

(a) 天然长牡蛎黑色素颗粒粒度分布　　　　　(b) 超声处理后的黑色素颗粒粒度分布

▶ **图 5-18** 天然长牡蛎黑色素和超声处理后黑色素组分粒度分布图[52]

素具有清除自由基及抗氧化的功效，在疾病的预防和治疗，以及化工、食品等领域有着较好的应用前景。何成等[52]利用酸碱法从黑色长牡蛎中提取出天然长牡蛎黑色素，将其溶于氢氧化钠溶液中，利用超声细胞破碎仪进行处理，用盐酸中和至中性，离心取上清并干燥后得到一种黑色可溶性固体；再将该黑色固体分别用激光粒度测试仪、红外光谱仪和紫外光谱扫描仪进行检验后，发现天然长牡蛎黑色素经过超声降解处理后，颗粒粒度大幅下降，其溶解性大幅提高。对天然长牡蛎黑色素和超声降解处理后的物质组分进行粒度分析，所得数据用 Origin8.0 软件处理。超声处理前，天然长牡蛎黑色素的颗粒粒度广泛分布于 0.3 ~ 1100μm[图 5-18(a)]，颗粒大小不一，极差能达到 1300μm，而且每个颗粒范围所占比例都不大，约 2%；超声破碎处理后的组分则集中分布于 0.3 ~ 0.9μm，1.2 ~ 2.9μm，颗粒粒度明显下降 [图 5-18(b)]，且分布集中，所占比例也明显提高，表示原先的黑色素大分子都已降解成为小颗粒黑色素，且颗粒大小均匀。

　　红外光谱则显示出 1630nm 左右有明显的峰值，说明超声降解处理并未破坏真黑色素吲哚环等官能团；紫外吸光图谱的比较则显示天然长牡蛎黑色素破碎后，吸收峰仍然出现在 210nm 左右，但吸收值明显升高，说明超声降解法可以将难溶于水的天然长牡蛎黑色素降解为可溶于水的小颗粒可溶性黑色素，从而提高了紫外吸收值。利用酸碱法结合超声破碎法成功制备可溶性牡蛎黑色素，对推动牡蛎黑色素的功能研究具有重要意义。

　　细胞破碎是从螺旋藻中提取 C- 藻蓝蛋白（C-phycocyanin，C-PC）的重要步骤。Yu[53]介绍了一种超微细剪切法，并结合浸泡和超声技术，有效、经济地破坏了血小板的细胞壁。采用浸泡法、超声法、冻融法、浸泡超细剪切法、浸泡超细剪切 - 超声法等 5 种细胞破碎方法，对螺旋藻细胞壁进行了破碎。以 C-PC 的产量为指标，评价了细胞破碎的效果。结果表明，采用浸泡超细剪切超声处理，得到 C-PC

的最大收率为9.02%，浸泡超细剪切为8.89%，浸泡超声处理为8.62%，浸泡法为8.43%，冻融为8.34%。与传统的浸取法相比，超细剪切法与超声浸泡法相结合，在浸泡8h，剪切10min，超声10min的条件下，缩短浸泡时间而获得最高的C-PC收率。浸泡式超细剪切-超声作为一种新型的细胞分裂技术，在大规模提取血小板中的C-PC中具有广阔的应用前景。

新疆医科大学鲁梦琪等[54]以药企提供的西帕依固龈液药渣为材料，以固龈液药渣多糖提取率为考察指标，采用超声细胞粉碎法对影响固龈液药渣多糖提取率的主要因素进行研究。经实验优化得到西帕依固龈液药渣多糖提取的最佳工艺条件：料液比为1∶25（g·mL⁻¹）、超声功率为400W、超声提取3次、每次35min；在最佳工艺条件下多糖平均提取率为1.08%。

采用扫描电镜分析经超声细胞粉碎处理与传统水提方式处理的粉末微观结构，在不同的放大倍数下可以直观清晰观察到粉末的微观结构，结果如图5-19所示。对扫描电镜图进行观察分析发现，粉末微观结构的破坏程度受提取方式的影响较大。其中，与传统水提取后粉末微观结构相比，超声细胞粉碎提取的粉末微观结构表面产生许多孔径在20～30μm的孔洞，便于多糖成分充分溶出。其主要因为超声细胞粉碎时释放的能量通过液体介质形成密集的气泡团，这些气泡迅速炸裂，从而达到一定破碎细胞的效果；同时，超声波所产生机械作用、空化效应也会在一定程度上破坏细胞壁，增加多糖成分的溶出。而传统水提取的方式作用效果较温和，微观结构表面较平整，细胞受破坏程度小，因此细胞内部多糖成分不能完全溶出。

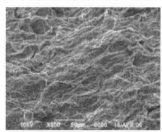
(a) 传统水提后粉末(500倍)

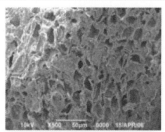
(b) 超声细胞粉碎提取后粉末(500倍)

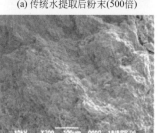
(c) 传统水提后粉末(200倍)

(d) 超声细胞粉碎提取后粉末(200倍)

▶ 图 5-19 提取后粉末扫描电镜图[54]

由红外光谱分析发现，传统水提法与超声细胞粉碎法提取的多糖特征吸收峰的峰形、峰位置基本保持一致，表明在实验声功率条件下，该法没有破坏多糖结构，不会影响多糖性质，且使多糖的提取效果更充分。

四、超声的其他机械作用

超声的机械作用还被用于超声加工，它是指利用超声振动的工具带动工件和工具间的磨料悬浮液，冲击和抛磨工件的被加工部位，使其局部材料被蚀除而成为粉末，以进行穿孔、铣削、切割和研磨等，并沿一定方向施加超声波振动使工件相互结合的加工方法。

第五节　超声除尘技术

一、粉尘产生的原因及危害

火力发电厂的燃料煤在使用之前要经过装卸、除杂块、破碎、筛分、称重等过程，在这些过程中，煤与设备、煤块之间碰撞、摩擦、冲击、粉碎等会造成大量的煤尘污染。需捕捉对象的煤尘，其粒度一般在 $0.01\sim100\mu m$ 之间。$100\mu m$ 以上的煤粒由于重力作用很快降落，不是被捕捉的对象，$10\mu m$ 以上粒径由于直径较大也较易于分离。$0.1\sim10\mu m$ 之间的飘尘最易使人患硅肺病，影响工作人员的身体健康，同时增加设备磨损，降低设备使用寿命和精度，带来经济上的损失。矿业开采等也有同样的问题，而超声波技术能很有效解决上述问题。

二、超声除尘的工作原理

超声技术在除尘方面的工程应用主要包括超声除尘技术和超声雾化除尘技术 [55~58]。

1.超声除尘技术原理

超声除尘技术的原理是利用气悬体超声凝聚现象。含尘气体受到超声波的振动，气体中颗粒运动紊乱，碰撞概率增加，从而凝聚成质量较大的颗粒。当颗粒凝聚到一定质量，由于重力作用而沉降下来。超声除尘技术不但可以减轻大气污染，保护环境，而且沉降的颗粒可以收集再利用，提高燃烧效率。

超声除尘器具有体积小、结构简单、成本低、效率高、运行可靠、易于维修，尤其是和湿式除尘器相比不产生水污染等特点，是除尘效率可达 99.8% 以上的比较理想的除尘设备。

煤尘微粒表面的电荷，在布朗运动和声波的振动以及磁力作用下，可使尘粒相互撞击而引起凝聚。超声除尘的工作原理也是利用了这一特性。超声除尘器就是利用声波使尘粒凝聚成微粒团，增加微粒的质量，然后从气体中分离出来，从而净化空气。超声波除尘系统工作原理示意见图 5-20。

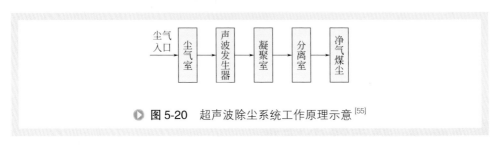

> **图 5-20** 超声波除尘系统工作原理示意[55]

（1）筛分作用　煤尘气流通过超声波时，在超声波作用下尘粒发生振动，直径较大的尘粒由于粒径的增大而从气流中筛分出来。

（2）惯性作用　含尘气体在超声波的作用下增大某些颗粒的惯性力，使其仍保持直线运动，撞到器壁上从而脱离气流被分离出来。

（3）凝聚作用　应用煤尘具有凝聚的特性来收集煤尘。在驻波超声的作用下，尘粒发生共振，颗粒越小则振幅越大，相互结合，从而促进颗粒的凝聚。凝聚起来的颗粒不太容易被气流所掠取，因此就容易从流动的气体中分离出来。

（4）电磁力作用　在超声波作用下煤尘颗粒互相摩擦、碰撞、冲击会产生静电与电磁力，从而影响尘粒在气流中的稳定性，在电磁力的作用下微粒间互相吸引成微粒团，这样会增大微粒的质量，并且增大其离心力和惯性力，比较大的微粒团受重力的作用自然脱离气体下降，而小的微粒因受离心力和惯性力的作用撞到器壁上脱离气流从而净化了空气。

2. 超声雾化除尘技术原理

超声雾化除尘技术是国际上 20 世纪 80 年代发展起来的新型除尘技术，已经应用于部分产尘量大的场合。其原理是应用压缩空气冲击共振腔产生超声波，超声波把水雾化成浓密的微细雾滴（通过压力调节，水雾颗粒直径可以在 1～50μm 之间调节），雾滴在局部密闭的产尘点处捕获、凝聚微细粉尘，使粉尘迅速沉降，实现就地抑尘。超声雾化除尘技术不需要将含尘气体抽出后再加以处理，而是直接将粉尘抑制在产尘点，避免了抽风过程中粉尘在管道中沉降和清灰带来的二次污染问题[57,58]。同时，由于雾滴微细，耗水量很少，抑尘后物料的增湿量不会给工艺流程带来影响。图 5-21 所示为超声雾化除尘原理示意图。

超声雾化技术有两种形式。一种通过电声换能器的空化作用与机械振动产生超

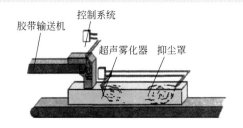

▶ **图 5-21 超声雾化除尘原理示意图** [57]

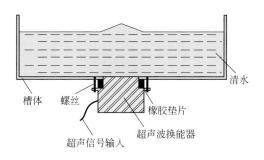

▶ **图 5-22 超声雾化加湿器** [56]

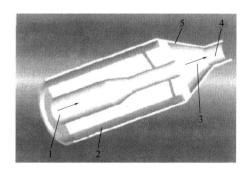

▶ **图 5-23 超声雾化喷头** [56]

1—压缩空气流；2—水流；3—声波区；4—共鸣器腔；5—共鸣器安装架

声雾化液体，超声雾化加湿器如图 5-22 所示；另一种是通过气动超声波雾化喷头实现，如图 5-23 所示。

换能器机械振动引起超声雾化是利用高频激励电路产生高频电信号，并通过换能器转换为机械振动。这种高频振动传递到液体，使液体以直径在微米至十微米级雾滴颗粒分散在气相中 [58]。关于超声雾化的形成机理，存在不同的理论。一种理论认为超声信号通过换能器传递到液体中，超声波在液体中传播，在液面下发生空化，引起微激波导致了雾的形成，这种理论称为微激波理论；另一种理论认为超声波在液体中传播，表面波不稳定引起的表面张力波导致雾形成，这种理论称为张力波理论。微激波理论一般被用于高频率（14kHz～2MHz）和高功率的情况[59]。

利用气动超声波雾化喷头实现的超声雾化加湿技术是利用声波共振原理。当压缩空气冲击共振腔时，气流出口与共振腔之间产生声波，声波在共振腔内反射产生共振，当振动频率达到超声波频率，声强足够大时，水能得到很好的雾化。超声雾化液体可得到均匀而大小可控的雾滴，随着超声频率的提高，雾滴尺寸变小[60,61]。超声雾化效果也受超声波强度的影响，超声强度越大，雾化量越大。利用超声波雾化喷头实现雾化的性能受到水量和气体压力的影响。

（1）粉尘粒子在超声雾化除尘器中的受力分析[62,63]　超声雾化除尘器中的运动为稀疏气固两相流动，忽略粉尘颗粒间的互相作用，则粒子在运行中受力有：黏性阻力 F_d、粉尘粒子与雾滴间的静电力 F_j、重量 F_g、Magnus 力 F_m、Basset 力 F_b、压差力 F_p、Saffman 力 F_s、粒子附加质量力 F_k，以及升力 F_l 等。粉尘粒子运动过程中综合受以上各力作用，但是有的力对粒子运动影响很小，因此忽略一些较次要的受力。由于连续相的密度远远小于粉尘粒子密度（密度比 ρ_c/ρ_p 的数量级为 10^{-3}），与颗粒本身惯性相比，压差力、附加质量力及 Magnus 力都比较小，计算时可以忽略。另外由于 Saffman 力是比较小的侧向力，对于气固两相流计算时也可以忽略。在计算升力时，对于球形颗粒，升力为 0，对于非球形颗粒，单个颗粒虽然受到不为零的升力，但颗粒群中由于各个颗粒取向的随机性，这些力互相抵消，所以升力在计算过程中忽略；固相在气相中流动（两相密度比小于 0.002）时，完全可以忽略 Basset 力。由于粉尘和水雾是不荷电的，所以静电力为零。因此分析粉尘粒子在气相流场中受力时，可只考虑黏性阻力及粒子重量的作用，其他力可忽略不计。

① 黏性阻力。单个颗粒在流场中的阻力为

$$F_d = \frac{1}{8}\pi C_D d_p^2 \rho_c |u_c - u_p|(u_c - u_p)$$ （5-4）

② 重量。粉尘的重量为

$$F_g = \frac{\pi}{6}d_p^3 \rho_p g$$ （5-5）

式中　C_D——黏度阻力因数；

　　　d_p——粉尘直径，m；

　　　ρ_c——气体密度，kg·m^{-3}；

　　　μ_c——气流速度，m·s^{-1}；

　　　μ_p——颗粒速度，m·s^{-1}；

　　　ρ_p——粉尘密度，kg·m^{-3}。

（2）微细水雾捕尘机理　一般按尘在重力作用下的沉降特性可分为飘尘和

降尘。习惯上分为：①尘粒。较粗的颗粒，粒径大于 75μm。②粉尘。粒径为 1 ~ 75μm 的颗粒，一般是由工业生产上的破碎和运转作业所产生。③亚微粉尘。粒径小于 1μm 的粉尘。

超声雾化除尘技术对去除微细的呼吸性粉尘有非常高的效率，机理如下[64]。

① 根据空气动力学原理，当含尘粒的气流绕过雾滴时，雾滴捕捉住气流中尘粒的概率与雾滴的直径有关。雾滴大时，小尘粒仅仅是随气流绕过雾滴而未被捕捉。雾滴与尘粒粒径相近时，更易与尘粒相撞而捕捉住尘粒。超声雾化正是应用这一原理产生 50μm 以下、与微细的粉尘粒径相近的雾滴来有效捕获粉尘的。水雾颗粒越小，聚结的可能性就越大。因此，这些超细水滴（干雾）就可能附着凝聚相同大小的粉尘粒子，而后逐渐增大到可以降落的质量，从空气中降落达到粉尘治理效果。图 5-24 所示为不同直径的雾滴与尘粒相对运动时的相互作用。

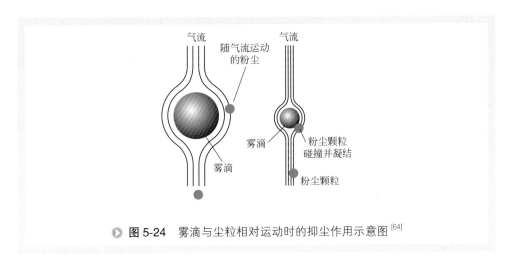

▶ **图 5-24** 雾滴与尘粒相对运动时的抑尘作用示意图[64]

② 根据云物理学凝聚理论，由于水滴的表面张力，极细小的粉尘只有当水滴很小或加入化学制剂（如表面活性剂）才会聚结成团颗粒。另外，部分微细雾滴会在空气中迅速蒸发，使局部密闭空间中的相对湿度迅速饱和。饱和后的水汽会以尘粒为核凝聚，使尘粒直径不断增大，直至落下，形成从"云"变成"雨"的过程。

③ 斯蒂芬流输送机理，在喷雾区内，液滴迅速蒸发时，必然会在液滴附近区域内产生蒸汽组分的浓度梯度，形成由液滴向外流动扩散的斯蒂芬流，因此，悬浮于喷雾区中的"呼吸性粉尘"颗粒必然会在斯蒂芬流的输送作用下运动，最后接触并黏附在凝结液滴上被湿润捕集[65]。

当今研究的重点在于超声波雾化产生的雾滴尺寸和雾化速度与超声波频率及强度、液体的黏度等性质的关系，以及在雾化过程耗散于液体中变为热能的超声能量占输入功率的比例等方面。

三、超声除尘在工程方面的应用

1. 超声除尘

气体中的悬浮物当受到适当频率与能量的超声波作用时，尘埃微粒立即作球状凝聚并沉降。实验证实，颗粒尺寸可增大100倍以上。超声可以破坏微小粒子系统而使微小粒子凝集。把一个超声发生器置于清污设备的排气管中可把原先难以捕捉的微小粒子凝聚成比原来大20～60倍的足以被过滤器捕捉的新粒子。

北京第二热电厂[66]设计出完整的超声波除尘设备，并于1990年10月安装在5号炉乙侧末组预热器出口侧（烟气侧），其超声发生器安装在预热器的进风侧。而甲侧仍用原设计的小球除尘设备。经过6个月的试验，1991年5月电厂利用大修炉的机会，对超声除尘效果做了检查，总结为：①超声波除尘效果达到或超过钢球除尘的效果；②运行费用少，维护工作量均低于目前钢球除尘；③安全可靠、操作方便；④超声频率高，衰减系数较大。预热器为钢制密封装置，同时外部有保温，均起到隔声作用，经实际测试，其噪声对外界影响不超过国家排放标准（87～90dB，环境噪声67dB）；⑤由于操作简便，完全有条件实现自动远方控制，减少了劳动强度。

由于单纯干式超声除尘的聚并沉降效果不如超声雾化除尘效果，除非要求对粉尘有回收质量要求，故该法应用的文献报道很少。

2. 超声雾化除尘

在我国，冶金部马鞍山钢铁设计研究院从20世纪80年代开始从事这项技术的研究与产品开发，20世纪90年代初已经开发出自己的CW型超声雾化器并应用于工业除尘，收到了良好效果，主要的应用方式有以下两种：超声雾化就地捕尘和超声雾化旋风除尘器。

① 超声雾化就地捕尘系统的最大特点就是就地捕尘和耗水量低，它不需要把含尘空气抽出来再处理，避免了干、湿式除尘器带来的问题和清灰工作带来的二次污染。

② 超声雾化旋风除尘器产生的微细水雾在矿山井下凿岩作业中拦截微细"呼吸性粉尘"，用直流旋风器脱去捕集后的雾。由于采用这种新技术，除尘器在获得高除尘效率的情况下，阻力却能大幅度下降。因此，采用这种方法通风除尘，可大大减少井下作业通风量，节能效益显著。

超声雾化除尘是应用压缩空气冲击共振腔内的水流而产生超声共振现象，超声波把水流激化成浓密的、直径只有1～10μm的雾粒，超细雾粒在局部密闭的产尘点内捕获、凝聚微细粉尘，饱和雾粒使得凝聚粉尘的粒径迅速增大直至沉降下来，实现就地抑尘，具有雾化效果好、耗水量低、维护检修方便等优点。

李春亮等[67]利用超声雾化除尘技术对天龙矿业矿产运输系统进行除尘改造。

超声雾化除尘系统主要由超声雾化共振头，集尘罩及密封、水增压系统，空气增压系统，过滤系统，控制系统等组成。对于可密闭产尘点，如皮带机头、落料点、给料机等，通过在产尘点加装集尘罩及密封，并在集尘罩上布置若干超声雾化共振组件，通过对喷雾角度及雾量的预调节整定，使生产过程中雾量与粉尘量达到合理配比，随煤流就地沉降，从而获得最佳除尘效果。图5-25为超声喷雾效果图。

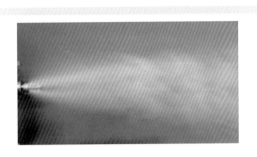

▶ **图 5-25　超声喷雾效果图** [67]

　　通过矿产运输系统除尘改造后近一年的应用，对现场生产作业期间进行了多次粉尘检测，全尘浓度均达到 4mg·m⁻³ 以下，呼吸性粉尘浓度均达到了 2.5mg·m⁻³ 以下。而传统喷雾除尘装置在矿产运输系统除尘应用中普遍存在耗水量大（单个喷嘴常压下 1 ～ 5L·min⁻¹）、水雾颗粒大（50 ～ 200μm）、与微细粉尘结合效果不好、除尘效果差且喷嘴极易阻塞等问题。与传统喷雾除尘装置相比，超声雾化除尘装置产生的雾粒在 10μm 以下，超声雾化喷嘴耗水量很少且可控（单个喷嘴常压下 0.15 ～ 0.25L·min⁻¹），且喷嘴不易阻塞，对物料增湿影响很小，与微细粉尘特别是呼吸性粉尘结合效果好。

　　布袋式除尘器、旋流式除尘器、冲击式除尘器等在运输系统除尘应用中普遍存在以下问题：①基建专用除尘设备机房，风筒数量繁多，严重影响车间有效空间。②电机数量较多，且功率较大，能耗高。③需要对产尘点的粉尘进行二次处理，容易造成二次污染，管理难度大。④维修保养费用高。因除尘器滤袋等易损件较多，维修复杂，需要投入大量人力物力才能完成。而超声雾化除尘装置不需要将含尘气流抽出后再加以处理，而是直接将粉尘降除在产尘点，无需清灰，避免了二次污染。与一般除尘器相比，大幅度降低除尘运营成本。系统不需要风机、除尘器和通风管道，比一般除尘系统节省 35% ～ 55% 投资，安装时间可减少 75%。系统占据空间很少，可节省厂房内有效空间，降低基建投资。

　　杨昌斌等 [68] 针对某选矿厂除尘系统设备老旧、运行能耗大、烟囱粉尘排放浓度不能满足国家标准等问题，通过应用超声雾化抑尘技术、采用袋式除尘器代替原湿式除尘器、增高烟囱等措施进行除尘系统提标节能改造，显著降低了系统能耗，烟囱粉尘排放浓度达标，为矿山行业粉尘治理提供新方法。

喷雾抑尘改造将超声雾化抑尘技术应用于粉尘细、扬尘大的产尘点，微细雾滴在局部密闭的空间内捕获、凝聚微细粉尘，从源头抑制粉尘。当雾滴与尘粒粒径相近时，更易捕捉粉尘。此次改造在生产工艺中多处产尘点增加超声雾化抑尘器进行喷雾抑尘。

改造后，该选矿厂除尘系统运行功率由原 620kW 降低到 400kW，每年可节约电费 150 万元，岗位粉尘浓度及烟囱排放浓度均符合国家标准。除尘系统提标节能改造后，各检测点粉尘排放浓度检测结果见表 5-2。由该表看出，除尘系统改造后，各场所烟囱粉尘排放浓度均达标，同时可节约系统能耗。

表 5-2　粉尘排放浓度检测结果

检测地点	粉尘排放浓度 /（mg·m^{-3}）	
	改造前	改造后
粗碎烟囱检测孔	76.2	< 20.0
中碎烟囱检测孔	98.1	< 20.0
细碎 1 号烟囱检测孔	105.7	< 20.0
细碎 2 号烟囱检测孔	107.2	< 20.0
圆筒仓烟囱检测孔	68.3	< 20.0
高压辊烟囱检测孔	53.2	< 20.0
筛分烟囱检测孔	89.4	< 20.0

鲍店煤矿选煤厂是 1 座年入洗原煤 500 万吨的特大矿井型选煤厂，筛分、破碎、带式输送机转载环节较多。原煤水分平均为 8.0% ～ 8.5%，大块煤水分平均在 4% 左右。因而，在带式输送机转载，特别是破碎过程中产生较大的粉尘。根据现场实测，在上述尘源点附近，室内空气平均含尘浓度由几十到几百（单位：mg·m^{-3}），个别尘源点附近（如破碎机下部受料点）甚至达到几千（单位：mg·m^{-3}），大大超过了国家规定的卫生标准值。选煤厂煤尘的主要集中地点是带式输送机的机头、机尾和破碎机的入料口、排料口。为此，根据不同地点的现场环境特点，选煤厂分别做了设计、制作和安装。在 301 带式输送机尾安装侧集气罩见图 5-26，178、179 带式输送机机头（破碎机的上入料口）根据现场条件制作、安装除尘器。在 201 带式输送机尾下部设集气罩（破碎机的下排料口）。在 23 带式输送机头和机尾采用了半密闭式除尘。在 23 破碎机上方采用了半密闭式除尘，见图 5-27。

中国矿业大学（北京）刘伟等 [70] 介绍一种超声雾化脱硫、除尘、脱硝（附带效果）一体化废气净化技术，该技术使用可再生吸附剂，在脱硫过程中同时去除烟尘和氮氧化物，达到工业废气同步净化的目的。使用超声波雾化装置将吸收剂与压缩空气混合为抑尘介质，抑尘过程为：在雾化器的共振腔与出口处由于聚能而产生了超声场，吸附剂在超声场与超声波的机械效应、热效应、声空化等效应的共同作

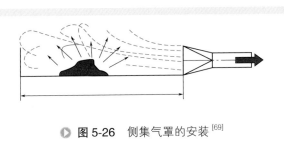

▶ 图 5-26　侧集气罩的安装 [69]

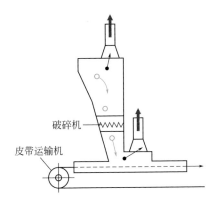

破碎机

皮带运输机

▶ 图 5-27　半密闭式除尘设备 [69]

用下，迅速高度雾化成千百万个 5 ～ 10 μm 的微小液滴。根据空气动力学、云物理学、斯蒂芬流的输送机理，这些致密的液滴与烟气中的粉尘碰撞后，迅速发生捕集和凝聚，从而到达除尘的目的。

　　该处理系统包括烟气导流系统、超声雾化系统、除雾系统、净烟外排系统、加药系统、回收利用系统、DCS 自动控制系统。在海螺水泥厂实际运行的数据显示：与传统湿法脱硫工艺相比，该工艺能够显著提高脱硫效率，最高可达 96% 以上，除尘率可达 80%，氮氧化物脱除率最高可达 50%，可在脱硫的过程中达到废气同步净化的目的。同时，该工艺布局合理且占地面积小，不但适用于新建项目的废气处理需求，还适用于对原有老旧废气处理装置的升级和改造要求，具有较好的市场应用前景。

　　传统除尘装置如静电除尘器、袋式除尘器、旋风除尘器等难以有效捕集粒径小于 2.5μm 的细颗粒物，导致大量细颗粒排入大气，对生态环境造成严重破坏。兰州大学辛儒斌等 [71] 基于电声换能超声雾化 - 旋风除尘器联用技术，研究了亲水性对粉尘颗粒去除率的影响。通过选择若干种亲水性不同的常见工业粉尘，在相同实验条件下研究其亲水性与离心去除率之间的关系。实验装置见图 5-28。结果表明，在旋风分离前加入雾气，亲水性较好的粉尘颗粒去除率有明显的提升，在通入浓度为 4g·m⁻³ 的雾气后，滑石粉颗粒的去除率从无雾气时的 76.9% 提高到 90.1%，增长幅度为 13.2%，而亲水性较差的 S-zorb 脱硫催化剂去除率从 72.1% 增加到 80.1%，增幅仅为 8.0%。这一现象尤其体现在粒径在 2.5μm 附近的细颗粒物上，滑石粉去除率增幅最高点出现在粒径为 2μm 的颗粒处，从无雾气时的 31.5% 增长到有雾气时的 72.8%，增幅为 41.3%，而亲水性较差的 S-zorb 脱硫催化剂去除率最高增幅只有 17.7%，从无雾气时的 43.9% 增长到有雾气时的 61.6%，去除率增幅最高点出现在粒径为 2.3μm 的颗粒处。实验前后粉尘颗粒形态的 SEM 图像也证实亲水性对颗粒物聚团、长大有重要影响。由图 5-29（a）可见，无雾气时，滑石粉颗粒基本呈小颗粒状，粒径大小略有不同，颗粒之间无聚团现象；加入雾气后［图 5-29（b）］，由于滑石粉颗粒亲水性良好，在微小雾滴的润湿下，较小颗粒（粒径小于 4μm）之间发生聚团，形成较大的颗粒（粒径大于 8μm），或小颗粒以大颗粒为中心发生聚团，富集在大颗粒表面，形成粒径更大的颗粒。由图 5-29（b）还可以看到，发生明显聚团作用的粉尘颗粒主要是粒径为 2μm 附近的细颗粒形成粒径较大的颗粒，

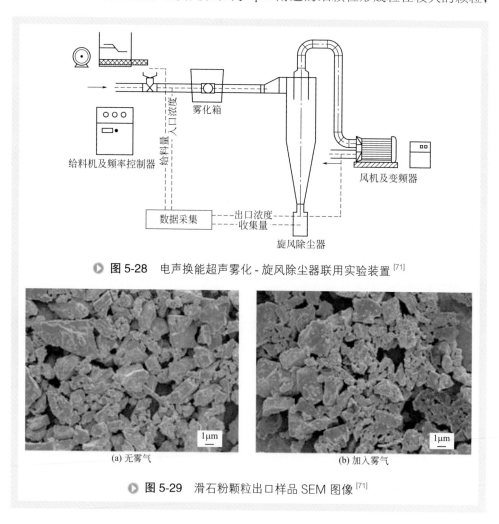

▶ **图 5-28** 电声换能超声雾化 - 旋风除尘器联用实验装置[71]

(a) 无雾气

(b) 加入雾气

▶ **图 5-29** 滑石粉颗粒出口样品 SEM 图像[71]

进入旋风除尘器中被去除，从而使 2μm 附近的细颗粒的分级效率大幅提高。

加入雾气后粉尘颗粒的去除率均有所提高，但亲水性不同的粉尘颗粒去除率提高的幅度不同，亲水性与去除率提高幅度在一定范围内存在正相关关系。研究表明雾化 - 旋风除尘器联用技术能够有效提高常见工业粉尘颗粒的去除率，尤其可以大大提高细颗粒物的去除率，从而减少 PM2.5 的排放。

参考文献

[1] Filippov L O, Royer J J, Filippova I V. Improvement of ore recovery efficiency in a flotation column cell using ultra-sonic enhanced bubbles//[C]. 5th Internantional Conference New Achievements in Materials and Enviromental Science I (NAMES′ 16), 2017, 879: 1-11.

[2] Azam G, Mohammad N, Tonkaboni S Z S. A study on the effects of ultrasonic irradiation as pretreatment method on high ash coal flotation and kinetics[J]. International Journal of Coal Preparation and Utilization, 2017, (02): 20.

[3] 毛玉强, 夏文成, 卜祥宁, 等 . 超声波强化褐煤浮选及其作用机制探讨 [J]. 煤炭学报, 2017, 42 (11): 3006-3013.

[4] 成怀刚, 张晓曦, 程芳琴 . 面向氯化钾浮选分离过程的超声强化 [J]. 化工进展, 2016, 35(5): 1321-1325.

[5] Hulya K. A study on the utilization of ultrasonic pretreatment in zinc flotation[J]. Separation Science and Technology, 2014, 49: 18, 2975-2980.

[6] 冯博, 汪惠惠, 罗仙平 . 蛇纹石型硫化铜镍矿浮选研究进展 [J]. 矿产综合利用, 2015, 3: 6-10.

[7] 程效锐, 张舒研, 房宁 . 超声空化技术在化工领域的应用研究进展 [J]. 应用化工, 2018, 47 (8): 1753-1757.

[8] 张艾萍, 张恒, 张越 . 超声波除垢的影响因素分析 [J]. 热能动力工程, 2017, 32(7): 130-134.

[9] Mason T J. Ultrasonic cleaning: An historical perspective[J]. Ultrasonics Sonochemistry, 2016, 29: 519-523.

[10] 康永, 郑莉, 邵世权 . 超声波清洗技术研究进展 [J]. 清洗世界, 2012, 28(4): 12-16.

[11] Choi J, Kim T H, Kim H Y, et al. Ultrasonic washing of textiles[J]. Ultrasonics Sonochemistry, 2016, 29: 563-567.

[12] Nguyen D D, Ngo H H, Yoon Y S, et al. A new approach involving a multi transducer ultrasonic system for cleaning turbine engines' oil filters under practical conditions[J]. Ultrasonics, 2016, 71: 256-263.

[13] 范运峰 . 超声波防、除垢技术在抚顺石化催化裂化装置的应用 [J]. 齐鲁石油化工, 2018, 46(3): 225-228.

[14] 许金林 . 超声波防除垢技术在烯烃装置的应用 [J]. 石油化工技术与经济, 2016, 32(3): 43-47.

[15] 罗宪中, 李贵平 . 超声清洗领域新拓展 - 超声防垢 [J]. 清洗世界, 2004, 20(6): 10-13.

[16] Pirkonen P, Ekberg B. Progress in Filtration and Separation[M]. Elsevier Ltd., 2015,Chapter 9. Ultrasonic: 399-421.

[17] 毛洪娜, 马伟芳, 郭浩, 等. 超声强化减压膜蒸馏工艺影响因素的实验研究 [J]. 环境工程, 2015, 33, 增刊 : 777-782.

[18] 李铁成. 台达机电产品在一体化超声波膜反应器上的整合应用 [J]. 国内外机电一体化技术, 2014: 25-27.

[19] 薛娟琴, 兰新哲, 王召启, 等. 烟气膜吸收法脱除 SO_2 的超声波强化处理 [J]. 化工学报, 2007, 58, 3: 750-754.

[20] 张莉, 张永涛, 张辰凌, 等. 固相膜萃取 - 超声洗脱衍生法分析水中酚类化合物 [J]. 质谱学报, 2018, 39(5): 623-629.

[21] 刘丽英, 丁忠伟, 常李静, 等. 超声波技术强化膜分离过程的研究进展 [J]. 化工进展, 2008, 27(1): 32-37.

[22] Zhang R Y, Huang Y, Sun C B, et al. Study on ultrasonic techniques for enhancing the separation process of membrane[J]. Ultrasonics Sonochemistry, 2019, 55: 341-347.

[23] Muthukumaran S, Kentish S E, Ashokkumar M, et al. Mechanisms for the ultrasonic enhancement of dairy whey ultrafiltration [J]. Journal of Membrane Science, 2005, 258 (1-2): 106-114.

[24] 舒莉, 邢卫红. 超声在陶瓷膜过滤氧化铝悬浮体系中的应用 [J]. 膜科学与技术, 2009, 29(5): 6-11.

[25] 马空军, 黄玉代, 贾殿赠, 等. 超声空化泡相界面逸出时相间传质的研究 [J]. 声学技术, 2008, 27(4): 486-491.

[26] Mao H Y, Qiu M H, Bu J W, et al. Self-cleaning piezoelectric membrane for oil-in-water separation[J]. ACS Applied Material & Interfaces, 2018, 10(21): 18093-18103.

[27] 宋红军, 覃楠钧, 赵侣璇, 等, 超声陶瓷膜处理废矿物油试验研究 [J]. 桂林理工大学学报, 2016, 36(2): 356-360.

[28] Sousa L S, Cabral B V, Madrona G S, et al. Purification of polyphenols from green tea leaves by ultrasound assisted ultrafiltration process[J]. Separation and Purification Technology, 2016, 168: 188-198.

[29] Borea L, Naddeo V, Shalaby M S, et al. Wastewater treatment by membrane ultrafiltration enhanced with ultrasound: Effect of membrane flux and ultrasonic frequency[J]. Ultrasonics, 2018, 83: 42-47.

[30] 蔡路昀, 刘长虹, 曹爱玲, 等. 巴西松籽蛋白超声辅助超滤提取工艺及功能特性研究 [J]. 中国粮油学报, 2012, 10: 78-83.

[31] 傅晓琴, 李琳, 王文宗, 等. 南瓜多糖的超声场强化超滤浓缩（英文）[J]. 陕西科技大学学报（自然科学版）, 2010, 2: 4-8.

[32] Lamminen M O, Walker H W, Weavers L K. Mechanisms and factors influencing the

ultrasonic cleaning of particle-fouled ceramic membranes[J]. Journal of Membrane Science, 2004, 237(1-2): 213-223.

[33] 晋卫. 聚偏氟乙烯超滤膜的超声辅助清洗研究 [D]. 南京 : 南京工业大学 , 2007.

[34] Jin W, Guo W, Lü X P, et al. Effect of the ultrasound generated by flat plate transducer cleaning on polluted polyvinylidenefluoride hollow fiber ultrafiltration membrane[J]. Chinese Journal of Chemical Engineering, 2008, 16(5): 801-804.

[35] 晋卫 , 李亚 , 郭伟 , 等 . 聚偏氟乙烯中空纤维超滤膜的超声辅助清洗及反冲清洗 [J]. 水处理技术 , 2008, 34(10): 82-85.

[36] Arefi-Oskoui S, Khataee A, Safarpour M, et al. A review on the applications of ultrasonic technology in membrane bioreactors[J]. Ultrasonics Sonochemistry, 2019, 58: 104633.

[37] 崔彦杰 , 李鸥 , 王丁 . 超声波清洗膜污染技术的研究进展 [J]. 清洗世界 , 2016, 32: 37-40.

[38] 张中元 . 提高振动筛处理能力的途径 [J]. 黄金 , 2000, 21(7): 36-38.

[39] 陈亚哲 , 刘刚 , 刘帅 , 等 . 细粉物料超声辅助筛分的机理研究 [J]. 机械设计与制造 , 2018, 5, 增刊 : 45-47.

[40] 李莉 , 李萍 . 超声波物料筛分控制器设计 [J]. 制造业自动化 , 2012, 34(1): 135-141, 144.

[41] 曾伟山 . 超声波振动筛在三氯蔗糖生产中的应用 [J]. 广东化工 , 2014, 41(14): 113-114.

[42] 陈成 . 影响钼粉筛分效率因素的分析 [J]. 中国钼业 , 2011, 35(3): 48-51.

[43] Gaete Garretón L F, Vargas Hermández Y P, Velasquez-Lanbert C. Application of ultrasound in comminution[J]. Ultrasonics, 2000, 38(1-8): 345-352.

[44] 商竹贤 , 马麟 , 刘波 , 等 . 基于扩展离散元法的超声振动粉碎装置颗粒粉碎效果分析 [J]. 粉末冶金技术 , 2019, 37(2): 129-133, 139.

[45] 李旭 , 马麟 , 朱礼德 . 超声振动超细粉碎系统的设计方法与实验研究 [J]. 现代制造工程 , 2016, 3: 32-36.

[46] 任振 , 郑少华 , 姜奉华 , 等 . 一种新型超声波纳米粉碎机的开发研究 [J]. 粉末冶金技术 , 2005, 23(6): 436-439.

[47] 杜林虎 , 陈大明 , 潘伟 , 等 . 超声波对鳞片状石墨的粉碎作用及结构的影响 [J]. 硅酸盐通报 , 2000, 4: 27-30.

[48] 吴翠玲 , 翁文贵 , 吴大军 , 等 . 原位聚合制备聚苯乙烯 / 石墨薄片纳米复合导电材料 [J]. 2003, 32(3): 56-58.

[49] Sahinoglu E, Uslu T.Effects of various parameters on ultrasonic comminution of coal in water media[J]. Fuel Processing Technology, 2015, 137: 48-54.

[50] 王丽霞 , 王贤龙 , 王玉玲 , 等 . 超声波辅助提取玫瑰茄色素的工艺研究 [J]. 食品研究与开发 , 2017, 38(14): 38-43.

[51] Krehbiel J D, Schideman L C, King D A, et al. Algal cell disruption using microbubbles to localize ultrasonic energy[J]. Bioresource Technology, 2014, 173: 448-451.

[52] 何成 , 于文超 , 蔡忠强 , 等 . 酸碱粗提配合超声破碎法制取可溶性长牡蛎 (*Crassostrea*

gigas）黑色素的研究 [J]. 海洋与湖沼 , 2017, 48(3): 634-638.

[53] Yu J F. Application of an ultrafine shearing method for the extraction of C-phycocyanin from spirulina platensis[J].Molecules, 2017, 22：2023.

[54] 鲁梦琪 , 刘佳佳 , 李柯翱 , 等 . 超声细胞粉碎法提取西帕依固龈液药渣多糖的工艺优化及结构分析 [J]. 分子科学学报 , 2018, 34(2): 149-156.

[55] 郎毅翔 , 张海波 , 王明立 . 超声波除尘器研究 [J]. 应用科技 , 2000, 27(4): 7-8.

[56] 陆志 , 姚晔 , 连之伟 . 超声波技术在暖通空调领域的应用 [J]. 建筑热能通风空调 , 2007, 26(2): 19-22.

[57] 胡传斌 , 张文仲 , 刘东 . 超声雾化除尘装置在鲍店煤矿选煤厂的研制与应用 [J]. 选煤技术 , 2007, 4: 48-50.

[58] 李冠文 , 陈凡植 , 王军 , 等 . 超声波雾化除尘的可行性分析 [J]. 工业安全与环保 , 2008, 34(5): 20-22.

[59] 林书玉 . 超声换能器的原理及设计 [M]. 北京 : 科学出版社 , 2004.

[60] Avvaru B, Patil M N, Gogate P R, et al. Ultrasonic atomization: Effect of liquid phase properties[J]. Ultrasonics, 2006, 44(2): 146-158, 59.

[61] Rajan R, Pandit A B. Correlations to predict droplet size in ultrasonic atomization[J]. Ultrasonics, 2001, 39: 235-255.

[62] 陈卓楷 , 陈凡植 , 周炜煌 , 等 . 超声雾化水雾在除尘试验中的应用 [J]. 广东化工 , 2006, 33(10): 74-77.

[63] 张政 , 谢灼利 . 流体 - 固体两相流的数值模拟 [J]. 化工学报 , 2001, 52(1): 3-7.

[64] 陈昌虎 , 徐新民 , 毕净 , 等 . 电厂超声波干雾抑尘除尘系统的应用与效果 [J]. 科技创新与应用 , 2016, 6: 14-16.

[65] 李刚 , 吴超 . 超声干雾抑尘机理及其技术参数优化研究 [J]. 中国安全科学学报 , 2015, 25(3): 108-113.

[66] 刘亦芬 , 马琦 . 超声技术在除尘吹灰方面的应用 [J]. 华北电力技术 , 1992, 4: 40-41.

[67] 李春亮 , 卢艳峰 , 李振江 , 等 . 超声雾化除尘技术在矿产运输系统除尘中的应用 [J]. 世界有色金属 , 2017, 7: 233-234.

[68] 杨昌斌 , 童助永 , 任甲泽 . 某选矿厂除尘系统提标节能改造 [J]. 现代矿业 , 2018, 10: 234-235.

[69] 徐洪纪 , 张学军 , 孟祥梅 . 选煤厂综合除尘技术的研究与应用 [J]. 中国煤炭 , 2006, 32(4): 51-52.

[70] 刘伟 , 徐东耀 , 陈佐会 , 等 . 超声波雾化脱硫除尘一体化废气净化技术的研发与应用 [J]. 环境工程 , 2018, 36(5): 94-99.

[71] 辛儒斌 , 张宇萌 , 李思庆 , 等 . 粉尘颗粒亲水性对其雾化离心去除率的影响 [J]. 环境工程学报 , 2018, 12(8): 2270-2281.

第六章

超声强化在材料化学中的应用

材料的进步往往是由控制尺寸、形态和结构的新合成方法的发展所引领的。材料制备的简单、绿色和可扩展性是几十年来新方法发展的推动力。声化学在材料合成中的应用尤为成功。超声的化学效应主要来自声空化，超声诱发水体产生空化泡，并经历振动、生长、崩溃闭合的动力学过程。气泡在液体中的坍缩导致能量的极大集中，由液体运动的动能转化为气泡内容物的热，局部温度可达 5000K，压力达 100MPa 以上，温度时间变化率达 10^9K/s，为在极端条件下驱动化学反应提供了一种独特的手段。可促使或加速某些化学反应进行，从溶解的前体中（通常是易挥发的）产生不寻常的材料[1]。空化泡除了具有热点能量和相关的化学效应外，还会在坍塌过程中产生物理效应，包括①强化传质；②在液固界面产生表面损伤；③在泥浆中形成高速粒子间的碰撞；④脆性固体破碎，增加表面积。主要表现在可促成液体的乳化、凝胶的液化和固体的分散，对粉体的团聚可以起到剪切作用，从而控制颗粒的尺寸和分布[2～6]。

声化学被广泛用于催化剂或特殊材料的制备研究[7]（图6-1），从绿色化学的角度来看，超声不仅减少了反应时间和溶剂用量，改变了粒子的大小、分布和结构，也使催化材料具有新的性能和表现出更好的反应活性[8]。我们从材料的改性（脆性和层状固体的分层和剥落，金属或陶瓷粉末的聚集，表面的清洗/去钝化等），纳米材料的合成（减少成核周期，更好控制晶体尺寸，更多的纳米颗粒，更好的尺寸分布，更好的胶体性能等），聚合物（解聚或选择性裂解，聚合物复合材料的形成）以及生物聚合物材料的合成来阐述超声材料化学过程强化。

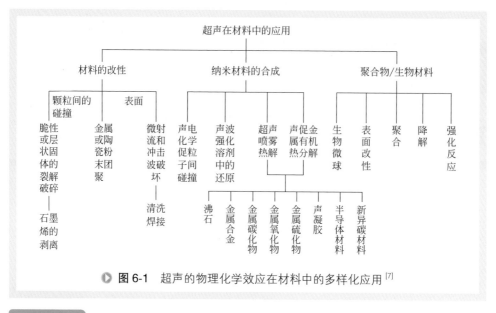

图 6-1　超声的物理化学效应在材料中的多样化应用 [7]

一、超声强化层状材料的剥落

超声空化产生的微射流速度可达每秒数百米，对石墨烯表面产生冲击波损伤，削弱石墨烯片之间的范德瓦耳斯力，导致层间距增大，多层或叠层石墨烯片剥离为单层或多层石墨烯片。此外，超声波还会引起振动，振动通过纵波或横波传播到弹性环境中，由于这些波不能在液体中传播，被转化为驻波。这些驻波可以通过石墨烯等层状粒子振动，克服石墨烯薄片范德瓦耳斯力，逐渐剥离堆积的石墨烯，释放出单个薄片 [9]。

常规石墨烯合成需要高温、高压等苛刻条件，会导致表面损伤、化学和物理特性的改变、杂化等。利用功率超声技术在室温条件下剥离石墨，制备层状石墨烯是一种简单易行的方法。且声化学制备的石墨烯在物理和化学性能方面有显著改善 [10～12]。Xu 等 [10] 利用声化学从石墨中剥离石墨烯，石墨烯的层数小于 5 层，表面粗糙度非常低，损伤小。并与聚苯乙烯链（在超声剥离过程中苯乙烯经声化学引发自由基聚合而成）功能化，从而提高其分散性。该方法制备的单层和多层石墨烯胶体如图 6-2 所示。聚苯乙烯功能化石墨烯可溶于二甲基甲酰胺、四氢呋喃、甲苯和氯仿等，溶液稳定，无沉淀。声化学剥离技术可用于规模生产 [13]：在可生物降解的环戊二烯溶剂中，探头式超声处理石墨烯 15min，得到薄片缺陷少

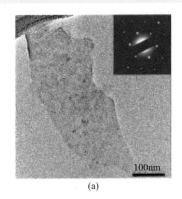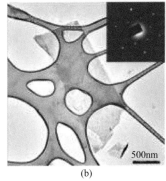

(a)　　　　　　　　　　　　　　　(b)

▶ **图 6-2**　声化学方法制备的单层（a）和三层

（b）聚苯乙烯功能化石墨烯胶体的透射电镜（TEM）

注：右上角插图显示了石墨烯样品所选区域的电子衍射图样，证实了样品的结构[10]

的石墨烯；在加压间歇式反应器中超声处理 20min，可得到高质量的大片状石墨烯（80m×100m），厚度为 0.1nm。

六方氮化硼（h-BN）表现出类似石墨烯的性质，也被称为白色石墨烯。通过超声剥离得到单层 BN、MoS_2 和 WS_2 薄片，其性能与本体相一致。超临界 CO_2 作为剥落剂渗透到相应的前驱体中，溶液的温度不超过 45℃，不需要任何稳定剂来支撑剥离的薄片。声化学与常规合成 BN、MoS_2 和 WS_2 二维纳米材料方法比，不需要高温和其他的化学物质，且在介电性能和化学稳定性上更有优势[14]。该方法可推广到其他层状材料，如 $MoSe_2$、$MoTe_2$、MoS_2、WS_2、$TaSe_2$、$NbSe_2$、$NiTe_2$、BN、Bi_2Te_3 等，均可在液相中剥落，制备单层纳米薄片。超声是一种非常有用的工具，可以克服单个层之间的吸引力，将三维层结构材料分解为二维平面结构。

二、超声对粉末的团聚与分散

高强度超声可以使悬浮在液体浆液中的金属微粒以高速（每秒数百米）相互碰撞，在碰撞点诱导局部熔化，导致团聚（图 6-3）。熔点相对较低的金属微粒（如 Zn、Sn 和 Cr 等），超声作用下形成哑铃状结构[图 6-3(c)]。但若金属熔点高于 3000 K，则在撞击点不会发生熔化。在高温超导体浆体的超声辐照过程中，这种粒子间的碰撞可以显著改善其性能[16]。例如，超声处理 $Bi_2Sr_2CaCu_2O_{8+x}$ 的癸烷泥浆，由于粒子间碰撞导致的颗粒间耦合增强，其超导性能得到了显著改善[17]。

超细粒子由于表面能巨大很容易发生团聚，使之均匀分散到高分子体系中并非易事，传统的方法是通过选用合适的表面活性剂对粒子表面改性，但效果常常难如人意。超声辐照是改善以纳米尺度材料为代表的超细材料在树脂中分散性能的重要

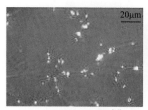
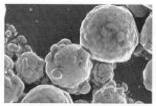
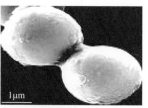

(a) 超声辐照前的SEM[15]

(b) 在超声(20kHz、50W/cm²)处理90min，约1000个初始颗粒团聚[15]

(c) 超声作用下两个融合的Zn粒子[16]

▶ **图6-3** 超声辐照对细锌粉（直径5μm，约球形）浆液的影响

注：(a)，(b)使用了相同的放大倍数

方法。Xia 等[18]研究了超声辐照情况下，无机纳米粒子（纳米级的 SiO_2、Al_2O_3、TiO_2 粒子）均匀分散在甲基丙烯酸丁酯中制得的聚合物/无机纳米粒子稳定乳液，扫描电镜证实纳米粒子存在于聚合物形成的微胶囊中，微胶囊的壁厚 5～65nm。

在聚酰亚胺/碳纳米管复合材料体系中，应用超声辐照方法进行分散处理。对比研究发现，没有使用超声处理的聚酰亚胺/碳纳米管存在较严重的团聚现象，固化后复合膜的表面粗糙，存在很多大颗粒。超声辐照处理后，碳纳米管在树脂中的分散状况得到明显改善，固化后复合膜的质量也显著提高。超声分散同样可以提高纳米颗粒材料的分散性能。在原位聚合纳米 TiO_2/聚酯复合材料中，对 TiO_2 预分散液采用了超声辐照处理，制成的涂膜中纳米粒子分散性显著改善，对紫外线的屏蔽率也具有明显的效果，可达到50%～90%[19]。

超声波传递过程的实质是能量的传播。一方面，纳米颗粒/聚合物体系吸收部分声能转化为热能，造成体系温度升高，黏度降低，有利于超细颗粒的分散；另一方面，超声空化效应产生的瞬时高温高压作用在纳米粒子表面，降低了表面能，改善了纳米粒子与聚合物的界面相容性，并且拆散粒子间的黏结，从而改善分散性。对于一维的碳纳米管而言，超声波的能量通过流体介质传播，能够使吸附在一起的碳纳米管剧烈震动，造成团聚体的松散，从而减轻多壁碳纳米管团聚的程度。

三、超声强化脆性材料的破碎

内爆气泡产生的冲击波，将未溶解的溶质和杂质粒子加速到每秒几百米，脆性材料会分解成碎片，产生细小的颗粒，这一过程被称为声致破碎，比传统工艺如球磨、磨削的过程更有效、无害。冲击波与粒子相互作用的影响是导致破碎的主要原因[20,21]。低频和添加表面活性剂可以提高破碎率，而增加功率和实验时间则可以减小碎片尺寸，并产生均匀的粒度分布。声致破碎已成为一种方便的制备纯的可烧结亚微米级氧化铝粉末的工具，通过声致破碎处理得到尺寸小于100nm的高纯氧化铝碎片，烧结性能良好，否则需要高达 1700℃的高温处理或添加烧结助剂[22]。声致破碎技术应用于滑石粉的加工，处理的滑石粉粒径小、粒度变化小、团聚率低、纯度高、具有更好的吸附性能，并且避免使用稳定剂及高能、多步后处理。

四、超声对材料表面的改性

空化泡崩溃导致的冲击波，高速撞击表面，可以轻松彻底地去除金属表面氧化物和其他污染涂层，可以活化金属，去除钝化涂层，显著提高化学反应速率。超声辐照对镍金属表面杂质的去除使材料宏观表面光滑（微观界面粗糙），类似于宝石的球磨[16]（图 6-4）。

(a) 超声辐照前　　　　　　　(b) 超声辐照 60min 后

▶ **图 6-4　超声辐照对镍粉表面形貌的影响**

（超声辐照泥浆时产生高速粒子间碰撞）

超声产生的微射流除可清洁材料表面，也可用于影响或改变聚合物表面的化学性质。Urban 和 Salazar-Rojas[23] 首次报道了聚合物表面被超声修饰：聚偏氟乙烯是一种压电材料，通常是绝缘体，超声可以加速脱氟化氢，在表面产生碳碳双键（C＝C）。超声有助于增强固体表面和溶液之间的接触，从而提供了良好的表面润湿性和试剂质量传输。以惰性表面的聚乙烯为例，黏附非常困难。使用过硫酸钾或过氧化氢为氧化剂，超声辐照，可快速改变聚乙烯的表面特性。光谱分析表明，一层薄的羟基和羧基等极性基团在聚乙烯表面形成，使表面涂层附着力增强。

超声能增强共混物的相容性，促进不同组分材料分子间相互扩散和相容，提高共混物制品的力学性能。多壁碳纳米管增强的环氧树脂体系中，当超声辐照时间大约为 5min 时，树脂固化物的拉伸、弯曲和拉剪强度分别提升了 37%、167%、86%[24]。Isayev[25] 发现，经超声处理的塑料/橡胶共混物的两相界面产生了一层纳米过渡层，使得不容性共混物表面的黏合力大大增强，力学性能显著提高，其中天然橡胶（NR）/J 苯橡胶（SBR）的硬度提高 470%，冲击强度增加 212%。

纳米材料由于具有表面效应、小尺寸效应、量子效应和宏观隧道效应，使其与同组成的粗晶材料相比，在力学、电学、磁学、光学等方面具有许多特异性能。纳米材料的稳定性、物理化学性能及粒子的大小与制备方法密切相关。超声为纳米材料或纳米颗粒的合成提供了一种新的方法，有助于我们控制纳米颗粒的大小和形貌。超声在纳米颗粒的形成（图 6-5）中包括以下过程[26]：①声空化，包括液体中气泡的形成、增长和内爆坍塌，在坍塌的气泡中产生极端的状态，是液体或液固泥浆中多数声化学现象的起源。②雾化，是超声通过液体与液气界面碰撞而产生的雾滴，它是超声喷雾热解（USP）的基础，在雾滴热过程中会发生一系列的反应。超声空化产生的极端条件允许合成不同类型、不同寻常的纳米材料。此外，USP 创造的微液滴反应器还促进了一系列纳米复合材料的形成[27]。

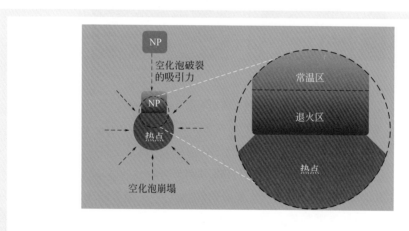

▷ **图 6-5** 纳米颗粒局部瞬时退火的快照[28]

NP—纳米粒子

超声作用下，纳米颗粒被气泡坍缩移动到热点时，原子重排仅发生在纳米颗粒和热点的界面上。由于热点的寿命较短，局部退火是瞬间进行的，这种局部的瞬时退火可以产生大量的缺陷种类和由于极端的非平衡条件而产生的主动缺陷弛豫，从而为调控半导体电子结构提供了除热处理以外的另一种有前途的方法。高强度超声处理作为一种简单而有效的方法，能提高高光敏纳米粒子的能力，从根本上改善纳米颗粒的光电化学（PEC）水解性能。为 PEC 水裂解、染料敏化太阳能电池和光催化等领域开辟了新的机遇[28]。

化学气相沉积、还原法、有机溶剂热分解以及溶胶 - 凝胶法等方法都已被用于纳米材料的制备，而超声辅助是制备纳米材料最有效的方法。超声不直接与分子相互作用，而是通过空化坍缩影响其物理化学性质。超声辐照具有产率高、选择性好、反应效率高及少用危险原料、溶剂等优点。

一、超声电化学法

超声电化学（Sonoelectrochemistry）是近十几年来兴起的一种声化学与电化学相结合的新技术。利用超声的振动及空化作用产生的高压或射流，将电解沉积在阴极表面的金属震散，使之迅速脱离阴极表面并以微小颗粒悬浮于电解液中，防止颗粒长大。通过此法可有效控制材料尺寸和形状，加速传质及提高反应速率。由于方法简单、快速、无毒无污染，已成为合成纳米材料的一种有效手段。由此可以制备出金属或合金和化合物等纳米粒子。与传统方法相比，它形成的纳米颗粒更小，表面积更大，被广泛用于制备具有特殊性质的新材料。超声电化学制备金属纳米材料主要经过两个步骤：①在通过电流时，金属离子在电极上还原，形成很薄的一层金属粒子；②电极表面的金属粒子薄层在超声作用下从电极表面脱落下来悬浮在溶液中。

超声电化学还原贵金属盐比其他传统还原方法（如硼氢化钠、氢、醇）具有更多优点：不需要化学还原剂，反应速率相当快。产生非常小的金属颗粒，也可以得到各种形状的纳米材料。Shen 等 [29] 采用声电化学法，实现了室温下钯（Pd）纳米结构的形貌控制合成。以十六烷基三甲基溴化铵、PVP 和聚二烯丙基二甲基氯化铵为稳定剂，分别制备了 Pd 球形纳米粒子、多孪生粒子和球形海绵状粒子（SSPs）。提出了 SSPs 形成的自组装机制（图 6-6）：首先电流通过电极时，Pd^{2+} 被还原并在电极上形成初级纳米微粒，而后在超声辐射下分散到溶液中，这些初级纳米微粒在溶液中发生团聚组合成小的 SPs。随着时间的延长和初级纳米微粒的持续形成，小的 SPs 继续生长，最后形成 SSPs。此外，在超声下，奥斯特瓦尔德成熟（Ostwald Ripening）过程加快，有利于小的初级纳米颗粒进行晶体的重组。电化学结果表明，钯 SSPs 纳米结构具有良好的电催化性能，在碱性介质中直接氧化乙醇具有很大的潜力。钯 SSPs 的相互连接结构不仅具有较高的表面积，而且在有限的空间内为所涉及的分子提供了足够的吸收位点。

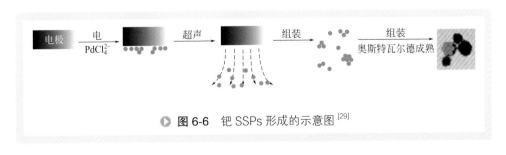

● 图 6-6　钯 SSPs 形成的示意图 [29]

声电化学通过仔细控制前驱体溶液的电化学、声化学和初始成分，可以合成相当复杂的纳米材料。例如：不需要任何模板就可以实现 1D（一维）纳米结构的控制，制备直径 10nm 以下纳米棒[30]。不添加任何稳定剂，随着阴极过电位的增加，可以获得直径 2 ~ 15nm 的纳米棒[31,32]；声电化学作为一种热物理现象，改进了模板电化学沉积法需要的较高盐浓度及对模板的电学和结构特性的精细调整，无论电解液的化学成分和组成或电极上的电荷如何，都可以制备出高质量的单晶一维纳米材料[33]。

二、超声还原法

超声还原法是利用超声的空化作用使水或醇溶液中产生还原剂，从而还原相应的金属盐成为纳米材料的方法。广泛应用于制备纳米金属、氧化物以及纳米复合物。在醇或类似的表面活性剂或有机添加剂的存在下，超声处理 $HAuCl_4$ 水溶液，声空化产生的自由基作为还原剂，有机添加剂如醇，通常用于从初级自由基生成次级还原性自由基，如反应（6-1）和（6-2）所示。还原性自由基将 Au（Ⅲ）还原为 Au（0），形成金纳米球 [反应（6-3）]。Okitsu 等[34] 发现超声频率对金颗粒大小和尺寸分布有显著影响，是控制形成颗粒大小的重要参数。使用 213kHz 的超声辐射，Au（Ⅲ）的还原速率最快，Au 纳米粒子的尺寸也最小。颗粒大小随着还原速率的增加而减小，当自由基生成速率较低时，成核速率慢于颗粒的生长速率，导致颗粒较大，粒径分布较广。

$$H_2O+))))) \longrightarrow \cdot H+ \cdot OH \tag{6-1}$$

$$RH+ \cdot OH/H\cdot \longrightarrow R\cdot +H_2O/H_2 \tag{6-2}$$

$$Au(Ⅲ)+ 还原粒子(H\cdot,R\cdot) \longrightarrow Au(0) 纳米颗粒 \tag{6-3}$$

另一方面，超声下表面活性剂的加入也能控制 NPs 的形成。没有表面活性剂，超声（950kHz）下形成金纳米粒子[35]；在 CTAB（十六烷基三甲基溴化铵）、$AgNO_3$（封端剂）和抗坏酸（还原剂）存在下，超声（200kHz）作用形成金纳米棒[36]。在 α-D- 葡萄糖存在下，形成金纳米带。超声（40kHz，100W）在促进颗粒间的碰撞、熔化金晶体和金表面定位吸附 α-D- 葡萄糖方面起重要作用[37]。

采用声化学连续还原两种不同的金属离子，将得到双金属核 - 壳结构纳米颗粒。例如，用声化学还原含有 Au(Ⅲ) 和 Pd(Ⅱ) 离子的溶液将得到以 Au 为核 Pd 为壳的纳米颗粒[38]。这是由两种离子的还原潜能不同导致的。用相似的方法还可制备 Au/Ag 和 Pt/Ru 核 - 壳颗粒[39,40]。

三、超声雾化 - 热分解法

利用了超声的高能分散机制，将超细粉末目标物的前驱体溶解于特定溶剂中配成一定浓度的母液，然后经过超声雾化器产生微米级的雾滴，并被载气带入高温反应器中发生热分解，从而得到均匀粒径的纳米或微米材料。超声喷雾热解（USP）典型装置图（图 6-7）：高频超声换能器（1.7MHz 家用加湿器），雾化器浸在含有前驱体溶液的容器底部，雾化产生的液滴被运输到管式炉中，最终热解，并到收集器中。

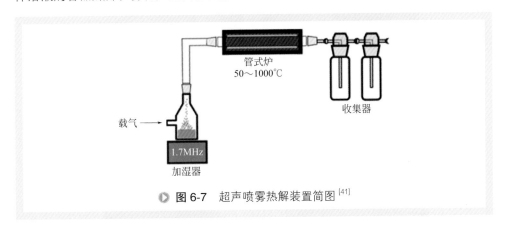

▶ **图 6-7** 超声喷雾热解装置简图[41]

USP 过程包括：①液滴的产生；②溶剂在加热区蒸发；③反应物的扩散；④反应或沉淀；⑤挥发物的逸出。USP 最常用来制造固体微粒（即喷雾干燥），在管式炉中发生固态热解。

使用超声喷雾热解（USP）技术可以制备多种纳米材料，如金属、金属氧化物、碳、半导体材料和聚合物等，不仅效果好，且具有良好的可扩展性和连续性。

USP 技术所能形成的最简单的粒子形式是致密的固体微球和空壳。Rankin 等[42] 利用超声喷雾法制备了聚二甲基硅氧烷（PDMS）微球。典型制备方法是通过乳液聚合法制备有机硅微球，得到大粒径（100μm）的多分散颗粒。其他方法一次只能制造一个粒子，然而通过超声喷雾法可以很容易地大量制备出大小一致（<2μm）的微球，粒径分布窄。通过改变前驱体溶液的浓度，可以控制 PDMS 微球的大小。

USP 技术制备的材料通常是多孔的。孔隙率可以由前驱体的分解产生，也可以通过模板引入。Skrabalak 等[43] 采用（NH_4）$_2MoS_4$ 作为前体，胶体 SiO_2 作为模板，利用 USP 技术制备了高比表面积的多孔 MoS_2。而采用传统热分解（NH_4）$_2MoS_4$ 的方法只能制备具有板状形貌的 MoS_2，见图 6-8。多孔 MoS_2 相对于传统方法制备的板状形貌 MoS_2 而言，对噻吩的加氢脱硫反应有高得多的催化活性，特别是在采用 Co 作为助催化剂的情况下，其催化性能甚至优于 RuS_2。

虽然 USP 的产物以微球形态为主，但 Skrabalak 等[44] 利用 USP 制备出了晶体纳米板。通过 USP 与熔融盐合成相结合，制备了 $NaInS_2$ 纳米板。图 6-9 为用常规方法与 USP 法生产 $NaInS_2$ 的比较，在不使用 USP 的情况下，类似的反应产生的粒子没有任何特定的结构或大小。USP 生产的 $NaInS_2$ 纳米板制备的光阳极性能优于非 USP 样品。

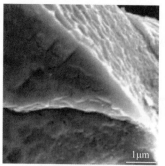 

(a) 传统热解法　　　　　　　(b) 超声热解法

▶ 图 6-8　不同方法制备的 MoS$_2$ 粉体的 SEM 图

(a) USP制备的纳米板SEM图　　　(b) USP制备的六角纳米板的TEM图
(右上角嵌入的是纳米板的单晶电子衍射图)

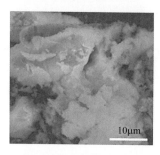 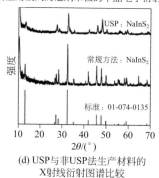

(c) 通过非USP方法制备NaInS$_2$　　　(d) USP与非USP法生产材料的
的SEM图　　　　　　　　　　　X射线衍射图谱比较

▶ 图 6-9　用常规方法与 USP 法生产 NaInS$_2$ 的比较

四、超声分解金属有机物

　　利用超声空化作用产生的局部高温环境对金属有机物或络合物进行的热分解，用于制备金属单质或金属合金。一个经典的例子是：0℃在 Ar 气氛下，超声处理癸烷中的 Fe(CO)$_5$，最终得到 Fe 纳米颗粒[45]。用该方法也可制备双金属合金，例如超声处理 Fe(CO)$_5$ 和 Co(CO)$_3$(NO) 的烃类溶液，制备出比表面积为 10～30m^2/g 的 Fe-Co 合金，合金颗粒是由直径 10～20nm 微团组成的多孔团聚体，合金的组成可以通过改变溶液中前驱体浓度的比例进行方便控制[46]。通过超声处理，可以从有机金属复合物中分解出十分活泼的金属原子，并通过添加其他反应物得到多种纳米材料。例如，在 Mo(CO)$_6$ 溶液中加入硫进行超声处理，可得到纳米 MoS$_2$。声化学法制备的是平均粒径为 15nm 的球形 MoS$_2$，与传统方法得到的层状和盘状样品不同[47]。声化学可以通过改变反应介质形成各种形式的纳米材料。当反应物为高沸点链烷烃，会产生纳米金属粉末，在高分子配体中，可形成稳定的纳米金属胶体，有无机载体如二氧化硅、氧化铝等存在时，就生成具有纳米结构的载体催化剂。当另加入相应的反应物时，还可以分别制备出氧化物、硫化物、碳化物及氮化物等，其产物都表现出良好的催化活性。

五、超声化学沉淀法

超声空化作用所产生的高温高压环境为微小颗粒的形成提供了所需的能量，使得沉淀晶核的生成速率可以提高几个数量级，沉淀晶核生成速率的提高使沉淀颗粒的粒径减小，而且超声空化作用产生的高温和在固体颗粒表面的大量气泡也大大降低了晶核的比表面自由能，从而抑制了晶核的聚结和长大。另外，超声空化作用产生的冲击波和微射流的粉碎作用使得沉淀以均匀的微小颗粒存在。采用这种方法制备的粉体，不仅粒径较小，而且分布均匀。超声沉淀技术被广泛用于制备 Fe$_2$O$_3$、CuO、ZrO$_2$、ZnO 和 Al$_2$O$_3$ 等金属纳米氧化物或 PbS 等硫化物纳米粒子。

Askarinejad 等[48]选用 Co(CH$_3$COO)$_2$ 和 Mn(CH$_3$COO)$_2$ 为原料在乙醇和水中加入适量的 NaOH 溶液或者 TMAH（羟化四甲铵），采用超声化学沉淀法成功制备球状或立方状的 Co$_3$O$_4$ 和 Mn$_3$O$_4$ 纳米晶。并对比了超声和无声下制备的纳米晶（图 6-10）。结果表明，在超声作用下所制备的 Co$_3$O$_4$ 和 Mn$_3$O$_4$ 粉体纯度高，形貌为均

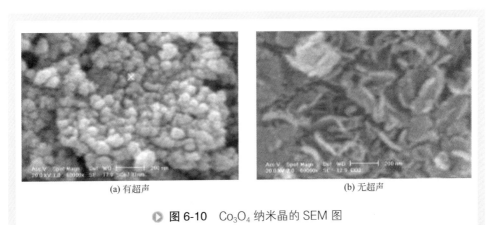

(a) 有超声　　　　　　　　　(b) 无超声

▶ 图 6-10　Co$_3$O$_4$ 纳米晶的 SEM 图

一旦明显的球形，粉体的平均尺寸在 10 ～ 30nm 之间；而没有经过超声处理制备的 Co_3O_4 和 Mn_3O_4 粉体纯度低，形貌不均且粉体尺寸大，均在 100nm 以上。

高强度超声具有许多物理和化学效应，使其成为一个强大的工具，有助于纳米材料的制备或改性。适用于许多新型材料，包括石墨烯、聚合物、金属和金属氧化物催化剂、结晶和各向异性材料。利用高强度超声技术，通过简单的反应条件和前驱体组成的变化，成功制备了大量形貌、结构和组成可控的纳米材料，加强声化学和超声辅助方法领域的研究与开发，是未来纳米材料制备发展的必然趋势。

第三节　超声强化聚合物反应过程

聚合物是由许多小分子单体聚合而成的高分子量化合物，是最重要的材料之一，具有广泛的应用前景。聚合物可分为天然和合成的高分子化合物。天然高分子化合物广泛存在于自然界中，如淀粉、纤维素、蛋白质、核酸等；合成高分子聚合物，如塑料、橡胶、合成纤维、油漆、黏合剂以及离子交换树脂等，已遍及工、农、国防、衣食住行、文教、卫生等各个行业。

超声辐照是合成聚合物和复合材料的有效方法，超声与聚合的协同作用主要有两个因素：一是由于自由基技术在聚合物化学领域的广泛应用，而液体在超声作用下易产生自由基；二是气泡破裂后产生的液体微射流，足以使聚合物发生键断裂，产生活性化学物质，这种效应对较小的分子来说是不能发生的[49]。声化学产生的剪切力足够强，能破坏共价键，从而降低聚合物的平均分子量。当超声应用于含有溶解单体的液体时，声化学产生的自由基可以作为引发聚合的引发剂。近年来，声化学在控制链长和分子量分布方面的研究也引起了广泛的关注[50～52]。此外，纯的高分子化合物受到超声辐射后，其理化性质和机械性能等都将会发生变化。

一、超声聚合物降解过程强化

1. 降解机理

聚合物链在溶液中的降解（由裂解引起的不可逆链长降低）是高强度超声对聚合物作用的最早报道。聚合物超声降解不同于化学降解，不破坏化学结构，只降低分子量[53]。超声作用下聚苯乙烯的降解曲线如图 6-11 所示，分子量大的降解速度快，当接近一个极限值 M_{lim} 时，不会发生进一步的降解。降解是一种物理过程的结果，它独立于聚合物的化学性质，取决于溶液中聚合物链的尺寸。

众所周知，在超声处理过程中自由基的形成、湍流和剪切力依赖于超声频率。

声化学自由基产量随频率的增加而加大，但在 300 ～ 800kHz 之间达到最大值后下降；剪切力随着频率的增加，显著减小（图 6-12）[54,55]。所以低频降解聚合物更有效，20kHz 的频率是特别有效的降解频率。

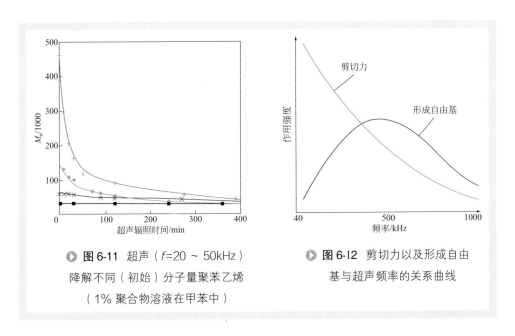

▶ 图 6-11　超声（f=20 ～ 50kHz）
降解不同（初始）分子量聚苯乙烯
（1% 聚合物溶液在甲苯中）

▶ 图 6-12　剪切力以及形成自由
基与超声频率的关系曲线

　　超声空化引起的机械性断键作用以及自由基的氧化还原反应被认为是超声降解大分子物质的主要机理。超声的机械性断键作用是由于物质的质点在超声波中具有极高的运动加速度，产生激烈而快速变化的机械运动，分子在介质中随着波动的高速振动及剪切力的作用而降解；水溶液由于超声空化效应而产生自由基，进而启动氧化还原反应，对大分子底物进行解聚 [56]。有利于空化的条件也有利于聚合物的降解。一般来说，延长超声作用时间、降低频率、反应温度、溶液浓度、溶剂蒸气压、溶剂中气体的溶解度、提高超声强度、聚合物的分子量，增加聚合物溶解能力等，可提高聚合物的超声降解程度。其结果都是使大分子链变短，分子量分布变窄。

　　超声降解聚合物的另一个显著特征是聚合物链通常在中链位置断裂。超声作用下共价键的裂解可以是均裂的，也可以是异裂的，C—C 键均裂为两种自由基的现象更为常见，为嵌段共聚物的形成提供了可能 [57]。

2. 超声强化降解的应用

　　超声控制分子量分布，产生分子量分布窄的聚合物。图 6-13 显示了经过超声处理的聚合物溶液的凝胶渗透色谱（GPC）图。分子量大的聚合物降解使其分布明显缩小，经过 24h 的超声处理后，没有分子量 >10 万的物质残留 [58]。因此，在聚

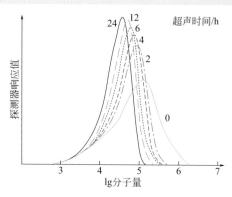

▶ 图6-13 凝胶渗透色谱法测定甲苯中2%的多烷烃水溶液的色谱图

注：每条曲线上的数字表示超声持续时间（以小时为单位）

合物最后的加工阶段使用声化学处理来控制分子量分布，使其具有所需要的加工性能。

这一技术在多糖中广泛应用，多糖是重要的生物高分子化合物，具有抗肿瘤、提高免疫力、降血糖、抗衰老等作用。分子量大小与其抗肿瘤活性、抗血栓活性、刺激植物生长的作用之间有显著的相关性。超声降解导致淀粉黏度显著降低，溶解度显著增加[59]。水稻、玉米、小麦和马铃薯淀粉颗粒经超声处理后比表面积（孔隙率）显著增加[60]。可以提高多糖的生物活性，超声降解紫菜多糖对癌细胞株（SGC-7901）的抑制活性增加[61]。因此，超声对多糖的降解和修饰具有多种有益的作用。

降解的另一个应用是制备共聚物。通过聚合物均裂产生大分子自由基，作为引发剂来实现（图6-14）：从裂解的大分子自由基上生长得到均聚物[图6-14（a）]，两种聚合物的裂解产生了两种不同的大分子自由基，耦合产生A-B嵌段共聚物[图6-14(b)]。Lebovitz等[62]通过荧光检测凝胶渗透色谱法（GPC），对此进行了研究，发现在高强度超声下，嵌段共聚物可以在2～4min内形成，这是一种快速、直观

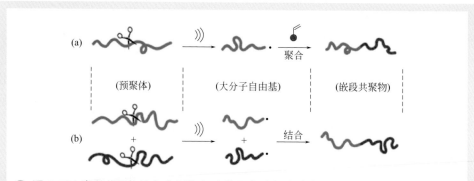

▶ 图6-14 嵌段共聚物的合成方法（a）均聚物降解生成大分子自由基与可聚合（乙烯基）化合物聚合；（b）混合均聚物的降解，随后大分子自由基发生耦合

提高非混溶聚合物共混相容性的好方法。

Fujiwara 等[63]描述了由超声（150W，25kHz 探头）诱导的聚氯乙烯（PVC）和聚乙烯醇（PVA）均聚物，通过断链和自由基的重组，在基团的末端形成自由基，合成聚氯乙烯 - 嵌段 - 聚乙烯醇（PVC-*b*-PVA）共聚物的方法（图 6-15）。

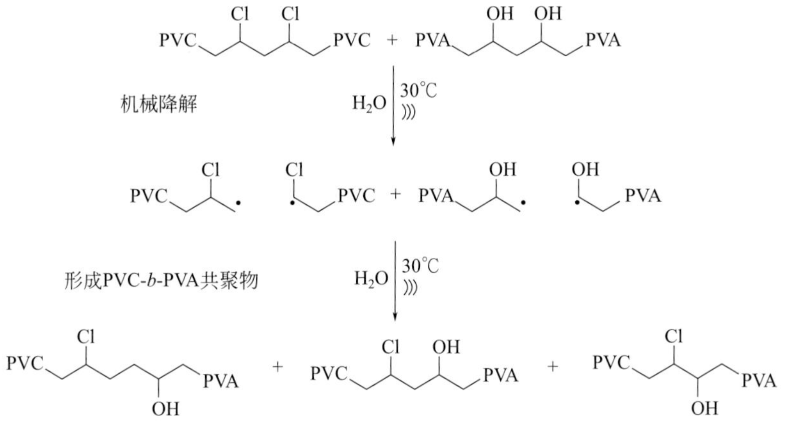

図 6-15　超声强化嵌段共聚

Yan 等[64]研究了偶氮异丁腈（AIBN）引发的苯乙烯与丙烯酸的超声强化随机共聚，超声使聚合诱导时间显著缩短并使聚合物有更高的分子量，且不需要添加两性分子添加剂。

其他应用，Min 等[65]报道了一种新型的环氧胺热固性树脂的降解和再利用。室温下，通过声化学的方法将其转化为可溶性聚合物。超声能有效诱导在二甲基亚砜（DMSO）中充分膨胀的 Diels-Alder（DA）键的定向断裂，导致形成可溶性聚合物。重要的是，这种声化学过程可以通过声控开关按需调节。所得的可溶性聚合物经 DA 反应转化成环氧胺热固性树脂。这种声化学方法为含 DA 等动态共价键的环氧胺热固性树脂的可控降解和循环利用提供了一种新的有效途径。Kim 和 Lee[66]提出了利用高强度超声，在没有添加剂或溶剂的情况下，聚丙烯熔体在混合器中发生了显著的降解。与过氧化氢、过氧化二甲酰的降解效率相比较：超声处理降低了畴尺寸，并稳定了混合物的相形态。超声辅助熔体混炼可在各组分间原位形成共聚物，为非混相聚合物共混物的增溶提供了一条有效途径。

二、超声自由基聚合反应过程强化

自由基聚合是应用最广泛的聚合技术之一，已成为工业生产和应用的重要技术领域。不同的自由基聚合工艺，如本体、溶液、悬浮液或乳液聚合，操作简单，在相对温和的反应条件下可制备出高分子量聚合物。超声强化聚合物合成主要集中在：①不同高分子在超声作用下断链形成大分子自由基，然后通过偶合终止或引发其他单体聚合形成共聚物。②乳液聚合中，水分子或表面活性剂在超声作用下分解成自由基，引发单体聚合，不用引发剂，或少量引发剂，超声空化作用能在较低温的条件下加速引发剂的分解，从而引发聚合反应。③悬浮聚合，提高非均相反应的速度，对溶液中的固态高分子进行化学改性。④利用超声空化在乳液中产生的独特的分散、粉碎、活化和引发等作用，制备纳米材料。与普通的加热聚合反应相比，利用超声聚合可以获得较窄的分子量分布和较高的分子规整性。涉及声化学自由基聚合的一系列反应可以简单地由方程（6-4）～（6-8）表示。

$$M(\text{或 }S)+b \longrightarrow 2R\bullet \qquad\qquad (6\text{-}4)$$

$$R\bullet+M \longrightarrow RM\bullet \qquad\qquad (6\text{-}5)$$

$$RM_n\bullet+M \longrightarrow RM_{n+1}\bullet \qquad\qquad (6\text{-}6)$$

$$RM_n\bullet+RM_n\bullet \longrightarrow P \qquad\qquad (6\text{-}7)$$

$$P+b \longrightarrow 2RM_n\bullet \qquad\qquad (6\text{-}8)$$

①单体（M）或溶剂（S）与空化泡（b）相互作用，产生活性自由基；②启动；③传播；④双分子终止生成聚合物 P；⑤多聚体与气泡的相互作用，导致微乳的降解和形成。

1. 乳液聚合

超声技术特别有利于乳液聚合体系。空化气泡产生的冲击波和微射流搅动可以在包含两种非混相液体的体系中产生乳剂，这为声化学乳液自由基聚合提供了一种新的方法。经典乳液聚合的一个主要缺点是使用化学引发剂和稳定剂，会改变最终产品的性质。这可以通过使用高强度超声波作为绿色聚合方法来防止，因为在这种系统中不需要化学引发剂。空化泡产生的高局部剪切梯度，能有效搅拌和分散单体液滴到水相，防止奥斯特瓦尔德（Ostwald）成熟，可以不用或少用化学引发剂。且超声引发可以在更短的时间内形成更高的聚合物分子量和更小、分布更窄的乳液。此外，超声用于聚合反应的另一特点是，当超声关闭时，聚合反应停止。超声乳液聚合的机理如图 6-16 所示 [67]。

Chou 等 [68,69] 研究了超声辐照引发甲基丙烯酸甲酯乳液聚合反应，不加入引发剂，引发反应的自由基来自超声辐照下乳化剂的降解。超声不但可以引发及加速乳液聚合，并且较低的温度就可以提供反应所需的能量。

Biggs 和 Grieser[70] 研究了室温下超声辐照合成聚苯乙烯乳胶粒子，认为声化学乳液聚合相比于传统的聚合体系，表面活性剂的浓度要低得多，聚合速率明显加快，聚合物颗粒的粒径范围在 40～50nm 之间。小粒径范围和高转化率是由于超声下单体液滴的连续成核。Teo 等 [71] 在水中进行了甲基丙烯酸正丁酯（BMA）的微乳液聚合，SDS 作为表面活性剂，用超声探头反应器（20kHz，8W/ cm²）。室温

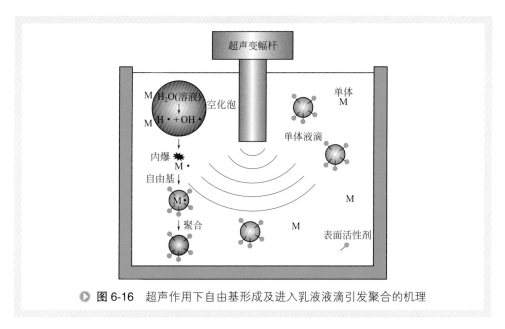

图 6-16 超声作用下自由基形成及进入乳液液滴引发聚合的机理

下辐照 20min, 得到高分子量（3×10^6 g/mol）聚合物, 作者强调, 由超声产生的微乳不需要助水剂。

2. 悬浮聚合

超声分散作用使悬浮聚合中不残留分散剂和引发剂碎片, 提高产品性能。Okudaira 等[72] 报道了无表面活性剂和化学引发剂时的悬浮聚合, 将苯乙烯单体滴入水中, 在 40kHz 的超声下形成分散在水相中的单体油滴。在 200kHz 的超声辐照下, 引发了单体在油滴中的聚合。单分散聚苯乙烯微球的平均直径为 50nm。20kHz 下无自由基产生, 反应中无分散剂和引发剂, 提高了产品纯度, 减少了环境污染。

3. 可控自由基聚合

（1）声化学诱导可逆加成断裂链转移聚合（Sono-RAFT） McKenzie 小组[51] 报道了首次使用声化学产生自由基, 活化水中的 RAFT 聚合反应, 见图 6-17。因高频超声（>200kHz）HO•的生成高于低频超声（如 20 ~ 50kHz）, 而产生的剪切力要小得多, 机械降解聚合物的可能性大大降低, 从而可以合成长链和高分子量的聚合物。当使用频率为 414kHz 超声, 在室温下控制一系列水溶性（甲基）丙烯酸酯和丙烯酰胺类单体的聚合。通过调节单体与 RAFT 的摩尔比, 可以得到一系列不同链长的聚合物, 通过开 / 关超声控制辐照时间。在没有金属催化剂或外源引发剂的情况下, 这是一种清洁的合成水溶性聚合物的方法。

（2）声化学诱导的原子转移自由基聚合（Sono-ATRP） Konkolewicz 等[73] 介绍在低频（f= 35kHz）超声照射下形成的大分子自由基直接用 $CuCl_2$ 包覆, 得到端

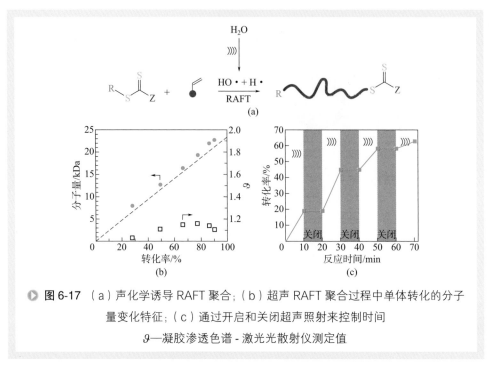

图 6-17 （a）声化学诱导 RAFT 聚合；（b）超声 RAFT 聚合过程中单体转化的分子
量变化特征；（c）通过开启和关闭超声照射来控制时间

ϑ—凝胶渗透色谱 - 激光光散射仪测定值

部为氯原子的聚甲基丙烯酸甲酯（PMMA-Cl），辐照 4h 内，预聚体材料的分子量从 >500 kDa 下降到约 50 kDa，表明有效的链断裂。直接加入单体（苯乙烯），将混合物放入 110℃的热油浴中，激活 ATRP 聚合 / 扩链 [图 6-18（a）]。

Mohapatra 等 [74] 利用低频超声（20kHz）机械活性强化催化剂将溶解的 Cu^{2+} 还

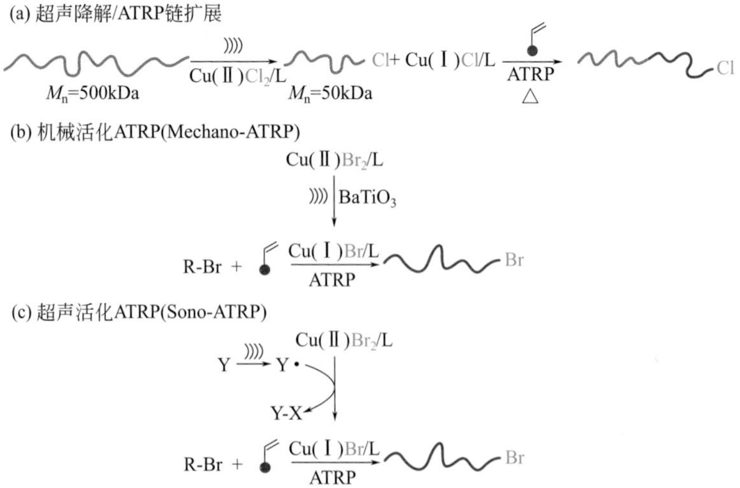

图 6-18 超声辅助 / 诱导 ATRP 的不同方法

原为 Cu+，可在室温下催化 ATRP 反应 [图 6-18（b）]。图 6-18 所示为：（a）超声降解存在 Cu(Ⅱ)Cl$_2$ 的高分子量预聚体，然后热激活 ATRP 链延长；（b）超声机械活化还原剂 BaTiO$_3$ 将 Cu(Ⅱ)Br$_2$（失活化剂）还原为 Cu(Ⅰ)Br（活化剂）复合物；（c）超声化学产生自由基将 Cu(Ⅱ)Br$_2$ 络合物自由基还原为 Cu(Ⅰ)Br 络合物。分子量随着单体的转移而增加，聚合物的分散度也越来越小，这与受控聚合是一致的。然而聚合物分子量相对较低（<10kDa）。

Collins 等 [75] 最近报道了利用超声的化学（而非机械）效应诱导 ATRP 的方法。具体地说，在一种被称为连续激活体再生（ICAR）ATRP 引发剂的技术中，超声波辐照水溶液产生的羟基自由基被用作引发剂。声化学形成的自由基将 Cu$_2$X$_2$ /L（L 是一个协调配体，X 是卤族元素）预催化复合体还原成活性 CuX/L 形式，存在烷基卤化物引发剂和可聚合单体时能够激活一个 ATRP 反应 [图 6-18（c）]。

三、超声生物高分子微球制备过程强化

超声在高分子材料中的另一个重要应用是生物高分子材料的制备，尤其是蛋白质微球的合成。20 世纪 90 年代初，Suslick 和 Grinstaff[76] 发明了一种利用声化学制备载有非水溶性或气体的蛋白质微球的简便方法。他们用高强度超声，在含有牛血清蛋白（BSA）水溶液和非水溶液的双相体系中，经过 3min 的超声处理，制备了载油 BSA 微球。并提出微球形成的机理是乳化和空化两种声学现象的结合：油水的混合物被高强度超声辐照时，形成的湍流可以产生乳液，将非水相分散到水蛋白溶液中形成蛋白质微球。单靠乳化作用不足以形成稳定、寿命长的微球，还需要一种化学过程，通过半胱氨酸残基之间的二硫键形成蛋白质分子的交联。空化使水分解产生自由基，在氧气存在下，形成超氧自由基，这些自由基通过形成二硫键将蛋白质交联。因此，非水性材料可以封装在薄而坚固的蛋白质外壳。微球的交联壳层约有 10 个蛋白质分子厚。图 6-19 为超声作用后的蛋白质微球电镜扫描图。这些微

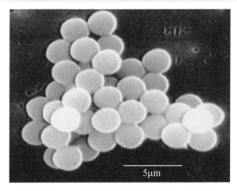

5μm

▶ 图 6-19　超声作用后的蛋白质微球电镜扫描图

球能稳定几个月，比红细胞略小，通过静脉注射能够畅通无阻地通过循环系统。组成微球外壳的蛋白质不会因外壳的形成而发生变性[60]。

载气和载油蛋白质微球在药物传递和医学成像方面的应用已经得到了广泛的研究。载气蛋白质微球可作为医学超声造影剂，用于包封疏水药物作为被动给药剂。美国制药伙伴公司的一种以紫杉为核心的白蛋白微球已实现商业化，是目前紫杉醇化疗治疗乳腺癌的主要传递系统[77]。

Tortora 等[78] 使用超声成功制备了尺寸范围在 0.3 ~ 1.1μm 之间的木质素微胶囊，具有药物输送潜能。超声乳化和交联协同作用是木质素微胶囊形成的机理。利用了空化气泡破裂产生的高剪切力，以及声空化过程中产生的羟基自由基（·OH）和超氧化物自由基（·OOH）导致木质素链的交联。Cavalieri 等[79] 利用超声诱导水溶液中化学还原溶菌酶的乳化和交联，成功制备了稳定的溶菌酶微泡。随后，又将金纳米粒子和碱性磷酸酶成功涂覆在溶菌酶泡沫上，用于微型抗菌和生物传感设备[80]。 Zhou 等[81] 证明了声化学方法很容易将有机液体封装到交联溶菌酶微球中，并且微球的大小和稳定性取决于所包封的有机液体的性质，显示了声化学方法在医疗和食品工业中的潜在用途。最近，王宗乾等[82] 将超声辅助工艺用于丝素蛋白空白微球的制备，解决了乳化交联工艺制备的微球极易发生集聚且粒径分布不均的问题。结果表明：无超声，乳化交联工艺制备微球的平均粒径为 15.08μm，粒径标准偏差（SD）为 0.515，聚集现象明显；超声辅助后，微球平均粒径随超声频率和超声功率的增加而减小，在 45kHz、100W 的超声条件下制备的微球粒径减小至原来的 26%，微球的 SD 值同时降低，证明超声辅助可显著改善微球的团聚现象，促进微球粒径的均匀分布。

利用超声波生产微球并不一定要形成共价交联才能生成稳定的微球。生物聚合物稳定的乳液液滴可以通过非共价相互作用（如氢键、疏水相互作用和静电相互作用）以类似于粒子稳定的 Pickering 乳液的方式聚集在一起。Suslick 等[83] 使用聚谷氨酸钠（SPG）在中性 pH 下形成微球。添加自由基清除剂并不影响 SPG 微球的形成，而 MALDI-MS 分析表明，超声和非超声 SPG 之间没有差异，说明共价键在微球的形成中似乎没有起作用。氢键是影响 SPG 微球稳定性的一个重要因素。近年来，声化学制备蛋白微胶囊的研究已经扩展到重金属污染水的修复。Nazari[84] 测试了由牛血清蛋白（BSA）和蛋清蛋白（EWP）制成的蛋白质微球，这两种蛋白都含有高半胱氨酸残基，可以作为一种从水溶液中去除铜离子的方法。

—— **参考文献** ——

[1] Pokhrel N, Vabbina P K, Pala N. Sonochemistry: Science and Engineering[J]. Ultrasonics Sonochemistry, 2016, 29: 104-128.

[2] Leonelli C, Mason T J . Microwave and ultrasonic processing: Now a realistic option for industry[J]. Chemical Engineering and Processing, 2010, 49(9): 885-900.

[3] Leong T S H, Zhou M, Kukan N, et al. Preparation of water-in-oil-in-water emulsions by low frequency ultrasound using skim milk and sunflower oil[J]. Food Hydrocolloids, 2017, 63: 685-695.

[4] Mirzadeh E, Akhbari K, Phuruangrat A, et al. A survey on the effects of ultrasonic irradiation, reaction time and concentration of initial reagents on formation of kinetically or thermodynamically stable copper(I) metal-organic nanomaterials[J]. Ultrasonics Sonochemistry, 2017, 35(Pt A): 382-388.

[5] Ning F, Hui W, Cong W, et al. A mechanistic ultrasonic vibration amplitude model during rotary ultrasonic machining of CFRP composites[J]. Ultrasonics, 2016, 76: 44.

[6] Xu H X, Zeiger B W, Suslick K S. ChemInform abstract: Sonochemical synthesis of nanomaterials[J].Chemical Society Reviews, 2013, 44(24): 2555-2567.

[7] Hinman J J,Suslick K S. Nanostructured materials synthesis using ultrasound[J].Topics in Current Chemistry, 2017, 375(1).

[8] Chatel G. How sonochemistry contributes to green chemistry [J]. Ultrasonics Sonochemistry, 2018, 40, Part B: 117-122.

[9] Muthoosamy K, Manickam S. State of the art and recent advances in the ultrasound-assisted synthesis, exfoliation and functionalization of graphene derivatives [J]. Ultrasonics Sonochemistry, 2017, 39: 478-493.

[10] Xu H, Suslick K S . Sonochemical preparation of functionalized graphenes[J]. Journal of the American Chemical Society, 2011, 133(24): 9148-9151.

[11] Lotya M, Hernandez Y, King P J, et al. Liquid phase production of graphene by exfoliation of graphite in surfactant/water solutions[J]. Journal of the American Chemical Society, 2009, 131(10): 3611-3620.

[12] Zhang W, He W, Jing X. Preparation of a stable graphene dispersion with high concentration by ultrasound[J]. Journal of Physical Chemistry B, 2010, 114(32): 10368-10373.

[13] Štengl V, Henych J, Slušná M, et al. Ultrasound exfoliation of inorganic analogues of graphene, nanoscale[J].Nanoscale Research Letters, 2014, 9: 167.

[14] Wang Y, Zhou C, Wang W, et al. Preparation of two dimensional atomic crystals BN, WS_2, and MoS_2 by supercritical CO_2 assisted with ultrasound[J]. Industrial & Engineering Chemistry Research, 2013, 52(11): 4379-4382.

[15] Prozorov T,Prozorov R,Suslick K S. High velocity interparticle collisions driven by ultrasound[J]. Journal of the American Chemical Society, 2004, 126:13890-13891.

[16] Suslick K S.Applications of ultrasound to materials chemistry[J]. Annual Review of Materials Science, 1999, 29:295-326.

[17] Prozorov T,McCarty B,Cai Z,et al.Effects of high-intensity ultrasound on $Bi_2Sr_2CaCu_2O_{8+x}$ superconductor[J].Applied physics Letters, 2004, 85: 3513-3515.

[18] Xia H S,Wang Q. Synthesis and characterization of conductive polyaniline nanoparticles through ultrasonic assisted inverse microemulsion polymerization[J].Journal of Nanoparticle Research, 2001, 3:399-409.

[19] 李长青, 李永哲, 董怀斌. 超声波辐照对聚合物及其复合材料性能的影响 [J]. 宇航材料工艺, 2018, 1: 1-4, 15.

[20] Zeiger B W, Suslick K S . Sonofragmentation of molecular crystals[J]. Journal of the American Chemical Society, 2011, 133(37): 14530-14533.

[21] Sander J R G, Zeiger B W, Suslick K S . Sonocrystallization and sonofragmentation[J]. Ultrasonics Sonochemistry, 2014, 21(6): 1908-1915.

[22] Gopi K R, Nagarajan R . Advances in nanoalumina ceramic particle fabrication using sonofragmentation[J]. IEEE Transactions on Nanotechnology, 2008, 7(5): 532-537.

[23] Urban M W, Salazar-Rojas E M. Ultrasonic PTC modification of poly (vinylidene fluoride) surfaces and their characterization[J]. Macromolecules, 1988, 21: 372-378.

[24] 李永哲, 李长青, 宋巍. 超声辐照对碳纳米管增强环氧树脂黏度和力学性能的影响 [J]. 表面技术, 2012, 41(5): 73-76.

[25] Isayev A I, Hong C K. Novel ultrasonic process for in-situ copolymer formation and compatibilization of immiscible polymers[J]. Polymer Engineering & Science, 2003, 43(1): 91-101.

[26] Ameta S C, AmetaR,Ameta G.Sonochemistry: An emerging green technology[M]. Apple Academic Press, 2018, Chapter 6: Nanomaterial: 160-195.

[27] Bang J H, Suslick K S. Applications of ultrasound to the synthesis of nanostructured materials[J]. Advanced Materials, 2010, 22(10): 1039-1059.

[28] Wang H Q, Jia L, Bogdanoff P, et al. Size-related native defect engineering in high intensity ultrasonication of nanoparticles for photoelectrochemical water splitting[J]. Energy & Environmental Science, 2013, 6: 799-804.

[29] Shen Q, Min Q, Shi J, et al. Morphology-controlled synthesis of palladium nanostructures by sonoelectrochemical method and their application in direct alcohol oxidation[J]. The Journal of Physical Chemistry C, 2009, 113(4): 1267-1273.

[30] Qiu X, Burda C, Fu R, et al. Heterostructured Bi_2Se_3 nanowires with periodic phase boundaries[J]. Journal of the American Chemical Society, 2004, 126(50): 16276-16277.

[31] Liu Y C, Lin L H . New pathway for the synthesis of ultrafine silver nanoparticles from bulk silver substrates in aqueous solutions by sonoelectrochemical methods[J]. Electrochemistry Communications, 2004, 6(11): 1163-1168.

[32] Liu Y C, Lin L H, Chiu W H . Size- controlled synthesis of gold nanoparticles from bulk

gold substrates by sonoelectrochemical methods[J]. The Journal of Physical Chemistry B, 2004, 108(50): 19237-19240.

[33]Singh K V, Martinez-Morales A A, SenthilAndavan G T, et al. A simple way of synthesizing single-crystalline semiconducting copper sulfide nanorods by using ultrasonication during template-assisted electrodeposition[J]. Chemistry of Materials, 2007, 19(10): 2446-2454.

[34] Okitsu K, Ashokkumar M, Grieser F. Sonochemical synthesis of gold nanoparticles: Effects of ultrasound frequency[J]. Journal of Physical Chemistry, 2005, 109(44): 20673-20675.

[35] Sakai T, Enomoto H, Torigoe K, et al. Surfactant and reducer-free synthesis of gold nanoparticles in aqueous solutions[J].Colloids and Surfaces A:Physicochemical and Engineering Aspects, 2009, 347: 18-26.

[36] Okitsu K, Sharyo K, Nishimura R. One-pot synthesis of gold nanorods by ultrasonic irradiation: The effect of pH on the shape of the gold nanorods and nanoparticles[J]. Langmuir, 2009, 25: 7786-7790.

[37] Zhang J, Du J, Han B, et al. Sonochemical formation of Single-crystalline gold nanobelts[J]. Angewandte Chemie International Edition, 2006, 45(7):1116-1119.

[38] Mizukoshi Y, Okitsu K, Maeda Y, et al. Sonochemical preparation of bimetallic nanoparticles of gold/palladium in aqueous solution[J].The Journal of Physical Chemistry B, 1997, 101: 7033-7037.

[39] Anandan S, Grieser F, Ashokkumar M. Sonochemical synthesis of Au-Ag core-shell bimetallic nanoparticles[J]. The Journal of Physical Chemistry C, 2008, 112: 15102-15105.

[40] Vinodgopal K, He Y, Ashokkumar M, et al.Sonochemically prepared platinum-ruthenium bimetallic nanoparticles[J].The Journal of Physical Chemistry B, 2006, 110: 3849-3852.

[41] Bang J H, Didenko Y T, Helmich R J, et al. Nanostructured materials through ultrasonic spray pyrolysis[J]. Aldrich Mater Matters, 2012, 7(2): 15-18.

[42] Rankin J M, Neelakantan N K, Lundberg K E, et al. Magnetic, fluorescent, and copolymeric silicone microspheres[J].Advanced Science, 2015, 2 (6): 1500114(5).

[43] Skrabalak S E, Suslick K S. Porous MoS_2 synthesized by ultrasonic spray pyrolysis[J]. Journal of the American Chemistry Society, 2005, 127(28): 9990-9991.

[44] Mann A K P, Wicker S, Skrabalak S E. Aerosol-assisted molten salt synthesis of $NaInS_2$ nanoplates for use as a new photoanode material[J]. Advanced Materials, 2012, 24(46): 6186-6191.

[45] Xu H, Zeiger B W, Suslick K S.Sonochemical synthesis of nanomaterials[J].Chemical Society Reviews, 2013, 42(7):2555-2567.

[46]Suslick K S, Hyeon T, Fang M.Nanostructured materials generated by high-intensity ultrasound: Sonochemical synthesis and catalytic studies [J]. Chemistry of Materials, 1996, 8(8):2172-2179.

[47] Mdleleni M M, Hyeon T, Suslick K S.Sonochemical synthesis of nanostructured molybdenum sulfide[J]. Journal of the American Chemical Society, 1998, 120(24): 6189-6190.

[48] Askarinejad A, Morsali A. Direct ultrasonic-assisted synthesis of sphere-like nanocrystals of spinel Co_3O_4 and Mn_3O_4[J]. Ultrasonics Sonochemistry, 2009, 16(1): 124-131.

[49] McKenzie T G, Karimi F, Ashokkumar M. Ultrasound and sonochemistry for radical polymerization: Sound[J].Chemistry-A European Journal, 2019, 25: 1 - 18.

[50] Mohapatra H, Kleiman M, Esser-kahn A P. Mechanically controlled radical polymerization initiated by ultrasound[J]. Nature Chemistry, 2017, 9: 135-139.

[51] McKenzie T G, Colombo E Q, Ashokkumar M, et al. Sono - RAFT polymerization in aqueous medium[J]. Angewandte Chemie International Edition, 2017, 56(40): 12302-12306.

[52] Wang Z, Wang Z, Pan X, et al. Ultrasonication-induced aqueous atom transfer radical polymerization[J]. Acs Macro Letters, 2018, 7(3): 275-280.

[53] Desai V, Shenoy M A, Gogate P R. Ultrasonic degradation of low-density polyethylene[J]. Chemical Engineering & Processing Process Intensification, 2008, 47(9): 1451-1455.

[54] Cravotto G, Cintas P. Harnessing mechanochemical effects with ultrasound-induced reactions[J]. Cheminform, 2012, 3(2): 295-307.

[55] Kanthale P, Ashokkumar M, Grieser F. Sonoluminescence, sonochemistry (H_2O_2 yield) and bubble dynamics: Frequency and power effects[J]. Ultrasonics Sonochemistry, 2008, 15(2): 143-150.

[56] Gogate P R, Prajapat A L. Depolymerization using sonochemical reactors: A critical review[J]. Ultrasonics Sonochemistry, 2015, 27: 480-494.

[57] Lutz J F, Lehn J M, Meijer E W, et al. From precision polymers to complex materials and systems[J]. Nature Reviews Materials, 2016, 1(5): 16024-16038.

[58] Price G J.Ultrasonically enhanced polymer synthesis[J]. Ultrasonics Sonochemistry, 1996, 3:229-238.

[59] Wang D, Ma X, Yan L, et al. Ultrasound assisted enzymatic hydrolysis of starch catalyzed by glucoamylase: Investigation on starch properties and degradation kinetics[J]. Carbohydrate Polymers, 2017, 1(175): 47-54.

[60] Monika S. Ultrasonic modification of starch -impact on granules porosity[J]. Ultrasonics Sonochemistry, 2017, 37: 424-429.

[61] Yu X, Zhou C, Yang H, et al. Effect of ultrasonic treatment on the degradation and inhibition cancer cell lines of polysaccharides from Porphyra yezoensis[J]. Carbohydrate Polymers, 2015, 117: 650-656.

[62] Lebovitz A H, Khait K, Torkelson J M. Stabilization of dispersed phase to static coarsening: Polymer blend compatibilization via solid-state shear pulverization[J]. Macromolecules,

2003, 35(23): 8672-8675.

[63] Fujiwara H, Ishida T, Taniguchi N, et al. Mechanochemical synthesis and characterization of poly(vinyl chloride)-block-poly(vinyl alcohol) copolymers by ultrasonic irradiation[J]. Polymer Bulletin, 1999, 42(2):197-204.

[64] Yan L, Wu H, Zhu Q. Emulsifier-free ultrasonic emulsion copolymerization of styrene with acrylic acid in water[J]. Green Chemistry, 2004, 6: 99-103.

[65] Min Y, Huang S, Wang Y, et al. Sonochemical transformation of epoxy-amine thermoset into soluble and reusable polymers[J]. Macromolecules, 2015, 48(2): 316-322.

[66] Kim H, Lee J W. Effect of ultrasonic wave on the degradation of polypropylene melt and morphology of its blend with polystyrene[J]. Polymer, 2002, 43(8): 2585-2589.

[67] Teo B M, Prescott S W, Ashokkumar M, et al. Ultrasound initiated miniemulsion polymerization of methacrylate monomers[J]. Ultrasonics Sonochemistry, 2008, 15(1): 89-94.

[68] Chou H C J, Stoffer J O. Ultrasonically initiated free radical‐catalyzed emulsion polymerization of methyl methacrylate (Ⅰ)[J]. Journal of Applied Polymer Science, 1999, 72: 797-825.

[69] Chou H C J, Stoffer J O. Ultrasonically initiated free radical‐catalyzed emulsion polymerization of methyl methacrylate (Ⅱ): Radical generation process studies and kinetic data interpretation[J]. Journal of Applied Polymer Science, 1999, 72: 827-834.

[70] Biggs S, Grieser F. Preparation of polystyrene latex with ultrasonic initiation[J]. Macromolecules, 1995, 28(14): 4877-4882.

[71] Teo B M, Ashokkumar M, Grieser F. Microemulsion polymerizations via high-frequency ultrasound irradiation[J]. Journal of Physical Chemistry B, 2008, 112(17): 5265-5267.

[72] Okudaira G, Kamogawa K, Sakai T, et al. Suspensionpolymerization of styrene monomer without emulsifierand initiator[J]. Journal of Oleo Science, 2003, 5(3): 167-170.

[73] Konkolewicz D, Magenau A J D, Averick S E, et al. ICAR ATRP with ppm Cu Catalyst in Water[J]. Macromolecules, 2012, 45(11): 4461-4468.

[74] Mohapatra H, Kleiman M, Esser-Kahn A P.Mechanically controlled radical polymerization initiated by ultrasound[J]. Nature Chemistry, 2017, 9: 135-139.

[75] Collins J, McKenzie T, Nothling M, et al. High frequency SonoATRP of 2-hydroxyethyl acrylate in an aqueous medium[J]. Polymer Chemistry, 2018, 9: 2562-2568.

[76] Suslick K S, Grinstaff M W. Protein microencapsulation of nonaqueous liquids[J]. Journal of the American Chemical Society, 1990, 112(21): 7807-7809.

[77] Hawkins M J, Soonshiong P, Desai N. Protein nanoparticles as drug carriers in clinical medicine[J]. Advanced Drug Delivery Reviews, 2008, 60(8): 876-885.

[78] Tortora M, Cavalieri F, Mosesso P, et al. Ultrasound driven assembly of lignin into

microcapsules for storage and delivery of hydrophobic molecules[J]. Biomacromolecules, 2014, 15(5): 1634-1643.

[79] Cavalieri F, Ashokkumar M, Grieser F, et al. Ultrasonic synthesis of stable, functional lysozyme microbubbles[J]. Langmuir, 2008, 24(18): 10078-10083.

[80] Cavalieri F, Micheli L, Kaliappan S, et al. Antimicrobial and biosensing ultrasound-responsive lysozyme-shelled microbubbles[J]. Applied Materials & Interfaces, 2013, 5(2): 464-471.

[81] Zhou M, Leong T S H, Melino S, et al. Sonochemical synthesis of liquid-encapsulated lysozyme microspheres[J]. Ultrasonics Sonochemistry, 2010, 17(2): 333-337.

[82] 王宗乾, 王邓峰, 周杭, 等. 超声波辅助对乳化交联工艺制备丝素蛋白微球形貌的影响[J]. 纺织学报, 2019, 40(2): 119-124.

[83] Dibbern E M, Toublan F J, Suslick K S. Formation and characterization of polyglutamate core-shell microspheres[J]. Journal of the American Chemical Society, 2006, 128(20): 6540-6541.

[84] Nazari A M, Cox P W, Waters K E. Copper ion removal from dilute solutions using ultrasonically synthesised BSA- and EWP-coated air bubbles[J]. Separation & Purification Technology, 2014, 132: 218-225.

第七章

超声强化在过程工业中的应用

　　我国功率超声技术经过新老几代人的努力，在基础研究上取得了许多重要成果，不断有超声处理新设备在国民经济建设中发挥了重要作用。除了前几章已介绍的功率超声较成功的实际应用：超声清洗、超声生物质及药物提取、超声除尘、超声合成等外，目前已在超声采油、超声环保、超声轻工强化、超声食品强化等领域有了新的工业应用进展。下面就目前我国功率超声强化技术的新工业应用做一些介绍。

第一节　超声强化采油过程

一、概述

　　目前，油井采收率还不到 40%，随着一、二次采油方式后产油量下降，需要考虑三次采油方式，进一步增加原油采出量。如何提高采收率仍是世界性的挑战，且对于比传统（垂直）井产量更高的新型水平井而言，这一点尤为重要。近年来，恢复衰竭油井，提高原油采收率的主要途径是物理方法和化学方法。一些常用的物理方法，如水力压裂、波处理和电磁处理，具有破坏岩层结构、成本高、能耗高等缺点。

　　化学强化采油法是将盐酸溶液、四氯化碳、二氧化氯和泥浆酸等化学试剂注入油藏，清除堵塞，以提高石油产量。虽然这种方法有利于传统井，但在水平井的情况下，这种方法效率很低，这是因为通过井口注入的化学试剂不易到达水平部分需要处理的区域。另外，这种方法受化学试剂成本及其在含油层岩石上的吸附和损失的限制。显然，长期使用化学试剂不可避免地会对油藏造成污染，从而降低原油采收率，且对人员及环境存在安全隐患。二氧化碳驱油效果优于水驱油，此技术在我国低渗透油田会有较好的发展前景，但也有一定缺点，如易发生绕流与气窜、易腐蚀管道、沥青质易沉积、钙质沉淀堵塞油层等。

因此，迫切需要开发对油藏适应性强、操作简单、成本低、无污染的新一代技术。目前使用的其他物理强化采油（EOR）包括电磁处理和波处理。这些方法包括使用各种物理场而不是物质来影响储层。与水力压裂相比，这种技术成本更高，但更节能。而超声波采油技术是最有前途的方法之一，超声波对油井和储层的作用使油产量提高，这是基于超声作用的两个方面，即提高通过岩层流入泵池的油流动，以及降低油的黏度，使其更容易被泵吸入。如果开发有效的设备，正确选择需处理的油井，并在处理前和处理过程中对工艺进行数学建模，可以显著提高该方法的效率[1]。超声EOR技术满足了适应性强、操作简单、成本低、对环境无污染的要求。

最早在20世纪60年代，美国科学家首先进行了超声波油井增产技术的研究，并且在美国俄克拉荷马州华盛顿县的油井中进行了超声采油的矿场试验，试验取得了一定的成效。随后，苏联在超声波采油技术的研究和应用方面进行了大量的工作，并一直处于世界领先地位。从那时起，苏联和美国已经开发了几种用于采油的大功率井下工具。俄罗斯Abramov教授领导的团队发明了两种井下工具：SP-42/1300和SP-102/1270。利用这两种工具对渗透率大于20mD、孔隙率大于15%的油井进行了现场应用，结果表明，可提高采收率30%～50%。Abramov团队的超声EOR示意图如图7-1所示[2]。

在美国，超声波采油工具采用Abramov教授及其团队发明的PSMS-102和PSMS-42，对高黏度油田进行的现场试验表明，平均日产油增长量为4.45吨。壳牌、哈利伯顿及司伦贝谢等国际石油服务公司也相继开展超声波采油技术的应用。

Abramov等还提出了一种基于选择性超声处理的水平油井射孔段减水处理技术。在西西伯利亚的一口水平井上进行了该技术的现场试验，该水平井具有含水率高的特点。结果表明，该工艺可使含水率降低20%，增产91%。在西西伯利亚砂岩储层的三口水平井上测试了提高采收率的声化学方法。结果表明，液体产量由51吨/日增加到72吨/日，石油产量由23吨/日增加到33吨/日。现场试验表明，采用声化学方法提高采收率是一种有前途的方法。他们的研究结果表明，超声化学处理对降低原油黏度的效果优于在井内不添加化学物质的超声井下工具处理。Hossein等通过实验室实验发现，与传统的二氧化碳驱相比，超声波辅助的二氧化碳驱可以显著提高采收率，并且发现超声波辅助的二氧化碳驱在不受控制的温度条件下变化更为明显[3]。

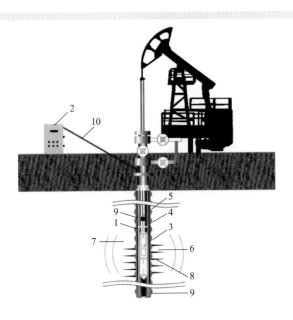

● **图7-1 井下工具 PSMS-102 处理近井壁区时设备元件的布置**[2]

1—锚；2—超声波发生器；3—井下工具；4—套管；5—油管；6—套管地层；
7—超声场；8—穿孔区；9—抽油杆泵；10—井下工具电力电缆

目前，中国陆上油田常采用常规的注水方法开发，其平均采收率只有 33% 左右。这表明我国目前有效开采利用的石油资源只是很小的一部分，另外约有三分之二的储量都是留在地下没能开发出来，这是极大的浪费。因此国内许多单位积极进行超声采油技术与装备的开发应用，如国内华北油田、玉门油田、大庆油田、长庆油田、延长油田定边采油厂、胜利油田孤岛采油厂等均对超声采油技术进行了研究开发。哈尔滨工业大学超声波技术研究中心在研发大功率超声波换能器、大功率超声电源、功率超声油水井增油增注技术等方面做了很多研发工作，取得较大进展。20世纪 90 年代初，我国将超大功率超声波采油技术研究列入国家 "863" 攻关计划，并由哈尔滨工业大学、中国石油大学、中船重工 715 所和哈尔滨兰德超声设备有限公司联合对大功率超声波采油技术进行机理研究和装备试生产。历经十多年合力攻关，大功率超声波油井增油技术及装备取得突破性进展。2011 年，该课题通过 "863" 计划资源环境技术领域办公室的验收[4]。目前，哈尔滨兰德超声设备有限公司的超声波增油技术各项指标已经达到世界先进水平，胜利石油管理局钻井工艺研究院与哈尔滨兰德超声设备有限公司合作开发出超声波增油技术与大型超声波采油成套装备[5]、南阳二机石油装备（集团）有限公司开发的华石牌超声波采油车等均已达到在生产领域进行推广应用的阶段。

二、超声强化采油机理与理论简介

1. 超声强化采油机理

由于超声波具有机械作用、热作用、空化作用、声流作用及反向流动作用，可通过发射源产生的声波作用于油层内的岩层孔隙中，使得岩石之间存在的原油更好流动，对生产油井、注水井及近井油层产生影响，改变油层中流体的物性及流态，改善井下流体的流通条件及渗透性，使采油井、注水井的堵塞疏松脱落，随液体排出油井，同时能起到油井防垢、除垢、防蜡的效果，提高地层渗透率，降低原油的黏度。超声波采油技术可使油井增产、水井增注，延长油井设备的使用寿命，缩短停井时间，提高有效采油时率，进而提高采液量、注水量和原油产量。

超声振动采油法处理油层可有如下机理[6,7]。

（1）声振波的造缝机理 地层岩石一般处于受压状态，容易发生剪破坏。如果振波产生的波动应力为拉伸应力，那么岩石就容易在最小主应力方向被破坏，新生微裂缝又使岩层结构得到保护，提高油层的渗透率。

（2）声振波清除孔隙黏附层机理 岩石表面的黏附层一般较疏松地附着于岩石表面，且塑性较强，易被剪切，所以在振波的剪切力作用下，就比较容易被破坏，使施工设备上的油垢得到有效控制。

（3）声振波破坏流体表面层机理 与破坏黏附层机理相似，原油中含有氢键物质，其形成的流体表面层具有黏塑性物质的性质，存在一个剪切屈服极限，当振波的剪切力超过了这一剪切极限时，表面层就被破坏。

（4）声振波疏通孔喉机理 微粒运移引起孔喉桥塞和大颗粒堵塞。桥塞颗粒通过自身的摩擦力而保持在一起，当摩擦效应大的流体在很大的剪切力作用下通过桥塞时，就可能破坏桥塞，渗透率可望恢复；而对于大颗粒堵塞，当振波产生的应力足以粉碎这些颗粒时，渗透率可望得到改善。另外使堵塞的油层解堵；使原油的防蜡性得到提升。

（5）解聚降黏机理 原油中含蜡质、胶质、沥青等多种高分子化合物，声波的机械振动具有较大加速度，形成分子间相对运动，由于分子惯性使分子键断裂，大分子变小，黏度降低，使树脂、石蜡和沥青质等固体成分变得流动。

2. 超声强化采油声化学理论计算

（1）超声波在非均匀介质中传播的理论[8] 超声波在介质中的传播产生机械振动，其基本频率在超声波传感器的共振频率内。感应振动的振幅与波的强度（即施加在超声波传感器上的功率水平）成正比，也与波频率与介质共振频率的接近程度成正比，共振频率取决于介质的有效质量和刚度。虽然它们的穿透深度与频率成反比，但它们产生的散热量与超声波的频率成正比。这就是迄今为止在该领域被考虑的超声波频率不超过 50kHz 的原因。下面的 Helmholtz 方程通常被用来模拟自然频率 f（$f=\omega/2\pi$）和声压 $p(\mathrm{N} \cdot \mathrm{m}^{-2})$ 的声波以速度 c 在密度 ρ_m 的介质中的传播

$$\nabla\left(\frac{1}{\rho_m}\nabla p\right)-\frac{\omega^2 p}{\rho_{mc^2}}=0 \tag{7-1}$$

对于体积弹性模量 K 和剪切弹性模量 G 的介质，纵波的速度 c_p 可定义为

$$c_p=\sqrt{\frac{K+4G/3}{\rho_m}} \tag{7-2}$$

横波的速度确定为
$$c_s=\sqrt{\frac{G}{\rho_m}} \tag{7-3}$$

研究人员发现，超声波还可以去除井内可能积聚的其他类型的堵塞物，如钻井液堵塞物、石蜡沉积堵塞物和聚合物堵塞物。已经研究了声波在多孔地层中传播的理论，以推导出适用于地层的合适的声波频率。他们的发现是，当含有孔隙流体的地层受到声波作用时，地层（即岩石）和流体都将沿声波传播方向振动。另外，在低频 f_c 超声波情况下，多孔岩石和流体将完全同相响应，导致孔隙流体相对于周围流体没有净运动。声波以慢波模式的频率 f_c，当它在孔隙率 ϕ、渗透性为 k 的地层传播，且含有密度为 ρ_f 和黏度为 η 的流体时，可以下式确定

$$f_c=\eta\phi/\left(2\pi k\rho_f\right) \tag{7-4}$$

声波测井和密度（中子）测井都可以用来分别估算超声 EOR 辐射前的孔隙率和流体密度。在较高的声波频率下，多孔流体运动略滞后于刚性固体。这使流体通过岩石中的孔隙运动。利用上述方程，提出了超声波与流体相互作用的各种模型。其中一些以实验室规模进行验证。在文献 [6] 中，进行了 60min 的实验，根据作者的说法，前 30min 发现与理论不匹配，因为超声波装置的输出功率不稳定。在剩下的 30min 里匹配较好。研究还表明，超声波除了具有降低流体黏度的优点外，由于温度和压力的变化，它们还具有降低乳化介质中界面张力和增加流体流动性的潜力。

对于超过几兆赫的超声频率，与较低频率（在千赫范围内）相比，产生空化气泡变得更加困难。这可以用这样一个事实来解释：在高频下，压缩和减压的循环变得如此短暂，以至于液体分子不能被分离而形成空穴。一些研究证明，在相同的激励频率下，声化学处理比仅基于超声的 EOR 有更好的回收率。其他研究也表明，超声波振幅的增加导致石蜡晶体的直径变小（长 C—C 键的裂纹更大），从而使相关原油的流动性更好。

（2）超声强化采油处理油井时间　Abramov 等 [9] 系统介绍了超声增加采油率的理论背景。认为石油和许多其他黏性液体的主要区别在于原油分子形成团聚物，

这使石油具有较高的黏度。在这些团聚体中，分子通过分子间力相互结合。超声波处理的目的是破坏这些键，使石油的性质更接近没有团聚物存在情况下的性质。

超声强化采油过程设计需计算超声处理油井时间。在此只考虑纵波速度。当超声波冲击原油时，产生空化效应，重质大分子石蜡等团聚体被破碎成轻烃分子，导致原油黏度大幅度下降。这一过程的物理化学描述在许多方面与材料破坏的描述相似，材料破坏理论的主要公式可归结为分子间相互作用的情况，其中断链动力学取决于材料温度 T、无外部影响的断键能量 E_0 等。假设 τ_p 为破坏一个分子键的时间，即超声处理时间与超声波引起的应力 σ_u 成反比，如下式：

$$\tau_p = \tau_0 \exp\ \{[\ E_0 - \gamma(\ \sigma_c + \sigma_u)]/kT\} \tag{7-5}$$

式中　τ_0——一个取决于材料特性的常数；

　　　σ_c——静应力；

　　　σ_u——超声波处理时产生的应力；

　　　γ——平均应力向一个键的传递程度，且与分子结构有关，故 E_0 与 γ 描述了分子间键的类型；

　　　k——Boltzmann 常数。

由于在低温情况下，σ_u 很低，超声波处理引起的温升可以忽略不计，因为超声波处理时通常伴随着用泵从井下抽出油，从而形成连续流动。因此，可使用式（7-6）粗略估计超声处理时间：

$$\tau_p = \frac{E_0}{2R_c^2 R_{cr} \eta \sqrt{\pi\omega} f \rho cA} \tag{7-6}$$

式中　f——超声波的频率；

　　　A——声信号振幅；

　　　c——声速；

　　　ρ——介质的密度；

　　　R_c——一个分子的典型"半径"，对于油来说，它大约是 0.5nm；

　　　R_{cr}——断开连接所需的临界距离，在估算时，它被认为是 0.5nm（分子大小）；

　　　η——超声波处理后导致键破坏的能量百分比。

以下数值用于估算：f=20000Hz，E_0=1.7×10^{-20} J（非极化分子的典型值），ρ=900kg·m^{-3}（油密度），c=620m·s^{-1}，η=0.3，A=2μm。详细公式理论推导及其他相关计算公式可见文献 [9]。

Abramov 等 [9] 通过研究超声波对润滑油黏度的影响，对上述理论模型进行了实验验证。使用了超声发生器 TS4M1，波导系统的工作频率为 20kHz，发射面为 6.6cm^2。研究了处理 3min 后油的黏度变化，使用黏度计（SX-80）来测量处理前后油的黏度。根据上述理论模型，破坏直接靠近发射极的分子间连接所需的时间为

30s，但为了确保整个反应器内的团聚物破坏至少需要 1min，处理时间为 3min，从处理 1～3min 观察到黏度降低。超声波处理后，对油进行 48h 的监测。如果观察到的油黏度减少是由于团聚物的破坏，则应在这些团聚物重新组合后观察到黏度的增加。

实验表明，在对黏性油（1031mPa·s）进行超声波处理后，可以直接观察到黏度显著降低至 833mPa·s，但是在 48h 内可以观察到黏度逐渐恢复到 1000mPa·s。降低黏度所需的处理时间与上述理论模型计算的时间吻合较好。

上述估算与文献 [1] 中的现场试验结果一致，证明在处理过程中，当处理时间不少于 1h 时，垂直井的增产效果良好。这是为了清洁井筒穿孔区，在离井下工具发射面 1m 远的岩层附近的油中和表层中破坏团块中的分子间连接所需的时间。这种处理时间对垂直井来说是经济合理的，但不适用于水平井，因为水平井的穿孔区长度可能达到数百米。此外，还应考虑到，从垂直井获得的处理结果并不总是能够外推到水平井的可能结果，因为在井筒附近区域的地层存在许多差异：①总体地质不均匀性影响到井筒附近的区域；②与垂直井相比，井眼受更强烈的变形过程的影响；③垂直井和水平井的钻井和精加工技术差异显著；④水平井射孔带的主要特点之一是低压梯度。

因此，对于水平井的处理，应采用声化学方法 [9]。这种方法使我们能够减少由于协同效应而产生的处理时间，这种协同效应是在声处理和化学处理相结合的情况下实现的。在这种情况下，超声波处理不仅有助于清洁穿孔区，提高油的流动性，而且有助于试剂渗透到地层中，加速地层多孔介质中的化学反应。

南京工业大学超声化工研究所赵斌等 [10] 考察超声夹反应器中原油改质降黏，对超声波处理后原油的黏度恢复情况，即其降黏稳定性进行了研究。在原油 1000mL、超声频率 20kHz、超声温度 60℃、输出电压 250V 和超声时间 30min 的条件下，对原油进行超声处理，将处理后的原油放在室温下静置 40d，每隔 10d 测量原油 60℃时的黏度，测量结果见表 7-1。

表7-1　超声处理后原油 60℃时的黏度恢复测试[10]

静置时间 /d	0	10	20	30	40
黏度 /（Pa·s）	4.15	4.18	4.18	4.2	4.2

由表 7-1 可见，超声后的原油经放置，黏度略有回升，但仍大大低于原始油样的黏度（8.6 Pa·s）。超声后，原油 60℃时的黏度下降到 4.15 Pa·s，降黏率高达 51.7%，常温静置 40d 后，原油的黏度为 4.2Pa·s，降黏率仍高达 51.2%。由此可见：原油经过超声降黏处理后，黏度得到了有效降低，超声降黏处理后的效果稳定，没有随着时间的推移而导致黏度恢复。此研究结果与 Abramov 等 [9] 的研究结果有一些差别，可能是超声波反应器为聚能处理，而 Abramov 等的装置为发散处理；另外超声功率不同，处理时间（30min）较长，使此反应器内原油产生组织结构

变化。赵斌等在其论文 [10] 中引用了南京工业大学超声化工研究所仲伟华等与哈尔滨工业大学董惠娟等的研究文献也表明，声化学反应会使原油中的长链分子发生裂解，同时使蜡晶细化、分散度增加、破坏原油中沥青质和胶质结构。仲伟华的数据表明超声波处理前减压渣油 < 500℃轻组分的体积分数（ϕ）和凝点分别为 5.0% 和 0.35，而超声波处理后减压渣油 < 500℃轻组分的体积分数和凝点分为 6.0% 和 0.34，表明超声处理后使原油轻组分的体积分数增加、凝点降低。此结果引出超声原油裂解应用的可能性研究。原油中馏分 < 500℃的轻组分体积分数明显增加，使超声后原油黏度的降低不可逆。这也说明不同的超声处理条件会有不同处理作用与效果。

三、超声强化采油设备的开发

1. 超声发生器

超声发生器有两种。

（1）流体动力式声波发生器　此发生器结构简单，坚固耐用，处理量大，工作条件要求低，耗电量小以及它的动力源方便，因而它很适合于工业上应用。目前在石油工业广泛用于解堵、防垢、增注、除蜡、降黏、乳化、粉碎，以及用于加速化学反应等。高声强流体动力式声源有 Hartmann（哈特曼）声波发生器、Pohlman（帕尔曼）声波发生器与超声旋笛。路斌等 [11] 简介了 Hartmann 声波发生器在解堵增注方面的应用、Pohlman 声波发生器在除蜡降黏方面的应用、超声旋笛在防垢降黏方面的应用。

（2）电磁式超声波发生器　可分为磁致伸缩和压电陶瓷两种超声换能器。

2. 大功率超声井下采掘工具的研究进展

上海理工大学王振军等 [3,12] 较系统地综述了我国近年来各研发人员开发的用于提高采收率的新型井下工具。

在美国和俄罗斯研制超声井下采油工具的基础上，我国研制了一系列超声采油设备。

（1）防蜡防垢降黏装置　2004 年，韩威石油机械研究院（Hanwei Petroleum Machinery Research Institute）发明了 ZYQ I 型抑制超强石蜡、降低防垢黏度的井下工具，如图 7-2 所示。它主要由三部分组成：涡流、射流和声波技术。它已在我

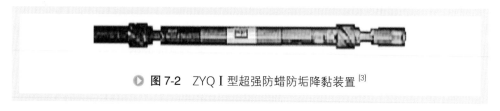

▶ 图 7-2　ZYQ I 型超强防蜡防垢降黏装置 [3]

国许多油田（中原油田、胜利油田、华北油田）中广泛应用。应用结果表明，平均采收率可提高 6% ~ 9%。此外，可以有效抑制和降低原油的结蜡和防垢黏度。

为了提高石油产量和采油效率，2006 年，Wang 等[12] 发明了一种防止结垢和降黏装置。其结构如图 7-3 所示。现场试验表明，本发明可以降低原油黏度，防止上蜡，提高流动性，提高泵效，提高产油量。此外，它没有外接电源，安全环保，既适合不同类型油井，又适合不同含蜡量和含水量的油井。

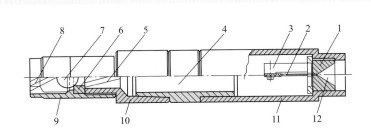

图 7-3　防止结垢和降低黏度装置的结构[12]

1—喷头；2—振动弹片；3—支架；4—空腔；5,8—螺旋槽；6—座；7—球；
9—射流段；10,11—壳；12—楔形通孔

以上两种装置均为流体动力式声波装置。

（2）大功率超声波发生器、换能器与井下采油成套设备　为了解决现有单缸封闭式传感器在运行过程中散热不良导致超声发射效率低的问题，2014 年，王玉阳、王景波发明了一种用于油井解堵采油的超声波传感器[12]，其结构如图 7-4 所示。超声波发射器通过设置内胎和外胎，使内胎在外部环境中充满油和水，使插入内胎和外胎之间的压电陶瓷管的两侧壁同时受油、水的冷却作用，提高了传感器的散热效

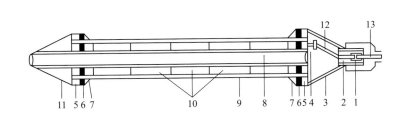

图 7-4　油井解堵采油超声波传感器的结构[12]

1—电缆接口；2—线密封装置；3—杆柱；4—压电陶瓷线密封盒；5—密封压盖；6—垫圈；
7—圆形托盘；8—管；9—管外壁；10—压电陶瓷管；11—压下帽；12—压电陶瓷线；13—电缆

果，降低了阻抗。

2014 年，洪培宇、赵树山[13] 发明了一种全自动大功率超声换能器，其结构如图 7-5 所示。该设备基于能量平衡、热作用、汽蚀等原理，使大功率传感器井下数据采集与超声波传感器同步工作，有效提高工作的准确性和效率，延长设备的使用寿命和社会效益，同时经济效益显著。

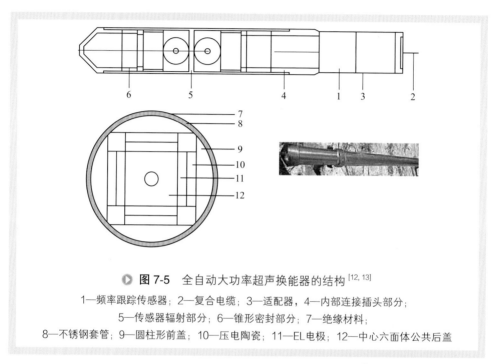

图 7-5 全自动大功率超声换能器的结构[12, 13]

1—频率跟踪传感器；2—复合电缆；3—适配器，4—内部连接插头部分；
5—传感器辐射部分；6—锥形密封部分；7—绝缘材料；
8—不锈钢套管；9—圆柱形前盖；10—压电陶瓷；11—EL电极；12—中心六面体公共后盖

2015 年，我国研制出新一代井下采油成套设备[12]。其主要部件为自主研制的超声波发生器、专用电缆、超声换能器集成设备、磁定位系统等。新研制的超声波发生器见图 7-6，其输出功率为 0 ~ 100kW，输出占空比为（1∶1）~（1∶100），输出频率为 10 ~ 35kHz，系统调制频率为 0 ~ 50Hz。使用两种类型的专用电缆：同轴电缆和多芯电缆。信号线采用铜丝绞合而成，绝缘罩采用交联聚乙烯，外护套采用直径 1.54mm

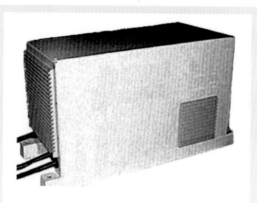

图 7-6 我国自行研制的超声波发生器[12]

的 30 镀锌钢丝。与同轴电缆相比，多芯电缆具有拉伸强度高、抗弯性能好等优点，但占用空间较大。该系统大功率超声波井下换能器的压电振子采用 PZT-5，最大连续工作电压为 4000V，输出频率为 10 ～ 35kHz，工作温度为 –10 ～ 150℃。此外，传统电力系统及复杂配电网对超声波采油技术至关重要。该系统已在大庆油田投入实际产油。应用表明，可提高油采收率 30% 以上。此外，还进行了低渗透油井现场试验，结果表明，采收率明显增加。

过去几年，为声化学 EOR 开发的地面和井下设备得到了显著改进。Abramov 与 Mason 等[9]介绍了 EOR 开发的地面设备包括一个升级的超声发生器，该发生器包括一个处理钻孔内压力和温度信息的装置，该信息从井下工具获得。超声发生器与超声井下工具相匹配，通过控制进入井下工具的电压和电流，很容易适应工艺负荷的变化。超声波发生器可以在脉冲模式下工作，可以调节功率。工作频率 15 ～ 30kHz，输出功率 10kW（还有 30kW 功率）。在发电机运行期间，显示器上可监测电压、电流、工作 / 暂停、频率等参数。井下设备包括声波探测仪、注入化学品的系统和用于获取地球物理数据（温度、压力、流量）的探头。为了在水平井中使用该设备，设备综合设施必须包括一个带有液压通道的专用电缆，用于注入工艺流体。

电缆包括为超声波设备（直径 1.5 mm）和地球物理探测器（4 个信号芯，用于控制过程参数）供电的电芯。电缆是一种铠装聚合物管，铜芯嵌在其中。液压通道的直径为 15 mm。最大 5kW 的电力可以通过电缆传输。该电缆还可用于在处理过程中通过井的水平区域移动超声波井下工具。除了将试剂直接注入声学处理区域外，电缆还可用于在处理前后用工艺流体清洗井的水平区域。

电缆周围的装甲保护电缆免受外部损伤。它具有在地球物理卡车上缠绕在滚筒上所需的断裂强度和扭转刚度。图 7-7 显示了专门为运输（a）和工作（b）时水平井超声化学处理用电缆车的照片。

(a)　　　　　　　　　　　　　　　(b)

▶ **图 7-7** 运输（a）和工作（b）时的水平井超声化学处理用电缆车[9]

在井的处理过程中，必须对数据进行连续处理，以便选择合适的处理方式，并在操作过程中对其进行调整。处理过程中使用的复杂地球物理井下工具测量以下参数。

压力、温度、岩石的自然辐射、流体的流动、联轴器的磁性位置、热导流、阻力、土壤／含水量。水平区域的流量可以在超声处理时与超声处理后测量。

为选择声换能器（探头）的最佳设计方案，对各种波导系统进行了设计、建模、制造和测试。推挽式超声探头的应用效果最佳。这种声探头的工作是将侧壁发射的纵向振动转换到径向振动。这就提高了超声波处理的效率。当径向和纵向振动的频率相匹配时，转换是可能的。在这种情况下，振荡特性会发生变化。用于井的超声化学处理的换能器的工作频率一般为 20kHz。

上述井下设备均在下列条件下工作。

最高温度 150℃，最大压力 60MPa，含表面活性剂的酸性环境高达 12%。除了设备的结构优化之外，影响超声波化学处理效果的一个主要因素是所用的化学试剂。俄罗斯科学院西伯利亚分院石油化学研究所为此专门研制了一种称为"IHN-PRO"的试剂。该试剂与储层矿化水相容，冰点低，不爆炸。它是基于表面活性剂、碱性缓冲体系和多元醇的组合，其性能为20℃时的密度：1.21 kg·m⁻³；20℃下的黏度：19 mPa·s；工作温度范围：10～250℃；pH 值：4.5～6.5。它对一系列具有不同地质和物理特征的地下地层的石油产量的增长均有显著作用。由于超声的协同作用增加了 IHN-PRO 的活性，实验表明处理井筒穿孔区所需的时间减少。

四、超声强化采油应用

1. 超声采油的选井原则 [14,15]

地面大功率超声发生器产生大功率脉冲电振荡信号，通过特种传输电缆，将脉冲电振荡信号传输到地层的压电陶瓷超声换能器上，经电声转换器转换成超声波，射入含油地层中，超声处理油层选井时一般要考虑以下几个因素。

（1）有严重污染的层位在钻井过程中，由于泥浆浸泡时间长导致油层污染严重的井；因结垢、结蜡或机械杂质污染堵塞而导致渗透率急剧下降的油井；或者酸化、压裂等造成污染的井。

（2）生产过程中发生堵塞的层位在注水井中，存在没有吸水能力或吸水能力下降的层位；在采油井中，一般遇到处理中、高孔渗地层。这些地层初期有一定的产量，但随着开采时间的延长，产量下降较快，对这些井进行处理，效果较好。

（3）距油水界面较近，不能实施压裂增产措施的井，或其他不适用常规水力压裂的地层。

（4）对水、酸、碱比较敏感的层位。

（5）油层物性好，但出油能力差的油井。

2. 应用结果举例

（1）Abramov 等 [9] 为了开发现场试验操作的最佳方法，进行了一些试验。首先，将该方法的处理效率与单独超声波处理的效率进行比较，即使用相同的方法，但不使用药剂 IHN-PRO。文献 [1] 已经描述了使用上述设备所采用的操作顺序。超声波单独处理 1m 地层时间为 1h，如上所述。对于超声化学处理，超声处理时间减少到 30min。

对西伯利亚西部（WS）和萨马拉地区（SR）的垂直井进行了对比。在 2010—2013 年间，进行了 100 多次超声和化学操作。表 7-2 显示了超声与超声化学处理前后的平均产油量，并说明了处理后 3 个月内油井产量的变化。

表7-2　超声与超声化学处理对油井产量的影响[9]

地区	处理类型	超声处理时间 /min	油产量 /（吨 / 天）		
			处理前	处理后	处理 3 个月后
西伯利亚西部（WS）	超声化学	30	3.92	9.1	8.4
	超声	60	3.92	8.32	7.7
萨马拉地区（SR）	超声化学	30	8.4	19.8	15.8
	超声	60	8.4	18.6	11.5

超声化学处理后的平均产油量较高，且效果持续时间较长。这可能是因为在超声化学处理过程中，堵塞油井的物质（助剂剂）被从所有孔隙中去除，包括最小的孔隙。由于超声毛细管效应，化学物质能渗透到最小的孔隙中。尽管超声化学法处理时间仅为单纯超声处理时间的一半，但协同处理效果更好。

通常，在油井作业的"停机"期间，即在修井期间，对井底进行超声和超声化学处理。传统的停机时间往往伴随着泵送设备的优化。为了区分超声和常规修井的影响，测量了超声处理和修井对油井产能因子和含水率变化的影响，即回收井液中水的百分比。超声处理使产能因子提高 39%，平均降低 5% 的含水率。而在仅对泵送设备进行优化的油井中，生产率系数下降了 5.6%，含水率上升了 1.5%。试验表明，垂直井超声处理的成功率达 90%，增产幅度在 40% ~ 100% 之间。

由于仅对水平井进行超声化学处理，故没有足够的信息来提供完整的统计分析。然而，实验结果对这项技术的潜力持乐观态度。到目前为止，已经处理了西西伯利亚砂岩储层中的三口水平井。注入试剂后，对 1m 地层进行超声处理的时间为 15min。对油井进行了超声化学处理前后的地球物理研究。根据接收到的信息，确定超声化学处理区域。处理区长 200 ~ 300m，生产层孔隙率 0.27，渗透率 0.515μm²，含油饱和度 0.67。

经过超声化学处理后，三口处理井的液体产量和石油产量都有所增加。平均每天液体产量从 51 吨增加到 72 吨，石油产量从 23 吨增加到 33 吨。与同一地区垂直井的超声化学处理相比，水平井的处理明显提高了石油产量，但与垂直井处理后效果不同，处理后含水率变化很小。很明显，为了优化水平井的超声化学处理设备和方法，还需要继续研究。首次现场试验表明优于目前常用的二次强化水压方法。由于沿井的渗透性不规则，二次强化水压方法只能过滤 10% ～ 15% 的地层。用于处理水平井的试剂是酸、氧化剂、酶和螯合物。这些试剂以及其他更多的试剂都可以用于超声化学处理。

（2）哈尔滨工业大学与兰德超声设备有限公司合作，在 2007—2012 年，采用自制超声采油装备在延长石油西区采油厂，辽河油田锦州采油厂，大庆油田（有限责任公司）第六、七、八、九采油厂，共计 55 口油井进行数据统计，结论为油井的增油率平均为 40% 以上，作业成功率可达 85% 以上，其作用效果可平均维持 90 天以上。对采油厂注水井作业的效果同样非常明显。2007—2012 年，该装备在大庆采油八厂、辽河油田锦州采油厂、胜利油田采油厂，共 17 口水井进行数据统计。结论为水井解堵增注率平均达 60% 以上，提高视吸水指数平均值为 $0.7\text{m}^3 \cdot (\text{d} \cdot \text{MPa})^{-1}$，或作业后可降低注水压力 3MPa 以上，有效期保持 150 天以上，作业成功率可达 98% 以上。2012 年 8 月初，延长横山采油厂实施了大功率超声振动采油措施，并在白狼城油区钻 128 口井实施，取得良好效果，平均日增产 0.72 吨，7 天累计增油近 5 吨。这项技术最大的优势，是在增加老油田的采收率上[4]。

（3）中国石油大学（华东）许洪星等利用波场采油动态模拟实验装置，对人工岩芯聚合物堵塞样品[16]和人工岩芯石蜡沉积堵塞样品[17]开展超声波解堵实验研究，系统研究了超声波频率、功率、处理时间、岩芯初始渗透率等关键的波场参数、工艺参数和储层参数对超声波解堵效果的影响规律，并对超声波-化学剂复合解除聚合物堵塞做了初步研究，将其处理效果进行了对比。认为岩芯初始渗透率、超声波累积处理时间、功率、频率等参数对超声波解堵效果都有较大的影响。

图 7-8 所示为超声波累积处理时间对解除聚合物堵塞效果的影响。在实验条件下，若超声波累积处理时间为 60min，岩芯渗透率的恢复率可达 16% ～ 20%；超声波激励对于高、中、低渗透岩芯的聚合物解堵都有一定效果，对于渗透率为 $30 \times 10^{-3} \mu\text{m}^2$、$80 \times 10^{-3} \mu\text{m}^2$、$150 \times 10^{-3} \mu\text{m}^2$ 的岩芯，超声波解堵的最大渗透率恢复率分别为 19.9%、15.3%、14.7%。超声波累积处理时间达到 60min 后，岩芯渗透率恢复率趋于稳定，累积处理 80 ～ 120min 解堵效果最好。超声人工岩芯石蜡沉

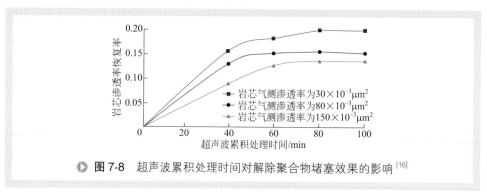

▶ **图 7-8** 超声波累积处理时间对解除聚合物堵塞效果的影响[16]

积解堵与超声人工岩芯聚合物解堵具有类似规律。图 7-9 表示了不同岩芯渗透率、不同超声处理时间对岩芯渗透率的恢复效果。

超声解堵效果与作用到岩芯上的能量多少有关，而岩芯得到的能量与超声波换能器功率有直接关系。换能器功率小，则作用到岩芯上的超声波能量较少，解堵效果变差。

超声频率也对解堵效果有影响，声波在液态介质中传播存在衰减现象，在液态介质的黏滞和热传导效应后，总的声衰减系数与频率的平方成正比，频率越高衰减系数越大，超声波传播距离越小，能量耗散越严重。超声波耗散掉的能量多转换为热能，使岩芯温度提高，利于解除岩芯石蜡沉积堵塞。

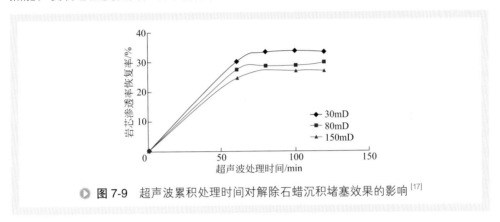

图 7-9 超声波累积处理时间对解除石蜡沉积堵塞效果的影响[17]

超声 - 化学剂复合处理解堵效果明显优于二者单独处理效果，复合处理与二者单独处理相比，岩芯渗透率的恢复率提高 18%~30%。超声功率、频率、处理时间、岩芯初始渗透率等参数均能影响超声波解堵效果；超声功率越大、累积处理时间越长，解堵效果越好；石蜡沉积受温度影响显著，超声波频率大、热作用明显，有利于解堵；超声 - 化学剂复合解堵效果最好。

许洪星等[17]还利用自主研制的超大功率超声矿场施工装置在陕北地区特低渗油藏 T80 井区生产井 C53-2 井进行超声波解堵增产试验和大庆油田采油八厂芳 57-74 井和芳 232-108 井两口注水井进行超声波增产增注矿场试验。进行超声波解堵处理后，陕北 C53-2 井的日产液量增加了 1.08m³，日产油量由 0.61t 增加到 1.25t，增加了 0.64t，有效期达 180d，累计增油量 115.2t。对大庆油田两口注水井芳 57-74 井、芳 232-108 井分别于 2009 年 7 月和 9 月进行超声波解堵增注试验，超声增注使芳 57-74 井注水压力由 15.2MPa 降低到 12.6MPa，降低了 2.6MPa，截至 2009 年 9 月，注水压力稳定在 12.8MPa 左右，有效期已达到 2 个月。注水井芳 232-108 井超声增注后注水压力由 19.7MPa 降低到 16.7MPa，降低了 3.0MPa，截至 2009 年 10 月，注水压力稳定在 16.7MPa 左右，视吸水指数提高 0.5，措施有效期已达到 1 个多月。以上解堵、增注措施效果均较好。

（4）延长油田股份有限公司定边采油厂[18]针对特低孔低渗油田在开发过程中的地层堵塞、结垢问题，利用地面车载系统的大功率超声波发射机将井场的三相四线 380V 电源 50kV·A 电功率转化成为 15～40kHz 的高频电信号，通过作业车上的专用铠装电缆，将电信号经由匹配器传输到油层位置的发射型压电陶瓷换能器上，通过换能器转换成超声机械振动。此振动传入油藏储层中，改变孔隙介质的力学性，打破储层原有平衡，从而增加储层渗透率，使油藏中原油产生裂解和热作用、空化作用，改善原油的流动性，有效提高原油产量和采收率。图 7-10 表明随着油层开采，近井地带被污染堵塞，产量下降明显，2015 年 7 月，措施前日产液 4.803m³，日产油 4.442m³，含水 20%；措施后日产液 11.26m³，日产油 9.233m³，含水 18%，日增油 4.791m³。

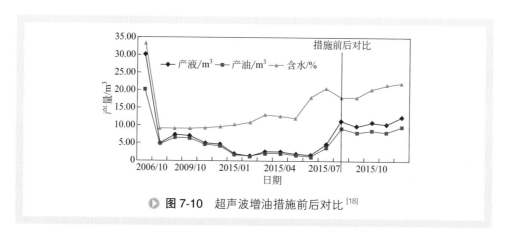

图 7-10　超声波增油措施前后对比[18]

3. 超声辅助EOR的新兴技术

（1）超声化学复合处理近井堵头　如何去除堵头一直是原油生产的技术难点。在正常采油过程中，通常有四种堵头：钻井液堵头、石蜡沉积堵头、聚合物堵头和无机垢堵头。传统的将化学剂注入含油层岩石的拔管方法已被证明是一种施工难度大、成本高、污染油层的技术。Roberts 等研究了超声波激励去除石蜡沉积塞和聚合物塞的效果[17]。研究表明，超声激励能有效去除石蜡沉积堵头，但对聚合物堵头的去除效果不理想。结果表明，只有超声化学复合驱堵技术才能有效去除聚合物驱油塞[17]。

研究表明，超声化学复合驱堵技术对以上四种类型的堵头的驱堵效果优于单独使用超声处理或化学除堵剂，超声化学复合驱堵剂可使岩芯渗透率恢复率提高 10%～30%。结果表明，化学除堵剂和超声波处理可以产生协同效应：一方面，超声波处理可以提高化学除堵剂的活性，将化学除堵剂转化为动态化学过程，提高化学除堵剂的反应速率，提高堵头去除效果。另一方面，化学除堵剂可以降低堵头的黏附强度，从而显著提高超声堵头去除效果。此外，结果表明，超声激励对任何一种堵头的去除效果并不总是优于化学除堵剂；堵头的去除效果与初始岩芯渗透率和超声频率直接相关；此外，王振军等证明了提高声化学堵头去除效率的一个重要途径是提高超声功率和降低频率[3]。

综合以上研究表明，从油藏保护和油田可持续发展的角度来看，超声解堵技术可以替代化学方法。

（2）超声强化二氧化碳驱油　经一次采油、二次采油之后仍有大量原油被截留。这可能是由原油的黏度变高或其压力降低造成的，特别是当周围地层具有低渗透性或低孔隙率时（例如石灰岩和非均质地层）。因此，需要一种以表面活性剂聚合物驱、注气（即 CO_2）和注汽（即水蒸气）为主的三次提高采收率技术。通常使用几口注入井携带其中一种药剂 / 液体，以便将捕获的油移向另一口生产井。注水井和生产井之间的距离取决于地层和流体的物理性质（即压缩性、渗透性、流体黏度、孔隙率和流体饱和度）。在水平井的情况下，注水井通常位于生产井上方，因此当石油受到作用时，它会在重力的作用下朝生产井向下运动。CO_2 辅助提高采收率技术以其高效性而被广泛应用。仅在美国就安装了 114 个二氧化碳辅助提高采收率项目，使石油产量每天增加 28.1 万桶，占美国石油产量的 6%[19]。然而，CO_2 辅助提高采收率技术的一个主要缺点是 CO_2 的高迁移率改变了体积波及系数。研究人员和石油公司考虑其他非常规的提高采收率技术，如超声辅助提高采收率，这些技术的成本要低得多（例如，聚合物注入装置的成本高达 23 万美元，而超声提高采收率装置的成本为 9 万美元）。此外，它们所需的能量要低得多，而且可以更好地控制超声波传播，从而仅对有需要的区域进行集中作用。

Hamidi 等[20] 提出了一种集成超声 -CO_2 驱提高二氧化碳驱油性能的方法。由于超声波可以将发电机能量传递到油中，并影响其特性，如内能和黏度。在不同的二氧化碳注入速率和温度条件下（控制和不控制），利用超声辅助二氧化碳驱识别石油采收率的变化。通过多孔介质中的加热效应，分析了控制和非控制温度条件下超声波对提高 CO_2 驱采收率的影响。在所有的实验中，监测了油田的采收率，并比较了二氧化碳驱油的性能，以及超声辅助的二氧化碳驱油过程。

结果表明，与传统的 CO_2 驱相比，超声辅助 CO_2 驱提高了采收率。而在不可控温度条件下超声辅助二氧化碳驱油变化更为明显。一般来说，较高的声波频率对应较强的吸收效应和较大的边界摩擦。此外，在不受温度控制的情况下，较高的采收率意味着岩芯中较高的含气饱和度，这表明驱替过程具有更稳定的前缘。图 7-11 总结了在所有实验中，使用不同的二氧化碳注入速率时的最终采收率，表明 CO_2 驱油有超声辅助无控温（即可升温时）操作时的最终油回收率最高。

（3）超声强化煤层气及页岩气的采收率　页岩气储量丰富，开发难度大，目前多采用水平井压裂方式开采。在油气田开发中，超声采油曾进行现场试验，取得较好效果。随着水平井多级压裂工艺发展，应用超声提高页岩气采收率成为可能。2007 年重庆大学易俊[21] 较早研究了用超声提高煤层气抽采率的机理及技术原理。

国内学者研究了声场作用对煤层气吸附解吸及煤层基质孔隙中单组分甲烷流动的影响，认为声波可促进煤层气解吸，提高煤层气在纳米级基质孔隙中的流动。中国石油大学田冷等[22]将其引申到超声强化页岩气采收，建立声震效应作用下页岩气产能模型；西南石油大学吴昌军等[23]定性研究声波机械振动和空化作用改善页岩储层渗流能力机理，同时结合实验定量分析温度和声强对声波衰减规律的影响。

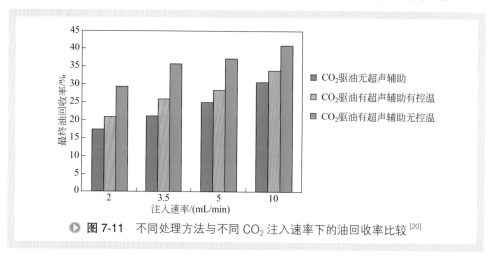

▶ 图 7-11　不同处理方法与不同 CO_2 注入速率下的油回收率比较[20]

　　由于超声增透技术是一种通过机械振动、空化作用、热效应等方法来提高储层孔隙连通性，最终实现压裂的新兴技术，它对于储层较少破坏，对于井壁及储层保护较好，且与其他 EOR 方法有良好的兼容性。超声作用并不能改变岩石的绝对渗透率，但是超声能够提高相对渗透率。随着水平井多级压裂工艺发展，应用超声提高页岩气采收率成为可能。国内对超声增透技术的研究刚刚起步。

　　（4）间歇超声提高原油采收率　采用间歇振动作为一种经济、环保的方法来提高原油采收率。以往的研究工作只集中在连续超声振动上，但由于产生的能量大，连续振动存在着生产和维护设备成本高的局限性。为此，Agi 等[24]将二维微观模型置于超声槽内，在超声振动作用下研究了黏度、强度以及能量源与微观模型之间的距离对二维微观模型的影响。采用无量纲参数对多孔介质中的混相和不混相驱替进行定标，以减少待研究参数的个数，预测流体流型。一个安装在微型模型顶部摄像机的立体显微镜记录了位移过程。使用每个时间间隔的快照来估计微观模型中剩余油的百分比。结果表明，与连续振动相比，间歇振动的使用可以回收更多的油；随着无量纲雷诺数、邦德数和毛细管数的增加，采油量增加；雷诺数表明流动主要为层流。间歇振动、高黏度、高强度和距能源较短的处理距离相结合，可获得最佳的采油率。这可作为强化超声采油的一个措施。

　　超声强化采油技术是近几年在国内发展较快的一种先进的物理法强化采油技术，对超声强化采油机理，包括超声解堵、降黏、除垢、除蜡、增注、乳化、粉碎等作用，需从微观动力学机制等基础理论方面开展深入研究，系统掌握超声波处理油层的主要影响因素及影响规律，加强超声采油工业化设备（超声井下换能器等）的研制，实现该技术选井选层和工艺参数的定量优化，减少施工的盲目性，改善增产增注效果。

第二节 ## 超声强化污水处理

　　我国是水资源严重缺乏的国家之一，随着工业发展步伐的加快、社会的进步、经济及人口的急剧膨胀、用水量不断增加，工业废水和生活污水的排放量亦逐年增加。目前世界各国都在努力寻求快捷有效的水污染控制和处理技术。其中，水资源的可持续利用将成为所有自然资源可持续开发利用中的重要方面。利用超声波降解工业污水中的多种化学污染物，尤其是难降解的有机污染物是近几年来发展起来的新型水处理技术，其具有去除效率高、反应时间短、提高废水的可生化性、设施简单、占地面积小等优点。近年来，超声波作为一种深度氧化处理技术，广泛应用于各种高浓度难降解的单一有机废水处理的理论研究中与工业应用中。对于超声波及其联用技术降解污染物机理，将是一项有意义的尝试性工作。单独超声以及超声与其他高级氧化法联合使用来降解水中的有机污染物成为水处理方向的研究与应用热点。

一、机理[25]

　　一般认为，超声辐照会引起许多化学变化。超声加快化学反应，被认为是空化。超声空化的机理起源于声致发光的研究，目前人们对声致发光的具体机理认识还不统一，但是大体上可以分为两大类：电学机制和热学机制。

　　电学机制的理论模型认为，在声空化过程中产生的电荷在一定条件下通过微放电而发光。电学机制可以解释很多现象，如：①稀有气体能在水中产生最强的光的缘由是这些气体能够持续地放电；②化学效应只能在水中观察到的原因是水的离解常数有利于电荷的分离；③水溶液中氧化还原反应与离子辐射相同。但是电学机制也存在着一些自身无法解释的现象，如：非水和非极性液体的声致发光现象。因此随着对空化泡行为研究的不断深入，人们开始逐渐用热点理论来替代电学机制。

　　在超声降解反应中形成的·OH和·H可以结合成H_2和H_2O_2，又可以进攻溶质分子发生氧化还原反应。当电子自旋共振技术发展到可以用它检测到自由基时，学者们发现自由基是振荡的气泡在压缩状态下热解形成的而不是放电形成的，热点理论模型认为：一定频率和压强的超声波辐照溶液时，在声波负压相作用下产生空化泡,在随后的声波正压相作用下空化泡迅速崩溃,整个过程发生在纳秒至微秒的时间内,气泡快速崩溃伴随着气泡内蒸汽相绝热加热,产生瞬间的高温高压。Suslick 估计此高温高压大约为 5500℃和 500 ~ 1000 大气压,Nolfing 等估计得更高(10000K 和 $1.01 \times 10^9 Pa$)。在正常温度和压力下的液体中产生了高温高压,即形成了"热点"。进入空化泡的水蒸气在高温高压下才发生分裂和连锁反应,反应的方程式如下。

$$H_2O \longrightarrow \cdot OH + \cdot H \qquad\qquad (7-7)$$

$$O_2 \longrightarrow 2O \qquad\qquad (7-8)$$

$$O_2 + \cdot H \longrightarrow \cdot OOH \qquad\qquad (7-9)$$

$$O_2 + \cdot H \longrightarrow \cdot OH + O \qquad\qquad (7-10)$$

$$O + H_2O \longrightarrow 2 \cdot OH \qquad\qquad (7-11)$$

$$2 \cdot OH \longrightarrow H_2O_2 \qquad\qquad (7-12)$$

$$2 \cdot H \longrightarrow H_2 \qquad\qquad (7-13)$$

空化泡崩溃产生冲击波和射流,使 $\cdot OH$ 和 H_2O_2 进入整个溶液中,为化学反应提供了一个特殊的物理化学环境。声化学反应主要包含热解反应和氧化反应两种类型。较详细反应机理请参见本书第三章。

当水温超过临界温度 374℃,压力超过临界压力 $2.2 \times 10^7 Pa$ 时,水就处于超临界状态。处在超临界状态下的水在黏度、电导率、离子活度积、溶解度、密度和比热容等物理化学性质方面与常温常压下的水有很大的不同。有文献认为,瞬态超临界水的形成是加速化学反应的重要因素之一。由此可见,超声空化在溶液中除了能形成局部高温高压区以外,还可以在这个局部区域生成高浓度的 $\cdot OH$ 和 H_2O_2,并能形成超临界水。

综上所述,超声空化降解化学物质主要有以下三种途径:①自由基氧化;②高温热解;③超临界氧化。

超声空化降解有机物的区域可从空化泡中心点到液相主体划分为三个区域,如图 7-12 所示。①空化泡内部气相区。该区域有空化泡崩溃产生的高温高压、水蒸气热解的自由基 $\cdot OH$ 和 $\cdot H$,而且该区域可能发生直接的热解反应和自由基反应。②空化泡的气液界面区,即液壳区。该区域为高温高压的空化泡气相和常温常压的本体溶液之间的过渡区域。该区域的温度较内部的温度低,自由基的数量和浓度相对内部的少,但仍然存在着一定的高温(大于 2000℃)和自由基反应,该区域的氧化剂主要是气液接触面的 $\cdot OH$ 之间结合生成并向外扩散的 H_2O_2,而且该区域也可能产生超临界水,并发生超临界的氧化反应。③溶液本体区。该区域的氧化剂主要是由气液界面区的 $\cdot OH$ 之间结合生成并向外扩散的 H_2O_2;该区域的自由基主要是从气液界面逃逸出来的·OH 和·H，以及·OH 与·H 与气液界面上的物质发生反应而生成的自由基，例如：·OOH，在邻近空化泡的液体中就能发生由自由基和氧化剂引发的氧化反应。

图 7-12 溶液中声化学反应的位置[25]

根据超声降解处理污水的作用机理，凡是对空化泡的产生与寿命、空化泡的大小等性质产生影响的因素，均可能影响超声技术的作用效果。

1. 超声频率的影响

在超声污水处理过程中，随着频率的变化会影响空化泡的形成、生长等，以致空化效应不同。在 20 ～ 1000kHz 的频率范围内频率增高，·OH 产率也相应增加，有利于氧化反应。但超过一定范围，太高频率又会使空化难以发生。因为频率增高，声波膨胀相时间变短，空化核来不及增长到可产生效应的空化泡；由于声波压缩相时间过短，即使形成的空化泡也可能来不及发生崩溃。一般来说，超声频率越高，污水降解效果越好，但由于设备制造的原因，超声换能器功率越大，超声频率提高越困难，工业化超声降解装置的超声频率很难高过 1000kHz。

2. 超声功率和声强的影响

处理污水输入的超声能量是另外一个重要参数。衡量超声能量大小的是声功率或声强。能量输入的增大可增加空化泡数量，并使空化泡的崩溃更激烈，水中有机物降解速率也增加。但是，并不是输入的功率越大越好，实验研究表明不同污染物的降解中，都会有一个使降解反应效果达到最佳的功率值，超过最佳功率值后，降解效果反而降低。

3. 被处理物系的物理化学性质的影响[26]

废水的温度、目标污染物的性质及体系内其他共存物等均可影响超声降解作用效率。

（1）物系温度的影响　在超声技术处理废水过程中溶液的温度是影响污染物降解的速率和效果的一个较为重要的因素，它对超声波空化的强度和动力学过程具有非常重要的影响，从而造成超声降解的速率和程度的变化。温度提高有利于加快反应速率，但超声波降解主要是由于空化效应而引起的反应，温度高时，空化阈降低，空化作用减小，因而降解效率降低。一般声化学效率随温度的升高呈指数下降。因此，低温（小于 20℃）对超声波降解过程较为有利，故一般超声降解过程在室温下进行较多。在较高频率段的超声反应会随着溶液温度的升高而反应速率增加。

（2）目标污染物的物化性质对结果的影响　目标污染物的一些物化性质如挥发性及化学反应性等都会影响其自身的降解。一般来说，挥发性较大的物质易分布在空化泡内部高温高压气相区与空化泡的气液界面区，主要产生热解反应和自由基反应；对于挥发性较小的物质主要分布在溶液本体区，降解反应一般为自由基与氧化剂的氧化反应。

（3）固体颗粒的影响　自然条件下需要处理的污水绝大多数都含有各种微粒，这些微粒在被处理的溶液体系中起了重要的影响作用。惰性微粒的存在从两种相反的方面影响着气泡的活性：①由于固体微粒造成液体的不连续性，能够使空化泡产生的机会增大并且数量增多，能够促进目标污染物的降解；②从另一个角度来看，微粒的存在阻挡了入射的超声波，使用于污染物降解的超声波能量减小，弱化了超声的处理效果。在较高的声波能量输入时，微粒的浓度越高，这种弱化作用越明显。研究发现微粒粒径同样会对超声产生作用，在实际使用超声降解时，可以通过调节加入微粒的大小达到提高降解效果的目的。体系中的活性微粒则会加入降解反应中去。

（4）废水溶液化学组成的影响　化学溶液中各种共存的离子，如 Ni^{2+}、Co^{2+}、Fe^{2+}、Fe^{3+}、Cu^{2+}、Mn^{2+} 等金属离子也会在超声降解反应中起催化作用，而非目标污染物的其他化学组分也可能被降解。

二、超声强化降解酚类有机废水

工业含酚废水来源广、数量多、危害大，其大量排放给环境带来严重的污染，给人类健康及生物的生长繁殖带来危害，大力发展含酚废水的治理研究，不断改进含酚废水的处理技术，是保护环境和造福人类的重要任务。

废水可否进行生物处理主要根据污水中可生化的物质数量来定，亦可用 BOD/COD 的值来判定。该比值 >0.6 时，说明废水中存在较多可生物降解的有机污染物质，适合进行生物处理。生活污水的该比值可达 0.7，因此，生活污水均采用生物处理法作为二级处理。工业污水的比值在较大范围内波动，情况复杂。一般认为 BOD/COD<0.3 时，采用生物处理效果差，经济上也不合算。酚类废水的处理通常采用生物法，但微生物较难降解芳烃及有机酚类废水，且在工业废水的排放标准中，酚类物质的含量都应小于几百个 ppm（$1ppm=10^{-6}$），处理要求较高。可以考虑采用声化学处理方法作为生物处理芳烃、酚类等物质的预处理，以减轻生化处理工

序的负担。以下介绍超声降解的几种有代表性的芳烃、酚类水溶液的研究结果。

1. 超声降解间苯二酚水溶液[27]

间苯二酚俗称雷锁辛，是一种重要的精细有机化工原料，广泛应用于农业、燃料、涂料、医药、塑料、橡胶、电子化学品等生产领域。在超声处理含酚废水的研究中，大多都以含单个羟基的酚类有机物作为研究对象，对于二元酚的研究较少。南京工业大学超声化工研究所研究人员以间苯二酚为代表进行超声降解二元酚的研究，详细研究了声强、溶液初始浓度、溶液初始pH值、溶解气体等因素对超声空化降解效果的影响，并对超声作用机理及其反应动力学作了初步的探索和研究，为超声反应器的设计、放大、工业化提供一定的理论依据。

（1）体系初始浓度对间苯二酚超声降解的影响　配制初始浓度分别为 $100 \sim 250 mg \cdot L^{-1}$ 间苯二酚反应液各150mL，初始pH值在6.5左右，各反应液经声强为 $0.4 W \cdot cm^{-2}$ 的超声波辐照4h，不同初始浓度下间苯二酚的超声降解效果见图7-13。由该图可知，间苯二酚初始浓度对降解效果的影响明显，间苯二酚的初始浓度越低，其降解率越高。间苯二酚初始浓度分别为 $100 mg \cdot L^{-1}$、$150 mg \cdot L^{-1}$、$200 mg \cdot L^{-1}$ 和 $250 mg \cdot L^{-1}$，反应液经超声波辐照4h后，其降解率依次为51%、40.3%、31.6%和26%。对于初始浓度分别为 $100 mg \cdot L^{-1}$、$150 mg \cdot L^{-1}$、$200 mg \cdot L^{-1}$ 和 $250 mg \cdot L^{-1}$ 反应液总降解量依次为51mg、60.4mg、63.2mg和65mg。显而易见的是，由于初始浓度小，就会使得处理掉的量占总量的比例大。

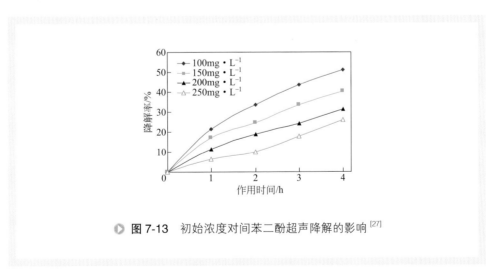

● 图7-13　初始浓度对间苯二酚超声降解的影响[27]

（2）声强对间苯二酚超声降解的影响　由图7-14可知，超声波的声强大小对间苯二酚的超声降解效果影响显著，声强越大越有利于间苯二酚的降解。当间苯二酚水溶液经4h超声波辐照后，对应于4个不同声强 $0.2 W \cdot cm^{-2}$、$0.3 W \cdot cm^{-2}$、

0.4W·cm⁻² 和 0.5W·cm⁻²，其间苯二酚的降解率依次为 13.2%、25.4%、31.6% 和 39.5%。声强的增大使得空化泡的空化强度增大，从而空化泡瞬间崩溃区域的温度相对提高，这样一方面使得酚的蒸气压变大，酚进入空化泡的量也相应增大，因此有更多的间苯二酚发生了裂解反应，另一方面进入空化泡瞬间崩溃区域的水量也相应增大，那么产生的 •OH 自由基的量也相应增大，也就是溶液中氧化剂的量增大了，包括高活性的 •OH 自由基，以及强氧化剂 H_2O_2，由此超声促进了该降解反应。

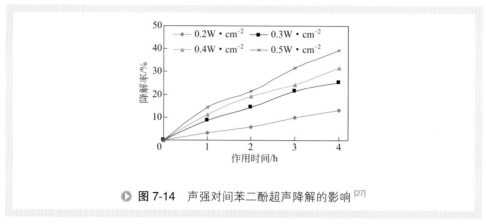

▶ **图 7-14 声强对间苯二酚超声降解的影响**[27]

（3）曝气对间苯二酚超声降解的影响 曝气是在溶液的底部通入气体，这样可以强化传质效果，加速降解过程。由图 7-15 可知，单独曝气时间苯二酚降解率只有 1.42%；单独超声波辐照时间苯二酚降解率为 31.6%；同时曝气和超声时间苯二酚的降解率为 48.6%，即同时曝气和超声处理效果明显优于单独超声的处理效果。这是因为在超声波辐照间苯二酚水溶液的过程中同时曝入空气有利于超声空化效应在水中产生更多的 •OH 自由基和 H_2O_2，从而使得间苯二酚与 •OH 自由基反应概率增大，促使两者的氧化反应进一步发生。

（4）超声空化降解间苯二酚水溶液动力学研究 由于超声降解反应比较复杂，

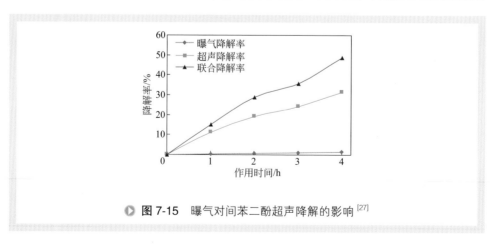

▶ **图 7-15 曝气对间苯二酚超声降解的影响**[27]

要想对于某个降解反应做出详细的动力学方程，目前来说比较难，但是可通过实验测定确定其反应级数。图 7-16 表明 ln*c*-*t* 的线性关系良好。表 7-3 给出了相应的降解反应级数、表观速率常数和线性相关系数。

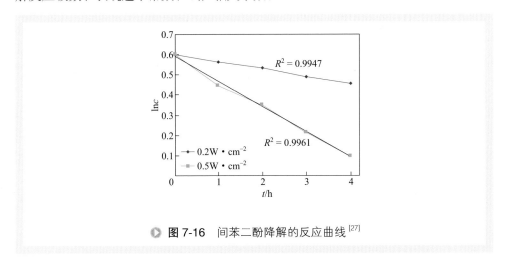

图 7-16 间苯二酚降解的反应曲线[27]

表7-3　间苯二酚超声降解反应级数、表观速率常数和线性相关系数[27]

初始浓度 / （mol·cm^{-3}）	声强 / （W·cm^{-2}）	反应级数 （n）	表观速率常数 / $10^{-2} \cdot s^{-1}$	相关系数（R^2）
1.82	0.2	1	3.60	0.9947
1.82	0.5	1	12.38	0.9961

研究表明，超声波降解间苯二酚具有一定的效果，并且间苯二酚初始浓度、超声作用声强、体系曝气对间苯二酚的超声降解影响都比较大。随着初始浓度的增大其降解率逐渐减小，但总降解量却逐渐增大；随着声强的增大，间苯二酚的降解率逐渐增大；在超声作用体系期间，曝气条件明显优于未曝气条件。间苯二酚的超声降解过程以自由基氧化反应为主，并且该反应遵循表观一级动力学反应的特征。

2. 超声降解五氯酚钠水溶液[28]

最近较多文献探讨了超声波降解有机化合物过程，均认为用超声辐照的方法可以很有效地降解水中的化学污染物，例如含氯的碳氢化合物、杀虫剂等。但在理论上人们还不是完全清楚其作用的具体方式，所以很多学者在物理和化学方面做了大量的实验研究，以试图解释其原因。南京工业大学超声化工研究所徐宁、吕效平等针对超声波降解含氯酚钠废水研究超声化学降解作用的影响因素（有无超声、声强、频率、pH、氯酚钠浓度等），简介如下。

（1）有无超声的影响　从图 7-17 可以看出，用输入功率在 440W（电流为 2.0A）的超声处理时，超声作用后五氯酚钠的相对浓度降低 30%，但是到了约 6h

后，五氯酚钠的浓度基本上不再有所变化。可见单独用超声作用后，溶液的浓度有了明显的降低。而在实验中发现当达到440W的功率以后再加大输入功率时，超声处理五氯酚钠的能力却有所降低，由此用超声处理废水时，存在一个最佳功率。其他反应条件一样，无超声强化时，五氯酚钠的浓度下降很少。

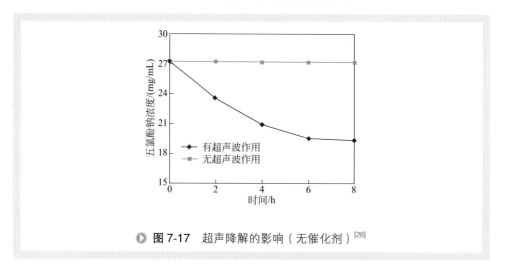

● **图 7-17** 超声降解的影响（无催化剂）[28]

（2）超声频率对五氯酚离子降解的影响　使用20kHz与500kHz的超声处理五氯酚钠，图7-18表明超声频率高有利于五氯酚钠废水的降解。

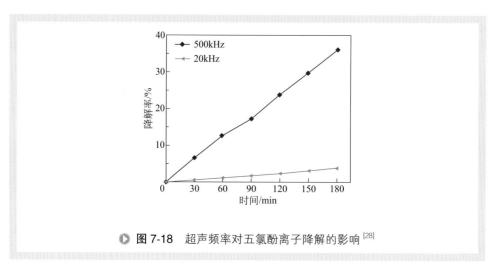

● **图 7-18** 超声频率对五氯酚离子降解的影响[28]

（3）pH值的影响　由图7-19可见当溶液为弱碱性（pH=8）的时候，超声波的作用使五氯酚钠降解率为15%，而当溶液为弱酸性（pH=6）时，超声波的作用使五氯酚钠的降解率为31%。在溶液为中性的时候，由该图可见，超声作用后的五氯酚钠降解率降低为12%左右。由此不难得出，随着溶液pH值的减小，五氯酚钠的

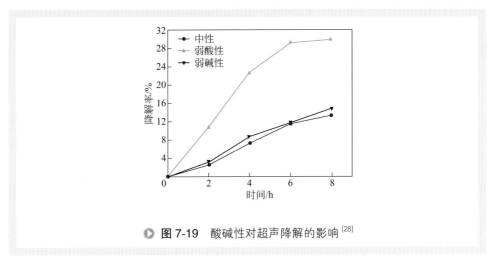

▶ 图 7-19　酸碱性对超声降解的影响[28]

降解效果越好，表明超声结合酸性环境能有效促进氯酚钠的降解。

　　研究表明超声能够降解在自然条件下不易分解的五氯酚钠，超声降解五氯酚钠应有最优功率与处理时间，该降解反应在略酸性条件下较好，超声可以促进金属氧化物催化剂降解有机物，H_2O_2 与超声联合作用可强化降解五氯酚钠。超声处理技术可作为生化处理或其他处理技术的预处理强化技术使用。

3. 超声辅助可见光光敏化降解水中 4,4′ –二溴联苯（4,4′ –DBB）[29]

　　多溴联苯（polybrominated biphenyls，PBBs）是一系列含溴原子的芳香族化合物，具有强亲脂憎水性，可沿食物链逐级放大并可在环境中远距离迁移。大气、水体、土壤中的痕量多溴联苯可通过食物链对人类和高级生物的健康造成危害进而导致全球污染。多溴联苯被广泛使用于电子电器设备、自动控制设备等商品化产品中。这些产品中的多溴联苯（尤其是极具毒性的六溴联苯）进入到空气、水、土壤的循环系统中，对环境和人类的威胁日益升高，关于持久性有机污染物的斯德哥尔摩公约认定其为持久性有机污染物（persistent organic pollutants，POPs）。南京工业大学超声化工研究所王磊等[29]的研究表明超声可进一步提高其去除率。

　　（1）低频超声协同作用的影响　目前单独可见光光敏化降解有机污染物技术不能得到广泛应用的原因就是可见光利用率低。引入低频超声可作为一种辅助手段，强化降解效率。理论基础是：①根据声致自由基理论，超声本身作用于水后可以激发产生活性自由基；②根据染料光敏化机理，可见光光照一段时间激发染料自由基生成单重态氧，进而再发生一系列反应。因此整个降解过程是以自由基反应为主导。

　　实验采用 28kHz 超声（US）作为辅助手段。考察了超声单独作用于碱性品红、4,4′-DBB 溶液 30 min 后吸光度变化情况，结果发现超声在短时间内不能将4,4′-DBB 去除，对碱性品红的去除效果也不明显，结果见表7-4。

表7-4　单独超声作用吸光度随时间变化[29]

时间 /min	0	5	10	15	20	25	30
碱性品红	0.289	0.283	0.277	0.275	0.272	0.270	0.268
4,4′-DBB	0.055	0.050	0.048	0.051	0.054	0.058	0.054

采用US/品红光敏化协同处理4,4′-DBB溶液30min的情况与单独光敏化对比，见图7-20。在28kHz超声加入后，4,4′-DBB去除率得到进一步提高，30min后达到25.6%，比单独光敏化的22.9%要提高10%左右。

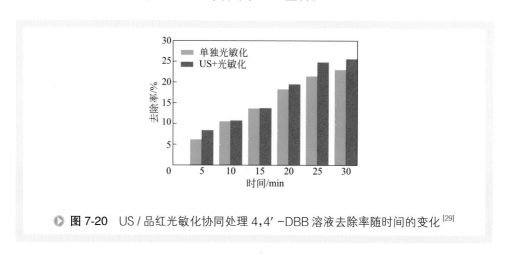

● **图 7-20**　US／品红光敏化协同处理 4,4′-DBB 溶液去除率随时间的变化[29]

（2）光敏化反应及US/光敏化反应动力学研究　表7-5的数据说明单独US作用效果为0，而图7-20中US/光敏化有一定效果。通过拟合动力学 $\ln(\rho/\rho_0)$–t 关系来考察4,4′-DBB的降解，见表7-5。

表7-5　动力学拟合[29]

方法	K	R	E	SD
光敏化	0.00948	0.99245	3.21583×10^{-4}	0.01486
US/光敏化	0.0106	0.98728	4.09805×10^{-4}	0.01955

其中，$\ln(\rho/\rho_0)=Kt$，ρ 为即时浓度，ρ_0 为初始浓度（mg·L^{-1}），R 为线性相关度，SD 为方差，E 为偏差平方和，K 为反应常数。

结果发现 $\ln(\rho/\rho_0)$–t 呈良好线性关系，即4,4′-DBB的降解符合表观拟一级反应动力学方程。总反应速率常数可表示为所有作用方式的线性加和。计算增强因子 f 公式：

$$f = \frac{K_{\text{US/光敏化}}}{K_{\text{US}} + K_{\text{光敏化}}} = \frac{K_{\text{US/光敏化}}}{K_{\text{光敏化}}} = 1.12 \tag{7-14}$$

此值说明协同作用起到一定增强作用，但是还不够明显，可能是受现有声场条件和光化学条件限制，还需深入研究超声与光敏化协同作用机理。

三、超声强化处理造纸废水

造纸工业是国民经济发展的重要支柱产业，但也是一个能源及化工原料消耗高、用水量大、对环境污染严重的行业。造纸工业废水排放量大，其由制浆废液（黑液、黄液或红液等）、中段废水（包括洗浆废水以及漂白废水）和造纸机白水组成。其中以制浆废液为主，制浆废液中的污染物约占总污染物的90%。造纸废水中含有大量的纤维素、木质素、无机碱以及单宁、树脂、蛋白质、氯代酚及其他有机氯代物、有机硫化物等，而有毒的无机化合物以含硫化合物为主，如硫化氢、硫酸盐等。这些物质致使废水碱度大、色度深、难降解有机污染物多、好氧量大，使整个水体的污染和生态环境被严重破坏。处理这些废水的传统方法是化学沉淀法、气浮、活性污泥生物处理法等，但都存在不同程度的二次污染或成本问题。

目前，随着科技的进步，科研人员开发出许多新处理方法，如膜分离法、离子交换法、电渗析法以及高级氧化技术等。单独超声辐照及超声与其他废水处理技术的联用工艺已成为废水中难降解有机污染物处理的一个新领域[30]。超声处理造纸废水的原理及其影响因素与超声降解其他化工污水的基本相同。

1. 超声预处理草浆黑液

李志建等[31]碱法草浆黑液采用了超声波预处理，后经厌氧发酵处理的方法。结果表明：①超声波预处理具有明显的作用，与单级厌氧发酵方法相比，COD去除率可提高约20%，总COD去除率可达57%～69%。②碱法草浆黑液经超声波处理后，综合毒性降低，污泥活性增强，活性期前移，甲烷菌活性期骨形成蛋白（BMP）显著提高。③若采用动态厌氧反应器，废液经过超声波处理，可明显降低水力滞留时间，反应器容积负荷率增大，生产能力提高。④超声波作用的机理是由于"空化作用"产生冲击、破碎等系列次级效应，使黑液中木质素网状分子得以松动，甚至有部分醚键断裂，为微生物对其进一步降解创造了有利条件。

吴晓辉等[32]考察了不同频率、饱和气体、离子强度、催化剂等对超声降解造纸黑液效果的影响。得出结论：对于造纸黑液，与低频超声相比，高频超声有更强的降解有机物的能力，1040kHz高频超声、30min反应时间内COD_{Cr}的去除率达到20.8%。

2. 利用超声与高级氧化技术组合处理造纸废液

吴晓晖[32]等利用超声技术（US）及超声组合高级氧化技术（AOPs），例如$US-H_2O_2$、$US-H_2O_2-FeSO_4$，对造纸废水进行处理。得出结论：①超声辐照下，可以将造纸废水中大分子有机污染物部分分解为小分子有机物。②超声辐照时间对造纸废液降解有一定影响，在温度 30℃、pH 为 6 的反应条件下，超声辐照 4h，可以得到较满意的降解效果。③活性自由基的产生如 HO·，可显著提高造纸废液的超声降解效果。单独 US 工艺下辐照 4h，废液 COD_{Cr} 去除率仅为 17.5%，TOC 去除率仅为 13.7%；但在 US-H_2O_2-$FeSO_4$ 组合工艺下辐照 4h，由于活性自由基的产生，使废液 COD_{Cr} 去除率高达 47.9%，TOC 去除率高达 45.8%。④单独 US 法及其与 H_2O_2、$FeSO_4$ 的组合工艺均可以部分降解造纸废水中的有机物，可望成为生化法的预处理过程。

3. 超声与其他氧化工艺的联合作用

由以上介绍可知，超声空化降解技术单独使用不多，开发超声与其他氧化工艺的联合作用，实现多项单元技术的优化组合，将会使其从技术上和经济上更可行。

（1）超声 - 臭氧（US-O_3）联用　在超声辐照下，O_3 被分解，在溶液中产生了更多的具有化学活性的 ·OH，并且加快了向溶液中传质的速率，从而提高了有机物的去除率。一般可以超声降解、杀菌与臭氧消毒共同处理污水。超声 - 臭氧技术特别适合于处理成分复杂的工业废水，同时具有节能高效、运行稳定、操作方便的优点，具有很大的应用价值[33]。原理类似于超声 - 臭氧联用技术，对污染水体进行降解、杀菌、消毒的新方法还有超声 - 过氧化氢（US-H_2O_2）联用等技术。

（2）超声 -H_2O_2 联用　该法可除去传统生化法难降解的有机物，处理效率高，还具有消毒、杀菌作用，不产生二次污染。

（3）超声 - 紫外光联用（US-UV）　该工艺不仅利用了 US 技术和 UV 技术各自降解能力的叠加或互补作用，还具有协同降解作用，同 US 技术单独使用相比，US-UV 技术大大提高了有机物的去除速率。对污水中常见的有机污染物苯酚、四氯化碳、三氯甲烷和三氯乙酸进行降解，使四种物质的降解产物为水、二氧化碳、Cl^- 或易于生物降解的短链脂肪酸。此外，还可推出超声 - 紫外 - 臭氧（US-UV-O_3）联用与超声 - 紫外 - 催化氧化（US-UV-TiO_2）联用，均表现较好的协同效应。

（4）超声 - 紫外 - 可见光 -Fenton 试剂复合处理　受光照、超声等技术与 Fenton 法的结合能使垃圾渗滤液的去除效果得到提升的实验结果的启发，对垃圾渗滤液复合式类 Fenton 的研究不断出现，如超声 - 可见光 -Fenton、超声 - 电 -Fenton 等。

（5）超声 - 磁化处理技术联用　磁化对污水既可以完成固液分离的目的，也可以对 COD、BOD 等有机物降解，还可以对染色水进行脱色处理[34]。

（6）超声 - 电化学联用　大多数有机污染物在阳极氧化时可降解为 CO_2 和 H_2O，但当有机物在电极上被氧化或还原时，会在电极表面生成一层聚合物膜，导致电极活性下降和电耗增加；利用超声波的空化作用，可使电极清洗复活及强化反应物从液相主体向电极表面的传质过程，消除浓差极化等。

（7）超声 - 电絮凝联合处理高含淀粉废水　改性淀粉加工过程产生大量高浓度有机废水，而传统工艺不适合处理高负荷、易堵塞物系。电絮凝技术可有效脱除水中悬浮物及磷盐等，但易使电极极板钝化，降低处理效率；超声空化作用可有效防止电极极板钝化，还可促进金属离子在水中分散、加速絮凝剂与颗粒物和胶体的反应速率、降低比阻和减小毛细管作用时间，改善絮体脱水性能，达到强化废水作用[35]。

（8）超声 - 湿法氧化联用　由于超声处理不易完全降解有机物，而湿法氧化技术不适合处理某些大分子有机物，所以利用超声先在常温下将大分子有机物降解成小分子，再用湿法氧化处理，起到了互补作用。超声提高了湿法氧化速率和 COD 去除率。

（9）超声 - 生物处理联用　利用超声首先处理难生化降解的废水，以提高其生化降解性，再用常规生化法处理，同样具有较好的互补性。

（10）超声强化传统化学污水处理　在用传统化学方法进行大规模污水处理时[26]，增加超声辐射，强化药物的微分散，可以大大降低化学药剂的用量。

声化学过程具有低能耗、少污染和无污染等特点，且超声能将水体中有毒有机污染物降解为 CO_2、H_2O、无机离子或比原来毒性小的有机物，是一种环境友好的治污技术，这些联用技术可用于处理造纸废液，也可用于其他污水的处理，它们的使用不仅使处理效果大大提高，同时也减少了废水处理的成本，有良好的工业应用前景。

虽然超声在污水处理领域的应用已经得到了人们的广泛认识，但是有许多问题仍然有待进一步完善。

① 超声反应的条件较复杂，影响因素多。不同物料的物理化学性质不同，故其最佳的反应条件也不同；污染物不同，其超声参数与工艺条件（频率、强度、分解温度与时间、催化剂、体系 pH 值及溶解气体等）均不同，需进行优化试验，达到最佳的降解效果。

② 针对不同目标处理物的最佳超声联用技术需进一步开发。

③ 超声大规模废水处理应用的问题主要在工业化超声处理设备上，需开发出大处理量的超声反应器。目前，超声水处理技术已开始较大规模运用到生产中，国内一些水处理公司已推出其超声水处理技术与相应超声水处理设备。

四、超声强化处理垃圾渗滤液

垃圾填埋法是城市生活垃圾处理中应用最为广泛的方法之一，垃圾分解产生的渗滤液是一种成分复杂、难处理的高浓度有机废水。这种液体有毒，会污染土地、地下水和水资源，需进行垃圾渗滤液预处理，以达到排入下水道或直接排入地表水的标准水平。采用常规的生物法、物理法、化学法处理难以满足处理水质要求。随着对水处理研究的不断深入，新开发了高级氧化技术，并且取得了显著的进展[36]。

高级氧化技术是利用光、声、电、磁、催化剂等技术，通过物理化学等过程催化产生大量活性极强的自由基（如 •OH），该自由基具有强氧化性。利用其强氧化性来分解渗滤液中的难降解有机物，最终氧化分解为 CO_2 和 H_2O。高级氧化技术与传统的氧化技术相比，具有有机物降解彻底、反应速率快、不易产生二次污染、水质适用范围广等优点，还能够有效提高垃圾渗滤液的可生化性（即提高 BOD_5/COD 的比值）。

其中，超声波氧化法因其设备简单、易操作、高效并且不易产生二次污染等特点，近年来受到国内外许多学者的关注，是一种新型的废水处理技术。其反应的机理是利用超声空化作用形成的强氧化性自由基，氧化降解有机污染物，特别适用于降解有毒和难降解的有机物。Roodbari 等[37] 采用超声波催化氧化预处理垃圾渗滤液，研究结果表明，在 pH 为 10、功率为 110W、频率为 60kHz、二氧化钛投加量为 $5mg \cdot L^{-1}$，曝气时间 120min 的条件下，渗滤液中的可生化性得到明显的改善，其 BOD_5/COD 的比值从 0.210 增加到 0.786。

但是超声氧化法在单独应用于处理垃圾渗滤液的过程中仍有一些问题，如：氧化降解不彻底、能量的利用率低、处理水量小、成本较高等。因此，超声氧化法在实际应用中，通常与其他的方法联用协同处理垃圾渗滤液，以降低成本，改善渗滤液的处理效果。Yang 等[38] 采用超声活化过硫酸盐处理垃圾渗滤液，研究结果表明，在 pH 为 4、初始 $S_2O_8^{2-}$ 浓度为 8.5mol/L、温度为 70℃、功率 300W、反应时间为 2.46h 的最佳条件下，对渗滤液中 TOC 的去除率为 77.32%。强化超声空化的效果及优化、放大超声波反应器设计应是超声氧化法技术在处理垃圾渗滤液中研究的热点方向，当前较多的国内外相关的文献发表也说明此点。

1.超声水力空化处理垃圾渗滤液

Bis 等[39] 较详细研究了声水力空化技术在提高垃圾渗滤液生物降解性中的应用。考察了空化装置的三种结构形式，选择了工艺操作参数。实验流程见图 7-21。该研究提供了详细的空化装置、孔板水力学特性及操作过程等。实验中使用的是外径 64mm、厚度 10mm 的钢制节流孔板，钻孔并安装在空化反应器的主体内。研究了三种结构（图 7-21）。

孔板 A，其轴线上有直径为 3mm/10mm 的锥形孔（同心孔）；

孔板 B，具有 5 个矩形截面孔（1mm×5mm）；

孔板 C，有 9 个直径为 1mm 的圆柱形孔，一个位于轴上，其余孔均匀分布在圆盘周圈。

对原水和渗滤液的化学需氧量（COD）、五日生化需氧量（BOD_5）、挥发性脂肪酸（VFA）、总有机碳（TOC）、总固形物（TS）、挥发性固形物（VS）、碱度和 pH 值进行了分析。相同的分析程序也用于确定渗滤液上清液特征参数值。这些参数包括溶解有机碳（DOC）、铵态氮（$n\text{-}NH_4^+$）、亚硝酸盐和硝态氮（$n\text{-}NO_x$）和正磷酸盐（$p\text{-}PO_4^{-3}$）。上清液样品通过 0.45μm 孔径过滤器过滤获得。

根据研究数据，发现结构类型（即几何参数、孔口速度和空化数）以及空化循

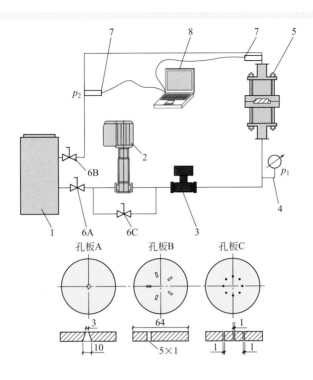

图 7-21　实验装置（空化回路）和孔板配置方案（单位：mm）[39]

1—循环槽；2—离心泵；3—电磁流量计；4—压力计；5—水力空化反应器；6—阀门；
7—压电压力计；8—计算机控制；p_1—压力计4处压力；p_2—压力计7处压力

环次数都会影响生物降解性的改善。研究表明，孔板 A 具有直径为 3mm/10mm 的
锥形同心孔（流体力学性质类似于圆形文丘里管），其空化数最低为 0.033，此时
渗滤液生物降解性指标最高。采用这种结构并在入口压力为 0.7MPa 的情况下保持
30 次再循环通过空化区，生物降解指数（BI）最高增加约 22%，即从 0.046 增加到
0.056。红外光声光谱（FT-IR/PAS）法分析结果表明，空化后渗滤液红外光谱中氧、
肽基和芳香环存在的谱带强度下降可被视为含有这些官能团的化合物数量减少的证
据，因此空化对渗滤液中有机物的分解产生积极影响，使难降解高分子化合物有可
能分解为生物可降解物质。

因为孔板 A 同时影响了流动和空穴崩塌条件，有利于较高的湍流强度和大的剪
切层面积和显著的速度梯度。孔板 A 与孔板 B 和孔板 C 相比，具有不同的水动力
条件。孔板 A 的文丘里管倾向于提供更密集的空化云，因为气泡增长的有效时间
增加，这导致单位时间内出现更大的空穴和更多的空穴。而水动力空化对有机污染
物降解的总体影响取决于气泡空化在坍塌前所达到的最大尺寸和压力恢复率。

不同板的空化效应机制有可能不同。对于孔板 A，垃圾渗滤液的生物降解性增

强似乎归因于物理效应，而不是化学效应。这种结构促进了气泡的长大，压力恢复快，空化强度高。同时，·OH 自由基与污染物的反应不那么重要。高渗滤液的碱度也会限制化学反应，因为碳酸盐和碳酸氢盐往往会抑制·OH 自由基的形成。在规定的渗滤液循环数下观察到 BOD_5 从 $282g \cdot m^{-3}$ 增加到 $319g \cdot m^{-3}$，同时 COD 下降（从 $6097g \cdot m^{-3}$ 下降到 $5718g \cdot m^{-3}$）。这证实了，对于孔板 A，作为难降解有机物分解产物释放的可生物降解有机物的氧化可能是有限的。在孔板 B 和孔板 C 的情况下，化学效应似乎具有更大的意义。这是因为更小的气泡和更快的崩塌（与其几何结构有关）有利于·OH 自由基的扩散。BOD_5 值降低（对于板 B）或显著增加（对于板 C），同时 COD 降低，证实了通过空化可更有效氧化可生物降解有机物。

综上所述，孔板 A 是保证垃圾渗滤液在特定条件下提高生物降解性指标的合理选择。

2. 纳米氧化铜声催化降解垃圾渗滤液

声催化是一种利用半导体金属氧化物的催化活性的先进强化氧化技术。这项技术的产生类似于光催化的·OH。与氧化过程中通常使用的普通氧化剂相比，生成的·OH 具有更强的氧化能力，并将有机化合物分解为无害化合物，如 CO_2、H_2O 或 HCl。多年来，超声波在降解废水和垃圾渗滤液中的有机物方面得到了广泛的应用。水环境中的超声作用导致空化气泡的快速形成、生长和剧烈崩塌，产生声化学效应，其原因可能是气泡内部的热分解，也可能是由于 H· 和 O· 的生成而导致还原和氧化·OH 自由基。

（1）氧化铜纳米粒子存在下的声催化过程　在超声频率下使用氧化铜作为半导体催化剂属于具有处理废水的潜力氧化铜纳米粒子存在下的声催化过程可以用以下步骤表示[40]：

$$H_2O \longrightarrow HO\cdot + H\cdot \qquad (7\text{-}15)$$

$$O_2 \longrightarrow 2O\cdot \qquad (7\text{-}16)$$

$$H_2O + O\cdot \longrightarrow 2HO\cdot \qquad (7\text{-}17)$$

$$CuO \longrightarrow h^+ + e^- \qquad (7\text{-}18)$$

$$CuO\text{-}H_2O + h^+ \longrightarrow CuO\text{-}HO\cdot + H\cdot \qquad (7\text{-}19)$$

$$CuO\text{-}O_2 + e^- \longrightarrow CuO\text{-}O_2\cdot \qquad (7\text{-}20)$$

$$有机分子 + CuO\text{-}HO\cdot \longrightarrow CO_2 + H_2O \qquad (7\text{-}21)$$

$$有机分子 + CuO\text{-}O_2\cdot \longrightarrow CO_2 + H_2O \qquad (7\text{-}22)$$

（2）超声纳米氧化铜催化处理垃圾渗滤液　Amirian 等[40] 采用响应面法（RSM）评价了 pH 值（3，7，11）、氧化铜纳米（CuO-NPs）颗粒剂量（0.02g，0.035g，0.05g）、反应时间（10min，35min，60min）、超声（US）频率（35kHz，37kHz，

130kHz）等工艺参数对反应的影响，以及它们之间的相互作用，并作了讨论。由最佳条件导出二阶模型，包括显著的线性项和二次项，可以预测响应（R^2=0.9684，预测 R^2=0.9581）。最大化学需氧量85.82%的超声催化降解条件为：pH值6.9，氧化铜纳米用量 0.05g·L^{-1}，超声频率130kHz，接触时间10min。基于模型建立了测量响应的三维响应面图7-22[5]，以更好地了解自变量（pH、CuO-NPs用量、反应时间和US频率）及其相互作用对因变量（COD降解率）的影响。

① pH值与反应时间的相互作用。水环境的pH值在声催化降解过程中起着重要的作用，因为它决定了催化剂的表面电荷和所形成的聚集体的大小。见图7-22（a），pH值和反应时间对COD降解率的影响呈球形响应面，在一定的pH值和反应时间范围内存在一个局部最大区域。另外，随着pH值从3增加到7，COD的降解率有增加的趋势，反应时间延长。在非均相催化体系中，pH值会影响表面羟基覆盖的金属氧化物的表面性质。

② pH和US频率的相互作用。pH和US（超声）频率对COD降解率的影响从响应面图7-22（b）可以看出，随着pH值的增加，COD的降解速率逐渐增大，但在较高pH值（7～11）下，COD的降解速率呈下降趋势。COD降解率的最佳区域的pH值范围为3～7，US频率范围为35～130kHz。而当pH值从7增加到11，US频率处于较低值时，COD降解率显著降低。

③ CuO-NPs用量与时间的交互作用。如图7-22（c）所示，可以清楚地看到，随着CuO-NPs浓度和反应时间的增加，COD的降解率逐渐增加。结果表明，最佳COD降解速率范围为CuO-NPs浓度0.02～0.05g·L^{-1}，反应时间10～60min。这可能会导致当CuO-NPs浓度和反应时间过高或过低时，COD降解率明显增大或减小。随着催化剂负载量的增加，声催化降解效率受到很大的影响，主要有两个原因：a.活性中心的有效性增加；b.活性有机分子与催化剂中的分子碰撞失活。

④ 时间和频率的相互作用。影响氧化工艺设计和操作的一个重要变量是反应时间。图7-22（d）说明了US频率和时间对COD降解率的影响，而溶液的pH值和CuO-NPs剂量固定在其中间水平（分别为7和0.03g·L^{-1}）。如图可知COD降解率随US频率和反应时间的增加而增加，实验时间的增加与COD的降解密切相关。这一现象的原因在于，超声频率决定了声催化剂对能量的吸收程度，形成的电子-空穴对导致有机污染物的整体转化。换言之，更高的US频率为更多的CuO-NPs产生电子-空穴对提供更高的能量。

该研究的结果显示，超声频率、CuO-NPs用量和反应时间与COD去除率总体上呈正相关。溶液的pH值（3～7）与COD的去除率有很高的相关性。pH-时间、pH-US和CuO-时间的交互作用对COD去除率有显著影响。实验结果表明，在pH 7、CuO-NPs投加量为0.035g·L^{-1}、反应时间为35min、超声频率为130kHz的条件下，COD的最佳降解为85.23%（在设计范围内），预测模型中COD的最高降解率为

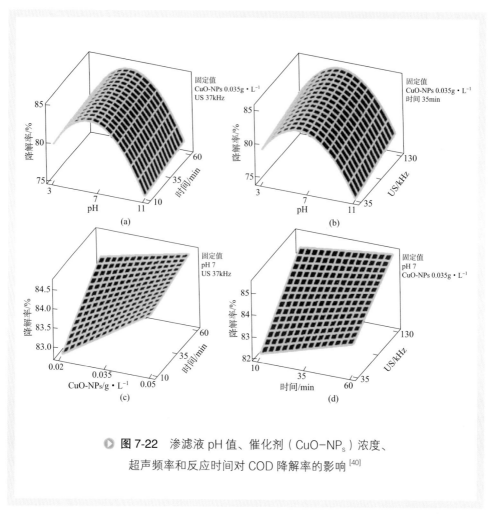

图7-22　渗滤液pH值、催化剂（CuO-NP$_s$）浓度、超声频率和反应时间对COD降解率的影响[40]

85.82%，与实验结果吻合性较好。表7-6表明，采用声催化法处理后的渗滤液，其COD残留浓度略高于伊朗排放标准（60mg·L^{-1}），必须采用混凝、吸附等后处理工艺才能满足排放要求。

3. US/Oxone/Co^{2+}氧化工艺处理垃圾渗滤液（Oxone：单过硫酸氢钾）

河南师范大学李晓艳等[41]采用US/Oxone/Co^{2+}氧化工艺处理COD 1116mg·L^{-1}、SS 17mg·L^{-1}、色度300倍、TOC 29.04mg·L^{-1}、pH值8.17的垃圾渗滤液。在超声功率为50W，频率为40kHz，强度为60%，［Oxone］为3mmol·L^{-1}，［Oxone］/［Co^{2+}］为500000，pH = 9.0，反应初始温度为25℃，反应时间35min，Oxone投加次数为6的最佳条件下，垃圾渗滤液的COD、TOC、SS和色度去除率分别达到63.74%、59.46%、69.35%和83.33%。表7-7表明［Oxone］、［Oxone］/［Co^{2+}］、pH值、反应温度和反应时间对COD等污染指标的去除效果有较大影响。使用超声的处理效果

一般均超过无超声的处理效果 10% 以上，但反应时间仅为无超声情况的 12% 左右，大大提高了处理效率。

表7-6　不同处理方法的垃圾渗滤液水质与伊朗地表水排放标准的比较[40]

参数	初始垃圾渗滤液	经 pac 混凝预处理	经声催化处理	允许排放标准（伊朗环境保护局，2015）
$BOD_5/mg \cdot L^{-1}$	1960 ± 37.41657	1120 ± 74.83315	168 ± 20.83240	30
$COD/mg \cdot L^{-1}$	4083.5 ± 50.5569	2356.5 ± 37.41657	348.05 ± 23.12345	60
$TDS/mg \cdot L^{-1}$	9960 ± 1015.086	5080 ± 815.8431	1016 ± 15.43567	—
$TKN/mg \cdot L^{-1}$	107.52 ± 14.23326	84.56 ± 9.763934	16.912 ± 24.65410	2.5
$TP/mg \cdot L^{-1}$	31.82556 ± 1.0057	18.5633 ± 0.602981	15.91278 ± 13.6574	6

表7-7　本工艺与[Oxone]/[Co^{2+}]工艺比较[41]

处理条件	本工艺	[Oxone]/ [Co^{2+}] 工艺
[Oxone] /mmol · L^{-1}	3	4.5
[Oxone] / [Co^{2+}]	$10^{5.699}$	10^4
pH	9	6.5
反应温度 /℃	25	30
反应时间 /min	35	300
Oxone 投加次数	6	7
COD 去除率 /%	63.74	57.51
TOC 去除率 /%	59.45	48.45
SS 去除率 /%	69.35	53.27
色度去除率 /%	83.33	83.33

4. 超声强化SBR过程处理垃圾渗滤液

王书杰等 [42] 采用固定频率 40kHz 的低强度超声波强化序批式活性污泥（SBR）工艺处理实际垃圾渗滤液，研究 3m³ 反应体积中试规模下的不同超声功率、超声时间对反应器运行效果的影响。流程示意见图 7-23。超声工作频率（40 ± 5）kHz，在曝气段超声 1min/ 次、4 次 / 天，功率分别为 0W（对照组）、100W、200W、250W 条件下运行 2 周，监测进出水 COD、氨氮等变化，确定超声功率最佳条件。此处仅录入图 7-24 超声功率对 COD 去除的影响。该文提供了超声功率对氨氮、总氮去除的影响和超声处理时间对 COD、氨氮、总氮去除的具体影响数据。结果表明：超声功率低于 250W 时，随着超声功率提高系统污泥活性增强，且其对氨氮去除的促进作用高于对总氮、COD 的去除。当超声频率、功率、辐照时间分别为 40kHz、250W、12min·d^{-1} 时，SBR 系统运行效果最佳，COD、氨氮、总氮去除率分别为 75%、96%、63%，与对照组相比，去除率分别提高 35%、86%、57%。超声后出水氨氮平均从 703mg·L^{-1} 下降至 30mg·L^{-1}，出水总氮从平均1264mg·L^{-1} 下降至 462mg·L^{-1}。

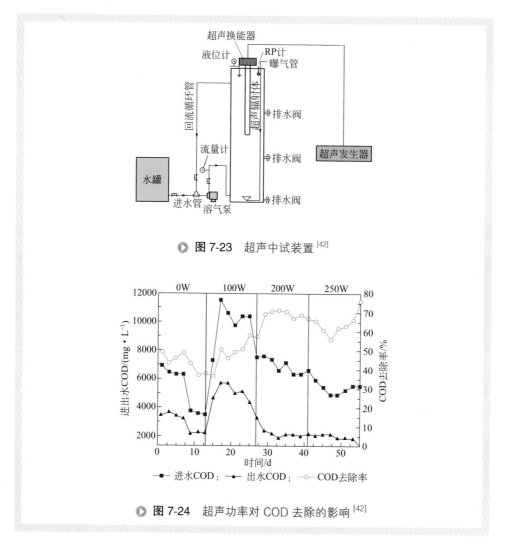

▶ 图 7-23　超声中试装置[42]

▶ 图 7-24　超声功率对 COD 去除的影响[42]

随着石油化工、炼油污水生物处理工艺的推广普及，剩余污泥的最终处理已成为当前十分突出的问题。近年来，由于国家对环境重视程度越来越高，污染物排放标准也日益严格。城市生活污水产生的生物污泥可以用作堆肥等方面的再利用；石化污泥由于含有毒害物质，不允许简单填埋或农田利用。

随着我国城市化建设的发展，城市污水处理厂的数量和规模一直在不断增加。2017 年度，全国城镇污水处理厂累计处理污水 572.01 亿立方米，同比增长 5.5%；累计处置污泥量 3315.69 万吨，同比增长 11.7%[43]。随着剩余污泥产量的增加，污泥处理处置的相关标准也日益严格，污泥处理费用已占污水处理厂运行费用的 20% ～ 60%[44]，污泥减量化问题已成为环保领域的一大挑战。利用剩余污泥减量技术，实现污泥的零排放将是石化污水处理的最新发展趋向。超声波是一种新兴的提高污泥可生化性的非常有效的机械预处理方法，对污水处理厂的污泥处理和处置具有重要意义。

一、生物污泥的特点与分类

污泥一般可以分为生活污水污泥、工业废水污泥等。常用活性污泥法处理废水，这种方法会产生大量的活性污泥，一般每去除 1kg 的 BOD_5 就要产生 15 ～ 100L 的活性污泥。

生活污水污泥是指城市污水处理厂从污水中分离出来的固体的总称。根据污泥从污水中分离的过程，可以分为如下几类：①沉淀污泥。初次沉淀池中截留的污泥，包括用药剂沉淀下来的污泥。②生物处理污泥。在生物处理过程中，由污水中悬浮状、胶体状或溶解状有机污物组成的某种活性物质。这些活性物质通常含有大量生物物质、胞外多聚物（EPS）和 95% 以上的结合水。根据生物处理方式的不同，又可以进一步分为：a. 生物滤池污泥。采用生物滤池处理时产生的污泥；b. 活性污泥。采用活性污泥法处理时产生的污泥。在这一处理过程中，一部分污泥作为接触体循环，即回流污泥，多下来的剩余污泥送去处理。

生活污水污泥一般均易腐化，可以进一步区分为：a. 生污泥。从沉淀池排出来的沉淀物或悬浮物；b. 消化污泥。生污泥经过厌氧消化分解后得到的污泥。

工业废水污泥是指在工厂废水处理中生成的残渣，其成分因工厂的产品和废水处理方法而异。例如：石灰污泥（来自中和处理）、氢氧化物污泥（来自药剂混凝处理）、毛发和皮革（来自皮革加工厂）、砂土（来自甘蔗洗涤场）。城市污水处理场中，与生活污水污泥一起生成的工业废水污泥，由于具有特殊的毒性，常对后续处理有明显的不良影响。

二、剩余生物污泥处理方法及现状

早期的剩余污泥处理方法有投海、填埋等，但是由于这些方法会造成二次污染，在许多发达国家及地区都已禁止。现在发达国家普遍使用的是焚烧法，但是焚烧的成本比较高，限制了其广泛使用，国内使用不多。一般污泥处置的基建费用占污水处理厂总基建费用的比例高达 60% ～ 70%，故寻求新的剩余污泥减量的技术成为开发热点。

剩余污泥的产量与微生物利用有机物基质生长、内源呼吸作用以及微生物对细菌的捕食有关。微生物生长阶段污泥量增加，内源呼吸以及细菌捕食阶段污泥量减少。因此，减少剩余污泥产量可以从三个方面入手：降低细菌的细胞合成，增强细菌的内源呼吸以及利用微生物对污泥进行捕食。

1. 降低细菌细胞合成量

降低细菌的细胞合成量主要是从能量上抑制细胞的生长，使细菌氧化底物所获得的能量不能直接用于细胞合成，而是通过其他途径释放。目前已有的研究有加入解偶联剂、改变污泥所处环境等。目前这方面的研究多处于机理研究，还不能用于实际废水处理，而且，细菌不完全代谢的产物还可能对整个处理过程产生影响。

谢敏丽等 [45] 研究比较了 4 种解偶联剂（对氯酚、间氯酚、间硝基酚和邻硝基酚）在活性污泥法中减少污泥产率的效果。结果表明，间氯酚在减少污泥产率方面最有效，同时对污水处理的效果影响较小。当间氯酚的浓度为 20mg·L^{-1} 时，与空白实验相比较，污泥产率下降了 86.9%，COD 去除率下降了 13.2%。酸性常数 pKa 值越低的解偶联剂对减少污泥产率的效果越好。选择解偶联剂和其最佳投药量取决于同时满足污泥减量与 COD 去除率要求的一个平衡点。

2. 增强细菌内源呼吸

增强细菌内源呼吸是指可以采取各种手段使细菌细胞溶解，通过强化细菌的隐性生长达到污泥减量的目的。如化学溶胞作用（臭氧化、酸碱化、氯化）、物理溶胞作用（加热、超声波、加压）、生物溶胞作用（酶制剂等）。

臭氧是一种极强氧化剂，污泥经臭氧处理后，一部分被矿化为 CO_2 和 H_2O，一部分被溶解为易生物降解物质。1994 年日本的 Yasui 等首先提出此工艺 [46]，即将常规活性污泥工艺中部分回流污泥引入臭氧处理器，再返回到曝气池，达到污泥和污水双重处理的功效。经 10 个月的工业化规模处理制药废水试验，有机负荷为 BOD$_5$550kg·d^{-1}，基本上达到剩余污泥的零排放，但出水中有机碳含量比常规工艺稍高；同时也进行了臭氧化应用于汽车制造厂、食品工业等六种废水的试验，均取得理想的效果。Kamiya[47] 等进行了臭氧间歇处理人工配制废水的小试研究，进一步探讨了臭氧浓度与污泥减量的关系。结果表明：该法可减少 40% ～ 60% 的剩余污泥排放量，并提高剩余污泥的沉降性能。整个过程的运行费用比传统活性污泥工艺加上后续污泥的处理与处置费用低。但是，臭氧化的有效性极大取决于活性污泥的物理结构以及系统的运行状况，这些使得臭氧投加方式的优化非常困难。另外，经过臭氧化后使难处理的有机碳释放到污水中。

氯也是一种强氧化剂，氯化运行成本只有臭氧化的 10%。Saby 等 [48] 采用氯化代替臭氧化来进行污泥量的研究，整个工艺类似上述臭氧化工艺。结果表明：当氯的投加量为每天 $133mg \cdot g^{-1}MLSS \cdot d$（混合液悬浮物）时，污泥产量减少了 65%。但氯化过程中会产生三氯甲烷（THMS）等具有危害性的副产物，这些给此技术的工业化应用带来一定的挑战。

国际上新发展的超声波处理剩余污泥技术属于促进污泥细胞溶解、增强细菌内源呼吸的方式。这一类的污泥减量技术是目前研究的热点，其发展趋势主要集中在降低污泥处理成本，提高生物溶解细胞的二次利用率 [49] 上。超声处理法兼有各种处理方法的优点：反应条件温和、降解速率快、适用范围广，可以和其他水处理技术结合使用。国内外研究表明，采用高强度超声波可以降解污泥，通过细胞破壁分解生物固体，改善污泥的膨胀特性，提高污泥的沉淀特性和脱水能力，降低剩余污泥的含水率。

3. 微生物捕食

微生物捕食是指培养微型生物对污泥中的细菌进行摄食和消化，达到减少污泥量的目的。据不同文献，采用该法能够使污泥减量 10% ~ 90%。梁鹏等 [50] 在活性污泥反应器中引入红斑瓢体虫以考察其生长条件和对剩余污泥的减量效果及对系统处理效果的影响。结果表明，污泥龄（SRT）为 15 ~ 34d 时对红斑瓢体虫的长期生长没有影响；进水 COD 负荷 <0.6mg $\cdot$（mgVSS $\cdot$ d）$^{-1}$ 时红斑瓢体虫可大量出现。不同 SRT 和进水负荷条件下的污泥产率系数与反应器中的红斑瓢体虫密度呈负相关，对剩余污泥的减量比例为 39% ~ 58%。红斑瓢体虫的存在有利于改善污泥的沉降性能，且对 COD、氨氮、TP 的去除效果影响不大。

三、超声强化生物污泥减量原理

1.超声预处理机理分析及影响因素

超声预处理污泥的机理是利用超声波破坏污泥的物理、化学和生物特性来提高污泥的消化率，即利用声波能量在固相和液相中产生的空化现象以及伴随空化作用产生的热学作用、机械作用和化学作用等破解污泥絮体的结构和细胞壁，强化有机部分的生物转化，加快细胞溶解；用于污泥回流系统时，可强化细胞可溶解性，减少污泥产量；用于污泥脱水设备时，有利于污泥脱水、降低污泥含水率、污泥减量和最终减少处理费用。超声强化厌氧降解污水污泥可减少发酵时间。另外，超声波能使颗粒与介质同时振动，可以促使颗粒碰撞而黏合，达到沉降分离的目的。破解程度取决于超声波参数和污泥特性，因此最佳参数随超声波类型和待处理污泥的不同而不同。

超声功率、超声频率、超声时间和超声脉冲比是制约超声破解污泥的关键声学因素，另外污水和污泥本身的性质（如 pH 值、浓度等）也是污水、污泥处理的重要影响因素。

2. 超声分解污泥

高强度超声具有空化作用，空化泡崩溃产生的冲击波以射流的形式蔓延到周围的物质，导致污泥中细胞的分解。细胞物质溶解到上清液中，可用于后续厌氧过程处理。结果表明后续厌氧消化过程能提高生物产气量，减少污泥量，提高废水处理厂经济效益。

日本和德国有关专利表明，高强度的超声可以分解污泥，促进厌氧发酵过程 [51,52]；H_2O_2 和强酸结合，后续超声辐照（高温高压）处理剩余污泥，可以提高污泥的溶解性，降低处理成本，如采用热处理与超声相结合溶解污泥，则不需使用化学药剂。

超声处理污泥主要为机械分解作用，超声分解后，污泥稳定性增加，后续厌氧过程产气量增加或减少发酵时间 [53]。另有研究将超声结合各种方法处理好氧过程产生的污泥，如化学试剂、热处理、臭氧、脉冲电场、均质器或球磨机等，能够提高剩余污泥的溶解性，减少污泥中有机物含量，加速厌氧，污泥产量及体积减小。而 Grönroos 等 [54] 认为超声能量、污泥固含率、污泥温度以及超声处理时间几个参数对污泥分解最重要；而氧化剂的加入与否对污泥分解影响不大。实验室研究表明超声破碎后，污泥中细胞会形成溶胶，强化了后续厌氧稳定过程。

Chu 等研究表明，即使采用较弱的超声（不能使污泥完全分解）预处理活性污泥，也能够使污泥消化过程中的甲烷产量和絮凝固体颗粒量显著增加 [55]。南京工业大学超声化工研究所韩萍芳等的研究表明 [56]，采用高强度超声可以降解生物污泥，释放出其中的有机物质。低功率超声则能够改善污泥的膨胀特性、提高污泥沉淀特性和脱水能力，降低剩余污泥的含水率，达到减量的目的。经超声处理并简单过滤出的滤液 COD 值达到 4200 mg·L^{-1} 左右，污泥含水率由 99.4% 降低至 85% 左右。

超声对去除废水中的 N、P、S 等物质也有一定作用。氧结合超声辐照加速污泥溶解，污泥经沉淀以后，P 随剩余污泥排走，分出的液体循环回反应器。可减少生物量以及 N、P 量。经过超声分解、甲烷发酵、固液分离、脱磷、氮化/脱氮过程以及碱调质，固液分离过程可以去除 PO_4^{3+}，该法可以提高甲烷转化率以及 S、P 去除率。有研究表明废水处理过程中采用超声处理污泥，可以减少剩余污泥量，但是脱磷效果不显著。

3. 超声促进污泥减量

采用超声好氧处理生物污泥，最终可使污泥减量，有机物显著减少。超声结合氧化剂处理剩余污泥，再将液化的污泥循环回生物处理流程。可减少污泥量而且不影响出水水质。结合高压脉冲电场和超声辐照有机废水，然后送到厌氧流程，可产生较少的剩余污泥。生物活性污泥固液分离以后，一部分活性污泥采用臭氧或超声液化，一部分污泥以固体形式分出；固体部分循环到生物处理流程，上清液采用絮凝、臭氧化以及过氧化氢等手段继续去除有机物，结果可以减少废水处理的剩余污泥产量。

为解决厌氧消化过程中水解速率慢的问题，采用 20kHz 超声波和 0.5W·mL^{-1} 的能量密度对废活性污泥进行中温厌氧消化预处理。污泥经 0～100min 超声处理后，在 20d 的水力停留时间（HRT）下消化，结果表明，超声预处理有利于污泥中可溶性化学需氧量（SCOD）的溶解，再加上污泥脱水性能的快速降解。在后续厌氧消化过程中，当处理污泥的超声处理时间大于 80min 时，总化学需氧量（TCOD）的去除率和污泥减量率也显著降低。在 80min 条件下，污泥超声处理的反应器产气量和产甲烷量最高，CH$_4$ 含量大于 53.8%，平均产甲烷量约为 36.2mL·g^{-1}·VS（挥发性固体）[57]。通过微生物多样性分析，发现反应器内水解酸化菌数量丰富。厌氧反应器中的产甲烷菌以甲烷菌和甲烷单胞菌为主，加入污泥后超声波作用时间不同。在 80min 后超声预处理的污泥中，甲烷形成菌的相对丰度迅速下降，厌氧产甲烷的优势底物由氢转变为乙酸。污泥的超声处理加速了复杂有机物向可降解基质的转化，也促进了产甲烷菌的生长。Yoon 等 [58] 将膜生物反应器与超声细胞粉碎装置相结合，能够达到零污泥产出，但是出水水质比原来略差。

顾礼炜等 [59] 以石化污水处理厂剩余污泥为对象，考察了超声波破解过程中有机物及氮磷的释放特性。实验结果表明，超声波可以有效破解污泥，使污泥细胞内的有机物和氮磷等营养物质大量释出。①利用超声破解污泥，上清液的 SCOD 值随着超声时间的延长和声强的增加而上升。当超声频率为 21kHz，声压分别为 50、100、150 和 200V 时破解 25min，SCOD 值由 144.4mg·L^{-1} 分别达到初始 SCOD 的 3.0、5.7、8.2、9.9 倍。超声辐照前 5min 内 SCOD 值上升快，5～10min 内上升速率有所降低，10min 后 SCOD 再次显著升高。超声破解石化水厂剩余污泥有机物溶出速率比破解城市污水处理厂剩余污泥低。②在相同的超声声强和时间下，40kHz 和 21kHz 两种超声频率的超声波对石化水厂剩余污泥的破解效果可近似认为相等。③超声波能有效促进污泥絮体及细胞内氮磷的释放，破解 25min 后，TN（总氮）和 TP（总磷）分别升高了 105% 和 74.7%，但远远低于 SCOD 的上升幅度。

4. 超声促进污泥脱水

超声处理对污泥脱水性能有正反两方面的影响。较低的功率水平和较少的声波时间增加脱水性，但减少了污泥解体程度，因为没有细胞溶解。污泥的脱水性可以用结合水来表示，即如果污泥的结合水含量增加，脱水性就会降低。随着超声输入功率的增加，污泥的束缚水含量增加。例如，据报道 [60]，未处理淤泥结合水含量为 3.8kg·kg^{-1}-DS（干固体），功率级为 0.11 W·mL^{-1} 时，结合水增加到 5.9kg·kg^{-1}DS；在 0.33W·mL^{-1} 的功率水平下，结合水增加到 11.7kg·kg^{-1}DS。在更高的输入功率下，污泥颗粒被分解成更小的尺寸和更大的表面积，从而吸附更多的水，增加束缚水。

Pilli 等[60]较详细地综述了污泥预处理及分析超声处理参数及污泥特性对污泥分解的影响，以提高厌氧消化器中的沼气产量，了解超声处理污泥的优点。通过研究超声强度对污泥脱水性能的影响，观察超声处理与毛细吸水时间（CST）、胞外聚合物（EPS）之间的相关性，可以了解悬浮物和总固体物对超声处理后污泥脱水性能的影响。观察到污泥的脱水性随超声强度的增加而降低（CST 随超声强度的增加而逐渐增加），但污泥的厌氧消化对脱水性有积极影响，即消化污泥的脱水性随着超声处理的进行而提高（CST 值降低）。随着超声时间的增加，污泥的脱水性逐渐降低（超声时间为 60min 时，污泥的 CST 从 197.4s 增加到 488.9s，较高功率下，0.33W·mL^{-1} 时，污泥的结合水含量也增加了 4 倍）。因为超声过度处理后形成的小颗粒数量的增加导致了更大的保水表面积。比能在 0 ～ 800kJ·L^{-1} 范围内时，CST 最初会增加，但随着比能的进一步增加，CST 逐渐减少。CST 小于 20s 时污泥的脱水性较好。除了比能耗输入外，CST 的降低也与超声时间和污泥体积有关。

污泥的脱水性随着超声波强度的增加而恶化，这是由于随着比能耗的增加，细胞溶解和生物聚合物从胞外聚合物（EPS）和细菌释放到水相的量增加。EPS 会降低活性污泥的脱水性，这是因为污泥样品中的 EPS 浓度增加了污泥的黏度；EPS 还会在过滤介质的表面形成一薄层，作为水的屏障，使污泥的脱水性随着比能耗的增加而降低。污泥的脱水性通过在超声处理前向污泥中添加絮凝剂而提高；通过添加絮凝剂将污泥含水量降低约 80%。例如，污泥的比阻（SFR）从 3.59×10^{12}m·kg^{-1} 降低到 0.43×10^{12}m·kg^{-1}，方法是加入 100ppm 的菌剂和 500W·m^{-2} 的超声波功率，持续 30s。因此，超声波可以将菌剂剂量降低 20% ～ 50%，并可以提高污泥的脱水能力。

污泥脱水性与分解程度之间的关系已被许多研究者所评价。当污泥分解度在 2% ～ 5% 之间时，污泥的脱水性会提高。当分解度小于 2% 时，污泥絮体结构的变化非常有限，当分解度大于 5% 时，细颗粒较多，增加了结合水含量。

超声发生器装在废水处理装置上，无需太大的能量，就能促进污水中有害物质分解，提高固液分离效率以及污泥沉淀性能。功率超声能够产生较高的剪切应力，打碎污泥菌丝，消除污泥膨胀，去除污泥的结合水，从而促进污泥脱水，处理后污泥团块的沉降性能有所提高。采用超声波和臭氧技术处理石化厂剩余活性污泥可以促进其脱水，且超声在减小污泥尺寸方面优于臭氧化效果。南京工业大学超声化工研究所吕凯等[61]研究认为小功率超声对污泥脱水效果较好，最佳超声条件为：输出电压 70V，超声时间 2min；污泥含水率随臭氧量的增加而降低，最佳臭氧剂量为 0.05gO$_3$·g^{-1}SS。传统的絮凝方法加上超声和臭氧可以使污泥含水率再降低 2% 以上，减少絮凝剂用量近 40%。

5. 超声与其他方法的联用

污泥调理可以改善污泥的脱水性能。上海第二工业大学梁波等[62]较详细地综述了声能密度、超声处理时间和超声波与其他方法联合处理对污泥脱水性能影响将超声波与污泥调理进行了联合研究。其中，有研究者认为超声波和调理剂（如絮凝剂）联合作用使得污泥的 Zeta 电位有所改变，污泥 SRF 与污泥 CST 也得以降低，进而改善了污泥脱水性能。超声波与调理剂或者其他手段联合处理污泥的研究，主要包括了以下几个方面：①超声波与调理剂（或其他手段）单独以及联合使用对污泥脱水性能的影响，结果显示联合处理污泥的脱水性能优于单独超声波或者调理剂（或其他手段）的处理效果；②超声波与调理剂（或其他手段）使用的顺序问题，部分研究认为，先超声再加调理剂的处理顺序，其处理效果优于先加调理剂再超声；③联合处理中选用的指标主要包括超声时间、超声波频率、调理剂投加量、污泥含水率、污泥 CST、污泥 SRF、颗粒粒径等。

Yuan 等[63]研究了氧化钙 - 低频超声预处理剩余污泥（ES）和脱水污泥（DS）的产甲烷性能。结果表明，预处理的剩余污泥（P-ES）和脱水污泥（P-DS）中溶解性化学需氧量（SCOD）和挥发性脂肪酸（VFAs）的浓度分别比未处理的 ES 和 DS 高 212.11% 和 75.26%，270.30% 和 159.52%。醋酸和乙醇的含量占总挥发性脂肪酸的 83.87% ～ 92.88%。P-ES 和 P-DS 的累积产甲烷量（CMP）分别为 167.08 mL·g^{-1}VS 和 162.96 mL·g^{-1}VS，分别比未处理的高 40.45% 和 36.94%。P-ES 的生物降解率为 87.65%，接近理论值。氧化钙 - 低频超声预处理剩余污泥不仅可以改善厌氧消化（AD）性能，而且可以加快两种污泥的分解速度。该研究探索了有效的预处理方法，稳定和提高 AD 的性能。

四、超声强化生物污泥减量过程的工业应用研究

由于近年来高效超声发生器的出现，使得超声环保方面的研究具有较好的可行性。超声发生器采用压电陶瓷换能器，可以产生较高声强及声能转换率，其形式有探头式、清洗槽式等。

现阶段，我国基本上还处于实验室与中试研究阶段，而在国外已将该项技术实际应用于污泥的减量处理中，应用最成功的是德国巴姆堡市污水处理厂（图 7-25）。污水处理厂的原设计能力为 30000m^3·d^{-1}，后来由于管网的扩充和改造等原因导致污泥量增加，处理水量已达 40000m^3·d^{-1}，原先的 3 个污泥罐无法满足要求，考虑到节约资金方面的问题，工厂决定利用超声波对污泥进行预处理。一期两台运行 3 个月后，沼气产量增加 30%，污泥停留时间从 25 天降到 18 天，满足了后续污泥处

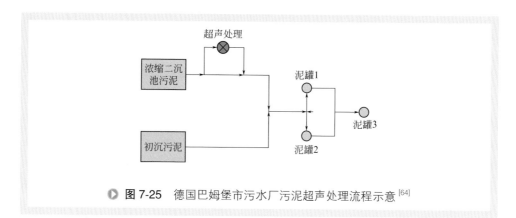

图 7-25　德国巴姆堡市污水厂污泥超声处理流程示意[64]

理处置的要求，文献 [64] 提供其处理工艺流程示意图。该图表明并不是所有的污泥都需要进行超声处理，处理量一般取剩余污泥的 30% 左右。从投资角度来看，利用超声处理每立方米污泥的用电量为 3kW·h 左右，其设备投资只需建罐费用的一部分。同未经超声处理的污泥相比，经 30s 超声处理后的污泥较分散，颜色较浅，90s 超声处理后的污泥分散性更好，水分更少，污泥的脱水效果较好。

德国 Sonix 公司研发生产的大型超声波污泥处理装置已在德国、英国、美国和澳大利亚的多个污水处理厂运行。英国 Wesses 污水处理厂安装了该系统用来处理市政与工业废水混合污泥，处理效果良好。未经超声预处理的污泥 TS 与 VS 减少量分别为 40% 和 50%，经过超声波作用后，减少量可达 60% 和 70%[65]。

南京工业大学超声化工研究所与中石化某分公司水厂进行了超声波促进污泥脱水减量并提高污泥厌氧消化效率的中试研究[66]。超声处理时间对污泥厌氧消化的影响更加显著。污泥在 2000W·m⁻² 超声声强下处理 300min，厌氧消化 25 天，总产气量比未处理污泥提高了 144%；污泥的 COD 降低率也大大提高，至少可提前 10 天完成厌氧消化。由此可见，超声波预处理可以明显改善污泥的后续厌氧消化

图 7-26　剩余污泥中试处理装置[66]

性能，增加消化过程中生物气产量，加快有机物去除率，提高厌氧消化效率。超声处理剩余污泥中试照片见图7-26。进料浓缩剩余污泥（含水96%～98%之间）首先经过超声处理器，超声声强可调，污泥停留时间通过调节污泥流量来调节。超声处理后的浓缩污泥分成两条路线，一是直接进絮凝罐，絮凝压滤后脱水；二是进厌氧罐厌氧处理，再进入絮凝罐絮凝、压滤、脱水。厌氧处理采用间歇方式，中温厌氧消化（37℃左右），根据工厂实际使用情况设计成盘管加热方式，中试装置每天可处理3000kg含水量99%以上的剩余活性污泥。

第四节　超声强化纺织品和皮革加工过程

根据轻工业各产品特点与要求，涉及过程单元操作的处理工艺均可利用超声特性与作用进行过程强化。据已有文献报道，超声已在纺织品湿加工[67]，辅助清洗、精练、染色羊驼毛[68,69]，辅助尼龙纳米纤维染色[70]，强化制浆造纸[71,72]，打印废纸脱墨[73]，超声-共沉淀技术制备陶瓷颜料[74]，超声提取鱼腥草黄酮用于洁面霜[75]，超声强化皮革湿加工[76,77]等方面进行开发与应用。由于轻工业产品很多，本节重点介绍超声强化纺织品及皮革生产。

一、超声强化纺织品加工过程[67]

超声波在纺织工业中的应用较早，如超声对纺织机械零件（如针织机中的针）的清洁，利用超声分散作用制备预处理液，低温快速制备淀粉上浆，形成长期稳定的均匀乳液、染料分散液和印刷糊增稠剂等；利用超声去除纤维表面的杂质并增强染料或化学物质在织物中的扩散；超声协同氧化反应处理纺织废水等。

近年来，超声波在纺织湿加工领域有了新进展，包括退浆、煮练、漂白、染色、印花和整理，以及纳米预处理、纳米染色、纳米印花和纳米整理等纳米加工强化。高强度超声在制备新型纳米材料、介孔材料中插入纳米颗粒、在各种纺织材料上合成纳米材料以及在陶瓷和聚合物表面沉积纳米材料等方面得到了广泛的应用。在不同纺织品上原位超声合成纳米颗粒和纳米复合材料是推动未来研究的一个开拓性方法。使用超声波可以缩短操作时间、降低能耗、减少原料消耗，提高产品质量。

超声波在各种纺织品应用中的作用可分为两类：从纺织品表面去除材料/杂质（主要是在超声制备过程中）；将染料分子/化学物质和纳米粒子扩散和插入纤维（超声波染色/超声波印花和超声波整理）。一般认为声空化是主要有效提高相关反应速率的关键因素。

1. 超声预处理

（1）精练 利用超声空化产生的微射流与微流清洗原理，通过超声波强化洗涤过程以加速纺织材料中的传质，可以达到减少时间、水、化学药品和能源消耗的目的。利用超声搅拌技术对含脂羊毛纤维进行精练。而在 2011 年，超声效应被成功地用于冲刷水中羊毛，通过 SEM 照片证实，处理后的纤维表面没有裂纹，这可能是由于时间、温度、pH 值和超声波功率强度不同所致。与人工洗涤相比，超声对羊毛纤维的强度和颜色的影响可以忽略不计，在洗涤液浓度和洗涤温度相同的情况下，超声在完全去除油脂和污垢的同时减少了羊毛纤维在冲刷过程中的缩水。据报道，利用超声波能量对医用手术服中的聚酯和聚酯混纺织物进行洗涤，可替代传统洗涤，且韧性损失较小。羊毛经超声处理后，吸水率、拉伸强度和热性能均有所提高。如超声辐照时间延长，织物的抗弯刚度提高，但延伸率降低。与传统的机械搅拌相比，超声能在较短时间内以较低的浴比去除聚酯表面的颗粒和油泥更为有效，且对织物的损伤较小，但它存在泥粒再沉积问题。在最近发表的研究中，超声清洗可有效减少丝绸织物的尺寸收缩、外观起皱和拉伸损失。超声也被用于清洁人造丝生产中使用的喷丝头或纺纱板孔。

（2）退浆脱胶 超声通过在声空化下产生的局部紊流改善分子传输效果已被用于更有效的酶退浆。超声可加快淀粉酶与淀粉的反应速率。超声辅助进行纯棉平纹机织物的退浆，可显著提高浆料去除率。需进一步研究超声对 α- 淀粉酶退浆的直接影响，通过比较超声对酶的分步预处理与酶退浆的效果，探讨超声与酶的协同作用对 α- 淀粉酶退浆的影响。虽然酶退浆对 α- 淀粉酶的影响有所增加，但过程同时显著强化退浆效率。这一点可能解释为更有效的搅拌 / 混合机制、对基质的损坏或变化、更有效催化水解反应以及可更快地从织物块中去除松散产物。

尽管超声对酶活性有正面或负面影响，但超声辐射在酶辅助非均相体系中具有优势，因为产生的强大冲击波，导致固态 / 液体界面上的液体层的有效搅拌 / 混合以及酶在固体表面上产生作用。在超声作用下，纤维素酶水解纤维素、果胶酶水解果胶或淀粉酶水解淀粉均可进行。

（3）漂白 1989 年，Satonov 首先发表了关于棉织物超声 / 过氧化氢联合漂白的研究报告，使用 20kHz 频率的超声，观察到棉织物漂白率的提高、所需时间的缩短以及常规漂白织物的白度提高。进一步研究超声对漆酶漂白能力的影响，将其作为棉花常规漂白的替代物。与传统的过氧化物漂白相比，生物催化剂和超声的协同作用增强了织物的白度。由于空化作用，使更多的酶扩散到纱线内部并形成反应性瞬态物质，这被认为是漆酶 / 超声辅助漂白系统具有优越性的原因。也采用环保型漆酶 - 过氧化氢 / 超声辅助亚麻织物的漂白，以替代传统漂白工艺，减少纤维损伤，使处理更均匀。声化学空化反应器用于漆酶 / 过氧化氢棉漂白的主要优点是通过降低过氧化氢、漆酶、温度和时间来节约反应物质及能源，同时降低对环境的影响。

2. 超声染色/超声印花

1941 年，人们首次报道了超声辅助纺织品染色作为一种提高染色吸收率和清洁生产的有效工具。在已有的文献中，超声辅助染色过程的各种染料对不同纺织材料的染色率都有所提高。在这方面，随着超声在天然染料提取中的有效作用，用天然染料染色织物的效果均显著增强，表明超声辅助染色是天然染料染阳离子棉的有效方法。此外，还报道了酶-超声组合用于棉织物和真丝织物的自然染色。与连续超声染色相比，在一定时间间隔内的间歇超声染色被认为是超声在棉织物活性染色中最有效的应用方法。此外，许多研究集中在利用超声提高染料在皮革中的扩散速度，从而在短时间内获得更好的染料上色，并提高染色牢度。此外，使用超声处理的纳米分散染料印刷的聚酯织物在不向印刷膏中添加额外化学品的情况下提高了印刷的颜色深度。

尽管超声在纺织染色中起着积极的作用，并提高了染色率，但超声在用一些分散染料染色聚乳酸方面并不有效，可能是由于在特定处理温度下染料分散体的分解而导致淡色染色的颜色强度降低。因此，考虑染色参数，包括 pH 值、温度和超声功率，对于获得最佳结果非常重要。

声化学的物理和化学方面引起的染色速率加速是由几个效应引起的，也可以说声化学效应对可染性的影响在于分散（团聚体破碎）、扩散（加速纤维/染料间作用）、搅拌（纤维毛细管内脱气、除气）与纤维内部结构（膨胀与减少结晶度）。

文献表明超声在纺织染色中存在的优势与作用如下。

① 提高环境效益　更好的染料吸收和较少的助剂消耗，导致较少的化学品残留在染色釜中，减少污水排放到环境中。

② 强化上染率　a. 由于超声波空化的化学和物理方面的原因，可获得更高的颜色强度，较少的消耗和较高的染料固色率。b. 超声用于棉、毛、丝、腈纶、尼龙、聚酯、乙酸纤维素、亚麻和聚乳酸纤维的染色，染色效果良好。

③ 减少助剂消耗　a. 直接染料染色棉织物，降低促染盐的用量。b. 利用超声能量降低活性染料冷轧染棉的碱耗。c. 乙酸纤维素的分散染料染色中，超声辅助染色可避免使用助剂。

④ 低温染色　a. 超声作用下酸性染料对羊毛的低温染色。b. 羊毛在 60℃酸性匀染，无匀染剂时，采用机械和超声结合的染色方法，获得最佳牢度值。c. 在超声波作用下，用阳离子、酸性和金属络合物染料对真丝进行低温（45℃和50℃）染色。

⑤ 缩短处理时间　a. 在超声作用下缩短了棉的染色时间。b. 超声应用在冷轧堆工艺染色配料阶段，使配料时间缩短。

3. 超声整理

在纺织整理中的超声辅助反应已被用以改善整理、提高附加值并加快纺织整理的速度。可以通过超声辐照强化尿素 - 甲醛等交联树脂在棉织物上的深度渗透。在超声作用下用驱避性氟化学整理剂处理军用织物已于 1981 年获得专利。此外，超声能量使在棉纤维表面更有效地涂覆柔软层。

目前纳米技术在纺织中的作用越来越大，包括在不同纺织材料上合成纳米颗粒在内的纳米超声整理受到了广泛的关注和深入的研究，故本部分重点介绍超声纳米整理纺织材料。利用高强度超声制备或改性各种纳米材料；在较温和的操作条件下，如低温和低压下，不需要额外的溶剂和减少制备步骤，就可以合成纳米颗粒，从而提高产率；可以利用声化学反应产生纳米结构材料，通过加入纳米材料引入多种具有多功能特性的纺织材料。Harifi 等 [67] 研究了不同的纳米粒子的合成，以赋予纺织品多功能特性，包括自清洁、防水、阻燃和抗菌性能。

（1）银纳米颗粒　在含硝酸银和氨的水介质中，在氩气气氛下，在羊毛纤维上合成了 5 ～ 10nm 的银纳米粒子。用一系列物理化学方法证实了银纳米粒子通过与半胱氨酸氨基酸硫部分的键合作用产生与羊毛纤维的强黏附性。制备的银羊毛纳米复合材料用作抗菌织物，经过多次洗涤循环后具有令人满意的稳定性。Harifi [67] 介绍了 Perelshtein 等报道的一种用超声波一步法制备具有抗菌性能的尼龙、聚酯、棉等织物的新方法；利用 Abbasi 等在超声波作用下通过化学还原法制备了含 Ag 纳米粒子的真丝纱，表明载银丝具有更高的力学性能。

（2）二氧化钛纳米颗粒　在超声波辐照下，通过气泡空化作用促进 Ti-OH 或 Ti-OR 的缩聚，加速 TiO_2 的结晶过程，而无需加热涂层织物。Perelshtein 等报道了超声合成和沉积具有锐钛矿和金红石晶体结构的二氧化钛纳米颗粒作为抗菌和抗真菌涂层的机理和特点，提出原位生成 TiO_2 纳米颗粒的方法，并在一步反应中将其同时沉积到织物上，利用超声波辐射促进二氧化钛的结晶过程，这是由于声空化作用使合成的纳米颗粒在织物上快速迁移导致纤维在接触点的局部熔化，并使纳米颗粒与织物表面强烈黏附。Akhavan 和 Montazer 以四异丙醇钛为前驱体，采用超声波浴（50kHz，50W）在棉织物上原位超声合成了纳米 TiO_2 颗粒。处理后的织物具有优异的耐紫外线和自清洁性能，对织物的机械强度没有负面影响。Montazer 小组还提出了利用原位超声合成，在 60 ～ 65℃常压下在羊毛织物上制备纳米 TiO_2，自清洁、抗菌 / 抗真菌、亲水性、增强的拉伸强度、低细胞毒性、降低的碱性溶解度和光黄变是处理后羊毛织物的最重要特征。他们认为四异丙醇钛制备的 TiO_2 纳米颗粒的光催化效率高于作为前驱体的丁醇钛。

（3）氧化锌纳米颗粒　Perelshtein 等报道了一种简单的制备抗菌棉绷带的方法，该方法通过超声化学使平均粒径为 30nm 的氧化锌纳米颗粒均匀分布，氧化锌的最低抑菌浓度为 0.75%（质量分数）。在含有氢氧化钾和硝酸锌的超声波浴中，通过连续浸渍步骤在丝绸上沉积纳米氧化锌，获得丝绸纤维的均匀涂层，而不会对其结构造成重大损害。他们还在不使用任何黏合剂的情况下，通过超声波辐照在棉织物上原位形成和沉积氧化锌-壳聚糖络合物。壳聚糖与氧化锌同时沉积对抗菌活性有协同作用。该方法被认为是超声合成有机和金属有机纳米粒子的通用方法。由于涂层在水中的不溶性，具有重要的稳定性，因此有可能用于各种应用中。Montazer 小组也在低温碱性介质中在羊毛上超声合成了纳米 ZnO，获得了与纳米 TiO$_2$ 相似的结果[67]。

（4）氧化铜纳米颗粒　在铜纺织复合材料的超声合成和应用方面文献不多，唯一的研究是通过一种简单、有效的超声化学方法在棉布绷带上合成平均粒径为 10～15nm 的 CuO 纳米粒子，使之具有抗菌性能。

（5）其他纳米颗粒　成功地利用超声辅助涂制了球形纳米 Mn$_3$O$_4$ 丝线，研究了浓度、超声时间、pH 值等参数对纳米结构生长和形貌的影响。制备过程为将纱线依次浸在氢氧化钾和硝酸锰（Ⅱ）的交替超声浴中。用同样的方法在真丝上超声合成氢氧化镁纳米结构，产物的形貌受 pH 值的影响，pH 值从 13 变化到 8，由纳米针状变为纳米颗粒状。此外，颗粒的大小与浸渍步骤的数量和浓度成正比。

声化学强化纺织品加工的方法被认为是一种很有前途的技术，通过超声辐照在纺织材料上合成纳米颗粒，不需要高温高压，也不需要长时间的反应。超声波合成允许一步制备纳米材料并将其沉积在纺织基底上。与传统的合成方法相比，在纳米合成中引入超声波可以有效制备更小的纳米颗粒。此外，声化学辐照导致结晶相的形成，因此无需加热涂层织物。这在纳米颗粒尤其是金属氧化物沉积到纺织品上的过程中起着关键作用。所有这些都是气泡空化作用的结果。超声化学在纺织纳米颗粒负载中的另一个显著影响是空化和加热引起的沉积纳米结构的稳定性变化。

在液-固体系中，超声波而非化学方面最相关的影响是由于对称和非对称空化引起的机械效应。冲击波和微射流的产生有可能在液体和纺织品的界面内产生微湍流。这导致了传质强化，合成的纳米颗粒会快速迁移到纺织物表面。纳米颗粒与固体表面的高速碰撞，导致接触点处基底的局部加热焊接，从而导致制备的纳米颗粒与织物的强力黏合。因此，纳米颗粒的物理附着是由于与纺织材料性质无关的超声波作用而产生的。

在纺织品上原位超声合成纳米颗粒的优点有：减少反应时间、减少处理温度、得到较小纳米颗粒、高耐用性、影响纺织品的其他性质（机械性质）、低毒性。

4. 在纺织工业上的其他超声应用

（1）超声辅助提取　超声辅助提取法在纺织品的物质或化学成分分析中得到了广泛的应用，并被认为优于传统方法。超声辅助提取是识别树脂黏合剂最快、最有效的方法。动态超声辅助提取与液相色谱法相结合可用于检测纺织品上的残留甲醛。超声提取技术被证明是从棉花中提取 32 种元素的一种有效技术，成本低，环境友好。与传统加热工艺相比，超声空化效应改善了紫胶染料的提取。

（2）超声在纺织废水处理中的应用　近 20 年来，利用空化破坏或加速破坏液相污染物的环境声化学的研究工作都与纺织品染整废水有关，这些废水含有强烈的颜色、悬浮固体和各种物质，包括重金属和表面活性剂。研究表明利用组合技术或混合系统可提高声化学废水处理的效率。超声和紫外辐射结合均相 Fenton 试剂、超声 $/O_3/H_2O_2$、超声 $/O_3/UV$ 和声 / 光 / 电催化降解是较热门的研究。混合体系协同效应的主要机制是在热活性点下产生额外的羟基自由基和化学物质的热解裂解，从而导致有效的污染物降解，并在优化条件下实现高能效。另外由于超声空化气泡周围的传质强化和细胞渗透性增强，超声结合生物降解染料废水的研究也有较好的结果。超声降解有机废水的过程与原理可参见本章第二节。

5. 纺织工业中使用的电声换能设备类型

由超声发生器与超声探头可直接对反应混合物进行超声处理，或利用超声浴间接穿过被处理料容器壁。在超声浴中，与超声探头直接产生的大功率相比，功率密度相对较低。在几乎所有的纺织品超声制备工艺中，超声浴都得到了应用，而声探头型系统则被广泛应用于需较强声功率的超声染色和超声整理工艺中。

6. 超声强化纺织品加工举例

（1）超声辅助工业洗毛　在原毛精练过程中采用超声辐照可以改善羊毛的生产工艺。Li 等 [68] 专门为精练生产线改造而设计制造了超声装置，将该超声装置添加到传统精练生产线，在一条标准的六浴洗毛线中在第二浴用两块工作频率为 80kHz 的超声板进行了改造，每个板的最大功率为 3300W，可调节功率为 0% ～ 100%。冲刷分为三种模式：常规模式（不带输送耙）、超声模式（不带输送耙）和常规模式（带输送耙）。洗涤液体积为 600L。

在 50 ～ 65℃范围内，研究了此三种不同精练工艺对澳大利亚美利奴羊毛白度、黄度、残脂、灰分的影响。结果表明白度和黄度指数结果均在商业标准范围内。纤维颜色与超声的存在没有显著差异。超声在去除油脂和污垢方面比无超声更为有效，特别是在去除污垢方面。超声可显著降低残余灰分含量，见图 7-27。超声精练可以提高羊毛纤维中油脂和灰分的去除率。

第二超声浴的工业试验结果表明，超声在去除污垢和油脂方面有明显的改善，如果在更多的浴槽（洗涤槽和漂洗槽）中加入超声，并改进纤维输送系统，应可以达到更有效的清洗效果。

（2）超声精练羊驼毛　精练油性羊毛的目的是去除杂质（羊毛脂肪和污垢）以进一步加工。羊驼毛由于颜色多样、结构细腻，需要小批量精练及在温和条件下处理。羊驼毛在普通工业洗毛机上的精练，会使羊毛强烈缠结，无法进一步加工。

由于超声清洗过程是利用声空化作用，Czaplicki 等 [69] 在超声清洗机的基础上，

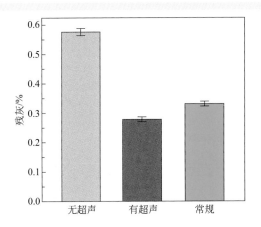

▶ **图 7-27** 不同处理方法去除残灰效果比较[68]

研制了专用的羊驼毛精练装置，对羊驼毛精练的参数和条件进行了研究。超声精练设备可以防止羊毛在清洗缸中的移动和金属在纤维上的反应。考虑了样品质量、洗涤时间、洗涤剂浓度等洗涤参数对除杂质量的影响。研究确定了羊驼毛精练的最佳工艺条件。超声波技术的使用减少了水和洗涤剂的消耗，缩短了煮练时间。最重要的是获得无损伤和无缠结的精练羊毛。

使用超声将用有限的水、能量和洗涤剂量洗小批量羊毛，以完成对油性羊毛的洗涤，其精练浴洗采用肥皂和苏打水的溶液。

实验装置为 Polsonic（波兰）生产的 Sonic-14 超声精练装置。该装置有一个容量为 14dm³ 的工作室、一个加热冲刷浴至 $30 \sim 80℃$ 的系统和一个用于排出冲刷浴的阀门。该装置的超声功率为 $2 \times 400W$，频率为 40kHz。

研究样品质量（100g、150g、200g、250g和300g）、洗涤时间（20min、25min、30min、35min、40min和60min）和洗涤剂浓度（按苏打水质量分 0.5g·dm⁻³ 与 1g·dm⁻³ 2 个系列，其中肥皂量取 1g·dm⁻³、1.5g·dm⁻³、2g·dm⁻³、2.5g·dm⁻³、3g·dm⁻³）对除杂物量的影响。确定样品质量、洗涤时间，改变洗涤剂浓度，由此得到超声波精练羊驼毛的最佳工艺参数。3g·dm⁻³ 的肥皂水和 2g·dm⁻³ 的苏打水被认为是精练浴的最佳配比。考虑到低苏打水含量时不会削弱细羊驼纤维的拉伸强度，可以采用肥皂水 2.5 ~ 3g·dm⁻³ 和苏打水 0.5g·dm⁻³ 为最佳的浴液浓度。图 7-28 介绍了洗涤剂浓度和超声对精练效果的影响，可见采用较高洗涤剂浓度与超声处理均得到较好精练效果。

同法可确定样品质量与洗涤时间对精练效果的影响。理论与研究数据均表明在一定处理体积下，处理样品质量大、洗涤时间短均不利于提高精练效果，应有一个较好的优化组合工艺条件。使用超声精练过程的基本参数与过程如下。

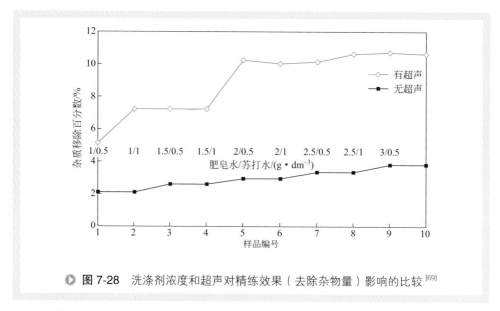

图 7-28　洗涤剂浓度和超声对精练效果（去除杂物量）影响的比较[69]

冲洗温度 35℃；冲洗时间 30～35min；洗涤剂浓度肥皂水 2.5g·dm⁻³；苏打水 0.5g·dm⁻³；精练浴纤维／液体为 1∶80；在 35℃的水中用超声冲洗 10min；在冷水（16～18℃）中用超声冲洗 10min。

超声精练羊毛的效益与效果如下。

减少冲刷时间；减少用水量；节省能源消耗；减少洗涤剂的用量；冲刷温度低于 35℃；冲刷装置结构紧凑；在一个浴缸中进行所有的清洗和漂洗操作；小批量原料的精练；获得无缠结的精梳羊毛。

（3）超声强化尼龙 -6 纳米纤维染色　电纺聚合物材料制备纳米纤维的方法由于操作简单、成本低、结果重现性好，已被用于从各种来源的聚合物制备纳米纤维。高表面体积比导致更高的光散射，与传统光纤相比，显色率更低。尽管以前曾报道过用垫干烘烤法、冷批法、双填充法和分批染色法对各种聚合物纳米纤维进行染色，但提高其他聚合物纳米纤维的显色率仍然是一个挑战。

通过染料溶液向纳米纤维的传质，可以解决纳米纤维着色中的显色率低的问题。这是由于超声空化导致的超声波能量破坏了染料聚集体，纤维表面附近的瞬时空化改善了染料的吸附，并且超声影响了基质中纤维／纱线内部和之间的传质，将会得到更高的显色率。之前有将超声能量用于活性染料对脱乙酰化（乙酸纤维素）纤维素纳米纤维的染色，研究结果表明，超声能显著提高染色得率，缩短染色时间。

Jatoi 等 [70] 首次报道了分散染料对尼龙纳米纤维的超声染色。选择了高能量级和低能量级的两种不同染料，研究其在超声下对尼龙纳米纤维染色的可能性。一般聚酯染色需要 130℃的高温，而尼龙纳米纤维的玻璃化转变温度低于 100℃，使用超声在环境条件下能很容易染色。

以甲酸为溶剂，制备了质量分数为 22% 的尼龙 6 溶液。采用 15kV 电压、（22±2）℃和 40% 湿度下制备尼龙 6 纳米纤维网。继续电纺丝，直至纳米纤维网厚度达到（85±5）μm。

随后用 CI 分散蓝 56 和 CI 分散红 167：1 染料对尼龙 6 纳米纤维进行有无超声的分批染色。使用质量为（30±5）g·m^{-2} 的纳米纤维网，实验中使用了上述两种染料的 5 种染料浓度（0.2%、0.5%、1%、3%、5%），纳米纤维质量与染料液比为 1：100。为了优化染色时间和染色温度，纳米纤维的染色在 6 种不同的温度（40℃、50℃、60℃、70℃、80℃和 90℃）和 6 种不同的染色时间（10min、20min、30min、40min、50min 和 60min）下进行。用醋酸调节 pH 值为 6.0。采用超声功率 180W，频率 38kHz。采用 0.9W·cm^{-2} 的输入声能量。用 Datacolor 分光光度计测定染色样品的颜色及确定纳米纤维漂洗干燥后的颜色产率 K/S 值。

$$K/S=(1-R)^2/R^2 \tag{7-23}$$

式中　K——吸收系数；

　　　S——散射系数；

　　　R——十进制小数反射率（decimal fraction reflection）。

用 Lambda 35 紫外可见分光光度计记录染料溶液的紫外/可见吸收光谱。用纳米纤维在染色过程结束时的上染量表示染料固定 F（%）。

$$F=C_0/C_f×100\% \tag{7-24}$$

式中　C_0，C_f——染料溶液的初始和最终浓度，mg·L^{-1}。

① 超声染色和常规染色中染色温度的影响　为优化染色温度，采用 CI 分散蓝 56 在 0.5% 染料浓度下对尼龙 6 纳米纤维样品进行 60min 有无超声下的染色，根据 K/S 值计算的结果得到图 7-29。由图看出，随着温度的升高，纳米纤维的显色率增加。从 40℃到 50℃，染料摄取量的增加非常低。在 80℃下，超声辅助染色的显色率从 50℃迅速增加，在 80℃时上升到最大 K/S 值 0.6，而无超声的常规染色时，K/S 值略有增加，90℃时达到最高值 0.55，90℃时纳米纤维的显色率略有下降，这可能是由于高温和超声的共同作用引起的染料水解所致。根据实验结果，确定超声辅助染色的最佳温度为 80℃，常规染色的最佳温度为 90℃。

② 超声染色和常规染色中染色时间的影响　采用上节优化的染色温度用于优化使用 CI 分散蓝 56 染料的染色时间，结果如图 7-29 所示。结果表明，超声辅助染色比常规染色有更高的上染率。对于超声辅助染色，在 10～20min 内观察到颜色产率的快速增加，在 30min 染色时间中呈现最大的颜色产率为 0.6。而在常规染色中，随着染色时间的延长，上染性能略有提高，在染色时间 60min 时，上染率达到 0.55 的最高值。在超声辅助染色中，染料摄取量的快速增加和更高的显色率可归因于超声空化作用，它破坏聚集染料并促进显色率的增加。在此基础上，确定超

声辅助染色和常规染色的最佳染色时间分别为 30min 和 60min。

③ 超声染色和常规染色中染料浓度的影响　采用前述优化的条件，研究了染料浓度对 CI 分散蓝 56 和 CI 分散红 167∶1 成色性能的影响。每种染料使用 5 种分散染料浓度（0.2%、0.5%、1%、3% 和 5%），并根据 K/S 值测量颜色形成特性。结果表明，随着染料浓度的增加，两种染料的显色率都有所增加。超声辅助染色的 K/S 值比常规染色高，用 CI 分散蓝 56 进行超声辅助染色比常规染色（3% 染料浓度）的显色率高 17.33%。同样，对于 CI 分散红 167∶1，超声处理比未超声处理（3% 染料浓度）的染料显色率提高 8.4%。随着超声作用，颜色产率的增加可能归因于超声空化。

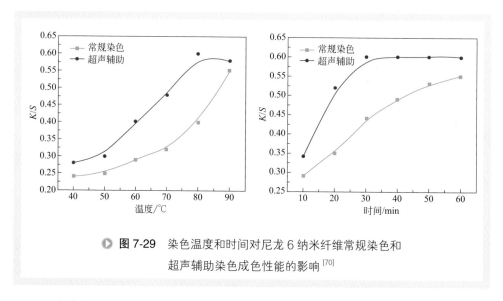

▶ 图 7-29　染色温度和时间对尼龙 6 纳米纤维常规染色和
超声辅助染色成色性能的影响[70]

研究染料浓度对染料固定性的影响（F）。随着染料浓度从 0.2% 增加到 5%，有无超声时，F 均降低。与传统染色相比，无论染料类别如何，超声染色显示出 F 的显著增加。

④ 色牢度　染色材料的一个重要性能是洗涤和光的抗渗色性。用 1% 的染料浓度对两种染料（CI 分散蓝 56 和 CI 分散红 167∶1）染色的纳米纤维进行了耐洗涤（变色和染色）和耐光性试验。研究表明，这两种染料的染色效果（色度变化与多纤维着色）都很好。耐光性测试结果表明，无论有无超声处理，染料的耐光性均为平均值。超声处理对纳米纤维的色牢度无明显影响。对每一种染色的纳米纤维进行热压色牢度评价，超声染色的纳米纤维与常规染色的纳米纤维没有任何差异。

⑤ 尼龙 6 纳米纤维的形态　用扫描电镜检查了未染色和染色的纳米纤维的形貌，可见未染色的尼龙纳米纤维表面光滑且规则，纳米纤维的直径在 80 ～ 150nm 之间。在超声染色的纳米纤维样品中观察到一些不明显的表面不规则现象。

⑥ 尼龙 6 纳米纤维的力学性能　进行了超声染色纳米纤维和传统染色纳米纤

维之间拉伸强度的比较。与传统染色方法相比，超声染色方法对纳米纤维的拉伸强度有明显的提高。这可以归因于超声染色时的空化作用，增加了纳米纤维的硬度。研究结果表明，超声染色是一种较好的尼龙6纳米纤维染色方法，可获得较高的显色率和较短的染色时间。

二、超声强化皮革加工过程

当前超声强化皮革加工的研发多从多孔皮革基质提高扩散速率、清洁、脱脂、鞣制、染色、加脂、植物鞣料的油水乳化、固液萃取及皮革废水处理中的沉淀过程对皮革处理的相关单元操作入手。这些强化过程的基本机理还是液体介质中的超声空化机理。除此之外，对于一些特定的流程增强机制，例如，超声通过皮肤/皮革基质传播过程中出现的实时可逆孔径变化，则可能是皮革加工中扩散速率增强的原因。Sivakumar 等 [76] 在这一领域进行了详尽的科学研究工作，认为在给定的工艺条件下，对各种单元操作，超声波可使工艺效率提高 2～5 倍，并带来其他额外的好处。已有在清洗、扩散、乳化、降粒、固液浸出（单宁和天然染料提取）和沉淀等皮革加工单元操作中的超声强化应用研究成果。为将此技术工业化，正在进行放大研究。

1. 皮革加工的化学品扩散过程与超声空化强化机理

对于浸泡在初始浓度为 C_0 的化学溶液中的皮、厚生皮或皮革（S/H/L），最初化学物质的体扩散发生在主体溶液到 S/H/L 薄边界层，从薄边界层到 S/H/L 表面层，扩散必须通过 S/H/L 基质的孔隙发生。传统的工艺容器，如滚筒或桨叶，只能将化学品从主体溶液带到 S/H/L 表面层。进一步的孔扩散主要取决于层间的浓度梯度和纤维表面的结合程度。如果其他物质在纤维表面结合，则会阻止扩散的化学物质在传统皮革加工中最终的内扩散。为了获得高质量的最终皮革，基本上需要在 S/H/L 的整个横截面上完全渗透。因此，皮或皮革作为三维胶原或鞣制胶原纤维束编织的基质，对化学物质扩散到横截面具有扩散限制，并可能对较大分子产生阻力，需研究利用超声波提供额外的驱动力来促进孔隙扩散过程。

在皮革处理时，超声引起的局部温度升高和膨胀效应可能改善 S/H/L 内部扩散过程。在超声罐中 1～3W·cm^{-2} 低超声强度能产生稳定的空化气泡。在皮革染色的情况下，由于稳定的各种空化作用而可以在皮革和染料溶液间界面上实现强化传质。

2. 超声皮革染色

在超声场下进行染色实验，并与无超声处理工艺和传统的转鼓条件下进行了比较。结果表明，在超声场作用下，染料在皮革基体中的扩散速率有明显的提高，这一点从不同类型染料的表观扩散系数 D 值可以看出。通常情况下，用超声波获得金属络合物染料的 D 值为 $1.2×10^{-5}$cm^2·s^{-1}，而在类似条件下，对照工艺的 D 值

为 $9.01 \times 10^{-7} cm^2 \cdot s^{-1}$。由于使用超声波，$D$ 值提高了 20 倍。化学物质的吸收速率的顺序是超声（静态）＞常规转鼓＞无超声（静态）[76]。通过①同一类物质如染料（酸、金属络合物）扩散系数的变化和由②基质（皮革、粉末皮革）扩散阻力的变化，研究了超声波增强的可能机制。研究发现：①与具有较小扩散阻力和较大表面积的粉末皮革相比，具有较大尺寸的低扩散系数物质和由②作为基材的皮革更容易实现超声效应。因此，在皮革加工过程中，由于可能的孔径变化，在较困难的扩散条件下，超声效应更为明显。超声脉冲模式操作有助于降低超声辅助皮革染色的电能消耗。在染色浴中使用外部助剂，如气泡或表面活性剂，可显著改善超声辅助皮革染色工艺，因为可形成更多的空化泡，这在该工艺中是有用的。染色皮革横截面的显微照片分析表明，在超声辅助过程中，染料具有更好的渗透性和分布性。废液分析表明，基质可显著减少未被吸收的化学物质，从而实现接近零排放的环境效益。扫描电子显微镜（SEM）分析表明，超声不会影响皮革纤维结构。在皮革染色过程中，使用双频和高频系统效果较好，其顺序为 58kHz～192kHz>192kHz>58kHz～132kHz> 普通过程。

3. 超声皮革加脂

不同类型的加脂剂，如蔬菜加脂剂、合成加脂剂、部分合成加脂剂，具有不同的渗透能力。经过超声预处理，皮革加脂过程和植物加脂剂等物质的渗透效果都有显著改善，这是由于乳液粒径显著减小，有助于穿透基体。根据在给定工艺条件下提供的加脂剂量，还发现存在最佳声功率要求。通过 SEM 分析，皮革纤维结构表明脂肪在基体中的分布更加均匀。

4. 超声在皮革加工各单元操作中的影响

Sivakumar 等 [76] 总结了超声在与皮革加工相关的各种单元操作中的各种特定机理和不同超声条件对其单元操作的影响，见表 7-8。

5. 超声制备橡皮鱼皮革

刘勋勋等 [77] 通过超声法制备了橡皮鱼皮革。在鞣制与加脂阶段中，使用了超声强化手段，研究了鞣制时间、超声强度及铬鞣剂用量对橡皮鱼皮的收缩温度、拉伸性能及鳞片形态的影响。结果表明，鞣制时间为 2h、超声强度为 1000W、铬鞣剂用量为 6% 时，制得的橡皮鱼皮革收缩温度和拉伸性能最好，且超声法有利于保持橡皮鱼皮鳞片的完整性。

表7-8 在与皮革加工相关的各种单元操作中使用超声所获得的效益总结[76]

序号	单元操作	机理	与无超声过程相比,超声引起的改进	超声条件
1	浸泡	清洁作用	增加清洁作用 44%,节省时间 75%	150W 超声槽;33kHz
2	浸灰	脱毛发	脱毛更好	150W 超声槽;33kHz
3	脱脂	乳化后脱脂	增加 2 倍脂肪去除,超声水处理的溶剂效率达到 80%	150W 超声槽;33kHz
4	鞣制:植物鞣剂	单宁(多酚)的渗透及与胶原的结合	5h 鞣剂的吸收增加 30%～40%	120～210W 超声探头;20kHz
5	染色	扩散和静电结合	在处理时间 100min 内,与静态和常规旋转鼓相比,染料消耗率分别增加 50% 和 28%	150W 超声槽;33kHz
6	加脂	皮革纤维的润滑与扩散	不同类型加脂剂时的含油率增加 1.5～2.5 倍	150W 超声槽;33kHz
7	单宁提取:固-液浸出	植物鞣剂的浸出	萃取效率提高 3～5 倍	20～100W 超声探头;20kHz
8	从植物中提取天然染料	从植物材料中提取色素	萃取效率提高 2 倍	80W 超声探头;20kHz
9	乳化:加脂乳液制备	油水乳化过程	在 6min 内完成 80∶20 蓖麻油和水的乳化,乳液粒径减小 7 倍	68W 超声探头;20kHz
10	沉淀:铬回收	由于碱性 MgO 分散较好,Cr(OH)$_3$ 沉淀物的沉降速度快	经 15min 的 MgO 超声预处理,Cr(OH)$_3$ 的沉淀时间减小 3 倍	150W 超声槽;33kHz

超声可产生物理和化学效应，且具有作用温和、方向性好、穿透能力强、振动强烈等特点和处理效率高、可控性好、成本低等优点，超声可作为一种先进的食品加工技术，在食品工业中得到广泛的应用[78]。从国内外文献来看，近年来超声在该领域的研发获得较好的处理效果及较快的进展。主要包括利用不同超声功率、频率等参数对不同食品及原料进行处理、改性与检测。超声技术除具有传统破碎原料细胞作用之外，超声食品改性与超声辅助酶解等生物物理结合加工方式符合"十三五"食品科技创新专项规划中发展现代食品绿色加工与低碳制造技术的要求。本节主要介绍超声波在食品绿色加工和产业转型升级中的工艺、作用与用途。超声强化食品工业各过程及原理可见本书第四章相应各节。Téllez-Morales 等[79] 较详细地综述了不同超声操作参数对各种食品与原料系统的化学性质和技术功能属性的影响。

一、低能超声与高能超声[78]

1. 低能超声

低能（高频、低功率和低强度）超声的特点是在低于 $1W \cdot cm^{-2}$ 的强度下，其频率超过 100kHz，可用于加工和储存过程中多种食品材料的非侵入性分析和监测，以确保质量和安全标准。低功率超声已用于无损评估生肉和发酵肉制品、鱼和家禽的成分。高频（低功率）超声监测食品加工和贮藏过程中成分的组成和理化性质，控制食品质量。超声实验中最受关注的三个因素是超声速度、衰减系数和声阻抗。这些因素受食物的物理性质如成分、结构和物理状态的影响。

2. 高能超声

高能（低频、大功率和高强度）超声波的特点是在 20kHz 和 500kHz 之间的频率下，其强度高于 $1W \cdot cm^{-2}$，具有破坏性，并影响食品的物理、力学或化学/生化特性。这些效应在食品加工、保存和安全方面有多种应用。该技术正强化或逐步取代传统的食品加工操作，低频（大功率）超声用于食品与原料的提取与分离、超声降解、超声强化酶促反应及酶解、超声干燥脱水、冷冻与解冻、雾化喷涂、超声灭菌保鲜、超声乳化、均质、脱气、消泡、粒径减小、黏度变化、超声嫩化、超声结晶、过滤等处理过程；用于改变食物结构，软化或破坏、迁移以及改变不同食品蛋白质的功能特性，通过降低黏度与产品特性可以改善传热或挤压过程。利用高功率的超声波，可以使介质受到声波的影响，诱导产品或工艺的变化。虽然上述大多数技术仍处于实验室规模的优化过程中，但超声波乳化、消泡和筛分等已经建立并在工业水平上得到应用。

二、使用超声的优缺点[78]

1. 使用超声的优点

由于工业界需要取代能显著影响加工食品营养价值的热学技术，因此发展温和的食品保鲜技术具有重要意义。超声波技术是目前应用最广泛的温和保存技术之一。超声波应用的好处之一是可以保护质量特性，如风味和气味、外观、营养价值以及不含添加剂。最小加工可用于各种食品，包括保质期短的食品（新鲜水果和蔬菜、冷冻配料等）。大规模应用超声技术的优点包括连续的超声跟踪系统、较大的经济效益和较短的投资回收期。超声辅助提取被认为是最可行和最具经济效益的超声在食品工业中的大规模应用。

许多半工业和工业规模的工艺已经证明，这些设备在技术上是多用途和有效的。因此，在大规模工业过程中的系统应用意味着高功率超声波技术的一个重要突破。超声波对食品工业中许多工序的处理速度有着显著的影响。通过使用超声波，现在可以快速进行完全可重复的食品加工，而该技术本身具有高度可重复性，减小了加工成本，简化了操作和检测，提高了最终产品的纯度，消除了废水的后处理，与传统工艺相比，所需的时间和能量要少得多。超声波用于食品加工的优点包括更有效的混合和微混合、更快的能量和质量的传递、降低的热和浓度梯度、较低的温度、选择性的提取、更小的设备的使用、更快的对过程提取控制的响应、更快的启动、增加的生产，以及消除工艺步骤。超声波技术具有成本低、简单的特点，同时，这些技术可以节能，因此很容易成为探测和改良食品的新兴技术。在食品冷冻领域，功率超声的应用是一个比较新的课题。然而，最近的研究进展显示了它的潜力。考虑到超声波对传播介质产生的众多影响，声能应用的优势显而易见。在这些效应中，空化可能是最重要的一种，因为空化不仅导致气泡的产生，而且还导致微流的发生。前者可以促进冰核的形成，而后者则可以导致伴随着冰核过程的热加速和传质过程。连续加热的高强度超声可以减小脂肪球的大小。利用超声波和热处理牛奶可以产生牛奶蛋白质的化学变化。

2. 使用超声的缺点

当液体食品或样品用高频超声波处理时，它们的温度会迅速升高，这种升高会对食物的营养价值和某些感官特性产生负面影响，脂肪和蛋白质受影响最大。通过正确的冷却阶段处理可以避免上述不必要的结果。人们普遍认为，超声波处理对微生物和酶的灭活效果并不理想，应采用更高功率的超声波，同时增加温度和压力，它们在灭活方面具有协同作用。

自由基参与了有害反应的催化作用，这些反应会损害蛋白质、氨基酸和脂肪，并可能导致聚合物的产生，从而出现沉降，并在成品中产生不均匀的纹理。虽然类脂氧化被认为是产生异味的劣化过程，但特定的氧化产物是需要的。由脂肪合酶催化的精确序列反应在产生奶酪和发酵产品所需的新鲜风味和香气方面起着重要作用。不同压热声处理（mano thermo sonication，MTS）会形成自由基。MTS 对食物的营养成分没有显著影响。但是它改变了非酶褐变的行为。根据研究，温度升高导致羟基自由基的程度降低，而超声振幅的增加使自由基水平呈线性增加。在70℃和130℃两个振幅相同的条件下，测定了压力对自由基形成的影响。在70℃时，静水压力的增加导致自由基的增加，而在130℃时静水压力的增加不影响自由基的形成。

高功率超声应用于乳化和牛奶均匀化，监测到可能的负面影响，如脂肪氧化、酶失活和变性蛋白质。超声的控制和优化应用需要使用特定的超声频率和最佳的处理时间。在较低温度下进行的超声波处理可以防止对处理过的材料产生任何负面影响。

三、超声对食品与原料的作用

通过研究超声对食品与原料的作用，开发超声在食品工业中的应用。目前已广泛应用于淀粉、乳清蛋白浓缩物和大豆等食品体系中，以改善其物理化学性能。近年来，非热加工方法在食品成分改性中的应用引起了人们的兴趣。特别是超声的应用有望开发出新的且特殊的工艺来提高加工食品的质量和安全性。此外，超声波技术具有改进现有工艺的潜力。超声可以用于改变液体、分散体以及固体和气体介质。另一方面，从食品技术的角度来看，蛋白质具有重要的技术功能特性。它们的两亲性和形成界面膜的能力可产生稳定体系，如乳液和泡沫，它们也可以相互作用形成网络和凝胶。很明显，蛋白质在食品加工中起着重要作用。之前，所有这些特性都需通过化学或物理方法进行修饰。而超声波可有效改善不同蛋白质的物理和技术功能特性。例如，工业超声可以处理以大豆蛋白和乳清为基础生产的面霜、膏状物和其他类型的产品，这一过程节约了更多的时间和能量。表明这一技术将在食品工业生产中具有重要用途与地位。

1. 超声对化学成分的影响

（1）蛋白质 近年来，超声已被用于改善几种蛋白质的技术功能特性。要达到此目的取决于蛋白质的固有特性和超声波的强度和振幅，以及温度、离子强度、时间和其他影响蛋白质物理化学性质和技术功能的变量。Téllez-Morales 等[79] 在综述中介绍 Filomena 等利用超声提高了鱼糜中三磷酸腺苷（ATP-asa）的活性（77.8%），此与肌原纤维之间的空化效应和蛋白质含量增加（16.94%）引起的蛋白质变性增加有关。Xiong 等认为超声处理改变了卵清蛋白的三级结构，而卵清蛋白的亚基和二级结构没有显著变化，颗粒大小的增加可归因于蛋白质聚集体的形成。Shanmugam 等发现在超声波作用的前 30min，乳清蛋白变性并形成可溶性血清 / 血清酪蛋白聚集体，这些蛋白还与酪蛋白胶束相互作用形成胶束聚集体。而长时间的超声作用又导致了聚集体中部分乳清蛋白的部分断裂，但空化不影响酪蛋白胶束的完整结构。酪蛋白胶束尺寸的小幅度减小可以解释为胶束外表面的 K-酪蛋白碎片的断裂。Zhu 等实验得到的蛋白质电泳图谱没有变化，说明超声处理没有破坏共价键，但超声处理后蛋白质的二级结构有微小变化，α-螺旋减少，β-层流、β-自旋和螺旋随机含量增加。这一结果还表明，超声波处理后，表面的自由巯基（SH）增加，荧光强度降低，说明第三结构发生了明显变化，并且超声减小了颗粒的尺寸，表明超声处理可分离蛋白质聚集体。Zheng 等发现自由巯基的增加和表面的疏水性表明，蛋白质经超声波处理后呈松散结构，并且在处理过程中溶解度增加。Higuera 等研究表明超声引起巨型鱿鱼外套膜（dosidicusgigas）蛋白质浓缩物的构象变化。这些变化导致反应性巯基的减少，但没有形成 S-S 离子，因为总巯基含量和电泳图谱没有显示分子缔合的迹象。然而，由于超声空化产生的水动力效应所产生的剪切力改进了蛋白质的分布，导致疏水区和静电区暴露。Zhou 等发现 20kHz 和 80W·cm⁻² 下的超声会影响大豆的大豆糖蛋白聚集体，但在二级和三级结构上几乎没有变化。另一方面，Cameron 等认为超声波处理不会降低生牛奶和巴氏杀菌牛奶的蛋白质含量。应注意的是，Chandrapala 等提到，重组乳清蛋白浓缩物（WPC）溶液的超声波处理使蛋白质的热行为产生了微小的变化，但没有改变变性温度。超声波处理后，巯基的含量没有变化，当超声波处理 WPC 溶液 5min 后，其变性焓降低，但随后又增加。蛋白质的二级结构和疏水性发生了微小的变化，长时间的超声作用可能导致蛋白质的聚集。所有研究表明，蛋白质经超声处理后，表面疏水性显著提高，这是处理过程中唯一受影响的分子特性。

（2）碳水化合物

① 淀粉在食品工业中应用广泛，如增稠剂、凝胶剂或微胶囊剂，这取决于其技术功能特性。超声处理是淀粉改性的物理方法之一，它能破坏支链淀粉和淀粉链，使甘薯淀粉表面产生凹痕和气孔。经超声处理后，虽然淀粉的官能团没有被破坏，但其结晶结构受到破坏，结晶指数下降。Monroy 等确定超声处理木薯淀粉引起的结构紊乱和微观结构变化主要表现在颗粒的形态特征和结晶度上。加工条件的选择是至关重要的，测试采用最大振幅和没有温度控制，会发生淀粉的完全糊化。Jambrak 等报道了超声对玉米淀粉的处理产生颗粒中的结晶区扭曲，差示扫描量热法测量显示糊化焓降低。Park 和 Han 提到，对于经超声波处理的每一种糙米的分离淀粉，在较长的浸泡时间和苛刻的超声条件（50℃，60min）下的分子降解比在温和的超声条件（25℃，30min）下的大。淀粉分子的降解虽然没有改变糙米的外观，但改善了糙米的质地。

② 果胶是一种天然的食品添加剂，广泛应用于食品、医药、化妆品等行业。

鉴于化学法和酶法处理的不足，可首选超声降解果胶。Zhang 等观察到经超声处理后，苹果果胶的平均分子量下降。超声强度和温度对降解反应有重要影响。果胶的甲基化程度降低，但不能改变其一级结构。结果表明，超声可以作为果胶改性的一种可行的替代方法。Ogutu 和 Mu 报道，超声将甘薯果胶的分子量降低约三倍，但未改变果胶的一级结构。Ma 等将甘薯放置在超声（18.0W·mL^{-1}）下 30min，果胶的分子量显著降低了 50%。超声降低了果胶的甲氧基化程度，对果胶的一级结构没有影响。此外，Chen 等发现超声波处理后山楂果胶的分子量及其分布降低，而果胶的一级结构没有变化。

（3）脂质　脂类在食物中大量存在，是人体需要的重要营养素之一。Marchesini 等报告超声处理后牛奶中的脂肪含量没有增加，但观察到游离脂肪酸水平显著增加。此外，Hernández 等指出，在所有超声处理中，观察到游离脂肪酸（2.75%～4.93% 油酸）、过氧化物（1.67～4.68mmol/kg）和全氧化值（625～1255）低。主要被处理的脂肪酸为油酸和亚油酸。超声波辅助提取南瓜子油，不影响油脂的质量，且提高了产量，缩短了提取时间。Cameron 等认为超声作用导致脂肪浓度增加，这是由于超声作用后脂肪球的表面积增大，导致光散射增加所致。Gregersen 等注意到，超声对全脂牛奶的处理产生了高功能的乳脂肪/乳蛋白球，这可能改善乳制品的结构。超声处理 10s 促进了低熔点三酰甘油（TAG）在搅拌过程中的结晶，导致材料变硬，说明超声处理可以作为加工不同脂肪酸组成乳膏的附加工艺。

利用超声改进的分级方法可得到位于容器上部高达 13% 的脂肪富集组分，在其粒度分布中存在较大的球状物；相比之下，位于容器底部可生产出低至 1.2% 的半脱脂乳，其中含有比例较小的脂肪球。较高的超声能量输入提高了颗粒大小的分化程度，超声处理牛奶所获得的脂肪颗粒分组现象的增加有利于乳脂的分离。在另一项研究中，Leong 等在 25℃条件下对牛奶进行处理，发现应用 1MHz 超声频率比不使用超声波的分离更快且具协同效应；在 1MHz 条件下，与 600kHz 相比，它在分离牛奶脂肪方面也更有效。然而，Qin 等报告称，超声波乳化可用于生产一种类似母乳的脂肪乳液，该脂肪乳液由婴儿配方食品中必需的两种低水平大营养素（蛋白质和卵磷脂）来稳定。Jalilzadeh 等进行的研究表明，超声波处理不会影响干酪成熟过程中的干物质的脂肪或蛋白质含量，但会加速脂肪分解（游离脂肪酸含量），而 Juliano 等得出的结论是，在驻波系统和非均匀声分布系统中，超声有可能使乳状液中的脂肪颗粒易于形成奶油。

2. 超声对食品性能的影响

（1）吸水能力和水溶性　超声的应用已成为改善蛋白质的技术功能特性的新方法，例如改善蛋白质的保水能力和在水中的溶解度。这项技术的应用减少了凝胶的脱水，提高了凝胶的保水性。Téllez-Morales 等 [79] 综述了脉冲超声对肉类和乳制品保水能力（WHC）的影响。Amiri 等提到，在 300W、30min 超声处理后，获得了

WHC 和凝胶强度的最高值，并且还可以改善乳化性能。超声处理能有效改善肌原纤维蛋白的理化性质。Zheng 等报道，溶解度随着超声时间的增加而增加，当淀粉经双频超声处理 60min 时达到最大值，与天然淀粉相比增加 2.69%，而 Yanjun 等发现 5min 后溶解度从 35.78% 显著增加到 88.30%。Nazari 等提到所有经超声波处理的谷子蛋白浓缩物均高于天然谷子蛋白浓缩物。最后，Li 等用超声处理 20min，结果是肌原纤维蛋白中截留了更多的水。而 Jambrak 等发现使用 20kHz 超声探头处理导致大豆浓缩蛋白溶解度增加。

（2）吸油能力　吸油能力在食品技术、可供油炸的预冷冻产品、饼干和一些谷类食品中，以及在改善食品风味和质地方面都很重要。Devi 等与微波辅助真空切片相比，超声可将蘑菇切片中的油吸收降低 16% ~ 20%。在 Jamalabadi 等的研究中，超声与对照组的吸油率（OA）（1.74%）相比，用 200W 超声探头处理小麦淀粉 15min 和 30min（分别为 4.31% 和 4.67%）和超声浴处理 30min（3.22%）均提高了其吸油率。Resendiz 等用 200W、400W 和 600W 超声处理后，jaca 分离蛋白的保油能力从最初的 $1.92g \cdot g^{-1}$ 增加到 $3.60g \cdot g^{-1}$，以及 $4.01g \cdot g^{-1}$ 和 $3.22g \cdot g^{-1}$，提高了 jaca 分离蛋白的保油能力。这些结果表明，使用超声波法的米糠蛋白浓缩物比用油法的米糠蛋白浓缩物保留了更多的水分，也比不使用超声波法的米糠蛋白浓缩物更亲水、更亲油。Sujka 和 Jamroz 评估了超声对马铃薯、小麦、玉米和水稻淀粉的影响，这些淀粉悬浮在水中或乙醇中，以 20kHz 的频率和 170W 的功率超声处理 30min。超声的处理（特别是在水中）影响其功能特性，并导致脂肪吸收和膨胀力的增加。例如，超声波处理的小麦淀粉比天然淀粉吸收的脂肪多 60% 以上。

（3）乳化能力　乳化能力是许多食品的重要特性，如调味料、奶油和蛋黄酱，需从食品技术的角度对其进行广泛研究。这些体系往往是不稳定的，因此，不断寻找新技术，以获得具有更好特性的乳化体系是必要的。Zhu 等评述了超声处理后核桃蛋白在水中的溶解度（>22%）、乳化活性指数（>26%）和乳化稳定性指数（>41%）的增加，说明超声是改善核桃蛋白技术功能特性的有用工具，而 Xiong 等研究超声提高了乳化活性和起泡能力。但是，随着粒径的增大，吸附率却降低，这是因为它们对乳化活性起到了负面作用；此外，卵清蛋白的乳化能力、乳化稳定性和起泡性在所有样品之间没有显著变化。Zhou 等在超声 20kHz 和 $80W \cdot cm^{-2}$ 条件下进行的研究中，改善了乳化稳定性指数，并改变了乳化活性指数。Albano 和 Nicoletti 提到，超声处理改善了果胶混合物和乳清蛋白浓缩物的乳液稳定性，使其能够在低脂体系中应用。

（4）泡沫容量和泡沫稳定性　超声波脉冲的应用提高了模型系统中蛋白质的发泡性能，这是因为它具有稳定性好、体积大和粒径小等优点。Sheng 等用 360W 超声处理后，蛋清的起泡能力显著提高（260%），但起泡稳定性略有下降。超声通过改变蛋白质的结构显著影响蛋清的起泡性能。相反，Jambrak 等发现，在两种被评估蛋白质的模型系统中，超声换能器探头处理后泡沫形成的容量和稳定性都很高，但在500kHz超声浴处理后泡沫和乳化性能没有改善，可能它们的处理声强不同。

（5）凝胶容量　作为一种改善凝胶化的工具，超声波的应用已经占据了重要的地位，施加超声在改善结构和力学性能方面取得了更好的效果，并且更致密的凝胶具有更好的水动力特性。Monroy等认为选择处理条件很关键，因为淀粉的完全糊化发生在被测试的最大超声振幅和没有温度控制的情况下，可以通过调节超声处理条件而获得不同应用的淀粉衍生物。Amiri等报告说，超声的持续时间和效力的增加导致pH值的改善，并提高了保水能力和凝胶强度。Zisu等研究了超声对乳清蛋白浓缩物和重组分离物溶液的加热和pH值的影响，并用20kHz超声处理，结果表明，随着超声处理时间的延长，凝胶在80℃下加热20min时的电阻增大，凝胶的时间和分离度降低。最后，Arzeni等报道了经超声处理后的蛋清蛋白的凝胶化温度变化不大，凝胶性质也基本不变。

（6）膨胀力　Jambrak等报告了超声处理后膨胀力的增加分别与玉米淀粉颗粒的吸水能力和溶解度有关。而Jamalabadi等报道了用200W超声探头处理小麦淀粉样品，获得了最高的水溶性和最低的溶胀性，在15～30min的超声时间内没有发现差异。此外，膨胀能力的降低可能是由于温度的升高和颗粒的破碎。在较长的超声处理时间内，芋头淀粉的膨胀力和溶解度增加，表明了颗粒中淀粉组分更大程度上的无序。Manchann等报道了木薯淀粉经热处理和超声处理后膨胀力增加，其中经超声处理的淀粉膨胀力高于经热处理的淀粉。为了在超声处理过程中获得更好的效果，超声的最佳操作条件应该根据食物系统的固有特性，从频率、超声时间、振幅和温度等参数进行标准化，因为更大的超声功率和处理时间对处理介质的影响也更大。以上各具体研究的超声操作条件见文献[79]。

四、超声食品工业强化应用[78]

超声在食品工业各方面的应用已成为研究开发热点，除较早开发的超声辅助食糖结晶、酒类的陈化、提取与分离、灭菌保鲜、食品分析检测、降解、乳化、干燥、过滤、冻结与解冻、渗透脱水与复水等，近来又有超声波辅助碱处理增溶米渣蛋白、超声辅助制备抗冻融大豆分离蛋白、低功率超声处理提高微藻生物量和脂质含量、超声波超临界溶液快速膨胀技术制备类胡萝卜素超细微粒、超声波强化制备高取代度大米淀粉乙酸酯、超声波制备姜油纳米乳液、超声波肉品加工、超声辅助制糖（超声提高石灰消和度、超声强化制糖澄清过程及超声强化制糖结晶过程）生产等文献发表。本节仅简介一些超声在食品工业方面的典型应用。

1.微生物灭活

微生物有效抑制的目标是将微生物负荷降低到可接受的水平，这在食品加工领域是极其重要的，因为单一的微生物问题可能会极大地损害任何食品制造公司的声誉及消费者的身体健康。产品细菌种群的最小化通常是通过减少初始污染、灭活产品中存在的任何微生物以及实施适当措施来防止或延缓仍然活跃的微生物种群的后续生长来实现的。尽管传统的高温巴氏杀菌和灭菌都能有效减少或消除食品中的细菌负荷，但仍需要创新的技术来减少对食品的营养特性和质量的影响。声空化作用形成的高温、高压的空化气泡、高速射流及高频机械振动，以此消除微生物种群，同时可显著减少或完全消除热处理的使用。南京工业大学超声化工研究所张帆等[80]将超声用于循环冷却水的灭菌处理，结果表明不仅能起到较好的灭菌效果，还有较长久的抑菌的作用。研究者研究了超声频率、声强、声场形式对冷却水净化处理的影响规律。通过正交实验得出，在超声声强为 $0.3W \cdot cm^{-2}$ 下，采用28kHz/40kHz混频超声处理循环冷却水，处理时间为60min时灭菌率达到94.6%。抑菌实验表明，经过72h后，抑菌率仍为82.1%。认为超声空化作用是超声灭菌的一个重要原因，如将超声与其他灭菌方法联合会产生协同灭菌效应，此法将成为微生物灭活的新方法。

（1）蔬菜和水果　José 和 Vanetti 研究了超声处理与商业消毒剂结合在消除最低加工樱桃番茄污染方面的效果。预选择的樱桃番茄，在 $20mg \cdot L^{-1}$ 和 $200mg \cdot L^{-1}$ 钠、5%过氧化氢、$10mg \cdot L^{-1}$ 的二氧化氯或 $40mg \cdot L^{-1}$ 过氧乙酸的存在下，用超声波（45kHz）处理10min。对番茄表面附着的天然微生物污染物和接种沙门菌的限度进行了评价，结果表明，使用不同的消毒剂后，好氧中温微生物减少了 $0.7 \sim 4.4log10cfu \cdot g^{-1}$，霉菌和酵母菌减少了 $1.1 \sim 3.4log10cfu \cdot g^{-1}$。超声和 $40mg \cdot L^{-1}$ 过氧乙酸的联合使用显著减少了自然存在的微生物。鼠伤寒沙门菌 ACTT 14028 的黏附菌群减少了 $3.9log10cfu \cdot g^{-1}$。结果表明，超声波可能用于樱桃番茄的消毒[78]。

Arvanitoyannis 等[78]列出了各种方法，如商业消毒剂、各种有机酸和热量，用于减少蔬菜的微生物负荷。由此得出结论，在蔬菜中发现的主要关注微生物是伤寒沙门菌，经过17min 的超声处理，其数量可以减少 $7.3 log10cfu \cdot g^{-1}$。

（2）饮料　超声 [（50±0.2）W，20kHz] 和随后的浓缩和高渗透压储存的组合被评估为在不同浓度下不同溶液 [磷酸盐缓冲溶液（PBS）、蔗糖和橙汁] 中降低沙门菌水平的方法。超声和高压联合使用显著提高了膜完整性的破坏程度，导致微生物种群急剧减少。使用这种组合方法处理受污染的橙汁，使沙门菌的种群减少了 $5log10cfu \cdot mL^{-1}$。

研究声能保障苹果酒微生物安全性方面的潜在应用。使用大肠埃希菌 *E. coli* K12 在40℃、45℃、50℃、55℃和60℃下进行灭活试验，并进行验证试验（大肠埃希菌 O157：H7，60℃）。用环境扫描电镜（ESEM）观察了40℃和60℃处理后样品的细胞形态，评价了苹果酒的 pH 值、可滴定酸度、糖度、浊度和颜色等物理性质。结果表明，在40℃、50℃和60℃时，超声处理对大肠埃希菌 K12 细胞的抑制作用分别为 5.3、5.0 和 0.1 个对数生长周期。在亚致死温度下，由超声引起的进一步微生物破坏更为明显。Kiang 等研究了热超声和热处理对芒果汁中大肠埃希菌 O157 ：H7 和肠炎沙门菌活力的影响。结果表明，在 60℃ 进行热超声处理后，肠炎沙门菌的灭活率最高，在 60℃ 和 50℃ 进行超声处理 3min 和 7min 后，观察到约 9 个对数生长周期的减少。不同微生物的失活程度不同，肠炎沙门菌对热超声的耐受性明显低于大肠埃希菌 O157 ：H7。与单纯热处理相比，高强度超声的使用提高了失活水平。

（3）乳及乳制品　采用 20kHz 功率超声对含 4% 乳脂牛奶中的金黄色葡萄球菌和大肠埃希菌进行灭活。实验的计划和性能符合统计实验设计。采用中心组合设计来考虑和优化三个实验参数：温度（20℃、40℃ 和 60℃）、振幅（60μm、90μm 和 120μm）和处理时间（6min、9min 和 12min）。结果表明，革兰阴性菌（大肠埃希菌；60℃，D：120μm，2.78min）比革兰阳性菌（金黄色葡萄球菌；60℃，D：120μm，4.80min）对超声波的敏感性更高。值得一提的是，这三个因素都对超声波处理过的牛奶中的金黄色葡萄球菌和大肠埃希菌的失活产生了实质性的影响。研究还证明，在较长的处理时间内，尤其是在采用较高温度和（或）振幅的联合作用时，被灭活的微生物数量增加（Herceg 等）。Cameron 等研究了超声作为高温巴氏杀菌替代方法的可能性。即使在处理前初始接种量比允许的高 5 倍，超声也可使腐败菌和微生物病原体减少到零或达到南非和英国牛奶法规可接受的水平。超声处理 10min 后，大肠埃希菌活细胞数完全消失。

（4）肉类杀菌　新的超声抗菌处理由超声结合一种或几种杀菌技术而成，包括压力与超声的结合作用（声压处理），超声和加热的结合（声热处理），或者是超声、加热、压力的结合（声热压处理），超声结合其他杀菌技术比单一杀菌技术效果更好。研究发现超声处理和蒸汽相结合应用于生产线的宰后鸡可以显著减少弯曲杆菌，在宰后立即进行蒸汽超声处理，其菌落总数减少了 3 个对数级。Morild 等测定了在持续高压蒸汽和高功率超声结合处理后，猪皮和肉表面的病原菌失活情况，对超声处理后（30 ～ 40kHz，15s）的接种样品上的沙门菌、小肠结肠炎耶尔森菌、非致病性大肠埃希菌进行了研究，发现菌落总数在处理 1s 后降低了 1.1log10cfu • cm^{-2}，在处理 4s 后降低了 3.3log10cfu • cm^{-2}[81]。

2.液态食品加工[82]

近年来，在利用超声波处理液态食品（主要是乳制品和果汁）的领域，人们开展了许多研究。仅在 2015—2016 年，就有 100 多篇研究论文发表，表明该领域已成为超声开拓应用的热点。研究涉及食品行业超声波应用的不同领域，即饮料的非热食品加工，乳制品行业的加工，食品和运动饮料用浓缩乳蛋白的加工及其对食品安全、理化和营养特性的影响。超声波通常用于提取、混合、乳化或消毒各种液体，如牛奶、酸奶和果汁。

（1）牛奶和乳制品

① 乳化度　从食品的物理和功能特性、食品安全、保质期和对食品生产商可能的经济节约等方面进行了研究，检测超声波对乳制品乳化程度和乳饮料整体均质化的影响；利用超声分离乳汁并去除脂肪层，以生产脂肪含量较低的乳制品；超声也被用来破坏酪蛋白胶束，生产出含有较小粒径的牛奶。这种牛奶显示出增强的凝乳能力和更高效的生产潜力。乳制品在贮存过程中的稳定性通常从乳的均匀性、脂肪球的大小和乳化程度等方面进行检验。为了确定产品的变质程度，通常还会对风味化合物进行监测。许多研究人员观察到，超声波处理后的牛奶乳化性增强，脂肪球尺寸减小，最终产品似乎更加稳定。

研究了超声波处理对酪蛋白酸钠、乳清分离蛋白（WPI）和乳分离蛋白（MPI）三种乳蛋白的结构、物理和乳化性能的影响。蛋白质溶液经超声处理 2min，声强为 $34W \cdot cm^{-2}$。超声处理降低了蛋白质的大小和流体力学体积，但没有明显降低其分子量。在类似的超声波条件下，确定超声波处理可将乳分离蛋白（MPI）和豌豆蛋白（PPI）分离物的尺寸从微米级聚集体（20μm）减小到纳米级（150nm）。与未经处理或未经吸收的分离物相比，用经超声波处理的乳蛋白制备的乳状液产生的乳状液滴尺寸明显更小。这表明界面蛋白发生了一些重排，从而可以形成与增强的界面层和更大的静电斥力相关联的较小的乳化液滴。在羊奶、脱脂奶中也观察到脂肪球粒径的超声波减小，被认为是导致奶油均匀化程度增加的原因。

超声在乳化中有很强的用途，其中 20kHz 是最常用的频率，但是目前正在探索高达 2MHz 的范围。功率超声区仍然被证明是最有效的生产稳定乳状液，但是在该频率下存在的极端温度和剪切条件可能导致羟基和氢自由基的产生，这些反过来又会导致脂肪氧化和乳制品的劣化。超声似乎是一种加工乳制品的可行替代加工技术，在没有任何乳化促进剂的情况下可以制备稳定的乳液，从而产生更稳定的无添加剂产品。

② 分级　超声波可被用来分离乳品液体，从而形成不同的高脂肪或低脂肪浓度层，以提高脂肪乳脂率。分级是在液体中产生超声波驻波的前提下进行的，类似于本书第四章第二节的超声破乳过程。因为液体受到超声波的作用，形成低压节点和高压节点更高频率的超声波（>400kHz）被用来实现脂肪分离/分级，因为它被认为是一个更温和的过程，促进脂肪运动，而不是在非常低的超声频率下存在的高破坏性/混合力。脂肪球自然地迁移到高压区域（波腹），并集中在这些结点中，脂肪球絮凝并聚结，从而提高乳脂率。据报道，使用超声波分离的速度比传统的天然奶油快很多倍。

在 35℃ 下使用 0.4MHz 和 1.6MHz 的超声频率持续 5min 的牛奶中观察到超声波分离脂肪，显微照片和粒度测量证实了脂肪球的聚并。然后将处理量放大到 6L，其中使用不同的换能器频率和配置来增强脂肪上浮效果，并使用单和双垂直换能器配置在 0.4MHz 下获得最有效的结果。

还研究了超声波增强重力分离牛奶的过程，以便分离脂肪并形成不同的粒径分布。通过对牛奶进行 5 ~ 20min 的超声波处理，去除了牛奶的明显体积分割，并测定了脂肪含量和脂肪滴的大小分布。随后 5min 的超声波处理，在 1MHz 和 2MHz 的频率下采用单换能器和双换能器配置，然后收集小份样品进行粒径表征。超声强化分级得到了位于容器顶部高达（13±1）%（质量/体积）的富含脂肪的部分，颗粒大小分布中存在较大的球状物。位于容器底部可产生半脱脂乳，其中含有的脂肪球比例较小，低至（1.2±0.01）%（质量/体积）。在 2MHz 的高频超声更有效地处理较小尺寸的脂肪，在 3 个超声辅助分级阶段后去除了（59±2）% 的初始样品中的脂肪，而在 1MHz 时仅去除了（47±2）%。

使用 1.8L 流动反应器在体积流量下连续超声分离乳脂，通过在 30℃ 左右的温度下同时使用 1MHz/2MHz 超声波将其流量放大至 33L·h^{-1}。可以将部分脱脂或富含脂肪的牛奶通过反应器循环多次，分别进行进一步脱脂或浓缩。从分离容器顶部去除可见的奶油层，在下一阶段再次处理保留的脱脂牛奶，此流程见文献[82]。

③ 对乳蛋白的影响　超声被认为能增强牛奶中酪蛋白胶束的不稳定性。这可用于各种奶源的凝固，例如羊奶和复原奶。众所周知，山羊奶的凝固能力比牛奶弱，但是在加入凝乳酶之前，先用 20kHz、800W 的超声波处理 20min，以使凝固剂粒径更小、更均匀。这导致最终产品更稳固，凝固速度更快。使用频率 20kHz、400kHz 或 1600kHz，能量输入 286kJ·kg^{-1}，在 30℃ 下对复原奶进行超声波处理。研究表明，超声波的物理和机械作用足以破坏酪蛋白胶束，使蛋白质释放到牛奶血清中，然后重新组装，形成较小尺寸的聚集体。随后用凝乳酶处理该奶源，此处理过程显示凝乳酶的凝胶化速度、凝乳速度和凝乳硬度都有提高。在最低的处理频率下，这种效果最大，除了该制造工艺更有效外，还可用于生产与热处理牛奶具有不同性能的产品。

（2）果汁　消费者倾向于选择味道新鲜、风味和营养损失最小的提取果汁。通过保持或增强生物活性物质，如抗氧化剂或维生素的浓度来维持质量。从健康营销的角度来看，显然将有益于消费者和生产者。而热巴氏杀菌法因其具有防止包括果汁在内的多种饮料中的微生物生长的功效而成为首选方法。但这种处理方法的明显缺点是使用高温，这可能导致不良的生化和营养变化，从而影响最终产品的质量特性。超声波对新鲜果汁的感官和营养特性的影响似乎很小，同时能够在较低的温度下处理液体。由于腐败微生物的减少，它能在保持果汁质量的同时增强生物活性成分，延长保质期。

① 提高果汁品质　在 28kHz 和 20℃ 恒温下，葡萄柚在 30min、60min 和 90min 的超声处理表明，在所有超声处理果汁样品中，云值、总抗氧化能力、DPPH 自由基清除活性、抗坏血酸、总酚类、黄酮类化合物和黄酮醇均有显著改善。结果表明，在 pH、糖度和酸度不变的情况下，柚汁的色价有一定的差异，但

总体品质有所提高。将脉冲电场与超声波结合应用于葡萄柚汁不会导致 pH、酸度、糖度和电导率的显著变化，但观察到黏度显著降低和云值增加。

采用超声波浴（25kHz，30min，0.06W·cm⁻³）和超声探头（20kHz，5min 和 10min，0.30W·cm⁻³）在 20℃、40℃和 60℃中进行热处理（超声与热处理），用于破坏腐败酶（多酚酶、过氧化物酶和果胶甲基酯酶）和微生物菌群（总平板数，酵母菌和霉菌）。在 60℃下超声探头处理酶的失活率最高，处理 10min 酶群完全失活。其他果汁参数如糖度、酸度都有显著改善。还研究了超声波处理对苹果汁中多酚化合物、糖、类胡萝卜素和矿物质的影响 [82]。样品在 20℃（频率 25kHz，振幅 70%，声强 2W·cm⁻²）下超声处理 0min、30min 和 60min。超声处理 30min 后，苹果汁中多酚类化合物和糖的含量显著增加，而超声处理 60min 后，苹果汁中总类胡萝卜素、矿质元素（Na、K、Ca）和黏度都有所提高，说明苹果汁中天然存在的植物营养成分有所改善。通过检测超声处理苹果的理化参数，发现超声处理对苹果汁的 Hunter 色值、云值、抗氧化能力和清除活性能力等特性没有显著影响。然而，观察到微生物数量显著减少，这表明超声处理果汁的质量和安全性得到改善。此外，通过超声波探头（20kHz，20℃，3min）施加脉冲超声波（5s 开 / 关，振幅分别为 30%、60% 和 90%，2W·cm⁻²），在味觉测试期间，所有超声处理样品的质量参数都显著增加，相对于其他样品，消费者调查小组更喜欢超声处理样品。

② 增强生物活性成分　与其他处理液体的方法相比，使用超声的一个好处是它在较低温度下的性能得到增强，在加工过程中使用较高的温度导致许多营养有益的化合物降解。超声已被证明在加工后和储存期间保留了许多生物活性成分。以 3 个品种的葡萄为原料，经超声处理后 5min，在黑暗中 25℃培养 6h，制备白藜芦醇浓缩葡萄汁。这导致白藜芦醇在果汁中的含量增加了 1.53、1.15 和 1.24 倍。

通过同时超声（20kHz，100W，15min）和紫外线处理 [2 个紫外线灯（254nm）8W] 对水果和蔬菜汁（橙汁、酸橙汁、胡萝卜汁和菠菜汁）的质量进行了检测，并与传统的热巴氏杀菌法（80℃，10min）进行了比较。分析了处理的果汁总酚含量、抗氧化活性、维生素 C 水平和碳水化合物含量。超声处理的果汁保留了大部分的营养品质，而菠菜汁的放大试验也成功地在处理后 18 天内保持了营养，与传统的热处理果汁相比，提高了保质期。超声处理果汁的感官特性最能被消费者调查小组接受，他们更喜欢超声波处理果汁的口味、风味和气味；因此，样品的评级与未处理新鲜果汁的质量参数类似。其他研究 [82] 也表明，超声处理中，保留或提高了果汁物理化学性质，如桃汁、梨汁、杨桃汁、西瓜汁、菠萝汁、荔枝汁、芒果汁、苹果汁、花蜜汁、草莓汁和猕猴桃汁。

（3）非乳制品益生菌果汁　非乳制品的益生菌果汁现在正受到那些想要限制或避免摄入乳制品的消费者的欢迎。因此，开发含有有益生菌的果汁是市场增长的一个潜在领域。利用超声波促果汁中益生菌的生长已被证明是有益的，并且一系列的果汁已经被接种并通过超声处理，常常取得较好的效果。

以菠萝汁为底物培养干酪乳杆菌的条件，测定超声处理样品在 31℃ 和 pH5.8 的最大微生物活力。冷藏（4℃）42 天后，未加糖样品中的微生物活力为 6.03log 10cfu•mL^{-1}，加糖样品中的微生物活力为 4.77log10cfu•mL^{-1}。此外，与未经超声处理的样品相比，高强度超声（376 W•cm^{-2} 和 10min）可使多酚氧化酶活性降低 20%，果汁黏度降低 75%，并在 42 天的存储期间提高了果汁的颜色和稳定性。

哈密瓜汁被检测为干酪乳杆菌的非乳制品益生菌果汁基质。超声处理后的果汁在 4℃ 下保存 42 天，并对其颜色、酸度和活细胞水平等参数进行了评价。在贮藏期间，由于剩余微生物消耗糖分，热值降低，但保留了所有其他参数。如果消费者对此兴趣持续增长，那么超声波技术对生产非乳制品益生菌果汁是重要的，具有推进新产品的潜力。

3. 肉制品分析、腌制与嫩化[83]

超声可影响肉制品的质量和技术性能，如纹理、保水性、颜色、固化、浸泡、蒸煮得率、冻结、解冻和微生物的抑制作用。研究认为超声是肉类行业的一个有用的工具，它有助于肉类的嫩化，加速成熟与传质，降低烹饪能量，而不影响其他质量性能，提高了肉制品的货架期，提高乳化产品的功能特性，简化了模具的清洗，提高了设备表面灭菌效果[83]。

（1）成分分析　肉类工业需要在整个生产过程中获得可靠的肉类质量信息，以保证优质肉类产品的生产。可以使用快速和无损伤的传感器，利用生物物理学方法评估肉类结构的最新进展。可以通过使用机械（Warner-Bratzler，WBS）、光学（颜色测量和荧光）、电子探针、电磁波、核磁共振（NMR）、近红外（NIR）或超声波技术评估肉结构来提供可靠的肉质信息（嫩度、风味、多汁性和颜色）。Corona 等评估了非接触式超声技术（空气耦合和扫描声学显微镜，SAM）应用于几种干腌肉制品进行表征的可行性。对真空包装切片干腌火腿进行了空气耦合超声测试，并与接触法测试结果进行了比较。用空气耦合法和接触法测定干腌火腿的平均超声波速度分别为（1846±49）m•s^{-1} 和（1842±42）m•s^{-1}。结果表明，方法的误差（1% 的相对误差）与干腌火腿的非均匀结构、成分和换能器聚焦的影响有关。研究数据证明了这种无损检测技术可以有效检测肉制品的水分和脂肪含量。

（2）腌制　Ozuna 等研究了高强度超声波和 NaCl 浓度对猪里脊腌制动力学[（5±1）℃] 的影响，以及它如何影响猪里脊的质地和微观结构的变化。通过动力学分析和扩散理论，确定了这两个因素对 NaCl 和水分迁移的影响。用超声波和不用超声波对生肉和腌肉的组织和显微结构进行了分析。结果表明，盐水中 NaCl 的浓度不仅可以测定肉样中最终的 NaCl 含量，而且可以有效地确定水的运移方向，提高氯化钠和水分的有效扩散率。Sirò 等证实了上述结论，将猪腰肉（背最长肌）

浸泡在氯化钠盐水（40g·L⁻¹）中，并在5℃下进行处理，处理方法如下：①静态盐水浸泡；②真空滚洗；③低频（20kHz）和低强度（2～4W·cm⁻²）超声盐水浸泡。研究了超声处理和滚轧辅助烘烤技术对猪组织显微结构、蛋白质变性、水结合力、保水性、NaCl扩散系数和肉组织形态的影响。结果表明，超声处理和滚揉均能改善肉组织的微观结构。超声处理后的试样，其保水性和织构均较滚揉和静态盐水处理的试样有所改善。较高的超声强度和（或）较长的处理时间导致蛋白质变性。

（3）嫩化　嫩度是肉类最重要的品质特征之一，利用高功率超声对肌肉结构的破坏，可以有效降低肌原纤维和胶原的韧性。对3～4岁肉牛的腰最长肌和半腱肌进行实验，使用高功率超声（24kHz，12W·cm⁻¹）对生牛肉样品（60mm×40mm×20mm）进行长达240s的处理，并在评估pH值、滴水损失、烹调损失、剪切力（WBS）、压缩硬度和颜色之前进行长达8.5天的老化。超声处理使WBS和硬度显著降低，而pH值升高。老化使WBS和硬度显著降低，但超声处理与老化周期之间没有明显的交互作用。超声处理对颜色参数没有影响，但老化时间大大增加了明度、色度和色调。在老化过程中，烹调和总损失显著增加。超声对滴水损失影响不显著，但超声处理可减少烹调和总损失。因此，高功率超声波可以减少牛肉的客观质构程度，而不影响其他研究的质量因素[83]。

Alarcon-Rojo等总结高功率超声可以有效地增加肌肉的完整性和改变胶原蛋白的结构，从而增加肉的嫩度。它可以改善肉的技术性能而不影响其他质量参数。超声波可以改善肉的纹理属性，加速传统烹饪，提供一种创新、快速、节能的肉类烹饪方法。此外，超声可以强化盐扩散，减少腌制时间，而不影响肉的品质。同样，用超声波和乳酸联合处理家禽皮肤是一种合适的微生物灭活方法。此外，在屠宰后可立即使用蒸汽和超声波来重新检测微生物总数。超声波能大大减少解冻时间和滴水损失，而不会损失肉的质量。还可以使用超声冷冻或切割加工肉，提高质量的同时减少产品损失。

4. 发酵产品提取

将超声强化萃取的方法（参考本书第四章第三节）用于食品发酵工业，可较好提取所需的发酵产物。对超声波辅助提取葡萄酒糟花青素等酚类物质的工艺进行了优化和模拟。采用频率为40kHz的超声水浴系统，在48W·L⁻¹条件下测定提取过程中的声能密度，并考虑了提取时间、提取温度、溶剂固体比和溶剂组成对总酚和总花青素提取率的影响。采用人工神经网络和遗传算法对提取过程进行了模拟和优化。所建立的神经网络模型通过统计分析准确预测了总酚和总花青素的提取率。采用遗传算法对神经网络模型的输入空间进行优化，以提取率最大化为目标。在最佳条件下，总酚和总花青素的实验产量分别为58.76mg·g⁻¹和6.69mg·g⁻¹，与预测结果一致。在最佳条件下，超声波提取总酚和总花青素的效果优于常规浸渍法。此外，还评估了超声波辅助提取液中酚类物质在贮藏过程中的稳定性。贮藏 30d 后，4℃和 20℃下的总酚含量分别下降了 12.5% 和 12.1%。另外，花青素在 4℃时稳定性较高，酒石酸酯和黄酮醇在 20℃时稳定性较好。最后，得出结论，酚类物质在储存过程中的损失并不太高。Cabredo Pinillos 等采用液 - 液萃取法，利用二氯甲烷和超声波从葡萄酒中提取挥发性化合物。该方法可同时提取不同样品，重现性好。在初步试验之后，使用因子设计优化了许多参数（样品体积、溶剂体积和提取时间），以找到最相关的变量，对正戊醇的检出限为 0.0238mg·L⁻¹，辛酸的检出限为 0.261mg·L⁻¹。对提取率进行了校准，结果从 9.16% 到 1.2%。

5. 鱼和海鲜金属元素分析物提取

Manutsewee 等研究以超声辅助提取鱼贝中砷（As）、硒（Se）、镍（Ni）和钒（V）为快速、可靠的样品前处理方法，采用塞曼（As，Se）或氘（Ni，V）背景校正的电热原子吸收光谱法，准确测定了这 4 种元素。采用多元优化方法研究了影响萃取过程的因素。在适当的条件下，从悬浮在 1.5mL 酸性萃取剂（0.5% 或 3% 体积 / 体积 HNO_3）中并经高强度超声（50% 振幅，3min）处理的 10 个质量样品（颗粒大小 <100μm）中进行定量萃取。该方法在狗鱼肌肉、狗鱼肝脏、龙虾肝胰腺、牡蛎组织和金枪鱼身上得到了成功验证。在另一项研究中，采用超声波辅助固液萃取技术，用稀释的混合酸溶液测定鱼和贻贝样品中的镉、铜和锌。考虑了硝酸浓度、盐酸浓度、过氧化氢浓度、浸出液体积、超声处理时间等因素对反应的影响。对 0.5g 干燥样品施加 30min 的超声波、56℃的工作温度和 6mL HNO_3（4mol/L）：HCl（4mol/L）：H_2O_2（0.5mol/L）=1：1：1 的溶液。石墨炉原子吸收法测定镉、铜，火焰原子吸收法测定锌。提取的数据与微波消解的结果进行了比较，从浸出法获得的金属量与从消化法获得的镉、铜和锌的量之比，鱼类为 92%～114%，贻贝样品为 88%～103%。通过对一种狗鲨肌肉标准物质（DORM-2）的分析，评估了该技术的准确性。回收率分别为 80.9%±0.3% 和 87.2%±0.6%。

Neves 等通过将超声波应用于分析物提取过程，对鱼饲料样品中的钙、镁、锰和锌进行了测定。随后使用火焰原子吸收光谱法（FAAS）进行定量，以 0.10mol·L⁻¹ 盐酸为提取液，最佳提取条件为：样品质量 100mg，样品粒度小于 60μm，超声时间 3 个周期 10s，超声功率 102W，对尼罗罗非鱼幼鱼饲料样品中这些营养物质的消化率进行了研究，所得结果与金属营养素提取过程中鱼类饲料样品矿化的结果一致。

6. 面包处理

Elmehdi 等采用超声技术研究面包屑的大小、浓度和形状的变化对面包屑力学性能的影响。由于面包屑结构完整性的测定与空心气泡有关，这些效应对面包品质预测方法的产生至关重要。以红春麦粉为原料，制备冻干面包屑样品碎屑的密度在

$100 \sim 300$ kg·m⁻³。54kHz 纵波的声速和振幅均随密度的增大而增大，信号幅度随密度呈线性增加。通过单向压缩新鲜烘焙样品，研究各向异性对面包屑结构的影响，从而将细胞从球形转变为椭球形。在与外加压力平行和垂直的方向上进行超声测量。压缩试样和非压缩试样的速度密度依赖性相反，而速度随压缩量的增大而减小，且沿平行于应力的方向更为显著，信号幅度略有增加。结果表明，压缩试样和非压缩试样的力学性能不同。超声波对面包屑大小和形状变化的敏感性表明，它们有可能用作表征面包屑机械和结构特性的工具，从而测量面包品质因数。

7. 食品冷冻

冻结是指冰从过冷水中结晶的过程（参考本书第四章第七节）。冰的形态特征（如晶体的大小和形状）是影响冷冻食品质量的一个非常重要的参数，也是影响冷冻浓缩、冷冻干燥等冷冻相关过程的重要参数。这些特性会显著影响在冷冻状态下食用的食物的感官特性。例如，冰淇淋的质感部分归因于大量的小冰晶（尺寸小于 50mm）。此外，冰晶的形状是一个重要的因素，因为光滑和圆形的冰晶很容易相互滑动，使冰淇淋变得光滑，而边缘参差不齐和表面粗糙的冰晶（如冰棒）在食用过程中流动不均匀。在冷冻阶段形成的冰形态在冷冻干燥中也很重要，因为它对升华时间有很大影响。Li 和 Sun 研究了直接冷冻和超声波联合处理马铃薯的效果。超声波对冷冻速度的影响受超声功率、暴露时间和冷冻阶段的影响。通过增加超声功率或暴露时间，观察到较强的超声作用。然而，在选择超声功率和曝光时间时，应考虑超声的热效应。该实验采用 15.85W 超声功率作用 2min，冷冻速度明显提高（$P<0.05$）。超声应用于冷冻过程中的相变期，大大提高了冷冻速度（$P<0.05$）[78]。

研究超声波在缩短冰淇淋冷冻时间方面的应用。采用 20kHz 的超声波。结果表明，该技术的应用可以有效缩短冻结时间。对处理后产品的质量特性进行评估，发现结晶尺寸减小，并防止了冻结在表面的水垢产生。在另一项研究中，超声波辅助浸没冷冻被认为是处理苹果的潜在技术。由于苹果薄壁组织的机械各向异性，还评估了超声波对径向或切向样品的影响。苹果圆筒浸泡在超声波浴系统中，工作频率为 40kHz[实验用 131.3W（0.23W·cm⁻²）的功率]，在低于和接近初始冰点的不同时刻和温度下间歇进行超声波应用。结果表明，在 0℃或 1℃下连续使用超声波 120s，间隔时间为 30s，与不使用超声波的浸泡冷冻相比，冷冻速度有显著提高。超声波处理 120s 从 1℃和/或 0℃的径向或切向切割试样，结果表明，在功率水平上，超声处理径向和切向辐照试样的效果没有显著差异，而冷冻速度增加，并发现与对照组比较有显著的差异性（$P<0.05$），还发现了一些证据表明超声波有能力引起一次成核 [78]。

8. 食品干燥

干燥是食品工业生产中重要的操作单元（参考本书第四章第八节），常用的干燥方法有热风干燥、冷冻干燥、渗透干燥等。利用超声波强化传热、传质的特性，形成超声 - 热风干燥、超声 - 冷冻干燥、超声 - 渗透脱水、超声 - 真空干燥、超声 - 红外干燥、超声 - 热泵干燥等强化食品干燥新技术[84]。

材料科学的最新研究进展表明，由惰性材料［包括石英、耐高温玻璃（Pyrex）、陶瓷、聚醚醚酮（PEEK）或聚四氟乙烯（PTFE）］制成的超声波探头可以克服金属探头的一些限制。此外，非接触式超声波应用，例如没有液体直接与调谐传感器的辐射表面耦合的气载过程，可用于各种单元操作，例如食品干燥[85]。

江南大学 Fan 等[86] 介绍了超声与对流干燥相结合的干燥机的设计与六种形式的气载超声干燥器及其结构示意图，可供工业应用参考。讨论了影响超声干燥动力学的主要因素，表明超声的应用可加速干燥动力学。综述了气载超声在果蔬对流干燥中的应用。超声应用可以提高有效的水分散度和传质系数，缩短了干燥时间。超声应用可减少总的颜色变化，显示低水分活性，减少某些营养元素的流失。同时，与普通对流干燥相比，超声应用也能更好地保存果蔬的微观结构。

Sabarez 等研究超声用于强化食品对流干燥。超声的应用依赖于将超声能量作为组合的气载接触点，并通过超声元件和产品托盘之间的几个固体接触点进行传输。采用基于计算机的超声波干燥装置，实时连续记录工艺参数，实现了在控制条件和干燥参数下的脱水模拟。采用该干燥装置对苹果切片进行干燥，考察了超声波与常规热风干燥相结合对干燥动力学和产品质量的影响。结果表明，在常规热风干燥过程中，超声可以同时用于加速加工过程（即降低能耗和提高生产效率），而对产品的质量特性没有影响。结果表明，超声强化空气干燥过程的潜力很大程度上取决于所采用的工艺参数。特别是在低温、高功率条件下，优化了超声波对提高对流干燥效率的效果。当需要对热敏感产品进行有效脱水时，或当需要较短干燥时间以得到功能和营养特性改善的产品时，可以采用本法。Arvanitoyannis 等[78] 在综述中，列表显示了食品干燥和冷冻过程中超声波的影响，与它们的感官特性和所用的加工方法有关。

食品干燥可采用接触式超声与非接触式超声，其原理与较多应用例子可见本书第四章第八节。超声可通过改变物料微观结构，促进干燥过程的水分迁移、加快干燥速率、降低干燥温度、缩短干燥时间，在食品工业中有巨大的应用潜能和广阔的发展空间[84]。

9. 消泡[85]

泡沫形成是食品加工操作中遇到的一个常见问题，例如发酵和混合。泡沫的形成会导致产品损失，降低容器的有效容积，降低泵的容量，并且在某些情况下会促进微生物的生长。泡沫是由液体中产生的数千个微小气泡组成的。如果这些气泡上升并在食物基质表面聚集的速度快于它们的破坏速度，泡沫就会形成。用于破坏泡沫的传统方法包括热（导致泡沫破裂的加热或冷却过程）、化学（降低表面张力的消泡剂）、电气和机械方法。机载超声是一种替代方法，可作为抑制泡沫的非接触物理技术。超声会产生诸如高声压、辐射压力、空化和声流以及泡沫气泡共振等影响，从而导致泡沫破坏。高强度超声在泡沫破坏中的应用已在各种研究中得到报道。Rodriguez 等使用机载超声波板传感器作为除雾工具，随着超声强度的增加（10W·cm^{-2} 时达到 5cm^3）和泡沫处理时间的延长，消泡效率增加。此外，比较了超声在两种不同类型泡沫中的应用效果：表面活性剂浓度为 2.85g·L^{-1} 的稳定泡沫，气泡大小在 0.2 ～ 2.0mm 之间；浓度为 0.71g·L^{-1} 的干泡沫和轻泡沫，气泡大小在 0.2 ～ 10.0mm 范围内。液体体积与泡沫体积之比分别为 0.02 和 0.005。98ms 的超声处理时间使泡沫在 2.85g·L^{-1} 时的消泡体积为 5cm^3，而泡沫在 0.71g·L^{-1} 时的消泡体积为 13cm^3。这项工作证明超声对较大直径的气泡更有作用效果。

10.酒的陈化[87]

传统的酒类陈化通常是通过恒温条件下的长时间储存而实现的，但是存在的问题是陈化时间长、生产成本高、自动化程度低。而采取工业陈化的方法可以缩短陈化时间。工业陈化的方法主要有物理陈化、生物陈化和橡木陈化，而超声陈化是物理陈化的一种。利用超声催熟陈化酒，能够一定程度上缩短酒的陈化过程，提高酒的品质。关于用超声在白酒、黄酒、果酒的催陈上都有相关的研究报道[87]。在适合的条件下，都能达到缩短催陈时间的目的。需要指出的是超声催熟陈化酒，有时会使酒中的香味和成分改变，特别是果酒中的果子酸、功能性成分等发生分解，反而有时会使酒品质下降。超声陈化的主要机理是超声可以增强各类物质的分子活化能，提高分子间的有效碰撞，使醋化、缩合、氧化还原等反应加速进行，有利于形成酒的醇醋酿制香味。此外，超声处理能够加速造成新酒不良感觉的硫化氢、氨硫醇、乙醛和丙烯醛等低沸点物质的挥发，进而使酒体口感获得改善。

11. 质量控制

在鱼类和海产品工业中，质量控制变得越来越重要，而脂肪含量是最重要的测量参数之一，因为它对这些产品的质量影响很大。可通过使用溶剂从均质样品中提取脂质来测量脂质含量。然而，这种方法的破坏性使得它只适用于具有代表性的样品数量。因此，此类测量不能总是给出与标记所需的数据一样精确的结果。用频率扫描超声脉冲回波反射仪（FSUPER）测量样品的超声速度和衰减系数。鳕鱼鱼片的脂肪、蛋白质、水分和灰分浓度是通过官方认可的技术进行评估。超声波速在

1575～1595m·s⁻¹ 之间，随含水率的增加呈线性下降（26 个样品的 $R^2>0.8$），衰减系数与含水率之间没有系统的关系。研究证明了利用超声波速度测量快速无损测定鳕鱼鱼片含水量的潜力。

Meng 等研究了超声波和纳米氧化锌（ZnO）涂层的组合的潜在应用，并保存了鲜切猕猴桃的品质特性。通过在预混合壳聚糖溶液中混合 ZnO 纳米粒子，制备纳米 ZnO 涂层溶液。鲜切猕猴桃样品用 NaClO 溶液（50μL·L⁻¹ 钠，对照）浸泡，超声处理（40kHz，350W，10min），或用纳米氧化锌溶液包埋。同时对两种方法的结合进行了评价。所有样品在 4℃下保存 10 天。评价了不同的质量因素，如二氧化碳和乙烯的产生、质量损失和果肉硬度。实验发现，两种处理（40kHz，1.2g·L⁻¹，纳米 ZnO 涂层）的联合使用可使乙烯的产量降低（1.86μL·kg⁻¹·h⁻¹）、二氧化碳达到最佳浓度（10.01mg·kg⁻¹·h⁻¹）、失水（0.46%）和果肉质地变化（7.87N）。此结果说明，超声波处理与纳米氧化锌涂层结合可以有效延长猕猴桃鲜切果实的货架期[78]。

Brondum 等使用 Autofom 超声系统对猪肉胴体进行分级。该系统由 16 个超声波传感器组成，放置在一个框架内。胴体的测量在 3200 个位置自动进行，深度约为 12cm，深度分辨率为 0.19mm。制作了三维超声图像，随后对其进行处理，以降低噪声、检测方向，并提取 127 个特征来描述胴体的组成。图像特征用于多元回归模型，用于在线预测。预测的平均百分率的精确度为 1.58%～1.95%，也可以确定脂肪厚度[78]。

12. 超声中试应用 [82]

用于食品工业的超声处理设备需按不同单元操作、处理工艺、间歇和连续处理加工过程而定。超声波传感器需专门针对一系列工业食品加工的要求，包括各种设计的传感器，其散热器需适用于在嵌入式设备和多相介质中的不同特定用途。通常，为了获得最佳结果，需要定制系统，因此每个过程都是在单独的基础上进行评估与设计，并且使用不同超声波频率与功率，处理器体积已可以达到 1m³。

研究开发了一种用于提取初榨橄榄油的新型超声波设备。比较了两种超声辅助提取方法（35kHz，150W，4.25L）与传统提取方法的差异。超声波处理应用于浸泡在水浴中的橄榄（粉碎前）和橄榄酱（粉碎后）。与传统方法相比，整个橄榄的加工时间缩短，提取率提高。在实验室和中试规模上生产了橄榄油和橄榄油苷。橄榄油用 25kHz、200W 频率超声处理，使用 30L 浴式间歇系统。与常规方法相比，超声处理后 45min 内的目标酚类化合物提取率提高。最终油表现出较高的自由基清除能力，表明在最终产物中富集了这些化合物。

Montalbo-Lomboy 等 [88] 在 20kHz 的超声频率下，使用环形超声反应器来增强玉米浆的糖化作用。采用超声波变幅杆以不同流速（10～28L·min⁻¹）泵送玉米浆进行连续流动试验，并对其产糖量和粒径进行了监测。结果发现，超声处理的样品产生的还原糖是未超声处理的对照样品的 2 ～ 3 倍。

在中试实验中，流速范围为 163 ～ 343L·h^{-1}，超声频率为 20kHz，功率为 1kW，振幅为 50% ～ 100%。研究了加工量、停留时间、超声振幅、乳化剂配方、乳化剂种类和浓度对乳化液滴粒径的影响。用超声波制备的乳剂产生 200nm 的亚微米液滴。由于连续超声乳化仅需较小处理体积，因此效率高。

采用牛奶浓缩蛋白和批处理模式、中试工艺，包括超声预处理、酶解、膜过滤和干燥；研究了血管紧张肽转换酶（ACE）、抑制肽和抗氧化肽的生产。含 2% 或 5% 蛋白质的 50L 浓缩乳溶液在 800W 下超声处理 4min，然后水解 2h，最后进行超滤。结果表明，膜过滤可在复合蛋白水解物中分离 ACE、抑制肽和抗氧化肽。

为了在中试规模的超声波反应器中处理大量乳清和酪蛋白乳制品，优化了几个实验参数。检查流速范围为 0.2 ～ 6L·min^{-1}，观察到黏度显著降低。即使在喷雾干燥和重构后，超声处理后的样品仍保持凝胶性质和热稳定性。作者认为，采用超声处理可提高乳制品加工效率，缩短生产周期。

用两台 400kHz 的超声传感器将棕榈油从螺杆压榨进料中分离出来。将板直接与进料接触，通过超声处理，大大提高了原油的采收率。成品油的可漂性指数、维生素 E 和游离脂肪酸含量不受影响，这表明超声处理提高了采收率，同时保持了最终油品的质量。

五、超声强化食品加工前景

超声加工食品的优点是明显的，与传统工艺相比，增强的乳状液阳离子化且杀菌可以在更低的温度下实现，从而生产出更稳定的产品，同时防止变质并保留许多有益的生物活性成分。超声强化肉类处理、食品灭菌保鲜、脂肪分级、酪蛋白分解和乳制品益生菌饮料的生产等方面得到了缩短加工时间、降低处理温度、提高产品质量和产品增值效果，并因此节省了可观的经济成本，以及可能具有不同于传统方法生产的产品属性的新产品。最近这方面文献表明，经超声波处理的产品似乎在最终产品本身质量、质地和风味方面比普通加工的产品表现更好，消费者似乎也对这些开发工作感到满意。

由实验室研究到中试有较多的工作成果，已经实现了多个工艺的规模化，从而为生产商提供了更多由工业主导的超声波工艺的可能性。目前超声处理过程的放大是一个工业化的重点。所有这些因素都为超声在液体食品加工业中的应用带来了促进效果。

综上所述，超声不仅是改善食品质量特性的快速、高效、可靠的替代技术，而且还可用于开发具有独特功能的新产品，在食品加工和保鲜方面显示出巨大的潜力。近年来，食品工业的研究热点已转到超声技术。实践证明，超声可用于提高优质食品的质量特性和安全性。然而，尽管研究者已经提出了各种各样的应用和潜在用途，但仍需进一步发展该方法的工业适用性，并充分研究超声对食品特性的影响。

参考文献

[1] Abramova A, Abramov V, Bayazitov V, et al. Ultrasonic technology for enhanced oil recovery[J].Engineering, 2014, 6: 177-184.

[2] Mullakaev M S, Abramov V O, Abramova A V . Ultrasonic automated oil well complex and technology for enhancing marginal well productivity and heavy oil recovery[J]. Journal of Petroleum Science and Engineering, 2017, 159: 1-7.

[3] Wang Z J, Yin C B. State-of-the-art on ultrasonic oil production technique for EOR in China[J]. Ultrasonics Sonochemistry, 2017, 38: 553-559.

[4] 赵树山 . 超声波采油 : 掘金老油田 [J]. 能源 , 2013, 04: 82-83.

[5] 尹文波 , 王平 , 董怀荣 , 等 . 大功率超声波采油成套装备的研制及应用 [J]. 石油机械 , 2007, 35(5): 1-4.

[6] 田宇 , 郭庆 . 振动采油法处理油层技术综述 [J]. 内蒙古石油化工 , 2008, 16: 48-50.

[7] 张晓东 , 程鑫 , 马轮 , 等 . 超声波采油原理及应用效果 [J]. 地下水 , 2013, 3(1): 170-171.

[8] Meribout M.On using ultrasonic-assisted EOR: Recent practical achievements and future prospects[J]. IEEE Access, 2018(6): 51110-51118.

[9] Abramov V O,Abramova A V, Bayazitov V M, et al.Sonochemical approaches to enhanced oil recovery[J].Ultrasonic Sonochemistry, 2015, 25: 76-81.

[10] 赵斌 , 李苏月 , 林陵 , 等 . 超声夹对原油的改质降黏效果研究 [J]. 南京工业大学学报 (自然科学版), 2016, 38(4): 63-66.

[11] 路斌 , 关继腾 , 张建国 , 等 . 高声强流体动力式声源的研究现状与展望 [J]. 石油机械 , 2002, 30(4): 45-48.

[12] Wang Z J, Gu S M. State-of-the-art on the development of ultrasonic equipment and key problems of ultrasonic oil prodction technique for EOR in China[J].Renewable and Sustainable Energy Reviews, 2018, 82: 2401-2407.

[13] Hong P Y, Zhao S S. A full automatic high-power ultrasonic transducer for EOR[P]. CN IO4226578A, 2014.

[14] 张军辉 , 吴晓燕 , 王成胜 , 等 . 超声波采油技术在稠油油藏中的应用分析 [J]. 广州化工 , 2019, 47(8): 27-29.

[15] 尤诚程 . 浅析超声波采油技术应用现状及前景 [J]. 科技展望 , 2016, 18: 166.

[16] 许洪星 , 蒲春生 , 李燕红 . 大功率超声波处理近井带聚合物堵塞实验研究 [J]. 油气地质与采收率 , 2011, 18(5): 93-96.

[17] 许洪星 , 蒲春生 , 赵树山 , 等 . 大功率超声波近井石蜡沉积处理实验与应用 [J]. 西南石油大学学报 (自然科学版), 2011, 33(5): 146-151.

[18] 贺洋, 姚元建, 王永飞, 等. 超大功率超声波油井增油技术 [J]. 石化技术, 2017, 04: 121.

[19] Meribout M. On using ultrasonic-assisted EOR: Recent practical achievements and future prospects[J]. IEEE Access, 2018(6): 51110-51118.

[20] Hamidi H, Sharifi H A, Erfan M, et al. Ultrasound-assisted CO_2 flooding to improve oil recovery[J]. Ultrasonics Sonochemistry, 2017, 35: 243-250.

[21] 易俊. 声震法提高煤层气抽采率的机理及技术原理研究 [D]. 重庆: 重庆大学, 2007.

[22] 田冷, 高占武, 冯波. 声震效应作用下页岩气产能模型的建立 [J]. 大庆石油地质与开发, 2019, 38(2): 159-165.

[23] 吴昌军. 超声波促进页岩气解吸及改善渗流特性的机理和实验研究 [D]. 成都: 西南石油大学, 2014.

[24] Agi A, Junin R, Chong A S. Intermittent ultrasonic wave to improve oil recovery[J]. Journal of Petroleum Science and Engineering, 2018, 166: 577-591.

[25] 徐宁. 超声及其组合技术处理酚类溶液的研究 [D]. 南京: 南京工业大学, 2004.

[26] 胡兰兰, 王三反. 超声波及其联用技术在废水处理中的应用研究 [J]. 农村经济与科技, 2012, 23(10): 151-154.

[27] 徐宁, 王凤翔, 吕效平. 低频超声辐照降解间苯二酚水溶液的研究 [J]. 环境污染治理技术与设备, 2006, 7(9): 69-72.

[28] Xu N, Lu X P, Wang Y R. Study on ultrasonic degradation of pentachlorophenol solution [J]. Chemical and Biochemical Engineering Quarterly, 2006, 20(3): 343-347.

[29] 王磊, 韩萍芳, 吕效平. 超声辅助可见光光敏化处理水中 4, 4′ - 二溴联苯 [J]. 化工进展, 2007, 26(10): 1001-1005.

[30] 刘洁, 张文磊. 超声波处理造纸废水的研究进展 [J]. 中国造纸, 2014, 33(10): 64-67.

[31] 李志建, 李可成, 周明. 超声波 - 厌氧生化法处理碱法草浆黑液的研究 [J]. 环境科学与技术, 2000, 2: 42-44.

[32] 吴晓辉, 周珊, 陆晓华. 高频超声降解造纸黑液的研究 [J]. 工业水处理, 2004, 24(10): 36-38.

[33] 何可莹. 超声强化臭氧处理造纸废水实验研究 [J]. 北京农业, 2012, 9: 154-155.

[34] 丁宇娟, 周景辉. 超声空化技术在造纸废水处理上的应用 [J]. 造纸科学与技术, 2009, 28(5): 66-70.

[35] 俞晟. 超声 - 电絮凝联合处理高磷改性酯化淀粉废水 [J]. 苏州市职业大学学报, 2019, 30(03): 39-45.

[36] 刘占孟, 徐礼春, 赵杰峰, 等. 新型高级氧化技术处理垃圾渗滤液的研究进展 [J]. 水处理技术, 2018, 44(1): 7-12, 25.

[37] Roodbari, Nodehi A, Nabizadhmahvi R, et al. Use of a sonocatalytic process to improve the biodegradability of landfill leachate [J]. Brazilian Journal of Chemical Engineering, 2012, 29(2): 221-230.

[38] Yang Q, Zhong Y, Zhong H, et al. A novel pretreatment process of mature landfill leachate with ultrasonic activated persulfate: Optimization using integrated taguchi method and response surface methodology [J].Process Safety & Environmental Protection, 2015, 98: 268-275.

[39] Bis M, Montusiewicz A, Ozonek J, et al.Application of hydrodynamic cavitation to improve the biodegradabilityof mature landfill leachate[J]. Ultrasonics Sonochemistry, 2015, 26: 378-387.

[40] Amirian P, Bazrafshan E, Payandeh A.Optimisation of chemical oxygen demandremoval from landfill leachate bysonocatalytic degradation in the presenceof cupric oxide nanoparticles[J]. Waste Management & Research, 2017, 35(6): 636-646.

[41] 李晓艳 , 苏现伐 , 皮运清 , 等 .US/Oxone/Co²⁺ 氧化工艺处理垃圾渗滤液的研究 [J]. 河南师范大学学报 (自然科学版), 2017, 45(5): 28-33.

[42] 王书杰 , 邓杰帆 , 王武树 , 等 . 低强度超声波对 SBR 处理垃圾渗滤液的影响 [J]. 环境工程 , 2017, 35(增刊): 222-225.

[43] 郑江 , 宋文波 , 毛联华 . 城镇污水治理行业 2017 年发展综述 [J]. 中国环保产业 , 2018, 11: 20-24.

[44] 张安龙 , 谢飞 , 罗清 , 等 . 中国城镇污水处理厂节能降耗研究进展 [J]. 环境科学与技术 , 2018, 41 (s1): 116-119.

[45] 谢敏丽 , 孙彤 , 刘雨 , 等 . 减少活性污泥法中剩余污泥产率的研究 [J]. 北京工商大学学报 , 2004, 22 (4): 20-22.

[46] Yasui H, Nakamura K, Sakuma S, et al. A full-scale operation of a novel activated sludge process without excess sluge production[J]. Water Science & Technology, 1996, 34(s3-4): 395-404.

[47] Kamiya T, Hirotsuji J. New combined system of biological process and intermittent ozonation for advanced waster water treatment[J]. Water Science & Technology, 1998, 38(8): 145-153.

[48] Saby S, Djafer M,Chen G H. Feasibility of using a chlorination step to reduce excess sludge in activated sluge process[J]. Water Research, 2002, 36(3): 656-666.

[49] 李立晋 , 陈光森 . 污泥减量化技术的研究进展 [J]. 工业科技 , 2004, 33(4): 65-70.

[50] 梁鹏 , 黄霞 , 钱易 . 利用红斑瓢体虫减少剩余污泥产量的研究 [J]. 中国给水排水 , 2004, 20(1): 13-17.

[51] Suzuki T, Yamada N, Nishimoto M. Method and apparatus for methane fermentation of sludge[P]. JP 2002336898, 2002.

[52] Zhang S T, Yoshimura T, Miseki K. Method and device for reducing volume of excess sludge in waste water treatment plants[P]. WO 2002088033, 2002.

[53] Bougrier C, Carrère H, Delegenès J P. Solubilisation of waste-activated sludge by ultrasonic

treatment[J]. Chemical Engineering Journal, 2005, 106: 143-149.

[54] Grönroos A, Kyllönen H, Korpijärvi K, et al. Ultrasound assisted method to increase soluble chemical oxygen demand (SCOD) of sewage sludge for digestion[J]. Ultrasonics Sonochemistry, 2005, 12(1-2): 115-120.

[55] Chu C P, Lee D J, Chang B V, et al. "Weak" ultrasonic pretreatment on anaerobic digestion of flocculated activated biosolids[J]. Water Research, 2002, 36(11): 2681-2688.

[56] 韩萍芳, 殷绚, 吕效平. 超声处理石化厂污水剩余污泥 [J]. 化工环保, 2003, 23(6): 133-137.

[57] Li X Y, Guo S Y, Peng Y Z, et al. Anaerobic digestion using ultrasound as pretreatment approach: Changes in waste activated sludge, anaerobic digestion performances and digestive microbial populations[J]. Biochemical Engineering Journal, 2018, 139(15): 139-145.

[58] Yoon S H, Kim H S, Lee S. Incorporation of ultrasonic cell disintegration into a membrane bioreactor for zero sludge production[J]. Process Biochemistry, 2004, 39(12): 1923-1929.

[59] 顾礼炜, 王罕, 杨海亮, 等. 超声波促进石化水厂污泥有机物和氮磷的释放 [J]. 广东化工, 2017, 44(15): 216-218.

[60] Pilli S, Bhunia P, Yan S, et al. Ultrasonic pretreatment of sludge: A review[J]. Ultrasonics Sonochemistry, 2011, 18: 1-18.

[61] 吕凯, 季文芳, 韩萍芳, 等. 超声、臭氧处理石化污水厂剩余活性污泥研究 [J]. 环境工程学报, 2009, 3(5): 907-910.

[62] 梁波, 陈海琴, 关杰. 超声波预处理城市剩余污泥脱水性能研究进展 [J]. 工业用水与废水, 2017, 48(4): 1-6.

[63] Yuan H, Guan R, Wachemo A C, et al. Enhancing methane production of excess sludge and dewatered sludge with combined low frequency CaO-ultrasonic pretreatment[J]. Bioresource Technology, 2019, 273: 425-430.

[64] 石秀娟, 梁文俊, 李依丽, 等. 超声波技术在城市污泥处理中的应用进展 [J]. 四川环境, 2017, 36(1): 157-162.

[65] 苏洪敏, 李梅, 孔祥瑞, 等. 超声波污泥减量化技术研究进展 [J]. 山东建筑大学学报, 2013, 28(2): 154-157.

[66] 马守贵, 许红林, 吕效平, 等. 超声波促进处理剩余活性污泥中试研究 [J]. 化学工程, 2008, 36(2): 46-49.

[67] Harifi T, Montazer M. A review on textile sonoprocessing: A special focus on sonosynthesis of nanomaterials on textile substrates[J]. Ultrasonics Sonochemistry, 2015, 23: 1-10.

[68] Li Q, Hurren C J, Wang X. Ultrasonic assisted industrial wool scouring[J]. Procedia Engineering, 2017, 200: 39-44.

[69] Czaplicki Z, Ruszkowski K. Optimization of scouring alpaca wool by ultrasonic technique[J].

Journal of Natural Fibers, 2014, 11: 169-183.

[70] Jatoi A W, Ahmed F, Khatri M, et al. Ultrasonic-assisted dyeing of Nylon-6 nanofibers[J]. Ultrasonics Sonochemistry, 2017, 39: 34-38.

[71] 党超, 尹乙惠, 张琴琴, 等. 超声波麦草浆配抄性能的初探 [J]. 黑龙江造纸, 2016, 4: 1-4.

[72] 刘洁. 超声波在制浆造纸工业中的应用 [J]. 纸和造纸, 2010, 29(2): 65-68.

[73] 刘小宁, 杨桂花, 裴丽华, 等. 超声处理对离子液体预处理激光打印废纸脱墨的效果 [J]. 纸和造纸, 2016, 35(4): 12-16.

[74] 朱振峰, 付璐. 数字喷墨打印用陶瓷颜料的制备工艺进展 [J]. 佛山陶瓷, 2013, 5: 6-11.

[75] 林继辉, 郭秀玲. 鱼腥草提取物在洁面霜中的应用 [J]. 云南民族大学学报 (自然科学版), 2019, 28(3): 241-245.

[76] Sivakumar V, Swaminathan G, Rao P G, et al. Sono-leather technology with ultrasound: A boon for unit operations in leather processing - review of our research work at Central Leather Research Institute (CLRI), India[J]. Ultrasonics Sonochemistry, 2009, 16: 116-119.

[77] 刘勋勋, 邱纪时, 邵思佳, 等. 超声波法制备橡皮鱼皮革的性能 [J]. 皮革与化工, 2019, 36(2): 21-24, 31.

[78] Arvanitoyannis I S, Kotsanopoulos K V, Savva A G. Use of ultrasounds in the food industry-methods and effects on quality, safety, and organoleptic characteristics of foods: A review[J]. Critical Reviews in Food and Nutrition, 2017, 57(1): 109-128.

[79] Téllez-Morales J A, Hernández-Santo B, Rodríguez-Miranda J. Effect of ultrasound on the techno-functional properties of food components/ingredients: A review[J].Ultrasonics Sonochemistry, 2019: 104787.

[80] 张帆, 吕效平, 韩萍芳, 等. 超声用于循环冷却水灭菌 [J]. 化工进展, 2011, 30(7): 1431-1434.

[81] 雷辰, 夏延斌, 车再全, 等. 超声处理技术在肉类工业中的应用研究进展 [J]. 食品与机械, 2016, 32(5): 232-236.

[82] Paniwnyk L.Applications of ultrasound in processing of liquid foods: A review[J]. Ultrasonics Sonochemistry, 2017, 38: 794-806.

[83] Alarcon-Rojo A D, Janacua H, Rodriguez J C, et al. Power ultrasound in meat processing[J]. Meat Science, 2015, 107: 86-93.

[84] 巩鹏飞, 赵庆生, 赵兵. 超声波应用于食品干燥的研究进展 [J]. 食品研究与开发, 2017, 38(7): 196-199.

[85] Charoux C M G, Ojha K S, O'Donnell C P, et al. Applications of airborne ultrasonic technology in the food industry[J].Journal of Food Engineering, 2017, 208:28-36.

[86] Fan K, Zhang M, Mujumdar A S. Application of airborne ultrasound in the convective drying of fruits and vegetables: A review[J]. Ultrasonics Sonochemistry, 2017, 39: 47-57.

[87] 孙玉敬, 叶兴乾. 功率超声在食品中的应用及存在的声化效应问题 [J]. 中国食品学报,

2011, 11(9): 120-130.

[88] Montalbo-Lomboy M, Khanal S K, van Leeuwen J H, et al. Ultrasonic pretreatment of corn slurry for saccharification: A comparison of batch and continuous systems[J]. Ultrasonics Sonochemistry, 2010, 17: 939-946.

索　引